Notebooks on Military Archaeology and Architecture 7
Edited by Roberto Sconfienza

La campagna gallispana del 1744

Storia e Archeologia Militare di un anno di guerra fra Piemonte e Delfinato

a cura di

Roberto Sconfienza

BAR International Series 2350
2012

Published in 2016 by
BAR Publishing, Oxford

BAR International Series 2350

Notebooks on Military Archaeology and Architecture 7
Series Editor: Roberto Sconfienza

La campagna gallispana del 1744

ISBN 978 1 4073 0936 1

BAR Publishing is the trading name of British Archaeological Reports (Oxford) Ltd. British Archaeological Reports was first incorporated in 1974 to publish the BAR Series, International and British. In 1992 Hadrian Books Ltd became part of the BAR group. This volume was originally published by Archaeopress in conjunction with British Archaeological Reports (Oxford) Ltd / Hadrian Books Ltd, the Series principal publisher, in 2012. This present volume is published by BAR Publishing, 2016.

Printed in England

BAR
PUBLISHING

BAR titles are available from:

BAR Publishing
122 Banbury Rd, Oxford, OX2 7BP, UK
EMAIL info@barpublishing.com
PHONE +44 (0)1865 310431
FAX +44 (0)1865 316916
www.barpublishing.com

Notebooks on Military Archaeology and Architecture

Edited by Roberto Sconfienza

La collana pubblicato all'interno della serie British Archaeological Reports, di cui questo libro costituisce il setimo volume, nasce in seguito al desiderio di poter aprire uno spazio autonomo per le pubblicazioni di un settore specialistico degli studi archeologici e storico-architettonici, che è quello relativo al più ampio tema della storia militare. Non si danno perciò fin d'ora limiti cronologici o spaziali, volendo fornire al maggior numero di studiosi la possibilità di pubblicare studi inerenti il tema della collana. Per comunicazioni e proposte di pubblicazioni fare riferimento al responsabile:
ROBERTO SCONFIENZA

* * * * *

La collection publié dans la série British Archaeological Reports, dont la présente édition constitue le septième exemplaire, remonte au désir de faire place aux publications concernant le secteur de l'histoire militaire, un secteur très spécialisé dans le panorama des études d'archéologie et d'histoire de l'architecture. Dans le but d'offrir au plus grand nombre d'auteurs la possibilité de publier leurs ouvrages, on n'a donné aucune limite spatio-temporelle aux sujets traités.
Pour tout renseignement et proposition de publication s'adresser au responsable:
ROBERTO SCONFIENZA

* * * * *

The sub-series, published within British Archaeological Reports, of which the present volume is the seventh issue, originates from the desire to open a new, autonomous ground for specialized publications concerning archaeological and historical studies, in particular relating to the wider field of military studies. No boundaries are set, concerning time and space, since the aim is to offer the most scholars the possibility to publish their works relating to the topic of the series. For any further suggestions and proposals of publications please contact the editor:
ROBERTO SCONFIENZA

* * * * *

Der vorliegende Band stellt die siebtes Nummer veröffentlich in der British Archaeological Reports Reihe. Diese Serie entsteht infolge des Wunsches einen selbständigen Platz zu schaffen, der für die Ausgaben eines fachmännischen Gebietes von der archäologischen und architektonisch-geschichtlichen Untersuchungen bestimmt ist. Von jetzt an, setzt man keine chronologischen oder räumlichen Grenzen; auf diese Weise hat ein größer Teil der Gelehrten die Gelegenheit die Untersuchung über den Gegenstand dieser Bücherreihe zu veröffentlichen. Für die Mitteilungen und Veröffentlichungs-vorschlage darf man sich auf den Verantwortliche beziehen:
ROBERTO SCONFIENZA

Roberto Sconfienza,
- via Claudio Beaumont n. 28, 10138, Torino, Italia
- via per Agliè n. 12, 10090, Cuceglio, (Torino), Italia
n. tel. 0033-011-4345944; 0033-0124-492237; 0039-333-4265619
mail: robertosconfienza@libero.it
sito internet: http://www.archeofortificazioni.org

NOTEBOOKS ON MILITARY ARCHAEOLOGY AND ARCHITECTURE

Edited by Roberto Sconfienza

e-mail: robertosconfienza@libero.it

No 1	**ROBERTO SCONFIENZA,** ***Fortificazioni tardo classiche e ellenistiche in Magna Grecia. I casi esemplari nell'Italia del Sud,*** **Oxford 2005**	**BAR** **International Series 1341** **2005**
No 2	**GIOVANNI CERINO BADONE,** ***La guerra contro Dolcino "perfido eresiarca" (1305 1307). Descrizione e studio di un assedio medioevale,*** **Oxford 2005**	**BAR** **International Series 1387** **2005**
No 3	**PAOLA GREPPI,** ***Provincia Maritima Italorum. Fortificazioni altome-dievali in Liguria,*** **Oxford 2007**	**BAR** **International Series 1839** **2007**
No 4	**ROBERTO SCONFIENZA,** ***Pietralunga 1744. Archeologia di una battaglia e delle sue fortificazioni sulle Alpi fra Piemonte e Delfinato. Italia nord-occidentale*** **Oxford 2009**	**BAR** **International Series 1920** **2009**
No 5	**GIORGIO DONDI,** ***La fatica del bello. Tecniche decorative dell'acciaio e del ferro su armi e armature in Europa tra Basso Medioevo ed Età Moderna*** **Oxford 2011**	**BAR** **International Series 2282** **2011**
No 6	**ROBERTO SCONFIENZA,** ***Le pietre del Re. Archeologia, trattatistica e tipologia delle fortificazioni campali moderne fra Piemonte, Savoia e Delfinato*** **Oxford 2011**	**BAR** **International Series 2303** **2011**
No 7	**ROBERTO SCONFIENZA (a cura di),** ***La campagna gallispana del 1744. Storia e Archeologia Militare di un anno di guerra fra Piemonte e Delfinato*** **Oxford 2012**	**BAR** **International Series 2350** **2012**

INDICE

Introduzione

Roberto Sconfienza

Il settimo numero dei Notebooks on Military Archaeology and Architecture,analogamente al quarto, tratta ancora, ma più ampiamente le vicende e le testimonianze archeologiche e storico-territoriali di un anno specifico della Guerra di Successione Austriaca in Italia, il 1744.

Il volume raccoglie i contributi scientifici derivanti dagli interventi tenuti da valenti studiosi ad un convegno dedicato all'argomento suddetto, *1744. La campagna gallispana in Piemonte*. L'incontro di due giorni, 19 e 20 novembre, ha avuto luogo nel 2005, presso la sede della Gioventura Piemonteisa, associazione di studi sulla lingua e tradizioni piemontesi. La raccolta di tutti i contributi e l'approfondimento degli studi per ciascuno di essi sono le cause del ritardo per la consegna alle stampe dei presenti atti, ora finalmente offerti al pubblico.

La campagna del 1744, come si potrà evincere adeguatamente dagli articoli presenti nel volume, fu una delle più impegnative combattute da Carlo Emanuele III sul suolo piemontese, in seno allo sviluppo di una guerra che era iniziata dal 1742 e vedeva infine il Regno di Sardegna, attraverso mille meandri diplomatici, schierato accanto a Maria Teresa d'Asburgo, regina d'Ungheria e pretendente alla corona cesarea.

Lo studio di questa campagna, già oggetto in passato di ricerche illustri, di cui si dà conto nel testo e nella bibliografia, è stato organizzato e condotto, porgendo tuttavia maggior attenzione ad alcuni avvenimenti specifici e tentando d'altro canto di illustrare puntualmente il filo conduttore complessivo degli eventi.

Il primo nucleo di indagine riguarda la battaglia di Pietralunga, combattuta fra il 17 e il 19 luglio 1744, sulle montagne della valle Varaita. Riguardo ad essa si è operata una revisione puntualissima degli avvenimenti, sviscerando la materia dal punto di vista storico, contestualmente ad uno studio di Archeologia Militare, documentario e ricognitivo, relativo alle fortificazioni campali erette a difesa della valle durante tutti gli anni di guerra, per prendere in considerazione non solo la ricostruzione dei luoghi degli scontri, ma anche un'esemplificazione concreta della riplasmazione territoriale del confine sabaudo in un territorio interessato direttamente da una campagna di guerra.

Altro momento posto sotto la lente d'ingrandimento è stato quello della battaglia di Madonna dell'Olmo, 30 settembre 1744, una delle poche occasioni in cui Carlo Emanuele III azzardò l'integrità del suo prezioso e costosissimo esercito in uno scontro campale con il nemico gallispano. La battaglia è stata studiata, per entrambe le parti, dai preliminari all'attuazione e conclusione, secondo un'ottica strategico-militare e ricognitivo-territoriale, capace di soppesare effettivamente quella che l'agiografia passata celebrava come una delle glorie militari sabaude e che la verità storica, avvezza agli ossimori, si dipinge piuttosto come un'efficace «sconfitta vittoriosa». Dal punto di vista archeologico, la difficoltà di cogliere sul terreno moderno, fortemente riplasmato dalla continuità di vita del XX secolo in aree ad alta concentrazione di attività agricole e industriali, ha impedito una ricognizione per il momento proficua, che in un prossimo futuro dovrebbe comunque essere ricondotta con maggior cura. Tuttavia la disamina delle fonti cartografiche e manoscritte, confrontate alla morfologia territoriale, può avere l'ambizione di collocare le ricerche dedicate a Madonna dell'Olmo accanto ai moderni studi di Battelfield Archaeology, certamente all'avanguardia nel mondo anglosassone, ma da noi tenute in debito conto per l'occasione presente.

Lo studio di Madonna dell'Olmo suggella un terzo nucleo di contributi, dedicati alla descrizione delle principali vicende della campagna, dall'avvio della medesima, all'assedio del forte di Demonte, per giungere a quello di Cuneo, massimo sforzo dei Gallispani in quell'anno e culmine delle operazioni in Piemonte. In seno a questi interventi si distingue inoltre l'articolo dedicato allo studio storico-architettonico del forte della Consolata di Demonte, sviluppato abilmente per completare le informazioni relative al caposaldo avanzato in valle Stura del sistema difensivo del confine sabaudo in quel settore delle Alpi Occidentali, facente capo alla piazzaforte pedemontana di Cuneo.

Le ricerche presentate al convegno ed edite negli atti non hanno voluto limitarsi alla sfera storica evenemenziale o archeologico-territoriale, ma estendersi all'indagine su un tema, assolutamente non secondario e basilare per la comprensione critica degli altri nuclei tematici. Si tratta dello studio delle dottrine d'impiego degli eserciti piemontese e francese, sviluppate nel XVIII secolo con particolare attenzione agli anni della successione d'Austria, in modo che sia oggi possibile comprendere le scelte strategiche e comportamentali degli stati maggiori in occasione della campagna in esame e soprattutto in occasione degli scontri culminanti. Lo studio di tale aspetto della storia militare sabauda è assolutamente inedito e basilare per le conoscenze di contesto che affiancano l'indagine archeologica militare; sebbene in ambito europeo la ricerca storica si stia indirizzando da parecchio tempo anche in tal senso, quanto viene proposto nel presente volume costituisce per il Piemonte la prima disamina e riflessione organica in materia.

Chiude infine il volume un contributo integrativo che illustra un argomento marginale alla campagna del 1744, ovvero l'organizzazione del cordone sanitario nelle valli cuneesi durante la peste di Marsiglia del 1720. Tale tematica tuttavia, in ragione delle misure prese dal governo sabaudo e del comportamento dei reparti militari inviati a bloccare le comunicazioni transfrontaliere con il Delfinato, può permetterci di capire il clima di diffidenza e ostilità regnante fra le popolazioni delle valli di Varaita e Maira nei confronti delle truppe piemontesi ancora durante gli anni quaranta del secolo.

L'obiettivo finale verso il quale si sono diretti i lavori del convegno e questa stessa pubblicazione è principalmente quello già menzionato per Madonna dell'Olmo. L'interesse principale corrisponde infatti alla ricostruzione il più possibile vicina alla verità degli eventi e della realtà territoriale antica, coinvolta dalle operazioni militari.

Sta a cuore tuttavia anche un'altra finalità, che è quella di proporre al pubblico di specialisti e interessati questi tentativi di rilettura «scientifica» dei fatti e dei luoghi, per liberare una storia oscurata non solo dall'oblio del tempo, ma anche dal pregiudizio che spesso riguarda l'Antico Regime. Stonano alla luce reale degli eventi le trombe della retorica risorgimentale italiana, che proponevano l'interpretazioni delle guerre sabaude del XVIII secolo come preludio delle future glorie nazionali della penisola, e stridono altrettanto le valutazioni «progredite» e ironiche sulla «guerre en dentelle», superba e sprezzante di «popoli» e «nazioni» in nome di stupide questioni dinastiche. Stonano tali valutazioni laddove sono evidenti da un lato la piena appartenenza della politica internazionale del Re di Sardegna Carlo Emanuele III al contesto europeo, molto chiaramente indirizzata all'espansione dello Stato Sabaudo verso est e la Lombardia, ma poco consapevole di un ideale d'unità politica italiana, maturata soltanto dopo mezzo secolo e in seguito ad eventi epocali come la Rivoluzione Francese. D'altro canto è proprio l'occhio educato dalla grande rivoluzione che si è ammalato di strabismo e ha causato da parte delle generazioni successive la sovrapposizione degli ideali del 1789, libertà, uguaglianza e fraternità, a quelli più antichi di mestiere, obbedienza, onore e «gloire», che erano tuttavia quelli ai quali oggettivamente facevano riferimento gli uomini del tempo in cui si svolse la nostra campagna e che sono stati ben messi in luce negli ultimi anni da storici francesi e italiani, specialisti dell'Età Moderna.

La speranza finale di chi scrive è dunque di poter offrire accanto allo studio degli eventi, dei luoghi e dei manufatti qualche spunto di riflessione su un mondo ormai lontano e cancellato dalla storia più recente, per rievocare quegli uomini che sulle montagne piemontesi hanno sofferto e agito con determinazione, perché sapevano che così dovevano fare.

J'écris une lettre
au prince de Conti
pour lui faire connaître
ce que c'est Coni:
c'est un retranchement
qui durera longtemps
son gouverneur fidèle
combattant hardiment.
...
Vous parlez trop rude
pour être écolier,
il vous faut de l'étude
pour vous fortifier:
retournez à Paris,
prendre votre Régent,
car pour prendre Coni
faut être plus savant

(*Le siège de Coni*, canzone popolare
piemontese attribuita al valdese
David Michelin, 1744)

CAPITOLO 1

L'avvio della campagna

Roberto Simoncini

L'anno 1743 chiuse la seconda campagna della Guerra di Successione Austriaca in una situazione di sostanziale stallo. In Germania, a Dettingen, l'armata di Re Giorgio II d'Inghilterra costringeva il duca di Noailles a riattraversare il Reno, mentre nel Mediterraneo la squadra navale britannica poneva il blocco a Tolone e a Genova, ostacolando così i movimenti delle flotte francese e spagnola.

L'offensiva gallispana su Nizza

Sul fronte italiano, il Regno di Sardegna veniva sempre più coinvolto negli eventi bellici, nonostante i tentativi del marchese d'Ormea di tenere aperti i tavoli di negoziato sia con Versailles sia con Vienna.

In tale contesto, i principali fatti che videro protagonista il Piemonte nel 1743 furono i seguenti:
- la perdita della Savoia, investita da un corpo di spedizione spagnolo e abbandonata dai Piemontesi ai primi di gennaio;
- la battaglia di Camposanto, in febbraio, sul fiume Panaro in Emilia, dove gli Austro-Piemontesi bloccarono il tentativo di progressione verso la Lombardia dell'armata spagnola del conte di Gages;
- la firma del trattato di Worms il 13 settembre, che sanciva formalmente l'alleanza tra Austria, Gran Bretagna e Piemonte[1] e lo stato di guerra tra quest'ultima e la Francia;
- la conseguente offensiva franco-spagnola che muovendo dal Delfinato, in ottobre, si sviluppò lungo la direttrice della Valle Varaita e venne respinta allo sbarramento di Pontechianale.

Il 1744 vide all'inizio dell'anno, da parte francese, l'avvio dell'operazione detta «Discesa in Inghilterra», che prevedeva lo sbarco su territorio britannico di un contingente d'invasione. Il progetto tuttavia fallì in marzo a causa di una violenta tempesta, scatenatasi di fronte alle coste del Kent, che causò gravi danni alla squadra francese, tali da costringerla a rientrare nel porto di Brest e convincere così Verailles all'abbandono definitivo del piano.

I Gallispani decisero di concentrare gli sforzi sul fronte italiano. Fu preso in esame il primo progetto per lo sbarco di un forte contingente in Toscana, con lo scopo di farlo operare nella penisola insieme alle forze dislocate nel Regno di Napoli. La violazione del blocco di Tolone consentì di recuperare un certo numero di vascelli per il trasporto delle truppe, ma fece anche spostare l'asse di gravitazione della squadra britannica del Mediterraneo dalle isole Hyéres, situate a poche miglia dalle coste della Provenza, al porto di Mahòn, sull'isola di Minorca. Tale dislocazione rendeva estremamente critica la possibilità di movimenti sulle rotte per l'Italia centro-settentrionale. Di contro, l'allontanamento della base operativa navale inglese privava di un adeguato sostegno il dispositivo piemontese sulla linea del Varo. Questa semplice considerazione di carattere strategico fu all'origi-ne della decisione di effettuare un'offensiva contro il Nizzardo, muovendo dalla Provenza.

L'offensiva ebbe successo e portò, in aprile, alla conquista della città di Nizza e di buona parte della sua contea, rivelando la malafede austriaca nei confronti del Regno di Sardegna: Vienna, infatti, preferì concentrare i propri sforzi nel tentativo di riconquista del Regno di Napoli anziché sostenere con il previsto numero di soldati le operazioni sulle Alpi. Nel contempo, al governo di Torino risultò evidente l'aleatorietà del sostegno navale britannico.

Preparazione e inizio della campagna in Piemonte

Il disaccordo tra i comandanti gallispani sulle direttrici da utilizzare per lo sfruttamento del successo di Nizza fu l'unica ragione che impedì alla situazione piemontese di precipitare. Tuttavia, in giugno, gli ordini provenienti congiuntamente dalle corti di Versailles e Madrid imposero ai comandanti sul campo di riunire le forze nel Delfinato per portare un attacco in direzione dei passi alpini, con lo scopo di urtare e sradicare il dispositivo di difesa sabaudo sullo spartiacque e consentire così l'avanzata delle forze borboniche verso la pianura piemontese. Se tale mossa avesse avuto successo, Carlo Emanuele sarebbe stato costretto a scendere a patti con le corone di Francia e Spagna e ad abbandonare l'alleanza di Worms.

Lo scacchiere delle Alpi Occidentali si sviluppa dal monte Dolent (attuale confine italo-franco-svizzero) sino al colle di Cadibona (provincia di Savona), dove il sistema alpino si unisce a quello appenninico. Esso ha un andamento generale da nord a sud nell'area delle Alpi Graie e Cozie, assume poi un andamento ovest-est nel settore delle Alpi Marittime. Si tratta di una zona elevata e imper-

[1] Il trattato prevedeva che l'armata sabauda sarebbe stata affiancata da un contingente austriaco di 30000 uomini, al comando del Re Carlo Emanuele III. La Gran Bretagna, dal canto suo, avrebbe versato un contributo annuo di 200000 sterline a Torino, mentre una sua potente squadra navale avrebbe cooperato con le forze austro-piemontesi di terra, garantendo copertura e sicurezza dei rifornimenti.

via, individuata da imponenti massicci[2] con estesi ghiacciai nella parte settentrionale e una ricca ramificazione idrografica.

Una volta occupate la Savoia e il Nizzardo da parte gallispana, il fronte si sviluppava lungo la linea che segna il confine attuale fra la Francia e l'Italia[3], ovvero la dorsale spartiacque, che corre con un andamento sinuoso disegnando una serie di salienti e rientranti e che, inoltre, conferisce allo scacchiere una conformazione asimmetrica.

Il versante est è costituito da contrafforti brevi e aspri, con vallate aventi una lunghezza media di circa quaranta chilometri e un andamento generalmente parallelo o talora convergente, che porta le loro acque nella pianura piemontese, dove confluiscono nel Po. Il versante occidentale è più dolce, ma anche più ampio, avendo una profondità all'incirca triplice rispetto a quello italiano. Inoltre, la presenza di tre importanti massicci, da nord a sud Vanoise, Pelvoux e Parpaillon, costringe le valli ad assumere un andamento meridiano (nord-sud), raccogliendo le acque del displuvio principale «a grondaia», con percorsi che descrivono grandi anse, per aggirare i massicci suddetti, facendo poi confluire, spesso attraverso strette gole, le proprie acque nei principali affluenti di sinistra del Rodano, l'Isère e la Durance. Tale assetto orografico consente anche la disponibilità, in alcuni settori, di itinerari di arroccamento, difficilmente realizzabili invece sul versante est. L'analisi della conformazione orografica evidenzia pertanto il diverso valore impeditivi, posseduto dai due opposti versanti di fronte, ad un esercito in grado di superare i passi alpini, con un percepibile svantaggio tattico per i difensori del lato piemontese.

L'ostacolo che le Alpi rappresentano, tuttavia, non possiede ovunque lo stesso valore. Vi sono delle aree che consentono un certo grado di manovra e che rappresentavano un tempo le tradizionali vie di invasione, individuate nei tratti che vanno:
- dal Rocciamelone al monte Granero, attraversato da due grandi linee di operazioni, quella del Moncenisio (valli dell'Arc e dell'Isère - valle di Susa) e quella del Monginevro (valle di Romanche o valle della Durance - val Chisone e valle di Susa);
- dal colle dell'Agnello al mare, che dalla parte francese favorisce una marcia concentrica sulla pianura di Cuneo e si congiunge a sud con le provenienze dal colle di Tenda. In particolare, la linea Guil - Val Varaita e la linea Ubaye[4] - Val Varaita, Val Maira e/o Valle Stura; entrambe le linee mettono in comunicazione le rispettive vallate attraverso una serie di passi. Da non sottovalutare la linea del fiume Tinée, a sudest del fiume Ubaye, che correndo parallela allo spartiacque in direzione nord/ovest - sud/est per un buon tratto, consente di individuare degli itinerari assiali attraverso il contrafforte che separa tale corso d'acqua dalla Stura di Demonte.

Un'ulteriore importante linea di operazione passava attraverso il Colle del Piccolo San Bernardo (direttrice Dora Baltea - Isére); tuttavia, questa si presenta meno agevole per un attacco diretto al cuore del Piemonte, dovendo correre lungo tutta la Valle d'Aosta, e non fu interessata dalle operazioni di questa campagna.

Vittorio Amedeo II e Carlo Emanuele III avevano impostato la strategia difensiva dello stato sabaudo sulla base di questa analisi. Al conte Ignazio Bertola era stato affidato lo studio per la realizzazione o l'ammodernamento di una serie di piazzeforti di sbarramento, situate parte a mezza valle, parte allo sbocco delle vallate sulla pianura; si era andato così delineando un sistema difensivo articolato, che disegnava un semicerchio partendo da Bard, all'imbocco della Val d'Aosta, sino a Ceva, al confine tra Liguria e Piemonte, avente lo scopo di coprire le provenienze dalla frontiera. Faceva eccezione l'area della valli Varaita, Maira e Grana, sguarnite di opere permanenti. Per la campagna del 1744, Carlo Emanuele III, dopo aver dislocato i distaccamenti avanzati a ridosso del fronte, concentrò il grosso delle sue forze nel Cuneese in una posizione il più possibile baricentrica rispetto alla potenziale minaccia, così da garantire un rapido sostegno al settore dove questa si fosse materializzata. Tale dispositivo, in linea teorica, poteva sembrare efficace; in realtà produceva un'eccessiva frammentazione delle già scarse truppe piemontesi, a detrimento sia della potenza offensiva, complessivamente posseduta delle forze di manovra, sia della capacità difensiva dei posti di sbarramento avanzati, troppo vincolati ai lavori campali e non sempre in grado di darsi reciproco appoggio. Inoltre, Carlo Emanuele III aveva maturato la convinzione che gli alleati avrebbero scatenato l'offensiva contro la val Varaita, come l'anno precedente, per cui il suo dispositivo appariva sbilanciato verso nord.

Dopo l'occupazione di Nizza, tra i comandanti gallispani si creano delle divergenze in merito alle direttrici da seguire per portare l'offensiva in profondità. I Francesi, comandati da Luigi Francesco di Borbone principe di Conti, tentarono di sfondare il fronte attaccando lungo la Val Roya, verso il colle di Tenda, bloccandosi tuttavia di fronte alle difese di Saorgio; gli spagnoli, agli ordini del capitano generale marchese di Las Minas, seguirono la linea costiera per puntare al colle di Nava, arrivando ad occupare Dolceacqua, difesa da un debole presidio sabaudo, e costringendo i Piemontesi ad abbandonare anche Oneglia[5].

---

[2] Monti Bianco, Rutor, Gran Sassière, Rocciamelone, Thabor, Monviso, Enciastraia, Clapier: cime tra i 3000 e i 4800 metri s.l.m.

[3] Peraltro il confine, nel tratto tra Monte Thabor e Monte Enciastraia, è rimasto pressoché immutato, ad eccezione del tratto tra Claviere e il Colle del Monginevro, con annesso massiccio dello Chaberton, ceduto alla Francia nel 1947.

[4] Entrambi i fiumi sono affluenti della Durance.

[5] L'obiettivo spagnolo era il Milanese, per raggiungere il quale la linea di penetrazione dalla riviera ligure era considerata la migliore. Ma gli obiettivi strategici del Las Minas non coincidevano con quelli del Conti, che riteneva estremamente rischioso procedere su una direttrice esposta agli attacchi piemontesi dalla parte dei monti e alla minaccia navale britannica sul litorale; pertanto, per il comandante francese, l'obiettivo prioritario diventava quello di eliminare dalla partita Carlo Emanuele III.

A metà giugno, gli ordini perentori giunti dalle rispettive corti imposero ai due comandanti di ripiegare e riunire le forze sulle Alpi della Provenza, per prepararsi ad attaccare i valichi del Delfinato. I Gallispani presero posizione tra il Queyras e l'alta Val Tinée. Il concetto d'azione del Contì prevedeva l'esecuzione di uno sforzo principale sulla valle Stura, dove l'armata di invasione avrebbe urtato contro il forte di Demonte, opera di sbarramento di media valle, e successivamente contro la piazzaforte di Cuneo, perno del sistema difensivo nel Piemonte sud-occidentale. In contemporanea sarebbero stati effettuati degli sforzi sussidiari contro le valli Maira e Varaita e un attacco diversivo contro il Monginevro. L'esercito fu pertanto diviso in quattro corpi per un totale di nove colonne, indicate nell'annessa carta geografica, ad ognuna delle quali fu assegnato un itinerario ed un obbiettivo.

Il primo corpo era formato dalle colonne dalla prima alla quinta. Qui erano presenti i comandanti in capo degli eserciti, compreso l'Infante di Spagna, Don Filippo. Il primo corpo era incaricato di effettuare l'attacco principale e di forzare le posizioni delle Barricate, in alta valle Stura. A tale scopo, mentre le colonne terza, quarta e quinta dovevano attaccare frontalmente e sulla sinistra le linee piemontesi, le colonne prima e seconda dovevano effettuare una manovra avvolgente, partendo dalla base di Saint-Etienne de Tinée, superare la dorsale alpina e cadere alle spalle dei Piemontesi concentrandosi nell'area dei Bagni di Vinadio.

Il secondo corpo era costituito dalle colonne sesta e settima. Doveva sostenere l'azione del primo corpo, aggredendo l'ala destra della posizione delle Barricate, e minacciare contemporaneamente la testata della valle Maira. Inoltre, fungeva da collegamento con le unità operanti più a nord. Il terzo e quarto corpo erano formati rispettivamente dalla nona e dalla ottava colonna. Il terzo corpo, di forza più consistente, dopo aver effettuato una rapida diversione sul Monginevro, doveva attaccare le posizioni di Pietralunga, lungo la dorsale che divide la valle Varaita di Bellino da quella di Pontechianale, per portare pressione su Casteldelfino. Lo scopo era limitato a quello di fissare le forze piemontesi del settore e coprire lo sforzo principale. Il quarto corpo doveva fiancheggiare a sud il terzo, agendo contro le posizioni del Colle della Bicocca, sul crinale del Pelvo d'Elva.

Il colonnello Buffa di Perrero scrive che tale piano operativo può essere preso ad esempio come uno dei migliori nella storia[6]. In campo strategico lo studio degli itinerari e la dislocazione delle unità furono strutturati in modo tale da lasciare, sino all'ultimo, dubbi sull'effettivo asse di gravitazione delle forze: particolare importanza assume il finto attacco sul Monginevro che portò i reparti francesi a ridosso del villaggio di Bousson. Ma fondamentale fu l'attacco, sferrato dalla nona colonna, in alta valle Varaita contro le posizioni di Pietralunga e Monte Cavallo, che, pur contrariamente agli intendimenti del Conti, assorbì notevoli forze sabaude costrette ad intervenire per chiudere quello che era divenuto un autentico sfondamento della linea del fronte, convincendo così Carlo Emanuele III che lì fosse in atto l'attacco principale.

In campo tattico venne realizzata una serie di misure che rispondevano all'esigenza di garantire alle colonne il sostegno reciproco: le distanze contenute, la copertura dei fianchi, l'organizzazione della manovra, attuata da raggruppamenti di due colonne che fungevano reciprocamente da avanguardia e da retroguardia, con quest'ultima che forniva le forze di rincalzo alla prima.

L'impiego di collaborazionisti, quali contrabbandieri, pastori o montanari, consentì di sfruttare itinerari poco conosciuti e particolarmente impervi per l'attraversamento delle montagne, consentendo così ai Franco-Spagnoli di giungere a ridosso degli obiettivi con le forze relativamente fresche, mentre i Piemontesi subivano la sorpresa tattica e finivano col perdere l'iniziativa. Inoltre, in vista del nemico, l'atteggiamento in alcuni casi aggressivo, in altri dilatorio servì allo scopo di nascondere le reali intenzioni, cosicché in ogni settore i comandanti piemontesi non avessero elementi validi di valutazione.

Il piano attuato contro la posizione delle Barricate ebbe pieno successo. Il giorno 17 luglio i Franco-Spagnoli iniziarono l'avvicinamento agli avamposti piemontesi e la sesta colonna andò ad urtare i trinceramenti della Gardetta, nel settore destro piemontese, dove si svolse un violento scambio di fucileria. Nel contempo le colonne prima e seconda procedevano verso la dorsale, superata la quale, il giorno successivo, si sarebbero trovati alle spalle dello sbarramento. Tuttavia, il comandante piemontese, marchese Pallavicini di Frabosa, fu presto informato dalle sue pattuglie del movimento avvolgente attuato dalle superiori forze nemiche. Valutato che la situazione tattica era insostenibile, il Pallavicini decise di ripiegare verso valle nella notte tra il 17 ed il 18 luglio per evitare l'annientamento totale delle sue unità. All'alba del 18 luglio i Gallispani, completato il movimento pianificato, avevano conquistato la testata della valle Stura, aprendosi così la strada per investire il forte di Demonte: a quel punto avevano messo saldamente piede in Italia.

[6] BUFFA DI PERRERO 1887, p. 50.

Illustrazioni

Fig. 1

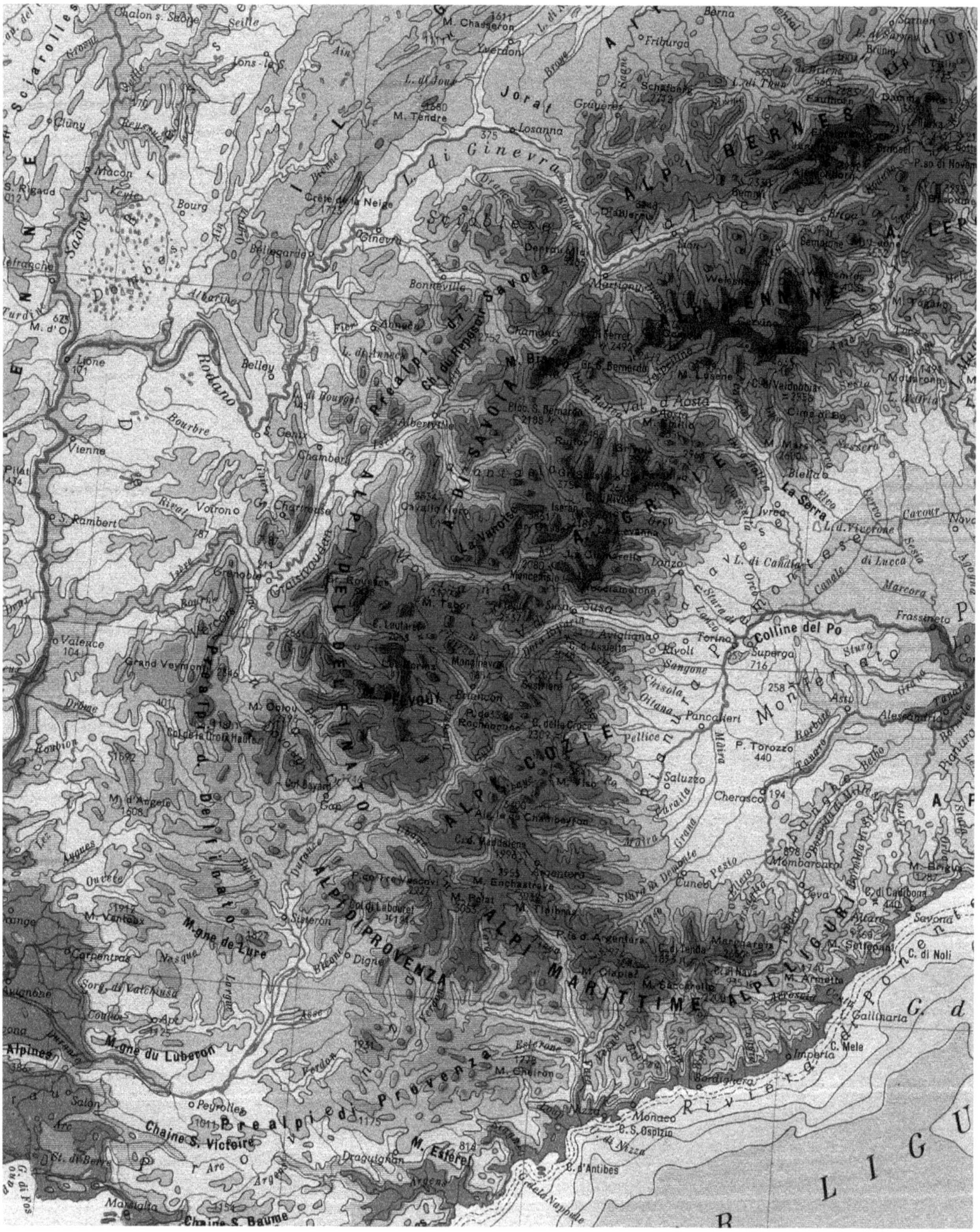

L'arco alpino occidentale dal lago di Ginevra al Mar Ligure (PENNESI-ALMAGIÀ 1969)

Fig. 2

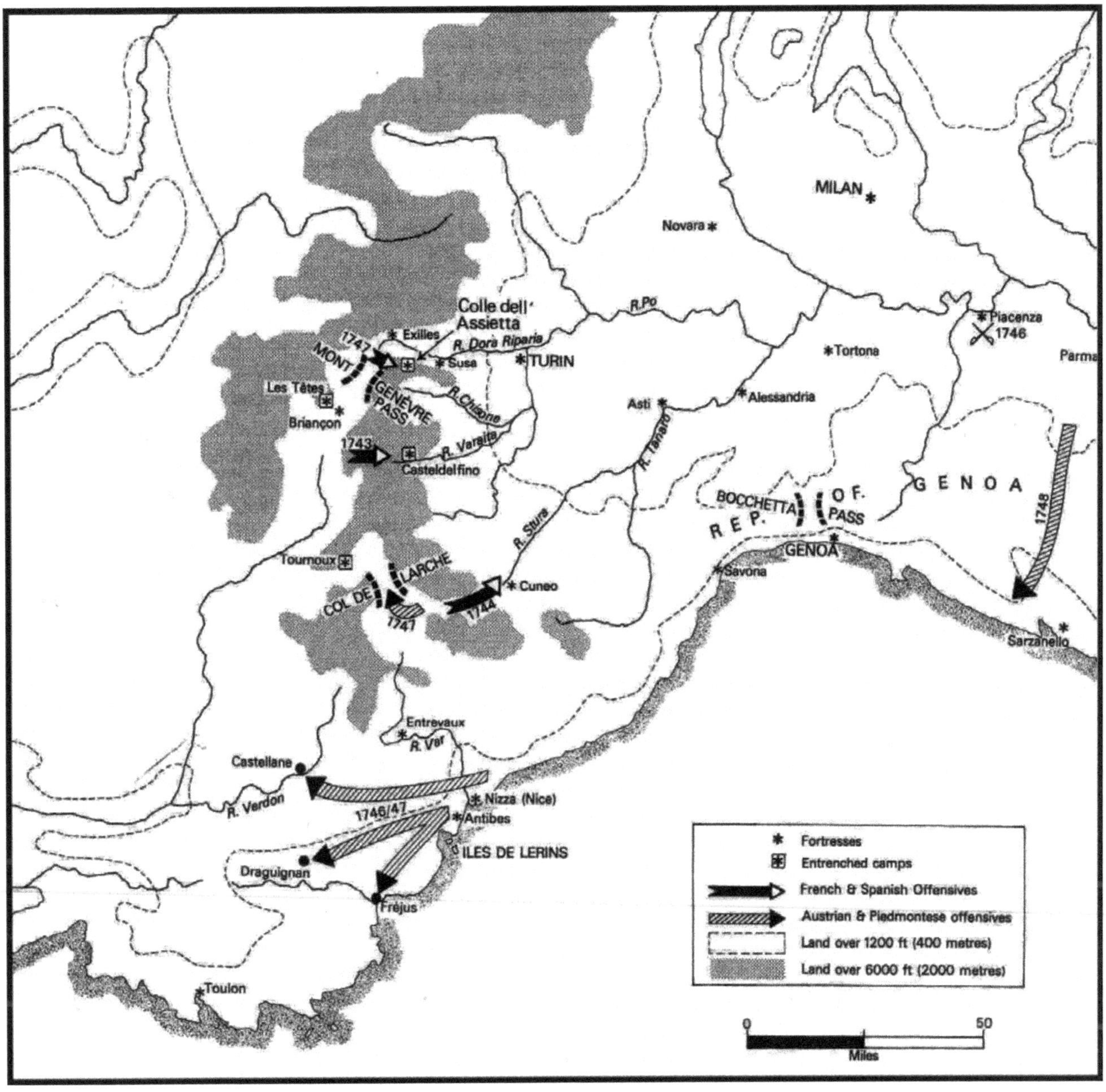

Le operazioni militari svolte sull'arco alpino occidentale durante la Guerra di Successione Austriaca:

- 1743, ottobre: attacco spagnolo sulle posizioni piemontesi di Casteldelfino;
- 1744, giugno-ottobre: campagna franco-spagnola nelle valli cuneesi e assedio di Cuneo;
- 1745, estate: attacco francese all'alta valle di Susa e assedio di Exilles;
- 1746-1747: campagna austro-piemontese in Provenza;
- 1747, luglio: attacco francese all'alta valle di Susa e battaglia dell'Assietta

(da DUFFY 1985)

Fig. 3

Carta delle alte e medie valli di Stura e Gesso a monte della piazzaforte della Cuneo (1750, AS.TORiunite, Ministero delle Finanze, Tipi Sez. II, n. 366/8/5; da VIGLINO 1989)

Fig. 4

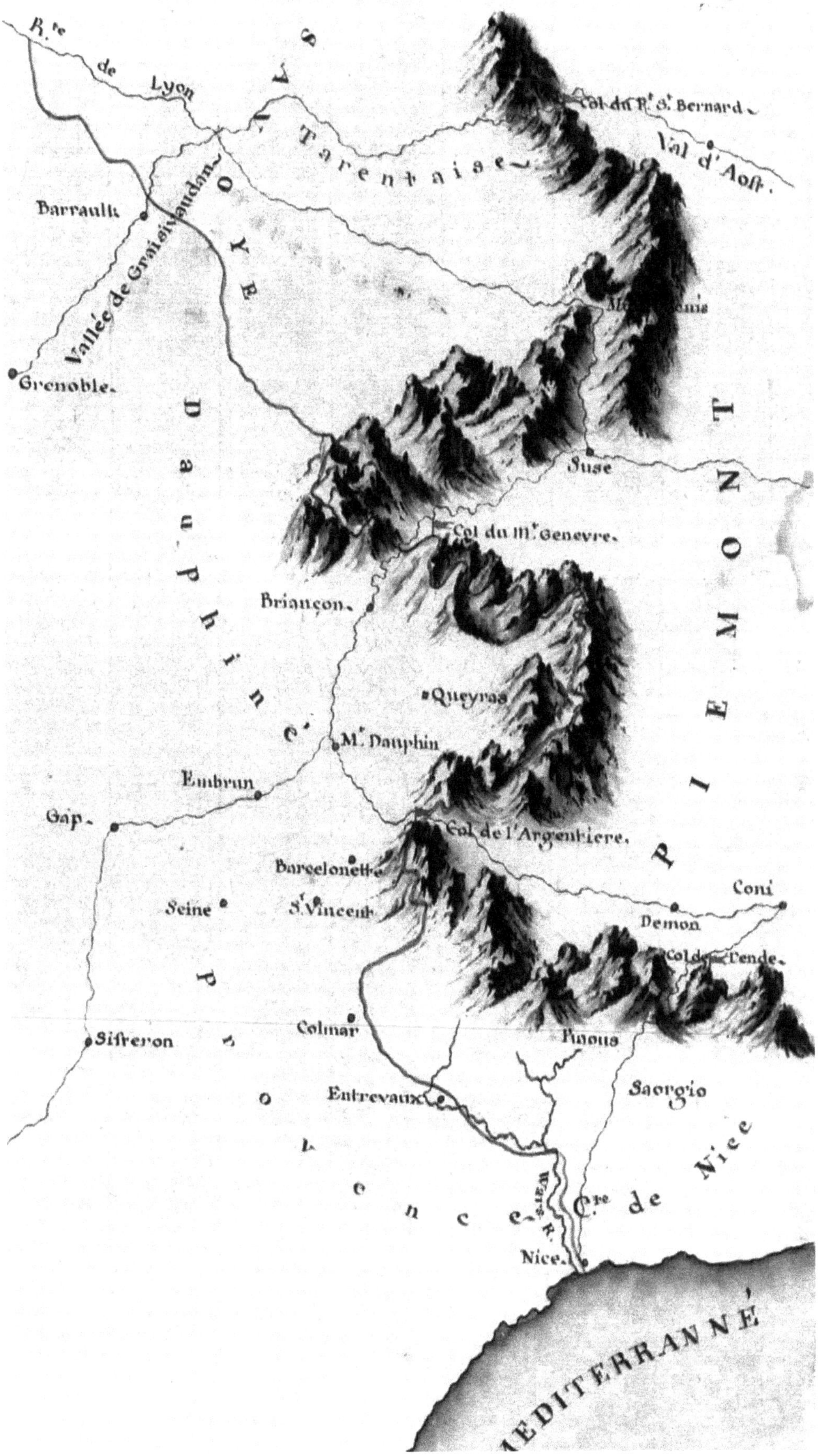

Carta dell'arco alpino occidentale con i principali colli transitabili dall'artiglieria (s.d., AS.TOCorte, Carte topografiche e disegni, Carte topografiche segrete, *Piemonte* 5 A IV rosso, foglio 1; da VIGLINO 1989)

Fig. 5

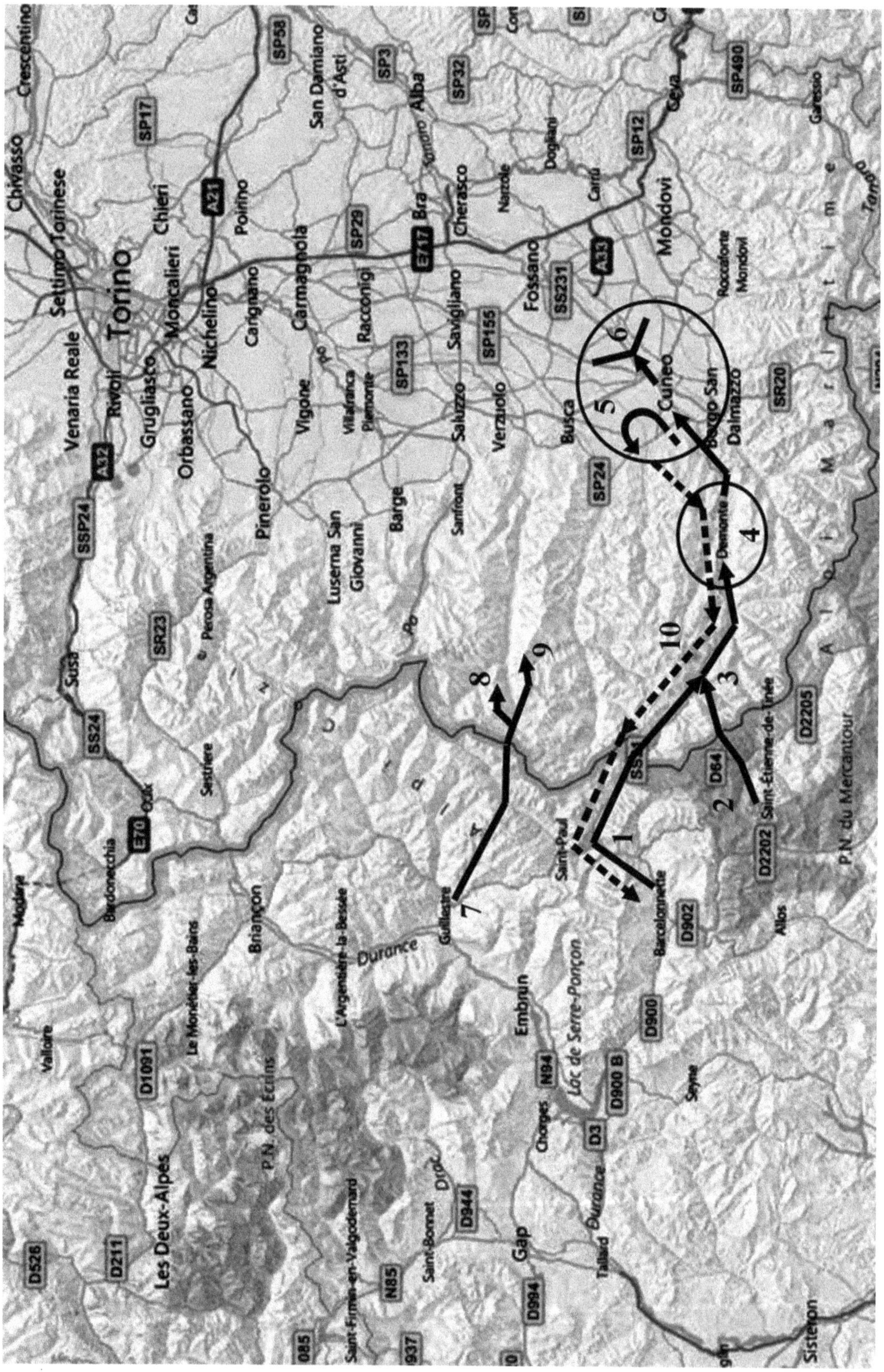

Carta generale della campagna del 1744: 1) giugno in 17 luglio, avvio della campagna e attacco principale gallispano in valle Stura di Demonte frontalmente alle Barricate; 2) giugno in 17 luglio attacco diversivo gallispano dalla val Tinée alla spalle delle Barricate; 3) 17-26 luglio, avanzata gallispana su Vinadio e ripiegamento sabaudo su Demonte; 4) agosto, ripiegamento sabaudo su Cuneo e assedio gallispano di Demonte; 5) settembre in 22 ottobre, assedio gallispano di Cuneo; 6) 30 settembre, battaglia di Madonna dell'Olmo; 7) 16 luglio, avvio dell'attacco gallispano diversivo in valle Varaita; 8) 19 luglio, battaglia di Pietralunga; 9) 18 luglio, attacco al colle della Bicocca; 10) fine ottobre, ritirata gallispana da Cuneo in Delfinato (elaborazione Sconfienza)

Fig. 6

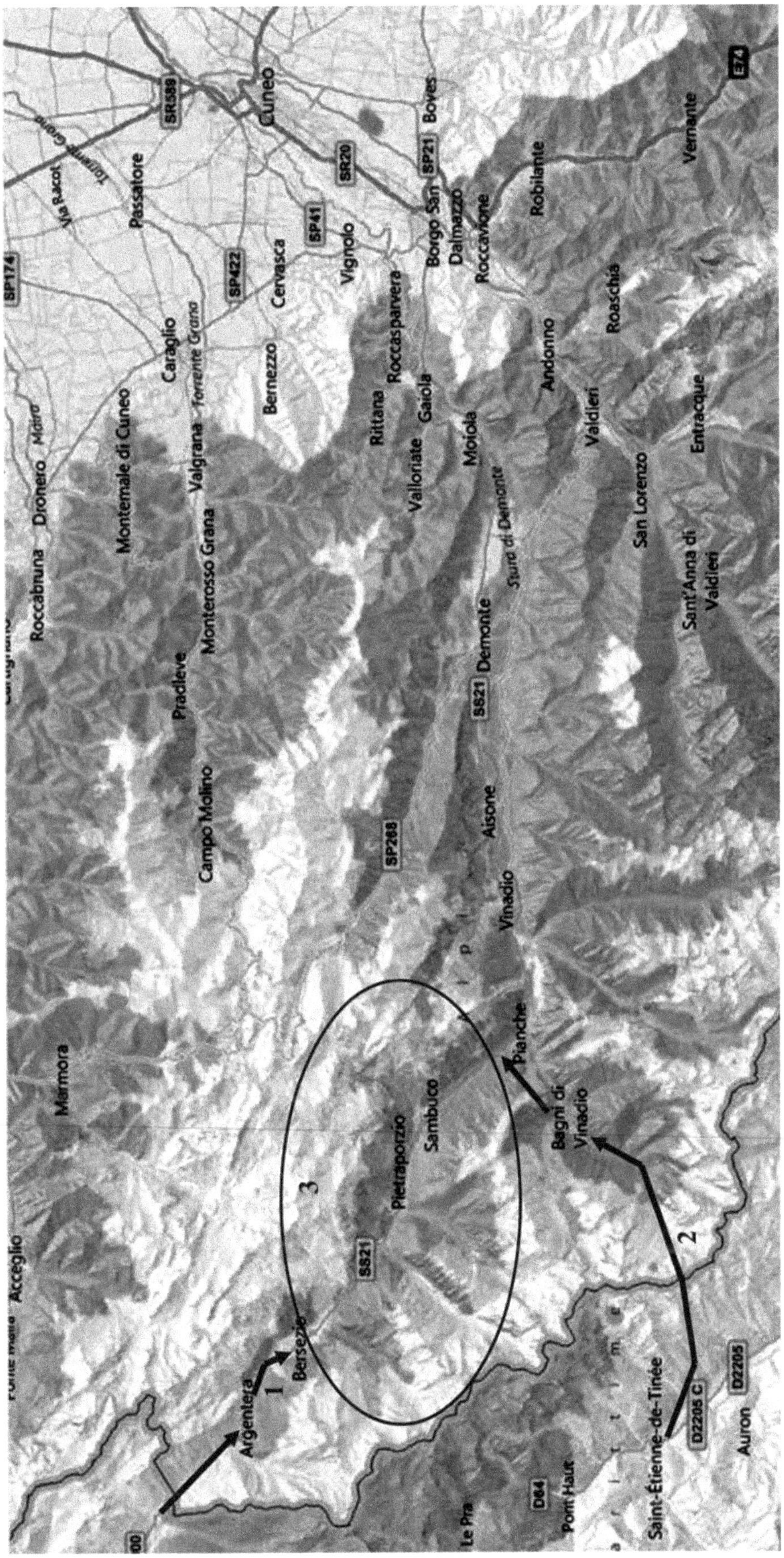

Avvio della campagna del 1744: 1) giugno in 17 luglio, superamento del colle dell'Argentera e attacco principale gallispano in valle Stura di Demonte frontalmente alle Barricate; 2) giugno in 17 luglio attacco diversivo gallispano dalla val Tinée alla spalle delle Barricate; 3) area fra Bersezio e Bagni di Vinadio destinata al dispositivo difensivo piemontese di prima linea in valle Stura di Demonte con le Barricate in bassa valle e le opere campali in quota alla destra e alla sinistra della Stura (elaborazione Sconfienza)

Fig. 7

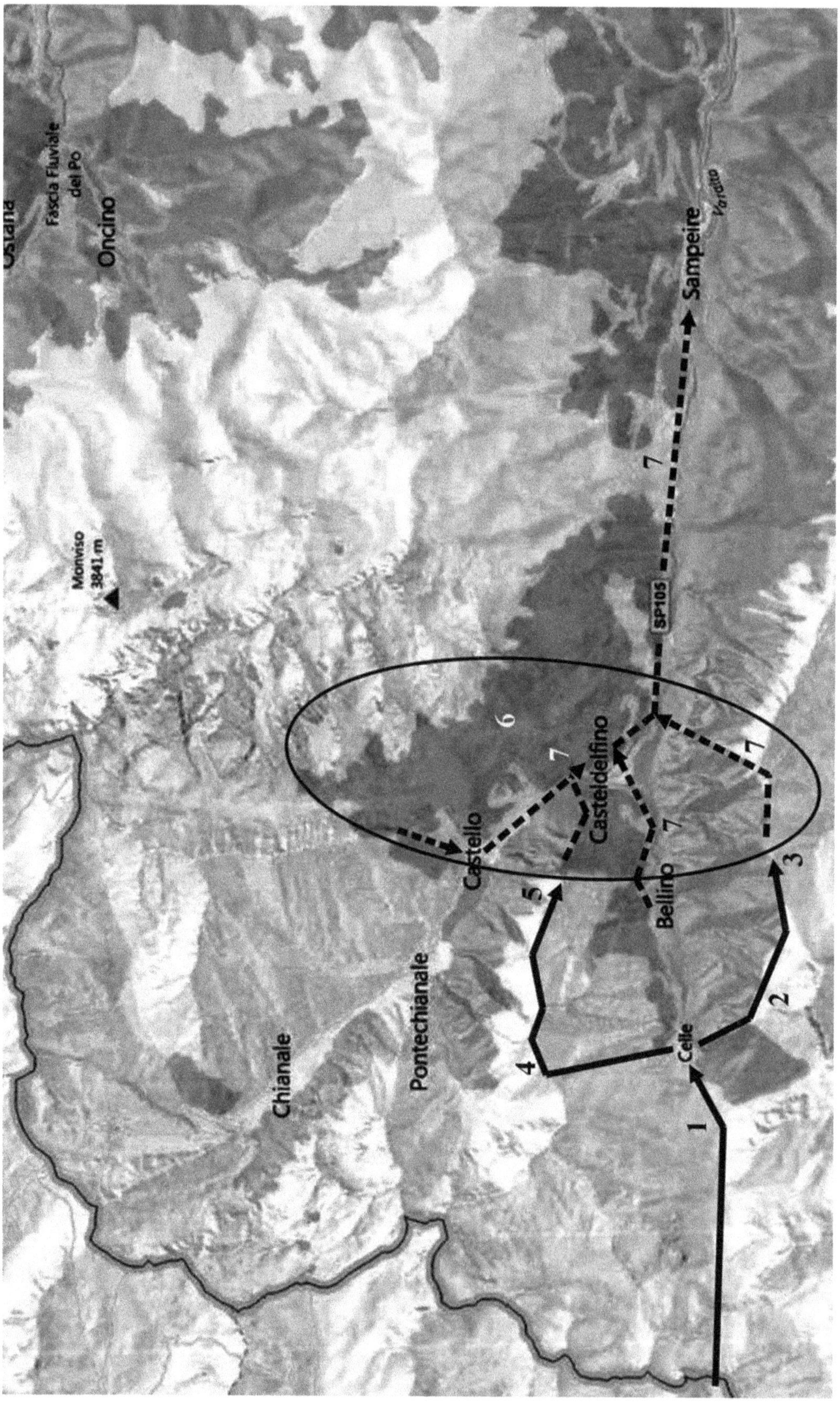

La diversione del terzo e quarto corpo d'invasione gallispani in valle Varaita nel 1744: 1) 16 luglio, avanzata oltre la testata della Varaita di bellino sulla borgata Sant'Anna; 2) 17 luglio, avanzata della colonna spagnola del marchese di Camposanto sulla dorsale del Pelvo d'Elva; 3) 18 luglio, attacco del marchese di Camposanto alle posizioni sabaude del colle della Bicocca; 4) 17-18 luglio, avanzata sul monte Pietralunga della colonna francese del balivo de Givry; 5) 19 luglio, attacco del de Givry alle posizioni del monte Passet, noto come monte Cavallo; 6) area del dispositivo difensivo sabaudo fra le Varaite di Chianale e Bellino dal vallone di Vallanta alla dorsale del Pelvo d'Elva; 7) ripiegamento delle forze piemontesi su Sampeire dalla sera del 19 luglio (elaborazione Sconfienza)

CAPITOLO 2

La battaglia di Pietralunga, 16-19 luglio 1744
Analisi storico-militare e nuovi risultati

Bruno Pauvert

La battaglia combattuta il 19 luglio 1744 dalle forze sabaude e gallispane sulla dorsale di Pietralunga, fra le valli delle due Varaite di Bellino e di Chianale, costituisce il primo importante scontro della campagna alpina di quell'anno.

I risultati delle nuove ricerche, intraprese da diversi anni di studio documentario, nonché verificate con osservazione autoptica sul terreno, sono stati raccolti in occasione del convegno svoltosi a Torino nel mese di novembre del 2005 e vengono qui presentati. Il contributo riporta innanzitutto i passi più significativi delle fonti storiche in sequenza cronologica, dal 16 al 19 luglio 1744; segue poi il resoconto delle ricerche compiute e dei risultati conseguiti.

La voce delle fonti

Tutte le relazioni dell'avvenimento sono scritte in francese, tranne le *Memorie* del conte Galleani d'Agliano, pubblicate in italiano nel 1840. Le traduzioni in italiano sono opera dell'autore, ad eccezione delle citazioni dell'anonimo capitano del reggimento di Poitou, per le quali si è utilizzata la traduzione presente in CHOMON RUIZ 1971.

§ *Elenco delle fonti*

I testi tratti dai documenti dell'epoca sono indicati secondo l'abbreviazione presente nella sezione bibliografica del presente volume e corrispondono a:

- BOURCET 1775
Luogotenente generale Pierre de Bourcet, nel 1744 ingegnere adetto allo stato maggioe del principe di Conti con funzioni di vice-maresciallo d'alloggio. Le citazioni tratte dai *Principes de la guerre de montagnes* appartengono all'*Exemple XIII. Passage des Alpes - 1744.*

- DESGUERN 1744
Signor Desguern, membro dello Stato maggiore del principe di Conti, che invia dalla zona d'operazioni il 13 luglio 1744 una lettera al conte d'Argenson, segretario di stato per la guerra.

- *Du Camp de S.t Pierre* 1744
Giornale dello stato maggiore sabaudo in val Varaita del 20 luglio 1744.

- GALLEANI D'AGLIANO 1840
Conte Galleani d'Agliano, ufficiale dei dragoni nel 1744, distaccato sul colle di Sampeyre agli ordini del marchese di San Germano.

- *Lettre du Capitaine* 1744
Anonimo capitano francese del reggimento di Poitou, comandante del secondo battaglione e presente alla battaglia di Pietralunga.

- MINUTOLI s.d.b
Abate Daniele Minutoli già capitano nel reggimento Guibert in servizio presso il Re di Sardegna, presente ai combattimenti in valle Varaita nel 1744.

- ROY DE VAQUIÈRES 1745
Ingegnere addetto alla divisione de Givry nel 1744, presente alla battaglia di Pietralunga.

- SAINT SIMON 1770
Marchese Henri de Saint Simon, aiutante di campo del principe di Conti durante la campagna del 1744.

- *Suite* 1744
Giornale dello stato maggiore sabaudo in val Varaita del 17 luglio 1744.

- THOLOSAN 1777
Don Bernard THOLOSAN, parroco di Chianale nel 1744 e autore delle *Memorie storiche sui fatti d'arme occorsi nella valle di Vraita nella guerra del 1742.*

Sono stati inoltre utilizzati alcuni passi stralciati da tre relazioni francesi redatte in quei giorni e intercettate dai Piemontesi, sempre conservate in AS.TOCorte, Materie Militari, *Imprese Militari*, Mazzo 3 d'addizione e abbreviate unicamente con ***Relazioni fr.* 1744**[1].

§ *16 luglio 1744, preliminari*

Presa di contatto

MINUTOLI s.d.b
[...] e [in effetti ... apparvero] il giorno 16 su quelle [alture, *scil.*] di Longet; la guardia che ivi avevamo ci diede avviso e si ritirò alla Gardette [Sant'Anna, *scil.*]

[1] Si tratta di:
- *Relation de la prise des Barricades*
- *Relation de l'action du 19 juillet aux retranchements de la redoute de Bellins*
- *Du 21 du camp sur le col Longuet*

che si trova ai piedi; la abbandonammo lo stesso giorno e le truppe che avevamo in questa zona si riunirono al casale di Chiazale con quelle che il tenente colonnello Roi aveva a Bondormir, dove anche lui si recò

THOLOSAN 1777

Il sedici dunque la divisione francese comandata dal balivo di Givry attaccò la guardia del Chayol, dopo di alcuni colpi di fucile questi soldati scapparono e per questa giornata i micheletti inseguirono i nostri fino alla Gardette

ROY DE VAQUIÈRES 1745

L'avanguardia arrivò, il 16, a portata del paese della Gardette, che le due compagnie dei granatieri di Poitou avevano ricevuto ordine di riconoscere alcune ore prima e che i nemici abbandonarono al loro avvicinamento, ma che [ri]attaccarono poco tempo dopo in forza; ciò costrinse i granatieri, che erano stati inviati soltanto per riconoscere il posto, a ritirarsi e a ritornare presso l'avanguardia [...]

***Lettre du Capitaine* 1744**

In questa vallata, cinquecento Piemontesi presidiavano una borgata chiamata La Gardette; qui aprimmo le ostilità. Il giorno 16 riuscimmo a sbaragliare le avanguardie e a farle ritirare precipitosamente

Bivacco notturno

MINUTOLI s.d.b

Il giorno 16 il nemico si accampò al di qua del colle

THOLOSAN 1777

La notte dal giorno seidici al giorno diciassette i Francesi si accamparono a Chayol e i nostri rimasero alla Gardette

***Lettre du Capitaine* 1744**

[...] scendendo dal piano di Ceiol, dove eravamo accampati [...]

§ *17 luglio 1744, attacco a Sant'Anna*

Preparativi dell'azione

***Suite* 1744**

Un terzo corpo è disceso nella valle di Bellino e stamattina si è avvicinato ai nostri posti avanzati. Non si può ancora conoscere la sua forza, né se ha intenzione di agire veramente contro Bellino, o se è andato lì soltanto per tenerci in scacco e impedire che volgiamo dei soccorsi verso Demonte, mentre gli altri corpi operano da quella parte. Il Re in quest'incertezza non ha mancato di fare passare a Bellino parecchi battaglioni che erano a Ponte, affinché si oppongano ai tentativi che i nemici potrebbero fare in un modo o in un altro.

MINUTOLI s.d.b

Il giorno 17 in mattinata [il corpo francese, *scil.*] si fece vedere in questo posto, il signor Roi inviò avviso di ciò al generale Guibert a Bellino, e quello vi fece marciare subito i granatieri e i picchetti con dei carabinieri; formò così un corpo di 1000 uomini [...]

***Du Camp de S.t Pierre* 1744**

[...] e circa alle due del pomeriggio, attaccò [...] i nostri granatieri, picchetti e carabinieri, appostati sulle alture a destra e a sinistra della valle [...] questo corpo di circa 800-900 uomini [...]

GALLEANI D'AGLIANO 1840

Il corpo comandato dal balio di Givri si era avanzato verso le parti di Bellino, e nel mentre che il marchese di Camposanto aveva cominciato il suo attacco, era pure anch'egli venuto ad assalire i trinceramenti che avevamo a Selle[2]. Stava alla guardia di quelli il signor Leroi[3], svizzero, luogotenente colonnello, con seicento soldati tra granatieri e picchetti, e, sulla nuova che fosse vicino ad essere attaccato, gli furono mandati trecento carabinieri a piedi di rinforzo [...]

SAINT SIMON 1770

I 1500 uomini distaccati, che marciavano con una buona guida alla loro testa, arrivarono il giorno 17 abbastanza tardi vicino al casale della Gardette all'entrata della valle di Bellino e ai piedi della montagna di Combes [...]

ROY DE VAQUIÈRES 1745

[...] il resto della colonna e il generale, che vi arrivarono il giorno 17 nella mattina; qui si diedero dapprima le disposizioni per l'attacco delle truppe che erano in battaglia sulla montagna delle Combes e nelle case ai piedi di questa montagna, sopra un pianoro che proteggeva davanti il paese della Gardette [...]

***Lettre du Capitaine* 1744**

[...] scendendo dal piano di Ceiol, dove eravamo accampati, attaccammo il 17 di mattina alle sei e tre quarti [...]

***Relazioni fr.* 1744**

Il signor balivo de Givry che comandava il corpo della Traversière fece attaccare il giorno 17 il paese della Gardette, posto trincerato davanti alla valle di Bellino, da un distaccamento di 150 uomini sostenuti da una brigata di fanteria [...]

Svolgimento del combattimento

***Suite* 1744**

Nel contempo, cioè un quarto d'ora dopo mezzogiorno, il Re ha appena saputo che il corpo appena entrato nella valle di Bellino ha attaccato i nostri piccoli posti avanzati, i quali, dopo aver sparato per un po' di tempo, hanno ripiegato. Continuando a rinforzarsi i nemici su questo lato Sua Maestà monta a cavallo alle due per vedere cosa avviene in Bellino

***Lettre du Capitaine* 1744**

[... questo corpo, *scil.*] sostenne per oltre due ore un combattimento impari e molto vivace. Il distaccamento che custodiva il vallone di Bondormir, essendo sceso per sostenere quest'attacco, non fece in tempo a risalirvi e lo lasciò incustodito. Il signor de Guibert vedendo che i nemici si impadronivano delle alture superiori fece ritirare le truppe nei trinceramenti. Si ebbero alcuni [soldati, *scil.*] uccisi, feriti e prigionieri, ma i nemici ammettono di aver avuto perdite maggiori di noi

[2] La confusione del d'Agliano dimostra che egli aveva soltanto una conoscenza di seconda mano dell'avvenimento. Non c'era nessun trinceramento a Celle.

[3] Si tratta di Pierre Antoine Louis Roi de Romainmôtier, *infra* nota 37.

MINUTOLI s.d.b
[i 300 carabinieri, *scil.*] erano appena arrivati che l'attacco cominciò, esso fu vivo e tenemmo oltre due ore malgrado la disparità di forze; mancando infine le munizioni e assaliti da truppe superiori che si rinnovavano senza posa, i nostri furono costretti di ritirarsi dietro ai trinceramenti di Bellino; avevamo perduto oltre 300 uomini tra uccisi, feriti e prigionieri; in queste due ultime categorie c'erano parecchi ufficiali [...]
GALLEANI D'AGLIANO 1840
[il tenente colonnello Roi, *scil.*] fu alla fine obbligato a precipitare il suo passo all'apparire di una forte colonna, la quale, scendendo giù di un colle da un'altra parte, veniva a serrargli ogni campo, se non si risolveva ad affrettarsi maggiormente; e questo si fu il motivo per cui non poté evitare di fare una perdita assai considerevole, e massimamente alla retroguardia, alla quale erano stati destinati i carabinieri
THOLOSAN 1777
La mattina il nemico fece tre colonne, una passò ai piedi delle Reichasses[4], l'altra al Laiséré[5] e la terza al Melezé[6] ; questa colonna del Melezé incontrò i nostri carabinieri e lì fu fatta una grande sparatoria da entrambe le parti, infine i nostri furono costretti ad abbandonare il posto [...]
SAINT SIMON 1770
I Piemontesi avevano un numero di soldati uguale a quelli del distaccamento, ma i loro erano nelle case che avevano merlato, e da dove fecero fuoco sui Francesi appena li videro a portata [...] lo Chevert non esitò ad attaccare queste case con vigore. I suoi granatieri espugnarono con difficoltà la prima casa, ma ne rimanevano altre nove o dieci che i Piemontesi si preparavano a difendere con valore. Comunque lo Chevert non si scoraggiò: fortunatamente per lui il conte di Danois arrivò seguito dalla brigata di Poitou. Chevert, cedendogli il terreno, si portò di fianco[7] per tagliare la ritirata ai nemici; essi si accorsero del suo intento e vollero prevenirlo ritirandosi, ma lo fecero assai in disordine e furono caricati così vigorosamente che perdettero molti uomini; si fecero di loro duecento prigionieri, tra i cuali vi erano un maggiore e dodici capitani o tenenti
***Lettre du Capitaine* 1744**
La situazione si fece subito incandescente e durò fino a mezzogiorno; subimmo parecchie perdite senza ottenere alcun successo, allorché la posizione ci fu ceduta. I prigionieri che facemmo ci sorpresero non poco affermando che il colonnello Roy, di un reggimento bernese, aveva avuto ordine di ritirarsi essendo rimasto senza munizioni [...] tale ritirata ci diede respiro [...] sebbene questo piccolo scontro ci avesse causato la perdita di un centinaio di uomini tra morti e feriti.
ROY DE VAQUIÈRES 1745
La sorpresa che si era fatta al paese della Gardetta, che i nemici tornati in forza riconquistarono subito [...] li costrinse a schierarsi in difesa sulla montagna delle Combe e nelle case che si trovavano davanti, sul pianoro ai piedi della montagna; queste, grazie alla loro posizione e allo stesso allineamento, aumentavano la difesa che sarebbe stata più vigorosa, se non avessimo preso la precauzione di aggirare la cresta di questa montagna dalle alture di sinistra che ne segnavano gli strapiombi; la qual cosa fece loro [ai piemontesi, *scil.*] temere di avere la ritirata tagliata e li costrinse a cedere la cresta della montagna, le case del pianoro e il paese della Gardette, più giù e più avanti, che rimaneva senza protezione, così come quello di Chazal

Proseguimento dell'azione: conquista del colle di Bondormir e del monte Pietralunga

MINUTOLI s.d.b
[...] e il nemico andò occupare il posto di Bondormir[8], rupe scosesa che strapiomba la montagna di Pierre Longe[9] [...]
GALLEANI D'AGLIANO 1840
Dopo avere avuto un tale vantaggio vennero i nemici ad attaccare i trinceramenti di Buondormi, posto che i nostri venivano di ben provvedere di gente, per ivi far argine all'impeto de'nemici, furono quivi ancora mandate quelle compagnie di carabinieri, che avevano il meno sofferto, le quali furono in quel sito di molto maggior uso [...]
THOLOSAN 1777
[la colonna, *scil.*] del Laiseré sconfiss le nostre milizie e quelle valdesi con alcune truppe di ordinanza, in tal modo che scese intera alle Celles. La colonna delle Reichasses, dopo aver incendiato tutte le grange delle Combès andò ad attaccare Bondormir; passando ai piedi della Rocca Ferra venne ad attaccare il posto di Bondormir, dove dopo una viva resistenza da parte delle nostre truppe, si rese padrona del posto e salì su Pierre Longue; l'altra colonna venendo dalle Celles passò intorno e si recò con le altre a Pietralunga [...] Tutte le nostre truppe che erano al fondo valle di Bellino si recarono chi alla Bicocca chi all'accampamento delle Espeyrasses e i Francesi erano su Pietralunga. Essendo saltato in aria il ponte di comunicazione, i nostri bloccavano con fermezza sotto Pietralunga come discendere [...]
SAINT SIMON 1770
La colonna continuò la sua strada e venne sulle alture di Bondormi di fronte ai trinceramenti di Peyre-Longue. Non dipese dal focoso Chevert se non furono attaccati senza indugio: egli fece la proposta al balivo de Givry, che gli rispose di voler prima tenere un consiglio di guerra.

---

4 Grange di Reisassa, nel vallone a nord di Sant'Anna. Si tratta dell'aggiramento svolto dal brigadiere Chevert sulle pendici a nord di questo casale, in direzione delle grange di Combe, salendo fino al livello delle quote m 2050-2100 s.l.m., prima di proseguire la sua avanzata verso il colle di Bondormir.

5 Luogo detto l'Aisere, si tratta di un bosco sulla riva destra del torrente Varaita di Bellino, 1 chilometro a valle di Sant'Anna.

6 Casale di fronte al luogo detto l'Aisere, sulla riva sinistra.

7 In CHOMON RUIZ 1971 si scrive erroneamente alla pagina 308 «sulla destra». Il marchese di Saint Simon scrive soltanto «se porta de côté» (SAINT SIMON 1770, p. 77).

8 Ovvero il monte Pietralunga.

9 Ovvero il crinale Battagliola-Monte Cavallo.

ROY DE VAQUIÈRES 1745
Il vantaggio della giornata del 17, divenendo noi padroni delle alture, nonché del paese di Chazal, permise di fare arrivare una parte della colonna dalla montagna di Bonpied[10] alla Rocca di Bondormir [...] L'altra parte della colonna marciò dal cammino della valle per unirsi a metà dell'altura, avendo così il vantaggio di arrivare insieme sull'altura della rocca di Bondormir, donde i nemici si ritirarono alla vista delle avanguardie, rovinando il loro ponte di comunicazione dalla rocca di Bondormir alla ridotta di Pierre Longue [...]

Preparativi del marchese di Camposanto

THOLOSAN 1777
Dalle parti degli Ubac[11] la divisione spagnola [...] passò da pian Moret[12], da là agli Alpiols e da là al cros del Pelvo [...]
SAINT SIMON 1770
[il marchese di Camposanto] si recò ai piedi del monte Morel[13] che scalò a stento senza seguire né cammino né sentiero; da là, salì sulla cresta di Peirol[14], una delle più elevate delle Alpi: scorse davanti a sè, sulla montagna di Castro[15], sette battaglioni piemontesi in un campo trincerato. Vide nello stesso tempo un altro corpo di Piemontesi, quattro battaglioni, accampati nella valle, vicino al paese di Bellino. Passò la notte del giorno 17 sulla cresta del Peirol [...]

§ 18 luglio 1744, attacco al colle della Bicocca e preparativi per l'attacco a Monte Cavallo

Il marchese di Camposanto attacca la Bicocca

***Du Camp de S.t Pierre* 1744**
Il giorno 18 i nemici lanciarono sulla loro destra le trentatrè compagnie di granatieri e i due battaglioni spagnoli che, comandati dal marchese di Camposanto, attaccarono in colonna una delle frecce della montagna della Bicocca, dove 200 uomini sostennero i loro sforzi e questi stessi, sostenuti dai picchetti superiori, li respinsero e ne fecero perfino alcuni prigionieri
MINUTOLI s.d.b
Il marchese di Camposanto con la sua colonna di trenta compagnie di granatieri e due battaglioni di Toledo, venne nel contempo dalle alture di Elva al nostro trinceramento davanti alla Bicocca, dov'era accampato il corpo agli ordini del generale de Corbeau, e dopo alcune ore di combattimento venne respinto con perdite e gli facemmo prigioniero un ufficiale
GALLEANI D'AGLIANO 1840
Venne nel medesimo tempo il marchese di Camposanto a mostrarsi sopra un colle in faccia al posto della Bicocca, e portossi subito ad assalire i nostri trinceramenti, ma ciò che fu fatto con un fuoco molto lento, e con una tiepidezza tale, che, rispondendogli i nostri con assai più di vivacità, dopo di un'ora che durò l'attacco, si ritirò sul colle d'onde era disceso, e accampòssi colla sua gente in vista de' nostri
SAINT SIMON 1770
[il marchese di Camposanto, *scil.*] non si propose di forzarlo [il campo dei sette battaglioni nei pressi del monte Castro, *scil.*], essendo inferiore in numero a quelli che lo difendevano, ma fece per tutta la giornata del 18 diversi movimenti che, fissando l'attenzione di queste truppe, diedero loro fastidio e impedirono di portarsi in soccorso dei trinceramenti di Pietralunga, che vedevano attaccati. Alla sera, scese di nuovo dal monte Castro e risalì sulla cresta di Peirol[16]. I Piemontesi, che potevano tagliargli la ritirata dalla sinistra, passando al coperto nelle gole che si collegavano al loro campo, si buttarono sulla loro destra e si recarono a Sampeyre, due leghe a valle di Casteldelfino

Preparativi per l'azione contro Monte Cavallo

***Du Camp de S.t Pierre* 1744**
La sera dal giorno 18 al 19 i nemici fecero montare dal vallone di Bondormir i dieci battaglioni francesi comandati dal balivo de Givry [...]
MINUTOLI s.d.b
Tuttavia la notte dal giorno 18 al 19 il balivo con la sua colonna di dieci dieci battaglioni francesi, dopo aver fatto allargare tanto che il tempo e le situazioni glielo permisero un sentiero angusto che passa sotto la rocca di Bondormir per arrivare dalla Chanal a Pierrelonge, vi comparve dal mattino con le sue truppe [...]
THOLOSAN 1777
[...] nella notte dal giorno 16 al giorno 17, che era di sabato venendo a domenica[17], si valutò che era possibile fare un sentiero attraverso il vallonetto di Pietralunga dal versante di Ponte: si fece dunque un sentiero a zig-zag sull'inverso che scende sui Maits[18], si lavorò al detto sentiero del vallonetto due ore prima

[10] Esiste sulla faccia nord del colle di Bondormir un toponimo paragonabile: la località detta Bandia, contrafforte che termina alla quota m 2758 s.l.m. che strapiomba da 100 metri sul colle a nord-nord/est.
[11] «Ubac» ovvero il versante all'ombra.
[12] Verosimilmente la Costa Prà Morel, settore boscoso sulla riva destra della Varaita di Bellino.
[13] Il monte Maurel (quota m 2605 s.l.m. sulla carta speciale IGN n. 8, quota m 2604 s.l.m. sulla carta IGC n. 106), che strapiomba sul pianoro del Melezè ad est del vallone di Camosciera. Quest'indicazione corrisponde a quella di don Tholosan, «la divisione spagnola passò da pian Moret».
[14] Evidentemente il monte Pelvo d'Elva (quota m 3060 s.l.m.).
[15] Non identificato. Logicamente può essere il monte Morfreid, 2 chilometri ad est del colle delle Bicocca, ma la mediocrità della pianta che figura in allegato all'opera del Saint Simon non permette comunque nessuna interpretazione precisa.
[16] Il due siti sono evidentemente invertiti.
[17] Confusione del Tholosan: il giorno 16 era giovedì e il 17 venerdì. Si tratta evidentemente del lavoro di apertura del sentiero condotto dall'ingegnere Roy de Vaquières, benché con un errore di data, infatti la maggior parte del lavoro venne effettuata il sabato 18 luglio. Si potrebbe al limite capire che fosse opera dei Piemontesi, ma a che scopo, e perché così tardi ? L'esercito sabaudo aveva già avuto tutto il tempo per creare le necessarie vie di comunicazione.
[18] Particolarità del dialetto vivaro-provenzale alpino, il cui significato esatto è sconosciuto, verosimilmente «pietraia» o «zona di frana». Questo toponimo di «Mait», o «Mayt», è abbastanza frequente nelle Alpi del sud, per esempio Punta Mait (quota m 3024 s.l.m.), sotto la Testa Malacosta a nord del colle dell'Autaret, la Mait di Pieng, nell'alta valle Pellice, ecc., e designa effettivamente tali aree di pietraie instabili.

del giorno, e fu costruito in tal modo che vi si passava a cavallo [...]

Roy de Vaquières 1745
Le assicurazioni che un pastore [preso da due giorni, *scil.*] diede, in base all'esperienza che aveva, sulla possibilità di aprire alla nostra sinistra un sentiero [...] ci indussero ad intraprenderlo subito. Fui incaricato fare tale sentiero con 600 uomini che mi vennero dati per questo lavoro, con il supporto del pastore che, servendomi da guida, cercava con me il posto del sentiero per schierarvi subito i soldati che seguivano [...] La ripidezza del terreno tutto franato, la sua instabilità o la sua pessima tenacia che lo faceva scivolare sotto ai piedi, non consistendo che in roccia marcita [...] non permettevano di far avanzare il lavoro ed ebbi soltanto il tempo, dalle ore quattro, di percorrerne la lunghezza e di avvicinarmi, quasi a notte, a 200 tese dalla cresta dove occorreva arrivare, per essere di ritorno all'accampamento verso le dieci di sera

§ *19 luglio 1744, attacco a Monte Cavallo*

Presa della Battagliola

***Du Camp de S.t Pierre* 1744**
Alcuni picchetti e carabinieri tentarono di contendere questo sbocco [ai piedi del massiccio di Pietralunga, *scil.*], e li [i Francesi, *scil.*] respinsero perfino due volte. Ma il fuoco che i nemici facevano dall'alto della rocca di Pierre Longe, che strapiomba, tenendoci lontani, protesse il loro passaggio. Forzarono un distaccamento e alcuni carabinieri, che difendevano la prima altura, il conte d'Oria vi fu ucciso.

Minutoli s.d.b
[il de Givry, *scil.*] vi [sotto la rocca di Bondormir, ovvero Pietralunga, *scil.*] comparve fin dal mattino con le sue truppe e, benché il generale Guibert in base ad un ordine scritto avesse fatto abbandonare questo posto al tenente colonnello Fatio, che lo teneva con 200 uomini, assicurando che ciò avveniva in seguito a un ordine simile ricevuto dal marchese d'Aix, le truppe francesi per arrivare al crinale di Pierre Longe furono costrette di sfilare uomo a uomo e furono respinte due volte dai nostri carabinieri e dai picchetti che li sostenevano. Ma il fuoco che partiva dalla rocca di Bondormir, che avevano presto occupato, e che prendeva di fianco quelli che erano avanzati per fermare il nemico e ci dominava assolutamente, cagionò molto danno ai nostri carabinieri e ai nostri picchetti, che dal baraccone vicino avevano marciato per sostenerli. Il cavalier Doria, tenente dei carabinieri di Monsignore, che li comandava fu ucciso con parecchi uomini della sua truppa, un picchetto di Roi ebbe il capitano di ferito [...]

Tholosan 1777
[...] era importante per i nostri conservare questo posto, ecco perché avanzarono fino ai piedi di Pietralunga e appena il nemico apparve sull'eminenza ai piedi di Pietralunga fecero un fuoco meraviglioso, ma alcuni micheletti che scesero alla Chaïte di Pietralunga li sopraffecero ed essendo stato terminato il sentiero la colonna [francese, *scil.*] sfondò, raggiunse la cresta sotto Pietralunga e furono di conseguenza padroni di questo luogo. Essendosi portata ai piedi di Pietralunga tutta la colonna francese, il cannone del fortino di Monte Cavallo cominciò a sparare, ma senza fare gran massacro; scesero dunque senza interruzione e in buon ordine fino al posto della Battagliola, dove i nostri avevano ancora una ridotta. Venne espugnata senza perdite ed essi [i Piemontesi, *scil.*] l'abbandonarono dopo aver fatto una scarica contro il nemico [...] lì [alla Battagliola, *scil.*] i Francesi fecero una sosta di due ore ed essendo giorno di domenica ci hanno riferito che dissero la messa sul clot della Battagliola e, dopo essersi rinfrescati un po', continuarono la loro strada lungo la dorsale che va verso Monte Cavallo; essendo arrivati sulla punta delle creste degli Chaussards[19] fecero ancora una seconda sosta

Saint Simon 1770
I 1500 uomini distaccati dovevano restare agli ordini del brigadiere Chevert e preparare l'attacco impadronendosi di una gola dove non si poteva passare che uno ad uno; essa terminava su uno scoglio scarpato, dal quale occorreva saltare due piedi più in basso, sopra un suolo in pendenza e scivolosissimo. Quattrocento granatieri piemontesi appostati sul fianco di questa rupe custodivano questo passaggio [...] L'intrepido Chevert radunando quelli che poté [...] fece inastare la baionetta a quelli che lo seguivano e [...] piombò su questi quattrocento granatieri che, temendo di non essere sostenuti[20] [...] si ritirarono in gran confusione verso la ridotta del barracone: si sentivano inseguiti con tanta vivacità che non osarono fermarvisi, benché essa fosse in stato di difesa; trascinarono perfino nella loro fuga quelli che la custodivano. I Francesi li inseguirono senza posa e entrarono alla rinfusa con loro in una seconda ridotta, dove uccisero molta gente, non perché non vi ci si battesse, ma perché erano intralciati nella fuga dall'entrata e dall'uscita angusta della ridotta.

***Lettre du Capitaine* 1744**
Finalmente spuntò l'alba del 19 e ci incamminammo per costringere il nemico a consegnarci la prima fortificazione di Pietralunga[21], era da quella che si doveva incominciare. I nostri soldati si arrampicarono come poterono e molti ufficiali rinunciarono all'azione per imperizia. Noi fummo sostenuti dal fuoco dei nostri carabinieri, che dominavano il nemico, e, quando riuscimmo a conquistare la cresta, li [i Piemontesi, *scil.*] attaccammo dall'alto e di fianco e non avemmo più gran difficoltà a rovesciare i primi picchetti che resistettero poi a lungo facendoci guadagnare il terreno

[19] Su quest'argomento si veda *infra* § *La localizzazione esatta della ridotta detta «di Monte Cavallo».*

[20] Il marchese de Saint-Simon, un po' sopra, sembra confondere l'assalto della Battagliola e quello della ridotta principale, evocando «una nebbia fitta» che nascose 'avanzata di Chevert e impedì il tiro dei cannoni. La nebbia non è menzionata da nessun altro commentatore nell'episodio della presa della ridotta della Battagliola, che del resto non era provvista di cannoni.

[21] In Chomon Ruiz 1971 si osservava erroneamente «sul colle di Bondormir», che invece era già stato preso dal pomeriggio del venerdì 17 luglio.

pollice a pollice [...] ci riunimmo perciò tutti sul colle[22] e marciammo in seguito verso la cresta di Pietralunga dove credevamo di trovare altri nemici, ma questi si erano giù ritirati [...]

Roy de Vaquières 1745

[...] le armi che avevo fatto dare ai lavoranti impedirono loro [ai Piemontesi, *scil.*] di uscire dalla rupe, dietro la quale erano per così dire trincerati in numero di 400 granatieri e donde fecero un fuoco continuo per molestare i lavoranti che esortai di risponder loro con le armi che portavano; cosa che li contenette abbastanza, affinché non osassero avanzare, e diede alla truppa dei granatieri [francesi, *scil.*] il tempo di arrivare, di schierarsi e di piombare su quelli; ciò li mise in rotta e fece loro abbandonare questa roccia e subito le due prime ridotte o baracconi, delle quali fummo padroni alle ore 8 della mattina, e altrettanto dell'accampamento [dell'Espeirase, *scil.*] dei nemici, che era a portata

Il marchese di Camposanto in sostegno a sud

Tholosan 1777

[...] la divisione spagnola passò [...] da là sul colle di Luc[23] dove essi attaccarono [*sic*] i nostri alla Tana[24] e lì rimasero, finché la divisione francese non avesse eseguito il suo disegno

Saint Simon 1770

Il marchese di Camposanto ritornò di nuovo il giorno 19 sul monte Castro, ma, avendo trovato il campo dei nemici abbandonato, lo fece occupare dai suoi cinque battaglioni e ne fece perfezionare i trinceramenti

L'attacco alla grande ridotta

***Du Camp de S.t Pierre* 1744**

Verso le ore tre e un quarto [i Francesi, *scil.*] avanzarono fino alla ridotta senza sparare, dove furono messi un po' in disordine dal fuoco dei due pezzi di nuova invenzione del signor Bertola. Ma, essendosi allora levata una nebbia fitta, si lanciarono con vigore sulla berma della prima opera; essendo stato messo fuori combattimento l'ufficiale che faceva operare questi due pezzi, i nemici approfittarono del momento in cui la nebbia fece cessare il loro fuoco, saltarono nel cammino coperto e se ne resero padroni. Il colonnello Roguin fu ucciso allora [...] Era trascorsa quasi un'ora e mezzo da che i nemici, che si erano gettati nel cammino coperto, vi si mantenevano, quando il signor du Verger li caricò con la spada alla mano, li cacciò e riprese i due pezzi [del Bertola, *scil.*]. Il marchese di Seyssel, aiutante di campo del Re fu ucciso in quest'attacco

Minutoli s.d.b

[...] il balivo [de Givry, *scil.*] continuò la sua marcia, i nostri due pezzi della ridotta lo molestarono, ferirono un ufficiale e uccisero alcuni uomini; ma quando avrebbero potuto fare maggiori devastazioni nelle loro file, si levò una nebbia così fitta che ci nascose la vista; facemmo uscire delle pattuglie che si smarrirono e poco tempo dopo, senza che avessimo potuto accorgersene, il nemico comparve davanti alla palizzata [...] Il Re che vedeva divenire più vivace l'azione prendere seriamente l'avvio mandò da valle il primo battaglione di Savoia e il secondo di Guibert allo scopo di rinforzare la spalla e i fianchi della ridotta, e il combattimento si scaldò sempre più; il posto venne attaccato e difeso con tutto il valore possibile, il colonnello Roguin vi si distinse e fu ucciso tra i primi e, quando già avevamo perduto molta gente, il nemico se ne rese padrone e noi riguadagnammo la ridotta. I Francesi salirono dapprima sulla berma dell'opera per gettarvisi e, vedendo inutili i loro tentativi, volsero i loro sforzi sulla nostra destra, donde furono respinti dalle nuove truppe che il Re vi fece salire da Ponte; il barone du Verger vedendo che erano respinti e vacillanti li caricò con vigore, accompagnato dal cavaliere di Castagnole, brigadiere, e dal marchese di Seyssel, aiutante di campo di Sua Maestà, e li respinse con grandi perdite da parte loro al di là del terreno che avevano occupato

Galleani d'Agliano 1840

Alla mattina del giorno susseguente, al favore di una foltissima nebbia, venne il balivo di Givri all'attacco della ridotta [...] con tutta la sua gente disposta in tre colonne [...] In sul principio però l'artiglieria fu inutile, perché i nemici essendo arrivati non meno vicino da trenta passi senza essere da' nostri veduti, tanto era densa la nebbia [...]

Tholosan 1777

Questa colonna comandata dal signore di Givry, che fu ferito a Bondormir, non era composta che da undici battaglioni, di Travers, di Poitou, di Conté [*sic*], di Brie e di Provenza[25]; essa avanzò verso il fortino fino a tiro di fucile, malgrado il fuoco continuo del cannone che, caricato a mitraglia causava loro un considerevole danno [...] erano in dubbio se ritirarsi o avanzare oltre, quando una lieve nebbia, salendo dalla parte di Puy[26], venne a coprire il detto fortino; allora questa truppa si portò subito a gambe levate verso il forte e in meno d'un quarto d'ora se ne impadronirono [...] non avevano né asce né zappe per smantellare la palizzata e colmare il fossato. Tuttavia la svelsero, colmarono con i loro morti il fossato e salirono finalmente nel forte, presero i cannoni e fecero prigioniera la guardia [...] Dopo che questa postazione fu conquistata rimaneva ancora l'ultimo trinceramento con la sua buona palizzata ed esso fu il più disputato

Saint Simon 1770

I due partiti [i Francesi all'attacco e i Piemontesi in ritirata, *scil.*] non si separarono che a una terza ridotta

[22] Evidentemente il colletto oggi chiamato Passo del Ciat, ai piedi della punta della Battagliola, *infra* nota 56.

[23] Non c'é nessun nome di luogo, sulle piante odierne che possa ricordare questo toponimo. È da notare che don Tholosan parla della «montagna di Luc» a proposito del crinale fra il monte Morfreid e il colle di Sampeyre. Il «colle di Luc», a tali condizioni, potrebbe essere il colle Bercia, tra il monte Morfreid e il luogo detto «Tana dell'Orso».

[24] Verosimilmente il luogo detto «Tana dell'Orso», sulla cresta tra il monte Morfreid e il colle di Sampeyre.

[25] Pur benissimo informato, don Tholosan dimentica il battaglione della milizia di Béziers e conta un battaglione di troppo.

[26] Borgata a sud-est di Monte Cavallo, a strapiombo su Casteldelfino.

meglio fortificata delle altre e difesa da sette battaglioni[27] che fiancheggiavano il suo parapetto e cominciavano a sparare su quelli che potevano distinguere come nemici [...] Il distaccamento di Chevert ebbe ordine di attaccare di fronte alla batteria, la brigata di Poitou sulla destra e quella di Provenza tra le altre due; il colonnello de Salis fu mandato a prendere posto su di un pianoro a strapiombo sulla valle di Bellino e che si trovava tra i trinceramenti e il campo dei quattro battaglioni che il marchese di Camposanto aveva riconosciuto nella valle accanto a Bellino [...] I Francesi arrivarono fino alle palizzate del cammino coperto, da dove sloggiarono i Piemontesi, senza poter tagliare né svellere queste palizzate [...] si era fatto loro lasciare gli zaini al campo, affinché fossero più freschi e più leggeri in marcia e in combattimento; erano anche rimasti lì gli utensili che in un certo numero sono portati nelle compagnie. Non poterono sostenersi che facendo un fuoco continuo sui Piemontesi, che sparavano con più vantaggio, essendo protetti dai loro trinceramenti. Stettero così oltre quattro ore a dieci passi dal muro dei trinceramenti con il cammino coperto nel mezzo

Roy de Vaquières 1745

[...] la decisione dell'attacco della grande ridotta di Pierre Longue venne fissata per marciarvi a mezzogiorno su tre colonne, con una quarta di osservazione e di riserva [...] Nell'attacco di opere di campagna o di trinceramenti, com'era qui la ridotta di Pietralunga (...) non si sarebbe mai troppo prendere la precauzione [...] di prevedere dei granatieri armati di asce, per demolire al primo colpo le palizzate e le barriere, mentre gli altri sparano e impediscono al nemico di mostrarsi [...] perché non si può dubitare che il tempo che qui occorse ai granatieri per rovesciare, come fecero, la palizzata di questa ridotta con le loro mani e baionette, non avrebbe accelerato la vittoria e risparmiato la vita di molti altri. Ed è tanto meno in ragione dell'osservazione di ciò che avvenne in quest'attacco che io pongo qui questa riflessione, che posso sostenere di aver proposto prima dell'attacco del baraccone; tanto più che giudicavo molto difficile la ritirata dal percorso che ci aveva fatti giungere lì, per quanto non sarebbe stato meno difficile per il nemico inseguirci [...]

***Relazioni fr.* 1744**

I granatieri, dopo avere forzato i trinceramenti di Pietralunga marciarono con tutta la colonna dalla parte della ridotta chiamata la torre del castello[28]. Si schierò dietro a una piccola altura che la copriva[29]. Tuttavia il cannone della ridotta sparava su quelli che sfilavano, il tenente colonnello di Provenza ebbe la gamba asportata e tre soldati furono uccisi. Non appena la colonna si schierò, sopravvenne una nuvola e si approfittò per avvicinarsi fino alla palizzata. Si marciò su due colonne: i picchetti comandati dal signor de Chevert a sinistra e le due brigate di Poitou e di Provenza a destra, avendo alla loro testa il signor de Givry, il signor de Danois, il signor de la Carte e altri ufficiali generali. Essendo piuttosto stretta la convergenza per arrivare alla ridotta, le due colonne si trovarono pressate e, avendo voluto riordinarsi, il fuoco ne rovesciò una parte su di una cresta scoscesa che si trova alla destra della ridotta[30]: i granatieri saltarono all'interno della palizzata, ma poiché non si aveva avuto la precauzione di portare dei sacchi di terra, né pale, nè zappe, non si poté fare un varco più ampio e ci si trovò costretti a subire per quasi tre ore il fuoco del nemico completamente allo scoperto

Intervento del reggimento di Salis-Soglio e caduta della ridotta

***Du Camp de S.t Pierre* 1744**

Si sostennero ancora parecchi attacchi, che i nemici fecero a quindici passi della palizzata, sostenuti successivamente da truppe fresche, in modo tale che diedero il massimo nel momento in cui li si credeva respinti. Parecchi picchetti e granatieri, che si erano schierati dietro a una piccola eminenza, fecero un ultimo attacco in occasione del quale il signor du Verger fu ucciso. Essendo ferito il brigadiere cavaliere di Castagnole, uccisi o feriti la maggior parte degli ufficiali di questo corpo ed essendo completamente esausti, i 400 o 500 uomini, che rimanevano dei 1200 nella ridotta, furono costretti a ritirarsi con le truppe che li avevano sostenuti: non furono inseguiti.

Minutoli s.d.b

Tuttavia il balivo de Givry [...] fece suonare la ritirata, ma i reggimenti di Poitou e di Travers, inchiodati alla ridotta, non potendo ritirarsi senza esporsi al nostro fuoco, arrischiarono un nuovo tentativo, si radunarono e ci caricarono così vigorosamente, aggirando l'uno la ridotta alla sinistra, sguarnita, l'altro il nostro fronte, anch'esso privo di difensori, che se ne resero padroni verso le ore sette della sera, gettandosi nella ridotta attraverso le sue cannoniere dal fossato, dove si erano appostati sin dal primo attacco

Tholosan 1777

La brigata di Savoia e il reggimento di Roguin si fecero onore [...] Se gli altri ufficiali generali si fossero comportati così, mai i Francesi, malgrado il loro valore, sarebbero stati vittoriosi; ma le brigate delle Guardie e di Saluzzo, essendo venuti per dare il cambio ai primi e temendo il fuoco più degli altri, voltarono le spalle dopo una lieve resistenza e, precipitandosi gli uni dalla parte di Puis gli altri da Julliard, lasciarono al vincitore la palizzata e la ridotta del Becco dell'Aquila, o di Monte Cavallo

[27] Tre battaglioni all'inizio della battaglia, il primo del reggimento Audibert, il primo e il secondo del Roguin. Il primo battaglione del Savoia e il secondo del Guibert raggiungono quindi la ridotta risalendo il primo da Ponte e il secondo, logicamente dalla zona Ribiera-Pusterle. Il marchese de Saint-Simon incorpora in questo numero il secondo battaglione delle Guardie e il primo del Saluzzo, inviati in rinforzo poco prima della caduta della ridotta, ma che non arrivarono in tempo e furono respinti.

[28] Quest'indicazione lascia supporre che il redattore di questa relazione facesse parte del distaccamento del brigadiere Chevert, che precisamente avanzava contro la ridotta sulla sinistra dalla parte di Ponte.

[29] È forse la cresta degli Chaussards, menzionata sopra da don Tholosan.

[30] «A destra», ma dal punto di vista degli assalitori, ovvero sulla sinistra della ridotta, lungo il pendio che scende a sud fino a Bellino, vale a dire la Costa dei Balz.

SAINT SIMON 1770
Si batté invano la ritirata tre volte, i soldati si ostinarono e chiesero le bandiere, di mano in mano essi le gettarono nel cammino coperto, cogliendo questo pretesto per buttarvisi nello stesso tempo [...] Il balivo de Givry era stato gravemente ferito, il marchese de la Carte ucciso, gli altri colonnelli feriti, nonché parecchi ufficiali; ciò determinò il conte di Danois a far battere la ritirata una quarta volta; i soldati però, quasi senza ufficiali, non ubbidivano più; erano ugualmente spaventati dalla vergogna e dal pericolo di una ritirata su un terreno estremamente difficile, dai piedi del muro guarnito di truppe numerose e di artiglieria fino ad esser fuori portata dei loro colpi [...] Il colonnello de Salis, lasciando il proprio posto, marciò contro i trinceramenti per attaccarli dalla sua parte: perì alla prima carica, ma decise la sorte. I Piemontesi, dividendosi per spostarsi in forze dal lato che egli minacciava, sguarnirono quello che veniva assediato da quattro ore. [...] I Francesi catturarono tutti quelli che la fuga non sottrasse loro e non si fermarono che alla vista dei reggimenti piemontesi. Un distaccamento del reggimento di Saluzzo, che prese un'altra strada, venne respinto così vigorosamente [...] che i soldati in rotta, ruzzolando con le loro armi e cartucce, furono precipitati senza vita spirando sulle rocce e contro gli alberi della valle [...]
***Relazioni fr.* 1744**
Si disperava di impadronirsene [della ridotta di Monte Cavallo, *scil.*] e la ritirata era stata battuta tre volte, inviando l'ordine per scritto alla truppa, senza che essa volesse ritirarsi, quando gli Svizzeri, che erano giù dalla dorsale di cui si è parlato per impedire che salissero da valle i soccorsi alla ridotta, manovrarono per mettersi a tergo della colonna [piemontese, *scil.*] che si ostinava a combattere; i nemici sbalorditi tutt'a un tratto cedettero e ci rendemmo padroni della ridotta

§ *19 luglio1744, ritirata a Sampeyre ed epilogo*

***Du Camp de S.t Pierre* 1744**
Sua Maestà vedendo i nemici padroni di un posto fondamentale da dove potevano prendere a rovescio i nostri trinceramenti delle due valli, fece ritirare le truppe da lì, vide sfilare[31] davanti a sé l'artiglieria e partì quindi per Sampeyre [...] Le nostre truppe appostate sulle alture del colle d'Elva scendono per raggiungere quelle che vengono destinate a custodire le alture del colle di Preive[32]. Quelle della valle di Maira prendono la stessa strada e quelle comandate dal commendatore di Cumiana raggiungeranno dalla pianura da Stroppo.
MINUTOLI s.d.b
[... il nemico, *scil.*] acquisì a caro prezzo un posto che, come non tarderemo a vedere, gli divenne inutile e che abbandonò pochi giorni dopo. Poiché il nemico era padrone delle alture di Pietralunga, che si trovavano addirittura sopra le retrovie dei nostri trinceramenti di Bellino, il Re non tardò a far abbandonare questi ultimi; diede l'avanguardia all'artiglieria, scortata da un picchetto di Mondovi, i reparti seguirono e, benché il nemico, scendendo dalla ridotta sotto la quale dovevamo passare, potesse prenderci sul fianco e molestarci molto nella nostra ritirata da Bellino, quella stessa fu fatta con la più perfetta tranquillità e tutti i nostri capisaldi ebbero il tempo di ripiegare. Il generale Guibert tenne la retroguardia con i granatieri e i picchetti fino allo sbocco della vallata di Chianale, dove le truppe che ne uscivano la presero, perché vi si trovavano le Guardie e Savoia con il marchese d'Aix, essendosi ritirata Sua Maestà al quartiere generale sin dalla presa della ridotta; l'esercito si recò a Sampeyre tre miglia più a valle; qui fu accresciuto da sette battaglioni, condotti dal barone di Leutrum [...] I battaglioni che avevamo alla Bicocca, comandati dal cavaliere de Corbeau, ricevettero l'ordine di raggiungerci da Stroppo a San Damiano nella valle di Maira con quelli che il commendatore di Cumiana aveva in questa stessa valle[33] [...]
THOLOSAN 1777
Essendo stato espugnato questo posto, il re, che era al Villareto, fece ritirare tutta l'artiglieria dai forti San Carlo, Castello e Bertola e partirono dagli accampamenti dell'Allevé senza ripiegare le loro tende, che rimasero tutte in mano a chi le volle. Quelli che erano alla Bicocca e sul colle del Luc fecero lo stesso e tutto il nostro esercito si ritirò nel più grande disordine fino a Sampeyre; sarebbe andato più lontano se i Francesi l'avessero inseguito; cannoni, equipaggi e altri materiali sarebbero andati persi; lì però incontrarono il barone di Leutrum che veniva con otto battaglioni[34] [ed egli, *scil.*] dimostrò al Re che non occorreva ritirarsi con una simile precipitazione; che occorreva fermarsi e aspettare il nemico a piè fermo; in quel posto ci si fermò e, per meglio mettersi in difesa, [i Piemontesi, *scil.*] andarono ad accamparsi a Becetto, dove il Re stabilì il suo quartiere; si stornò così un po' il terrore in cui questo vigoroso attacco ci aveva gettati
GALLEANI D'AGLIANO 1840
Non sarebbe stato difficile certamente in quel momento a' Francesi, inseguendo i nostri, di prendere prigionieri gli intieri battaglioni; ma tale si era la loro stanchezza [... che, *scil.*] non pensarono più ad altro,

[31] L'espressione è ripetuta nel testo, segno di una intensa emozione del redattore.
[32] Si intende il colle del Prete (quota m 1716 s.l.m.). Questo valico con il colle di Gilba, distante un chilometro e mezzo, collega la valle del Po e il Rio Crosa, che scende fino a Sampeyre sul pendio est, dove si trova Becetto. Quest'indicazione è conforme a quella del d'Agliano, «ebbimo pure ordine di abbandonar quel posto, e di raggiungere gli altri alla mattina nel medesimo luogo a S. Peyre», ma non corrisponde a quella del Minutoli, qui riportata. In realtà una parte delle truppe del maggior generale de Corbeau scese in valle Maira, per incontrare quelle del commendatore di Cumiana, l'altra invece raggiunse Sampeyre.
[33] Quest'indicazione contrasta quella del giornale dello stato maggiore sabaudo del 20 luglio succitato (*Du Camp de S.t Pierre* 1744), secondo la quale questi reparti raggiunsero invece Sampeyre, al fine di custodire il colle del Prete, al di sopra di Becetto, conformemente del resto a quello che scrive il conte Galleani d'Agliano nelle sue *Memorie*.
[34] Sette battaglioni in realtà, come dice il brano qui riportato del Minutoli.

né erano in istato di poter più altro eseguire, onde i nostri ebbero campo a ritirarsi a Casteldelfino. In questa maniera succedette l'affare di Pierre-longe, il quale terminò alle 23 ore delli 19 di luglio 1744. Partissi l'istessa notte il Re da Casteldelfino, e venne a S. Peyre, dove venne pure il generale maggiore Guibert, che ebbe ordine di abbandonare la Bicocca. Noi che eravamo del corpo del generale maggiore signor di Corbeau postato sul colle di Elva, ebbimo pure ordine di abbandonar quel posto, e di raggiungere gli altri alla mattina nel medesimo luogo a S. Peyre

SAINT SIMON 1770

Il Re di Sardegna non poteva accusare le sue truppe, non tornavano quasi se non soldati, essendosi fatti uccidere tutti gli ufficiali sotto i suoi occhi, anziché presentarsi in rotta; non ritenne opportuno di sostenere più lungamente la vetta delle montagne e contendere lì il terreno a nemici che vincevano con tanto valore quanta forza. Abbandonò l'altura di Château-Dauphin che, non avendo nessuna specie di fortificazione, è del resto dominata da ogni lato dalle montagne che la circondano, e si ritirò due leghe più lontano, ponendo il paese di Saint-Pierre tra il nemico e le sue truppe, ben risoluto a sostenere un combattimento nella valle, dove non dubitava che i Francesi lo avrebbero seguito per aprirsi una via fino alla pianura [...] il conte di Danois [...] non era ancora sistemato nel suo accampamento e non erano trascorse ancora due ore dallo sparo dell'ultimo colpo di fucile, che ricevette una lettera del principe de Conti, indirizzata al balivo de Givry, nella quale raccomandava a questi di non attaccare i trinceramenti, informandolo dei successi che aveva riportato nella valle di Stura [...] Se si può immaginare l'impressione che fece questa lettera sul conte de Danois [...], non sarà così facile figurarsi l'effetto che produsse la sua risposta

I preliminari del 16 luglio 1744

§ *Presa di contatto a Sant'Anna*

Il 16 luglio, la divisione de Givry spinge la sua testa di avanguardia, costituita da circa 100 granatieri[35], fino al casale di La Gardette-Sant'Anna abbandonato dagli elementi avanzati Pie-montesi. Questi contrattaccano però in forza rapidamente e respingono i granatieri che ripiegano verso il grosso dell'avanguardia francese. Essi, del resto, non avevano certamente il compito di sfondare le prime difese avversarie, ma soltanto di andare in avanscoperta per l'avanguardia stessa. Dopo questa presa di contatto i Francesi bivaccano sul pianoro di Piano Ceiol, i Piemontesi intorno a Sant'Anna.

Di fronte agli assalitori, il dispositivo piemontese comportava dei piccoli elementi avanzati di osservazione e di allarme: verosimilmente sul colle dell'Autaret e al Piano Ceiol e, chiaramente, a Sant'Anna. La loro forza è sconosciuta, ma si può pensare che non dovesse superare un centinaio di uomini, soldati di ordinanza, o miliziani e Valdesi. In questo momento, la prima linea della difesa piemontese, 500 o 600 uomini, cioè la forza di un battaglione[36], era costituita da truppe agli ordini del tenente colonnello Roi[37], schierate in parte sul colle di Bondormir e, per il resto, appoggiate sul cordone di Sant'Anna nel fondovalle. Un secondo scaglione più potente si appoggiava ai trinceramenti di Bellino-Chiesa ed era costituto da tre battaglioni della brigata La Regina; il quarto battaglione di questa brigata, secondo l'Atlante del Minutoli, era schierato nei trinceramenti della Bicocca, sulla cresta a sud.

§ *Il bivacco dei Francesi sul piano Ceiol*

Un punto delicato da chiarire riguarda il bivacco dei Francesi: tutte le fonti menzionano il Piano Ceiol, ma non si può chiaramente determinare se tutta la colonna de Givry vi arrivò il 16 alla sera, o se soltanto l'indomani, e se di conseguenza la sola avanguardia del brigadiere Chevert vi passò la notte dal 16 al 17 luglio. In effetti, da una parte l'ingegnere Roy de Vaquières a scrive «Il resto della colonna e il generale, che vi arrivarono il 17 nella mattina», mentre d'altro canto il capitano del reggimento Poitou precisa «scendendo dal Piano di Ceiol, dove eravamo accampati».

Tra queste due versioni contraddittorie sembra che si debba seguire quella del capitano sconosciuto, almeno per quanto riguarda il reggimento Poitou e l'avanguardia: è possibile tuttavia che gli altri corpi della divisione de Givry abbiano bivaccato un po' a monte, nei dintorni delle grangie dell'Autaret, menzionate sopra, e si siano messi in marcia soltanto il giorno 17 all'alba. Queste incertezze non sono prive di importanza e interessano pertanto lo svolgimento ulteriore della manovra, come si vedrá più avanti.

[35] Ossia due o tre compagnie; l'organico teorico delle compagnie di granatieri sul piede di guerra era allora di quarantotto uomini, ma c'è da tenere conto delle prime perdite della campagna, nonché delle eventuali diserzioni). L'avanguardia del brigadiere Chevert ammontava a 4 compagnie di granatieri «Il Brigadiere de Chevert [...] che comandava un distaccamento di 1500 uomini e di quattro compagnie di granatieri» (SAINT SIMON 1770, p. 75). L'insieme della divisione doveva raggiungere circa 5100 uomini. È da notare che il curato Tholosan confonde questi granatieri con dei Micheletti, benché gli Spagnoli non fossero impegnati nel fondovalle in questo momento.

[36] Questo battaglione, forse rinforzato da miliziani o da Valdesi (Tholosan) potrebbe essere il terzo del reggimento svizzero Roguin, visto che a Sant'Anna comandava il tenente colonnello Roi, colonnello in seconda di questo reggimento; gli altri due battaglioni, il primo e il secondo, furono impegnati il giorno 19 nella difesa della ridotta di Monte Cavallo.

[37] Pierre Antoine Louis Roi de Romainmôtier, al servizio olandese poi francese, raggiunge il servizio sabaudo nel 1733. Prende il comando del reggimento svizzero Roguin dopo la morte del suo colonnello, Augustin Gabriel Roguin, nella battaglia del 19 luglio a Pietralunga (*infra* n. 48 e 49 del Supplemento, *Biografie di militari al servizio del Re di Sardegna, 1742-1748*, di Giovanni Cerino Badone in questo stesso volume).

L'attacco a Sant'Anna e la conquista del monte Pietralunga, 17 luglio 1744

§ *L'ora d'inizio dell'azione*

I primi a portarsi all'attacco sono di nuovo i granatieri del reggimento Poitou a portarsi i primi all'attacco, davanti ai 1500 uomini dell'avanguardia agli ordini del Brigadiere Chevert, nel primo scaglione. Il secondo scaglione, fatto intervenire un po' più tardi, è costituto verosimilmente dalla brigata Provence e dalla brigata Poitou, che dà al centro il cambio al distaccamento dello Chevert.

La brigata di Provenza, ovvero la colonna del Laiseré, secondo Tholosan, contorna il punto di resistenza scavalcando lo sperone sulla riva destra del torrente. Si può pensare che il reggimento Travers e il battaglione di Béziers siano rimasti indietro, in riserva. Lasciando il posto alla brigata Poitou, il brigadiere Chevert aggira ampiamente il luogo dei combattimenti da nord, «ai piedi delle reichasses», secondo don Tholosan, salendo verosimilmente fino alla quota 2100-2150 m s.l.m. fino alle grange Combe. In questo luogo è molto probabile che avvenga un nuovo scontro, visto che le capanne sono incendiate dai Francesi (Tholosan).

A questo punto occore esaminare precisamente la questione dell'ora dell'azione. In data 17 luglio, il giornale dello stato maggiore sabaudo nota che il Re viene informato dell'attacco soltanto alle ore 12:15, dopo che le sue truppe erano ripiegate; occorse dunque ad un messaggero almeno un'ora, partendo verso le ore 11:00-11:15, per raggiungere il quartiere generale impiantato al Villaretto, rendendo conto dapprima al maggiore generale Guibert, sistemato a Bellino. Ma, in compenso, il giornale dello stato maggiore del 20 luglio indica che il combattimento cominciò soltanto all'inizio del pomeriggio, «circa alle due»[38]. Infine il Minutoli indica soltanto che il combattimento durò «due ore».

Da parte sua, il marchese di Saint Simon indica soltanto che l'avanguardia arrivò «abbastanza tardi vicino al casale della Gardette». L'ingegnere Roy de Vaquières riporta l'avvenimento nello stesso senso, o quasi, scrivendo che le truppe francesi arrivarono nella zona di Sant'Anna «il giorno 17 nella mattinata». Ma, peraltro, il capitano del Poitou precisa che l'attacco scattò «alle sei e tre quarti» e che il combattimento durò sino a mezzogiorno.

L'affermazione di un attacco iniziato dopo mezzogiorno e quella del capitano di Poitou costituiscono dunque due versioni totalmente contraddittorie, cosa che non è trascurabile per valutare lo sviluppo dell'azione. In effetti, visto che durò almeno «due ore», conseguirebbe in prima ipotesi che il conbattimento ebbe fine soltanto verso le quattro pomeridiane.

Non restavano allora al brigadiere Chevert che meno di quattro ore di luce per risalire fino al colle di Bondormir e impadronirsene. Partendo dal fondovalle, più o meno dalla quota m 1830 s.l.m., e dovendo raggiungere il colle alla quota di m 2658, per colmare cioè un dislivello di oltre 800 metri, tale manovra richiedeva quasi tre ore di marcia. È poco probabile che il balivo de Givry abbia autorizzato il suo focoso subalterno a intraprendere tale azione così tardi nel pomeriggio.

Se invece l'azione cominciò più presto nella mattina, questa circostanza lasciava al Brigadiere Chevert, rilevato dal reggimento Poitou, il tempo necessario per aggirare ampiamente il casale di Sant'Anna e le grange di Rucias, respingere un contingente piemontese schierato nelle grange di Combe, imboccare il sentiero ai piedi della parete di Rocca Ferra ed espugnare la ridotta allestita sul colle di Bondormir, impadronendosi finalmente del monte Pietralunga.

In quest'ultimo caso, si può pensare che il brigadiere Chevert avesse ordine di attaccare da solo, effettivamente alle ore 06:45, senza aspettare il resto della divisione, impegnata più tardi nella mattinata. Sarebbe allora logico che le truppe sabaude, inferiori in numero, ma bene trincerate, abbiano potuto lungamente sostenere l'attacco dello Chevert[39].

§ *Il rapporto di forze in loco: un'occasione mancata*

Di fronte agli assalitori, il tenente colonnello Roi dispone di meno di un migliaio di uomini e sembra che abbia ripartito la sue truppe in due sezioni: la prima appoggiata sulle case del casale di Sant'Anna, la secondo schierata in battaglia più indietro[40], nel fondo del pianoro che si stende tra il torrente e il casale di Melezé. Effettivamente, l'ufficiale svizzero può così sfruttare la pietraia a sperone che chiude ad est il piccolo pianoro ed esita nel torrente, costituendo un altro cordone naturale.

Il rapporto di forze è comunque sin dall'inizio a sfavore dei Piemontesi, che all'inizio combattono localmente con un rapporto di 1 contro 3. Il fatto è tanto più sorprendente, poiché lo stato maggiore sabaudo sa benissimo che una divisione intera è entrata nella valle di Bellino, certamente non per una conversazio-

[38] Senza mettere in dubbio categoricamente queste indicazioni, importa ricordare che queste annotazioni sono scritte tre giorni dopo i fatti, per di più in un'atmosfera di grande emozione, dopo la sconfitta del giorno 19 luglio. Devono pertanto essere considerate con grande precauzione.

[39] Per lo schema dell'attacco a Sant'Anna *infra* Figura 4.

[40] Secondo l'ingegnere Roy de Vaquières. Per quanto riguarda le forze schierate a Sant'Anna, il capitano del Poitou parla di «500 Piemontesi», ma a proposito del giorno 16. È tuttavia poco verosimile che il tenente colonnello Roi abbia quindi sostanzialmente alleggerito il suo dispositivo a Sant'Anna. È da notare che i carabinieri inviati in rinforzo non ebbero forse il tempo di raggiungere Sant'Anna e furono schierati sullo sperone dietro al pianoro di Melezé, seguendo don Tholosan, «questa colonna del Melezé incontrò i nostri carabinieri, e lì si fece una grande sparatoria da ambedue le parti».

ne da salotto. Nondimeno, il maggiore generale Guibert invia soltanto dei modesti rinforzi e dopo l'inizio dell'attacco[41]. Per di più, il tenente colonnello Roi sguarnisce il suo posto sul colle di Bondormir, lasciando libero il passo delle alture al Brigadiere Chevert.

L'alto comando piemontese perde qui l'occasione di bloccare le divisioni de Givry e Camposanto, pur avendo addirittura delle forze inferiori di numero, secondo un rapporto teorico di 1 a 3, ovvero con circa quattro battaglioni, rinforzati da un certo numero di miliziani. I Piemontesi, sfruttando intelligentemente il terreno, avrebbero infatti potuto se non sconfiggere, almeno bloccare le suddette colonne e costringerle a stazionare in una zona affatto inospitale, priva di qualsiasi risorsa idrica e boschiva. I Gallispani sarebbero stati necessariamente costretti a tornare indietro, e per di più con fatica.

§ *Conquista delle alture sulla sinistra di Bellino e schieramento per l'assalto sulla destra*

Dopo aver respinto il primo scaglione della difesa sabauda, I Francesi proseguono la loro spinta e avanzano su due assi direzionali: il Chevert, «la colonna delle Reichasses» secondo don Tholosan, parte all'assalto del colle di Bondormir, mentre il grosso della divisione avanza nel fondovalle fino al casale di Celle-Santo Spirito, quasi tre chilometri oltre Sant'Anna.

Il punto cruciale di questa fase è la progressione del distaccamento del brigadiere Chevert, lungo la Roccia Ferra fino al monte Pietralunga[42]. Si sa dalla relazione dello stato maggiore piemontese che il tenente colonnello Roi aveva nella mattinata stessa evacuato il posto del colle di Bondormir, in tal modo che Chevert poté espugnare la ridotta, prendere l'accampamento[43] e raggiungere quindi la sommità senza ostacolo. Nondimeno don Tholosan, unico commentatore a dare chiaramente questa segnalazione, sottolinea che avviene un nuovo scontro accanito alla ridotta allestita sul colle di Bondormir stesso; si deve dunque supporre che dei ridotti distaccamenti piemontesi siano scesi dal monte Pietralunga o accorsi dall'accampamento vicino per tentare di bloccare gli assalitori, ma senza successo. Il brigadiere Chevert può di conseguenza impadronirsi del monte Pietralunga alla sera del 17 luglio[44].

Arrivato sulla vetta del monte Pietralunga, il focoso Chevert propone di attaccare senza indugio i trinceramenti del crinale della Battagliola-Punta del Cavallo, ma la sua proposta viene respinta dal balivo de Givry, che gli manda tuttavia tre battaglioni in rinforzo, forse quelli del reggimento Poitou. Questi uomini raggiungono il brigadiere dal sentiero che giunge al colle di Bondormir partendo da Santo Spirito-Celle[45]. Ritirandosi i Piemontesi fanno esplodere il ponte di comunicazione localizzato all'estremità meridionale del monte Pietralunga, al passo del Puntet, che collegava da sud il colle di Bondormir al crinale fra la Battagliola e Monte Cavallo[46].

In fondovalle il balivo de Givry ferma certamente le sue truppe sul cordone roccioso costituto dall'estremità della costa del Cumbal Blanc, che chiude parzialmente la valle all'altezza di Prafauchier, sulla riva sinistra del torrente, mettendosi in condizione di respingere qualsiasi contrattacco della brigata La Regina. Questa deve del resto tenere conto della presenza della colonna Camposanto sulle alture alla sua sinistra, sebbene essa fronteggiasse la ridotta della Bicocca e le forze del maggiore generale de Corbeau.

La divisione Camposanto, in coda alla divisione de Givry si stacca verso il pendio nord del Pelvo d'Elva

[41] I 300 carabinieri sono inviati «soltanto dopo l'inizio del combattimento» (Minutoli). Se quello iniziò effettivamente alle ore 06:45, seguendo il capitano del Poitou, occorre calcolare il tempo necessario per un messaggero, anche montato a cavallo, per raggiungere Bellino-Chiesa e dare l'allarme, più il tempo necessario per lo spostamento dei rinforzi, ossia almeno un'ora di marcia (5 chilometri fra Bellino-Chiesa e Sant'Anna, e 260 metri di dislivello). In queste condizioni, quelli non pottero raggiungere Sant'Anna prima delle ore 08:30-08:45. È allora possibile che il messaggero sottinteso dal giornale dello stato maggiore sabaudo (17 luglio) sia effettivamente partito verso le ore 11:00-10:15. Quest'ipotesi corrisponderebbe alle «due ore» di combattimento evocate dal Minutoli, prima della ritirata dei difensori Sardi.

[42] Don Tholosan è precisissimo per quanto riguarda l'itinerario di questa colonna: «la colonna delle Reichasses [...] passando ai piedi della Rocca Ferra venne ad attaccare il posto di Bondormir», cioè percorrendo il sentiero che passa nel settore detto Costa Cialon; anche l'ingegnere Roy de Vaquières lascia capire che l'itinerario del distaccamento Chevert passò effettivamente ai piedi della Roccia Ferra. Queste precisazioni contrastano assolutamente l'asserzione di Piero Chomon Ruiz, secondo il quale Chevert avrebbe ampiamente contornato il colle di Bondormir passando dal vallone di Reisassa fino al lago omonimo, per valicare la cresta un po' ad est del monte Ferra e piombare da tergo sulla ridotta del colle (CHOMON RUIZ 1971, p. 311). Quest'asserzione può soltanto spiegarsi con l'interpretazione erronea della pianta del Minutoli, anche'essa decisamente errata per quanto riguarda la conformazione del rilievo e la localizzazione dei principali siti (colle di Bondormir, monte Pietralunga, ecc.). La mancanza di sentieri al di sopra delle Grange di Reisassa, i tempi di spostamento, una pendenza superiore al 70% nei primi 250 metri di discesa a nord della cresta in direzione del colle di Bondormir, rendono totalmente inverosimile l'utilizzo di tale itinerario da una colonna di 1500 uomini.

[43] Forse localizzato nella zona delle grange di Alpas, alla quota di m 2429 s.l.m., a perpendicolo del colle di Bondormir, o ancora nel settore delle grange di Vautour, a m 2419 s.l.m. e 500 più ad ovest, dove il terreno è un po' più piano.

[44] Il conte d'Agliano sostiene una versione diversa di quella degli altri commentatori, affermando che il nemico venne respinto «con grave loro perdita». Ma l'ufficiale dei dragoni, schierato sul colle San Giovanni, a proposito di ciò che avvenne nella Varaita di Bellino non aveva che informazioni indirette, come già sottolineato. Inoltre, il tono magniloquente ed enfatico dei termini lascia pensare che il cavalier Cibrario, che pubblicò le memorie del d'Agliano nel 1840, si sia preso parecchie libertà rispetto al testo originale.

[45] Logicamente il reggimento Poitou, secondo la relazione del capitano comandante il secondo battaglione. Il reparto sale fino al colle dall'odierno sentiero U23, indicato sulla carta IGC 1:25000 n. 106, Monviso-Sampeyre-Bobbio Pellice.

[46] Racconta infatti don Tholosan che per collegare il colle di Bondormir all'accampamento dell'Espeyrase

> [...] che cosa si immaginò ? di costruire un ponte all'estremità dell'Aguillette di Bellino, che tagliando Pietralunga saliva facilmente da sopra, per mezzo di una colonna estremamente alta che sosteneva il ponte nel mezzo; questo ponte, che si riteneva impossibile da costruire, era così comodo che vi si passava comodamente a cavallo, e nel caso in cui i nemici manifestassero l'intenzione di forzare il posto di Bondormir si era sottominato il suddetto ponte [...]

e raggiunge la cresta poco ad est di questa cima. I dettagli del Tholosan e del Saint Simon permettono di dedurre che il marchese di Camposanto risale in un primo tempo il vallone di Camosciera fino ai piedi del Bric Rutund, contornandolo, per raggiungere poi il crinale Pelvo-Bicocca, verosimilmente nei pressi del colletto sotto le Rocce del Pelvo, dove passa la notte, senza dubbio in condizioni difficilissime[47].

Alla fine del giorno 17 luglio le due divisioni gallispane occupano una linea che va dal monte Pietralunga attraverso Prafauchier fino alle falde orientali del Pelvo d'Elva, sbarrando saldamente la Varaita di Bellino. È in questo momento che il balivo de Givry convoca i suoi subalterni, per il consiglio di guerra fatale, nel quale viene deciso l'attacco ai trinceramenti di Monte Cavallo[48].

L'attacco al colle della Bicocca e i preparativi per l'attacco a Monte Cavallo, 18 luglio 1744

§ *Blocco della brigata La Regina*

Il sabato 18 luglio tocca alla divisione Camposanto, non impegnata fino a questo momento, di attaccare il dispositivo piemontese sulla cresta sud della valle Varaita di Bellino. Tutte le relazioni concordano nella menzione dell'attacco senza vigore alla ridotta un po' arretrata rispetto al colle della Bicocca, alla fine del quale gli Spagnoli, respinti, perdono un ufficiale fatto prigioniero e ripiegano più indietro.

Nondimeno una voce discordante è quella del marchese di Saint Simon, quando indica esplicitamente che il luogotenente generale spagnolo non limitò il suo impegno all'attacco della ridotta della Bicocca. L'aiutante di campo del principe de Conti precisa, invece, che «fece per tutta la giornata del 18 diversi movimenti che, fissando l'attenzione di queste truppe, diedero loro fastidio».

Un'indicazione stranissima, fra le righe del citato autore francese, proviene dal fatto che i Piemontesi indeboliscono il loro schieramento sul colle della Bicocca e sul Monte Castro, verosimilmente nel pomeriggio o alla sera del giorno 18:

> I Piemontesi che gli [al Camposanto, *scil.*] potevano tagliare la ritirata dalla sinistra, passando al coperto nelle gole che collegavano il loro campo, si buttarono invece sulla loro destra e si recarono a Sampeyre, due leghe a valle di Casteldelfino

Il Minutoli conferma implicitamente questa manovra retrograda, scrivendo che «Le manovre del nemico persuasero il Re con ragione che i suoi [quelli del nemico, *scil.*] sforzi erano diretti nella valle di Bellino; ivi fece scendere dalla Bicocca dei granatieri e dei picchetti». Abbandonando i trinceramenti della Bicocca e le alture del monte Morfreid, lo stato maggiore sabaudo, *in primis* il Re stesso, commette due errori capitali:

- lascia la brigata La Regina schierata nel fondovalle presso Bellino-Chiesa, direttamente a portata di qualsiasi azione da parte del corpo del Camposanto, e blocca di conseguenza le possibilità di azione della brigata medesima a beneficio della guarnigione di Monte Cavallo;
- taglia il suo collegamento con le truppe del maggiore generale de Corbeau, schierate più ad est sul colle di Sampeyre, nonché con gli 800 dragoni appiedati del marchese di San Germano, schierati sul colle di San Giovanni.

La divisione Camposanto, incuneatasi nel dispositivo piemontese, al contrario, si trova in grado di minacciare sia direttamente la brigata La Regina dall'alto sia, almeno teoricamente, la libertà di movimento dei Piemontesi nel fondovalle, fra Casteldelfino a monte e Sampeyre a valle.

Queste precisazioni sollevano a proposito il problema della distribuzione dei contingenti sabaudi nella zona. Secondo la relazione del Minutoli[49], vi erano soltanto diciotto battaglioni, sei dei quali erano sotto gli ordini del maggiore generale de Corbeau, «il Re [...] piazzò [...] il Signor de Corbeau con i sei altri sulle alture della Bicocca». Invece l'atlante dello stesso autore distribuisce questi diciotto battaglioni su quattro brigate, tutte schierate lungo le due Varaite, quella di Bellino e quella di Ponte, e non dà addirittura nessuna precisazione sulle truppe affidate al maggiore generale de Corbeau. Inoltre, il marchese di Saint Simon insiste parecchie volte sulla presenza di sette battaglioni sulla cresta a sud della Varaita di Bellino[50]. Bisogna dunque a questo punto interrogarsi sulla distribuzione esatta delle truppe piemontesi schierate nella zona, per altro bene identificate.

§ *L'apertura del sentiero di aggiramento del monte Pietralunga*

L'apertura del sentiero di aggiramento da nord del monte Pietralunga costituisce l'altro punto saliente di questa giornata del 18 luglio. Lo stato maggiore sabaudo, il Minutoli, don Tholosan e, evidentemente, l'ingegnere Roy de Vaquières, rievocano questa impresa che i Piemontesi, sfortunatamente per loro, trascurano totalmente mentre avrebbero potuto rilevare l'attività dei Francesi nei dintorni del monte Pietra-

[47] Per l'avanzata della colonna Camposanto *infra* Figura 5.
[48] Per la situazione alla fine del 17 luglio *infra* Figura 6.

[49] MINUTOLI s.d.b, p. 56. Il conte d'Agliano parla invece di quattro battaglioni agli ordini del de Corbeau e il marchese de Saint Simon, come già indicato (*supra* nota 37), ricorda sette battaglioni.
[50] Dice infatti l'autore che il marchese di Camposanto

> [...] scorse davanti a lui, sulla montagna di Castro, sette battaglioni Piemontesi in un campo trincerato. Vide nello stesso tempo un altro corpo di Piemontesi di quattro battaglioni, accampati nella valle, vicino al paese di Bellino [...]
> (SAINT SIMON 1770, pagina 75)

I «quattro battaglioni accampati nella valle» sono evidentemente quelli della brigata La Regina, ma quali sono gli altri sette ? Su quest'argomento è da notare che il conte d'Agliano parla soltanto di quattro battaglioni agli ordini del magior generale de Corbeau.

lunga, osservandoli per esempio dal monte Peyron (quota m 2406 s.l.m.), dall'altro lato del vallone di Fiutrusa. In compenso, curiosamente, il marchese di Saint-Simon, anche se informato benissimo sull'andamento dell'operazione, non menziona mai questa impresa.

Il cantiere venne aperto nella mattina del 18 luglio, soltanto dopo una ricognizione del terreno da parte della brigata di ingegneri addetta alla divisione de Givry, guidati da un pastore locale; i lavori furono eseguiti da 600 contadini reclutati in corvée dalle valli francesi. Questo percorso di fortuna, ma tuttavia oggetto di un'opera ambiziosa, misurava quasi 2 metri di larghezza, almeno prima del passaggio delle truppe[51], partiva dal colle di Bondormir, scavalcava i contrafforti detti Bandia e Coste del Chiutas, quindi la cresta di Coste della Villa e attraversava finalmente la parte superiore del vallone del Cumbal della Villa, più o meno alla quota di m 2500 per l'ultimo tratto[52].

Non si riesce oggi a scorgere la minima traccia del percorso: il fatto dimostra che, aperto attraverso le pietraie, era comunque un passaggio effimero, unicamente destinato a durare il tempo del trnsito delle truppe. La difficoltà del lavoro è perfettamente evocata nella relazione del Roy de Vaquières e, del resto, il sentiero non poté essere aperto integralmente il giorno 18, «ebbi soltanto il tempo [...] di avvicinarmi, quasi di notte, a 200 tese[53] dalla cresta[54] dove occorreva arrivare». L'opera riprese alle prime ore del 19 luglio, come precisa don Tholosan, «si lavorò al detto sentiero del vallonetto due ore prima il giorno»[55] e, del resto, non fu terminata in tempo. Le truppe dovettero percorrere l'ultimo tratto come poterono e in condizioni precarie.

C'è ancora da sottolineare, nella relazione del Roy de Vaquières, il fatto interessante che i lavoratori requisiti furono provisti di armi:

> Le riflessioni che feci a proposito [...] delle ritirate precipitate dei lavoratori, spesso alla minima allerta [...] mi fece chiedere che fossero armati [...] precauzione che mi servì vantaggiosamente l'indomani, tanto per continuare il lavoro quanto che per impedire che i nemici si schierassero di fronte a questo sentiero [...]

Quest'indicazione sottintende peraltro che il comando della divisione francese aspettò che il lavoro fosse avanzato al massimo prima di svelare la sopresa dell'avanguardia di Chevert, piombando dalla trincea del Passo del Ciat[56].

L'attacco a Monte Cavallo, 19 luglio 1744

§ *Il sacrificio degli avamposti piemontesi*

L'assalto dell'avanguardia di Chevert non ebbe inizio prima delle ore 07:00-07:30, soltanto dopo aver avvicinato abbastanza sul sentiero la cresta Pietralunga-Battagliola. Sebbene non disponesse della totalità delle sue forze, grazie al sostegno di tiratori appostati sulla sommità del monte Pietralunga, il brigadiere Chevert poté piombare dalla vetta del monte sulla la modesta guardia della postazione, cosicché si rese padrone alle ore 8:00 della cosiddetta «prima ridotta», sulla Punta della Battagliola, nonché dell'accampamento dell'Espeyrase. Si spinse subito dopo fino alla «seconda ridotta», allestita sulla Punta del Cavallo[57].

In questo settore il comando sabaudo ripete lo stesso errore del giorno 17 luglio a Sant'Anna, lasciando a guardia della postazione un contingente troppo debole di fronte all'attaccante; il piccolo distaccamento di 200 carabinieri, che occupa la «prima ridotta» crolla infatti sotto l'attacco irruente di una massa molto superiore di determinati soldati francesi. È invece più sorprendente l'assenza di resistenza organizzata alla «seconda ridotta», sebbene il marchese di Saint Simon sottolinei che i difensori furono «intralciati nella loro fuga dall'entrata e dall'uscita angusta della ridotta».

Un errore ulteriore da parte del comando sabaudo risiede nella pessima trasmissione degli ordini; leggendo il Minutoli si capisce che il posto avrebbe dovuto essere sgombrato molto prima:

> [...] benché il generale Guibert con un ordine scritto avesse fatto abbandonare questo posto al tenente colonnello Fatio, che lo teneva con 200 uomini, assicurando che agiva in seguito a un ordine simile ricevuto dal marchese d'Aix [...]

---

[51] Leggiamo in ROY DE VAQUIÈRES 1745 che

> [...] la pessima qualità del terreno senza tenacia ridusse il sentiero, che si era sgombrato per sei piedi di larghezza, fino al massimo a tre piedi; esso, man mano che le truppe passavano, diventò sempre più brutto, malgrado la precauzione che presi a mantenervi degli operai per tutta la mattinata del 19, giorno dell'attacco

[52] *infra* Figura 7.

[53] Circa 400 metri (1 tesa = m 1,949).

[54] Ovvero la cresta fra il monte Pietralunga e la Punta della Battagliola.

[55] Secondo il Tholosan verso le ore 3 in tempo universale coordinato (Istituto di Meccanica Celeste e di Calcolo delle Effemeridi; sito Internet http://www.imcce.fr), il sole sorse al di sopra dell'orizzonte il 19 luglio 1744 alle ore 4:6:40" a Guillestre e alle 4:7:30" a Barcelonnette, le due località di calcolo più vicine alla zona dei combattimenti. Bisogna però tenere conto dello schermo rappresentato dalle creste, che in montagna ritardano l'ora del pieno giorno. Concretamente, in tempo universale coordinato, era giorno pieno verso le ore 05:30–06:00 e faceva notte verso le ore 20:00-20:30.

[56] Sebbene le carte attuali collochino il Passo del Ciat ai piedi della Punta della Battagliola, 125 metri ad ovest, la localizzazione non corrisponde per nulla alle descrizioni dell'epoca. Il marchese de Saint Simon parla di

> [...] una gola dove non si poteva passare che uno a uno; essa terminava in uno scoglio scarpato donde occorreva saltare due piedi più giù, su di un suolo in pendenza e scivolosissimo [...]

Quest'attacco condotto dall'alto del monte Pietralunga è confermato dall'anonimo capitano del reggimento Poitou, «li attaccammo dall'alto e di fianco». Don Tholosan, unico commentatore a segnalare esplicitamente il sito, è menziona dinuovo lui solo questo nome di «Chaïte», ossia il «Ciat»,

> [...] alcuni micheletti che scesero alla Chaïte di Pietralunga li rovesciarono ed essendo terminato il sentiero la colonna sfondò e raggiunse la cresta al di sotto di Pietralunga [...]

Queste precisazioni dimostrano che si chiamava Passo del Ciat la trincea verticale che scende dalla vetta del monte Pietralunga, fino al pendio erboso sottostante, invece di quello che indicano a torto le carte attuali.

[57] *infra* Figure 8 e 9.

È inspiegabile per di più il motivo per cui i Piemontesi sotto il monte Pietralunga, che sapevano perfettamente essere occupato dai Francesi, mantennero un contingente che non poteva servire a nulla, se non d'osservazione. Non c'è da stupirsi che in tali condizioni questa postazione sia stata espugnata rapidamente dallo Chevert, quando l'attaccò risolutamente con un numero molto superiore di soldati.

§ *La localizzazione esatta della ridotta detta «di Monte Cavallo»*

A questo punto è interessantissimo sottolineare un'osservazione di don Tholosan, in linea con il suo ministero. Il religioso nota che la messa venne celebrata per i reparti francesi «sul clot della Battagliola», cioè verosimilmente intorno all'odierno cosidetto Passo del Ciat[58], dopo una sosta di due ore, dunque circa alle ore 10:30-11:00. Tholosan precisa quindi che i Francesi ripresero la loro strada

> [...] lungo al coltello [*sic*[59]] che va a Monte Cavallo, e essendo arrivati sulla punta della cresta degli Chaussards, fecero ancora una seconda sosta [...]

Questo toponimo di «Chaussards» non si ritrova sulle carte attuali; fra le carte antiche, è soltanto segnalato un nome paragonabile nella pianta dei combattimenti dell'ottobre 1743[60]: la «Costa del Chiucard»[61], esattamente localizzata al posto dell'odierna Punta del Cavallo, mentre il luogo dov'è localizzata la ridotta principale viene denominata «Rocca dei Fornas».

Seguendo quest'indicazione del sacerdote, il quale ovviamente conosceva perfettamente la propria terra natale e non confondeva di sicuro i nomi dei luoghi, abbiamo la conferma ulteriore che la prima ridotta era effettivamente localizzata sulla Punta della Battagliola e la seconda sulla Punta del Cavallo; la riprova è anche presente nella pianta del Minutoli dedicata ai trinceramenti del 1744[62].

Le descrizioni redatte da don Tholosan riguardo alle opere edificate sulla cresta tolgono ogni dubbio in proposito

> Al centro di Serre de Julliart c'era un barracone magnifico, era soltanto di legno, ma poteva contenere quasi cinquecento persone ed era sempre custodito da una buona guardia del reggimento di Savoia che era accampato ai campi di Tronchet [...] Si cominciò a fare una ridotta all'estremità delle fratte[63] del castello, cioè tra il prato di Sous e noi, luogo che chiamiamo Serré o Becco dell'Aquila e che quelli di Bellino chiamano Mont Caval, che fu il nome che le truppe gli diedero in seguito. Questa ridotta aveva anche il suo fossato e la sua palizzata a tutta prova salendo verso la parte del castello, su di una piccola altura si costruì un fortino tutto di pietre e zolle, fortino edificato con tutta la regolarità possibile perché oltre le porte aveva la sua buona palizzata; lo si dotò di due pezzi d'artiglieria [nella ridotta principale, *scil.*] e di una forte guardia che avrebbe dovuto resistere contro il più numeroso e determinato esercito. Essendo terminati tutti questi lavori, per mettere il campo degli Espeyrasses al riparo dagli attacchi del nemico, ci si portò sulla punta della Battagliola e lì vi si costruì un'altra ridotta, con le stesse precauzioni precedenti

Si deve dunque dedurre e sostenere che la ridotta di Monte Cavallo non era sulla odierna Punta del Cavallo, ma 650 metri più ad Est, sul comprensorio di creste dette monte Passet[64].

§ *I Francesi inchiodati davanti ai trinceramenti*

Esiste una lieve divergenza tra le varie relazioni riguardo l'ora d'inizio dell'azione: «circa alle tre e un quarto», secondo il giornale dello stato maggiore piemontese, verso mezzogiorno secondo l'ingegnere Roy de Vaquières, che scrive che «la decisione dell'attacco della grande ridotta di Pierre Longue venne fissata per marciarvi a mezzogiorno», cosa che non è totalmente contradittoria, se si tiene conto della celebrazione della messa e della seconda sosta delle truppe sulla cresta degli «chaussards».

Ad ogni modo tutto questo tempo era necessario al comando francese per radunare la totalità delle truppe[65], far riposare i soldati, organizzare la divisione in quattro corpi separati:
- il distaccamento del brigadiere Chevert, a sinistra, nella zona di Ponte (circa 1400 uomini);
- la brigata di Provenza, agli ordini del brigadiere de la Carte, colonnello del reggimento Conti al centro (circa 1100 uomini);
- la brigata di Poitou, agli ordini del luogotenente generale de Danois, a destra, presso Bellino (circa 1000 uomini);

---

[58] Don Tholosan scrive «clot», e non «clos», che potrebbe essere tradotto in «recinto». Nella toponomastica alpina la parola «clot» designa un luogo piano, eventualmente lievemente insellato; l'origine è forse nel sostrato pre-latino di «klott», il cui significato non è ben determinato. Questo vocabolo è ancora utilizzato in occitano per definire il pianoro, o più in generale un terreno piano.

[59] Nel testo francese potrebbe esserci un probabile errore di copiatura che cela «coteau», ovvero «dorsale», «versante».

[60] *infra* Figura 10, corrispondente ad un particolare della carta n. 30 dell'atlante del Minutoli, *Piano in misura dell'Accampamento delle truppe di S.M. a Castel del Ponte nella valle di Varajta con l'attacco quivi delle Truppe Gallispane seguito nell'anno 1743* (*infra* nel contributo-SCONFIENZA, **Cartografia storica**, *Carta* 7).

[61] O «chiuçard», con cediglia, che dà in Francese la pronuncia [ss] e che corrisponderebbe meglio a «chaussard».

[62] *infra* Figura 11, corrispondente a *Tipo delle valli di Bellino e Varaita con l'attacco della ridotta di Pietra longa, ò sia monte Cavallo seguito li 19 luglio 1744* (*infra* nel contributo-SCONFIENZA, **Cartografia storica**, *Carta* 8)

[63] «Broussailles» nel testo : ossia zona di cespugli, macchia, fratta. Sulle carte attuali, la cresta che separa il Combal dei Sacchi a nord dalla Cumba Ciancumba a sud; esse scendono dal crinale monte Passet–Battagliola. Esiste una cresta designata Costa dei Bruss, di cui la Punta del Cavallo è la sommità. Questo toponimo vivaro-provenzale è da confrontare con i termini provenzale «bruscaio» e nizzardo «bruscia», cioè «broussailles» in francese. Questa zona, Costa dei Bruss, corrisponde dunque alle «broussailles du château» di cui parla don Tholosan.

[64] Per la veduta complessiva della cresta e delle collocazioni dei siti *infra* Figure 1 e 2.

[65] Considerando che il sentiero doveva essere lungo di circa 2 chilometri, sulla base di una velocità di marcia non superiore a 4 chilometri all'ora, e infine che il sentiero medesimo non permetteva un transito superiore ad un uomo e mezzo al metro, occorsero nel migliore dei casi almeno tre ore perché tutto il resto della divisione potesse raggiungere il crinale Battagliola–Monte Cavallo, dopo che le due prime ridotte erano state espugnate dall'avanguardia.

- il reggimento di Salis-Soglio, inviato più in basso lungo il pendio, di fronte alla brigata piemontese La Regina (circa 1200 uomini);
- il battaglione provinciale di Béziers, incaricato per il rifornimento delle munizioni[66].

Partono dunque all'attacco dei cinque battaglioni sabaudi, appostati nei trinceramenti, circa 3500 soldati francesi, sottoposti al fuoco di due dei famosi cannoni scomponibili dell'ingegner Bertola; essi possono impadronirsi del cammino coperto soltanto grazie a una nebbia providenziale[67], salendo dalla confluenza dei due torrenti, Varaita di Chianale e Varaita di Bellino. È allora che il colonnello Roguin cade tra i primi difensori uccisi.

A questo punto però i Francesi sono inchiodati davanti alle palizzate di monte Passet, che, essendo essi sotto il fuoco nemico e per mancanza di utensili, non possono sradicare. Su questa situazione le osservazioni dell'ingegnere Roy de Vaquières sono fra le più severe, quando sottolinea il fatto che egli stesso aveva proposto prima dell'assalto che gli attrezzi da guastatore fossero portati sul luogo dai granatieri.

Sebbene le relazioni abbiano tutte toni talvolta epici (sopratutto fra le righe del marchese di Saint Simon), ci si può effettivamente immaginare la rabbia e la disperazione dei soldati francesi rannicchiati sotto le palizzate, che cercavano di svellere le difese con le mani, le baionette e le sciabole.

I Piemontesi, nonostante tutto, conservano ancora l'iniziativa: un tentativo di sfondamento dello Chevert, sulla destra della ridotta, fallisce, mentre il Re rinforza la guarnigione con due battaglioni prestigiosi, il primo del reggimento Savoia e il secondo del Guibert, che permettono al maggiore generale du Verger di attuare un contrattacco capace di respingere i Francesi addirittura al di là del cammino coperto.

Ciò che comunque stupisce è l'ostinazione dei soldati francesi che, ormai quasi senza ufficiali, si rifiutano di ubbidire all'ordine di ritirata, benché questa fosse stata battuta tre volte. Essi reclamano invece le bandiere e, innalzandole da soli si lanciano ancora coraggiosamente all'assalto.

§ *L'intervento del reggimento di Salis-Soglio e la caduta della ridotta*

La prima parte della marcia del reggimento svizzero di Salis-Soglio è abbastanza chiara e si può identificare la presumibile zona di schieramento del reparto, ovvero nei pressi delle grange dell'Alp, unico «pianoro» di questo settore, 200 metri al di sopra del casale di Mas del Bernard, esso stesso di fronte al paese di Bellino, come conferma la pianta dell'ingegnere Roy de Vaquières.

In questa posizione effettivamente il reggimento di Salis era in grado di impedire qualsiasi movimento della brigata La Regina in soccorso della ridotta di monte Passet, tanto più che essa era nello stesso momento minacciata dall'alto dalla divisione Camposanto, allora schierata sul colle della Bicocca e sul monte Morfreid. È comunque difficile da spiegare l'iniziativa del colonnello de Salis di risalire fino alla ridotta sotto attacco e di prendere parte all'azione finale. Egli evidentemente era informato dello svolgimento della battaglia sulle alture soprastanti e degli sforzi inutili dei Francesi per sfondare la difesa sabauda; ma soltanto in ragione del fatto che sapeva di non essere minacciato dalla parte di Bellino-Ribiera, l'ufficiale poté agire come effettivamente fece e si vedrà fra poco.

Un'altra questione legata a questo intervento è rappresentata dall'itinerario e dal punto di attacco, che rimette in questione la localizzazione esatta della ridotta di Monte Cavallo. Risalendo infatti il pendio lungo di Pra dell'Alp, con la Costa dei Balz sulla destra, il reggimento svizzero non poteva che scontrarsi con la difesa piemontese come gli altri reggimenti francesi. Tale itinerario era dunque privo di senso logico. Bisogna dunque prendere in considerazione un'altra possibilità, la quale potrebbe esserci fornita da un particolare molto curioso, presente nell'atlante del Minutoli, e non è certamente dovuta al caso: la presenza, seppur un po' sbiadita, di un simbolo di unità nemica, rosso e bianco, dietro i simboli dei battaglioni della brigata La Regina, blu e bianco[68].

Non c'è nessuna buona ragione per cui il geografo che disegnò questa carta abbia indicato il simbolo di un'unità francese alle spalle di tre unità piemontesi. Si potrebbe allora supporre che in realtà la brigata La Regina fosse indietreggiata verso valle, in direzione di Casteldelfino, lasciando così libero il passo al reggimento di Salis-Soglio, il quale poté allora sganciarsi e risalire lungo il versante ovest del Barret della Custassa e piombare quindi sulla ridotta di monte Passet da tergo.

Questa ipotesi è suggestiva e audace; del resto l'interpretazione *ad litteram* delle relazioni dell'epoca sembra contrastarla. Per esempio la relazione francese del 20 luglio afferma che

> [...] gli Svizzeri che erano a valle della cortina di cui si è parlato per impedire che salissero dal basso dei soccorsi alla ridotta, fecero un movimento per mettersi in coda alla colonna che si ostinava a combattere [...]

Tuttavia, pur ricordando i reggimenti «di Poitou e di Travers, inchio-dati alla ridotta», il Minutoli stesso

[66] *infra* Figura 12.

[67] Soltanto don Tholosan parla di una «piccola nebbia, salendo dalle parti di Puy», mentre tutti gli altri commentatori parlano di una nebbia «fitta», o «densa» Il Minutoli, da parte sua, indica che furono inviate delle pattuglie, prima dell'attacco, ma che si smarrirono.

[68] Nell'esemplare dell'atlante del Minutoli conservato in Francia presso il Servizio Storico della Difesa (SHD, Château de Vincennes) questo simbolo è raffigurato molto più nitidamente che in quello di Torino, la cui rappresentazione è visibile *infra* nella Figura 14.

insiste chiaramente sull'ultimo assalto e sulla manovra di aggiramento dal reggimento Salis, «questo aggirando la ridotta dalla sua sinistra, che era svuotata, e quello il nostro fronte che mancava anch'esso di difensori». Esiste qui pertanto una prova capace di dimostrare assolutamente che la brigata La Regina si era ritirata molto più a valle e aveva verosimilmente raggiunto Casteldelfino per essere in grado di chiudere lo sbocco della valle di Bellino.

La manovra del colonnello de Salis non appare certo in nessuna della relazioni, ma, poiché la storia, e sopratutto la storia militare, è scritta spesso in modo assai selettivo, non c'è da stupirsi che essa non sia stata menzionata dai commentatori del tempo. Il Minutoli e il giornale dello stato maggiore sabaudo, per esempio, non parlano mai della pressione del marchese di Camposanto fino al colle di Sampeyre, ricordata invece da don Tholosan,

> [...] la divisione spagnola passò sul colle del Luc [il colle Bercia ?] dove attaccarono i nostri alla Tana [dell'Orso ?] e lì rimasero finché la divisione francese avesse eseguito il proprio disegno [...]

Le stesse fonti non rammentano nemmeno la ritirata del corpo del maggiore generale de Corbeau a Sampeyre nella serta del 18 luglio.

Non sarebbe sorprendente dunque che i commentatori «ufficiali» abbiano dimenticato di segnalare n'azione decisiva, ma imbarazzante da parte di un reggimento straniero e forse di un eventuale rinforzo spagnolo[69]: i Francesi, perché occorreva piuttosto esaltare 'eroismo dei reggimenti francesi; i Piemontesi, perché bisognava nascondere le carenze valutative dello stato maggiore sabaudo, cominciando da quelle del Re stesso.

La ritirata dell'esercito piemontese

Fatto sta che questo aggiramento del Salis-Soglio risveglia l'ardore dei combattenti francesi che riescono finalmente a penetrare nella grande ridotta. Gli ultimi rinforzi piemontesi, il secondo battaglione delle Guardie, che saliva da Ponte, e il primo del reggimento Saluzzo, che muoveva da Casteldelfino, inviati troppo tardi per essere di qualsiasi utilità, vengono invece brutalmente respinti lungo i pendii,

> [...] i soldati respinti, ruzzolando con le loro armi e cartucce, furono precipitati senza vita o spirarono sulle rocce e contro gli alberi della valle, fratturati e fracassati in modo tale da non poter mai più guarire di queste contusioni, ancorché mortali rispetto alle ferite le più crudeli [...][70]

Padroni del terreno della ridotta verso le ore 19:00, i Francesi vi trovano soltanto il «signor Ducharmier, Capitano di Roguin [con, *scil.*] 140 uomini» (Minutoli). In questo momento tuttavia essi sono esausti e nell'incapacità di intraprendere qualsiasi azione contro le truppe piemontesi, che stanno abbandonando le loro posizioni di Ponte, del torrente Vallanta, del Bosco dell'Allevé e di Casteldelfino.

L'esercito sabaudo sfila davanti al Re di Sardegna, con l'artiglieria in testa, scortata da un picchetto del reggimento provinciale di Mondovi, e la brigata La Regina di retroguardia, in «perfetta tranquillità», secondo il Minutoli, o invece «nel più grande disordine» secondo l'imbarazzante don Tholosan[71]. Discende la valle fino a Sampeyre, dov'è opportunamente raggiunto dai sette battaglioni condotti dal maggiore generale von Leutrum, giunto a marce forzate dalla val Chisone.

Sul terreno rimangono 436 Piemontesi e 813 Francesi uccisi. I primi contano 296 feriti, i secondi 841[72]. Per la divisione francese, tenendo conto di un organico iniziale intorno ai 5100 uomini, il totale delle perdite raggiunge il 32%. Vale a dire che il conte di Danois, che assume il comando fin dal momento in cui il balivo de Givry viene ferito mortalmente, è alla testa di un corpo privo ormai di qualunque valore operativo e impossibilitato a sfruttare il successo ottenuto. La lettera del principe di Conti, che nella notte porta un messaggero stremato, nella quale si raccomanda di non attaccare dalla valle di Bellino, fu senza dubbio per il conte di Danois una doccia fredda.

Valutazioni e considerazioni conclusive

A più di due secoli e mezzo di distanza la battaglia di Pietralunga resta ancora un punto interrogativo sotto l'aspetto militare e, forse più ancora, dal punto di vista umano.

§ *Da parte gallispana*

In merito alla parte gallispana è da sottolineare subito che i piani del Conti prevedevano lo svolgimento di una manovra d'insieme perfettamente organizzata e preparata, in parte rovinata però dagli errori degli esecutori. Nella valle di Bellino, se certe fasi della manovra sono nei particolari spesso brillanti, come l'attacco al colle di Bondormir, l'aggiramento del monte Pietralunga, le manovre del Camposanto sulla cresta sud alla Bicocca, si constata che i comandanti francesi mancano seriamente di giudizio e di fermezza, d'altro canto la loro comprensione del contesto tattico d'insieme lascia a desiderare[73]. In merito a questo aspetto il luogotenente generale de Bourcet è

---

[69] Si veda il giornale dello stato maggiore sabaudo, in data del 20 luglio: «Alcuni disertori hanno detto che c'erano nell'attacco della ridotta alcuni battaglioni spagnoli, ma il fatto non venne verificato».

[70] SAINT SIMON 1770, p. 83.

[71] Il quale insiste ancora, un po' oltre, «l'esercito si accampò, [*scil.*] a Becetto, dove il Restabilì il suo quartiere, e si riprese un po' del terrore panico in cui questo vigoroso attacco ci aveva gettato».

[72] DE VAULT-ARVERS 1892, vol. 1, p. 187.

[73] Se è responsabilità di ogni comandante militare organizzare e condurre la propria manovra, il medesimo deve sempre riferirsi all'intenzione di manovra del suo capo di stato maggiore, e pensare al «nemico del suo superiore».

severissimo, e così si esprime in una lunga requisitoria:

> Questo attacco fu vigoroso e se ne deve il successo al coraggio delle truppe; fu però fatto a sproposito e contro l'istruzione del signor principe di Conti, che prevedeva in sostanza che il signor balivo de Givry facesse marciare il giorno 17 un distaccamento di millecinquecento uomini agli ordini del signor de Chevert [...] per assalire le barricate di Sant'Anna [...] e attaccasse soltanto nel caso che il Re di Sardegna si fosse disimpegnato nelle valli di Bellino e di Casteldelfino per portare le sue forze alle Barricate della valle di Stura. Questi due ufficiali [...] immaginavano invece che fosse indispensabile attaccare i nemici, colsero con avidità[74] il consiglio del pastore [... di attaccare sulla dorsale, *scil.*] cosa che era in contrasto con la manovra del passaggio delle Alpi così bene combinata; infatti si trattava soltanto di una diversione dalla valle di Stura e se si era dato il via all'attacco di Sant'Anna il giorno prima e ordinato di marciare l'indomani nel fondovalle, era soltanto per imbrogliare il Re di Sardegna e fargli pensare che si volesse penetrare dalla valle di Casteldelfino [...] e attirarvi le sue principali forze, mentre si si sarebbe sfondato veramente nella valle di Stura; prendendo invece il partito di salire sulla montagna per attaccare i trinceramenti di Pietralunga [...] si creavano più difficoltà al signor principe de Conti per sfondare [le linee sabaude in valle Stura, *scil.*]; tant'è vero che lo zelo può diventare inopportuno, quando «l'officier général particulier» non conosce tutti gli sviluppi del progetto del «général de l'armée»[75]

Addirittura il marchese di Saint Simon sottolinea non solo la carenze di disciplina del vecchio luogotenente generale de Givry, ma anche la sua mancanza di fermezza

> Dopo questa lettura, [il de Givry, *scil.*] dichiarò che pensava che il principe de Conti non avesse voluto servirsi di lui che per fare una diversione che attirasse l'attenzione dei nemici [...] che nulla sembrava indurlo a rischiare un attacco che certamente sarebbe stato micidiale e verosimilmente inutile, qualunque ne fosse stato l'esito. Il conte di Danois si pronunciò dapprima del suo avviso; tuttavia, in base alle argomentazioni degli due altri, esitò e presto si unì a loro per risolvere l'attacco con decisione, vista le facilità che si pensava incontrare secondo i rapporti dei disertori e dei prigionieri. Il balivo si arrese, l'attacco fu deciso e rinviato all'indomani [...]

A proposito del de Givry, riferendosi alla richiesta di ordini da parte dello Chevert, dopo aver preso la ridotta della Punta del Cavallo, il marchese aggiunge in tono piuttosto sprezzante che «questo luogotenente generale, pieno d'ambizione non meno che di coraggio, rispose di sospendere qualsiasi attacco, finché non fosse giunto lui stesso sul posto per compierlo».

Il de Givry accumula anche errori tecnici: per esempio il giorno 17 si trova sprovvisto di viveri, perché ha trascurato di sorvegliare le sue retrovie e di organizzare la protezione dei convogli di rifornimento, cosicché gli arditi miliziani valdesi gli sottraggono «cinquanta muli carichi di pane»[76]. Si trovò dunque stupidamente sprovvisto di rifornimenti e costretto a reperire sul posto il vitto per oltre 5000 uomini; poteva di conseguenza soltanto ottenerlo attaccando i Piemontesi, malgrado gli ordini del principe di Conti. Bisogna notare del resto che in generale il balivo di Givry non copre le sue retrovie e si espone così a qualsiasi manovra a rovescio da parte sabauda; egli non ha infatti immaginato che lo stato maggiore piemontese avrebbe potuto inviare, dal colle Longet, un forte distaccamento incaricato di attaccarlo da tergo, seguendo il suo stesso itinerario.

Abbiamo insomma a che fare con dei comandanti poco disciplinati, concettualmente parlando, che non sanno valutare chiaramente una situazione globale, quello che tuttavia è precisamente il compito di un generale. In queste condizioni l'ingaggio di un combattimento da parte di parecchie migliaia di uomini, lungo pendii ripidissimi, di fronte a una potente ridotta, è quasi un mistero: la vittoria non è sicuramente dei generali francesi, ma dei valorosissimi soldati, spinti dalla paura e forse anche dall'orgoglio «professionale», in quanto perfettamente consapevoli che era più pericolosa la ritirata che la prosecuzione disperata del combattimento[77].

Infine lo sforzo degli assalitori e la resistenza dei difensori saranno di lì a poco privati di ogni significato, dato che la valle Varaita verrá totalmente evacuata dai vincitori tre settimane dopo la battaglia. Dal punto di vista gallispano l'unico effetto positivo fu che l'intervento della divisione de Givry impedì assolutamente al Re di Sardegna di portarsi in soccorso del luogotenente generale Pallavicini nella valle Stura.

§ *Da parte piemontese*

Volgendo lo sguardo alla parte piemontese emerge chiaramente che il comando sabaudo capisce troppo tardi di essere caduto nella trappola organizzata dal principe di Conti, avendo concentrato buona parte delle sue truppe nella valle Varaita. Tuttavia questa mancanza previsionale sarebbe stata un lieve errore, se non lo stesso stato maggiore piemontese non avesse dopo moltiplicato gli errori tattici. Non fece mai utilizzare le alture, o quanto meno dedicandovi le forze necessarie, e più in generale non sfruttò il terreno e gli ostacoli naturali, fidandosi unicamente dei suoi trinceramenti. Il comando sabaudo resta statico, lento nelle sue decisioni e non sa manovrare.

Inoltre si constata che si verificani parecchie situazioni nelle quali il medesimo comando non valuta correttamente il bilancio delle forze e sacrifica inutilmente numerosi distaccamenti di piccola entità, come a Sant'Anna di Bellino e alla Battagliola. Perde così evidentemente, nel primo caso, l'opportunità di bloccare senza rimedio le divisioni de Givry e Camposanto, affidando la difesa di questo cordone, pure

[74] «avec avidité» *sic*: quale disprezzo in quest'espressione !

[75] BOURCET 1775, p. 231.

[76] SAINT SIMON 1770, p. 80. Si confronti anche quanto dice altrove il Bourcet che

> [...] avendo trascurato il signor balivo de Givry di fare custodire questo colle della Niera, i Valdesi gli tolsero il 18 luglio 1744 un convoglio di pane e di biscotto che passava dal colle Longet [...] (BOURCET 1801, p. 83)

[77] Infatti in SAINT SIMON 1770, p. 82 si legge:

> Ma i soldati, quasi senza ufficiali, non ubbidivano più; erano tanto spaventati dalla vergogna, quanto dal pericolo di compiere una ritirata dai piedi del baluardo, guarnito da una truppa numerosa e dall'artiglieria, fino ad esser fuori portata dei loro colpi [...]

importantissimo, a due battaglioni, quando avrebbe potuto avere miglior risultato con soltanto due o tre battaglioni i più. Mantenendosi fermamente sul colle di Bondormir a nord e facendo avanzare da sud a metà pendio una parte delle truppe del maggiore generale de Corbeau, lo stato maggiore sabaudo avrebbe potuto prendere le due divisioni gallispane in una tenaglia, nella quale esse non avrebbero potuto sfruttare la loro temporanea e locale superiorità numerica.

D'altro canto le colonne de Givry e Campo Santo Givry avrebbero dovuto essere bloccate ancor prima, schierando le truppe sabaude sul colle dell'Autaret stesso, ma il comando piemontese non fece la scelta di impegnare il nemico «da più lontano» e di cogliere la possibilità di infliggergli delle perdite forse non gravi, ma moralmente cocenti; nulla infatti è più penoso per un esercito che perdere regolarmente degli uomini, morti o feriti, prima dello scontro più importante.

Ci si chiede anche perché lo stato maggiore sabaudo non colse l'opportunità, il giorno 19, di spostare una delle due brigate, Guardie e Saluzzo, che sbarravano lo sbocco della valle di Bellino davanti a Casteldelfino, di farle risalire il vallone di Fiutrusa e da lì il colle di Bondormir, per prendere a rovescio i Francesi bloccati davanti alla ridotta di Monte Passet.

In definitiva si nota che il comando piemontese è in difficoltà nella gestione migliore dei mezzi a disposizione, soprattutto è evidente che esso non impegna tutte le sue truppe; su un totale di almeno diciotto battaglioni, ne sono in definitiva impegnati soltanto sette o otto, mentre gli restano in riposo. Orbene, quando il 19 luglio si svolge la battaglia principale, lo stato maggiore sabaudo sa perfettamente che il suo dispositivo nella valle Varaita non costituisce l'obiettivo principale dei Gallispani, determinati invece ad aprirsi un varco nella valle Stura: l'ipotetico argomento di conservare il più delle truppe intatte cade. Era proprio quello invece il momento di infliggere all'esercito borbonico le perdite maggiori.

L'unica decisione tattica appropriata dalla parte del comando piemontese fu di spostare tanto la Brigata La Regina quanto le truppe del maggior generale de Corbeau sulla Varaita di Sampeyre, allo scopo di conservare una via libera in direzione della pianura piemontese. Don Tholosan, ignaro di tecniche militari, ma non privo di giudizio, trae da questa dissennata battaglia un'assai amara conclusione:

> [...] non occorreva fare tanti lavori, se non li si voleva difendere meglio; se i nostri avessero tenuto fermamente all'Allevé, forse li avrebbero conservati perché la divisione dei Francesi non era abbastanza forte per spingere più avanti la loro vittoria; almeno non avessero mostrato una sorta di confusione, ma diciamo piuttosto che le nostre truppe non sono valide per la montagna, la pianura è loro più propizia per combattere, così penso che non torneranno più ad aspettare il nemico in questi anfratti, visto che hanno sempre la peggio [...]

L'esercito piemontese dimostrò al colle dell'Assietta, esattamente il 19 luglio di tre anni dopo, ma con l'impegno di un giorno dopo l'altro, che il parere assolutamente negativo di Tholosan non era giustificato.

Illustrazioni

Fig. 1

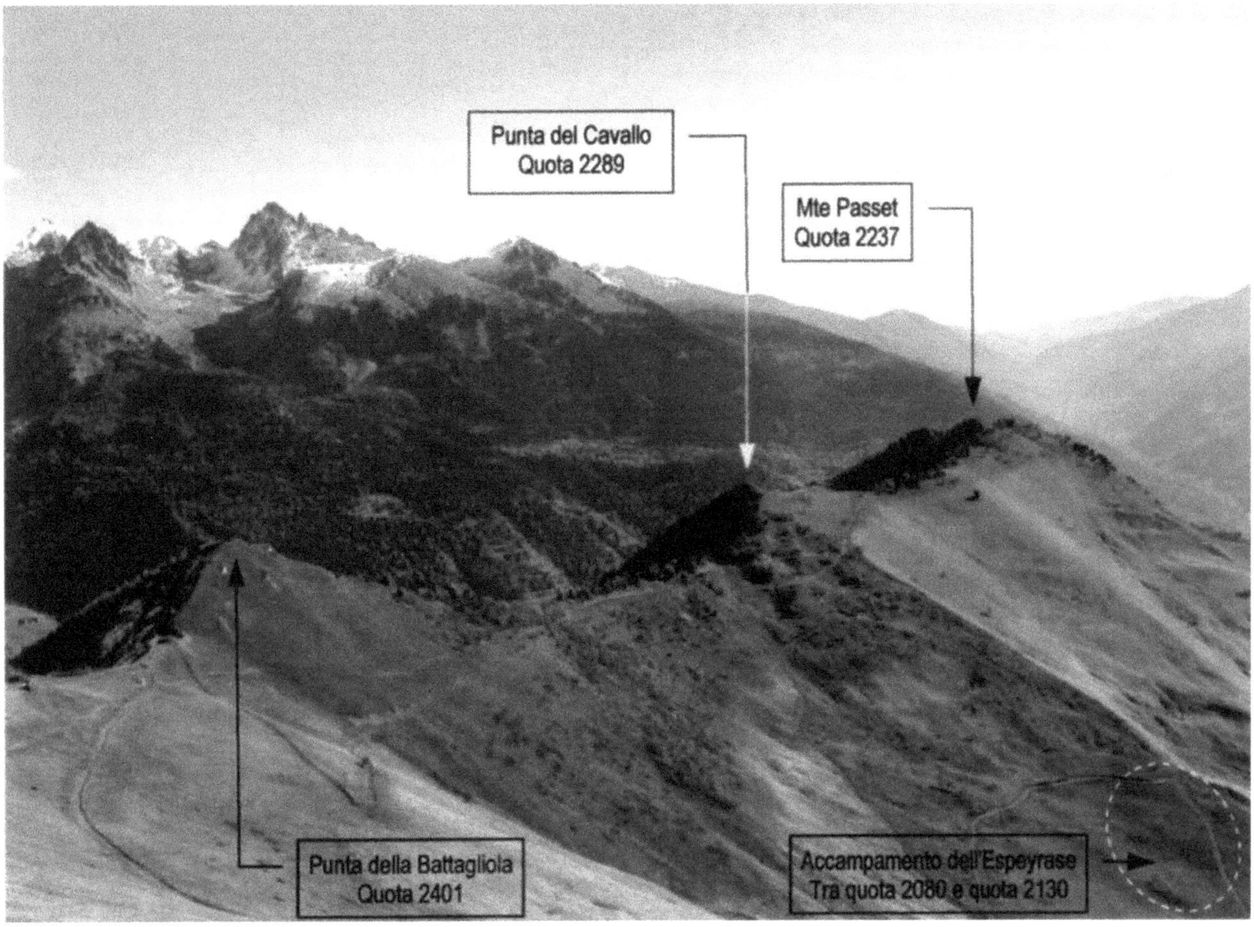

La dorsale che collega la punta della Battagliola, la punta del Cavallo e il monte Passet (foto-Pauvert)

Fig. 2

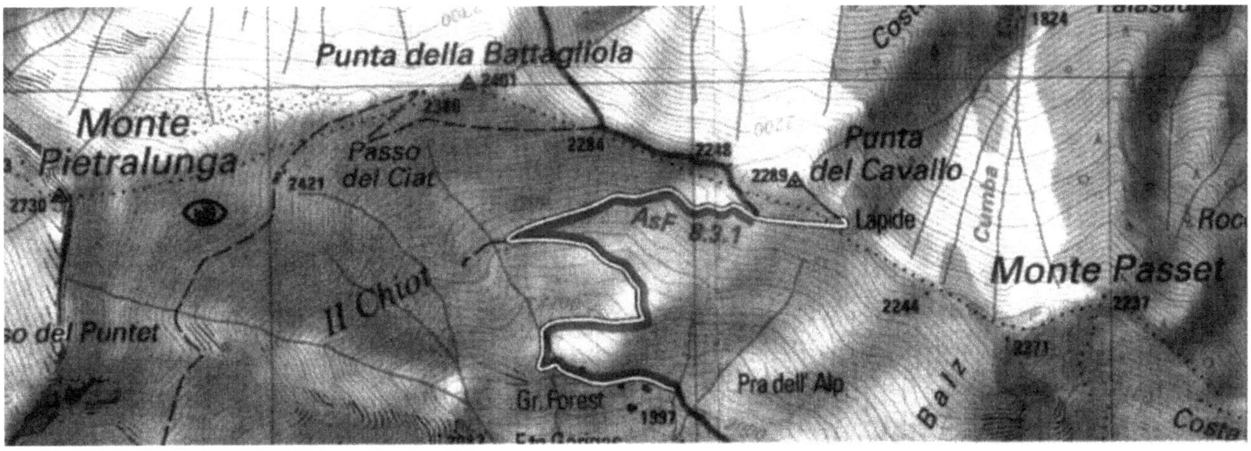

Situazione della Fig. 1 sulla cartografia regionale; estratto dalla carta speciale IGN serie *Alpi senza frontiere*, scala 1:25000, n. 8, *Monviso-Alto Queyras*. Quadrettatura in azzurro 1 km x 1 km.

👁 : sito del punto di vista della fotografica in Fig. 1, scattata dall'autore giovedì 3 novembre 2005

Fig. 3

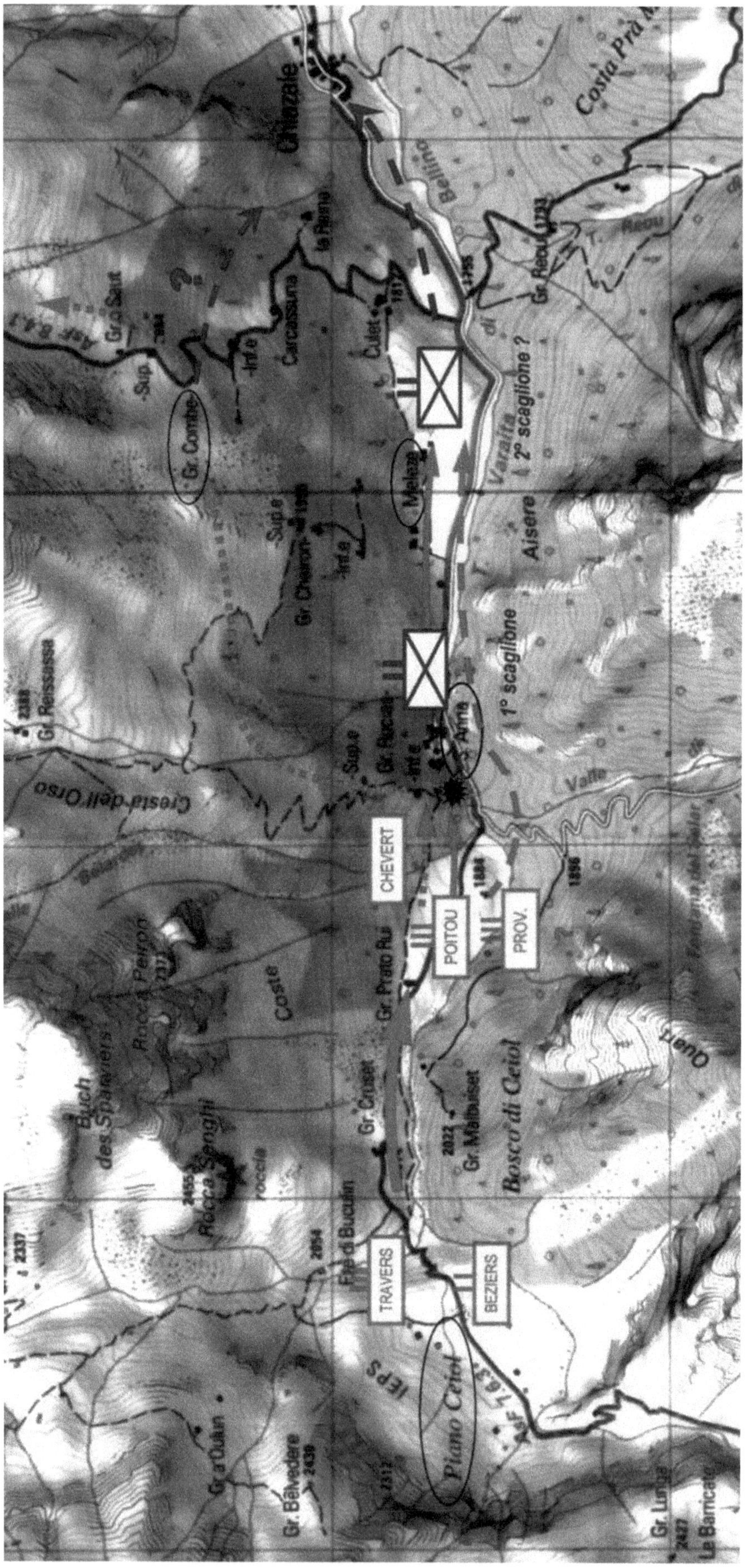

Attacco di Sant'Anna, 17 luglio 1744; estratto dalla carta speciale IGN serie *Alpi senza frontiere*, scala 1:25000, n. 8, *Monviso-Alto Queyras*. Quadrettatura in azzurro 1 km x 1 km

Fig. 4

Itinerario d'avanzamento della colonna del marchese di Camposanto. Faccia Nord del massiccio Pelvo d'Elva-Bric Camosciera (quota m 2934 s.l.m.). Secondo l'Atlante del Minutoli sembrebbe che la colonna Camposanto abbia percorso il vallone di Traversagn da Sant'Anna, prima di raggiungere i pendii nord del Pelvo. Quest'ipotesi pare poco verosimile però, nella misura in cui avrebbe allora dovuto scavalcare la cresta fra la Costa Sturana e la Testa Rasis, quasi impraticabile, a sinistra di questo vallone (foto-Pauvert)

Fig. 5

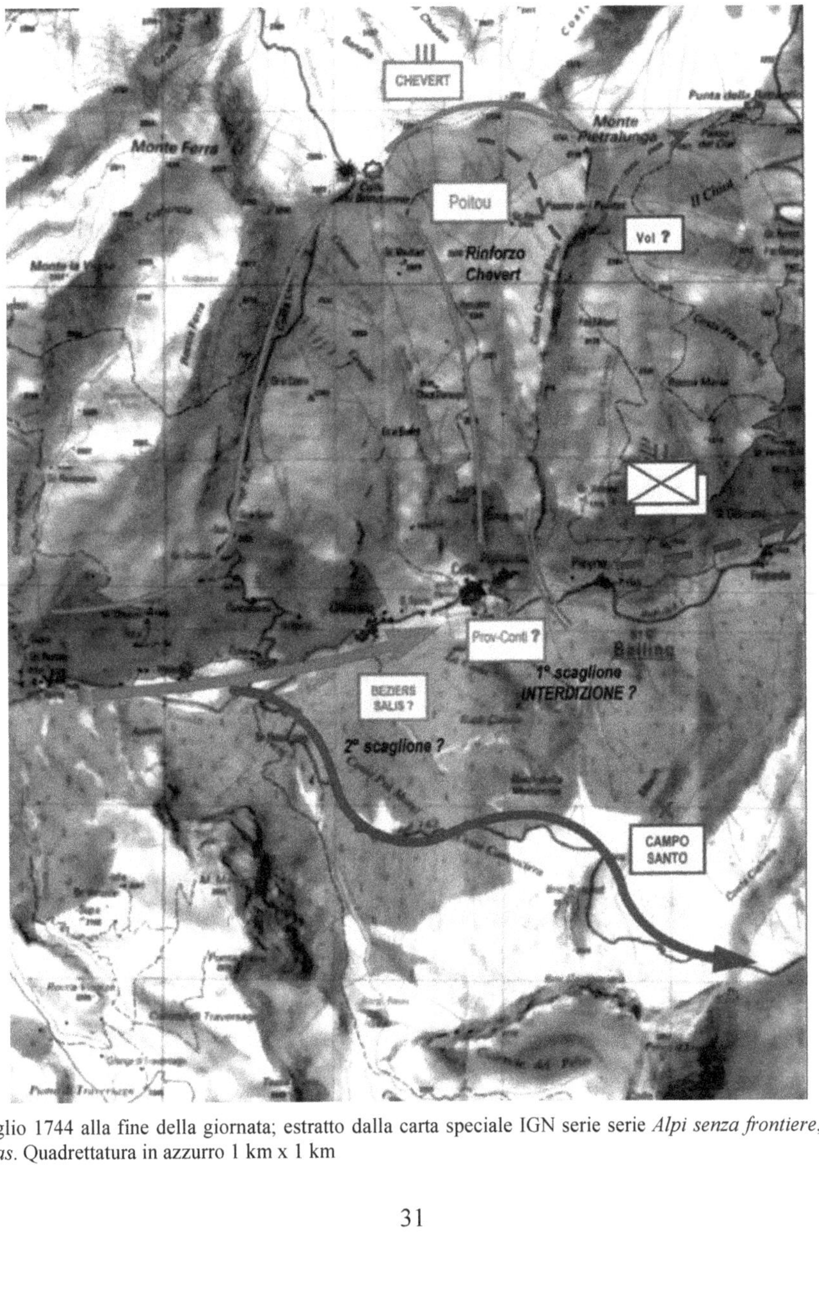

Situazione del 17 luglio 1744 alla fine della giornata; estratto dalla carta speciale IGN serie serie *Alpi senza frontiere*, scala 1:25000, n. 8, *Monviso-Alto Queyras*. Quadrettatura in azzurro 1 km x 1 km

Fig. 6

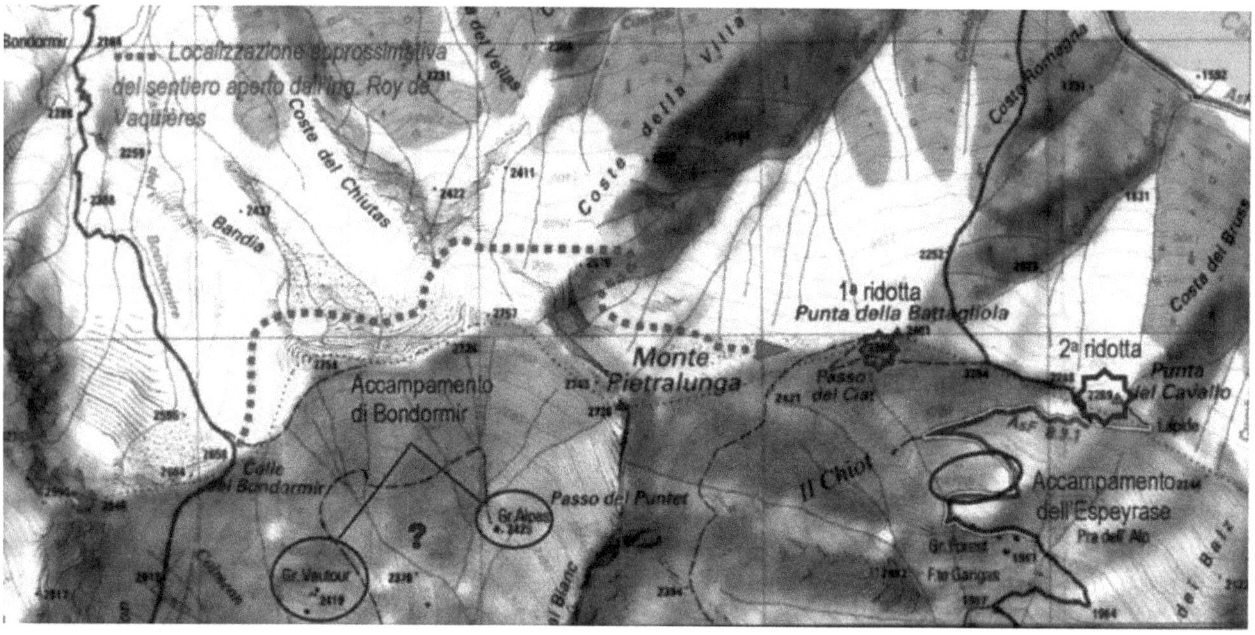

Localizzazione approssimativa del sentiero aperto dall'ingegnere Roy de Vaquières intorno al monte Pietralunga; estratto dalla carta speciale IGN serie serie *Alpi senza frontiere*, scala 1:25000, n. 8, *Monviso-Alto Queyras*. Quadrettatura in azzurro 1 km x 1 km

Fig. 7

La punta della Battagliola vista dai piedi della parete orientale del monte Pietralunga (foto-Pauvert)

Fig. 8

Localizzazione logica del Passo del Ciat, corrispondente alla trincea al centro della parete orientale del monte Pietralunga e non ai piedi della Punta della Battagliola (foto-Pauvert)

Fig. 9

Particolare di AS.TOCorte, *Piano in misura dell'Accampamento delle truppe di S.M. a Castel del Ponte nella valle di Varajta con l'attacco quivi delle Truppe Gallispane seguito nell'anno 1743* (*supra* nel contributo-SCONFIENZA, Cartografia storica, *Carta* 7)

Fig. 10

Particolare di AS.TOCorte, *Tipo delle valli di Bellino e Varaita con l'attacco della ridotta di Pietra longa, ò sia monte Cavallo seguito li 19 luglio 1744* (*infra* nel contributo-SCONFIENZA, Cartografia storica, *Carta* 8)

Fig. 11

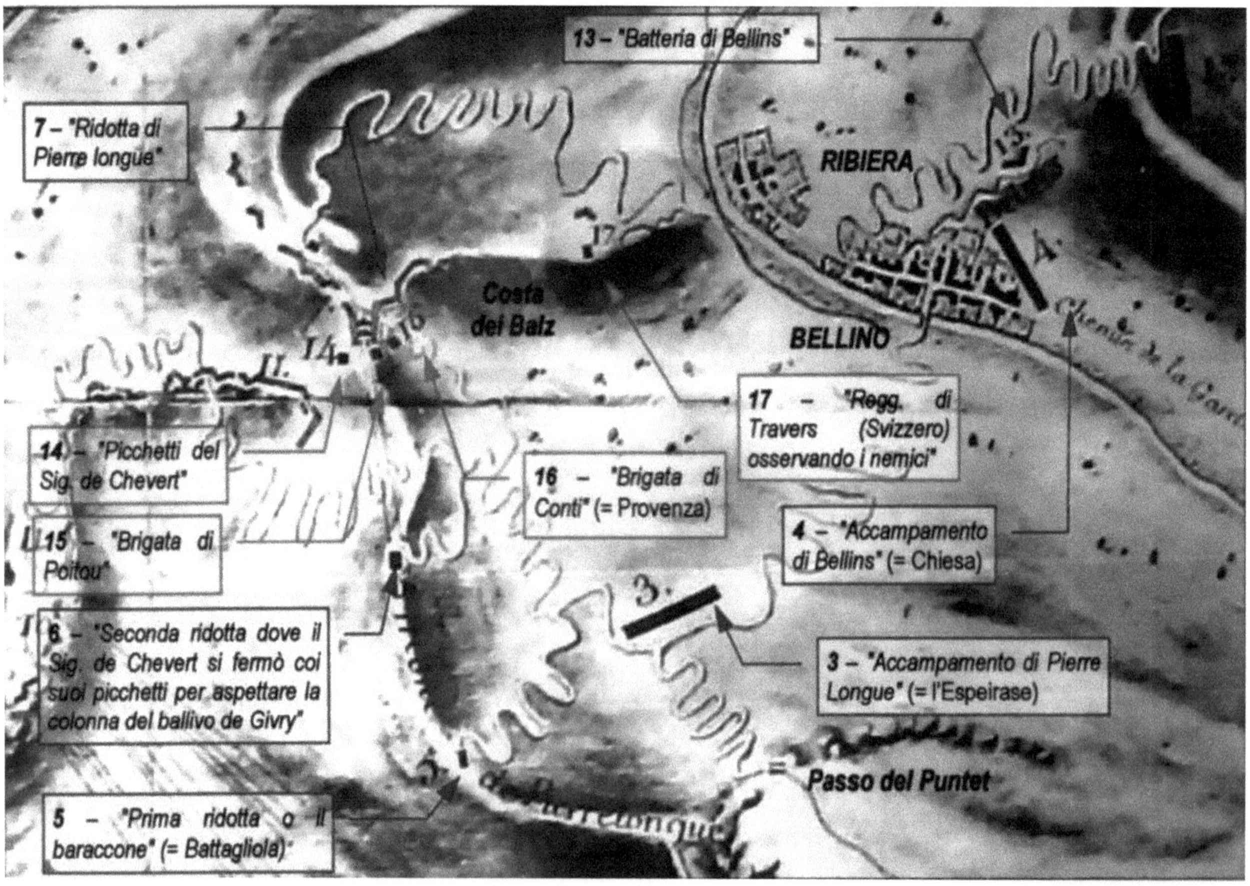

Pianta dell'attacco al monte Passet dell'ingegnere Roy de Vaquières (particolare) con riporto parziale della didascalia (*infra* nel contributo-SCONFIENZA, Cartografia storica, *Carta* 14)

Fig. 12

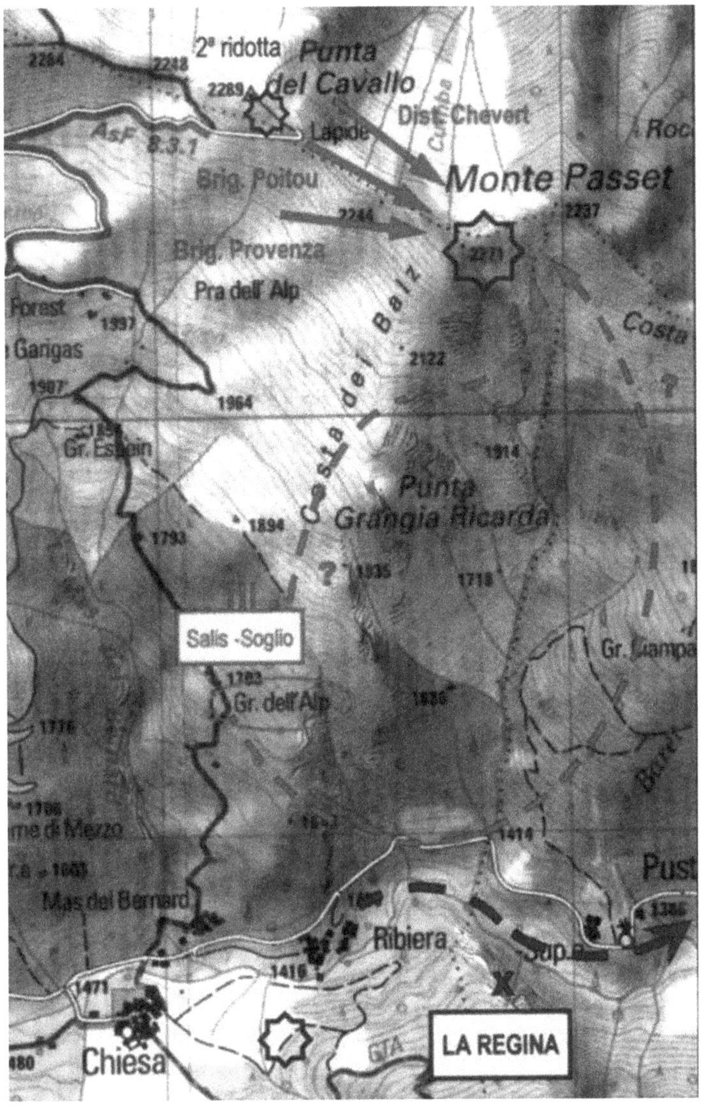

Le due ipotesi di aggiramento a rovescio dal reggimento di Salis-Soglio. Questo reggimento poté sia contornare ampiamente la ridotta, nella zona del Baret della Custassa e raggiungere il sentiero principale che saliva da Casteldelfino e San Chiaffredo, o ancora risalire lungo alla Costa dei Balz e attraversare il burrone all'altezza di m 2122 s.l.m., dove esiste un sentiero, pure non indicato sulla pianta qui riprodotta; estratto dalla carta speciale IGN serie serie *Alpi senza frontiere*, scala 1:25000, n. 8, *Monviso-Alto Queyras*. Quadrettatura 1 km x 1 km

Fig. 13

Particolare di AS.TOCorte, *Piano in misura della Valle di Varata e di Bellino, per il secondo affare di Casteldelfino* (*infra* nel contributo-SCONFIENZA, Cartografia storica, *Carta* 13), in cui al n. 8 della grafia antica sono identificati i simboli blu e bianchi della brigata La Regina (un battaglione del reggimento La Regina, due del Guibert e uno del reggimento provinciale di Mondovì) e con punto interrogativo in rosso il probabile simbolo bianco e rosso del reggimento svizzero de Salis-Soglio al servizio di Francia

Capitolo 3

Le fortificazioni campali della valle Varaita durante la Guerra di Successione Austriaca

Roberto Sconfienza

La Vallée de Vraita est tout à fait ouverte, n'y ayant aucune fortresse dans cette Vallée, et si l'ennemi venoit à s'en emparer, il se porteroit d'abord dans le centre du Piemont par Saluces, et il seroit par là dans le cas de pouvoir entreprendre le siège de Coni en droiture, laissant derrière Dèmont, ou d'entrer par la gorge dans la Vallée de la Perouse; Il est donc de la dernière conséquence de la bien garder; Et je serois d'avis, que si l'on trouvoit quelque en-droit propre dans cette Vallée, pour y faire un fort un peu respectable, il ne faudroit pas manquer d'en profiter [...][1]

Così scriveva nel 1770 Alessandro Vittorio Papacino d'Antoni nelle sue *Réfléxions prèliminaires pour dresser un projet de difensive* a proposito della Valle Varaita e della sua situazione strategica. Effettivamente le valli di Varaita e Maira, ancora nella seconda metà del XVIII secolo, erano le uniche a non essere state sbarrate da opere permanenti, come gran parte delle vallate alpine appartenenti agli Stati del Re di Sardegna lungo il confine con il Regno di Francia, ad onta per altro del fatto che esse erano in collegamento con il Queyras attraverso il colle dell'Agnello, uno dei pochi valichi, insieme al Piccolo San Bernardo, al Monginevro e all'Argentera, dai quali era possibile far transitare agevolmente la grande artiglieria. In merito a queste problematiche il Papacino esprimeva diverse considerazioni e proponeva alcune soluzioni nello sviluppo delle *Réfléxions*[2], ben consapevole del ruolo strategico che la valle Varaita rivestì durante la Guerra di Successione Austriaca, oggetto specifico del presente contributo e contestuale agli studi raccolti in questo volume.

La successione d'Austria, o Guerra della Prammatica Sanzione, era iniziata per il Regno di Sardegna nel marzo del 1742, quando Carlo Emanuele III era entrato in campo accanto all'Austria di Maria Teresa contro la Spagna, mantenendo ancora la neutralità con la Francia. Tuttavia, sebbene la campagna di quell'anno si svolgesse prevalentemente nella pianura emiliana fra Parma e Modena, a Torino ci si preoccupò anche di mettere in stato di difesa il confine occidentale del regno, minacciato dall'armata dell'infante don Filippo, di stanza in Provenza con il beneplacito di Versailles.

Il 15 marzo 1742 Ignazio Bertola, primo ingegnere del Re di Sardegna, redasse una *Memoria [...] sopra le disposizioni, e prouidenze da darsi per la diffesa delle frontiere*[3], dalla quale emerge innanzitutto la necessità di concentrare l'armata in Piemonte, escludendo *a priori* la difesa della Contea di Nizza e del Ducato di Savoia, a causa della facilità con cui un nemico proveniente dalla Francia poteva entrare negli Stati di Sua Maestà. Secondo l'ingegnere l'armata sabauda era così in grado di resistere alcuni anni, ma senza passare all'offensiva, contrariamente a quanto stava accadendo proprio nel mese di marzo del 1742[4].

Il nucleo della strategia difensiva del Bertola si fondava pertanto sull'utilizzo delle piazzeforti alpine, al tempo ristrutturate e in corso di perfezionamento, che nel documento egli passa in rassegna: la Brunetta di Susa, il forte di Exilles, la fortezza di Fenestrelle e il forte di Demonte[5]. Tuttavia nella parte centrale della memoria viene segnalata l'importanza strategica dei passi alpini, che devono essere «ben conservati», e «delle campagne colla sol difesa dei terreni vantaggiosi», così da costringere il nemico a perdere tempo a scapito degli investimenti delle piazze[6]. Questa concezione della difesa scalare presuppone la realizzazione di opere campali nei «terreni vantaggiosi»[7], così come si vedrà più avanti e per gli anni successivi, ma il Bertola, facendo notare che l'armata di don Filippo si stava muovendo verso l'Italia in direzione della Liguria e che la difesa dei passi delle Alpi Marittime era possibile soltanto sguarnendo quelli dalla parte del Delfinato, esponendosi così a possibili colpi di mano francesi, sostiene che si devono armare i «terrassani di que' monti» e «far rompere le strade» da minatori e guastatori, per compromettere i possibili itinerari d'invasione e supplire

[1] Papacino d'Antoni 1770a, pp. 9 fronte - 9 retro. Sul Papacino d'Antoni Patria 1972; Bianchi 1996; Bianchi 2002, pp. 116-117.

[2] L'analisi di questi interventi teorici del Papacino d'Antoni non è pertinente a questa sede. Le *Carte* 15, 16, 17, 18 illustrano adeguatamente la posizione dei valichi e la situazione strategico-difensiva della valle Varaita, considerata dal Papacino d'Antoni, ma a proposito di tale argomento vedere Sconfienza 2005a.

[3] Bertola 1742a. Una seconda memoria, Bertola 1742b, fu redatta a Parma, in piena campagna padana, il 9 maggio 1742, supponendo che l'armata spagnola di Provenza cambiasse i suoi piani e, così come accadde veramente, puntasse sulla Savoia, per poi tentare la discesa in Piemonte. Il Bertola dunque prendeva in considerazione la difesa degli itinerari savoiardi, quali le strade dei colli della Rho, del Moncenisio e del Piccolo San Bernardo, non appartenenti al settore alpino di nostro interesse. Su Bertola Bianchi 2002, p. 58 in cui è segnalata la bibliografia precedente.

[4] Bertola 1742a, pp. 1 fronte - 1 retro. All'inizio di marzo del 1742 l'armata del Redi Sardegna entrò nel Pavese spingendosi fino a Piacenza, per contrastare con gli Austriaci il corpo di spedizione spagnolo in Italia del duca di Montemar, e rimase in Emilia fino al mese di settembre, quando fu necessario fronteggiare l'invasione della Savoia ad opera dell'armata spagnola di Provenza (Ilari-Boeri-Paoletti 1997, pp. 77-111).

[5] Bertola 1742a, pp. 3 fronte - 3 retro.

[6] Bertola 1742a, p. 1 retro.

[7] A proposito dell'impiego strategico della fortificazione campale sul terreno alpino Sconfienza 1996; Sconfienza 2003, Sconfienza 2005a, Sconfienza 2007a, pp. 178-190, 194-200.

alla scarsità di uomini. Infine le truppe regolari devono essere concentrate a Cuneo e Ceva per essere eventualmente spostate a Villafranche e Oneglia e per controllare in tal modo sul fianco l'armata di don Filippo, che dovrebbe dirigersi su Genova[8].

Gli interventi del 1742

La memoria del Bertola appena considerata è piuttosto illuminante per comprendere le attività svolte nell'estate del 1742, al fine di mettere la valle Varaita in stato di difesa, ma accanto ad essa non devono essere dimenticati i diari del parroco di Chianale don Bernard Tholosan. Le *Memorie storiche sui fatti d'arme occorsi nella valle di Vraita nella guerra del 1742*[9], redatte dal curato a partire dal 1746 e riordinate parecchi anni dopo le vicende della Guerra di Successione Austriaca, denotano chiari intenti autobiografici e apologetici, tuttavia rivestono un ruolo di importante testimonianza di prima mano riguardo agli eventi bellici in valle Varaita, proprio in virtù della loro soggettività[10]. In particolare don Tholosan riferisce sempre quali furono i lavori di fortificazione realizzati nell'alta valle per costituire una prima linea difensiva e far fronte alle successive invasioni gallispane.

§ *Il blocco dei valichi*

Per l'anno 1742 il curato di Chianale descrive gli interventi al colle Longet, che dal vallone dell'Antolina, a monte di Chianale, immette nella valle dell'Ubaye, quelli al colle dell'Agnello e intorno alla borgata Castello, «Château de Pont». Nel primo sito fu creato un lago artificiale, per inondare completamente il pianoro sottostante il colle e le grange dell'Antolina, e a monte di esso fu aperto un profondo fossato che tagliava il cammino discendente dal colle, circa all'imbocco del vallone della Niere. Presso il colle dell'Agnello fu distrutto con le mine il passo del Crapon e venne tagliato il cammino principale; sulla destra del colle, alla testata del vallone di Soustra, che don Tholosan chiama «de la Lauzette» probabilmente in virtù del monte Losetta, dominante i passi di Soustra e della Losetta, fu tagliato un altro fossato per sbarrare il cammino che attraverso il primo passo collega la valle Varaita con quella del Guil e di Ristolas, nella parte settenarionale del Queyras, e attraverso il secondo la testata del vallone di Soustra con quello di Vallanta, che scende direttamente su Castello, permettendo l'aggiramento di Chianale. Per ultimo fu fortificato il rocco di Chateau de Pont con un trinceramento leggero di fascinoni. Il curato infine ricorda che la commissione in visita per stabilire i luoghi e l'entità degli interventi era costituita «par Monsieur Colomb major d'Alexandrie et Monsieur Arducis ingegneur [... et par, *scil.*] Monsieur le comte Nomis fort honnêt homme»[11]

I lavori elencati furono realizzati nel mese di agosto, stando alle datazioni degli altri documenti riguardanti tali interventi, il primo dei quali è una lettera del conte Nomis di Cossilla al marchese Fontana, datata 17 agosto 1742, giorno in cui si stava già lavorando per «far saltare con mine un certo posto chiamato Carapone, in qual caso quel passo sarebbe impratichabile per la Caualleria» [12]. Nella stessa lettera il conte riferisce che, pur essendo iniziati troppo tardi i lavori, «M.ur Collomb et M.ur Ardussi si danno tutte le attensioni possibili per romper questi passi dei colli, ò almeno renderli difficili», tuttavia egli premette che sembra assai difficile impedire ad un corpo d'invasione di attraversare i passi[13]. La lettera prosegue illustrando una serie di difficoltà nell'avanzamento dei lavori, a causa del poco personale in servizio, «quatro minatori, tre canonieri et un caporale», e della reticenza dei valligiani a prestare la propria opera. Si pone quindi in evidenza la situazione climatica assolutamente improponibile per i corpi di guardia sui colli. Infine il Nomis suggerisce di spostare la difesa della valle fra Casteldelfino e Sampeyre «in un posto detto La Confina», ovvero l'attuale borgata Confine, preparando un grande «abatis» di piante come trinceramento e appoggiando la destra alla montagna del bosco de La Levée e la sinistra a quella del colle di Sampeyre, «Lubac de S.nt Piere»[14].

Le prime notazioni della lettera e quest'ultimo spunto difensivo, se messi a confronto con la memoria del Bertola, possono forse spiegare meglio le scelte fatte dalla commissione per la difesa della valle, in quanto, sebbene esistesse la convinzione che non era possibile fermare il nemico sui valichi e questo non fosse soltanto un assunto di don Tholosan, come egli stesso farebbe intendere nelle sue *Memorie*[15], le direttive superiori erano chiare e inequivocabili quanto alla necessità di adoperarsi per riuscire a bloccare le invasioni sullo spartiacque. Non solo, ma un'altra istruzione del Bertola, segnalata sopra, era quella di «far rompere le strade», così come stava procedendo il capitano Arduzzi con lo scavo dei fossati attraverso i cammini dei valichi. In definitiva, per quanto l'Arduzzi non fosse a proprio agio ad operare in montagna, sembra che quella che don Tholosan irride e chiama imperizia dell'ingegnere fosse piuttosto il tentativo da parte del medesimo di destreggiarsi fra le condizioni territoriali disagevoli e le disposizioni del suo comandante[16].

Il problema della manodopera, segnalato dal Nomis, stando alle *Memorie* di Tholosan, fu risolto già nella pri-

[8] BERTOLA 1742a, pp. 1 retro - 2 retro.
[9] THOLOSAN 1777, pubblicate in versione integrale e commentate in GARELLIS 2001 da due manoscritti della Biblioteca Reale di Torino (Manoscritti Militari 71 e Manoscritti Saluzzo 227).
[10] In merito alle questioni interpretative della fonte si rimanda a GARELLIS 2001, pp. 22-31 e 123-124, allineandoci alla lettura proposta dalla studiosa. Pertanto le *Memorie* sono considerate in questa sede una fonte preziosa di informazioni contestuale alle altre documentazioni d'archivio, tanto per le concordanze quanto per le discordanze con le medesime.
[11] THOLOSAN 1777, pp. 182-183. Nel 1742 Joseph Ignace Colomb di Annecy aveva 57 anni e rivestiva la carica di maggiore della piazza di Alessandria, con il grado di tenente colonnello di fanteria, avendo iniziato a servire come cadetto e poi alfiere del reggimento Savoia nel 1704 (*Anzianità Colomb* 1740). Per gli stati di servizio degli ingegneri si può fare riferimento ad ASTORiunite, Ufficio Generale del Soldo, *Patenti-Controllo Finanze*.
[12] NOMIS 1742, p. 3 fronte. Sul conte Nomis *supra* nota 11.
[13] NOMIS 1742, p. 1 fronte.
[14] NOMIS 1742, pp. 1 retro - 3 retro.
[15] THOLOSAN 1777, p. 182.
[16] THOLOSAN 1777, pp. 182-183 *passim*.

ma metà del mese, quando si lavorava al colle Longet, reclutando «depuis Saluce jusqu'ici tous les travailleurs de campagne» e raddoppiando il numero al momento di iniziare le opere al colle dell'Agnello[17]. I fatti sembrerebbero confermati dalla documentazione della Regia Segreteria di Guerra, che il 21 agosto 1742 dava incarico all'intendente generale dell'Azienda di Fabbriche e Fortificazioni, vassallo Miglina di Capriglio, di inviare a Saluzzo tre o quattro «sovrastanti» per il coordinamento della manodopera, secondo la richiesta del brigadiere commendatore di Cumiana, comandante del comprensorio della valle Varaita[18].

I nomi dei «sovrastanti» non sono esplicitati, tuttavia nel *Libro mastro fortificazioni* del 1742 sono annotati i pagamenti di alcuni personaggi che operarono in valle Varaita fra il 24 e il 28 agosto dello stesso anno e accanto al misuratore Bellino sono segnalati Pietro Ludovico Antonetti e Vittorio Bossola, che si occuparono della provianda per il personale impiegato nei lavori[19]. È interessante segnalare che anche nelle annotazioni delle spese s'è fatto esplicito riferimento all'attività di guasto dei cammini alpini, così come si legge nel *Libro mastro* del 1743 a proposito del compenso per un ufficiale pagatore:

1743
- mag.o a 22. All'Uff.le del Soldo Turleti per trauaglj di trinceram.ti, e rompi-menti di strade nel 1742 su i monti della Valle di Varaita. Recap.o 21 cor.e £ 1696,14[20]

Lo stesso registro, a riprova dell'impiego della manodopera locale citata da Tholosan, ci informa che dopo quasi un anno e mezzo, il 21 gennaio 1744, furono in parte rimborsate le comunità di Casteldelfino, Bellino e Pontechianale «per i lauoranti e robbe prou[is]te»[21] e che soltanto il 10 marzo 1744 furono destinate a Pontechianale circa 600 lire per aver «somministrato maestranza, uitture, boscami per costruz.ne d'un baracone alla Chianale»[22].

§ *Il quadro finale*

I lavori si conclusero entro la fine del mese di agosto, come dimostrerebbero l'arrivo delle milizie valdesi il 7 settembre, accampate alle grange del Pategun nel vallone di Soustra[23], e soprattutto la data del 27 agosto 1742 apposta al termine della *Relazione delli Travaglj fatti* [...] *nella valle di Varaid*, accanto alla firma del capitano d'artiglieria Felice De Vincenti[24]. Esiste anche un altro documento, in francese e non firmato, che può essere attribuito al De Vincenti e tratta lo stesso argomento della *Relazione delli Travaglj*[25]. Il testo, corredato di schizzo a penna con legenda, ricorda, accanto ai personaggi citati precedente-mente e nel documento in italiano, un tal «M.r Bernardi, homme très pratique des Cols» e menziona gli interventi in alta valle di cui si tratterà ora[26].

L'autore, dopo aver riferito di esser giunto in val Varaita il 19 agosto e aver ispezionato «molti ripparj ben incomminciati dal S.r Cap.no Ing.re Arduzzi», informandone il brigadiere di Cumiana e il maggiore Collomb, rende conto dei lavori svolti partendo dal comprensorio del colle dell'Agnello. Egli definisce «scarpamento» l'intervento di scavo al colle «della Losiera», ovvero «la Lauzette» di Tholosan, in cima al vallone di Soustra, e, più precisamente del curato, illustra le difese del colle dell'Agnello, dove «si è inferiormente tagliata La Strada in tre Luoghi nel Rocco al posto detto del Crappone, sul piano sottoposto al quale si è situato un Corpo di Milizie Valdese di Uomini due Cento»[27].

Per completare la difesa del cammino principale che conduceva nel Queyras, venne prevista inoltre la sistemazione in accampamento di cinquecento valdesi alle grange del Pategun, cinquecento a Sellette, «Casali della Seletta», per il controllo del vallone di Soustra e del passo della Losetta, e altri mille a Chianale, senza riferire di ulteriori opere fortificatorie[28]. Il De Vincenti dà un'informazione ulteriore rispetto al Tholosan, relativa al colle di Saint Veran, il cui cammino, «non potendosi far alcun trinceramento», fu tagliato in due punti inferiormente al passo dalla parte piemontese; al sito fu destinato un presidio di 150 valdesi[29].

[17] THOLOSAN 1777, pp. 182-183.
[18] *Lettere di S.M. all'int.F.F.* 1742.
[19] *Libro mastro* 1742, *Catt.a 42*, *Spese di campagna*, p. 42.
[20] *Libro mastro* 1743, *Catt.a 41*, *Residuo spese fortificazioni 1742*, p. 41.
[21] *Libro mastro* 1743, *Catt.a 41*, *Residuo spese fortificazioni 1742*, p. 56.
[22] *Libro mastro* 1743, *Catt.a 41*, *Residuo spese fortificazioni 1742*, p. 61. Sul blocco dei valichi nel 1742 vedere inoltre GARIGLIO 1999, pp. 91-92.
[23] THOLOSAN 1777, p. 182.
[24] DE VINCENTI 1742. Sul personaggio BIANCHI 2002, pp. 85, 162, 179, 270-271.
[25] È possibile attribuire al De Vincenti il testo poiché, non solo i contenuti sono pressoché identici a quelli della memoria in italiano, ma anche in ragione del fatto che nell'elenco iniziale dei nomi appartenenti ai personaggi della commissione di rilevamento, ovvero Colomb, Nomis, Arduzzi e Bernardi, l'unico a non comparire è quello del De Vincenti stesso (*Memoire des dispositions* 1742, p. 1 fronte). Quest'ultimo argomento *ex silentio* è sostenuto per altro dal fatto che nel testo francese l'autore approfondisce le istruzioni per la difesa della valle in merito agli impieghi dei reggimenti regolari di Diesbach, Keller e Chablais, segnalando che gli ordini furono redatti a Casteldelfino, per i primi due, il 24 agosto 1742 e, per il terzo, il 26 agosto 1742 (*Memoire des dispositions* 1742, pp. 2 fronte - 2 retro). Tali notazioni permettono inoltre di individuare un antico errore di catalogazione negli archivi del Re, poiché la postilla al fondo della pagina 2 retro reca la data «1742.17.aoust» incompatibile con l'indicazione delle date delle istruzioni per i reggimenti. È probabile che l'errore consista nello scambio di un 2 con un 1 leggendo la terza riga dell'intestazione autografa della *Memoire des dispositions*, in cui compare la data «27.me aoust 1742 a la Chenal»; d'altro canto la *Relazione delli Travaglj* è del 27 agosto e potrebbe esser stata compilata nello stesso giorno anche una versione francese.
[26] *Memoire des dispositions* 1742, p. 1 fronte.
[27] DE VINCENTI 1742, p. 1 fronte. Lo schizzo allegato alla relazione in francese (*Carta* 1) indica al n. 12 il taglio del «passaggio denominato il Crappone», subito sotto il n. 15, ossia il colle dell'Agnello; con il n. 13 è poi segnalato anche il taglio del «passaggio denominato il col vechio». Esiste anche un altro documento cartografico, la *Carta* 2, che raffigura la situazione del 1742, ma sembra più precisa la *Carta* 1, pur essendo un semplice schizzo. Sarebbe suggestivo ipotizzare che quest'ultimo sia stato la bozza preliminare per la confezione della *Carta* 2.
[28] DE VINCENTI 1742, pp. 1 fronte - 1 retro.
[29] DE VINCENTI 1742, p. 1 retro. Conferma il testo della memoria la *Carta* 1, che indica i due tagli con il n. 6 e ci dà un'altra informazione riguardo ad un terzo taglio, segnato con il n. 7, attraverso una valletta secondaria che collega la zona del colle di Saint Veran con quella del Longet.

Passando al settore del colle Longet il capitano spiega che l'allagamento della strada diretta a Maurin fu effettuato dalla parte del versante piemontese collegando insieme, tramite piccoli canali, i diversi laghetti del pianoro sottostante il passo «et avendovi formato un grosso muro di Pietre, Teppe nel suo sbocco», fu possibile creare un ampio bacino idrico che giungeva «sino al piede dei diruppi»; a guardia del passo vennero previsti cento valdesi[30]. È probabile che il lago ostruito dalla diga e originario dell'invaso artificiale sia l'attuale Lago Blu (m 2533 s.l.m.), poiché si trova ai piedi del vallone del Rio Biancetta, suo immissario, identificabile con il «vallon de la Niere», sotto il Roc della Niera, che Tholosan dice esser stato allagato alle prime pendici[31]. Inoltre il Lago Bes (m 2646 s.l.m.) e il Lago Nero (m 2591 s.l.m.), gli altri due bacini naturali presso il colle Longet, si trovano a quote superiori rispetto al precedente, così da poter conferire la pendenza adeguata agli immissari artificiali di cui parla il De Vincenti.

Ancora presso il colle Longet lo schizzo allegato alla relazione in francese conferma il fossato tagliato attraverso il passaggio alternativo, dopo la creazione del lago artificiale, così come riferisce don Tholosan[32]. È importante un'altra notizia presente nella relazione, ma non puntualmente riferita nelle *Memorie* di Tholosan, ovvero il taglio dei cammini presso i passi denominati di «Ristolass» e «di Viso» che, stando alla descrizione del De Vincenti, dovrebbero corrispondere il primo al passo di Soustra e il secondo a quello di Vallanta, sulle dorsali sopra Castello[33].

È proprio in merito a questa frazione, sorta sul terrazzo roccioso che separa il corso più alto della Varaita di Chianale dalla zona di Casteldelfino e dalla confluenza con la Varaita di Bellino, che la relazione del 27 agosto, analogamente a don Tholosan, illustra la realizzazione dell'unica opera campale edificata nel 1742, costituita da «un picolo trinceramento da potervi postar circa Cento Uomini con sei Spingarde sul Roco denominato il Castello di Ponte», al fine di coprire l'eventuale ritirata dei reparti valdesi, destinati alla difesa dei colli e di Chianale, sotto la protezione di due battaglioni dei reggimenti di Diesbach e Keller, schierati nel bosco de La Levée[34]. Nella relazione in francese il De Vincenti conferma a proposito di Chateau de Pont

> [...] les dits deus Battallons [di Diesbach e Keller, *scil.*] ocuperont par un destachement de 150 hommes les retranchement faits au Chathaù et le reste des dits deus Battallons ocuperont le Village qui est attache au dits retrenchements et la il tiendront ferme tant que possible pounrà [...][35]

È quindi opportuno notare innanzitutto che l'opera realizzata era sicuramente leggera, con un perimetro ad angolo saliente rivolto verso Chianale[36], ed era costituita in gran parte da fascinoni e zolle di terra, come dice Tholosan[37], in ragione della sua destinazione assolutamente temporanea. D'altro canto compare fin dal 1742 la posizione strategica fondamentale del bosco de La Levée, esteso oltre il vallone di Vallanta sulla sinistra della Varaita, dove si prevedeva di schierare i due battaglioni di fanteria di linea, appoggiati inoltre da un terzo battaglione, appartenente al reggimento Chablais, accampato sotto Casteldelfino[38].

In merito a quest'ultima disposizione, stando alla memoria in francese, il De Vincenti dà segno di aver discusso e condiviso con il conte Nomis l'importanza strategica della borgata Confine, in quanto amplia l'istruzione dicendo che

> [...] le Batallon [il Chablais, *scil.*] Marcherà iusques au poste qu'on apelle le Vieus Confin entre S.t Peyre et Chathaù Daufin, où il y'à une espece de Retrenchement, et si le Collonel le iugerà à propos en passant à las tourrette[39] il laiseras un destachement de 50 hommes, comandes par un Cap.ne, et un lieutenent, le quel defendra ce Poste le plus quil sera possible [...] Le Battallon tiendra ferme au dit poste de Vieus Confins et donnera le temps au deus Battallons de Diesbac et Kailler de pouoir se rallier deriere lui en cas quils eusent este forces [...][40]

Giova rammentare a questo proposito l'esistenza di una carta, conservata presso l'Archivio di Corte a Torino[41], che documenta l'esistenza di trinceramenti a salienti e rientranti a monte di Villars e a valle delle borgate Tourette e Chandasne, cioè presso l'attuale borgata Confine, ma che raffigura anche un forte quadrilatero bastionato, forse in opera leggera di legno e terra, poco sotto Sampeyre. Il documento, che illustra una situazione territoriale precedente gli anni '40 del XVIII secolo, sembra dunque corroborare l'ipotesi dell'esistenza di una linea difensiva ripristinabile presso Sampeyre, pensata come primo fronte d'impatto nel 1742, qualora i nemici avessero superato i valichi, e come posizione di ripiegamento e retrofronte negli anni successivi[42].

---

[30] DE VINCENTI 1742, p. 1 retro.

[31] THOLOSAN 1777, p. 182. Sembra confermare l'identificazione dei laghi qui proposta la raffigurazione del colle Longet con relativa didascalia nella *Carta* 1, dove si può notare la segnalazione del muro della diga (lettera R) a valle del lago centrale inferiore, circondato dagli altri e ad essi collegato dai canaletti. Infine il muro di contenimento delle acque è anche segnalato sulla *Carta* 3 con il n. 25.

[32] Il taglio è segnato con la lettera T sulla *Carta* 1; THOLOSAN 1777, p. 182.

[33] DE VINCENTI 1742, pp. 1 retro - 2 fronte. Le due opere corrispondono rispettivamente al n. 14 e al n. 18 nella *Carta* 1 e ai n. 37 e 42 sulla *Carta* 3.

[34] DE VINCENTI 1742, p. 2 fronte.

[35] *Memoire des dispositions* 1742, p. 2 fronte

[36] Così come ci pare di dedurre dalla *Carta* 1 per il trinceramento segnato con il n. 3. La *Carta* 3 raffigura invece un'opera di forma trapezia sull'altura di Castello, contrassegnata con il n. 17.

[37] THOLOSAN 1777, p. 183. Su queste prime difese di Castelponte GARIGLIO 1999, p. 92.

[38] DE VINCENTI 1742, p. 2 retro.

[39] Si tratta dell'attuale frazione Torrette, poco a valle di Casteldelfino.

[40] *Memoire des dispositions* 1742, p. 2 fronte - 2 retro.

[41] *Carta* 2.

[42] Si vedano alla fine del presente contributo le notazioni riguardanti il ripiegamento su Sampeyre, ordinato da Carlo Emanuele III nel 1744, all'indomani della battaglia di Monte Cavallo. Sul tema della seconda linea difensiva vedere anche BUFFA DI PERRERO 1887, p. 26. È opportuno precisare in particolare che la *Carta* 2, la cui datazione è ignota, rappresenta la situazione difensiva della valle Varaita nel 1628, come anche attestano le raffigurazioni dei reparti di fanteria dotati di picchieri. Il 4 agosto di quell'anno il duca di Savoia Carlo Emanuele I fermò nel comprensorio di Sampeyre un'armata francese al comando del marchese di Uxelles, mandata in Piemonte per contrastare l'invasione sabauda del Monferrato (COGNASSO 1974, p. 245; COGNASSO 2002, p. 392). Esiste presso l'Archivio di Stato di Torino una memoria relativa ad eventi bellici in valle Varaita, verificatisi fra il XVII secolo e il 1712, che, pur non

Ultima disposizione per la difesa del 1742 è la sistemazione di una guardia di cento miliziani piemontesi al colle dell'Autaret, al fondo della valle di Bellino, attraverso il quale si apre un collegamento con la valle dell'Ubaye, lungo il vallone di Chabrière[43].

Le difese del 1743

L'anno successivo ai primi interventi in valle Varaita le forze del Regno di Sardegna furono ancora impegnate in Pianura Padana, almeno nelle fasi iniziali della campagna, in occasione della battaglia di Camposanto. Tuttavia l'attenzione si volse ben presto al confine occidentale dello stato, quando la Francia si mobilitò per appoggiare militarmente le truppe spagnole di stanza in Savoia. All'inizio di luglio del 1743 Carlo Emanuele III richiamò in patria i battaglioni impegnati fra la Lombardia e l'Emilia e, dopo successivi negoziati con Versailles, Madrid e Vienna, il Regno di Sardegna confermò la sua alleanza con l'Austria il 13 settembre a Worms. Alla fine della bella stagione si apriva quindi la reale possibilità di un'invasione gallispana che avrebbe preso le mosse dal Delfinato[44].

La concentrazione dei magazzini di rifornimento a Briançon e nel Queyras durante il giugno del 1743, per appoggiare lo spostamento dalla Savoia dell'armata spagnola, comandata dal marchese de Las Minas, fece intendere che una delle possibili vie d'invasione era proprio quella del colle dell'Agnello e della val Varaita. Pertanto abbiamo notizia dalla corrispondenza della Regia Segreteria di Guerra che nel mese di luglio fu inviato a Saluzzo il gran mastro d'artiglieria Vittorio Amedeo de Seyssel marchese d'Aix[45] ed era volontà di Carlo Emanuele III che

> [...] ove il medesimo giudicasse di far intraprendere intorno ad esse [le frontiere del comprensorio di Saluzzo, *scil.*] qualche Riparo, o restaurare quelli, che già per lo stesso oggetto vi sorsero nell'Estate scorsa, debbano farsi senz'altro esequire, e soddisfare su d'un piede equitativo i Paesani che vi saranno impiegati [...][46]

La situazione strategico difensiva della valle Varaita in questo momento è ben descritta in una relazione di visita, anonima e priva di datazione, che tuttavia riassume il quadro delineato dagli scritti del De Vincenti nel 1742[47]. In particolare il testo ci informa che

> Le Chateau ou Rocher de Pont, ou il y a actuelment un retranchement au parapet qui borde le front du coté de la Chanal n'est propre a aucunne resistence, etant plus sur de faire barricader le village pour favoriser la retraite des troupes qu'on auroit posté sur le Patagon, et sur les Cols [...][48]

Dopo aver segnalato la rilevanza strategica del bosco de La levée, come già aveva fatto il De Vincenti[49], il testo mette in luce per la prima volta l'importanza della borgata Villareto e della contrada del Sapé:

> Le Pont dit le Sapé qui est un peu au dessous de Chateau Daufin, et la Varraite entre deux, est d'une nature a y pouvoir faire une longue resistence en occupant comme dessous le bois de La Levée ayant des troupes postées a my côte au hammeau dit le Villaret, aussi bien qu'au dit Sapée qui est une petite hauteur Couverte de gros Rochers, et de Sapins bordé d'un côte par une Montagne escarpée et de l'autre par la Varaite, ou il seroit necessaire de faire plusieurs points pour avoir une libre communication avec le Villaret, et ses hauteurs, et avec Chateau dauphin qui est un peu plus bas [...][50]

§ *I primi interventi*

Riguardo al 1743 don Tholosan segnala l'assenza di grandi lavori difensivi, accanto però ad una presenza considerevole di reparti appartenenti all'armata del Re di Sardegna:

> [...] on ne fit pas de grands rétranchements, chaque régiment, ou bataillon, s'etoit remparé à l'hate de front à l'ennemi, et à dire le vrai on croyoit qu'y eût de l'intelligence, et on se persûdoit facilement que l'armée n'ètoit ici que pour parade ou pour couvrir quelque fin[51]

Tuttavia per far luce sull'attività diretta dal marchese d'Aix nell'estate del 1743 ci vengono in aiuto, accanto alle *Memorie* di Tholosan, le più precise notazioni presenti nei diari del colonnello de Monfort[52]. La *Relation Journaliere* ci informa che il marchese raggiunse Casteldelfino in compagnia di suo figlio, il marchese di Seyssel, del barone du Verger e dello stesso de Monfort, «pour reconnoître les Postes de Pont et Chanal, et de la Valée de Belin et y faire ses dispositions pour la deffence des dits postes»[53].

Entro il 18 luglio furono compiute le ricognizioni, e vennero stabiliti i siti in cui si sarebbero accampate le truppe

---

essendo datata, può risalire verosimilmente agli anni '40 del XVIII secolo a causa dell'interesse rivolto alla valle protagonista delle campagne fra il 1742 e il 1744. All'inizio del documento è possibile reperire alcune notizie sull'episodio del 1628, ma soprattutto informazioni sulle opere difensive elevate per l'occasione e rappresentate sulla *Carta* 2:

> Nell'anno scorso fu additato il passagio per la Valle di Varaita del marchese d'Uxelles con sedici milla Uomini stato per respinto; e che se li fece resistensa secondo le notizie di Vittorio Siri a' San Nicolao, ed in fatti si è ritrovato un Pillone con L'effigie di detto santo in un posto molto a' proposito per un'opportuna opposizione nel Territorio del Luogo di San Peijre, ove si trova la Parrochiale di Rore, ed iui nel tempo di Carlo Emanuele I° doppo la battaglia seguita con li Francesi si fabbricò un Castello [il *Fort S.t Pierre*, quadrilatero bastionato, della *Carta* 2, *scil.*] in esso Luogo di San Peijre da Li a' poco tempo stato poi demolito
> (*Notizie di alcuni posti* s.d., p. 1 fronte).

Infine l'episodio dell'attacco del marchese d'Uxelles e della resistenza opposta dalle truppe di Carlo Emanule I è oggetto di una precisa e circostanziata relazione conservata sempre all'Archivio di Corte di Torino (*Relazione della Rotta* 1628).

[43] DE VINCENTI 1742, p. 2 fronte. Sugli interventi del 1742 vedere inoltre ALLAIS 1985, pp. 227-228; GARELLIS 2001, pp. 125-128.

[44] Luigi XV infatti, pur in assenza di dichiarazione di guerra, assegnò all'armata di don Filippo un contingente francese per rispondere sul campo alle manovre diplomatiche sabaude (ILARI-BOERI-PAOLETTI 1997, pp. 117-122).

[45] Sul personaggio CHOMON RUIZ 1968, p. 111 nota 6; BIANCHI 2002, p. 90.

[46] *Lettere di S.M. all'Int.F.F.* 1743a.

[47] *Relation de la visite* s.d. È suggestivo soltanto ipotizzare, purtroppo in assenza di indizi più significativi, che la memoria sia stata redatta dallo stesso marchese d'Aix o da qualche suo ufficiale subalterno presente durante le ricognizioni. La situazione strategico-difensiva del 1743, allargata a tutto il comprensorio delle valli cuneesi, dal Po alla Stura, è illustrata nella *Carta* 19.

[48] *Relation de la visite* s.d., p. 2 fronte.

[49] *supra* note 38, 39, 40.

[50] *Relation de la visite* s.d., p. 2 retro.

[51] THOLOSAN 1777, p. 186.

[52] Su de Monfort vedere AS.TORiunite, Ufficio Generale del Soldo, *Patenti-Controllo Finanze* a partire dagli anni venti del XVIII secolo, quando iniziò la sua carriera nell'esercito del Re di Sardegna.

[53] MONFORT 1743, p. 1 fronte.

regolari, si decise di ristrutturare i trinceramenti «au Rocher du Pont» e di costruire una batteria al Villareto, interventi questi che erano stati segnalati genericamente nella succitata lettera della Regia Segreteria di Guerra del 22 luglio 1743[54]. Il marchese di Seyssel nel frattempo fece una ricognizione per individuare le migliori comunicazioni fra la val Varaita e quelle di Maira e Stura; dopo la partenza del marchese d'Aix, il de Monfort rimase a Casteldelfino con la funzione di comandante in alta valle e responsabile dei lavori *in fieri*[55].

Mentre negli ultimi giorni di luglio le truppe sabaude agli ordini del marchese d'Aix prendevano posizione nella media valle, i lavori di fortificazione si concentravano sempre a Chateau de Pont e al Villareto, dove il 10 agosto il marchese volle fare una ricognizione per verificare il procedimento dell'attività. In particolare riguardo a Castello, possiamo pensare che l'intervento mirasse a ripristinare il trinceramento leggero realizzato nel 1742 e sistemato a difesa del rocco a strapiombo sulla Varaita[56].

In merito alla direzione tecnica dei lavori a Castello e Villareto il de Monfort parla soltanto di un anonimo «Ingenieur», così come a proposito del seguito del de Seyssel durante la ricognizione nelle valli limitrofe[57]. Un ordine di pagamento inviato il 26 agosto 1743 dalla Regia Segreteria di Guerra all'intendente Miglina può forse far luce su questi personaggi:

> Al Vass.o Miglyna
> 26 Agosto 1743
> È intenz.e di S. M. che VS Ill.ma faccia anticipare alli SS.ri Cantù, Sottis, Cavel, e Durieu Ing.ri Topografici quali si ritrovano rispettivam.e comandati nelle Valli di Po, Mayra, Varaita e Grana la somma di Lire ducento cinquanta cad.o in conto di loro paghe e vacaz.ni da ritenersegli poscia sovra le medesime a qui per fine[58]

Se nell'ambito del materiale d'archivio passato in esame non compaiono altri nomi, fermo restando che per propria natura la ricerca è sempre suscettibile di sviste o di nuove scoperte, è probabile che nell'estate del 1743 operassero l'ingegnere Cavel, in val Varaita, e, nella ricognizione verso la val Maira, l'ingegnere Sottis, entrambi con la qualifica di topografi, ma forse segnalati dai contemporanei, nell'ambito del personale militare, con il semplice appellativo di «ingenieurs»[59]. Il de Monfort riferisce inoltre di un viaggio del Bertola alla fine di agosto per «visiter tous les postes ou Monsieur le Marquis D'Aix avoit destine de Camper les Troupes» e per stabilire il sito di una seconda batteria a dominio di Chateau de Pont, che il marchese d'Aix intendeva aggiungere e stava per essere realizzata[60]. Risulta dunque, come scrive Tholosan, che non furono apprestate altre opere difensive nei luoghi strategicamente adatti alla difesa della valle. Si tennero evidentemente per buoni i lavori di guasto dei passi realizzati dall'Arduzzi nel 1742 e le truppe provvidero a trincerare con il legname dei boschi limitrofi le postazioni loro affidate.

È necessario pertanto chiarire quali fossero i siti nei quali il marchese d'Aix aveva deciso di schierare i suoi battaglioni e attendere l'invasione. Ancora una volta è esauriente la precisa relazione del de Monfort, integrata dalla cartografia storica. Il colonnello scrive che, in seguito alla notizia del passaggio del colle di Galibier da parte dell'armata spagnola, ormai in vista di Briançon, il 3 settembre 1743 il marchese d'Aix diede ordine che le truppe raggiungessero le rispettive destinazioni finali:

> [...] La Brigade des Gardes fut campée, sa droite au Monvizo et la gauche au dessous de Pont occupant la hauteur du bois de la levée [...] La Brigade de Savoye fut campée la droite au dessous de Pont, et la gauche au dessous de Villaret, faisant avec celle des Gardes un angle droit, et occupant les hauteurs qui viennent de Pont a Chateau Dauphin. La Brigade de Tarantaise fut campée sur les hauteurs de Belin dans un lieu appellé Pierre Longe, cette montagne a-yant sa pente egalement du côte de Belin et de Pont, ce qui mettoit cette brigade en Etat de deffendre l'une et l'autre vallée [...][61]

Riferisce questo schieramento anche un anonimo *Precis des Campagnes*, in cui sono elencati il «Bois de la levée», «Pierre longe» e un posto denominato «la gardette», forse identificabile con la borgata Gardetta a monte di Chiazale nella valle di Bellino o con un'omonima sopra Casteldelfino sulla destra della Varaita, dove digrada la dorsale di Pietralunga[62].

Lo schieramento fu completato entro il 4 settembre e il barone du Verger fu posto a capo del settore della brigata Guardie, ovvero il vallone di Vallanta; la zona bassa del bosco de La Levée fra Castello e Villareto, affidata alla brigata di Savoia, era sotto il comando del marchese d'Aix e infine la dorsale di Pietralunga, difesa dalla brigata di Tarantaise, fu affidata al generale Guibert de Sissac[63].

---

[54] *supra* nota 46.

[55] MONFORT 1743, p. 1 fronte.

[56] MONFORT 1743, pp. 1 retro - 2 fronte. Le attività fortificatorie a Chateau de Pont e Villareto sono documentate nella *Carta* 4 alle didascalie B e «Batteria del Vilareto», nella *Carta* 19 alla didascalia «Ponte», nella *Carta* 5 al n. 7 e nella *Carta* 6 al n. 33.

[57] MONFORT 1743, p. 1 fronte.

[58] *Lettere di S.M. all'Int.F.F.* 1743b.

[59] Fin dal 1738 il corpo degli ingegneri militari, indistinto dall'Artiglieria, era affiancato da quello autonomo degli ingegneri topografi, quattro ufficiali, cinque poi dal 1746, alle dirette dipendenze del primo ingegnere (ILARI-BOERI-PAOLETTI 1997, p. 91; ILARI-PAOLETTI-CROCIANI 2000, pp. 81-84).

[60] MONFORT 1743, p. 2 retro. Sulle due batterie vedere anche MINUTOLI s.d.a, pp. 445-446.

[61] MONFORT 1743, p. 2 reto - 3 fronte. Confrontare anche MINUTOLI s.d.a, pp. 408-416, 423-424, 429-432. Per l'illustrazione della disposizione delle tre brigate vedere le *Carte* 4, 5, 6 e 19.

[62] *Precis des Campagnes* s.d., p. 4 fronte.

[63] Il de Monfort precisa le composizioni delle tre brigate (MONFORT 1743, p. 3 fronte):
- Brigata delle Guardie: due battaglioni del reggimento Guardie, due dell'Audibert, uno del Torino;
- Brigata di Savoia: due battaglioni del reggimento di Savoia, uno del Rietman, uno del La Regina, uno del Baden;
- Brigata di Tarantaise: un battaglione del reggimento di Tarantaise, uno del Mondovì, due del Guibert, due del Diesbach.

Sul barone du Verger vedere *supra* nota 52 le stesse indicazioni relative al de Monfort. Sullo schieramento sabaudo e i luoghi trincerati dalle truppe ALLAIS 1985, p. 129; GARIGLIO 1999, pp. 92-93; GARELLIS 2001, pp. 129-138 *passim*. Ricordiamo inoltre che un'ampia descrizione degli eventi del 1743, in cui compaiono molte indicazioni sulle posizioni sabaude e sulle loro difese, si trova in CHOMON RUIZ 1968. Infine la circostanziata descrizione degli eventi bellici del 1743 redatta dal Minutoli completa la documentazione in nostro possesso (MINUTOLI s.d.a, pp. 472-497).

§ *Le opere di Pont*

Il centro avanzato del sistema difensivo, come nel 1742, continuava ad essere Chateau de Pont, dove a partire da settembre furono aggiunte nuove difese. Era necessario infatti guarnire anche il villaggio di Pont, l'antica borgata, oggi sommersa dal lago artificiale, ai piedi del rocco trincerato nel 1742 e appena rimunito. Fu dunque ordinato ai carpentieri in forza ai reparti delle brigate Guardie e Savoia di tagliare gli alberi necessari per ostruire con palizzate tutti gli imbocchi delle strade di Pont; furono anche aperti con feritoie i muri perimetrali delle abitazioni «qui pouvoient l'être» e verosimilmente di quelle periferiche[64]. Alla fine dell'intervento possiamo credere che il villaggio di Pont avesse una difesa autonoma sottostante il trinceramento del rocco, oltre agli sbarramenti delle strade o forse in relazione con essi. Tale aspetto sembra testimoniato dalla carta del Minutoli relativa agli eventi del 1743, in cui si vede un trinceramento a salienti e rientranti che circonda il villaggio di «Ponte»[65]. Vengono infine a conferma le parole di un ufficiale francese che, in una lettera scritta dopo la spedizione autunnale del 1743, segnala quanto fosse difficoltoso con-trastare il fuoco dei soldati piemontesi proveniente dal «Retranchement voisin du village», al momento in cui la colonna della brigata d'Anjou sfilò al fondo del vallone di Vallanta dopo lo sfortunato tentativo contro la destra dello schieramento sabaudo[66].

La difesa di Chateau de Pont fu affidata l'11 settembre a reparti della brigata Savoia, comandati dal luogotenente de Beauregard del reggimento di Savoia[67]. La leggerezza delle fortificazioni campali del sito, oltre che da Tholosan, è testimoniata anche da numerosi altri documenti relativi agli eventi del 1743. In una lettera scritta da un anonimo ufficiale svizzero in servizio presso l'armata gallispana si riferisce che «la Tour du Pont» era «bâti sur un rocher, sans chemin, sans porte pour y entrer de notre côté, entouré de palissades & de fascines» e, forse esagerando un po' la situazione «capable de soûtenir un siège»[68]. Altre lettere non firmate, probabilmente di ufficiali piemontesi, o forse rapporti dello stesso de Monfort oppure del comandante in capo, il marchese d'Aix, ci informano della debolezza delle palizzate e delle protezioni dei parapetti con i fascinoni[69], ma anche dell'interpretazione strategica che veniva attribuita a Pont e al rocco di Castello, incapaci di sostenere il fuoco dell'artiglieria, «un Poste avancée que l'on a mis que pour observer les mouvemens de l'Ennemi, et donner tems à nos Troupes de les bien recevoir»[70], senza pensare di potervi sostenere una resistenza più duratura di due giorni[71]. Ultima indicazione proveniente dalle fonti in nostro possesso è la presenza di una baracca leggera sul rocco di Castello, «la hutte que le 60 hommes du Rocher de Pont avoient elevée pour se mettre à l'abri» [72]. Numerose sono infine le testimonianze che illustrano la rapidità con cui i Gallispani distrussero, usando il fuoco, le deboli opere campali di Castello, primi fra tutti i diari del de Monfort che, dopo aver ricordato l'abbandono della posizione in seguito ad un solo giorno di bombardamento, documentano l'incendio appiccato dai nemici ai «fassinages du retranchement», prima del ripiegamento su Chianale il 10 ottobre[73].

§ *Le opere del vallone di Vallanta e del bosco de La Levée*

La destra dello schieramento sabaudo era articolata sull'angolo retto formato dalle difese temporanee, realizzate lungo il versante sinistro del vallone di Vallanta dalla brigata delle Guardie, e da quelle elevate dalla brigata di Savoia lungo il margine inferiore del bosco de La Levée fino al Villareto, sede del quartier generale del marchese d'Aix e della prima batteria d'artiglieria prevista già nel mese di luglio[74]. Il punto d'incontro delle due linee doveva trovarsi al fondo del vallone di Vallanta, dove ancor oggi si nota una moderazione della pendenza della costa montana, proprio a dominio del rocco di Chateau de Pont, come testimoniano la cartografia storica e l'anonimo ufficiale francese che partecipò agli attacchi dell'8 ottobre 1743,

> [...] il y eut de tems en tems toujours quelqu'un de tué, L'ennemi ayant fait un assez grand feu du Chateau, et des retranchements qui étoient derriére detaches et separes par una ravine et une montée inaccessibile [...][75]

I trinceramenti di queste truppe erano realizzati, come si è già detto, con il legname ricavato *in loco*, secondo gli ordini stessi del marchese d'Aix[76]. Lungo il vallone di Vallanta, fra il 5 e il 12 settembre, si attuarono i primi interventi, consistenti nell'edificazione dei baracconi per il ricovero delle «Grandes Gardes» all'estrema destra della brigata Guardie, presso le grange Soulieres, a monte delle quali esiste ancor oggi un sito denominato il Baraccone

---

[64] MONFORT 1743, p. 4 fronte, il cui testo chiarisce meglio le parole di don Tholosan: «Château qui étoit palissadé, je veu dire le village et le fort qui n'étoit que de fascine et gazons» (THOLOSAN 1777, p. 191)

[65] *Carta* 7, in cui si vede anche segnato in rosso il trinceramento del rocco con andamento tenagliato.

[66] *Lettre d'un officier françois* 1743, pp. 3 fronte - 3 retro. A proposito dell'episodio ILARI-BOERI-PAOLETTI 1997, p. 124; GARIGLIO 1999, p. 105.

[67] MONFORT 1743, p. 3 retro.

[68] *Lettre de Monsieur C* Suisse* 1743, pp. 2-3.

[69] *A' Château Dauphin* 1743, p. 2 fronte; *De Chateau dauphin* 1743, p. 1 fronte.

[70] *Relation* 1743, pp. 2 fronte - 2 retro.

[71] *Relation du Passage* s.d., p. 1 retro.

[72] *A' Château Dauphin* 1743, p. 3 fronte.

[73] MONFORT 1743, p. 11 retro. Altre notizie analoghe in *A' Château Dauphin* 1743, p. 3 fronte; *Carta* 3, didascalia; *De Chateau dauphin* 1743, p. 2 fronte; *Lettre de Monsieur C* Suisse* 1743, p. 8; *Relation du Passage* s.d., p. 2 fronte. Menzionano le fortificazioni di Pont MINUTOLI s.d.a, pp. 427, 444; GALLEANI D'AGLIANO 1840, p. 88; ALLAIS 1985, pp. 233, 234; GARIGLIO 1999, p. 105.

[74] Per la prima batteria al Villareto *Carta* 4 e *Carta* 7 ai n. 1, 2, 3. Oltre ai diari del de Monfort i seguenti documenti menzionano i trinceramenti della destra, in occasione dell'attacco della brigata d'Anjou: *A' Château Dauphin* 1743, p. 2 retro; *Da Castel Delfino* s. d., p. 1 retro; *De Chateau dauphin* 1743, p. 1 retro; *Du 7 et 8 octobre* s.d., p. 1 retro; *Lettre de Monsieur C* Suisse* 1743, p. 6; *Relation* 1743, pp. 3 fronte - 3 retro; *Relation du Passage* s.d., p. 2 fronte; *Suite* s.d., p. 1 fronte.

[75] *Lettre d'un officier françois* 1743, p. 2 retro.

[76] MONFORT 1743, p. 3 retro. In GALLEANI D'AGLIANO 1840, pp. 87-88 sono confermati gli ordini dati dal marchese d'Aix per trincerarsi con il materiale reperibile *in loco* e la presenza dei soldati come principale manodopera; a proposito vedere anche ALLAIS 1985, pp. 229, 235.

(m 2760 s.l.m.)[77]. Entro il 27 settembre fu completata la seconda batteria, posta a dominio di Chateau de Pont, che era stata prevista dal Bertola durante la visita di fine agosto e collocata verosimilmente sul terrazzo naturale sopra descritto. Nello stesso giorno gli uomini della brigata di Savoia presero posizione al fondo del bosco de La Levée, ma soltanto a partire dal 4 ottobre, servendosi sempre del legname *in situ*, iniziarono a trincerare i tratti «Le Long de La Rauine», compresi fra il Villareto e la seconda batteria e fra la stessa e il settore difeso dalla brigata Guardie, in modo che la postazione d'artiglieria divenisse il punto fortificato di raccordo fra le difese delle due brigate[78]. In questi luoghi i lavori procedevano ancora il 4 ottobre, ma è verosimile che siano stati ultimati entro il 6, giorno in cui fu redatto e comunicato l'ordine di battaglia per la difesa dei trinceramenti[79]. Durante l'attacco gallispano dell'8 ottobre la sistemazione di una batteria sulle Rocche di Curbiera aveva la specifica finalità di prendere d'infilata i trinceramenti della brigata di Savoia e la batteria sabauda, che fu ancora rinforzata il giorno stesso dell'attacco con una terza batteria, appena alla destra del campo della brigata[80].

§ *Le opere della dorsale di Pietralunga*

La sinistra delle forze sabaude era attestata sulla dorsale di Pietralunga a dominio delle Varaite di Chianale e di Bellino. Riguardo a questo settore il de Monfort non ci dà molte notizie, trovandosi egli a fondo valle con il marchese d'Aix fra Villareto e Pont. Dal colonnello sappiamo soltanto che il 10 settembre 1743 la brigata di Tarantaise, avendo ricevuto l'ordine, come le truppe degli altri settori, di «se barraquer avec le bois qui se trouvoient a portée de leur camps», ricevette trenta muli della provianda per poter trasportare il legname che «les charpentiers et les soldats alloient couper fort loin» rispetto alle postazioni sui 2000 metri della spoglia dorsale[81]. Infine l'autore segnala l'invio di cento uomini della brigata di Tarantaise, comandati da un capitano, a guardia del passo di Buondormir, situato fra Chianale e Bellino, a monte del massiccio di Pietralunga, e probabilmente trincerato[82].

Suppliscono la scarsezza di informazioni del de Monfort i rapporti del generale Guibert de Sissac, presente di persona nel settore di Pietralunga[83]. L'ufficiale fece tracciare e predisporre il terreno per il campo della brigata di Tarantaise fra il 4 e il 7 settembre, facendo riferimento ai magazzini di legname e foraggio predisposti a Bellino; vennero infine collocati i posti di guardia sulla dorsale di Pietralunga. Il campo fu evidentemente completato nel corso del mese di settembre con il legname che veniva tagliato dai boschi inferiori e trasportato dai trenta muli della provianda[84]. Quanto alla sua localizzazione è ipotizzabile che si trovasse sui pianori sottostanti la dorsale dalla parte di Bellino, innanzitutto per il fatto che i magazzini si trovavano in quella valle[85] e poi perché l'orografia della montagna permetteva l'insedia-mento di sei battaglioni solo su quel versante piuttosto che su quello dominante Chianale. D'altro canto il 10 ottobre il Guibert mandò a «chercher un nombres de tentes par bataillon que l'on dressa le long de la Crête suivant les ordres que j'avois eu»[86], chiarendo così che alcuni reparti di guardia furono accantonati sulla dorsale, ma il grosso dei sei battaglioni era sistemato altrove e non verosimilmente dalla parte di Pont dove il 4 ottobre furono rinforzati i posti di guardia lungo tutto il pendio[87]. Infine è chiaro che il campo risultava situato ad una quota inferiore rispetto alla dorsale grazie alle raffigurazioni della cartografia storica[88] e poiché il Guibert riferisce che il 7 ottobre, avanzando i nemici verso Chateau de Pont, egli «montois tout de suite sur la montagne» e ordinò di «faire former le reste des bataillons au plus vite et se rendre sur la montagne

[77] MONFORT 1743, p. 3 fronte - 3 retro. La *Carta* 6 indica ai n. 1, 2, 3, 4 i baracconi denominati «della Losiera», «S. Ciafré», «S. Giuseppe» e «S. Carlo», posti a difesa dei valichi che immettono dal vallone di Vallanta nel comprensorio del Monviso. Sempre nella stesa carta al n. 22 sono segnalate le grange Soulieres, distrutte per l'occasione.

[78] MONFORT 1743, p. 5 fronte; *Relation du Passage* s.d., p. 1 fronte. Riguardo alla seconda batteria nel bosco de La Levée a dominio di Chateau de Pont vedere *Carta* 4 alla lettera C e la *Carta* 5 al n. 5.

[79] MONFORT 1743, p. 6 fronte, 7 fronte - 8 fronte. Fra il 4 e il 6 ottobre il battaglione del reggimento di Torino terminò l'ultima sezione di lavori lungo il vallone di Vallanta (*Relation du Passage* s. d., p. 1 fronte). L'8 ottobre fu completata la strada che collegava la seconda batteria a Villaretto per il passaggio dell'artiglieria (MONFORT 1743, p. 10 retro). Le *Carte* 5 e 6 illustrano con grande precisione la sistemazione delle opere campali nel vallone di Vallanta. La *Carta* 5 indica ai n. 5, 6, 7 e alla lettera J l'intero dispositivo trincerato della destra sabauda. La *Carta* 6 raffigura gli stessi oggetti ai n. 5, 6, 10, 12, 14, 17, 26, 27, 28, 30, specificando i nomi dei reparti accampati e, ancor più precisamente, al n. 9 il baraccone destinato a sede del comando del barone du Verger. Infine anche la *Carta* 7 del Minutoli illustra la linea dei trinceramenti della brigata Guardie con una linea a frecce intervallate regolarmente da segmenti rettilinei, assai simile alla raffigurazione della *Carta* 13 per il 1744.

[80] MONFORT 1743, pp. 9 retro, 10 retro - 11 fronte. Per un quadro generale sul settore *Carta* 4. Riferiscono sulle fortificazioni del vallone di Vallanta MINUTOLI s.d.a, p. 426; GALLEANI D'AGLIANO 1840, pp. 92-94 *passim*; ALLAIS 1985, pp. 232-237 *passim*; GARIGLIO 1999, p. 105.

[81] MONFORT 1743, p. 3 retro.

[82] MONFORT 1743, p. 4 retro. Sulle vestigia del trinceramento al passo di Buondormir *infra* nota 211; è qui necessario rimarcare che il passo fu di nuovo trincerato nel 1744 (*infra* note 208, 209, 210). Riguardo a Pietralunga il de Monfort registra ancora l'ordine di invio del primo battaglione del reggimento Fucilieri al campo della brigata di Tarantaise il 3 ottobre e gli attacchi spagnoli sulla dorsale del 7 e 8 ottobre (MONFORT 1743, pp. 6 fronte, 8 retro, 9 retro - 10 fronte).

[83] GUIBERT 1743. Riguardo al personaggio SCHAFROTH 1995, p. 52; BIANCHI 1998, pp. 10-11.

[84] GUIBERT 1743, pp. 1 fronte - 1 retro.

[85] Almeno fino al 26 settembre, giorno in cui furono evacuate tutte le scorte di foraggio presso la borgata Celle (GUIBERT 1743, p. 1 retro).

[86] GUIBERT 1743, p. 3 retro.

[87] GUIBERT 1743, p. 2 fronte.

[88] *Carta* 4, in cui alla lettera D è segnalato il campo della «Brigade M. Guibert» nella conca del pendio sotto Monte Cavallo. Sulla *Carta* 5 sono molto evidenti la sistemazione della brigata di Tarantaise lungo la costa della montagna dalla parte di Bellino e le fortificazioni temporanee a frecce, realizzate sulla dorsale di Pietralunga, segnate con il n. 4, «retranchemens de Blin». In riferimento alla situazione dei picchetti di guardia sulla dorsale, citati dal Guibert de Sissac, si potrebbero attribuire le tre raffigurazioni a forma di ridotta pentagonale presenti sempre sulla *Carta* 5 lungo la dorsale, alla gola dei trinceramenti suddetti. A questo proposito la *Carta* 6, oltre la segnalazione del campo della brigata di Tarantaise dalla parte di Bellino, ai n. 66, 67, 68, 69, e dei picchetti sul versante di Pont, ai n. 49, 50, 53, riporta la presenza addirittura di tre baracconi, n. 48, 51 e 52, sempre lungo la dorsale di Pietralunga, che potrebbero corrispondere ai siti della punta della Battagliola, di Monte Cavallo e del monte Passet. La *Carta* 7 del Minutoli, anche per quest'area assai simile alla *Carta* 13, raffigura i trinceramenti temporanei della brigata di Tarantaise al n. 5 e le tre ridotte pentagonali presenti sulla *Carta* 5.

en laissant le Camp et les drappeaux avec quarante hommes par bataillon»[89].

L'*Estat et Journalier* del generale Guibert illustra anche le posizioni sabaude al momento degli attacchi gallispani. Dobbiamo immaginare questi luoghi trincerati come quelli del vallone di Vallanta e del bosco de La Levée, utilizzando del legname portato sulla dorsale con i muli o, in prossimità dei boschi sopra Pont, con i tronchi degli alberi abbattuti per l'occasione, secondo gli ordini del marchese d'Aix[90]. È molto probabile che si praticassero anche diffusi «abatis» nei boschi fra Chianale e Pietralunga, secondo le testimonianze della parte gallispana «tous les environs de cette montagne, étoient entrecoupés, & bien garnis d'arbres, ce qui les rendoit assés soûtenables»[91]. La brigata di Tarantaise fu dunque schierata in più punti, che furono occupati il 7 ottobre con

> [...] un piquet de cinquante hommes au poste de la gauche au dessous du Sentier qui vient de la Chanal [il colle di Buondormir, *scil.*], au Poste de Pierrelonge [il passo del Ciat, *scil.*[92]] un piquet de cinquante hommes, sur ma droite vis à vis du Chateau de Pont un autre piquet, au poste du Lieut.te qui estoit sur la Crête un autre piquet [...][93]

Quando i sei battaglioni giunsero al completo sulla dorsale, il Guibert fece ancora «descendre un Capitaine avec soixante hommes pour s'aller etablir sur la gauche de Chateau de Pont», distribuendo infine tutti gli uomini a disposizione nei posti occupati[94]. Conferma infine l'utilizzo di trinceramenti temporanei in legno il fatto che la posizione sul pendio a dominio di Pont, fu conquistata dai Gallispani lo stesso 7 ottobre, ma non fu più possibile riprenderla «les Ennemis s'y estant retranchés», fatto che induce ovviamente a pensare che essi abbiano sfruttato gli abatis o i ripari già realizzati dai soldati sabaudi[95].

§ *I trinceramenti del Sapé*

Il dispostivo difensivo della sinistra sabauda fu completato da alcuni interventi sulla destra della Varaita, per chiudere il vuoto fra la dorsale di Pietralunga e Casteldelfino. Innanzitutto sia il de Monfort sia il Guibert ci informano che, oltre alle comunicazioni fra Pietralunga e Bellino, nei giorni iniziali di settembre fu realizzato un «chemin [...] pour descendre depuis Pierre Longe a Pont», completando il progetto dei tracciati di raccordo fra i settori della difesa elaborato nell'estate dal Bertola[96].

Il 3 ottobre 1743 Carlo Emanuele III «ordonna en même tems au 2.e des Fusilieres, et au prem.r de Rehbinder, camper au Bois du Sapet de costruire un retranchem.t au pié du sus dit Bois pour fermer l'avenüe du Chateau de Pont»[97]. L'opera di cui fa menzione il testo, presente nella cartografia storica, era localizzata sulla destra della Varaita probabilmente più a monte delle Grange Sapé; essa fu ultimata entro poco tempo ed era certamente composta con il legname del bosco limitrofo, secondo le disposizioni del comando sabaudo[98]. Il presidio fu affidato al primo battaglione del reggimento Rehbinder che «vint camper au bas du bois de Sapay vis a vis du Villaret»[99].

§ *La dorsale del Pelvo d'Elva*

Ultime notazioni rilevanti riguardano l'estrema sinistra del dispositivo difensivo e i collegamenti fra le valli Varaita e Maira. In primo luogo è significativo l'invio di un presidio al colle della Bicocca, sopra la borgata Ribiera, che mette in comunicazione la valle di Bellino con quella di Maira, al fine di controllare una possibile via di aggiramento sulla sinistra sabauda. Né il de Monfort né il Guibert fanno cenno alla realizzazione di ripari difensivi leggeri o tanto meno a trinceramenti[100]. È dunque possibile che i trenta uomini comandati da un luogotenente fossero semplicemente accampati sul colle per svolgere fun-

---

[89] GUIBERT 1743, p. 2 retro. Conferma l'ascesa alla dorsale *Da Castel Delfino* s.d., p. 1 fronte.

[90] *supra* nota 76.

[91] *Lettre de Monsieur C* Suisse* 1743, p. 4.

[92] Sembra di poter interpretare in tal senso, anche alla luce delle considerazioni di Bruno Pauvert a proposito del passo del Ciat nel suo contributo, *La battaglia di Pietralunga, 16-19 luglio 1744. Analisi storico-militare e nuovi risultati*, presente in questo stesso volume, l'espressione «dessous de Sentier qui vient de la Chenal» e il «Poste de Pierrelonge», dal momento che è inverosimile pensare ad una inutile sistemazione sopra l'acrocoro di Pietralunga e in ragione del fatto che l'anonimo ufficiale svizzero in servizio presso l'armata delle due corone riferisce che «les ennemis nous les [les environs de cette montagne, *scil.*] cédèrent, en se retirant vers le sommet de Bondormi, & de la Batayole» (*Lettre de Monsieur C* Suisse* 1743, p. 4).

[93] GUIBERT 1743, p. 2 retro.

[94] *supra* nota 93.

[95] GUIBERT 1743, p. 3 retro. Sulla *Carta* 6 poco più in basso del n. 53 e sopra al n. 47 è raffigurato un breve trinceramento a salienti e rientranti che potrebbe corrispondere all'opera presa dai Gallispani il 7 ottobre. A proposito del combattimento nel bosco sopra Castello vedere anche *Da Castel Delfino* s.d., p. 1 retro; *Relation* 1743, p. 3 fronte. Sugli schieramenti e sugli scontri a Pietralunga inoltre *A' Château Dauphin* 1743, p. 2 fronte; *Carta* 4, didascalia; *Le 7 et 8 8bre* s.d., p. 1 fronte; MONFORT 1743, p. 10 fronte; *Relation* 1743, pp. 2 retro - 3 fronte. Riferiscono sulle fortificazioni della dorsale di Pietralunga GALLEANI D'AGLIANO 1840, pp. 90-91 *passim*, in cui è utilizzata l'espressione «i trinceramenti di Bellino»; ALLAIS 1985, pp. 232-235 *passim*; GARIGLIO 1999, p. 96.

[96] GUIBERT 1743, p. 1 retro; MONFORT 1743, p. 3 retro. A questo proposito la *Carta* 6 con il n. 47 indica una «Strada Noua» che sale dalla riva destra della Varaita di Chianale presso Chateau de Pont fino alla dorsale di Pietralunga nel sito del «Baracone in-feriore», n. 52, per discendere da lì fino sotto a «Posterla inferiore», n. 79, nella valle di Bellino.

[97] *Relation* 1743, p. 1 fronte, in cui è indicata la data del 4 ottobre, ma il de Monfort e il Guibert concordano sul giorno 3, quando per altro il Re si fermò a pranzo con Guibert. Secondo il de Monfort inoltre in quello stesso giorno il battaglione del Fucilieri fu già inviato a Pietralunga; tuttavia Guibert riferisce che tale battaglione giunse in quota soltanto il 5, quindi si può ipotizzare che i suoi uomini siano stati impegnati con quelli del Rehbinder a costruire il trinceramento del Sapé (GUIBERT 1743, p. 2 fronte; MONFORT 1743, pp. 5 retro - 6 fronte).

[98] *supra* nota 76. I trinceramenti difesi dal reggimento Rehbinder, nella stessa localizzazione indicata dalle fonti manoscritte, sono segnati sulla *Carta* 5 al n. 3, sulla *Carta* 6 al n. 44, con i campi dello stesso reggimento e di quello dei Fucilieri con i n. 45 e 46, e sulla *Carta* 7 al n. 6.

[99] MONFORT 1743, p. 6 fronte. Ricordiamo che il sito era già segnalato per la sua rilevanza strategica nell'anonima *Relation de la visite* (*supra* nota 50). I trinceramenti del Sapé sono ancora nominati dal de Monfort a proposito degli scontri fra l'8 e il 9 ottobre (MONFORT 1743, pp. 8 retro - 9 fronte); vedere infine MINUTOLI s.d.a, pp. 450-452.

[100] GUIBERT 1743, p. 1 rerto; MONFORT 1743, p. 4 retro. Il Guibert ricorda l'invio del presidio il 15 settembre, mentre il de Monfort registra l'avvenimento con quelli del 23 settembre, specificando che il reparto era composto di soldati regolari e di miliziani valdesi e piemontesi. Sembra tuttavia più credibile la notizia del Guibert dato che lo stesso de Monfort precisa l'appartenenza del luogotenente e dei soldati regolari alla brigata di Tarantaise, comandata dallo stesso Guibert de Sissac. La cartografia storica consultata per il 1743 non segnala nulla, né opere né reparti, sulla dorsale del colle della Bicoca, se non un trinceramento nella *Carta* 6, il n. 76, a difesa del villaggo di «Posterla inferiore», n. 77, nel fondovalle della Varaita di Bellino.

zioni d'avvistamento. In secondo luogo è necessario rilevare che un'isolata registrazione sul *Libro mastro fortificazioni* del 1744, riguardo ai residui delle spese risalenti ai lavori del 1743, attribuisce un rimborso di 216 lire «alla Com.tà d'Elua per aver nel 1743 sominístrato uomini per forma.ne della strada che conduce dal Col di S. Pejre a quello della Bicocca»[101], tramandando così la memoria della realizzazione di un'opera di comunicazione importante per la strategia difensiva fra i due colli principali della dorsale del Pelvo d'Elva, fin dal tempo degli interventi del 1743. Evidentemente la strada fu aperta senza una progettazione originaria, di cui mancano i documenti archivistici e i contratti, ma facendo affidamento sulle comunità locali e per la constatazione diretta sul terreno della sua necessità.

§ *L'organizzazione dei lavori*

L'attività costruttiva delle opere descritte, svolta per la maggior parte dai soldati delle tre brigate dell'esercito del Re di Sardegna impegnate nella valle, fu appoggiata dall'Azienda di Fabbriche e Fortificazioni con l'invio di materiali e utensili specifici per la realizzazione di trinceramenti e baracconi. Dopo la sua visita alla fine di agosto il Bertola progettò le linee difensive, che avrebbero realizzato i soldati nei posti da lui visitati, e stilò un elenco di utensili nell'ambito di una memoria inviata all'Azienda; questa attività dell'ingegnere è menzionata nell'*incipit* del primo contratto stipulato a Torino per provvedere tali rifornimenti di utensili; il documento recita così:

> A ognuno sia manifesto, che sendo stati progettati dall'Ill.mo Sig.r Conte e P.mo Ing.e di S. M. Bertola alcuni travagly di trinceramenti, Baraconi, ed altre opere da farsi con tutta prontezza nelle vicinanze di Casteldelfino per mezzo di lavoranti Paesani, e soldati, per l'esecuzione de quali lavori il detto Sig.r Conte, e P.mo Ing.e sia stato di sentimento di far proveder l'infra.tta quantità d'utigly, come da nota dal med.o formata in data de 4 cor.e pervenuta a q.to Gle Ufficio, con memoria in data de sei pred.o formata e sottos.ta dall'Ill.mo Sig.r Intend.e Gen.ale dell'Artiglieria Verani, ed essendosi di tutto quanto s.o simigliata la relazione a S. M. abbia la med.a approvato che si facciano con tutta premura provedere li detti utigly [...][102]

Questo contratto, che ci informa inoltre dell'impiego della manodopera civile locale accanto a quella militare, fu firmato il 10 settembre 1743 dall'impresario Giovanni Nicola Tardi di Torino; egli si impegnava a fornire e trasportare prima a Saluzzo e poi a Casteldelfino la seguente serie di «utigly d'ottima qualità e bontà», già immanicati:

> [...] n.o cinque cento Pale per cad.a lire una. Pichi cinque cento a ponta e taglio per cad. rubbo lire quattro soldi dieci sette denari sei. quaranta Piole da serpentieri per cad.a lire tre soldi dieci. Cinquanta Pioletti da falegname per cad.o lire due soldi quindici. Ducento falcetti per cad.o lire una soldi dieci. Con ciò che venendoli ordinato di provedere di quelli della larghezza di due oncie, e di longhezza on. sei circa, escluso il manico, le sarà pagato il prezzo per caduno di lire due. Rubbi dieci chiodi da palizzata per cad. rubbo lire cinque. Altri Rubbi venti caviglie da colonne per Baraconi per cadun rubbo lire cinque. Ventiquattro tinivelle da colonna per caduna lire due. Altre ventiquattro tinivelle da palizzata per caduna lire una. Venti quattro Resighe da mano, o siano da sarpentieri per cad.a lire due soldi cinque. Rubbi sei chiodi da libra per cad. rubbo lire cinque. Sei pali di ferro per cad.rubbo lire quatro [...][103]

La natura e la destinazione dei singoli utensili, chiaramente specificata nel testo, conferma il genere di opere campali realizzate, ossia i trinceramenti in legname. Si tratta innanzitutto di pale e picconi, per il movimento del materiale dei terrapieni e lo scavo dei fossati e dei solchi per le palizzate; seguono gli strumenti da taglio e ripulitura dei tronchi e infine tutta la ferramenta da connessione per i pali e gli assi destinati sia ai trinceramenti sia ai baracconi, nonché alle palizzate, menzionate in modo specifico. Infine l'assenza di «provisioni» di legname conferma l'utilizzo della materia prima offerta dai boschi de La Levée, del Sapé e della valle di Bellino.

L'11 settembre 1743 venne stipulato a Torino, con l'impresario Giovanni Antonio Isolino, il secondo contratto che completa le disposizioni del Bertola per l'invio in valle Varaita di «ceste per trasportare la terra», evidentemente più utili in siti d'altura, che le carriole o i tombarelli, nel trasferimento del materiale asportato dai fossati e accumulato nei terrapieni. Le particolarità sono reperibili nel testo del contratto:

> A ognuno sia manifesto, che fra gli utiglij descritti nella nota dell'Ill.mo Sig.r Conte, e P.mo Ing.e Bertola de 4: corr.e pervenuta con memoria de 6 med.o sottos.ta dall'Ill.mo Sig.r Intend.e Gen.ale dell'Artiglieria Verani vi sia anche annotata l'infras.ta quantità di ceste per trasportare la terra a beneficio de triceram.i, ed altre opere progettate farsi dal d.o Sig.r Conte, e P.mo Ing.e al campo di Casteldelfino, e suoi contorni [...] il detto Gio. Anto. Isolino del fu Carlo Anto. di Chesio nel Milanese tornitore abi.e nella p.nte Città, il quale per se suoi Eredi, e Success.i promette e si sottomette di provedere, dar proviste, e condotte a tutte sue spese, rischio, e pericolo ripartita fra giorni dodeci oggi principianti nella Città di Saluzzo, e nel posto, che per parte dell'Ufficio le sarà assignato n.o cinque cento Ceste formate con buoni vimini, e della bontà, qualità, e capacità di quella esistente in q.o Gle Ufficio dal d.o Isolino visitata, e segnata con le armi gentilizie del d.o Sig.r Intend.e Gle, da servire d.e ceste per trasporto della terra, e matteriali a benef.o de trincieram.i ed altre opere progettate farsi ne contorni di d.o Casteldelfino, mediante il prezzo per caduna di soldi cinque [...] In oltre il d.o Isolino promette, e si sottomette di provedere, e dar condotti in d.ta Città di Saluzzo n.o ducento manichi ben forti da pale, e pichi med.e pagam.o di soldi tre d.ri quattro per cad. manico, col-l'aumento di denari quattro in capo che l'Uff.o li ordinasse di dar quelli condotti al Campo di Casteldelfino[104]

Si noti infine l'aggiunta della fornitura dei manichi da pala e piccone, in sovrappiù rispetto a quelli già commissionati all'impresario Tardy per completare gli utensili di metallo[105].

---

[101] *Libro mastro* 1744, *Catt.a 40, Residuo spese fortificazioni*, p. 73.

[102] *Sottomissione Tardy* 1743, p. 517 fronte.

[103] *Sottomissione Tardy* 1743, pp. 518 fronte – 518 retro. Per la decodificazione del vocabolario tecnico inerente gli utensili e i materiali da costruzione si rimanda alla recente edizione del preziosissimo inventario di Giovanni Battista d'Embser; in particolare si segnalano D'EMBSER 1732, Tit. 2, *Machine et cariaggi, Boscami D'Artiglieria per le Riserve, Boscami per le fortiffications, e fabriche*; Tit. 3 *Ferramenta*; Tit. 6 *Ordegni et instrumenti*, con relative tavole. Infine di recente pubblicazione e utile all'indagine sui documenti antichi è il bel volume PARENTI 2001, in cui è riproposto il vocabolario edile piemontese, che assai spesso nei documenti contrattuali del XVIII secolo appare semplicemente italianizzato.

[104] *Sottomissione Isolino* 1743, pp. 521 fronte - 522 fronte.

[105] I fondi dell'Archivio di Stato di Torino permettono di verificare le disposizioni dei due contratti anche su altri documenti, che insieme costituiscono l'*iter* burocratico seguito per la procedura di scelta degli impresari da parte dell'Azienda di Fabbriche e Fortificazioni, dalla gara d'appalto all'affidamento dei lavori, passando per i contratti stessi, le cosiddette «Sottomissioni»: *Partiti fortificazioni* 1743a, *Partiti fortificazioni* 1743b, *Lettere di S.M. all'Int.F.F.* 1743c, *Approvazione contratti* 1743a, *Approvazione contratti* 1743b. Si può inoltre ricordare che nel *Libro mastro fortificazioni* del 1744 è registrato il pagamento di un tal «Mercante Ferando per raccomodo di diversi utiglj a terra, e taglio che

La ricerca d'archivio, accanto ai nomi degli ingegneri Cavel e Sottis, ci permette di individuare altri personaggi che ebbero funzioni di coordinamento, nei vari settori del dispositivo difensivo, per lo svolgimento dei lavori progettati dal Bertola all'inizio di settembre. Sul *Libro mastro* del 1743 compare per primo il nome del sergente Domenico[106], di un reggimento non segnalato, pagato il 21 ottobre per le giornate «impiegate nella uisita della ferra.ta prou.ta dal Serragliere Tardj», probabilmente dopo la scadenza della consegna degli utensili, il 22 settembre[107]. Seguono i pagamenti, in data 25 ottobre e 19 novembre 1743, per un tale Pietro Chianale, impegnato fra l'inizio di settembre e quello del mese successivo «a' benef.o de trauaglj de trincer.ti di Casteldelfino», verosimilmente con funzione di «soprastante», così come Giovanni Maria Benedetto, presente in valle dall'8 settembre fino al 29 ottobre «per servizio de trauaglj di trinceram.ti a' Castello di Ponte e Villaretto», e pagato anch'egli il 19 novembre[108]. Il 21 novembre 1743 è registrato il pagamento di un altro sergente, appartenente ad un reggimento imprecisato, di cognome Massucchetto, impiegato in ottobre «a' trauagliar nella valle di Varaita et alla trauersetta del Monte Uiso», quindi anch'egli con funzione di «soprastante», ma militare[109].

Infine il *Libro mastro* 1743 chiude il cerchio delle informazioni relative ai «lavoranti Paesani», il cui impiego era stato previsto dal Bertola per integrare il lavoro dei reparti regolari, grazie alla registrazione in data 21 gennaio 1744 del rimborso versato «alle Com.tà di Castel Delfino, e Ponte Chianale per i lavoranti e robbe prouiss.e per i lauori della valle di Varaita»[110].

La fase difensiva finale del 1744

Il 18 ottobre 1743, mentre i battaglioni delle tre brigate stavano evacuando le postazioni difese durante l'invasione gallispana, giunse l'ordine di lasciare intatte le fortificazioni, «L'on deffendit expressement que les Trouppes en decampant ne galassent point les Retranchements»[111]. Si riteneva evidentemente, ancor prima di programmare la campagna del 1744, che la via della valle Varaita potesse venir di nuovo praticata dai Gallispani e che pertanto le fortificazioni leggere, realizzate nei mesi precedenti, fossero quanto meno un punto di riferimento già esistente per intraprendere una migliore pianificazione e realizzazione delle infrastrutture difensive.

D'altro canto si profilavano all'orizzonte minacce ben più consistenti che l'azione dimostrativa attuata dalle due corone nell'ottobre del 1743, soprattutto quando alla fine dello stesso mese, concluso a Fontaimbleau il definitivo trattato di alleanza fra la Spagna e la Francia, Luigi XV dichiarò formalmente guerra al Regno di Sardegna. Un'armata francese di circa 30000 uomini agli ordini del principe Louis François de Conti fu dislocata in Provenza per sostenere quella spagnola di don Filippo e Las Minas, che nella primavera del 1744 lasciò la Savoia per investire insieme ai battaglioni francesi la contea di Nizza e minacciare gli Austro-Piemontesi dalla Riviera Ligure. L'offensiva gallispana tuttavia si arrestò davanti al colle di Tenda, dopo l'occupazione di Nizza e Villefranche, a causa del disaccordo fra i vertici francesi e spagnoli. Il contingente francese nel mese di luglio si volse nuovamente verso il Delfinato e il confine sardo fra i colli dell'Agnello e dell'Argentera[112].

§ *La preparazione progettuale e strategica*

Durante l'inverno, nel gennaio del 1744, a Torino furono progettate nuove difese per le valli di Maira e Varaita, che effettivamente avevano come riferimento le preesistenze del 1743. L'attività è testimoniata da un Regio Biglietto del 6 febbraio 1744, in cui la Regia Segreteria di Guerra informa l'Azienda di Fabbriche e Fortificazioni in merito all'esecuzione dei lavori e ai primi provvedimenti da prendere:

Il Re di Sardegna, di Cipro, e di Gerusalemme
Fedele, ed amato nro. Volendo Noi che si faccino per diffesa della Valle Supe-riore di Stura, e di quelle di Varaita, Blino, e Mayra, Le rispettive provvisioni, e Lavori descritti ne Calcoli d'ordine nostro formati dai Capitani Ingegneri Guibert, e Arduzzi, che vi saranno dalla Segreteria nostra di Guerra trasmessi qui uniti, É mente nostra, che quanto a Boscami per i med.mi Lavori, Li facciate provvedere a buon ora, e che circa il rimanente prendiate presentem.te Le convenienti misure, per far procedere, fatta che si sarà La Staggione migliore, alla costruzione de Trinceramenti, Barraconi, ed altre opere in detti Calcoli contenute. E senza più preghiamo il Signore che vi conservi.
Torino il dì 6. Febbraio 1744,
CEmanuele
Bogino[113]

Allegati al documento sono trascritti anche il *Calcolo per li travagli* [...] *nelle valli di Varaita, Blino e Mayra* e il *Calcolo per* [...] *boscami* [...][114]; essi costituiscono un ampio capitolato di interventi e materiali, datato 27 gennaio 1744, che ci permette di definire innanzitutto i siti destinati agli interventi. L'autore del testo è il capitano Arduzzi, che già aveva operato in zona nel 1742 e che in questa occasione fu associato al capitano ingegnere Guibert[115], omonimo del generale, per sviluppare una progettazione verosimilmente riconducibile tutta o in parte al

hanno servito per i trauaglj della Valle di Varaita» (*Libro mastro* 1744, *Catt.a 40, Residuo spese fortificazioni*, p. 73).
[106] *Libro mastro* 1743, *Catt.a 40, Spese di campagna*, p. 48.
[107] *Sottomissione Tardy* 1743, p. 518 fronte.
[108] *Libro mastro* 1743, *Catt.a 40, Spese di campagna*, p. 48. Si precisa che l'identificazione dei due personaggi nella funzione di «soprastante» è ipotizzabile per confronto con altre documentazioni analoghe, relative a località alpine diverse, oggetto di interventi difensivi campali, come per esempio il colle del Piccolo San Bernardo (SCONFIENZA 2004, SCONFIENZA 2005b).
[109] *Libro mastro* 1743, *Catt.a 40, Spese di campagna*, p. 48. È probabile che il Massucchetto appartenesse ad uno dei battaglioni della brigata della Guardie, essendo operativo nel settore della destra piemontese; è tuttavia da tenere in conto che sia il Massucchetto sia il Domenico potevano essere in forza al corpo d'Artiglieria e inviati in valle Varaita per servizio straordinario retribuito, in virtù della loro esperienza o di particolari competenze tecniche.
[110] *Libro mastro* 1743, *Catt.a 40, Spese di campagna*, p. 58.
[111] MONFORT 1743, p. 13 retro.
[112] ILARI-BOERI-PAOLETTI 1997, pp. 127-136. Per questa sezione del contributo si veda anche SCONFIENZA 2009.
[113] *Regio Biglietto* 1744a. Lo stesso testo compare in *Lettere di S.M. all'Int.F.F.* 1744a.
[114] ARDUZZI 1744a; ARDUZZI 1744b.
[115] *supra* nota 11.

Bertola[116]. I siti elencati sono dunque indicati con tali titolature: «Valle di Varaita al bosco della leuata», «Castel del Ponte», «Alla sinistra salendo di Castel di Ponte», «Al Col Bon Dormir», «Nella Valle di Blino», «Al Col dela Bicoca», «Al Col d'Elua di Brianzole», «Al Melard»; nel *Calcolo per boscami* si specifica un'ulteriore titolatura quanto mai significativa, ovvero «Altri boscami da transportarsi oue sono stati trasporti li Baraconi cioé soura la sommità di Monte Cauallo ò sij las peiras»[117].

Nei documenti di parte sabauda, che attestano la preparazione della campagna del 1744, non compaiono espliciti riferimenti a progettazioni di opere fortificate nei siti di nostro interesse, tuttavia viene decisamente sottolineata l'importanza strategica della valle Varaita[118]. Emerge soprattutto l'assenza di piazzeforti nelle valli Po, Varaita e Maira e la necessità di affrontare in tali settori un nemico attirato da questa carenza con «la uiua forza, che anche si potrà aualorare col mezzo degli opportuni trinceramenti»[119]. La misura profilattica principale, qualora i Gallispani avessero deciso di condurre un attacco in forze concentrate nel comprensorio alpino «dalla Valle di Varaita sino alla Valle di Gezzo», doveva comunque rimanere quella di opporvi «la fanteria di S. M. unitamente [...] con sempre tener ferma la Valle di Varaita» e distaccare le guardie necessarie in val Maira, alle Barricate di valle Stura, ai colli confinari e di passaggio fra le valli[120]. È pertanto significativa l'insistenza con cui l'autore sottolinea la necessità di sbarrare la valle Varaita, a testimonianza del timore, evidentemente diffuso presso i vertici militari piemontesi, che i contingenti delle due corone tentassero di battere l'itinerario dell'autunno precedente e in generale di forzare il cammino alpino libero da piazzeforti[121].

Nei mesi successivi questa convinzione sembra mitigarsi a causa dei movimenti vari compiuti dai reparti dell'armata del principe di Conti in Delfinato, tanto che in un altro progetto di difesa, datato 30 giugno 1744 e forse attribuibile al geneale Guibert de Sissac, dopo aver indicato le tre possibili vie di invasione, ossia le valli di Stura, Varaita e Exilles, il testo prosegue dicendo:

> Quant a la vallée de Varaite, jl n'y a pas apparence que ce soit Leur dessin, parce quil ne meneroit a rien d'Essentiel, Et qui pût leur procurer quelque Etablissement; Mais il y a tout lieu de croire, que si leur dessein Est d'attaquer Demont, qu'ils sy presenteront, afin de tenter de seruir au Corps qui seroit Entré dans la vallée de Sture, ou seulement pour faire une diversion, En tenenant En Echec les Troupes qu'on pourroit y avoir [...][122]

Sembra quindi di poter credere che da parte piemontese all'inizio dell'estate, quando ormai i lavori di fortificazione in val Varaita erano in via di conclusione, iniziasse a fondarsi l'idea che la direzione d'invasione sarebbe stata quella attraverso la valle di Stura, piuttosto che la Varaita, a fronte comunque di una certa indecisione, se si calcolano le considerazioni presenti in una terza memoria difensiva, probabilmente coeva della precedente, il cui *incipit* presuppone che i Gallispani stiano preparando in quei giorni «L'attaque de la vallée de Vraita». La soluzione proposta in quest'ultimo testo illustra d'altro canto la sostanziale ignoranza della direzione d'attacco effettiva dei nemici, poiché si propone di suddividere l'armata fra le valli Stura, Maira e Varaita, controllando soprattutto i colli di comunicazione fra di esse e tenendo presente la possibilità di un attacco nella valle di Cesana[123].

§ *L'avvio degli interventi e i contratti*

Mentre ferveva l'attività di studio e riflessione strategica sul possibile sviluppo della campagna, l'Azienda di Fabbriche e Fortificazioni aveva attivato il proprio organismo

---

[116] Così sembra logico pensare data la posizione di primo ingegnere del Bertola, il suo intervento progettuale nel 1743, testimoniato dalle parti iniziali della *Sottomissione Tardy* 1743 e della *Sottomissione Isolino* 1743, e l'importanza che assumeva per la campagna entrante la difesa della valle Varaita. D'altro canto anche don Tholosan, a proposito di uno dei forti edificati in valle dice che «fût appellé le fort Bertola, parceque Monsieur Bertola ingénieur général en avoit été l'auteur» (THOLOSAN 1777, p. 200).

[117] ARDUZZI 1744b, p. 362 retro. È interessante segnalare che, in vista della preparazio-ne del legname, fondamentale per la produzione di trinceramenti e baracconi, ancora realizzati con tale materiale come nel 1743, l'Arduzzi allega ai capitolati l'«Instruzione»:

> Tutti li boscami douranno essere Malegine [di abete, *scil.*] tagliati, spogliati della corteccia, e condotti alli posti che uerranno indicati, indi misurati, numerati, e messi in ordine separando ogni qualità. Li boscami denominati per colonne auranno il diametro in punta oncie tre. Le Banchine douranno essere spianate a due parti spessezza oncie 2½ per due lati et oncie tre per li altri due quali douranno essere spianati, la loro longhezza non sarà meno di trab. 1. Li colmi saranno spianati per una parte et ogni pezzo in punta sarà di grossezza oncie 2½ per lato. Li paradossi, e passafuori saranno squadrati, e spianati per tutti i loro lati auranno di grossezza 2 oncie tre per due lati et oncie quattro per li altri due. Ogni pezzo di Rama aurà di diametro in punta oncie una e mezza. Li traui piccoli saranno spianati a due parti auranno di grossezza oncie tre a due lati et oncie quattro per l'altri due. L'assi saranno intestati ad ambe le parti longhezza del trabucco Larghezza non meno d'oncie cinque in cad.a delle loro teste spessezza oncie una. Le saette saranno di diametro in punta oncie due franche. Le palizzate saranno di schiappo longhezza trab. uno larghezza oncie tre spessezza oncie due. Aguzzate a tre o quattro lati secundo esigerà il bosco. Le Radici saranno di larghezza oncie tre e spessezza oncie due parimenti di schiappo. Le Colonne saranno della longhezza di trab. uno squadrato, e spianate a tutti quattro i lati con la sua debita ponta grossezza per due lati oncie quattro e per l'altri due oncie cinque. Le fascine saranno di longhezza oncie 36 ligate nelle teste e nel mezzo di diametro oncie 6.
> Scritto 27 genaro 1744 Arduzzi
> (ARDUZZI 1744b, pp. 364 fronte - 364 retro)

[118] *Piano per la campagna* 1744, pp. 1 fronte - 4 retro *passim*. La memoria anonima potrebbe essere ricondotta al Bertola, in analogia a quelle del 1742 (BERTOLA 1742a; BER-TOLA 1742b), di cui echeggia anche lo stile. Si può inoltre ipotizzare che il documento, la cui copia è attualmente senza data, sia da collocare nell'inverno fra il 1743 e il 1744, contestualmente, o forse ancor prima, alle progettazioni e capitolati per la realizzazione delle fortificazioni campali delle valli Maira e Varaita. Il testo della memoria è riportato quasi per intero in BUFFA DI PERRERO 1887, pp. 33-36.

[119] *Piano per la campagna* 1744, p. 3 fronte. Dopo una serie di congetture sulle possibili direzioni di attacco dei Gallispani, la stessa memoria ribadisce l'importanza dell'im-piego della fortificazione campale e puntualizza dicendo che «a' tutti questi casi, ed accessori però pensar si deue, affine di resisterui per quanto più si potrà in tré modi, cioè: Con le Piazze; con li Trinceramenti, e siti vantaggiosi; e con quel Corpo d'armata, che si uorrà mettere in Campagna» (*Piano per la campagna* 1744, p. 3 retro).

[120] *Piano per la campagna* 1744, pp. 4 fronte - 4 retro.

[121] Al punto che anche «in uista di necessario retrocedimento» si mantenessero i «posti vantaggiosi per trattenere l'Aggressore alla longa per quanto più si potrà, e massime per la Valle di Varaita suddetta» (*Piano per la campagna* 1744, p. 4 retro).

[122] *Memoire et Projet* 1744, p. 1 fronte. È in BUFFA DI PERRERO 1887, pp. 34, 36 che la memoria è ricondotta al generale Guibert.

[123] *Les manoeuvres* s.d., pp. 1 fronte - 1 retro.

burocratico per individuare gli impresari e le maestranze che dovevano materialmente intervenire nella valli di Varaita e Maira e realizzare le fortificazioni campali progettate fra i mesi di gennaio e febbraio. Nei primi giorni di marzo si completarono le pubblicazioni dei bandi di appalto, seguite dalle proposte da parte degli impresari, e il 10 dello stesso mese fu firmato a Torino il primo contratto, inerente la fornitura del legname, da parte di Giovanni Francesco Dlevi:

> L'anno del Sig.re mille sette cento quaranta quattro et alli dieci del mese di marzo avanti mezzo giorno in Torino et nell'Uff.o dell'Intend.za G.le delle fortif.ni e fab.e di S. M. giudicialm.e avanti l'Ill.mo Sig.r Vass.o et Intend.e Gle di d.ta azienda Miglijna di Capriglio, ed ed alla pr.nza degl'infras.ti impr.i Dlevij.
> Ad ognuno Sia manifesto, che sendo stati pubblicati nella nella p.nte Città il primo, ed in quella di Saluzzo li due corr.e marzo tiletti invittativi li volenti attendere all'infras.ta provisione, e condotta di legnami per le valli di Varaita, Blino e Maijra, colla monizione pel deliberam.o alli sei d.o marzo, e successivam., siano comparsi alcuni concorrenti, li quali doppo d'aver avuto in communicaz.ne l'istruz.ne formata dal Sig.r Capitano Ing.e Arduzzi in data delli 27 or scorso gennajo, abbino fatti li loro rispettivi partiti riposti in Registro, il migliore de quali sia stato quello di Gio Franco Dlevij, il quale siasi offerto di provedere, dar provisti, e condotti a tutte sue spese, rischio, e pericolo gli infras.ti legnami ne posti sottonottati, medianti li rispettivi prezzi, patti, e condizioni che infra [...][124]

I «posti sottonottati» corrispondono esattamente a quelli elencati nel capitolato dell'Arduzzi e confermano l'intenzione di operare dove già si poteva far riferimento alle preesistenze del 1743.

Il secondo contratto, fondamentale per la conoscenza degli interventi realizzati, fu stipulato sempre a Torino l'11 marzo 1744 e venne sottoscritto da tre impresari consociati, Giovanni Francesco Dlevi, Cesare Filippis e Carlo Andrea Righino, il cui impiego testimonia la portata notevole dei lavori in programma, decisamente più impegnativi rispetto a quelli dell'anno precedente. Oltre alla titolatura, che è sostanzialmente analoga al primo contratto, si legge nel testo del documento:

> Ad ognuno Sia manifesto, che sendo stati pubblicati nella nella p.nte Città li nove corr.e marzo tiletti invittativi li volenti attendere all'infras.ti travagly per le valli di Varaita, Blino e Mayra, colla monizione pel deliberam. alli dieci detto, e successivam. sono comparsi diversi concorrenti, quali abbino fatti li loro rispettivi partiti riposti in Registro, il migliore de quali sia stato quello di Domenico Tirola offertosi far, e dar fatti gl'infras.ti travaglij a tutte sue spese, rischio, e pericolo, medianti li rispettivi prezzi, patti, e condizioni che infra; Doppo del che siasi stimato di R.o Servizio di divenire a trattativa colli Gio Franco Dlevij, Cesare Filippis, e Carlo Andrea Righino per portarli a fare, come hanno fatto nuovo ribasso [...] ecco per tanto che costituiti personalmente li detti Gio Franco Dlevy di Silvestro della Città di Pinerolo, Cesare Filippis del fù Bernardino di Varese Stato di Milano, Et Carlo Andrea Righino di Paulo Andrea [...] promettono, e si sottomettono di far e dar fatti gl'infras.ti travaglij a tutte loro spese risico, e pericolo per diffesa delle Valli di Varaita, Blino, e Maijra, et ai posti infras.ti, e ne siti più precisi, che ivi li verranno indicati, medianti li rispettivi prezzi, patti, e condizioni infrascritte [...][125]

Segue l'elenco dettagliato degli interventi diviso per siti secondo lo stesso criterio del primo contratto, ovvero in base alla traccia del capitolato del capitano Arduzzi. È opportuno notare infine che il contratto dell'11 marzo dà informazioni sulla «ferramenta»; non si fa tuttavia menzione degli attrezzi, essendo probabilmente ancora disponibili quelli forniti e anche riparati l'anno prima[126], ma si precisa che

> [...] La chioderia che si riconoscerà necessaria per gli trinceram.i Palizzate, Barriere, od altri lavori sud.i sarà in tal caso da d.ti Impresari somministrata dall'Ufficio, facoltativa al med.o di farla provedere dalli stessi Impresari med.e pagam.o sul piede di lire cinque per cad. rubbo[127]

Lo sviluppo dell'attività costruttiva è testimoniata, piuttosto che dalla documentazione curiale torinese, dai diari di don Tholosan, che anche nel 1744 visse come testimone oculare il fervore operativo delle imprese costruttrici e dei militari in alta valle Varaita. La descrizione del curato può essere integrata e confrontata con i dati emergenti dai contratti del 10 e 11 marzo, così da tentare una ricostruzione il più possibile vicina al vero delle opere realizzate.

Secondo le *Memorie* dunque nel cuore del mese di marzo

> [...] il se porta dans cette vallée [di Varaita, *scil.*] un grand nombre d'entrepreneurs qui pour les barracons, qui pour des rétranchements, qui pour des fortifications chaque jour il paroissoit de nouveaux visages[...][128]

D'altro canto era segnalata come clausola principale, nel contratto dell'11 marzo, di dare inizio ai lavori subito, non appena la neve l'avesse consentito «impiegando per tal effetto fuori quel maggior numero de Lavoranti, e vitture, che sarà necessario per eseguire la quantità, e la qualità de lavori sovradescritti, sicche le med.i sieno compiti più presto che sarà possibile»[129].

La prima attività intrapresa fu l'abbattimento di parecchi alberi «aux prés des Vignaces»[130], per realizzare una grande quantità di assi che andarono probabilmente ad integrare quelli previsti nel contratto del 10 marzo[131]. L'impiego di questa ulteriore fonte di approvvigionamento ligneo fu causa di gravi disagi e danni economici per le comunità locali, preoccupate nel corso del tempo di salvaguardare il loro patrimonio boschivo e non a caso poco motivate nella fedeltà alla Casa di Savoia.

---

[124] *Sottomissione Dlevy* 1744, p. 61 fronte. Si riferiscono a questo contratto anche *Partiti fortificazioni* 1744a, *Lettere di S.M. all'Int.F.F.* 1744b, *Approvazione contratti* 1744a.

[125] *Sottomissione Dlevy-Filippis-Righino* 1744, pp. 69 fronte - 69 retro. Riferiamo inoltre a questo contratto anche *Partiti fortificazioni* 1744b, *Lettere di S.M. all'Int.F.F.* 1744c, *Approvazione contratti* 1744b.

[126] Si vedano il contratto di Giovanni Nicola Tardi e la commissione per le riparazioni degli utensili a Ferando Mercante (*supra* note 102, 103, 105).

[127] *Sottomissione Dlevy-Filippis-Righino* 1744, p. 72 retro. Oltre al rendiconto dei versamenti sul *Libro mastro* del 1744, esiste ancora una memoria dell'intendente alle Fabbriche e Fortificazioni, Miglina di Capriglio, datata 22 giugno, per ottenere l'assenso a pagamenti anticipati dei tre impresari, dal momento che la natura degli interventi costruttivi risultava «di gran longa eccedente i prezzi in d.ti contratti stabiliti, e che il costo dei Lavori fin qui fatti, è di mag.r del total importare di d.i contratti» (MIGLINA 1744, p. 5 retro).

[128] THOLOSAN 1777, p. 199.

[129] *Sottomissione Dlevy-Filippis-Righino* 1744, p. 72 fronte.

[130] Ossia nel bosco de La Levée dove erano state realizzate le batterie del 1743 a dominio di Chateau de Pont (THOLOSAN 1777, p. 199).

[131] Si sottolinea preliminarmente che già il Gallcani d'Agliano ricordava la grande portata dei lavori del 1744, parlando di «tanti trinceramenti a Bellino, a Buondormi, a Pietralunga, al Bois de La Levèe, ed a Pont con tante palizzate, di una struttura così bella, che era cosa mirabile a vedere» (GALLEANI D'AGLIANO 1840, p. 126).

§ *La fortificazione del villaggio di Pont*

Con il favore del disgelo il primo sito d'intervento fu Chateau de Pont dove «le rocher du côté du village» fu ripulito «dalli materiali inutili fino alla sodezza» e scarpato, così come ancora oggi si vede, «in altezza d'oncie 10». Si ebbe ragione della roccia intervenendo per due mesi di fila con le mine, mentre il corpo di piazza fu realizzato con terra setacciata, pestata e cavata nei pressi del villaggio[132], e «comme on ne batissoit pas à pierre mais à bois et à gazons» furono predisposti «trabucchi cento sup.li» di «fascinata», destinata ai parapetti e alle cannoniere, spogliando quasi completamente gli alberi de La Levée e del Bois Noir[133].

I trinceramenti dovevano avere una struttura portante in legno e «fascinate» per il contenimento dei terrapieni, la cui armatura era intessuta con le «colonne» e i «travi picoli», che vengono nominati nel contratto del 10 marzo[134]; i «boscami» erano messi in opera secondo le disposizioni del contratto dell'11 con «il coperto d'assi indoppiati» e il «solaro»[135], evidentemente per i piani di calpestio delle banchine di tiro e delle batterie, o il «colmo», i «paradossi», i «passafori» per i baracconi. Dallo stesso contrato si evince che non solo per il forte di Castello, ma anche per tutte le altre opere semipermanenti era prevista la palizzata antistante il corpo di piazza e forse un fossato, del quale tuttavia non si fa menzione. Risulta invece chiaro che erano a carico degli impresari «le fossette necessarie per la mettitura in opera tanto delle Palizzate, fascinate, che per l'assetto di d.i trinceram.i»[136]. Quanto alle cannoniere dovevano essere realizzate con il profilo che sarebbe stato illustrato sul posto agli impresari[137], fatto che induce a credere che sul luogo operassero accanto al personale civile gli ingegneri militari, nella fattispecie i capitani Guibert e Arduzzi.

Negli archivi di Torino non esistono raffigurazioni in elevato o in sezione del Fort du Chateau e di tutti i restanti trinceramenti realizzati in val Varaita nel 1744. L'unica testimonianza iconografica è la *Coupe des Retranchemens prise sur la ligne A B* presente sulla carta dell'ingegnere Roy de Vaquières, assegnato alla colonna del balivo de Givry e dunque testimone oculare degli eventi del luglio 1744[138]. È probabile che l'ingegnere abbia avuto tempo, dopo la battaglia di Monte Cavallo, di rilevare in schizzo la situazione topografica generale delle opere difensive piemontesi, prima della loro distruzione, sicché la sua carta potrebbe risultare abbastanza credibile e fedele alla realtà storica. Ne deriva pertanto che non solo è possibile cogliere la raffigurazione del Fort du Chateau analoga a quelle delle carte torinesi, ma anche la sezione suddetta può essere illuminante per ricostruire almeno un modello generale dei profili dei trinceramenti realizzati nell'intero comprensorio. La *Coupe* interessa comunque un tratto dei trinceramenti fra la Varaita di Chianale e la dorsale di Pietralunga e documenta l'esistenza di un fossato, completo di palizzata lungo la controscarpa e marginato in esterno dallo spalto, di un primo trinceramento, immediatamente dopo il fossato, con berma al piede dell'elevato, e di un secondo trinceramento più spesso del primo, come secondo ordine di tiro.

La fortificazione di Chateau de Pont, stando alla carta del Minutoli[139], era costituita da una linea spezzata a salienti e rientranti che definiva tre grandi frecce, o *redan*,[140] a contatto fra loro, ed era situata alle spalle del villaggio di Pont davanti al rocco precipite sulla gola della Varaita. Quest'ultimo fu ripulito e scarpato probabilmente per ricavare delle postazioni più alte, ma soprattutto per evitare la ricaduta del materiale roccioso sui difensori, quando il sito fosse stato sottoposto a bombardamento da parte di un nemico attestato a monte del villaggio. La scarpatura molto accentuata poteva pertanto evitare colpi di rimbalzo all'interno della fortificazione e conferire ai proiettili nemici una traiettoria con angolazione inefficace[141].

§ *Le difese della destra sabauda nel vallone di Vallanta e il forte San Carlo*

Nel settore del bosco de La Levée a dominio di Chateau de Pont e all'imbocco del vallone di Vallanta, pressappoco dove furono realizzate le due batterie l'anno precedente, durante la primavera del 1744 venne costruita un'opera semiparnente che prese il nome di forte San Carlo. Vale la pena lasciarne a don Tholosan la descrizione sommaria:

> Ce fort [quello di Chateau de Pont, *scil.*] ne fût pas plutôt achevé q'on en commença un autre à la Vignace, qu'on nomma le fort Saint Charles. C'étoit le plus joli ouvrage qu'on ait jamais construit; il

Altre notizie e considerazioni relative in GARIGLIO 1999, p. 108; GARELLIS 2001, pp. 139-147 *passim*. In CHOMON RUIZ 1971, pp. 295-300 sono citate tutte le opere del 1744 tramite la traduzione in italiano del testo di don Tholosan (THOLOSAN 1777, pp. 199-202).

[132] Il contratto dell'11 marzo precisava infatti che terra e pietre da costruzione dovevano essere reperiti *in loco*, presso il cantiere, nell'area «de soliti trab. venti cinque lineali», e che gli impresari, dopo aver fatto «passare le terre alla griglia», dovevano farle mettere in opera «precedente il debito pestamento» (*Sottomissione Dlevy-Filippis-Righino* 1744, p. 72 fronte).

[133] È decisamente eloquente la corrispondenza fra le *Memorie* e il contratto dell'11 marzo, che si integrano a vicenda (*Sottomissione Dlevy-Filippis-Righino* 1744, p. 70 fronte; THOLOSAN 1777, p. 199); si veda anche la corrispondenza con il capitolato ARDUZZI 1744a, p. 360 fronte. Spiega inoltre il Tholosan che il danno del disboscamento fu grave per il fatto che venivano tagliate soprattutto piante giovani e flessibili per la preparazione dei salsiccioni (THOLOSAN 1777, pp. 199-200). In merito alla preparazione, forma e utilizzo dei salsiccioni SCONFIENZA 1997, pp. 207, 216 nota 27.

[134] *Sottomissione Dlevy* 1744, p. 62 fronte; vedere inoltre il capitolato ARDUZZI 1744b, p. 362 fronte.

[135] *Sottomissione Dlevy-Filippis-Righino* 1744, p. 70 fronte; vedere inoltre la corrispondenza con il capitolato ARDUZZI 1744a, p. 360 fronte.

[136] Cioè i cavi di fondazione delle opere indicate (*Sottomissione Dlevy-Filippis-Righino* 1744, p. 72 retro).

[137] *Sottomissione Dlevy-Filippis-Righino* 1744, p. 72 retro.

[138] *Carta* 14.

[139] *Carta* 13. Riguardo a Daniele Minutoli, capitano nel reggimento Guibert durante le campagne del 1743 e 1744 e autore della preziosa *Rélation des campagnes*, vedere CHOMON RUIZ 1968, p. 111 nota 4. Sulle *Carte* 8 e 10, rispettivamente alle lettere H e G, il trinceramento a frecce di Castelponte segue un percorso a trapezio ed è armato sulla fronte da una piccola opera a tenaglia; la stessa raffigurazione compare sulla *Carta* 12 alla lettera G.

[140] Sulle frecce e le linee a *redan* VAUBAN 1705; VAUBAN 1737, pp. 6-21; CORMONTAIGNE 1809, pp. 367-368; SCONFIENZA 1996, pp. 94-96; SCONFIENZA 2007a, pp. 171-172; SCONFIENZA 2007b.

[141] Sulle fortificazioni di Chateau de Pont MINUTOLI s.d.b, p. 53; BUFFA DI PERRERO 1887, p. 25; ALLAIS 1985, p. 241; GARIGLIO-MINOLA 1995, p. 44; GARIGLIO 1999, p. 109.

avoit des embrassures pour huit ou douze piéces de gros canons entouré de ses fossés bien profonds, et garnis de bonnes palissades ses porte et ses ponts levis, tout comme une citadelle des mieux regulieres; il y avoit les magazin à poudre, et plusieurs autres baracons faits avec des ais dans la dernière perfection[142]

Osservando la carta del Minutoli[143], il forte San Carlo costituiva la testata a valle del trinceramento che saliva lungo la sinistra orografica del vallone di Vallanta; aveva un perimetro tenagliato con grande saliente in direzione di Pont e il fronte principale, rivolto verso le Rocche di Curbiera, era costituito da un avancorpo rettangolare, sporgente sul vallone, predisposto verosimilmente per le batterie d'artiglieria. Nel contratto dell'11 marzo, così come nei capitolati, è prevista infatti la «fascinata [...] con le sue debite chiavi» per la «formazione delle cannoniere», di cui parla don Tholosan, ma anche il

[...] cavo terra, e pietre per formazione de piani, e spianam.o delle piatteforme [...] cavo, e trasporto terra passata alla griglia, compreso il pestamento e mettitura in opera della medema [...][144]

per la realizzazione del corpo di piazza del forte, le cui caratteristiche costruttive sono analoghe a quelle del forte di Chateau de Pont, come comprovano inoltre gli elenchi dei «boscami» nel contratto del 10 marzo, «colonne, banchine, colmi, paradossi, passafori, rame» da impiegarsi «Al bosco della Levata»[145].

Nei capitolati e nei due contratti non risultano distinti i materiali e gli interventi da farsi al bosco de La Levée, né segnalati specificatamente i siti di intervento o tanto meno il forte San Carlo; è tuttavia possibile dedurre approssimativamente la destinazione dei materiali o delle opere segnalate in base al loro genere o alla loro definizione. Sembra dunque di intendere che le indicazioni iniziali del contratto dell'11 marzo, sopra citate, siano da riferire al forte San Carlo e che ad esse debbano essere associate quelle finali della sezione dedicata al bosco de La Levée, ossia l'elenco delle «tavole indoppiate» e loro «mettitura in opera», dei «laterali, e frontespicy [...] da farsi con pietre e teppe» e dei «solari» destinati all'edificazione dei baracconi e dei magazzini menzionati dal curato di Chianale[146]. Quanto ai «boscami» per i tetti, i pavimenti e i tramezzi dei baracconi, nel contratto del 10 marzo, si individua una piccola sezione in cui sono indicati quarantanove «travi picoli», 140 dozzine di assi di «malegine», ossia di abete, e novantotto «saette»[147]. Alle «portes» e «ponts levis» segnalati da don Tholosan sono parzialmente riconducibili le «sette Barriere»[148], dal momento che con tale denominazione si intendono in generale i varchi attraverso i trinceramenti e quindi anche possibili aperture protette lungo le fortificazioni del vallone di Vallanta[149]; inoltre è presumibile che porte e ponti del forte San Carlo siano stati realizzati con il materiale ligneo compreso negli elenchi generali analizzati.

Il trinceramento realizzato lungo il vallone saliva fino alle Grange Soulieres, come le opere già predisposte nel 1743, tuttavia è possibile ritenere che esso sia stato rifatto nella primavera del 1744, sempre in legno, in base alla documentazione del contratto dell'11 marzo, che rammenta ancora nella sezione dedicata al bosco de La Levée «Trab. Cento quindici Sup.i nella gross.a d'on. 12 trinceram.o da farsi con travi, rame, e fascine per fattura lire quattro soldi quindici»[150]. La documentazione grafica illustra un trinceramento continuo costituito di frecce, distanziate ad intervalli regolari da segmenti rettilinei, secondo il più tradizionale schema regolare campale[151]. Soltanto in un punto tale andamento si modifica con una successione di segmenti a salienti e rientranti continui e irregolari, a causa dell'orografia del sito e dell'attraversamento di un piccolo vallone perpendicolare a quello di Vallanta, poco più a monte delle Grange Alpet.

Il complesso del bosco de La Levée era completato dalla presenza di un fossato con palizzata antistante le opere difensive, come conferma don Tholosan e indirettamente si deduce dai documenti contrattuali là dove si parla di «cavi» di terra. Prendendo in considerazione la cartografia antica, sembra possibile ipotizzare che fosso e palizzata avessero un andamento continuo dal forte San Carlo fino alla testata superiore del trinceramento[152]. La congiunzione fra il fossato del forte e quella del trinceramento si trovava alla testata inferiore di quest'ultimo, ma ad una quota superiore rispetto al corpo di piazza del forte, così da garantire la copertura del San Carlo con lo sfruttamento delle differenze altimetriche. La continuità del fossato e della palizzata sembra infine confermata dal contratto dell'11 marzo, che, senza distinguere fra forte e trinceramento, indica «Trab. cento dieci lin.li piantam.o, e mettitura in opera delle Palizzate compreso il picol fosso per le med.e per cad. trab. lire tre soldi cinque»[153], e da quello del 10, che bene evidenzia la corrispondenza di «Donzene cento dieci Palizzate di lunghezza trab. 1: per caduna donzena lire nove» [154], permettendoci inoltre di capire che venivano posti in opera dodici pali per ogni trabucco lineare, ovvero circa ogni 3 metri[155].

---

[142] THOLOSAN 1777, p. 200.

[143] *Carta* 13. Per le opere di Vallanta da parte dello stesso autore vedere MINUTOLI s.d.b, p. 53. Sulle *Carte* 8 e 10, lettere I e H, il forte è rappresentato come un semplice trinceramento a *redan*, simile a quello di Chateau de Pont, e definito «Batteria di 7 Cann.i», Sulla *Carta* 14 di Roy de Vaquières, al n. 9, il forte presenta un trinceramento a salienti e rientranti verso Pont e un fossato tutto intorno con spalto verso monte.

[144] *Sottomissione Dlevy-Filippis-Righino* 1744, p. 69 retro; inoltre ARDUZZI 1744a, p. 360 fronte.

[145] *Sottomissione Dlevy* 1744, p. 61 retro; vedere anche ARDUZZI 1744b, p. 362 fronte.

[146] *Sottomissione Dlevy-Filippis-Righino* 1744, p. 70 fronte; vedere inoltre ARDUZZI 1744a, p. 360 fronte.

[147] *Sottomissione Dlevy* 1744, p. 61 retro.

[148] *Sottomissione Dlevy-Filippis-Righino* 1744, p. 70 fronte; inoltre confrontare ARDUZZI 1744a, p. 360 fronte.

[149] Sulle barriere VAUBAN 1737, p. 16, p. 15 Planche III.

[150] *Sottomissione Dlevy-Filippis-Righino* 1744, p. 69 retro; vedere anche ARDUZZI 1744a, p. 360 fronte.

[151] VAUBAN 1737, pp. 10-15, p. 9 Planche I

[152] Questa caratteristica del fossato continuo sembra soprattutto deducibile dalla pianta del Minutoli (*Carta* 13). Il trinceramento a *redan* di Vallanta è anche raffigurato nelle *Carte* 8 e 10, alle lettere K e I.

[153] *Sottomissione Dlevy-Filippis-Righino* 1744, p. 69 retro; confrontare con ARDUZZI 1744a, p. 360 fronte.

[154] *Sottomissione Dlevy* 1744, p. 61 retro; vedere anche ARDUZZI 1744b, p. 362 fronte.

[155] Per le corrispondenze fra il sistema metrico decimale e le antiche misure del Regno di Sardegna si è fatto riferimento al preziosissimo sito internet della prof.ssa Caligaris dell'Università di Torino: http://web.econ.unito.it/caligaris/, alla pagina http://web.econ.unito.it/caligaris/index_files/tavq.pdf, dove il trabucco, distinto in liprando o piemontese corrisponde a m 3,08 (m 3,0825 il liprando, m 3,0864 il piemontese). Il

Il trinceramento del vallone di Vallanta è anche citato da don Tholosan, che ci informa dell'altezza raggiunta dall'opera, quella di un uomo, ovvero circa un metro e mezzo o 1,70 per l'epoca. Il curato fornisce tali informazioni in chiusura della parte dedicata alle fortificazioni del bosco de La Levée, ma dopo aver parlato del forte San Carlo dice che

> Du côté des Apiols on ne restoit pas non plus oisifs, on y construisit une redoute à la venue du col de Saint Chaffré, redoute toute crailée et couverte de planches, qui contenoit presque de trois cent homes. Sur les Apiols on en éléva une autre batie sur la meme place qui fasoit face vers l'ombrenche [...]

ed è allora che conclude: «de ces redoutes jusqu'au fort Saint Charles qu'étoit à la Vignasse, on avoit éléve une muraille continue de l'hauteur d'un home»[156].

Bisogna dunque rilevare che nel 1744 le difese alla sinistra della Varaita furono integrate con due ridotte a monte del complesso del forte San Carlo e dei trinceramenti continui, verosimilmente nella zona delle Grange Soulieres, dove già si era attestata la brigata Guardie nel 1743 e dove l'antico toponimo degli Apiols indica la costa di montagna fra le Grange stesse e il vallone delle Giargiatte, che conduce al passo di San Chiaffredo, citato da don Tholosan. È dunque ipotizzabile che i materiali da costruzione e gli interventi previsti per la realizzazione delle ridotte siano compresi fra gli elenchi dei contratti visti precedentemente, e precisamente nelle sezioni pertinenti ai trinceramenti continui. Nella cartografia del Minutoli sono raffigurate entrambe le ridotte[157]. La prima «du côté des Apiols» ha perimetro pentagonale ed è aperta alla gola[158]; tenendo conto delle convenzioni grafiche utilizzate, analoghe a quelle dei trinceramenti del vallone di Vallanta, la ridotta doveva essere dotata di fossato e palizzata, così come la successiva. Quest'ultima è rappresentata al di sopra di una butta, «sur les Apiols» come segnala il Tholosan, a dominio del vallone; il perimetro è a tenaglia, con rientrante lievemente eccentrico rispetto all'area sommitale occupata, ed aperto alla gola[159]. Sembra tuttavia di rilevare un'incoerenza fra il testo del curato e la documentazione grafica, visto che la rappresentazione delle due ridotte propone di dimensioni maggiori quella sopraelevata rispetto a quella inferiore, ampia quanto l'ultima freccia del trinceramento continuo, là dove don Tholosan precisa che la ridotta inferiore «à la venue du col de Saint Chaffré» era capace di contenere trecento uomini[160].

§ *Le difese della sinistra sabauda, il forte Bertola e il collegamento con Monte Cavallo*

La sinistra del sistema difensivo sabaudo, come nel 1743, si estendeva da Chateau de Pont fino alla vetta di Monte Cavallo. La sua porzione inferiore fu fortificata, sempre nella primavera del 1744, allorché

> [...] on jeta les jeux du côté des hubac, et on jugea à propos de les fortifier de la meilleure façon, on construisit donc un autre fort à la tête du pré dal Bosc, au pied de la plate du château qui fût appellé le fort Bertola, parceque Monsieur Bertola ingénieur général en avoit été l'auteur, il avoit ses fossés, ses palissades, son chemin couvert tout comme celui de la Vignasse, et cela de plus que sa palissade venoit jusqu'à l'eau[161]

Il forte Bertola, dunque, per puntualizzazione dello stesso Tholosan, era un'opera semipamente, analoga al forte San Carlo, con corpo di piazza, fossato, cammino coperto, palizzata e spalto, secondo le migliori norme dell'architettura militare moderna. La suggerita paternità bertoliana del progetto indurrebbe a pensare, per esclusione, che le altre opere siano state progettate dagli ingegneri Guibert e Arduzzi, ma si può credere più verosimilmente che i due ufficiali abbiano operato in collaborazione con il primo ingegnere nella sua qualità di ideatore e supervisore generale delle progettazioni e realizzazioni, e che la denominazione del forte sia soprattutto onorifica, come quella del forte San Carlo che evocava la persona del sovrano.

La costruzione era realizzata, come di consueto, in legno e terra, secondo quanto riferiscono i capitolati e i contratti alla voce «Alla sinistra saliendo di Castel di Ponte». Ricompaiono nei documenti curiali il «cavo» di terra per lo spianamento dell'area da fortificare e la creazione delle piattaforme per l'artiglieria, subito in associazione con la fornitura della «fascinata», per la «formazione delle Cannoniere», e la posa in opera della «terra passata alla griglia compreso il pestamento», per l'elevazione dei terrapieni. Sono previste anche, in accordo con il testo del curato di Chianale, le palizzate, la cui «mettitura in opera» comprende il loro «picol fosso» di fondazione, accanto al «coperto d'assi indoppiati compresa la mettitura in opera di tutte le colonne, colmi paradossi, ed altri boscami» per l'edificazione delle armature lignee del corpo di piazza, contenenti i terrapieni, e alla «provisione, fattura, e mettitura in opera d'una Barriera all'estimo»[162]. La registrazione dei «boscami» inoltre, a cui allude la citazione precedente, è presente nel contratto del 10 marzo[163]. È opportuno infine segnalare che il contratto dell'11 marzo dà informazioni relative all'edificazione di un baraccone presso il forte, non segnalato da Tholosan, quando parla della fornitura del «solaro» pavimentale e dei «Trab. quindici laterali, e frontespicy del Baracone da farsi con pietre, e teppe nella grossezza d'on. 12»[164]. L'aspetto in pianta del forte Bertola, stando alla documentazione grafica era simile a quella del forte di Chateau de Pont, ovvero un fronte tenagliato, aperto alla gola, con la destra attestata sulla Varaita, «jusqu'à l'eau», e la sinistra rin-

testo di riferimento per la pagina del sito è CALIGARIS 1996.

[156] THOLOSAN 1777, p. 200.

[157] *Carta* 13.

[158] Sulla ridotta pentagonale, o bastionata, SCONFIENZA 1996, p. 95

[159] Sulla tipologia della tenaglia in ambito campale e permanente SCONFIENZA 1996, pp. 97-98, 106-109

[160] Sul forte San Carlo e le opere del vallone di Vallanta BUFFA DI PERRERO 1887, p. 25; ALLAIS 1985, pp. 241-242; GARIGLIO-MINOLA 1995, p. 44; GARIGLIO 1999, p. 109.

[161] THOLOSAN 1777, p. 200.

[162] Tutti gli interventi citati compaiono in *Sottomissione Dlevy-Filippis-Righino* 1744, pp. 70 fronte - 70 retro; confrontare con ARDUZZI 1744a, p. 360 fronte - 360 retro. Si segnala che nel capitolato l'Arduzzi aveva previsto non una, ma due barriere, verosimilmente come ingressi del forte Bertola.

[163] *Sottomissione Dlevy* 1744, p. 62 fronte; vedere anche ARDUZZI 1744b, p. 362 retro.

[164] *Sottomissione Dlevy-Filippis-Righino* 1744, p. 70 retro; ARDUZZI 1744a, p. 360 retro.

forzata dalla prima freccia del trinceramento continuo che saliva dal fondo valle fino alla dorsale di Monte Cavallo[165].

Più complessa e dubbia è l'esatta localizzazione dell'opera, poiché il testo del Tholosan, citando il toponimo antico di «pré dal Bosc», specifica «au pied de la plate du château», intendendo forse il limite estremo del pianoro di fondo valle su cui sorgevano il villaggio di Pont e il suo forte. Tale sistemazione risulta confermata dalle raffigurazioni dell'opera in certa cartografia[166]. Tuttavia, se così fosse, non ci sarebbe concordanza fra questa documentazione e la carta del Minutoli, che raffigura il forte Bertola decisamente arretrato rispetto alla zona di Pont, circa nella stessa posizione in cui furono elevati durante l'autunno del 1743 i trinceramenti del battaglione di Rehbinder, presso il bosco del Sapé, davanti al Villareto. Tale collocazione potrebbe invece concordare con le parole del curato, se con queste si intendesse l'indicazione di un sito ai piedi della gola della Varaita, subito sotto il rocco di Castello, che delimita «la plate» dell'antico villaggio, ora invasa dalle acque della diga.

A differenza della sezione dedicata alle fortificazioni del vallone di Vallanta, il contratto dell'11 marzo separa le registrazioni relative al forte Bertola da quelle del «trinceramento in travi, rame, e fascine tanto a dritta che a sinistra di Montecavallo», presentandole già sotto la titolatura di «Montecavallo, o sia las Peijras». Si tratta di un trinceramento a salienti e rientranti con andamento irregolare, secondo la rappresentazione sulla cartografia storica[167], che scalava la ripida pendenza della costa montana fra la Varaita e Monte Cavallo ed era realizzato in tronchi e fascine analogamente alle altre opere prodotte nel 1744[168]. D'altro canto nelle *Memorie* del curato esiste un cenno al trinceramento in esame, subito dopo la descrizione del forte Bertola, «au dessous en montant vers la montagne qui nous separe d'avec Bellino il y avoit aussi une palissade avec son fossé pardevant, qui alloit presque sur la créte»[169].

Infine sembra che le palizzate, descritte con dovizia di particolari da don Tholosan, e conseguentemente i fossati del forte Bertola e del trinceramento costituissero un'opera continua, come nel caso del forte San Carlo e dei trinceramenti di Vallanta. Il contratto del 10 marzo infatti computa i «boscami» relativi sotto la titolatura autonoma «Palizzate, radici, e Colonne ivi, come anche da trasportarsi alla sommità et al di là di Montecavallo», in cui «ivi» sta a significare la precedente sezione dedicata al forte Bertola[170]. La diversa distinzione per siti, che seguono le titolature del contratto dell'11 marzo, conferma comunque l'idea di un fossato e di una palizzata continui, quando il testo cita i «Trab. venti cinque lin.li piantam.o, e mettitura in opera di palizzate compreso il picol fosso» già sotto la sezione di Monte Cavallo[171].

§ *La chiave centrale del dispositivo difensivo, la ridotta di Monte Cavallo*

Dopo aver esaminato le fortificazioni a sbarramento del fondo valle e degli accessi sulla destra dello schieramento sabaudo lungo il vallone di Vallanta, si giunge ad analizzare l'assetto difensivo della dorsale di Pietralunga, il settore interessato dagli eventi bellici del 1744. Continuando a seguire lo stesso ordine descrittivo scelto da don Tholosan deve essere ricordato un baraccone, che il curato colloca a «Serre de Julliart» e sulla carta del Minutoli potrebbe corrispondere al caposaldo fortificato con un piccolo trinceramento a bastione sulla dorsale di Monte Cavallo, esattamente al di sopra di Pont[172]. Sembra di capire, sempre dal testo del curato, che si tratti di un posto di con-trollo sul cammino di collegamento fra le fortificazioni di Monte Cavallo e il campo della brigata di Savoia, presso il «Tronchet», ovvero, secondo le indicazioni della carta del Minutoli[173], nella zona sulla destra della Varaita di fronte al Villareto e a valle del forte Bertola.

Nell'ambito della documentazione cartografica, unica la carta del Minutoli segnala lungo la dorsale a est di Monte Cavallo, un lungo trinceramento con andamento regolare, a frecce intervallate da segmenti rettilinei e salienti rivolti verso la valle di Pont[174]. Le *Memorie* di don Tholosan non ricordano quest'opera, né esiste un riferimento esplicito nella documentazione curiale, a meno che il computo di queste difese non rientri nel già citato «trinceramento con travi, rame, e fascine», che i contratti di marzo segnalano per il tratto di collegamento fra il forte Bertola e Monte Cavallo[175]. È possibile tuttavia che l'opera raffigurata dal Minutoli corrisponda alla risistemazione, secondo le caratteristiche costruttive del 1744, dei trinceramenti leggeri in legno e fascine realizzati già nell'autunno del 1743 dai soldati della brigata di Tarantaise e deducibili dalle pagine dei diari del loro comandante, il generale Guibert de Sissac[176]. Resta infine la possibilità che la carta del Minutoli sia errata e riproduca un'opera che deve essere attribuita al 1743 e non al 1744 per colmare la di-

[165] Tale risulta nella raffigurazione della *Carta* 13 del Minutoli. L'aspetto di fronte a salienti e rientranti aperto alla gola è anche quello restituito dalle *Carte* 8 e 10, rispettivamente alle lettere G e F, sotto la dicitura «Batteria di 8 Cann.i». Infine la *Carta* 14 di Roy de Vaquières, al n. 10, conferma tale andamento tenagliato, ma anche la definizione del profilo, con fossato e doppio trinceramento, dato che la sezione A-B, allegata alla pianta, è presa un po' più a monte del punto in cui è presumibile la collocazione del forte Bertola.

[166] *Carte* 7 e 9; *supra* nota 165

[167] *Carta* 8 alla lettera F, *Carta* 10 alla lettera E, *Carta* 13, *Carta* 14 al n. 11.

[168] *Sottomissione Dlevy-Filippis-Righino* 1744, p. 70 retro; vedere anche ARDUZZI 1744a, p. 360 retro, unico documento che, a differenza degli altri, non distingue fra le registrazioni «Alla sinistra saliendo di Castel di Ponte» e quelle di Monte Cavallo.

[169] THOLOSAN 1777, p. 200.

[170] *Sottomissione Dlevy* 1744, p. 62 fronte; la distinzione è anche presente nel capitolato ARDUZZI 1744b, p. 362 retro.

[171] *Sottomissione Dlevy-Filippis-Righino* 1744, p. 70 retro; per ARDUZZI 1744a, p. 360 retro vale la stessa notazione di *supra* nota 168. Sul forte Bertola e i trinceramenti alla destra della Varaita ALLAIS 1985, p. 242; GARIGLIO-MINOLA 1995, p. 44; GARIGLIO 1999, p. 109.

[172] THOLOSAN 1777, p. 200; carta Minutoli.

[173] *Carta* 13.

[174] *Carta* 13; il trinceramento è assente nelle *Carte* 8 e 10.

[175] *supra* note 168 e 171.

[176] *supra* note da 87 a 95.

stanza fra Monte Cavallo e l'arrivo dei trinceramenti ascendenti dal forte Bertola[177].

Sulla carta del Minutoli la testata occidentale di questi trinceramenti era fortificata con una ridotta, collocata secondo il Tholosan

> [...] au bout des brousailles du château, c'est à dire entre le près du Sous et nous, endroit que nous appellons le Serré ou Bec de l'Aigle, et que ceux de Bellino appellent Mont Canal [Caval, *scil.*[178]] qui fût le nom que les troupes lui donnerent dans la suite [...][179]

Dunque la «redoute», di cui parla il curato di Chianale e che fu il teatro della sanguinosa battaglia di Monte Cavallo, venne realizzata su una delle vette della dorsale di Pietralunga, non particolarmente rilevante per l'altezza, quanto per la posizione strategica di perfetto dominio a vista delle valli di Chianale e Bellino e quindi di tutto il comprensorio difensivo dal colle dell'Agnello al Pelvo d'Elva. A queste caratteristiche di ordine strategico se ne aggiungeva un'altra di tipo tattico, poiché nel tratto di dorsale presso Monte Cavallo era possibile concentrare forze sufficienti per contrastare un invasore che volesse tentare di doppiare le fortificazioni di Pont, dei boschi de La Levée e del Sapé, avanzando in quota da Pietralunga e scendendo su Casteldelfino[180].

In merito alla ridotta il Minutoli riferisce che «le poste de Montecavallo sur l'ecrete et au bout de la Montagne de Pierrelonge au dessus de Belins, fut fortifiè par une redoute serrèe, et avec un parapet bien leger à la veritè, mais avec fossè, et palissades»[181]. Lo stesso autore aggiunge elementi descrittivi nel corso del racconto degli eventi del 19 luglio, quando i dragoni-carabinieri, pur sostenuti dai picchetti «du baracon voisin», cedono e

> [...] ils furent contraints de se replier a un poste sur la crète destinè a les soutenirs; et de gagner peu de tems apres ensemble l'epaulement qui flanquoit la redoute sur la droite, qui appuiot a la communication qu'elle avoit avec la vallèe de Pont. Nous avons deja dit que la construction de cette redoute n'etoit pas des meilleures, sa situation y suppleoit; pour l'aborder, il falloit traverser une espece de petit vallon, et monter ensuitte une rampe asses roide [...][182]

La documentazione contrattuale non fornisce grande abbondanza di particolari, pur confermando che la tecnica costruttiva adottata fu la stessa delle altre opere difensive esaminate, là dove si computano

> Trab. dieci cubi Cavo terra per formare i piani con loro banchette [...] Prov.e, fattura, e mettitura in opera di due Barriere all'estimo. Trab. diciotto sup.li coperto d'assi indoppiati compresa la mettitura di tutti li buscami, colonne, colmi, paradossi ed ogni altra cosa necessaria per l'armam.o [...][183]

Sembra comunque che l'opera fosse realizzata esclusivamente in legno, poiché il «cavo terra» riguarda solo lo spianamento e la sistemazione delle banchine di tiro, ma non compare la fornitura della terra setacciata, come nei casi dei tre forti inferiori, per l'elevazione dei terrapieni. Confermerebbe questa deduzione la grande quantità di legname d'ogni misura previsto dal contratto del 10 marzo sotto la voce «Altri boscami da trasportarsi ove sono stati trassati li Baraconi, cioè s.a la sommità di Montecavallo o sij las Peyras[184]».

Quanto ai baracconi il contratto dell'11 marzo ne segnala la costruzione di uno solo, «Trab. quindeci laterali, e frontespicy d'un Baracone da farsi con teppe e pietre di gross.a on. 12»[185], e la cartografia storica conferma tale informazione, rappresentando il baraccone in questione sotto la cima di Monte Cavallo su un piccolo pianoro del versante di Pont[186]. È possibile pertanto ipotizzare che l'utilizzo del plurale «baracconi» nella titolatura del contratto dei «boscami» sottintenda il computo anche dei ripari realizzati come postazione avanzata alla Battagliola, di cui si riferirà oltre.

Osservando la documentazione cartografica[187], si nota che il perimetro dell'opera era caratterizzato da una fronte occidentale a tenaglia con fossato, rivolta verso la possibile direzione di attacco lungo la dorsale, e uno sviluppo a salienti e rientranti, verso sud, tutto dalla parte del versante di Bellino, essendo troppo ripido il versante di Chianale e presumibilmente inattaccabile da un contingente schierato in battaglia. La gola della ridotta ad est era chiusa dall'ultimo tratto di trinceramento meridionale fino al margine del versante precipite a dominio di Pont. La fortificazione sembra dunque che avvolgesse la vetta di Monte Cavallo ad una quota inferiore.

L'aspetto in elevato della ridotta e la sua articolazione difensiva è abbastanza deducibile dal testo di don Tholosan e da altri documenti. Il curato dice che

> Cette redoute avoit aussi son fossé et sa palissade à toute épreuve, en remontant vers le côté du château, sur une petite eminance on y a construit un fortin tout de pierres et gazons, fortin bâti avec toute la

---

[177] È opportuno ricordare che Daniele Minutoli, capitano nel reggimento Guibert, fu verosimilmente sulla dorsale di Pietralunga nel 1743 con due battaglioni di detto reggimento, ma non necessariamente nel 1744, quando il 19 luglio soltanto in serata fu inviato a Monte Cavallo un battaglione del Guibert con uno del Savoia per continuare a sostenere la posizione attaccata dai Francesi (GARIGLIO 1999, p. 121). Si ricorda che nel 1744 i tre battaglioni del reggimento Guibert erano stati così ripartiti e destinati: uno a Saorgio, uno a Verzuolo e poi a Casteldelfino, uno di guarnigione a Cuneo (BUFFA DI PERRERO1887, pp. 39, 41).

[178] La trascrizione «Canal» è errore del copista delle *Memorie* di don Tholosan (THOLOSAN 1777, p. 201 nota 124).

[179] THOLOSAN 1777, pp. 200-201.

[180] Sarà poi il Papacino d'Antoni a stigmatizzare il vero difetto della posizione di Monte Cavallo, che ad una buona collocazione strategica associava lo svantaggio tattico della notevole distanza tanto da Chateau de Pont e Villareto quanto soprattutto, in una visione più ampia dell'assetto difensivo sabaudo, dalle comunicazioni con le valli di Maira e Stura (PAPACINO D'ANTONI 1770b, p. 9 fronte; PAPACINO D'ANTONI 1782, pp. 339-341; SCONFIENZA 2006, pp. 149-150).

[181] MINUTOLI s.d.b, pp. 52-53.

[182] MINUTOLI s.d.b, pp. 66-67.

[183] *Sottomissione Dlevy-Filippis-Righino* 1744, p. 70 retro; vedere anche ARDUZZI 1744a, p. 360 retro.

[184] *Sottomissione Dlevy* 1744, p. 62 fronte; considerare inoltre ARDUZZI 1744b, p. 362 retro.

[185] *Sottomissione Dlevy-Filippis-Righino* 1744, p. 70 retro; ARDUZZI 1744a, p. 360 retro.

[186] *Carta* 9; sulle *Carte* 8, 10 e 12 il baraccone è raffigurato nella medesima posizione, ma solo sulla *Carta* 8 è segnato con la lettera E. La *Carta* 13 del Minutoli segnala con il simbolo di un rettangolo rosso il baraccone all'interno della ridotta.

[187] *Carta* 9, realizzata per illustrare l'opera verosimilmente dopo il 19 luglio 1744, essendovi anche segnati in rosso «i Lavori opportuni per maggior vantaggio del Ridotto i quali lavori si potevano fare con poca spesa». Le *Carta* 8 e 10 raffigurano l'opera in maniera stilizzata, così come le *Carte* 11 e 12, ma conservano la tenaglia del fronte d'attacco e il caratteristico saliente occidentale del fronte sud. Simile è anche la raffigurazione sulla *Carta* 14 di Roy de Vaquières.

regularité possible car outre ses portes et son fossé il avoit sa bonne palissade [...][188]

Sebbene non sia esplicitato in nessun luogo che don Tholosan abbia visitato la ridotta di Monte Cavallo, sembra che quanto si è descritto sopra del perimetro riguardi la difesa più esterna, mentre la cima del monte doveva essere dotato di una fortificazione più interna. La cartografia non conferma le parole di Tholosan, poiché ovunque compare soltanto la raffigurazione perimetrale con la fronte a tenaglia; soltanto nella *Pianta del Ridotto costrutto l'Anno 1744 sopra Monte Cavallo* compare una tenaglia più arretrata rispetto a quella occidentale del fronte d'attacco, progettata, ma mai realizzata[189]. Invece in una lettera scritta da un ufficiale francese del reggimento di Poitou che partecipò all'attacco del 19 luglio, si legge, a proposito dell'ostinata resistenza piemontese, che

[...] enfin le feu fut si uif pendant trois heures soit de ceux qui gardoient la redoutte, soit de ceux qui bordoient les retranchemens, que notre perte augmentoit à une coupe d'oeil sans esperance de succes [...][190]

Sembra dunque di intendere che gli attaccanti avessero la netta percezione di un'opera distinta almeno in due ordini difensivi a quote diverse, i «retranchemens» avanzati, ovvero le difese perimetrali della ridotta, e la «redoutte» corrispondente alla fortificazione della cima. Confermano questa lettura, e quindi anche la descrizione del curato la carta dell'ingegnere francese Roy de Vaquières, in cui la raffigurazione della ridotta con fronte a tenaglia presenta un secondo ordine di tiro più interno[191], il testo del Minutoli, che parla del «parapet bien leger»[192], e una relazione anonima di parte sabauda scritta il 20 luglio 1744, in cui a proposito del primo assalto francese si riferisce che

[...] sur les trois heures un quart ils vinrent jusqu'a La redoute sans tirer [...] Mais un Brovillard epais s'etant alor elevé ils se jetterent avec vivacité sur La berme du premier ouvrage [...][193],

intendendo probabilmente con il termine «berme» non tanto il rinforzo in terra che conteneva la palizzata, quanto l'imbragatura dal piano del fossato al piede dello spiccato del trinceramento più esterno, corrispondente al «premier ouvrage»[194]. Poco oltre lo stesso testo, nella descrizione dei momenti culminanti dello scontro, ribadisce la conferma precedente, fornendo un quadro sintetico, ma analogo a quello di Tholosan:

On vit Les battaillons qui uenoient pour Les [gli altri battaglioni francesi all'assalto, *scil.*] souvenir obliges plusieurs fois de se replier, ne pouvant soutenir Le feu de La redoute, et du rocher, qui La partegeoit, ou s'etoient postes ceux des cinq bataillons destines a defendre La redoute, et qui n'y avoient pas eût place[195]

Infine è opportuno ricordare quanto dice il marchese di Saint Simon a proposito della ridotta attaccata dai Francesi, che

[...] Les François arriverent jusques sur les palissades du chemin-couvert dont ils délogerent les Piémontois, sans pouvoir ni couper ni arracher ces palissades [...] Ils ne purent se soutenir qu'en faisant un feu continuel sur les Piémontois qui tiroient avec plus d'avantage, étant couverts par leurs retranchemens. Il furent ainsi plus de quatre heures à dix pas du mur des retranchemens, le chemin-couvert entre-deux. On battit envain trois fois la retraite, les Soldats s'obstinerent, et demandant les drapeaux, de main en main ils les jetterent dans le chemin-couvert; prenant ce prétexte pour s'y précipiter en même tems, ils arracherent quelques palissades avec les mains, et arborerent les drapeaux contre les retranchemens [...] Les Soldats François, sans se rebuter, et malgré l'ordre qu'on leur réitéroit sans cesse de se retirer, resterent ancore quelque tems sous les murs du retranchement [...] les deux Nations croisoient le fusil sur le retranchement, et tous les coups de part et d'autre tirés à bout touchant, portoient à la tête et étoient mortels [...] Quelques palissades arrachées leur [ai Francesi, *scil.*] faisoient croire qu'ils pourroient aussi détruire avec leurs main le reste du retranchement: ils ne rallentissoient point leur feu; si leur bravoure étoit un effet de la crainte, la crainte formoit des héros qui se battoient comme les Horaces et les Curiaces [...][196]

Si può in definitiva ipotizzare che la ridotta presentasse: una sorta di spalto, molto ripido e delimitato dalla palizzata, di cui più fonti rendono conto[197]; un fossato sulla fronte tenagliata occidentale, contenuto dal cammino coperto sulla fronte sud, dove a lungo i battaglioni francesi furono tenuti inchiodati e fucilati a bruciapelo[198]; una prima linea di trinceramento in legno, dotato anche di cannoniere[199] e corrispondente alla definizione perimetra-

[188] THOLOSAN 1777, p. 201.

[189] *Carta* 9: tenaglia tracciata in rosso come lavoro da farsi alle lettere V e X.

[190] *Lettre du Capitaine* 1744, p. 6 retro.

[191] *Carta* 14.

[192] *supra* nota 181. Anche il Saint Simon, nel corso della descrizione della battaglia di Monte Cavallo, dà notizie sulle strutture della ridotta (*infra* nota 196).

[193] *Du Camp de S.t Pierre* 1744, p. 1 retro.

[194] Come parrebbe dimostrare il modello generale dei profili di questi trinceramenti dedotto dalla sezione A B della carta di Roy de Vaquières (*supra* nota 138). Parla di «berme de l'ouvrage» anche MINUTOLI s.d.b, p. 69.

[195] *Du Camp de S.t Pierre* 1744, p. 1 retro.

[196] SAINT SIMON 1770, pp. 81-82.

[197] Innanzitutto il Minutoli (*supra* nota 181 e MINUTOLI s.d.b, p. 67), poi il citato brano del Saint Simon (*supra* nota 196). Il capitano del Poitou parla di cinque assalti da parte francese, respinti dai Piemontesi, e del sesto condotto da un primo rango tutto di ufficiali «qui perirent tous pres de la palissade, les plus basses eurent l'auantage d'e-tre tuès au dessus» (*Lettre du Capitaine* 1744, p. 6 retro). Confermano d'altro canto le parole dello stesso Tholosan, quando ricorda il disagio dei Francesi in azione, che non avevano con sé «ni hâches, ni pioches pour défaire la palissade», o descrivendo la morte del colonnello Roguin (THOLOSAN 1777, p. 206); ma anche la relazione anonima di parte sabauda riferisce che «On soutint ancore plusieurs attaques, que Les Ennemis firent a 15 pas de La Palissade» (*Du Camp de S.t Pierre* 1744, p. 2 fronte). Infine la *Deuxième observation* contenuta in ROY DE VAQUIÈRES 1745 è dedicata interamente alla dimostrazione della necessità di dotare di attrezzi da demolizione un numero sufficiente di granatieri, in occasione di assalti a «retranchements comme l'était ici la redoute de Pierre Longue»; il nucleo dell'argomentazione si fonda proprio sull'esperienza drammatica vissuta dai soldati francesi che davanti alla ridotta, privi di picconi o asce, tentarono di svellere «avec leur mains et baïonnettes, la pallissade de cette redoute».

[198] L'anonima relazione piemontese dice che «les Ennemis profiterent du temps, que Le brovillard fit cesser leur feu [dei cannoni piemontesi, *scil.*], souterent dans Le chemin couvert, et s'en rendirent Les Maitres» (*Du Camp de S.t Pierre* 1744, p. 1 retro).
A queste parole fanno eco il Saint Simon (*supra* nota 196) e la lettera del capitano del Poitou, che a proposito dell'ostinazione dei soldati da entrambe le parti ricorda i «chemins remply de blessés» e il fatto che «les Ennemis croiserent souent leurs bayonnettes auec les notres» (*Lettre du Capitaine* 1744, p. 6 retro). Nomina spesso il fossato anche il Minutoli (*supra* nota 181 e MINUTOLI s.d.b, pp. 67-71 *passim*). Il Tholosan infine chiude il racconto dell'attacco a Monte Cavallo dicendo che i battaglioni francesi riuscirono a portare a compimento l'azione e «comblerent de leur morts le fossé» (THOLOSAN 1777, p. 206).

[199] Dove furono sistemati i due nuovi cannoni smontabili da montagna inventati dal Bertola (*Du Camp de S.t Pierre* 1744, p. 1 retro; THOLOSAN 1777, p. 201). Le cannoniere sono provate dal testo del Minutoli, in cui si riferisce che

le illustrata nella cartografia storica; un ridotto superiore, la cui edificazione in muratura a secco è testimoniata da Tholosan e Minutoli, ma non assolutamente dai documenti curiali. Pur tenendo presente la notevole quantità di «boscami» destinati a Monte Cavallo nel contratto del 10 marzo[200], è probabile che questa parte più interna fosse realizzata in pietre a secco con integrazioni in legno e fascine, ma soprattutto in salsiccioni[201].

§ *Le altre fortificazioni della dorsale di Pietralunga e la localizzazione della ridotta principale*

I «boscami da trasportarsi ove sono stati trassati li Baraconi», appena ricordati, dovevano servire anche per realizzare i ripari delle guardie avanzate rispetto alla ridotta, oltre al già citato baraccone presso la cima del medesimo, previsto nel contratto dell'11 marzo in muratura[202]. Che i baracconi fossero costruiti solo in legno parrebbe testimoniato dalle parole del capitano del reggimento di Poitou, quando ricorda che dopo il primo assalto del 19 luglio i Francesi ricoverarono i loro feriti in una «Baracque de Bois, qui etoit sur nos derrieres»[203], probabilmente corrispondente al baraccone più vicino alla ridotta lungo la cresta ad est del colletto della Battagliola.

Più complessa è la questione della localizzazione di tali opere. La cartografia storica[204] tramanda la memoria di due baracconi, uno più vicino all'acrocoro di Pietralunga, l'altro più arretrato. In merito al secondo la testimonianza suddetta del capitano francese farebbe pensare ad una distanza non eccessiva rispetto a Monte Cavallo, mentre il Tholosan parla addirittura di una seconda «redoute, avec les mêmes precautions que dessus» alla Battagliola. La documentazione curiale torinese non conferma affatto le parole del curato né riferisce nulla relativamente alla Battagliola, tanto da indurci a pensare che le *Memorie* esagerino la portata degli interventi. Sembra piuttosto verosimile che il primo baraccone, documentato anche nelle carte antiche[205], fosse presso la cima della Battagliola, un'altura a dominio del colletto omonimo e del passo del Chat, secondo la testimonianza della relazione del 20 luglio 1744 di parte piemontese,

> [...] ils [i Francesi, *scil.*] forcerent un Detachement, et quelques Carabiniers, qui defendoit La premiere Bute, Le Comte Doria y fut tué. Sur les trois heures un quart ils vinrent jusqu'a La redoute [...][206]

Il secondo baraccone invece era più arretrato e, come si è detto, in un sito non ben identificabile, già alla portata della ridotta. Nella carta del Minutoli, a tal proposito e a conferma delle parole del capitano del Poitou, è rappresentato e nominato un «Barraccone» a pochi millimetri di distanza dalla fronte a tenaglia della ridotta, mentre sugli altri documenti cartografici la distanza è un po' maggiore, ma il baraccone è comunque raffigurato[207].

Notizie più precise tornano a supportare la ricostruzione delle difese al colle di Buondormir, ad ovest oltre la cima di Pietralunga. Il sito, strategicamente rilevante per il controllo del transito fra le valli delle due Varaite, fu fortificato secondo il Tholosan con i «rétranchements nécessaires»[208], di cui si ha traccia nei contratti del marzo 1744. Risulta infatti dagli elenchi il computo dei «laterali, e frontespicy» per l'edificazione di un baraccone «da farsi con pietre, e teppe», destinato ovviamente al riparo del corpo di guardia a difesa del colle. La cartografia non segnala raffigurazioni di trinceramenti al Buondormir, tuttavia sempre il contratto dell'11 marzo sembra confermare le parole del curato di Chianale là dove prevede una serie di interventi analoghi a quelli riscontrati per le altre fortificazioni, quali il «cavo terra per formare i piani», il «coperto d'assi indoppiati» e la «mettitura in opera di tutti li boscami»[209]. Questi ultimi, per canto loro, segnalati nel contratto del 10 marzo, analogamente agli interventi indicati nell'altro contratto, corrispondono ai tradizionali «paradossi, passafuori, colonne, banchine, colmo, rame, assi» impiegati nella costruzione dei trinceramenti e baracconi dell'intera zona[210]. Quanto alla forma di queste difese si può ipotizzare una successione di frecce con andamento irregolare, adeguato alla natura del sito e finalizzato al fiancheggiamento reciproco, senza soluzione di continuità[211].

Ultima notazione da fare, in merito alle difese della dorsale di Pietralunga, riguarda il famoso passo del Puntet,

---

> [...] ils [i Francesi, *scil.*] s'en rendirent les maitres [della ridotta, *scil.*] vers le 7 heures du soir en se jettant du fossè ou ils s'etoient postès de la 1e attaque dans la redoute par les embrasures qu'elle avoit [...] (MINUTOLI s.d.b, pp. 70-71)

e da quello del Saint Simon in cui si riferisce l'episodio della morte del sergente dei granatieri francesi, che per primo riuscì a mettere piede all'interno del trinceramento passando attraverso la bocca di una cannoniera

> [...] Un Sergent se glissa par l'embrazure d'un canon, couvert d'autant de cannoniers morts qu'il s'en étoit présenté pour le recharger. Ce Sergent fut tué, son corps servit d'échelle à un grenadier plus heureux, qui renversa sur son canon le cannonier qui tenoit un clou et un marteau pour l'enclouer. Il souta le sabre à la main dans le retranchement, où il fut suivi dans un moment par d'autres grenadiers, qui l'imitant mirent leurs fusils en bandouliere pour n'employer que leur sabres [...]
> (SAINT SIMON 1770, pp. 82-83)

Sui cannoni smontabili del Bertola vedere MINUTOLI s.d.b, p. 53; *Lettre du Capitaine* 1744, p. 7 fronte - 7 retro; GALLEANI D'AGLIANO 1840, p. 126; BUFFA DI PERRERO 1887, p. 93; CHOMON RUIZ 1971, pp. 318-319, 320; GARIGLIO 1999, p. 110; CERINO BADONE 2003.

[200] *supra* note 183, 184, 185.

[201] Sulle opere di Monte Cavallo GALLEANI D'AGLIANO 1840, pp. 130-131 *passim*; BUFFA DI PERRERO 1887, pp. 25, 77-80 *passim*; CHOMON RUIZ 1971, p. 295; ALLAIS 1985, p. 242; GARIGLIO-MINOLA 1995, pp. 44-45; GARIGLIO 1999, pp. 109, 122-125 *passim*, 130.

[202] *supra* nota 185.

[203] *Lettre du Capitaine* 1744, p. 6 fronte.

[204] *Carte* 8, 10, 12, 13

[205] Nella *Carta* 13 il baraccone è rappresentato con il simbolico rettangolino rosso poco sotto Pietralunga accanto alla sigla n. 2. Nelle *Carte* 8 e 10 il baracone è rappresentato con la raffigurazione di una casetta, alla lettera B per entrambe le carte; nella *Carta* 12 è segnato con la lettera B

[206] *Du Camp de S.t Pierre* 1744, p. 1 retro.

[207] Per il Minutoli *Carta* 13; sulle *Carte* 8, 10 e 12 il baraccone è segnato con la lettera C. Sui due baracconi inoltre MINUTOLI s.d.b, pp. 64, 66; BUFFA DI PERRERO 1887, p. 71; ALLAIS 1985, p. 242; GARIGLIO 1999, p. 110.

[208] THOLOSAN 1777, p. 201.

[209] *Sottomissione Dlevy-Filippis-Righino* 1744, p. 70 retro; confrontare anche ARDUZZI 1744a, p. 361 fronte.

[210] *Sottomissione Dlevy* 1744, pp. 62 fronte - 62 retro; inoltre ARDUZZI 1744b, p. 363 fronte.

[211] Sulle fortificazioni del passo di Buondormir ALLAIS 1985, p. 243; GARIGLIO 1999, pp. 110, 131

più volte citato in bibliografia[212]. A questo proposito le *Memorie* di don Tholosan ricordano che, per risolvere il problema di una comunicazione rapida fra il colle di Buondormir e le postazioni di Monte Cavallo, la soluzione fu

> [...] de construire un pont du bout de l'Aiguillette de Bellino, qui coupant Pierre Longue montoit facilement par dessous, par le moyen d'une colomne, extremement haut qui soutenoit le pont sur le milieu [...] et au cas que l'enne-mi parvint à forcer le poste de Bondormir on avoit sousminé le dit pont pour lui ôter cette commodité de descendre de Pierre Longue à la Bataïole[213]

Il confronto fra i diversi documenti, scritti e cartografici, presentati nei paragrafi precedenti e le considerazioni presenti nello studio di Bruno Pauvert, pubblicato in questo stesso volume[214], inducono a riflettere sulla reale localizzazione della ridotta di Monte Cavallo. Innanzitutto si può sostenere che la carta del Minutoli dedicata al «Secondo affare di Casteldelfino» non rappresenta correttamente la situazione del 1744, in quanto la linea di trinceramenti a frecce lungo la dorsale ad est della ridotta corrisponde, come si è già detto sopra, ad una caratteristica delle difese del 1743 e non del 1744, ben documentata dalla cartografia storica, che illustra le difese leggere realizzate dalla brigata di Tarantaise[215]. La cartografia storica relativa al 1744 non presenta pertanto, ad esclusione della carta del Minutoli, nessuna linea di trinceramento ad est della ridotta, anzi essa sembra effettivamente l'unica opera realizzata sulla dorsale[216].

Entra a questo punto in gioco la ricognizione archeologica, che nel sito attuale di Monte Cavallo non ha fornito grandi risultati, come si riferisce nel contributo di Valentina Barberis, presente in questo volume e dedicato a tale attività nei settori interessati dagli interventi fortificatori degli anni '40 del XVIII secolo[217]. Intorno alla cima di Monte Cavallo non si sono rilevate le tracce dei fossati e delle riplasmazioni necessarie per la sistemazione di palizzate e trinceramenti, se non in un settore inferiore a sud-est e di dubbia interpretazione, non confrontabile con la carta della ridotta conservata all'Archivio di Corte di Torino[218]. Tuttavia ciò che sembra più rilevante è l'incompatibilità fra l'assetto geomorfologico di Monte Cavallo rispetto alla carta appena nominata e in particolare l'assenza totale di spazio fisico per la realizzazione di un baraccone ai margini del pendio precipite verso Pont, là dove non esiste a nord della cima di Monte Cavallo la dorsale della «Ponta di Costabella», rilevata sulla carta antica. Infine l'esistenza del baraccone non può essere ignorata, perché è segnalata in tutti i documenti cartografici, nei testi esaminati e nei documenti curiali torinesi.

Mettendo a confronto la carta antica della ridotta con la fotografia aerea della dorsale fra Monte Cavallo e il monte Passet, poco più a est del primo, sembra invece possibile individuare una certa consonanza fra il documento iconografico e l'attuale assetto geomorfologico nella zona in cui convergono presso una cima, un po' disassate, le Rocce di Rouchiaus, dal versante di Chianale, e la Costa dei Balz, dalla parte di Bellino. Sulla carta IGM dell'area[219], la cui ricognizione generale risale al 1929, il toponimo segnalato per questo settore poco più a ovest del monte Passet è quello di «Costabella». Non solo, ma il versante dalla parte di Bellino limitato dalla dorsale stessa e dalla Costa dei Balz è denominata «Prà dell'Alp» così come sulla carta antica la vetta contornata dalla ridotta è definita «Cima di Prà dell'Arp». Rilevando che fra questa cima e le Rocce di Rouchiaus esiste effettivamente lo spazio per la collocazione di un baraccone e la carta antica rappresenta le Rocce con il toponimo di «Ponta di Costabella», sembra logico proporre in questo sito la possibile collocazione della storica ridotta e non presso l'attuale Monte Cavallo. D'altro canto, ritornando al testo del Minutoli[220], molto più preciso della carta ad esso allegata, si comprende che la posizione della ridotta era al di sopra di una cima ripida da salire per condurre un attacco, ma preceduta da «une espece de petit vallon», corrispondente forse al secondo dei due vallonetti che solcano la costa di «Prà dell'Alp» prima della costa dei Balz.

Confermano infine la posizione dell'opera alla convergenza della due creste la carta dell'ingegnere francese Roy de Vaquières[221] e le parole di Claudio Allais, altro parroco di Chianale, vissuto nel XIX secolo, che colloca la cima di Monte Cavallo «tra i prati della borgata Puy di Casteldelfino ed il territorio di Pontechianale», ovvero nel tratto di dorsale presso il monte Passet, definito «Costabella» sulla carta IGM[222].

Evidentemente con il passare degli anni la toponomastica locale ha subito alcune variazioni, non tali da stravolgere tutte le denominazioni, ma sufficiente per confondere la «Cima di Prà dell'Arp» con quella di Monte Cavallo o per estendere il secondo toponimo a tutta l'area di dorsale fino al monte Passet, perdendo la memoria della corretta localizzazione della ridotta e degli eventi drammatici del 19 luglio 1744. D'altro canto sulle stesse carte del XVIII secolo spesso i toponimi Monte Cavallo e Pietralunga sono usati come sinonimi e denominazioni della battaglia[223]. È anche significativo notare che riguardo a tali

---

[212] Sull'opera vedere anche BUFFA DI PERRERO 1887, p. 75; CHOMON RUIZ 1971, p. 299; GARIGLIO-MINOLA 1995, p. 54 nota 4; GARIGLIO 1999, p. 110.

[213] THOLOSAN 1777, p. 201.

[214] Si veda *supra* il contributo di Bruno Pauvert, *La battaglia di Pietralunga* cit. al sottoparagrafo § *La localizzazione esatta della ridotta detta «di Monte Cavallo.*

[215] Si vedano la *Carta* 5 e la stessa *Carta* 7 che il Minutoli allega alla realzione della campagna del 1743. Su questa carta il Minutoli raffigura anche un'opera a Monte Cavallo simile a quella rappresentata nella *Carta* 13, relativa al 1744, e le tre opere pentagonali alla gola dei trinceramenti della dorsale, tanto che sembra possibile immaginare una sovrapposizione su entrambe le carte di due fasi cronologicamente distinte.

[216] *Carte* 8, 10, 11, 12.

[217] Si veda *infra* il contributo di Valentina Barberis, *La ricognizione archeologica alle forificazioni campali della valle Varaita. Le tracce sul terreno*, ai paragrafi § *Il sito di Monte Cavallo* e § *Il sito e la ridotta del monte Passet.*

[218] *Carta* 9.

[219] ISTITUTO GEOGRAFICO MILITARE, Serie M 891, Foglio Casteldelfino 79 IV NO, Edizione 3 - IGMI, Zona 32 T, Quadrato L Q.

[220] *supra* nota 182.

[221] *Carta* 14.

[222] ALLAIS 1985, p. 242.

[223] Si vedano per esempio le didascalie della *Carta* 8 e della *Carta* 10, entrambe alla lettera D, le titolature della *Carta* 12, le indicazioni asso-

complicazioni toponomastiche fa cenno il Tholosan nel testo citato precedentemente, quando egli ricorda che il sito è chiamato «Serré ou Bec de l'Aigle» dagli abitanti della valle di Chianale e invece «Mont Can[v, *scil.*]al» da quelli di Bellino[224]; ma è ancor più importante rilevare che il curato nello stesso testo colloca la cima in questione «au bout des brousailles du Chateau», ovvero in cima al versante che sulla carta IGM incombe sulla borgata Castello, limitata a est dalle Rocce di Rouchiaus, e porta il toponimo illuminante di «Costa dei Bruss».

Alla luce di queste considerazioni e collocando la ridotta sulla cima di Prà dell'Alp, fra le Rocce di Rouchiaus e la Costa dei Balz è opportuno rivedere l'intera sistemazione delle opere difensive della dorsale di Pietralunga. Sembra corretto dunque mantenere come sito di collocazione del primo baraccone la punta della Battagliola, a controllo del colletto omonimo e del passo del Ciat. Per quanto concerne la posizione del secondo baraccone, che, come si è visto, risulta dubbia, ma abbastanza prossima alla ridotta, il sito più credibile può essere effettivamente l'attuale Monte Cavallo, forse là dove la ricognizione archeologica ha rilevato le tracce evidenti di un taglio del pendio lungo il versante di Bellino, poco sotto la vetta del monte[225]. Questa collocazione, ad ovest di Prà dell'Alp potrebbe anche concordare con le succitate indicazioni del capitano del reggimento di Poitou, a proposito del ricovero dei primi feriti del 19 luglio presso la baracca di legno prossima al campo di battaglia[226]. Il terzo baraccone infine coincide con quello realizzato all'interno della ridotta.

Le raffiguazioni della ridotta su gran parte delle carte degli archivi torinesi, per quanto stilizzate e sommarie, risulterebbero dunque corrette quanto a localizzazione topografica. Ne consegue che i trinceramenti di collegamento fra il forte Bertola e la ridotta sulla cresta salivano lungo le Rocce di Rouchiaus e che anche il posizionamento del forte sulla carta del Minutoli è errata. Pare quindi che il forte Bertola sia da localizzazre di fronte all'attuale borgata Castello «au pied de la plate du château» come dice il Tholosan e come sembra confermare il risultato della ricognizione archeologica[227]. Evidentemente, come per i trinceramenti sulla dorsale di Monte Cavallo, la carta del Minutoli riproduce per questi la collocazione di altre opere e nella fattispecie quella dei trinceramenti del reggimento Rehbinder, realizzati nel 1743.

Completa coerentemente questo quadro ricostruttivo l'osservazione che la Costa dei Balz scende a strapiombo, come un trinceramento naturale, sulla borgta Ribiera nella valle di Bellino, proprio dove furono elevate altre fortificazioni di sbarramento, per costituire il caposaldo dei trinceramenti ascendenti fino al colle della Bicocca.

§ *Le fortificazioni della valle di Bellino e della dorsale del Pelvo*

La valle di Bellino, parallela a quella di Chianale non fu dimenticata in seno alla programmazione del sistema difensivo del 1744. I punti strategici da controllare erano lo sbocco della valle poco a monte di Casteldelfino, alla confluenza delle due Varaite, e il collegamento con la valle Maira. La soluzione adottata fu analoga a quelle attuate nella zona di Chateau de Pont, collegando cioè una fortificazione in valle ad un caposaldo difensivo in quota, sulla dorsale spartiacque del Pelvo d'Elva. Don Tholosan a proposito di queste ultime opere campali racconta che

> [...] craignant quelque invasion du côté de Bellino on avoit aussi fait un petit fortin au dessous de la Ribierra avec une palissade qui alloit jusqu'au pont et du pont jusqu'à la Bicoque, une autre palissade avec son fossé tout le long du Serre del Pic, ou l'on avoit posté six pieces de canon: sur la Bicoque, c'est à dire sur la montagne de Luc, il y avoit aussi une forte redoute de sorte qu'on peut dire que le Mont Viso étoit joint avec le Pelvo de Bellino soit par palissade, soit par murs, ou par fortins, le tout muni de leur chemins couverts [...][228]

Il contratto dell'11 marzo alla voce «nella valle di Blino», puntualmente e per l'ennesima volta computa gli interventi per realizzare il «fortino» di Ribiera, il caposaldo in valle, che tuttavia non compare sulla carta del Minutoli. Sono elencati il «cavo terra per formare i piani, e le banchette», il «triceramento da farsi in pietre e teppe», il «piantam.o, e mettitura in opera di Palizzate», quelle citate da Tholosan, «compreso il picol fosso» di fondazione[229]. Non risultano inoltre indicazioni di «boscami» per queste opere nel contratto del 10 marzo, probabilmente perché il trinceramento era in «pietre e teppe», completato sui parapetti dai fascinoni, come di consueto[230]. Riguardo infine all'aspetto dell'opera non si hanno dati sufficienti per tentare una ricostruzione, sebbene sia possibile immaginare un perimetro tanagliato per confronto con gli altri siti fortificati di queste valli.

Analogamente ai complessi dei forti San Carlo e Bertola, collegati ai trinceramenti di Vallanta e del versante settentrionale di Monte Cavallo, il forte di Ribiera, stando alle parole di Tholosan, era dotato di fossato, palizzata,

---

ciate a «Pierre Longue» e «Monte Cavallo» sulla stessa *Carta* 13 del Minutoli. Infine lo stesso Roy de Vaquières nella sua memoria denomina il massiccio di Pietralunga «le rocher de Bondormir» e il posto di Monte Cavallo «la redoute de Pierre Longue» (ROY DE VAQUIÈRES 1745).

[224] *supra* note 178, 179.

[225] Si veda *infra* il contributo *La ricognizione* cit. di Valentina Barberis, al paragrafo *Monte Cavallo*. Anche il Minutoli dopo aver citato un baraccone per i picchetti attaccati dai Francesi subito dopo la loro discesa da Pietralunga (MINUTOLI s.d.b, p. 63), parla di un altro baraccone «que nous avions sur l'ecrête» presso il quale si fermò il de Givry, prima di condurre l'attacco alla ridotta, per far ristorare i suoi uomini (MINUTOLI s.d.b, p. 66). D'altro canto le posizioni specificate dei due baracconi sembrano anche confermate dalla memoria dell'ingegnere Roy de Vaquières, quando parla del ripiegamento dei piccheti avanzati piemontesi e l'avanzata dello Chevert che «leur fit abandoner cet rocher [Pietralunga, *scil.*] et tout de suite les deux premières redoutes ou baracons, dont on fut les maîtres a 8 heures du matin» (ROY DE VAQUIÈRES 1745).

[226] *supra* nota 203.

[227] Si veda *infra* il contributo *La ricognizione* cit. di Valentina Barberis, al paragrafo *Il forte Bertola*. A conferma ulteriore di queste conclusioni tornano le parole di don Allais che, echeggiando chiaramente Tholosan, ma chiarendone le parole, localizza il forte Bertola «alla sommità di Prà del Bosco ed appiè della selva che prospetta la borgata Castello» (ALLAIS 1985, p. 242).

[228] THOLOSAN 1777, p. 201.

[229] *Sottomissione Dlevy-Filippis-Righino* 1744, p. 70 retro - 71 fronte; vedere inoltre ARDUZZI 1744a, p. 361 fronte.

[230] Si confronti per esempio la situazione difensiva dei trinceramenti dell'Assietta o quelli del Piccolo San Bernardo (SCONFIENZA 1997, p. 207; SCONFIENZA 2005b).

cammino coperto e spalto in continuità con i trinceramenti che lo collegavano alla ridotta del colle della Bicocca. Queste opere, poste trasversalmente rispetto al corso della Varaita di Bellino, superavano il torrente stesso ed erano realizzate, secondo il contratto dell'11 marzo in «travi, Rame, e fascine»; quanto ai «palizzadamenti» essi dovevano essere completati come quelli citati sopra, attribuibili al forte di Ribiera. Infine era anche prevista la «provisione, fattura, e mettitura in opera di tre barriere», per sbarrare gli ingressi sia del forte sia del trinceramento, sempre in analogia ai sistemi difensivi della valle di Chianale[231].

La necessità di controllare il collegamento con la val Maira era già stata chiaramente percepita in tutta la sua portata strategica nel 1743, quando il generale Guibert inviò al colle della Bicocca un ridotto presidio di regolari e miliziani per vigilare sull'estrema sinistra dello schieramento ed evitare aggiramenti dal comprensorio del Pelvo d'Elva[232]. D'altro canto nei documenti di programmazione per la campagna del 1744 di legge chiaramente che

> Le corps qui est dans la vallée de Mayra devroit s'apliquer a couvrir, et soutenir le Col d'Elve, et les hauteurs qui sont au dessous afin de couvrir la gauche de la vallée de Varaite, Et Estre a portée de tomber sur la vallée de Mayra si l'Ennemi y penetroit[233]

La «forte redoute» della Bicocca, «sur la montagne du Luc» non è descritta nelle memorie del curato, forse perché egli non la visitò personalmente, né si dilunga più di tanto il Minutoli, che tuttavia ricorda «nous construisimes une tenaille sur le terre plein en avant de la Bicoque»[234]. Dunque vengono ancora una volta in soccorso i documenti curiali torinesi. Nel paragrafo «Al Col della Bicocca» del contratto dell'11 marzo ricompaiono tutte le componenti canoniche per la realizzazione di una fortificazione campale in terra, «teppe» e legname, completa di baraccone:

> [...] Cavo terra per formazione di piani, e delle Banchette [...] Trinceram.o con teppe nella grossezza d'on. 15 [...] Piantam.o, e mettitura in opera di palizzate compreso il picol fosso [...] teppe e pietre messe in opera nella gross.a d'on. 15 per formaz.ne de laterali, e frontespicy d'un Baracone [...] teppe messe in opera per coprim.o di un Baracone per sostegno, armam.o e formaz.ne di d.o coperto, compresa anche la mettitura in opera di tutti li boscami [...][235]

Secondo la consuetudine specifica degli interventi del 1744 le varie tipologie di «boscami», utilizzate per la ridotta della Bicocca, sono indicate nel contratto del 10 marzo; si segnala soltanto la commissione delle «fascine di Ramaglia, e Cespuglij» per la creazione dei salsiccioni, o fascinoni, e la funzione di completamento difensivo dei parapetti[236].

Riguardo al perimetro e all'aspetto della ridotta le fonti curiali non offrono descrizioni puntuali, se non la possibilità di dedurre l'esistenza di un elevato in terra, legname e fascine, come si è appena segnalato. Tuttavia, accanto all'informazione della «tenaille» del Minutoli, un'altra fonte, la relazione anonima piemontese del 20 luglio 1744, fornisce una testimonianza preziosa sulla conformazione della ridotta; nel testo si legge infatti che

> Le 18 Les Ennemis jetterent sur Leur Droite Les 33 Compagnies des Grenadiers, et Les deux Bataillons Espagnols, qui, commandes par Le Marquis de Campo Santo, attaquerent en Colonne une des flêches de la Montagne de La Bicoque, ou 200 hommes soutinrent Leurs efforts, et soutenus eux meme par Les piquetes d'en haut, Les repousserent auec perte au de La du ravin, et Leur firent même des Prisonniers[237]

I battaglioni del marchese di Camposanto dunque attaccarono una delle «flêches» della ridotta e, se si volge l'attenzione ai perimetri delle altre opere realizzate nel 1744, è facile pensare che la freccia in questione appartenesse alla composizione di un fronte «a redan», ovvero a salienti e rientranti, posto a difesa della sommità della «Montagne de La Bicoque», così come d'altro canto dimostra la ricognizione archeologica[238].

§ *Gli interventi all'estrema sinistra del dispositivo e la valle Maira*

Per completare il quadro descrittivo delle fortificazioni realizzate nella primavera e all'inizio dell'estate del 1744 è opportuno segnalare che soltanto la documentazione curiale torinese menziona la programmazione di opere difensive «Al Col d'Elva di Brianzole» e «al Mellard». Il primo sito potrebbe corrispondere all'attuale colle di Sampeyre, sovrastante la costa montana della borgata Brianzole, sulla destra della Varaita, e di fondamentale importanza per il collegamento fra la valle di Casteldelfino e quella di Maira[239]. Il secondo è più difficile da identificare, non essendovi toponimi simili sulle carte moderne, se non un «Melars», denominante un sito sulla destra del vallone d'Elva a dominio della confluenza dello stesso con la val Maira. Se non valesse tale identificazione, si può pertanto ipotizzare che il «Mellard» corrisponda ad un sito lungo la dorsale dei colli della Bicocca e di Sampeyre, strategicamente rilevante per il passaggio fra le valli Varaita e Maira.

---

231 *Sottomissione Dlevy-Filippis-Righino* 1744, p. 71 fronte; confrontare anche ARDUZZI 1744a, p. 361 fronte. Sulle difese di Bellino infine MINUTOLI s.d.b, p. 52.

232 *supra* nota 100.

233 *Les manoeuvres* s.d., p. 1 fronte.

234 MINUTOLI s.d.b, p. 52.

235 *Sottomissione Dlevy-Filippis-Righino* 1744, p. 71 fronte; confrontare anche ARDUZZI 1744a, pp. 361 fronte - 361 retro, in cui sono preventivati anche il «solaro» e una «bar-riera».

236 *Sottomissione Dlevy* 1744, p. 63 fronte; inoltre ARDUZZI 1744b, pp. 363 fronte - 363 retro.

237 *Du Camp de S.t Pierre* 1744, p. 1 fronte. Sull'attacco anche MINUTOLI s.d.b, p. 62.

238 Si veda *infra* il contributo *La ricognizione* cit. di Valentina Barberis, al paragrafo *Le fortificazioni del colle della Bicocca*. Esiste una raffigurazione della ridotta sulla *Carta* 7, che però illustra la situazione del 1743; ciò induce ancor di più a riflettere sulla correttezza delle carte del Minutoli, di cui si è fatto cenno sopra, tuttavia, pur contrastando con la testimonianza del Guibert de Sissac (*supra* note 100 e 232), l'immagine resta l'unica testimonianza iconografica per ora nota della ridotta. Sulle opere della valle di Bellino e del colle della Bicocca MINUTOLI s.d.b, p. 52; GALLEANI D'AGLIANO 1840, pp. 127, 128; BUFFA DI PERRERO 1887, pp. 25, 73-74; ALLAIS 1985, p. 243; GARIGLIO-MINOLA 1995, p. 45; GARIGLIO 1999, pp. 111, 117, 131.

239 Conferma questa identificazione la cartografia ottocentesca adottata per le tavole fuori testo del libro di Carlo Buffa di Perrero, in cui il colle d'Elva corrisponde all'attuale colle di Sampeyre (*Schizzo d'insieme indicante il sistema difensivo delle valli di Stura, Maira e Vraita nella campagna del 1744*, in BUFFA DI PERRERO 1887).

Sta di fatto che il contratto dell'11 marzo 1744 al colle d'Elva segnala i tipici interventi per la realizzazione di una ridotta, ossia il «cavo terra» per lo spianamento del sito e la formazione delle «banchette», trenta trabucchi di trinceramento «con teppe», il «piantam.o, e mettitura in opera di Palizzate» e il loro «picol fosso» di fondazione, una «Barriera», tutto il materiale per un baraccone, come alla Bicocca, armato con «solaro», «laterali e frontespicy» in pietre e «teppe» e copertura di queste ultime. «Al Mellard» pare invece di dedurre la realizzazione di un semplice trinceramento, essendo assenti le voci tipiche dei materiali per i baracconi, ma presenti soltanto quelle per il «trinceram.o con teppe», il «cavo terra», la sistemazione delle palizzate e di una barriera[240].

Il 21 aprile 1744 venne firmato a Torino, presso l'Azienda di Fabbriche e Fortificazioni, l'ultimo contratto per i lavori nelle valli di Varaita e Maira, registrato sotto la titolatura *Sottomiss.ne di Giaco Anfosso, Giuseppe Mazzochetti et Gio Tomaso Romano per formaz.e d'una strada dal Luogo della Marmora sin sotto li colli del Pelvo e Bicocca esist.i nella valle di Varaita, e Maijra*[241]. Si tratta di un'opera viaria che, in base alla titolatura del contratto, doveva collegare l'imbocco del vallone d'Elva in val Maira, partendo dalle località comprese nel toponimo «Marmora», alle postazioni difensive sopra menzionate, lungo la dorsale spartiacque della valle Varaita. L'esistenza di questa strada può permetterci di ipotizzare che la localizzazione del «Mellard» sia quella del sito lungo il versante destro del vallone d'Elva, visto che un trinceramento in quei luoghi poteva svolgere la funzione di controllo e copertura dell'opera viaria.

In merito all'identificazione dell'opera con un tratto della famosa «strada dei cannoni» si rimanda a recenti studi specifici[242], sottolineando comunque l'improbabile destinazione di un'opera simile al trasporto dell'artiglieria in quota. Sembra piuttosto opportuno ricondurre la realizzazione della strada alla necessità di garantire degli agevoli collegamenti trasversali fra le valli e in particolare fra il comprensorio difensivo della Varaita di Chianale con quello della valle Stura, tenendo conto del tratto viario già aperto nel 1743 fra il colle di Sampeyre e quello della Bicocca[243].

Quanto all'attribuzione del progetto al Bertola sembra verosimile ipotizzare che, come avvenne per tutte le altre opere difensive programmate nell'inverno del 1744, il primo ingegnere vi abbia partecipato personalmente, coadiuvato dai suoi ufficiali. Confermerebbe questa ipotesi il fatto che nel contratto del 21 aprile è segnalata *l'Istruz.e formata dal Sig.r Capitano Ing.e Arduzzi*, analogamente ai documenti sulle fortificazioni della valle Varaita, per sintetizzare in forma di capitolato la serie di interventi previsti dal progetto originale.

Verosimilmente la strada fu costruita nei mesi di maggio e giugno del 1744 ed è possibile recuperare dal contratto del 21 aprile le fasi e i tipi di intervento. Infatti il terreno, morbido o roccioso, doveva essere ripulito e spianato, per creare una carreggiata che all'occorenza poteva richiedere il supporto di muri di terrazzamento presso i tornanti o là dove il suo ingombro non era ricavabile soltanto con il taglio della montagna. Vale dunque la pena di lasciare la parola al contratto stesso, che con la consueta precisione elenca i generi di intervento:

> Cavo, spianamen.o terra, pietre, ghiaie, radici, e Cespugly da farsi dal Luogo della Marmora sin sotto il colle denominato il Pelvo in formazione, e raccomodo d'una nuova strada di comunicaz.e [...] Cavo a spianamento rocco da per tutto dove occorrerà pendente la detta distesa [...] Muraglia di pietre a secco da farsi di longo in longo di d.ta strada di communicaz.e, e ne posti che ivi verranno agl'Impresary assegnati, compreso il riempim.o con terra dietro di detta muraglia [...][244]

Si specifica inoltre che la terra necessaria per i riempimenti doveva essere ricavata dallo spianamento delle «montuosità» che si incontravano lungo il percorso del cantiere, oppure doveva essere cavata con prezzo supplementare secondo la quantità necessaria; è evidente quindi che il «cavo» corrisponde al taglio a monte della carreggiata, il cui materiale di risulta, gettato lungo il pendio verso valle, permetteva di completare l'area percorribile[245]. In particolare per i muri di contenimento a secco si specifica che

> A spese di d.ti Impresari dovranno farsi le fossette necess.e per l'assetto delle muraglie a secco che dovranno fiancheggiare la detta strada. La costruzione d'esse muraglie si farà od a piombo, od a scarpa si è come porterà l'esigenza de posti, nei quali dovranno le medesime esser formate. Dietro le dette muraglie a secco si porrà la quantità necessaria di terra, affinché le med.e abbino un sufficiente appoggio [...][246]

§ *Il personale operante in valle Varaita*

Lo studio documentario delle vicende costruttive dei trinceramenti nelle alte valli di Varaita e Maira, come già si è posto in luce per gli anni precedenti il 1744, permette di individuare i nomi di alcuni individui impegnati in diverse attività, connesse alla costruzione delle opere difensi-

---

240 *Sottomissione Dlevy-Filippis-Righino* 1744, pp. 71 fronte - 71 retro; inoltre ARDUZZI 1744a, p. 361 retro. Analoga a tutte le altre fortificazioni descritte è la fornitura dei «boscami» per questi due siti, prevista nel contratto del 10 marzo 1744 (*Sottomissione Dlevy* 1744, p. 63 fronte; ARDUZZI 1744b, pp. 363 retro - 364 fronte). Sulla ridotta del colle d'Elva inoltre BUFFA DI PERRERO 1887, p. 25.

241 *Sottomissione Anfosso-Mazzochetti-Romano* 1744, p. 132 fronte. Si riferiscono a questo contratto anche *Partiti fortificazioni* 1744c, *Lettere di S.M. all'Int.F.F.* 1744d, *Approvazione contratti* 1744c. È opportuno precisare che verosimilmente le denominazioni antiche «colli del Pelvo e Bicocca» indicano lo stesso sito che attualmente definiamo con quello della Bicocca, poiché molto spesso appaiono intercambiabili. Ancora oggi presso il colle della Bicocca convergono il sentiero U 27 della *Gta* dalla borgata Chiesa nella valle di Bellino e l'U 7 da Casteldelfino, quest'ultimo a pochi metri di distanza dal primo e dal limite est delle vestigia attuali dei trinceramenti. È possibile che i due punti di arrivo e l'antichità dei sentieri giustifichino il plurale «colli» nella titolatura del contratto.

242 BOGLIONE 2003, pp. 126-129. Si segnalano anche i recenti aggiornamenti sul tema specifico di Marco Boglione e il successivo intervento di Giovanni Cerino Badone sul sito http://stradecannoni.altervista.org/index.html alla pagina http://stradecannoni.altervista.org/StradaCannoniBertola.htm. Altra bibliografia sulla «strada dei cannoni» è costituita da BUFFA DI PERRERO 1887, pp. 30-31; GARIGLIO-MINOLA 1995, pp. 49-53.

243 *supra* nota 101.

244 *Sottomissione Anfosso-Mazzochetti-Romano* 1744, p. 133 fronte.

245 *Sottomissione Anfosso-Mazzochetti-Romano* 1744, p. 133 retro.

246 *Sottomissione Anfosso-Mazzochetti-Romano* 1744, p. 133 retro - 134 fronte.

ve. Questa grande risorsa che offrono i documenti antichi permette alla ricerca archeologica e storico-terri-toriale di ripopolare con personaggi storicamente esistiti il quadro generale del sistema difensivo, che si è tentato di ricostruire, e fornisce la possibilità di riportare alla luce un barlume del fermento vitale, ormai trascorso, di quei mesi del 1744.

Innanzitutto è opportuno richiamare quanto si è detto sopra in merito alla partecipazione direzionale del Bertola, la cui presenza personale in valle Varaita nel 1744 non è ancora testimoniata, ma deve essere considerata in ragione della sua carica di primo ingegnere e della documentazione inerente la progettazione della difesa, non solo per l'anno in esame, ma anche per il 1742 e il 1743. D'altro canto esiste un elenco degli ufficiali ingegneri destinati ad alcuni settori alpini, a partire dal 1743, nel quale il conte Bertola è nominato come responsabile delle valli di Stura, Varaita e Maira[247].

Lo stesso documento cita la destinazione dell'ingegnere Guibert, con il grado di maggiore e non di capitano, alle montagne fra il Piemonte e la Riviera Ligure, fin dal 1743. Sebbene il Regio Biglietto del 6 febbraio 1744 citi l'ufficiale insieme al capitano Arduzzi per la definizione dei capitolati preventivi ai lavori in valle Varaita, è molto probabile che sia il secondo ad aver seguito più direttamente i lavori, essendo firmati da lui solo il *Calcolo per li travagli* e il *Calcolo per boscami*[248] e avendo già partecipato negli anni precedenti in prima persona alla progettazione e agli interventi *in situ* per la difesa della valle Varaita. Probabilmente il Guibert affiancò l'Arduzzi nella collaborazione con il Bertola soltanto nell'inverno, durante la fase iniziale di progettazione, per poi occuparsi del settore di sua competenza.

Infine è necessario notare che l'Arduzzi non è nominato nell'elenco degli ingegneri del 1743, tuttavia, tenendo conto che quel documento ricorda gli ufficiali responsabili dei settori e non tutti quelli impiegati, è verosimile ipotizzare che l'ingegnere fosse direttamente agli ordini del Bertola e presente in valle durante l'esecuzione dei lavori, secondo le deduzioni proposte sopra in merito alle notazioni del contratto dell'11 marzo, sulla realizzazione delle cannoniere del forte di Chateau de Pont[249].

Accanto al vertice direttivo militare è anche possibile ricordare una serie di personaggi di stato civile che compaiono sul *Libro mastro fortificazioni* 1744 e presero parte attiva ai lavori. Devono essere richiamati per primi i già noti impresari Dlevi, Filippis e Righino, fra i quali il primo sembra avere una funzione di coordinamento e direzione, sia in base ai testi dei contratti, quando per altro egli è l'unico titolare della «sottomissione» del 10 marzo, sia per il fatto che sono sempre a suo nome le registrazioni delle rate progressivamente emesse, fra marzo e giugno del 1744, dall'Azienda di Fabbriche e Fortificazioni a pagamento dei «trauaglj di Trinceram.ti fattisi per difesa» delle valli in esame[250].

Di notevole interesse è il pagamento del 27 marzo 1744 a Giacomo Antonio Chiapasso, probabilmente un misuratore, per aver trascorso i giorni fra l'8 e il 20 febbraio 1744 «in ricconoscer la Valle di Varajta», e «a uarj indicanti strade»[251]. Si tratta infatti di una rara testimonianza delle attività svolte in preparazione agli interventi *in loco*, prima ancora della stipula dei contratti e soltanto alla luce delle progettazioni torinesi.

Segue poi la lunga teoria di personaggi pagati singolarmente per l'opera prestata genericamente «a beneficio delle Valli di Varaita e Blino», che possono essere identificati con i «soprastanti» civili, impiegati nei vari settori di intervento come capisquadra della manodopera forestiera e locale, secondo l'uso del tempo[252]. Il primo in elenco, Pietro Clerico, pagato il 7 giugno 1744, lavorò soltanto «a benef.o [...] di trincera.ti di Castel Del Ponte»[253]. Gli altri, Giuseppe Magliano, Giuseppe Cucco, Nicola Chiatelli, Franco Antonio Orso, Silvestro Gallino, Giuseppe Moschino, Giovanni Maria Bordino, Giuseppe Croce, Franco Xaverio, Pietro Antonio Bellocco, Giovanni Battista Camerata, Giovanni Battista Sasso, Giuseppe Bertino, tutti pagati nel mese di agosto del 1744, operarono soprattutto fra il mese di maggio e la fine di luglio, la maggior parte entro il 19 o 20 luglio, a causa delle note ragioni strategico-militari, per cui, dopo la battaglia di Monte Cavallo e il superamento delle Barricate in valle Stura, l'armata sabauda abbandonò l'alta valle di Varaita[254].

Sempre nel mese di agosto, nei giorni 17 e 18, furono pagati rispettivamente due misuratori, il Sarterio e il Pomero, che testimoniano la presenza del personale tecnico operante in collaborazione con gli ingegneri militari per la definizione sul terreno delle strutture difensive[255]. Dal momento che il secondo iniziò la sua attività dal 23 marzo, mentre il primo dal 9 maggio, contemporaneamente circa all'arrivo dei soprastanti, sembrano confermati sia l'inizio dei lavori negli ultimi giorni di marzo, in accordo con don Tholosan, sia il massimo fervore costruttivo nella primavera inoltrata del 1744.

Grazie alle informazioni del *Libro mastro* è inoltre possibile segnalare un'altra importante attività dei misuratori, nella fattispecie del Pomero, affiancato da Giovanni Miracca, per «metter al netto la misura de trauaglj fattisi nella Valle di Varajta» e fornire all'Azienda di Fabbriche e Fortificazioni la documentazione necessaria per saldare i

[247] *Memoria per il corpo d'armata* 1743; VIGLINO 1989, pp. 138-139.
[248] *supra* note 114, 117.
[249] *supra* note 137.

[250] *Libro mastro* 1744, *Catt.a 39*, *Spese di campagna*, pp. 39, 44. Ricordiamo inoltre che a proposito di questi impresari si conservano ancora un Regio Biglietto del maggio 1744, nel quale la corona autorizza il pagamento di un «abbonconto sin alla somma di Lire vinti mila di Piemonte» (*Regio Biglietto* 1744b), e un contratto per la restituzione di somme pagate in più a nome di Cesare Filippis (*Sottomissione Filippis* 1744).
[251] *Libro mastro* 1744, *Catt.a 39*, *Spese di campagna*, p. 39.
[252] *supra* nota 108.
[253] *Libro mastro* 1744, *Catt.a 39*, *Spese di campagna*, p. 39.
[254] *Libro mastro* 1744, *Catt.a 39*, *Spese di campagna*, p. 46.
[255] *Libro mastro* 1744, *Catt.a 39*, *Spese di campagna*, p. 46.

conti con gli impresari. I due misuratori lavorarono dal 24 luglio al 3 settembre «a ricaur li conti della misura de trincera.ti all'intorno di Castel Delfino»[256], mentre fra il 22 e il 30 luglio il misuratore Buscaglione definì «parte delle misure» delle fortificazioni di Chateau de Pont[257]. Pomero e Miracca infine furono ancora impiegati nell'inverno successivo, fra il 15 novembre 1744 e il 10 febbraio 1745 per «metter al netto» i calcoli finali delle misurazioni relative a tutti i lavori svolti in valle Varaita durante la campagna trascorsa[258].

Di notevole importanza era anche il personale con funzioni di tesoreria, nell'ambito dei quali deve essere ricordato l'incaricato del trasferimento delle somme da Torino alle località interessate per i pagamenti delle maestranze, ovvero Clemente Chianale[259], forse parente di Pietro Chianale, attivo negli stessi luoghi l'anno prima[260]. Il Chianale trasferì nel corso dei lavori dodicimila lire dalla capitale a Casteldelfino, dove probabilmente il tesoriere La Grange le ritirò, come le altre seimila a lui destinate il 3 settembre per «pagar a' lauoranti che hanno trauagliato [...] per conto degl'Impr.i Dleuj»[261]. Nei pagamenti del set-tembre 1744 fa inoltre la sua comparsa un secondo tesoriere, il Giordano, responsabile delle somme destinate alla costruzione della strada che conduceva dalla valle di Maira al colle della Bicocca. Al tesoriere furono destinate le somme divise in rate successive il 13 settembre, il 3 e 7 novembre, il 24 dicembre[262], e il trasporto del denaro da Torino a Cuneo fu di nuovo affidato a Clemente Chianale nei giorni compresi fra l'8 novembre e il 26 dicembre 1744[263].

La strada fra la val Maira e il colle della Bicocca, commissionata agli impresari già noti, Anfosso, Mazzochetti e Romano, richiese probabilmente anche l'intervento di un ingegnere topografo, il Sottis, già presente in valle Varaita nel 1743[264], «per g.te 12 a £ 5.10 cad.a uacc.e ad indicar le strade al Conte Viantino nella Valle di Majra» [265].

L'ultima notazione rilevante che può emergere dall'esame della contabilità per il 1744 riguarda il saldo finale per i lavori della strada suddetta, che fu recapitato a Giacomo Anfosso il 29 aprile 1745[266], non prima però di aver completato «il netto» delle misurazioni, affidate questa volta al Sarterio e al misuratore Ludovico Nicola Chiatelli[267].

[256] *Libro mastro* 1744, *Catt.a 39, Spese di campagna*, p. 54.
[257] *Libro mastro* 1744, *Catt.a 39, Spese di campagna*, p. 62.
[258] *Libro mastro* 1744, *Catt.a 39, Spese di campagna*, p. 72.
[259] *Libro mastro* 1744, *Catt.a 39, Spese di campagna*, p. 39.
[260] *supra* nota 108.
[261] *Libro mastro* 1744, *Catt.a 39, Spese di campagna*, p. 49.
[262] *Libro mastro* 1744, *Catt.a 39, Spese di campagna*, pp. 51, 54, 62, 63.
[263] *Libro mastro* 1744, *Catt.a 39, Spese di campagna*, p. 70.
[264] *supra* nota 58.
[265] *Libro mastro* 1744, *Catt.a 39, Spese di campagna*, p. 49, in cui il citato conte Viantino potrebbe essere un ufficiale incaricato di condurre le ricognizioni in val Maira per individuare l'itinerario più adatto alla strada da costruire.
[266] *Libro mastro* 1744, *Catt.a 39, Spese di campagna*, p. 81.
[267] *Libro mastro* 1744, *Catt.a 39, Spese di campagna*, pp. 76, 81.

Il destino finale delle opere campali

Le vicende storiche della campagna del 1744 sono ben conosciute[268]. Dopo i sanguinosi scontri lungo la dorsale di Pietralunga e la perdita della ridotta di Monte Passet il 19 luglio, Carlo Emanuele III, il giorno dopo, evacuò tutte le fortificazioni del comprensorio di Casteldelfino, ritirandosi a Sampeyre. Nel frattempo giunse la notizia che già il 17 luglio il principe di Conti aveva preso l'iniziativa in valle Stura, superando il colle della Maddalena. Minacciando alle spalle il posto delle Barricate con due colonne spagnole, filtrate attraverso i colli di Barbacane e Fer, i Gallispani avevano costretto il comandante sabaudo, marchese Pallavicini di Frabosa, a ritirarsi su Demonte per non essere accerchiato e tagliato fuori dal resto dell'armata. Carlo Emanuele III il 27 luglio ritirò le sue truppe al campo di Becetto sopra Sampeyre, tenendo per buona evidentemente la linea difensiva alla borgata Confine, di cui già parlavano il conte Nomis e il De Vincenti nel 1742[269], mentre i Francesi occuparono l'alta valle di Varaita e quella di Maira e decisero di distruggere tutte le fortificazioni edificate nella primavera precedente.

Evidentemente il fuoco non potè cancellare le tracce dei lavori di sterro e l'accumulo dei terrapieni, che furono ancora oggetto delle misurazioni nei mesi successivi da parte dei tecnici pagati dall'Azienda di Fabbriche e Fortificazioni, ma l'incendio delle strutture lignee bastò a rendere inefficaci le opere, qualora l'armata sabauda ne fosse tornata in possesso durante la campagna. È a questo punto che si può dare per l'ultima volta la parola a don Tholosan, degna di concludere la storia delle fortificazioni campali della val Varaita:

> Le comte de l'Autrec étoit campé au dessous de Briansolles sur le col de la val de Maira avec quatorze bataillons. D'abord que cette troupe fût un peu reposée, on ordonna de defaire tous les rétranchements dépuis la Bicoque jusqu'au Viso. Tous les particuliers de la vallée étant commandeés pour cela on vint à bout de les détruire en moin de cinq jours: pour les forts, attendu qu'il n'étoient que de bois et de gazons, on y mit le feu, et tout fût reduit en cendre en peu de tems quoique le feu s'y conserva près de quatre mois; de sorte que de tous ces beaux travaux on n'en voit Presque plus les vestiges, et ce qu'on resta quatre mois à construire fût ruiné et aneanti dans quatre jours[270]

Cartografia storica

Si presentano in questa sezione finale le carte topografiche conservate per la maggior parte negli Archivi di Stato torinesi, più significative in merito alle tematiche trattate nel contributo e segnalate sia nel testo sia nelle note. Le carte sono elencate con numero arabo progressivo, secondo un criterio cronologico e distinguendo fra quelle di carattere più generale e quelle raffiguranti con precisione le opere difensive, realizzate nel corso dei tre anni di guerra.

[268] MINOLA 1993, pp. 110-118; GARIGLIO-MINOLA 1995, pp. 76-77; ILARI-BOERI-PAOLETTI 1997, p. 138; GARIGLIO 1999, pp. 128; MINOLA 2006, pp. 43-56.
[269] *supra* note 14 e 40; confrontare inoltre la situazione già segnalata nella raffigurazione della *Carta* 2 e GALLEANI D'AGLIANO 1840, pp. 132-135; BUFFA DI PERRERO 1887, pp. 93-94..
[270] THOLOSAN 1777, p. 207.

§ *Carte relative alla campagna del 1742*

***Carta* 1**
Schizzo a penna interno al documento *Memoire des dispositions* 1742
- autore: F. de Vincenti (?)
- datazione: 27 agosto 1742

***Carta* 2**
AS.TOCorte, Carte topografiche e disegni, Carte topografiche segrete, *Vraita* 14 A VII ROSSO
- titolo: *Carte de la Vallée de Vraite des retranchemets, qui ont été faits dans la dite Vallée, Fort, et Baricades de S.t Pierre*
- datazione : s.d.[271]

***Carta* 3**
AS.TOCorte, Carte topografiche e disegni, Carte topografiche per A e B, *Vraita* n. 5, Inv. 126
- titolo: *Tippo demostrativo della valle di Varaita principiando da Casteldelfi-no sino alli limitrofi della Francia*[272]
- datazione: s.d.

§ *Carte relative alla campagna del 1743*

***Carta* 4**
AS.TOCorte, Carte topografiche e disegni, Carte topografiche segrete, *Vraita* 15 A VII ROSSO
- titolo: *Difesa della valle di Varaita, e di Blino per impedire l'Armata Spagnuola che non penetri da esse Valli in Piemonte*[273]
- datazione: s.d. (1743)

***Carta* 5**
AS.TOCorte, Carte topografiche e disegni, Carte topografiche per A e B, *Vraita* n. 1, Inv. 126
- titolo: *Dissegno dimostrativo delle valli di Vraita e della montagna di Pierre Longe cogli attacchi fatti sopra di essa dall'armata Gallispana col posto delle Trincere, e di Battaglioni diffendenti detta Valle*[274]
- datazione: s.d. (1743)

***Carta* 6**
AS.TOCorte, Carte topografiche e disegni, Carte topografiche per A e B, *Vraita* n. 3, Inv. 126
- titolo: *Tipo dimostrativo della valle di Varaita ove è stato l'attacco de Spagnoli unitamente alli Francesi*[275]
- datazione: s.d. (1743)

***Carta* 7**
AS.TOCorte, Storia della Real Casa, Storie Particolari, Carlo Emanuele III, *Disegni e Piani de' Campamenti, Ordini di Battaglia, trincieramenti, e Tabelle per l'Istoria Militare nelle Campagne di S.M. il Re Carlo Emanuele III degli anni 1742 ad 1748*, Mazzo 24, categ.a 1
- titolo: *Piano in Misura del'Accampamento delle truppe di S.M. a Castel del Ponte nella valle di Varajta con l'attacco quivi delle Truppe Gallispane seguito nell'anno 1743*[276]
- autore: D. Minutoli
- datazione: s.d. (*post* luglio 1744)

§ *Carte relative alla campagna del 1744*

***Carta* 8**
AS.TOCorte, Carte topografiche e disegni, Carte topografiche segrete, *Vraita* 16 A VII ROSSO
- titolo: *Tipo delle valli di Bellino, e Varaita con l'attacco della ridotta di Pietra longa, ò sia monte Cavallo seguito li 19 luglio 1744*[277]
- datazione: s.d. (*post* luglio 1744)

***Carta* 9**
AS.TOCorte, Carte topografiche e disegni, Carte topografiche segrete, *Monte Cavallo* 16 A IV ROSSO
- titolo: *Pianta del Ridotto costrutto l'Anno 1744 sopra Monte Cavallo volgarmente detto Pietra Longa*[278]
- datazione: s.d. (*post* luglio 1744)

***Carta* 10**
AS.TOCorte, Carte topografiche e disegni, Carte topografiche per A e B, *Vraita* n. 2, Inv. 126
- titolo: *Tipo delle valli di Varaita e Bellino con l'attacco di Pietra Longa seguito il giorno delli 19 luglio 1744*[279]
- datazione: s.d. (*post* luglio 1744)

***Carta* 11**
AS.TORiunite, Carte topografiche e disegni, Ministero della Guerra, Tipi guerra e marina, *Valle Varaita*
- titolo: *Tipo delle valli di Varaita, e Bellino con l'attacco della ridotta di Pietra longa 19 luglio 1744*[280]

[271] Prima metà del XVIII secolo, entro il 1742.
[272] La carta è completa di legenda sotto la titolatura «Indice» e rappresenta verosimilmente la situazione del 1742 essendo soltanto rilevato il trinceramento leggero di Chateau de Pont.
[273] La carta è dotata di testo esplicativo che qui riportiamo:
Ogni cosa sotto le disposizioni, che ne hà date S. E. il Sig.r Marchese d'Aix cauagl.re dell'Ordine Sup.mo della Santiss.ma Annunziata; Generale; Gran Mastro dell'Artiglieria; Luogotenente Generale; e Comandante le Armate in esse Valli.
Frà li siti di molto auanzati uerso la Francia, ha trouato esso Sig.r Marchese farsi il più proprio per ritenere il Nemico; con postare una linea, che abbia la sua destra al Piede del Monuiso; e la sinistra sopra al Castello denominato del Ponte a Seconda della lettera A di longo in longo il Bosco detto la leué; e qual linea uerrà custodita dà 10 Battaglioni comandati dal Brigadiere d'Armata Barone dù Vergè.
Per difendersi indi dalla uenuta per la Valle di Varaita è Stato fatto un trinceramento sopra d'una picciola Rocca al Castel del Ponte, come alla lettera B; o per fiancheggiare a destra essi Trinceramenti, e Villaggio quiui, è stata costrutta una Batteria à 12 Smeriglj; come alla lettera C.
Per occupare le altezze tra la Valle di Varaita e quella di Blino, sono stati stabiliti 6 Battaglioni accampati alla lettera D Sotto il Comando del Sig.r Brigad.ed'Armata Guibert. Il quartier Gene. Si troua al castel Delfino alla lettera E.
Osseruar si deue che la linea alla lettera A rimane collocata sopra d'una considerabile altura, che hà una ripa affatto aspra. Più che il campo alla lettera D, rimane coperto dà un Monte Scosceso, ed inacessibile dalla parti D, e che le falde dei Monti, ladoue si ritroua esso campo D sono à dritta, ed alla Sinistra affatto disastrose; sicche dà esso Campo tenendosi le cime F G H si ponno inuiare dei Carabinieri à fauore delle Boscaglie quiui, che fiancheggiano il Castel del Ponte alla lettera L; e dal medemo campo resti facile à mandarsi della Truppa d'Ordinanza per sostenere la Valle di Blino, doue nej Villaggi d'essa Valle si potranno porre dei Valdesi, e delle milizie, che uerranno secondate come Sopra; dimodoche secondo tutta la probabilità con [tene]re detta disposizione si uerrà à contenere l'Armata Nemica anche che ui uenisse numerosa.

[274] La carta è completa di legenda.
[275] La carta è completa di legenda.
[276] La carta è completa di legenda.
[277] La carta è completa di legenda.
[278] La carta è completa di legenda.
[279] La carta è completa di legenda.
[280] Copia della *Carta* 7.

- datazione: s.d. (*post* luglio 1744)

***Carta* 12**

AS.TORiunite, Carte topografiche e disegni, Ministero delle Finanze, Tipi Sezione II, n. 366/8/2

- titolo: *Pianta dell'attacco a pietra Longa*[281]
- datazione: s.d. (*post* luglio 1744)

***Carta* 13**

AS.TOCorte, Storia della Real Casa, Storie Particolari, Carlo Emanuele III, *Disegni e Piani de' Campamenti, Ordini di Battaglia, trincieramenti, e Tabelle per l'Istoria Militare nelle Campagne di S.M. il Re Carlo Emanuele III degli anni 1742 ad 1748*, Mazzo 24, categ.a 1

- titolo: *Piano in misura della Valle di Varata e di Bellino, per il secondo affare di Casteldelfino*[282]
- autore: D. Minutoli
- datazione: s.d. (*post* luglio 1744)

***Carta* 14**

SHD/T, Vincennes, LIC 283 (A433)

- titolo: *Attaque des retranchements établis dans la vallée de la Varaita près de Casteldelfino, Haute Italie, par l'armée des deux Couronnes les 18 et 19 juillet 1744*[283]
- autore: ingegnere Roy de Vaquières
- datazione: s.d. (1745)[284]

§ *Carte topografiche di interesse generale*

***Carta* 15**

AS.TOCorte, Carte topografiche e disegni, Ufficio topografico dello Stato Maggiore, Confini con la Francia, Mazzo 2, *Monviso-Alta Val Maira*, 5.1, Inv. 287

- titolo: *Carte topographique de la dèlimitation du Piemont avec la France depuis le Point du Loup Jusqu'au Col des Turres*
- autori: Negretti e Tallaro
- datazione: s.d.

***Carta* 16**

AS.TOCorte, Carte topografiche e disegni, Ufficio topografico dello Stato Maggiore, Confini con la Francia, Mazzo 2, *Monviso-Alta Val Maira*, 5.2, Inv. 287

- titolo: *Carte de partie de la délimitation entre le Territoires du Pièmont et de la France*[285]
- autore: Porrino e Tallaro
- datazione: s.d.

***Carta* 17**

AS.TOCorte, Carte topografiche e disegni, Carte topografiche per A e B, *Vraita* n. 4, Inv. 126

- titolo: *Dimostrazione dei colli nelle fini della Valle di Varaita*[286]
- datazione: s.d.

***Carta* 18**

AS.TOCorte, Carte topografiche e disegni, Carte topografiche per A e B, *Vraita* n. 6, Inv. 126

- titolo: *Carte démonstrative de la partie principale de la vallée de Vraite*[287]
- autore: de Monthoux
- datazione: s.d. (anni '80 del XVIII secolo)

***Carta* 19**

AS.TOCorte, Carte topografiche e disegni, Carte topografiche segrete, *Stura* 13 A V ROSSO

- titolo: *Carta topografica d'una parte delle Ualli di Stura, Grana, Macra, Blino, Uarajta, e Po unitamente alli Trinceramenti stati fatti in esse Ualli come pure gli attacchi stati fati in detta Ualle di Uarajta dalle Truppe gallispane contro le Truppe di S. M. nelli Giorni 6, 7 e 8 del Mese di Ottobre 1743*[288]
- datazione: s.d. (*post* ottobre 1743)

AVVERTENZA

La pubblicazione integrale o parziale all'interno del presente volume delle *Carte* 1, 2, 4, 7, 9, 10, 13 per questo contributo e della *Carta* 8 per quello di Bruno Pauvert è stata autorizzata in data 16 gennaio 2009 dalla Direzione dell'Archivio di Stato di Torino, con lettera protocollata n. 284/28.28.00.

[281] La carta è completa di legenda.
[282] La carta è completa di legenda.
[283] La carta è completa di legenda.
[284] La carta è pubblicata in *Topographie militaire* 1891 in allegato alla memoria ROY DE VAQUIÈRES 1745.

[285] Si tratta di una carta analoga alla 13 con varianti nella resa pittorica dei rilievi.
[286] La carta è completa di legenda.
[287] La carta è completa di legenda ed è databile probabilmente intorno agli anni '80 o '90 del XVIII secolo essendo opera del de Monthoux, ufficiale dello Stato Maggiore in quegli anni e attivo nell'ambito della cartografia militare (SCONFIENZA 2005b).
[288] La carta è completa di legenda.

Illustrazioni

Fig. 1

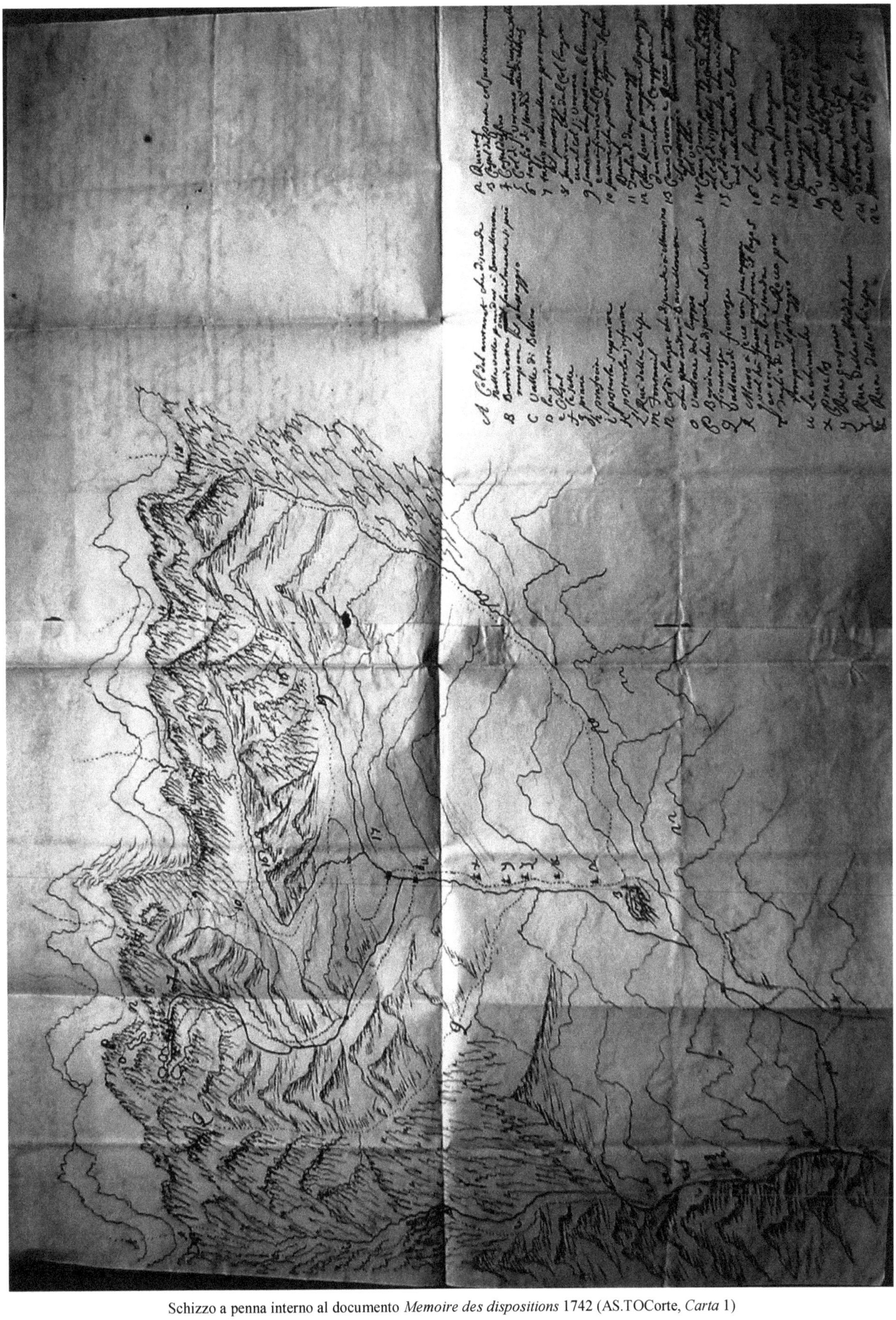

Schizzo a penna interno al documento *Memoire des dispositions* 1742 (AS.TOCorte, *Carta* 1)

Fig. 2

Carta della valle Varaita con le fortificazioni di Sampeyre realizzate nel 1628 in occasione dell'attacco francese del marchese di Uxelles (AS.TOCorte, *Carta* 2)

Fig. 3

Disposizione complessiva delle forze piemontesi a difesa della valle varaita nell'ottobre del 1743 (AS.TOCorte, *Carta* 4)

Fig. 4

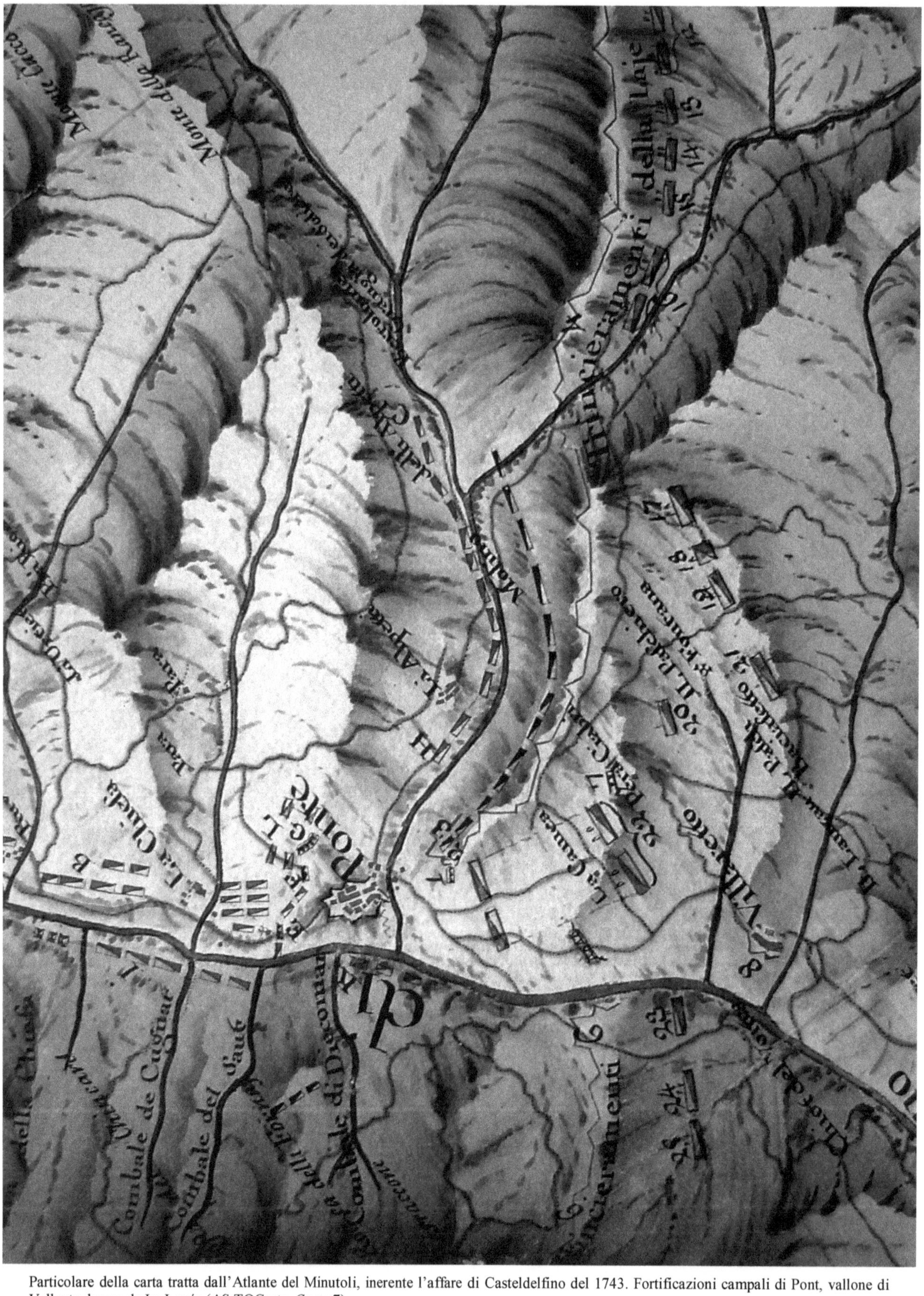

Particolare della carta tratta dall'Atlante del Minutoli, inerente l'affare di Casteldelfino del 1743. Fortificazioni campali di Pont, vallone di Vallanta, bosco de La Levée (AS.TOCorte, *Carta* 7)

Fig. 5

Particolare della carta tratta dall'Atlante del Minutoli, inerente l'affare di Casteldelfino del 1743. Fortificazioni campali della dorsale di Pietralunga (AS.TOCorte, *Carta* 7)

Fig. 6

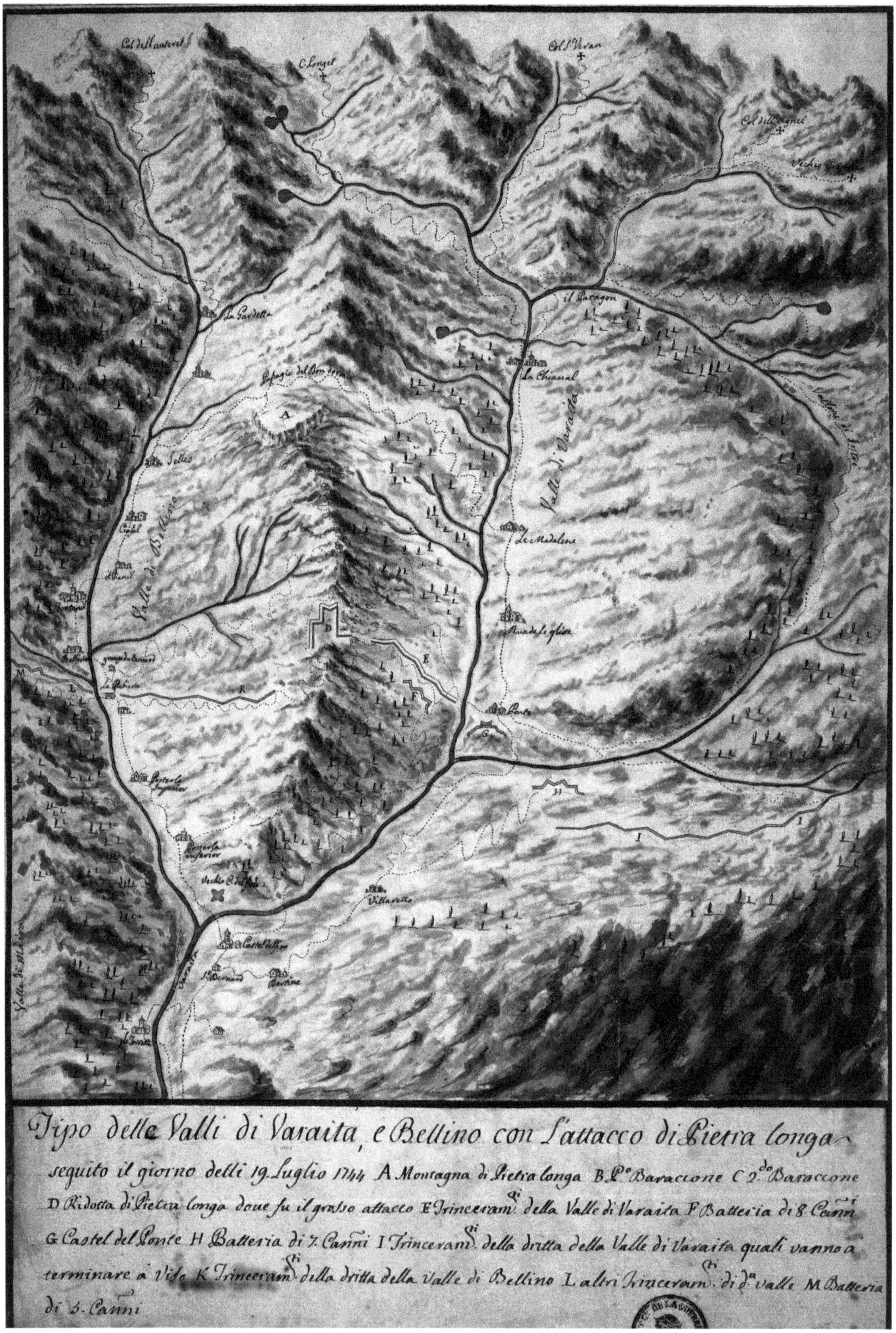

Raffigurazione del complesso difensivo della valle Varaita nel 1744 (AS.TOCorte, *Carta* 10)

Fig. 7

La ridotta di monte Passet, nota con il nome di «Monte Cavallo» (AS.TOCorte, *Carta* 9)

Fig. 8

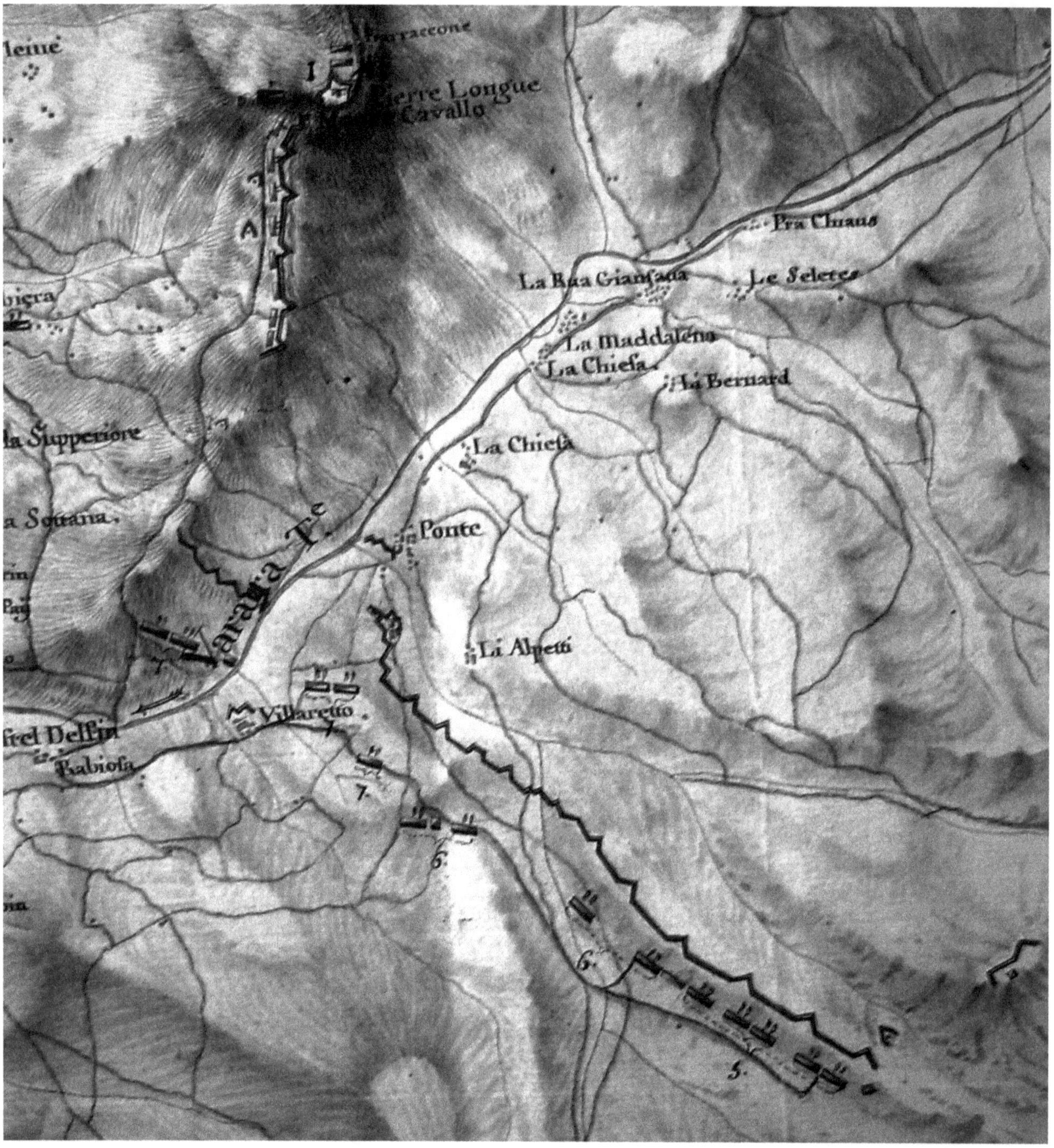

Particolare della carta tratta dall'Atlante del Minutoli, inerente il secondo affare di Casteldelfino del 1744. Fortificazioni campali di Pont, vallone di Vallanta, bosco de La Levée e dorsale di Pietralunga (AS.TOCorte, *Carta* 13)

Fig. 9

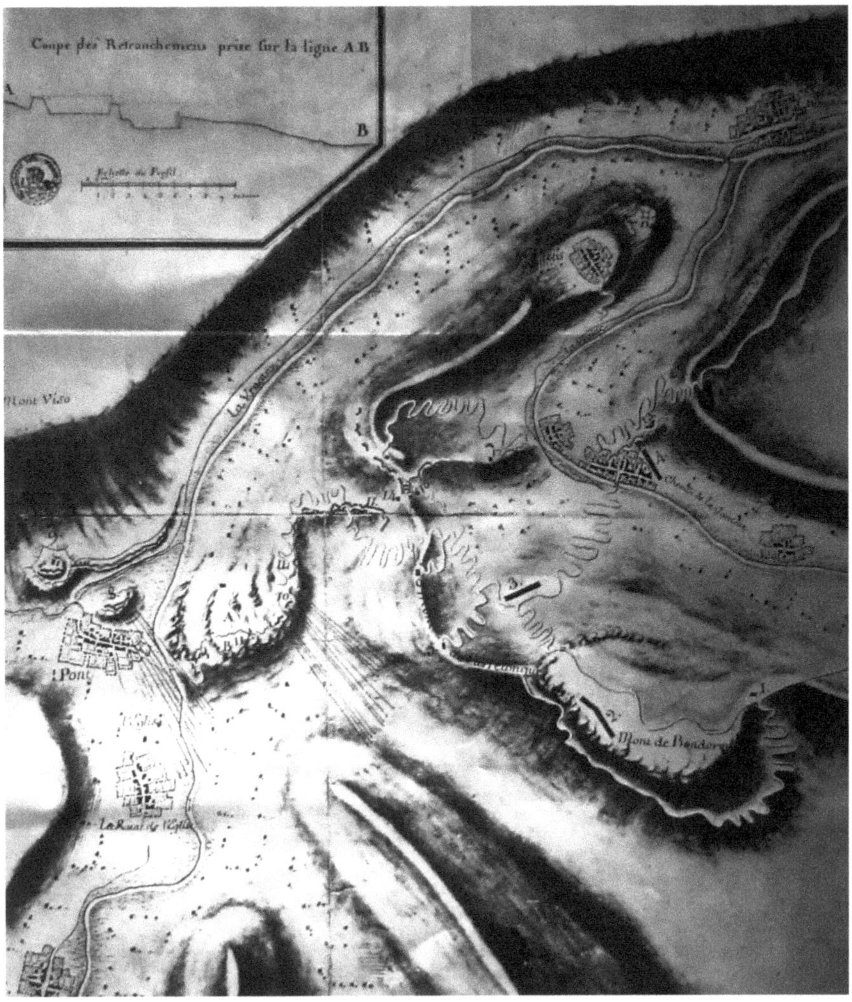

Carta delle fortificazioni della valle Varaita nel 1744, realizzata dall'ingegnere francese Roy de Vaquières, aggregato alla colonna del balivo de Givry (da *Topographie militaire* 1891, *Carta* 14)

Fig. 10

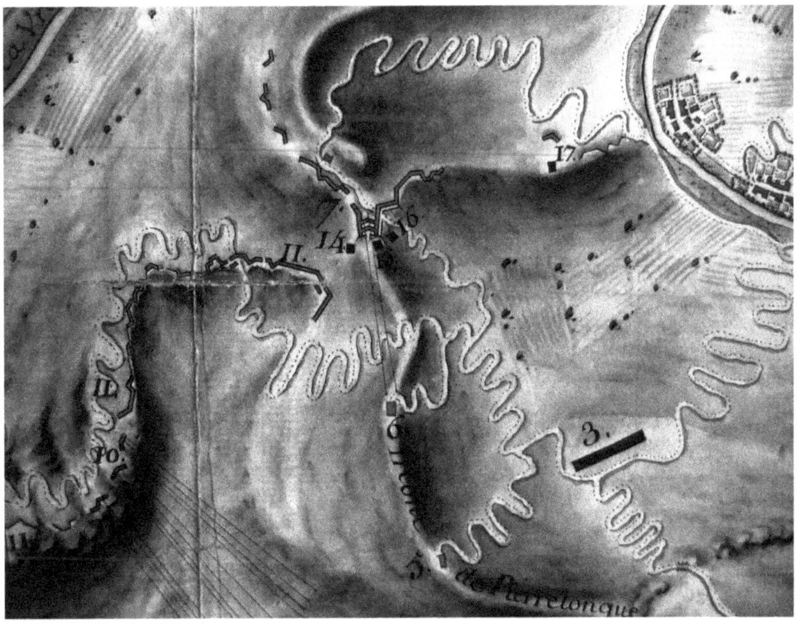

Carta delle fortificazioni della valle Varaita nel 1744, realizzata dall'ingegnere francese Roy de Vaquières, aggregato alla colonna del balivo de Givry. Particolare della ridotta del monte Passet con i due baracconi antistanti e i trinceramenti ascendenti dalle due Varaite (da *Topographie militaire* 1891, *Carta* 14)

CAPITOLO 4

La ricognizione archeologica alle fortificazioni campali della valle Varaita
Le tracce materiali sul terreno

Valentina Barberis

Introduzione e premesse di metodo

La scelta di indagare mediante ricognizione i siti della valle Varaita, in cui si svolsero gli eventi bellici negli anni 1743 e 1744, è stata dettata prima di tutto dalla natura dei resti presenti sul terreno. Le evidenze archeologiche di fortificazione campale, risalenti all'Età Moderna, risultano chiaramente leggibili soprattutto in una visione d'insieme. Conviene quindi partire dall'analisi puntuale delle fotografie aeree o da satellite, che permettono di comprendere l'assetto orografico del territorio, significativo in relazione alle problematiche strategico-difensive, e di individuare i rapporti tra i diversi settori di fortificazione conservati.

In un secondo momento, poi, è indispensabile percorrere il territorio per verificare mediante l'analisi autoptica i dettagli costruttivi e la situazione nelle zone dove le evidenze sembrano meno o non più conservate. Questo puntuale e minuzioso intervento porta spesso a risultati sorprendenti: l'occhio abituato a cogliere anche le piccole variazioni di crescita della vegetazione o di colore del terreno, riesce ad individuare le pur labili tracce delle strutture difensive, consunte dagli agenti atmosferici e dalla trasformazione della superficie della crosta terrestre.

In generale, quando ci si occupa di fortificazioni dell'Età Moderna, non si indagano le strutture mediante scavo archeologico. È innegabile che la scarsa disponibilità economica sia la prima responsabile del mancato utilizzo di questa metodologia. Se infatti per effettuare una ricognizione «autoptica, non sistematica»[1] basta spendere alcuni giorni «passeggiando» sul terreno, verificando le evidenze sulle carte antiche e moderne e documentando mediante fotografia qualunque segno sembri degno di nota, ben altro impiego di forze richiede l'organizzazione di un intervento di scavo.

Ciononostante anche altre motivazioni concorrono a scartare questo tipo di indagine, prima tra tutte la necessità di garantire una buona conservazione delle strutture. Buona parte degli apprestamenti difensivi campali sono infatti realizzati a terrapieno o conservano solo un breve tratto di elevato in pietra legata a secco, o ancora sono individuabili grazie alle depressioni lasciate sul terreno dai fossati. In tutti questi casi lo scavo archeologico potrebbe permettere di cogliere meglio alcuni tratti di muratura o di verificare alcuni dubbi nell'andamento o eventuali lacune negli sviluppi delle strutture, ma metterebbe altresì in luce opere costruite in materiale piuttosto deperibile, prive di legante e di difficile conservazione, soprattutto se localizzate in aree pesantemente sottoposte all'azione degli agenti atmosferici, come sulle pendici e sommità montane. Per indagare alcuni dettagli si potrebbe, quindi, rischiare di compromettere la conservazione delle strutture stesse, che si presentano attualmente spesso con i margini piuttosto erosi ma ancora chiaramente individuabili sul terreno.

Alla ricognizione si potrebbe, eventualmente, associare un'azione di ripulitura leggera delle creste di rasatura delle strutture, volta a liberare l'esistente dalla vegetazione spontanea cresciutavi al di sopra, senza scendere però ai piani di costruzione o indagare i livelli di fondazione, il cui scavo potrebbe certamente fornire interessanti informazioni. Questo ulteriore approfondimento dell'indagine deve essere rimandato a momenti migliori, nei quali una maggiore disponibilità finanziaria o l'accresciuto interesse per questi manufatti da parte degli archeologi permetta di estendere fattivamente e non solo in linea teorica anche alle fortificazioni moderne le normative di tutela e conservazione del patrimonio archeologico.

Si è deciso di presentare in questa sede secondo un procedimento analitico soltanto la ricognizione di alcuni fra i siti visitati e segnalati nella documentazione archivistica, in base ad una selezione determinata dai risultati ottenuti grazie alla visione autoptica[2]. Alcune aree, per l'attuale situazione della vegetazione, risultano scarsamente leggibili o talora addirittura non facilmente raggiungibili, è il caso ad esempio del vallone di Vallanta[3], dove la completa ricrescita del bosco de La Levée fino al vallone stesso

[1] Si tratta di un tipo di ricognizione particolare, diversa da quella tradizionalmente attuata nell'ambito delle discipline archeologiche, che ha carattere sistematico, copre a tappeto una determinata area d'indagine ed ha per finalità l'individuazione di siti archeologici ignoti. La ricognizione autoptica e non sistematica è in realtà mirata all'indagine di siti già noti o alla verifica di ipotesi d'indagine formulate in base ad altri generi di documentazione, come quella d'archivio storico. Per la materia inerente le varie ricognizioni si veda CAMBI-TERRENATO 2004, in particolare per la ricognizione autoptica, non sistematica CAMBI-TERRENATO 2004, pp. 122-130.

[2] La ricognizione nei siti della valle Varaita, condotta in collaborazione con Roberto Sconfienza, si è svolta preliminarmente all'inizio dell'agosto del 2004 e per esteso nel luglio del 2005. Alcuni sopralluoghi di verifica sono ancora avvenuti alla fine di luglio 2006. Si veda per una trattazione completa dei siti interessati dagli interventi fortificatori nel 1744 *supra* in questo stesso volume *Le fortificazioni campali della valle Varaita durante la Guerra di Successione Austriaca*, di Roberto Sconfienza. Si veda inoltre per la trattazione degli argomenti del presente contributo SCONFIENZA 2009, in particolare il Capitolo 2, pp. 27-54, redatto dalla scrivente.

[3] *infra* Figure 1 e 2.

ha determinato la perdita definitiva o l'impossibilità della documentazione di rarissime tracce delle fortificazioni lignee del 1743 e 1744 e dei connessi apprestamenti in terra, nonché dei fossati. In questo caso si è quindi scelto di non spingersi durante la ricognizione fino alla sommità del vallone, dove in base alle testimonianze archivistiche è attestato si trovassero le ridotte delle Grange Soulieres e degli Apiols.

Si è invece ritenuto indispensabile trattare specificatamente i casi delle zone interessate dagli scontri più importanti durante l'avvio della campagna del 1744, la dorsale tra il monte Pietralunga ed il monte Passet ed il colle della Bicocca, dove fortunatamente si conservano ancora sul terreno tracce significative della fortificazione campale.

Indispensabile è sembrato, infine, analizzare nel dettaglio i siti la cui localizzazione topografica appare incerta in base alla documentazione archivistica e cartografica antica, talvolta contraddittoria, come ad esempio il forte Bertola, che sembra essere collocato in posizioni differenti in base alla relazione di don Tholosan e alle carte del Minutoli[4].

La sinistra orografica della Varaita di Chianale forte San Carlo e bosco de La Levée

Come abbiamo già detto il rimboschimento de La Levée non permette di cogliere se non labili tracce sul terreno della presenza della fortificazione antica. Un indizio della collocazione del forte San Carlo, che come indicato nella documentazione antica doveva trovarsi alla convergenza dei trinceramenti de La Levée-Villareto e di quelli discendenti dal vallone di Vallanta, è fornito dall'esistenza di un terrazzo poco al di sopra della strada statale che conduce da Casteldelfino alla borgata Castello. In questo punto è possibile riconoscere la variazione del pendio, determinata dalla conservazione di tracce delle scarpe dei terrapieni e dalla realizzazione del piano di vita del forte, che ha conservato parte di un terrazzo orizzontale, interpretabile forse come il corpo di piazza del forte[5].

Poco più a valle del presunto sito del forte San Carlo, sotto la strada statale, si è individuata un'opera a forma di freccia, o «redan», con il vertice puntato verso la gola della Varaita a valle di Pont[6]. Si tratta con buona probabilità di un'opera avanzata del forte medesimo di cui non è possibile attualmente rintracciare il collegamento con i trinceramenti del bosco de La Levée, ma che faceva sicuramente parte dei livelli inferiori del sistema difensivo del settore. La presenza di strutture pertinenti alla fortificazione a questa quota è attestata anche dalla carta dell'ingegnere Roy de Vaquières[7] nella quale si vedono, anche se indicati in maniera sommaria, due redan in prossimità del raccordo dei trinceramanti de La Levée con il forte San Carlo, prospicienti la riva sinistra della Varaita come nel caso dell'opera sopra descritta[8].

Il fondovalle della Varaita di Chianale le fortificazioni di Pont

Le fortificazioni indicate nella cartografia antica per la zona di Pont[9] non sono attualmente indagabili sul terreno, in quanto si trovavano intorno al paese vecchio ora sommerso dal lago artificiale creatosi con la costruzione della diga di borgata Castello[10]. Unica traccia ancora apprezzabile degli interventi attuati nel 1744 per il completamento della fortificazione di Pont è lo scarpamento del rocco poco più a sud di Castello, a strapiombo sulla Varaita, presso il quale si attesta l'estremità settentrionale della diga moderna. Nel punto in cui quest'ultima si aggancia al rocco di Pont è chiaramente percepibile come l'inserzione delle murature novecentesche abbia interrotto la scarpatura antica del rocco che continua fino al di sotto dell'acqua del bacino artificiale[11]. La sommità di questo rocco ha probabilmente subito alcune modifiche all'epoca della Seconda Guerra Mondiale, quando vi fu costruito un bunker, è però possibile che la spianata antistante la costruzione più recente fosse preesistente e costituisse la piazza di una batteria leggera[12].

Nella parte nord-est del rocco, precipite sulla Varaita, si sono individuate strutture a secco con andamento curvilineo e convessità rivolta verso monte, riconducibili alla sistemazione della sommità del sito nel 1744 oppure, sebbene l'opera a secco non sia dirimente in questo caso, a interventi precedenti a quelli qui analizzati ed interpretabili come resti di una fortificazione medievale o di coevi terrazzamenti della montagna[13].

Dall'alto del rocco di Castello si ha una visuale ottimale della zona, che permette di cogliere immediatamente la rilevanza strategica della fortificazione di Pont. Da qui è infatti possibile apprezzare lo sviluppo ascensionale del vallone di Vallanta, là dove nel 1743 e nel 1744 furono realizzati i trinceramenti in legno, il terrazzo, le consistenze rimananenti dei terrapieni del forte San Carlo e le sue relazioni topografiche con Vallanta e La Levée, l'opera avanzata a redan a valle del forte stesso e, volgendosi a sud, le poche tracce ancora presenti sul terreno del forte Bertola, che descriveremo di seguito[14].

---

[4] *supra* il contributo *Le fortificazioni* cit. di Roberto Sconfienza, ai paragrafi *Il forte Bertola e le opere di collegamento con monte Cavallo* e *Questioni interpretative*.

[5] *infra* Figure 3 e 4. Per la documentazione fotografica delle aree corrispondenti al bosco de La Levée e il vallone di Vallanta si vedano *infra* le Figure 1-7.

[6] *infra* Figura 3.

[7] *supra* in *Le fortificazioni* cit. di Roberto Sconfienza, **Cartografia storica**, *Carta* 14.

[8] *infra* Figura 37.

[9] Quanto detto vale per le strutture realizzate negli anni tra il 1742 ed il 1744; si veda *supra* il contributo di Roberto Sconfienza, *Le fortificazioni* cit., **Cartografia storica**, *Carte* 1, 3-8, 10, 13-14.

[10] Per la documentazione fotografica della borgata Castello si vedano *infra* le Figure 8-18.

[11] *infra* Figure 10-12.

[12] *infra* Figure 16-18.

[13] *infra* Figure 13-15.

[14] *infra* Figura 37.

La destra orografica della Varaita di Chianale forte Bertola

In seguito alla ricognizione al rocco di Castello, ci si è spinti al di là della diga per indagare la situazione delle falde del versante settentrionale della dorsale tra Pietralunga e il monte Passet, presso le sponde del lago artificiale. In base alla ricerca archivistica sembrava, infatti, essere questo il sito più probabile per aver ospitato il forte Bertola[15]. Purtroppo, se il forte si trovava come dice il Tholosan presso il « pré dal Bosc, au pied de la plate du château», il corpo centrale della fortificazione, il cui fronte settentrionale arrivava «jusqu'à l'eau», ovvero era lambito dal corso della Varaita, dovrebbe anch'esso trovarsi al di sotto del lago creatosi dopo la costruzione della diga[16].

La ricognizione si è quindi svolta nella zona a sud della diga, alla ricerca di eventuali strutture difensive collegate al forte. Nonostante la presenza di un imponente bunker, risalente alla seconda Guerra Mondiale, abbia modificato l'assetto della parte di declivio più vicina al lago, poco più in alto, al di sopra di un largo sentiero, corrispondente forse ad un'antica strada coperta, è stato possibile individuare due grandi frecce o redan con il vertice rivolto verso il lago, attestate in successione lineare lungo il percorso[17]. Queste sono state realizzate riportando all'esterno, per creare il corpo dell'opera e le due facce scarpate convergenti verso il vertice, il terreno scavato dalla parte del versante montano oltre la strada coperta; la deperibilità delle strutture in terra ha fatto sì che la nettezza degli spigoli si sia persa, anche se esse appaiono ancora chiaramante leggibili sul terreno.

Le stutture individuate dovrebbero interpretarsi, con buona probabilità, come lo sviluppo superiore delle difese del forte Bertola alle falde del versante che ospitava i trinceramenti rampanti verso monte Passet e le opere della dorsale di Pietralunga. Questa ipotesi ci è stata suggerita dall'individuazione più a monte, al di là della strada coperta, dei basamenti riferibili ad almeno cinque baracconi[18], la cui presenza identifica le frecce come riferibili ad un'opera fortificatoria di notevole impegno, quale appunto il forte Bertola. In particolare le tracce riconducibili ai baracconi corrispondono ad aree rettangolari, di circa 5-8 × 10-15 metri, che terrazzano il pendio, delimitate da muri con fondazioni e zoccolo in pietra a secco, sui quali doveva attestarsi presumibilmente un elevato in legno[19].

[15] *supra* nota 3.

[16] *infra* Figura 35. Per la documentazione fotografica dell'area corrispondenta al forte Bertola e i trinceramenti di collegamento con monte Passet si vedano *infra* le Figure 19-36.

[17] *infra* Figure 19-27.

[18] *infra* Figure 28-34.

[19] A questo proposito si può ricordare che nella documentazione contrattuale è citata solo la costruzione di un baraccone «da farsi con pietre, e teppe» all'interno del forte, mentre non vi è specifica menzione delle strutture da noi individuate, di carattere più leggero. Il materiale ligneo con cui sono state realizzate rientra però probabilmente nell'elenco dei «boscami» presente nel contratto del 10 marzo 1744 (*supra* in *Le fortificazioni* cit. di Roberto Sconfienza, note 163-164).

Sembrerebbero confermare la nostra interpretazione di queste strutture la rappresentazione delle opere difensive sulla destra della Varaita presente nella carta dell'ingegnere Roy de Vaquières e altra cartografia storica conservata all'Archivio di Stato di Torino[20]; d'altra parte anche la carta del Minutoli, sebbene collochi in posizione scorretta il forte Bertola, raffigura uno sviluppo di trinceramenti a redan appena a monte del corpo di piazza del forte[21].

Lo spartiacque fra le due Varaite la dorsale di Pietralunga

La dorsale di Pietralunga, che separa il bacino idrografico della Varaita di Chianale da quello della Varaita di Bellino, costituisce il comprensorio di maggiore rilievo tra quelli interessati dagli eventi del 1744 ed è caratterizzata dalla presenza di tre siti citati nella documentazione bibliografica e d'archivio: il colletto della Battagliola, la punta di monte Cavallo ed il monte Passet[22].

§ *Il sito della Battagliola*

Il colletto della Battagliola (m 2388 s.l.m.) si trova presso le falde orientali dell'acrocoro di Pietralunga, dove discende l'ultimo tratto del difficile passo del Ciat[23].

La ricognizione ha permesso di individuare in questo sito una strada, che, tagliata nella dorsale e contenuta a valle verso Chianale da un muro a secco, conduce dal colletto alla punta della Battagliola (m 2401 s.l.m.) e collega tra loro due piazzole disposte a quote differenti. In questi due punti si riconoscono ora i resti di due piazzole tagliate nella dorsale, riferibili probabilente a batterie ottocentesche, la cui costruzione, da mettere in relazione con la caserma ancora visibile ad ovest lungo il versante meridionale del monte Pietralunga, ha determinato la perdita delle tracce del baraccone realizzato nel 1744[24], teatro, il 19 luglio, dei primi contatti tra l'avanguardia francese del brigadiere Chevert e il presidio dei dragoni-carabinieri piemontesi. Tale baraccone doveva probabilmente trovarsi sulla cima della Battagliola in base a quanto si deduce dalla documentazione d'archivio e quindi anche la strada

[20] *Supra* in *Le fortificazioni* cit. di Roberto Sconfienza, **Cartografia storica**, *Carte* 8, 10 e 14.

[21] Per la carta del Minutoli *supra* in *Le fortificazioni* cit. di Roberto Sconfienza, **Cartografia storica**, *Carta* 13; per le questioni interpretative relative a tale carta *supra* in *Le fortificazioni* cit. di Roberto Sconfienza, ai paragrafi § § *Le difese della sinistra sabauda* e § *Le altre fortificazioni della dorsale di Pietralunga*. Per una veduta complessiva della zona in cui si trovava il forte Bertola *infra* Figura 35, mentre per un'ipotesi del percorso dei trinceramenti che collegavano il forte Bertole al monte Passet, lungo il versante nord della dorsale di Pietralunga si veda *infra* Figura 36.

[22] Per la documentazione fotografica delle aree corrispondenti alla dorsale di Pietralunga fra la Battagliola e monte Passet si vedano *infra* le Figure 38-54.

[23] Si veda *supra* il contributo di Bruno Pauvert, *La battaglia di Pietralunga, 16-19 luglio 1744. Analisi storico-militare e nuovi risultati*, nota 56.

[24] *supra* in *Le fortificazioni* cit. di Roberto Sconfienza, note 205-206; *infra* Figura 38, in cui la fotografia aerea permette di apprezzare la dislocazione delle piazzole sulla dorsale e i percorsi di collegamento fra le stesse e con la caserma sotto il monte Pietralunga.

che conduce dal colle alla punta potrebbe essere la ristrutturazione ottocentesca di un percorso già esistente nel XVIII secolo che portava all'apprestamento difensivo.

§ *Il sito di Monte Cavallo*

Monte Cavallo si raggiunge mediante la strada carrozzabile che sale da Bellino alla dorsale di Pietralunga e si imbocca poco a valle della borgata Pleyne, ed è la località generalmente indicata in bibliografia come luogo di svolgimento del principale scontro del 19 luglio 1744[25]. Tuttavia, dopo aver effettuato la ricognizione nella zona, ci sembra ragionevole concordare con l'opinione del Pauvert, che, avendo a sua volta visitato questi luoghi per studiare gli eventi della battaglia suddetta, non identifica nell'attuale sito di monte Cavallo il luogo in cui fu realizzata la storica ridotta.

Attualmente l'area si presenta profondamente rimaneggiata in seguito ai lavori per la realizzazione del monumento commemorativo della battaglia del 1744 e della strada a due tornanti che ad esso conduce, tanto da rendere praticamente illegibile la situazione pregressa. Inoltre anche sulla dorsale in prossimità della vetta, dove il terreno parrebbe intatto, non si coglie alcuna traccia della tenaglia occidentale e dei redan del fronte meridionale della ridotta, né tantomeno le depessioni dei fossati né ancora, in prossimità della cima, il sito dove poteva trovarsi il baraccone indicato in documentazione[26]. Infine, osservando dalla vetta di monte Cavallo presso il monumento l'assetto orografico della dorsale e delle sue pertinenze, non si rileva alcuna analogia con la topografia della «cima di Prà dell'Arp» e della «ponta di Costabella», documentate nella *Pianta del Ridotto costrutto l'Anno 1744 sopra Monte Cavallo volgarmente detto Pietra Longa*[27].

Confermano la nostra interpretazione anche le osservazioni derivanti dallo studio della fotografia aerea, nella quale non si riconoscono caratteristiche del territorio analoghe a quelle rappresentatenella cartografia storica, né segni che permettano di leggere in una visione più ampia tracce di trinceramenti antichi[28].

Nel punto di arrivo della carrozzabile all'attacco della strada che conduce al monumento si vede un terrazzo artificiale di forma rettangolare allungata, tagliato lungo il pendio, che, qualora non fosse da attribuirsi anch'esso agli interventi per la realizzazione del segnacolo commemorativo, potrebbe corrispondere al luogo in cui sorgeva il secondo baraccone, collocato nella documentazione archivistica e bibliografica tra il primo baraccone della Battagliola e la ridotta principale. Di conseguenza sarebbe dunque questo il luogo in cui i reparti francesi fecero nella tarda mattinata del 19 luglio 1744 la seconda sosta prima dell'attacco e dove ricoverarono i loro primi feriti, dopo l'avvio del combattimento[29].

Lungo il rettilineo della strada carrozzabile che porta a monte Cavallo, poco prima dell'ultimo tornante, si individua un pianoro, sul quale sono molto ben leggibili le fondazioni in pietra a secco di un edificio rettangolare, identificabile con un baraccone e, tagliata al margine del pianoro e del pendio che sale a monte Cavallo, una trincea foderata in pietra a secco la cui destinazione non è chiaramente identificabile[30]. Dal momento che si colgono altre depressioni sul terreno probabilmente risalenti alla Seconda Guerra Mondiale ed interpretabili come nidi di mitragliatrici ed altri apprestamenti difensivi, anche questo taglio potrebbe forse risalire all'ultimo conflitto, sebbene la stessa muratura a secco e il terrapieno antistante facciano pensare ad un apprestamento analogo a quelli del XVIII secolo e in relazione difensiva con il baraccone. È da rilevare inoltre la presenza di un ampio scasso semicircolare, aperto nel pendio della montagna con concavità rivolta ad ovest, che pare aver tagliato anche una porzione dell'opera a secco terrapienata e che ricorda le piazzole di tiro della Battagliola, più recente dunque, ma tale da aver integrato parte del trinceramento più antico. D'altro canto le strutture fondanti del baraccone sono analoghe a quelle riconosciute a monte del forte Bertola. Di conseguenza il riparo antico, dato che non sembrerebbe riferibile ad interventi del 1743, quando il generale Guibert alloggiò soltanto in attendamenti la brigata di Tarantaise[31], potrebbe essere un'opera sommitale pertinente al campo dell'Espeyrasse, sito più a valle, o invece e più suggestivamente corrispondere a quel secondo baraccone citato in documentazione d'archivio, che si era precedentemente supposto sorgere sul terrazzo artificiale descritto più sopra e collocato presso la punta del monte stesso.

§ *Il sito e la ridotta del monte Passet*

La ricognizione archeologica è stata estesa in un secondo momento anche all'area del monte Passet. In seguito al confronto delle esperienze e alle discussioni con Bruno Pauvert, egli stesso, a fronte della comune perplessità riguardo all'aspetto generale di monte Cavallo, ci ha suggerito di visitare il sito più ad est di monte Passet, mettendoci a parte delle sue riflessioni sull'effettiva collocazione della ridotta indicata in documentazione come di «Monte Cavallo»[32].

La vetta del monte Passet è costituita da un piccolo rilievo in roccia viva dal quale si può apprezzare un assetto topografico dei luoghi corente con quello della cartografia storica, in particolare con la *Pianta del Ridotto* [...] citata precedentemente; si vedono infatti dal versante di Chia-

[25] *supra* in *Le fortificazioni* cit. di Roberto Sconfienza, nota 201.
[26] *infra* Figure 45-49.
[27] *supra* in *Le fortificazioni* cit. di Roberto Sconfienza, **Cartografia storica**, *Carta* 9, ma anche *Carte* 8, 10 e 14 di Roy de Vaquieres.
[28] *infra* Figura 52.

[29] *supra* in *La battaglia di Pietralunga* cit. di Bruno Pauvert al sottoparagrafo § *La localizzazione esatta della ridotta detta «di Monte Cavallo*; *supra* in *Le fortificazioni* cit. di Roberto Sconfienza, ai paragrafi § *La chiave centrale del dispositivo difensivo* e § *Le altre fortificazioni della dorsale di Pietralunga*.
[30] *infra* Figure 53 e 54.
[31] *supra* in *Le fortificazioni* cit. di Roberto Sconfienza, al paragrafo § *Le altre fortificazioni della dorsale di Pietralunga*.
[32] *supra* nota 27. Per la documentazione fotografica del comprensorio di monte Passet e dela ridotta del 1744 si vedano *infra* le Figure 55-76.

nale le strapiombanti rocce di Rouchiaus, mentre dalla parte di Bellino l'altrettanto scoscesa Costa dei Balz[33]. Visitando poi il tratto di dorsale corrispondente al comprensorio della vetta del monte Passet, si sono individuate sul terreno le tracce della ridotta dove ebbe luogo la battaglia del 19 luglio. Effettuando infatti la ricognizione ad ovest del monte Passet, a poco più di 50-60 metri dalla vetta, si sono riconosciuti agevolmente, nostante la rigoglisa vegetazione spontanea, il taglio del fossato e l'ingombro della tenaglia principale del fronte d'attacco. Proseguendo dai resti del corno meridionale della tenaglia in direzione sud-est, si sono individuati sul terreno i segni del redan sud-occidentale e dello sviluppo a linea spezzata di salienti e rientranti dell'intero fronte sud della ridotta, sempre caratterizzati dalla depressione dei fossati, dalla berma del trinceramento e da un minimo accenno dello spalto ai margini esterni del fossato[34].

Molto confuse e difficilmente individuabili sono invece le tracce dei trinceramenti a sud-est che chiudono la gola della ridotta, mentre non si legge assolutamente traccia dei trinceramenti a redan disegnati dal Minutoli lungo la prosecuzione della dorsale molto in discesa a est della ridotta[35]. Si sono comunque intraviste le tracce dei trinceramenti che scendevano a sud della ridotta a est della Costa dei Balz in direzione della valle di Bellino, documentati anche dalla cartografia storica[36].

Va detto infine, a onor del vero, che l'esame del terreno in prossimità della vetta di «Prà dell'Arp», non ha prodotto risultati soddisfacenti riguardo alla presenza di strutture difensive in muratura a secco, come invece testimonia certa documentazione d'archivio[37]; sta di fatto che la *Pianta del Ridotto [...]* succitata, da parte sua, non testimonia la presenza di tali apprestamenti.

La Varaita di Bellino e la dorsale del Pelvo d'Elva il colle della Bicocca

La dorsale del colle della Bicocca, che va dal colle di Sampeyre fino al Pelvo d'Elva e divide la valle Varaita dalla valle Maira, raggiunge presso la vetta del colle un'altitudine paragonabile a quella delle altre montagne della zona (2200-2400 m s.l.m.), tuttavia la vegetazione è meno rigogliosa e la situazione orografica permette di leggere al meglio sul terreno le tracce dei trinceramenti antichi[38].

La ricognizione in quest'area è stata particolarmente importante per comprendere la logica difensiva del sito, dato che una descrizione puntuale degli apprestamenti difensivi del colle della Bicocca non compare nella documentazione cartografica e d'archivio[39]. Si tratta di un complesso fortificatorio più esteso a livello areale, che segue però le stesse logiche delle strutture difensive presenti al monte Passet, infatti come per la ridotta ivi collocata ritoviamo alla Bicocca un sistema di trinceramenti più esterno che, partendo dalla dorsale in prossimità del colle, scende lungo il versante sud digradante dolcemente verso la val Maira e rigudagna la dorsale circa 200 metri più ad est, là dove sulla dorsale stessa furono realizzate due piccole ridotte in pietra, analogamente a quanto testimoniato dalle fonti archivistiche per il monte Passet[40].

In generale queste strutture campali, realizzate soprattutto in terra e legname, sono individuabili sul terreno mediante i tagli dei fossati e quanto resta dell'ingombro del cammino coperto, mentre nelle parte meridionale, dove più ampio è lo sviluppo verso la val Maira, ben si leggono due redan, chiaramente identificabili anche dalla fotografia aerea[41].

Si può pensare che lo schema in pianta all'estremità occidentale del complesso fosse quello della tenaglia, ma le tracce conservatesi sul terreno sono più consistenti. Si vedono infatti, in successione da ovest verso est, la depressione del fossato con ancora tracce del volume in terra dell'antico spalto e, circa a metà del suo sviluppo, i resti di una traversa, un consistente rialzo in terra corrispondente al terrapieno, per quanto con i profili ormai arrotondati dagli agenti atmosferici, e, a tergo di quest'ultimo, le tracce della strada coperta che seguono l'andamento a salienti e rientranti del trinceramento[42].

Le due ridotte alla quota più alta sulla dorsale del colle hanno entrambe forma a redan semilunato e sono realizzate in opera a secco con scaglie lapidee cavate in loco, molto probabilmente nel banco roccioso alla gola delle medesime. Lo spessore dei muri è di circa m 0,60-0,70 e le facciaviste interna ed esterna presentano un filo regolarizzato e a piombo, mentre i nuclei interni sono costituiti da scaglie di pezzatura minore, poste in opera contestualmente all'elevato delle facciaviste. La ridotta più alta ad est è collocata in modo da risultare a dominio di quella più bassa ad ovest, dalla quale dista 20 m circa. Il collegamento tra la quota delle ridotte ed i trinceramenti infe-

[33] Si vedano per un'idea generale della visuale dominante di monte Passet *infra* la Fotografia aerea 55 e le Fotografie 56-58, 75-76.

[34] Per un riscontro visivo di quanto detto si vedano *infra* le immagini e le ricostrzioni delle Fotografie 59-74.

[35] *supra* in *Le fortificazioni* cit. di Roberto Sconfienza, al paragrafo § *Le altre fortificazioni della dorsale di Pietralunga* e note 215-216.

[36] *supra* in *Le fortificazioni* cit. di Roberto Sconfienza, **Cartografia storica**, *Carte* 8, 10, 14. Si veda inoltre *supra* in *La battaglia di Pietralunga* cit. di Bruno Pauvert, Figura 1.

[37] *supra* in *Le fortificazioni* cit. di Roberto Sconfienza, al paragrafo § *La chiave centrale del dispositivo difensivo.*

[38] Per la documentazione fotografica dell'area corrispondente al cole della Bicocca si vedano *infra* le Figure 77-92.

[39] Sappiamo soltanto che, quando il 18 luglio 1744 mossero contro il colle della Bicocca, i reparti spagnoli del marchese di Camposanto assaltarono un redan senza conquistarlo; invece la documentazione curiale torinese e don Tholosan parlano di una «forte redoute sur la montagne du Luc», realizzata con trasporto di legname, apertura di fossati e movimento di terreno, come tutte le altre opere impegnative del comprensorio della valle Varaita (*supra* in *La battaglia di Pietralunga* cit. di Bruno Pauvert, al sottoparagrafo § *Blocco della brigata La Regina*; *Le fortificazioni* cit. di Roberto Sconfienza, al paragrafo *Le fortificazioni della valle di Bellino e della dorsale del Pelvo* e note 235-237).

[40] *supra* in *Le fortificazioni* cit. di Roberto Sconfienza, al paragrafo § *La chiave centrale del dispositivo difensivo.*

[41] *infra* Figura 78 per la veduta a erea, Figure 83-85 per lo sviluppo dei trinceramenti.

[42] *infra* Figure 79-82.

riori era assicurato da una strada coperta con andamento spezzato a salienti e rientranti[43].

Considerazioni conclusive

Per quanto la ricognizione della valle Varaita, effettuata nelle diverse località sopra descritte, sia stata, come indicato all'inizio del nostro intervento, parziale e non del tutto esaustiva, riteniamo comunque che tale indagine abbia suscitato interessanti spunti di riflessione e portato alla raccolta e all'acquisizione di importanti dati sul terreno.

La ricognizione ha permesso, infatti, di confermare nella maggior parte dei casi per le opere fortificatorie le planimetrie presenti nella cartografia antica o descritte nella documentazione storica ed archivistica; talora, come nel caso della ridotta di monte Cavallo, protagonista della sanguinosa battaglia del 19 luglio 1744, è stato possibile correggere un'interpretazione errata delle fonti, portando all'esatta localizzazione dell'opera ricordata con questo toponimo sul monte Passet, poco più ad est di monte Cavallo sulla stessa dorsale spartiacque fra le due Varaite.

La ricognizione e lo studio della documentazione d'archivio anche in occasione di questa ricerca risultano sempre più due realtà complementari e necessarie dell'indagine storico-archeologica, che non possono prescindere l'una dall'altra.

Se l'esame delle fonti archivistiche e storiche può fornire i primi dati e suggerire le informazioni necessarie ad intraprendere la ricerca, solo un'attenta verifica sul terreno di queste permette di comprendere ed interpretare al meglio le testimonianze lasciateci dagli architetti e dagli ingegneri del passato, che hanno realizzato le opere di fortificazione, dai militari che vi hanno combattuto o talvolta da semplici, ma per questo non meno preziosi, testimoni oculari degli eventi svoltisi intorno ad esse.

D'altro canto la visita dei luoghi e la constatazione autoptica delle evidenze sul terreno induce il ricercatore a «scavare» negli archivi storici per individuare quei documenti che possano essere attribuiti a quanto scoperto *in situ* e dare ai manufatti un nome, una ragion d'essere e una contestualizzazione cronologica, seguendo un percorso di ricerca inverso e complementare a quello suddetto, ma altrettanto valido a livello di metodo e necessario per avvicinarsi il più possibile ad un'esaustiva ricostruzione della realtà storica territoriale e, nel nostro caso, difensiva.

Naturalmente, come ogni intervento non distruttivo e quindi reversibile, la nostra indagine è suscettibile di sempre continue verifiche ed approfondimenti che potrebbero fornire ulteriori indicazioni e punti di vista. Le ipotesi qui esposte tuttavia, come abbiamo già detto, sembrano particolarmente convincenti in quanto coerenti con la documentazione antica disponibile.

[43] *infra* Figure 86-92.

La documentazione fotografica

Si presenta a conclusione del rendiconto della ricognizione una serie di fotografie, scelte dall'ancor più abbondante documentazione fotografica prodotta sul campo, per corredare quanto si è detto nel contributo. La materia rimarrebbe infatti sterile senza un adeguato corredo di immagini, il cui commento è sviluppato di seguito per ciascuna di esse. L'elenco segue una numerazione progressiva e i commenti valgono come didascalia alle fotografie pubblicate contestualmente alle illustrazioni del presente volume[44].

§ *Il settore di Vallanta - Château de Pont, il forte Bertola*

FIGURA 1
Veduta panoramica da monte Cavallo del vallone di Vallanta, del bosco de La Levée e della borgata Castello nella valle Varaita di Chianale

FIGURA 2
Veduta panoramica da monte Cavallo del vallone di Vallanta, del bosco de La Levée e della borgata Castello nella valle Varaita di Chianale con segnalazione di possibili tracce dei trinceramenti del forte San Carlo e del bosco de La Levée, nonché lo sviluppo presupposto dei trinceramenti di Vallanta

FIGURA 3
Settore in cui si presuppone che sorgesse il forte San Carlo a dominio di Château de Pont e all'incontro dei trinceramenti del bosco de La Levée e del vallone di Vallanta

FIGURA 4
Ricostruzione dei possibili ingombri del forte San Carlo, in base alle modifiche morfologiche del pendio attribuibili verosimilmente all'ingombro dei terrapieni e a quanto resta delle spianate

FIGURA 5
Settore a valle del forte San Carlo e della provinciale moderna con tracce della fortificazione campale a dominio della Varaita e del tergo delle opere di Castello. Si tratta di possibili integrazioni difensive, realizzate in terra e legname, per il delicato settore occupato dalle opere del forte San Carlo e dal cammino che conduceva da Chianale a Casteldelfino

FIGURA 6
Particolare del settore a valle del forte San Carlo con un redan e la sua spianata al piede della scarpa

FIGURA 7
Ricostruzione del particolare del settore a valle del forte San Carlo e del un redan con spianata al piede della scarpa

[44] Le fotografie sono state prodotte da Valentina Barberis e da Roberto Sconfienza durante le ricognizioni del 2004, 2005, 2006. Le ricostruzioni e le integrazioni grafiche sulle immagini sono opera di Valentina Barberis.

FIGURA 8
Il rocco scarpato di Château de Pont all'aggancio con la diga moderna, il bacino idrico e sulla sinistra l'attuale borgata Castello
FIGURA 9
Veduta del rocco scarpato di Château de Pont presa dal centro della diga moderna, unica testimonianza oggi rimanente delle fortificazioni di Pont realizzate nel 1744
FIGURA 10
Particolare della scarpatura artificiale del rocco di Château de Pont realizzata nel 1744 e attualmente tagliata dall'aggancio della diga poco sopra il pelo dell'acqua
FIGURA 11
Particolare della scarpatura artificiale del rocco di Château de Pont realizzata nel 1744 al punto d'immersione nel bacino artificiale
FIGURA 12
Particolare della scarpatura artificiale del rocco di Château de Pont realizzata nel 1744. La roccia scarpata si immerge nelle acque del bacino artificiale per raggiungerne il fondo alla quota dell'antica borgata Chiesa oggi sommersa
FIGURA 13
Fronte posteriore del rocco di Château de Pont, visto dalla provinciale moderna a valle del bosco de La Levée
FIGURA 14
Resti di opere a secco nel settore nord del tergo del rocco di Château de Pont, non più precisamente identificabili cronologicamente
FIGURA 15
Particolare dei resti delle opere a secco nel settore nord del tergo del rocco di Château de Pont
FIGURA 16
Settore nord dello spianamento del culmine del rocco di Château de Pont, sul quale si può presupporre che nel 1744 fosse stato risparmiato lo spazio per una batteria leggera
FIGURA 17
Settore sud dello spianamento del culmine del rocco di di Château de Pont
FIGURA 18
Bocca da fuoco strombata del bunker risalente al XX secolo scavato nella parte sommitale del rocco di Château de Pont
FIGURA 19
Falde del versante settentrionale della dorsale Pietralunga - monte Passet, alla sinistra di di Château de Pont. Sulla sinistra dell'immagine si può apprezzare il grande bunker della Seconda Guerra Mondiale; nella parte centrale si colgono, a monte dell'attuale strada sterrata e alla quota del bunker, le tracce dell'antica strada coperta, risalente al 1744, e due redan del sistema difensivo di raccordo del forte Bertola con i trinceramenti ascendenti a monte Passet; sulla destra le acque del bacino allagano l'area dove presumibilmente sorgeva il corpo di piazza del forte Bertola
FIGURA 20
Integrazione grafica del trinceramento a redan a dominio del forte Bertola, sulla sinistra di di Château de Pont
FIGURA 21
Visione in primo e secondo piano di altri due redan a protezione della strada coperta a monte della zona del forte Bertola
FIGURA 22
Integrazione grafica dei due redan della Figura 21 a protezione della strada coperta a monte della zona del forte Bertola
FIGURA 23
Sviluppo della strada coperta a monte del forte Bertola, con integrazioni che raffigurano il margine a valle e un redan, poco oltre quelli della Figura 21
FIGURA 24
Tratto della strada coperta a monte della zona del forte Bertola in prosecuzione a quello raffigurato nella Figura 23
FIGURA 25
Integrazione grafica con redan del tratto della strada coperta a monte del forte Bertola della Figura 24
FIGURA 26
Veduta dello sviluppo ascensionale della strada coperta a monte della zona del forte Bertola con tracce lungo il margine a valle del corpo in terra dei redan ormai consumati dalle precipitazioni atmosferiche
FIGURA 27
Tratto superiore della strada coperta a monte del forte Bertola con tracce evidenti lungo il margine a valle dell'andamento spezzato a salienti e rientranti dei redan consunti dal tempo
FIGURA 28
Particolare delle tracce di muratura a secco individuate a monte della strada coperta superiore al forte Bertola e attribuite ai terrazzamenti di fondazione dei baracconi lignei
FIGURA 29
Particolare dello sviluppo del muro a secco del terrazzamento di fondazione illustrato nella Figura 28
FIGURA 30
Ingombro completo dell'area terrazzata per l'alloggiamento di uno dei baracconi a monte della strada superiore al forte Bertola. Veduta da ovest con in primo piano lo spigolo del muro a secco presentato come particolare nella Figura 28
FIGURA 31
Veduta da nord-est in primo piano dello spigolo illustrato nella Figura 30 e dell'area a monte della strada coperta con un secondo baraccone sullo sfondo ad una quota inferiore
FIGURA 32
Sviluppo in lunghezza dell'area terrazzata completa del baraccone della Figura 30; veduta da ovest
FIGURA 33
Particolare dello spigolo nord-est di una seconda area terrazzata con murature a secco per l'alloggiamento di un baraccone e corrispondente a quella visibile sullo sfondo della Figura 31. In alto a sinistra si può vedere la traccia del cammino in salita per l'accesso ad un altro baraccone
FIGURA 34
Muro longitudinale in opera a secco per il contenimento di un'altra area terrazzata, ormai invasa dal bosco, desti-

nata all'impianto di un baraccone e raggiungibile con il cammino ascendente presente nella Figura 33

FIGURA 35

Veduta generale da nord della zona del forte Bertola con in primo piano l'invaso del bacino idrico moderno che allaga le falde del versante nord discendente da monte Passet, dove sorgeva nel 1744 il corpo principale del forte. Nel settore immediatamente sopra alle rive del lago si può apprezzare complessivamente l'area dei trinceramenti a redan dominanti l'antico forte e della strada coperta ascendente verso la dorsale Pietralunga - monte Passet. Il settore del bosco immediatamente a monte della strada coperta è quello nel quale si trovano le tracce dei terrazzamenti di fondazione dei baracconi

FIGURA 36

Veduta generale da nord-ovest del versante della dorsale fra il monte Passet e Pietralunga nel settore compreso fra la zona del forte Bertola e il monte Passet. In basso a sinistra si scorge l'area del forte Bertola e dei suoi trinceramenti superiori, mentre nella parte centrale si segue il presumibile andamento dei trinceramenti ascendenti secondo i confronti fra la cartografia storica e l'orografia reale

FIGURA 37

Fotografia aerea generale della zona della borgata Castello, comprendente sulla sinistra il vallone di Vallanta e il bosco de La Levée, con il sito del forte San Carlo, la diga e l'invaso idrico a monte del rocco di Château de Pont e sulla destra l'area a dominio del forte Bertola, poco sopra la riva destra del lago, attraversata dalla strada coperta e dai trinceramenti a redan che salivano al monte Passet

§ *La dorsale da Pietralunga al monte Passet*

FIGURA 38

Fotografia aerea del colletto della Battagliola. Sull'estrema sinistra dell'immagine si scorgono i primi contrafforti dell'acrocoro di Pietralunga, mentre lungo il versante sud è ben visibile la caserma rettangolare, collegata alle due piazzole di tiro sulla dorsale tramite un cammino si mezza costa che descrive un ampio arco. Le due piazzole, una a metà altezza fra il colletto e la punta della battagliola, l'altra sulla punta stessa, sono collegate dalla strada, il cui impianto si presuppone risalente al XVIII secolo. Al di sotto del colletto e delle piazzole di tiro è infine ben apprezabile l'ultimo tratto della strada militare a due tornanti che si collegava a quella ascendente fino alle falde di monte Cavallo

FIGURA 39

Veduta della strada di collegamento fra le due piazzole della Battagliola contenuta a valle verso Chianale da un muro a secco e probabilmente impiantata già nel XVIII secolo

FIGURA 40

Particolare del muro a secco di contenimento della strada illustrata nella Fotografia 38 presso il tratto poco distante dalla giunzione con il colletto della Battagliola

FIGURA 41

La strada della Figura 38 fotografata dal tratto fra le due piazzole. Sulla sinistra si scorge la prima piazzola di tiro

FIGURA 42

Il tratto della strada della Fotografia 38 fra le due piazzole di tiro, tagliata nella cresta della dorsale e contenuta a valle da strutture a secco parzialmente scivolate lungo il pendio

FIGURA 43

La seconda piazzola di tiro sulla cima della Battagliola, dove si presuppone che fosse insediato il baraccone del 1744. Le poche tracce dei contenimenti in muratura a secco, anche se potrebbero essere attribuiti alle opere del XVIII secolo, sembrano contestuali alla fase in cui fu realizzata l'ampia piazzola, causa dell'obliterazione del baraccone più antico. D'altro canto, qualora la sistemazione del baraccone avesse previsto degli apprestamenti difensivi terrapieni e muri a secco potrebbero essere stati integrati nell'assetto successivo della piazzola di tiro

FIGURA 44

Veduta del colletto della Battagliola dalla punta omonima con l'intero sviluppo della strada di collegamento fra le piazzole di tiro lungo la dorsale

FIGURA 45

Vetta di monte Cavallo con il monumento commemorativo della battaglia del 19 luglio 1744 e la croce in onore dei caduti. La fotografia illustra perfettamente lo sconvolgimento del contesto orografico determinato dalla strada d'accesso al monumento realizzata contestualmente allo stesso

FIGURA 46

Area ad ovest del monumento di monte Cavallo nella quale non si scorgono tracce di interventi antichi sul terreno, ma soltanto il percorso della strada moderna sulla sinistra della fotografia e dietro l'albero

FIGURA 47

L'area di dorsale ovest presso la vetta di monte Cavallo vista da sud-oves lungo il pendio, dove non si scorge alcuna modifica del terreno attestante la presenza di terrapieni, fossati o qualsivoglia opera campale

FIGURA 48

Versante meridionale della punta di monte Cavallo, che segue lo sviluppo verso est del pendio raffigurato nella Fotografia 47. Non si scorgono assolutamente anche in questo settore le minime tracce degli ingombri di eventuali opere campali, ma soltanto sulla destra dell'immagine, alle pendici della vetta, il taglio nel terreno di dubbia attribuzione. Sullo sfondo si può apprezare il sistema di dorsali convergenti sul monte Passet

FIGURA 49

Taglio e terrazzo rettangolare allungato alle falde di monte Cavallo di dubbia attribuzione. Potrebbe infatti trattarsi del sito del secondo baraccone, ad est di quello della Battagliola, o forse uno spazio ricavato nel pendio per la sistemazione del materiale edilizio al momento della realizzazione del monumento moderno

FIGURA 50

Veduta da sud-est della punta di monte Cavallo. Si può notare quanto attualmente i tagli della strada d'accesso al monumento lungo il pendio e il terrazzo rettangolare della Fotografia 49 in primo piano possano ingannare l'occhio e suggerire la presenza di tracce evidenti di apprestamenti difensivi per quote, là dove si tratta in prevalenza di interventi moderni

FIGURA 51
Settore est della vetta di monte Cavallo che, nonostante una piccola area pianeggiante invasa da arbusti in prima vista, non presenta nemmeno nel suo sviluppo verso nord, lungo il versante dalla parte di Chianale, alcuna traccia apprezzabile di regolarizzazioni del pendio per l'alloggio di un baraccone, come dovrebbe essere in base alla documentazione archivistica
FIGURA 52
Fotografia aerea della dorsale da Pietralunga a monte Passet nel settore dell'attuale monte Cavallo, presso la cui vetta conduce la strada militare a tornanti ben visibile nell'immagine sul versante meridionale dalla parte della Varaita di Bellino. Si colgono bene la natura precipite del versante dalla parte di Chianale, l'assenza di spazio da quella parte per gli apprestamenti segnalati dalla cartografia storica e la differente orografia. Si coglie bene inoltre il vallonetto, centrale nell'immagine, da cui si diparte il penultimo tratto di strada verso il tornante finale e che si dirige sulle Grange dell'Espeyrasse
FIGURA 53
Zona alle pendici della vetta di monte Cavallo, nel vallonetto che discende all'Espeyrasse sul versante di Bellino, presso la quale, sulla sinistra della fotografia, si colgono le tracce delle fondazioni in pietra a secco di un baraccone, forse il secondo a partire dalla Battagliola della documentazione d'archivio. Intorno a tali tracce sono evidenti anche gli accumuli di pietre intorno a piccole depressioni nel terreno attribuibili ad apprestamenti difensivi del secondo conflitto mondiale, ma risulta comunque evidente l'assetto pianeggiante di questo settore del versante ben adatto all'impianto almeno di opere insediative
FIGURA 54
Veduta dall'alto e da nord della zona illustrata nella Figura 53 con in primo piano la struttura trincerata con foderatura interna a secco. In alto alla sinistra dell'immagine si coglie l'angolo nord-ovest del baraccone e la sua fondazione occidentale,mentre domina nel centro l'ampio scasso semicircolare, la cui concavità è rivolta verso ovest e che potrebbe costituire una piazzla d'artiglieria più recente del XVIII secolo che ha compromesso il più antico trinceramento

§ *La ridotta del monte Passet*

FIGURA 55
Fotografia aerea della dorsale fra Pietralunga e monte Passet in corrispondenza del comprensorio di quest'ultimo. Si colgono perfettamente sul versante di Bellino a partire da ovest le praterie di Pra dell'Alp, la costa dei Balz e la prateria di Costabella fino alla discesa precite dela dorsale sulla borgata Puy di Casteldelfino; dall'altra parte, sul versante di Chianale, poco a nord della vetta del monte, corrispondente alla «Cima di Prà dell'Arp» della documentazione archivistica, si scorge la dorsale della «Ponta di Costabella» che ad ovest si separa dalle Rocce di Roucchiaus, ma è soprattutto evidente la suggestiva consonanza dei contesti orografici reali con quelli raffigurati nella cartografia storica
FIGURA 56
Veduta panoramica della dorsale fra Pietralunga e il monte Passet dalla cima di quest'ultimo. Si colgono a partire da sinistra, e quindi da ovest, il colletto e la punta della Battagliola, monte Cavallo con il monumento commemorativo la gobba nel centro dell'immagine occupata da abeti intorno alla quale si sviluppava la tenaglia occidentale della ridotta protagonista della battaglia del 19 luglio 1744
FIGURA 57
Veduta dalla punta di monte Passet della parte finale della dorsale principale verso la borgata Puy di Casteldelfino e dunque sullo sfondo il versante e la valle della Varaita di Bellino
FIGURA 58
Veduta dalla punta di monte Passet della dorsale della «Ponta di Costabella» che scende ad est verso Casteldelfino, mentre ad ovest, non visibile nella fotografia, si dirama in direzione della Rocce di Roucchiaus
FIGURA 59
Tenaglia occidentale della ridotta di monte Passet, corrispondente al tratto segnato A-B sulla *Carta* 9 dell'Archivio di corte di Torino. Sono ben percepibili il rientrante centrale, il corno di sud-ovest, l'ingombro del fossato e quanto resta dello spalto più esterno
FIGURA 60
Integrazione grafica della tenaglia occidentale illustrata dalla Figura 59
FIGURA 61
Vista della tenaglia occidentale dall'interno circa in corrispondenza del rientrante centrale, con il corno di sud-ovest sulla sinistra e anteriormente la depressione del fossato e le tracce dello spalto
FIGURA 62
Integrazione grafica della Figura 61
FIGURA 63
Tratto occidentale del fronte sud della ridotta di monte Passet, ovvero il tratto B-C della *Carta* 9, che delimita il corno sud-ovest della tenaglia A-B, e il rientrante C con tratto in direzione del saliente D. Sono ancora apprezzabili sia l'ingombro del terrapieno del trinceramento principale sia la depressione del fossato e il rialzo dello spalto
FIGURA 64
Integrazione grafica della Figura 63
FIGURA 65
Fronte sud della ridotta di monte Passet, tratt D-R e R-S della *Carta* 9; sono ben visibili il rientrante R e la depressione del fossato, mentre le tracce dei terrapieni divengono meno apprezzabili
FIGURA 66
Integrazione grafica della Figura 65
FIGURA 67
Fronte sud della ridotta di monte Passet, incontro dei tratti R-S e S-P della *Carta* 9 presso il saliente S
FIGURA 68
Integrazione grafica della Figura 67
FIGURA 69
Fronte sud della ridotta di monte Passet; vista da est dell'incontro dei tratti S-L e L-M della *Carta* 9 presso il rientrante L. Si apprezano la depressione dei fossati e l'ingombro dei terrapieni
FIGURA 70
Integrazione grafica della Figura 69

FIGURA 71
Fronte sud della ridotta di monte Passet; vista da ovest dell'incontro dei tratti S-L e L-M della *Carta* 9 presso il rientrante L
FIGURA 72
Integrazione grafica della Figura 71
FIGURA 73
Fronte sud della ridotta di monte Passet; particolare del rientrante L della *Carta* 9
FIGURA 74
Intregrazione grafica della Figura 73
FIGURA 75
Settore interno della ridotta di monte Passet corrispondente all'area fra le lettere y e & della *Carta* 9, ai piedi della «Cima di prà dell'Arp» collegata al settore occupato dal baraccone settentrionale
FIGURA 76
Settore interno della ridotta di monte Passet corrispondente al pendio sud della «Cima di prà dell'Arp», dove poteva probabilmente essere localizzato il ridotto interno

§ *Le fortificazioni del colle della Bicocca*

FIGURA 77
Veduta panoramica del colle della Bicocca. Sullo sfondo è ben visibile la dorsale che divide a destra la Varaita di Bellino dalla valle Maira a sinistra e che conduce verso ovest alla cima del Pelvo d'Elva. Il colle della Bicocca si trova sulla sella coperta alla vista dalla butta in primo piano
FIGURA 78
Fotografia aerea della dorsale ad est del Pelv0 d'Elva fra le valli di Maira e di Varaita, in corrispondenza del colle della Bicocca. L'immagine permette di cogliere perfettamente lo sviluppo a redan successivi dei trinceramenti del 1744, realizzati sul versante a mezzogiorno verso la val Maira; sulla dorsale a monte del ripiegamento verso nord dei trinceramenti si colgono le tracce delle due piccole ridotte i piete a secco e della strada coperta che le collegava alle fortificazioni inferiori
FIGURA 79
Tenaglia centrale del settore occidentale dei trinceramenti del colle della Bicocca, vista dall'interno. Sono ben percepibili la depressione del fossato con una traversa in terra e l'ingombro del terrapieno dello spalto, mentre quello del trinceramento è ridotto al minimo
FIGURA 80
Integrazione grafica della Figura 79
FIGURA 81
Sviluppo meridionale del fronte ovest dei trinceramenti della Bicocca. Il settore, per quanto vittima dei dilavamenti causati dagli agenti atmosferici, permette di cogliere tutte le componenti del trinceramento, ovvero a patire da ovest, sulla sinistra dell'immagine, l'innalzamento dello spalto, la depressione del fossato l'ingombro del terrapieno del trinceramento e la strada coperta ad esso retrostante
FIGURA 82
Integrazione grafica della Figura 81
FIGURA 83
Panoramica da ovest verso est con lo sviluppo delle tracce dei trinceramenti in terra corrispondenti a quelli ben percepibili nella Fotografia aerea 78. Lungo il versante i primo piano è percepibile un percorso che mette in comunicazione la dorsale con le fortificazioni, mentre sullo sfondo, in corrispondenza della linea di dorsale, si colgono le due piccole ridotte in pietra a secco
FIGURA 84
Integrazione grafica del settore centrale delle opere in terra rappresentate nella Figura 83, ma viste con orientamento nord-ovest
FIGURA 85
Integrazione grafica vista da est dell'intero sviluppo dei trinceramenti in terra visibili nella Fotografia aerea 78, a partire dal ripiegamento verso nord delle fortificazioni in direzione della dorsale dove sorgono le due ridotte in pietra a secco
FIGURA 86
Vista complessiva da est delle due ridotte in ietre a secco poste sulla linea di dorsale a dominio dei trinceramenti n terra del versante dalal parte della valle Maira
FIGURA 87
Ridotta est sulla dorsale a monte dei trinceramenti in terra; l'opera a secco, conservata ancora in maniera soddisfacente, costituisce il corpo del riparo di una freccia con saliente rivolto verso sud-ovest
FIGURA 88
Ridotta est della dorsale a monte dei trinceramenti in terra; vista della freccia dalla gola in direzione sud-ovest
FIGURA 89
Ridotta ovest della dorsale a monte dei trinceramenti in terra vista dalla ridotta est; l'elevato in pietra a secco è conservato peggio della precedente, mentre la tipologia corrisponde anche in questocaso ad un redan con saliente rivolto verso ovest
FIGURA 90
Faccia sud-occidentale della ridotta ovest; si conserva l'elevato in pietra a secco che foderava il terrazzo di roccia su cui si sviluppava il piano di calpestio della ridotta
FIGURA 91
Faccia nord della ridotta ovest analoga a alla sud-occidentale della Figura 90; dall'immagine si può cogliere abbastanza bebe l'aspetto del redan a saliente puntato verso ovest e sullo sfondo si scorge la ridotta est
FIGURA 92
Vista panoraminca della dorsale trincerata appena ad est del colle della Bicocca corrispondente all'area della seconda piazzola sulla sella dove conduce la strada sterrata moderna. Sul pendio del versante sud, dalal parte della val Maira, si colgono le tracce dei trinceramenti a redan in terra, mentre in primo piano è ben visibile il taglio obliquo della strada coperta che collegava le ridotte sommitali della dorsale con le fortificazioni inferiori

Illustrazioni

Fig. 1

Fig. 2

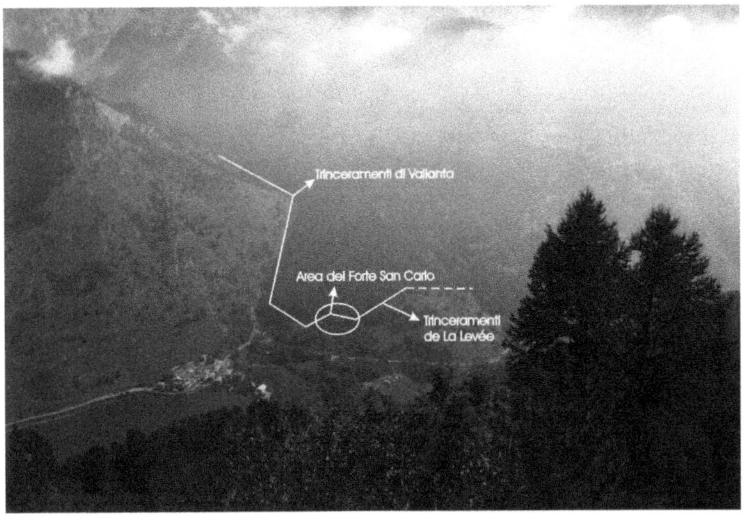

Fig. 3

Fig. 4

Fig. 5

Fig. 6

Fig. 7

Fig. 8

Fig. 9

Fig. 10

Fig. 11

Fig. 12

Fig. 13

Fig. 14

Fig. 15

Fig. 16

Fig. 17

Fig. 18

Fig. 19

Fig. 20

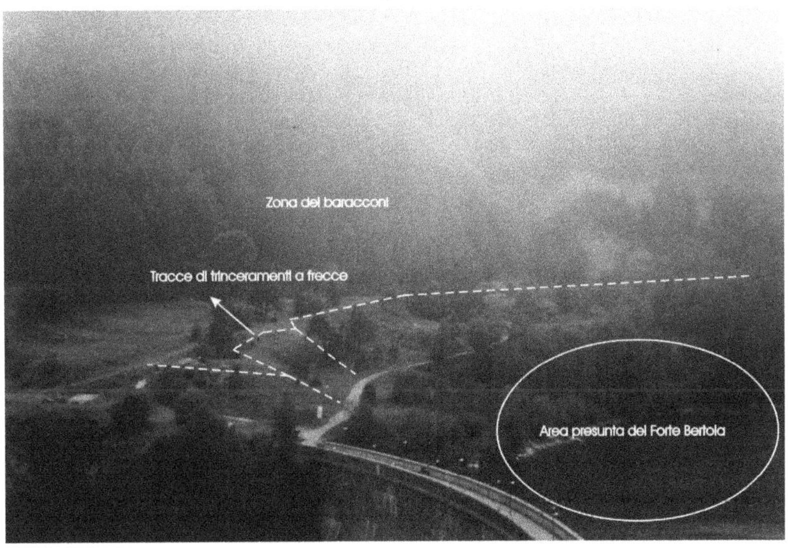

Fig. 21

Fig. 22

Fig. 23

Fig. 24

Fig. 25

Fig. 26

Fig. 27

Fig. 28

Fig. 29

Fig. 30

Fig. 31

Fig. 32

Fig. 33

Fig. 34

Fig. 35

Fig. 36

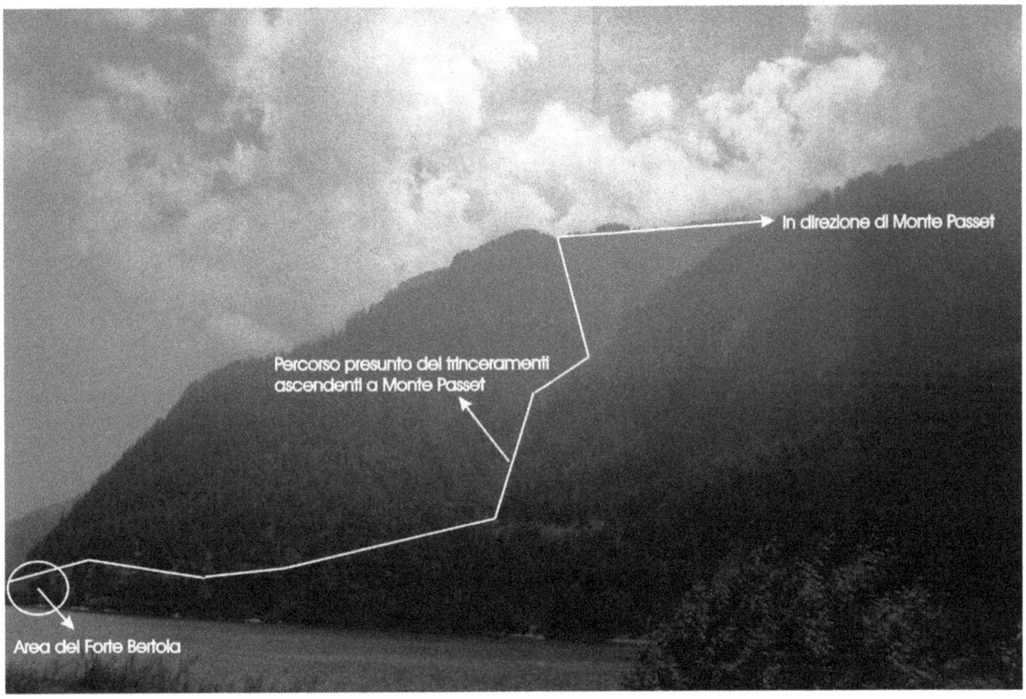
In direzione di Monte Passet
Percorso presunto dei trinceramenti ascendenti a Monte Passet
Area del Forte Bertola

Fig. 37

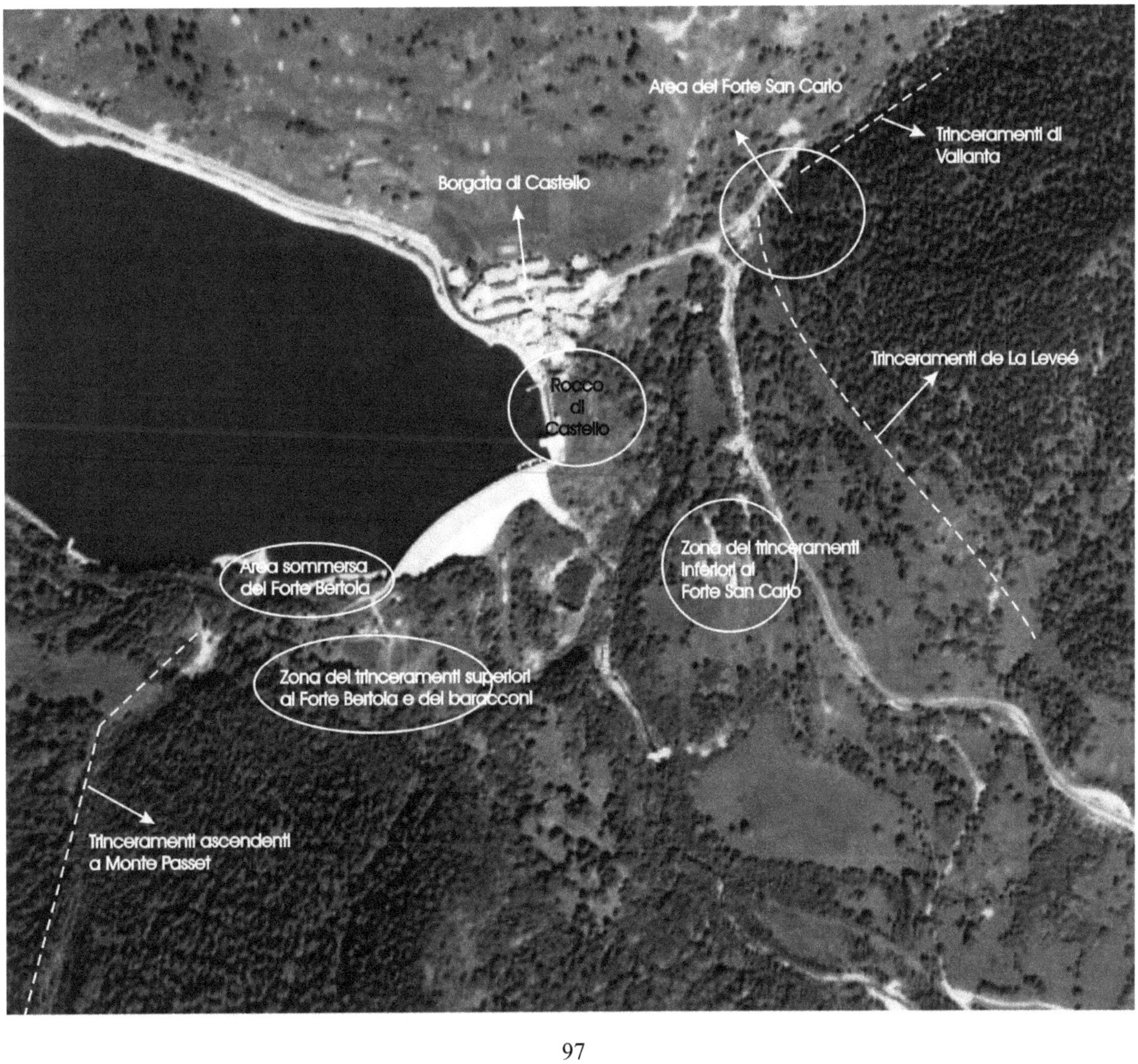
Area del Forte San Carlo
Trinceramenti di Vallanta
Borgata di Castello
Trinceramenti de La Leveé
Rocca di Castello
Zona dei trinceramenti inferiori al Forte San Carlo
Area sommersa del Forte Bertola
Zona dei trinceramenti superiori al Forte Bertola e dei baracconi
Trinceramenti ascendenti a Monte Passet

Fig. 38

Fig. 39

Fig. 40

Fig. 41

Fig. 42

Fig. 43

Fig. 44

Massiccio di
Pietralunga
Colletto della
Battagliola
Prima
piazzola
Strada d'accesso
alle piazzole e alla
punta della Battagliola
Punta della Battagliola
sito della seconda piazzola

Fig. 45

Fig. 46

Fig. 47

Fig. 48

Fig. 49

Fig. 50

Fig. 51

Fig. 52

Fig. 53

Fig. 54

Fig. 55

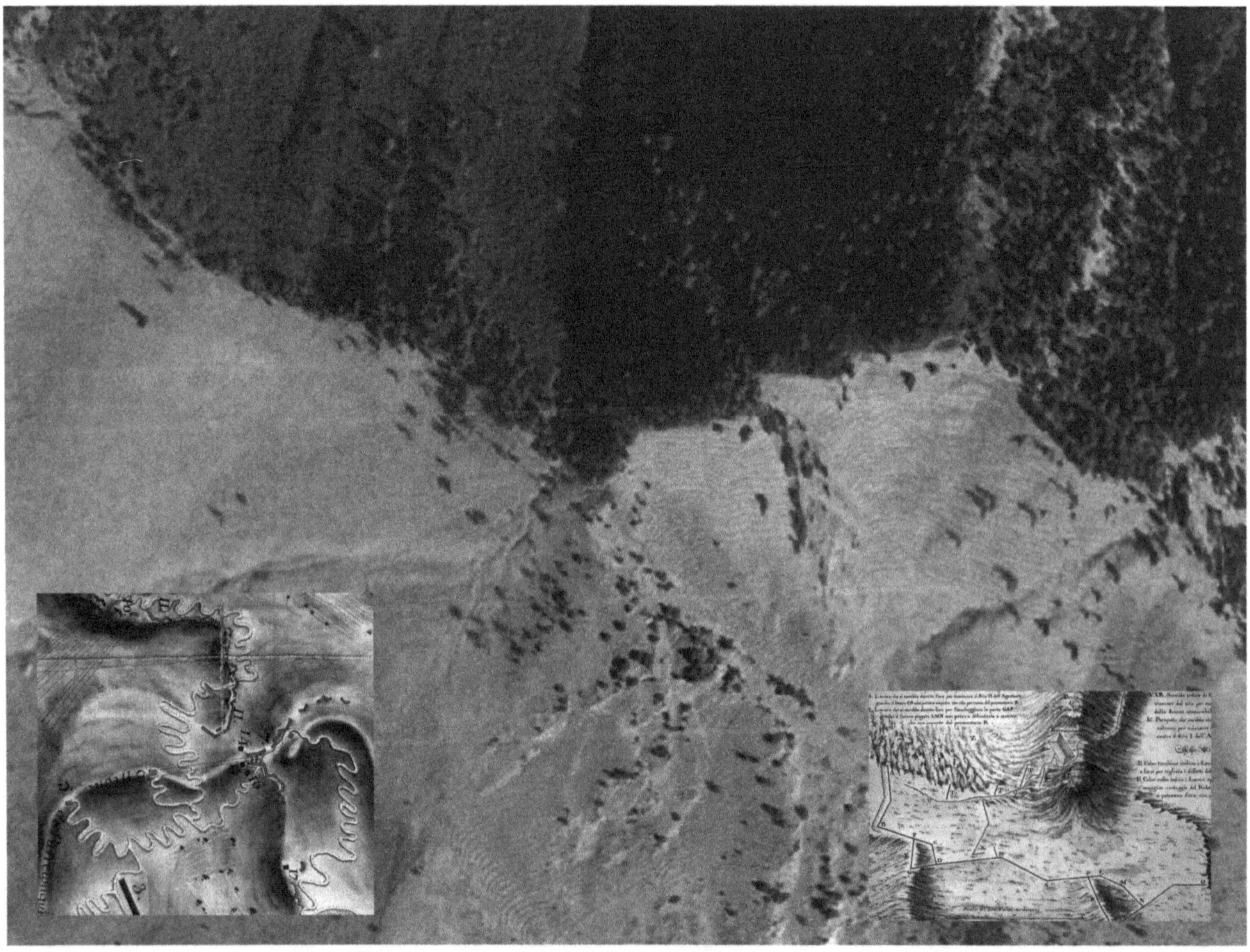

Fig. 56

Fig. 57

Fig. 58

Fig. 59

Fig. 60

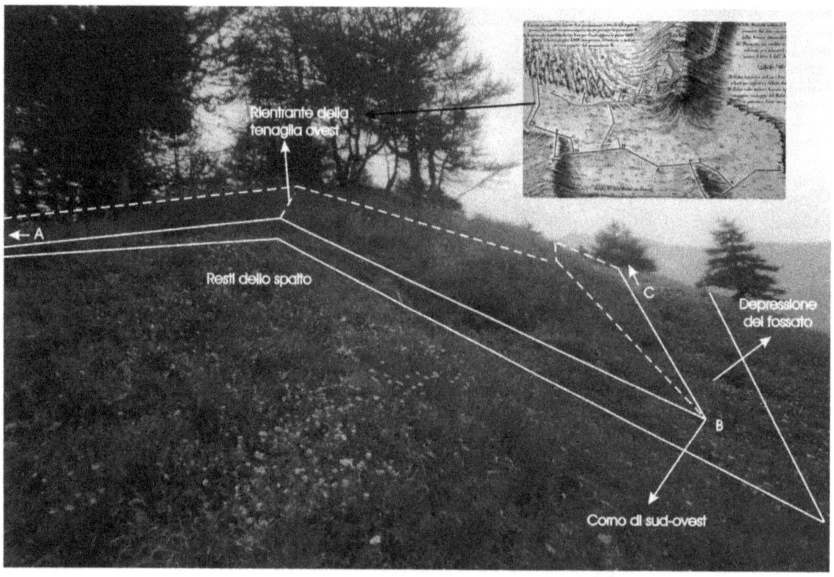

Fig. 61

Fig. 62

Fig. 63

Fig. 64

Fig. 65

Fig. 66

Fig. 67

Fig. 68

Fig. 69

Fig. 70

Fig. 71

Fig. 72

Fig. 73

Fig. 74

Fig. 75

Fig. 76

Fig. 77

Fig. 78

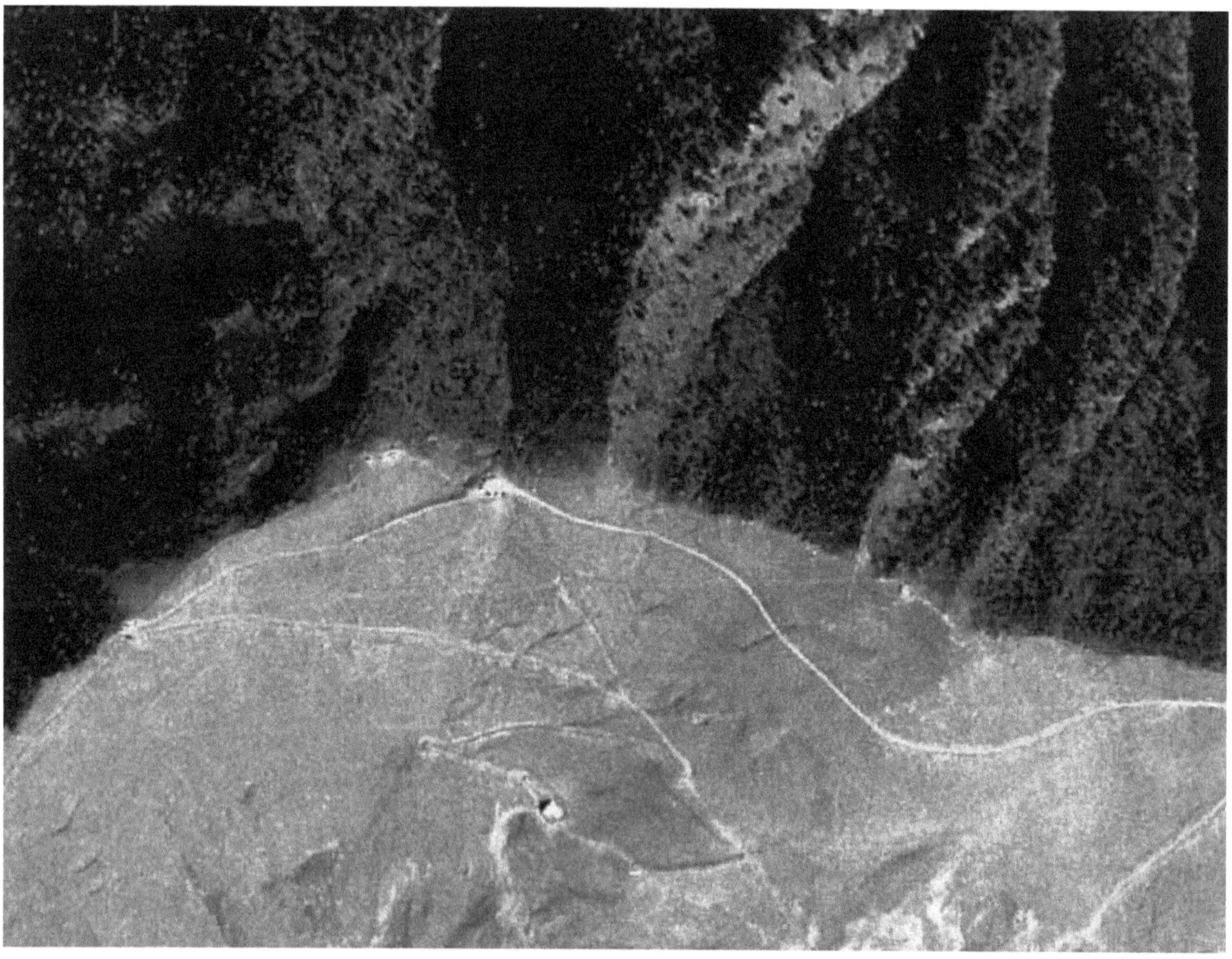

Fig. 79

Fig. 80

Fig. 81

Fig. 82

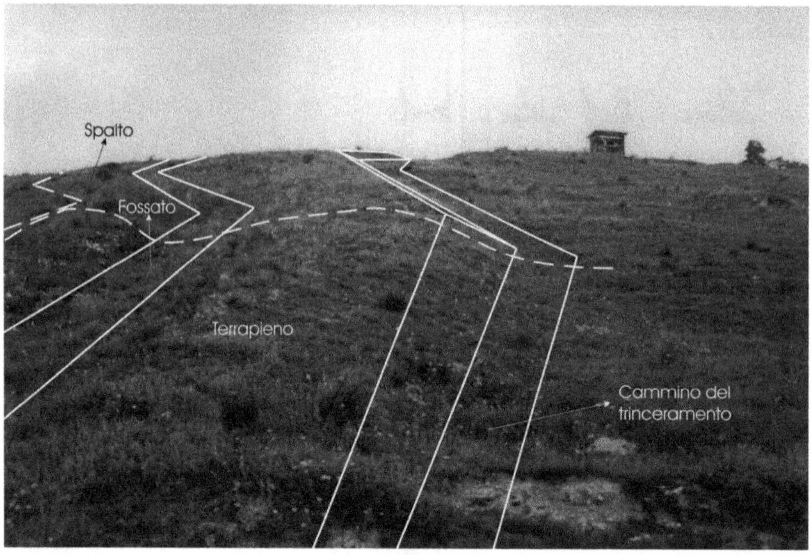

Fig. 83

Fig. 84

Fig. 85

Fig. 86

Fig. 87

Fig. 88

Fig. 89

Fig. 90

Fig. 91

Fig. 92

CAPITOLO 5

La marcia su Cuneo, dai preliminari di Demonte all'investimento della piazzaforte

Ciro Paoletti

Strategicamente fallita la penetrazione attraverso la Riviera Ligure di Ponente, il 21 giugno del 1744 le truppe franco-spagnole ripassarono il Varo per forzare il passaggio delle Alpi dal Delfinato. Carlo Emanuele III fece ruotare il suo dispositivo verso ovest, spedì cannonieri e ingegneri a Demonte e a Cuneo, ordinò al generale di Corbeau, che comandava la zona di Saorgio, di estendersi verso il Nizzardo con la sua brigata regolare e col gran numero di milizie di cui disponeva e si spostò nella zona di Demonte.

Le valli cuneesi e il forte di Demonte

Fin dal 1590 il duca Carlo Emanuele I aveva ordinato al suo ingegnere militare Ercole Negro di Sanfront, di ricostruire il forte di Demonte, demolito dagli Spagnoli nel 1558. Dopo un sopralluogo, Sanfront aveva abbandonato l'idea di restaurare i resti del vecchio castello e ne aveva eretto uno nuovo a pianta quadrangolare sulla riva occidentale della Stura, vicino alla confluenza in essa del torrente Cant. Il nuovo forte di Demonte, ampliato e rinforzato, nei due secoli seguenti aveva rappresentato per le truppe francesi un ostacolo dei più temibili. Anzi, l'ostacolo per eccellenza: infatti le uniche altre fortificazioni, di rilevanza minore rispetto a Demonte, limitate a una rocca e ad un sistema trincerato, furono edificate quasi al centro della val Varaita, a Sampeyre, nella frazione di Villar. In pratica le opere difensive alpine permanenti erano tutte qui.

Questo accadde perché per fortificare le terre di nuovo acquisto Carlo Emanuele si era basato su alcune evidenti considerazioni strategiche, sviluppando le quali era giunto a delle insolite conclusioni. La prima considerazione riguardava il territorio da difendere, che non era l'appena acquisito Marchesato di Saluzzo, ma il Piemonte e, più in generale, la Pianura Padana. Ciò implicava che non era necessario bloccare il nemico sulle Alpi, lo si poteva aspettare in pianura, limitandosi ad avvistarlo e rallentarlo in montagna, anche perché l'obiettivo strategico fondamentale nel Marchesato era il passaggio del Po sotto Saluzzo, l'unico esistente, allora e in seguito, dalle Alpi a Venezia, all'infuori dei ponti di Torino.

Poiché l'accesso dal Delfinato poteva avvenire indifferentemente da tutt'e tre le valli, Varaita, Maira e Stura, e poiché esse sfociavano tutte più o meno nella stessa zona, era inutile e dispendioso, sia in termini di denaro che di materiali e truppe, costruire imponenti difese fisse in ogni valle e si poteva invece accentrare la difesa più indietro. Di conseguenza si sarebbero preparate in montagna delle fortificazioni difensive campali di primo tempo, poi ampliate e definite «Barricate», fatte più per rallentare il nemico che per impedirgli il passaggio. Certo, se si fosse riusciti a fermarlo già alle Barricate, tanto di guadagnato, ma, va ribadito, esse servivano principalmente a rallentare e indebolire l'offensiva dell'avversario, facendogli perdere uomini e tempo. Mentre fossero state assalite ci sarebbe stato modo di dare l'allarme al grosso delle truppe sabaude, concentrandole a valle per una difesa di secondo tempo, dura, decisa ed appoggiata al terreno e ad opere fortificate di maggior importanza, come Demonte.

Ammesso che le Barricate fossero state superate, il nemico scendendo a valle si sarebbe trovato davanti tutto l'esercito piemontese, magari appoggiato a una fortezza, e in più avrebbe avuto due altri svantaggi: l'allungamento delle proprie vie di rifornimento e il fatto che sarebbero state più difficili da percorrere a causa dell'attraversamento delle montagne.

Ammettendo che, nonostante le perdite subite alle Barricate, la scomparsa dell'effetto sorpresa dovuta alla resistenza piemontese alle Barricate stesse e la concentrazione delle forze sabaude a valle il nemico fosse riuscito a vincere la battaglia campale risolutiva, o fosse riuscito ad evitarla, la difesa sarebbe stata arretrata sulle fortezze della pianura, adoperate come centri di resistenza a presidio delle vie di facilitazione, strade e fiumi, mentre la milizia piemontese avrebbe avuto il compito di distruggere, o almeno indebolire ancora, l'esercito invasore tagliandogli le già allungate comunicazioni e i già difficili rifornimenti.

Per tutti questi motivi, dopo il 1601 i Piemontesi avrebbero fortificato con opere campali tutte le vie che dalle Alpi scendevano verso la Pianura Padana e, in particolare, si sarebbero dedicati alle tre valli con ottimi risultati. Il primo di questi risultati si era fatto vedere dopo ventisette anni soltanto, quando, nel corso della Guerra dei Trent'Anni, proprio Carlo Emanuele I aveva potuto impedire ai Francesi la calata in Italia lungo la val Varaita, battendoli a Sampeyre il 7 agosto 1628.

Assedio e conquista gallispana di Demonte

Adesso, nel 1744, i Borbonici erano un po' incerti sul da farsi. Già nel 1742 avevano incaricato il colonnello Pierre de Bourcet di studiare la miglior via d'invasione del Piemonte. Questi aveva scartato la penetrazione per le valli della Dora, del Chisone e di Luserna; non aveva nemmeno preso in considerazione la val Maira e aveva detto che era meglio evitare la valle Stura, perché protetta dal sistema delle Barricate che non poteva essere forzato, così come non lo poteva essere la fortezza di Demonte, senza un vero e proprio assedio. In conclusione restava la sola val Varaita. Era facile da raggiungere dalla Francia, il che consentiva anche una rapida ritirata in caso di disfatta, era percorsa da buone strade, facili da allargare; mancava di fortezze e conteneva parecchi grandi villaggi, nei quali si poteva trovare gran quantità di foraggi e viveri. La relazione di Bourcet ed il suo piano d'invasione sarebbero divenuti il cardine teorico della strategia francese degli anni successivi.

§ *Verso l'investimento del forte*

Nel luglio 1744, dopo il disastro di Casteldelfino dell'anno precedente e dopo un giro d'ispezione, sia il principe di Conti sia don Filippo di Borbone decisero di puntare sul marchesato di Saluzzo, cioè di passare proprio da dove Bourcet aveva detto che era più difficile. Ci riuscirono il 18 e il 19 luglio, superando le difese delle Barricate di Stura e di Pietralunga e conquistando poi Casteldelfino, mentre i Piemontesi ripiegavano, concentrandosi a Sampeyre e Demonte.

Infatti, visto superato il primo ostacolo, Carlo Emanuele III, seguendo lo schema difensivo del suo trisavolo, aveva ritirato truppe e cannoni, contando sulla resistenza sia di Demonte sia di Cuneo. Poi aveva disposto tre battaglioni al colle di Sampeyre, sei a San Damiano, ordinando agli otto che al comando di Pallavicini si erano ritirati dalle Barricate di fermarsi intorno a Demonte. Infine aveva concentrato la cavalleria a Saluzzo per sbarrare lo sbocco della val Varaita.

Il 22 luglio Pallavicini si ritirò ancora. Attraversò la Stura sul Ponte dell'Ola, poco a valle di Gaiola, lo fece saltare, mandò quattro dei suoi battaglioni a Cuneo e con gli altri quattro marciò su Busca, lasciando per la strada delle guarnigioni a Caraglio e Dronero, a chiusura rispettivamente degli sbocchi delle valli Grana e Maira, e un avamposto a mezza val Maira, a San Damiano. In questo modo gli sbocchi di tutt'e tre le valli erano chiusi ed avevano alle spalle una linea verticale di resistenza che andava da Saluzzo a nord, attraverso Busca, fino a Cuneo a sud.

Il 26 luglio i Borbonici andarono ad accampare il grosso a Vinadio;

> Carlo Emanuele nel suo nuovo quartier generale a Sampeyre dové fare dei nuovi piani di campagna. I suoi necessari obiettivi erano impedire o ritardare l'assedio di Demonte [...] e a questo fine sconvolgere le comunicazioni alleate con la Francia e anche, ove possibile, evitare che la cavalleria nemica facesse scorrerie nella pianura del Piemonte. Il piano d'essere forte su tutte le posizioni era fallito e la scelta migliore adesso era una difesa attiva, consistente nel tenere l'esercito riunito e nello scegliere una posizione che per il nemico sarebbe stata difficile da attaccare e dalla quale lui potesse invece colpirlo in qualsiasi direzione se e quando se ne fosse offerta l'opportunità[1]

Così, il 27, il Re spostò indietro il suo esercito da Sampeyre a Becetto, chiudendo il passo di Cervetto. In questo modo non solo sbarrava meglio l'unico accesso diretto alla valle del Po, ma continuava a controllare la val Varaita, vi impediva qualsiasi movimento ai Francesi e si trovava su una posizione praticamente impossibile da assalire e a sole due marce da San Damiano, raggiungibile attraversando la val Varaita e poi il passo sul Colle Birrone. Per di più, appostato in quel modo, gli bastavano i soli pezzi scomponibili da montagna modello Bertola, per cui poté mandare tutto il Resto dell'artiglieria a Saluzzo, spostando la cavalleria a Caraglio ed ottenendo come risultato un rafforzamento di tutto il sistema difensivo a nord di Cuneo e la chiusura definitiva dello sbocco della val Maira e della val Grana.

In tali condizioni, per i Gallispani l'assedio di Demonte diventava l'unica mossa possibile; ma ci volle tempo. In teoria avevano tre vie per passare dalla Francia al Piemonte, ma queste potevano anche servire ai Piemontesi per passare in Francia. Perciò per prima cosa le guarnirono bene, piazzando venti battaglioni nella zona di Casteldelfino e dieci in val Maira per proteggere le comunicazioni. Gli altri trentoto furono accampati a Sambuco, per proiettarli in seguito su Demonte. Poi, per far affluire l'artiglieria e la cavalleria e spostare i magazzini da Briançon a Casteldelfino, i Franco-Spagnoli dovettero riparare e ampliare le strade, lavoro non facile, perché i Piemontesi le avevano rovinate quanto più possibile a forza di mine. Solo ai primi d'agosto i cannoni poterono passare e li si fece arrivare fino ad Aisone, per preparare l'assedio di Demonte. Poi venne fatta una ricognizione dei dintorni e, finalmente, quando tutto fu pronto, si investì la fortezza.

§ *L'assedio e la resa, agosto 1744*

Demonte, il cui governatore era il colonnello cavalier Viallet, aveva allora un presidio di cinquantadue ufficiali, circa 1000 soldati e 100 tra bombardieri e cannonieri, con settanta pezzi d'artiglieria[2] e una gran quantità di munizioni.[3] Carlo Emanuele si aspettava una resistenza lunga e i Franco-Spagnoli, del suo stesso parere, avevano destinato all'assedio quattordici battaglioni.

Poiché la guarnigione si era ritirata nel castello e il villaggio era stato dichiarato città aperta, il 6 Conti vi aveva fatto entrare un po' di truppe spagnole, incrementate in due giorni a venti compagnie di granatieri sotto il comando del marchese de Castelàr, e il 9 aveva fatto aprire la trincea davanti al lato meridionale del forte.

---

[1] WILKINSON 1994, p. 161.

[2] Le fonti divergono. Alcune coeve danno presenti nella fortezza quarantasei pezzi, tutto incluso. Secondo i registri del 1741 la dotazione sarebbe stata di cinquanta cannoni e cinque mortai, ma stando al rapporto francese, sarebbero stati trovati a catturati cinquantaquattro cannoni e sedici mortai.

[3] Le scorte d'acque e viveri bastavano per circa sei mesi, mentre quelle di polvere si aggiravano sulle 200000 libbre.

Viallet aveva tentato di cannoneggiare il nemico fin dall'inizio, ma, avendo il campo di tiro ostruito dalle case del paese, dopo averne incendiate un ventina aveva sospeso il fuoco in attesa dell'apertura della trincea. Nonostante la fucileria della fortezza e una sortita notturna della guarnigione, i lavori dei Franco-Spagnoli procederono abbastanza in fretta. L'11 il tiro della fortezza si infittì e, grazie ai razzi illuminanti, poté contrastare ancor di più l'avanzata delle trincee, che si spinsero fino alla riva del torrente Cant, affluente della Stura.

Il 13 le batterie borboniche furono in grado di aprire il fuoco e nella notte fu gittato un ponte sul Cant, facendo avanzare la trincea verso il bastione di Sant'Ignazio, sempre alla luce degli illuminanti e sotto un intenso fuoco dell'artiglieria sarda. Al mattino il tiro della fortezza si concentrò sul ponte e lo demolì rapidamente e senza contrasti. Infatti l'artiglieria borbonica era poco efficace, sia per carenza di munizioni, sia perché lo spessore delle mura di Demonte era tale da risultare quasi indanneggiabile. Si provò a sparare proiettili incendiari, tanto palle arroventate quanto globi incendiari, e si aumentò il numero delle batterie. Ma intanto, per non perdere tempo, il 14 agosto Conti, con venti battaglioni e quaranta squadroni, se ne andò verso Cuneo, defilando fuori della portata dei cannoni della fortezza e lasciando al marchese di Langeron la direzione dell'assedio e quattordici battaglioni, per una forza di 5300 uomini.

Il 15 e il 16 continuarono i duelli di artiglieria e non ci furono novità. Ma nel pomeriggio del 17 cominciarono gli incendi nella fortezza. Il primo capitò al rivestimento di fascine dei parapetti della batteria del Beato Amedeo. Fu domato a fatica, ma poco dopo prese fuoco un magazzino di foraggio presso il bastione di Sant'Ignazio. Questo non sarebbe stato grave se, contemporaneamente, una palla incendiaria alleata non si fosse infilata in una delle finestre del magazzino delle micce, nel palazzo del Governatore, su cui contemporaneamente cadde una bomba. L'esplosione causò un incendio nel magazzino, che per di più era vicino alla polveriera di San Giuseppe. Secondo una cronaca del tempo

> [...] veggendo i soldati fuoco da ogni parte, e vicino a comunicarsi a tre magazzini di polvere, avventaronsi con gran disordine, senza poter essere ritenuti, né dalle minacce, né dai colpi degli Ufficiali, per forzare le porte del Castello. Il Governatore in tale scompiglio non ebbe altro tempo, che d'innalzare una spezie di bandiera, dimandando con istanza di essere ricevuto prigioniero col suo presidio per uscire sul fatto dalla piazza, prima che s'appigliasse il fuoco ai magazzini, e seppellisse tutta quella gente sotto le sue rovine. Accordata subito la sua dimanda, il presidio abbandonò la piazza, a difender la quale dal totale eccidio entraronvi gli stessi nemici, i quali a forza di gente, di buona direzione,e di grandi fatiche, arrivarono a preservare i minacciati magazzini, e ad estinguere anche interamente il fuoco in capo ad alcuni giorni, col minor danno che fu possibile[4]

In realtà le cose andarono in modo lievemente diverso. È vero che i soldati in preda al panico rumoreggiarono e chiesero d'abbandonare la fortezza, incuranti delle minacce e delle piattonate dei loro superiori, ma è pure vero che Viallet, poi accusato di non aver dimostrato la necessaria energia, fu scoraggiato dal maggiore Franchino, del Corpo Reale degli Ingegneri, il quale lo incitò a convocare un consiglio di guerra. Impressionati dalle fiamme, tutti gli ufficiali si dichiararono favorevoli alla Resa, ad eccezione del maggiore Borello, che si sforzò invano di dimostrare che non vi era alcun vero rischio.

Così, mentre Viallet, dopo aver spedito due ufficiali agli assedianti, usciva a sua volta e veniva chiuso fuori dagli ammutinati, che alzavano bandiera bianca e si consegnavano prigionieri, Borello e dieci soldati provvedevano ad evitare il propagarsi dell'incendio. Ma la fortezza ormai era stata resa e quando il giorno dopo ci entrarono, i Gallispani concessero a lui e ai suoi uomini passo libero verso Cuneo con tutto l'equipaggiamento.

I Gallispani in direzione di Cuneo

La caduta di Demonte fu un colpo piuttosto grave, anche se non irreparabile. Solo Cuneo restava ora a frapporsi tra gli invasori e il libero accesso alla Pianura Padana. Carlo Emanuele III, che si era già mosso da Becetto fino a San Damiano, per assalire alle spalle Maulevrier de Langeron, fu costretto a spostarsi tra Dronero e Busca, per sfuggire lo scontro campale e continuare a tener d'occhio il nemico, al quale ormai era aperta la strada di Cuneo, anche se con parecchie difficoltà. Infatti, secondo la miglior tradizione sabauda, il Re aveva scatenato la milizia[5] della zona in un'estenuante guerriglia di logoramento. Dalla fine di luglio i convogli dei nemici venivano regolarmente assaliti e, quando possibile, distrutti, i loro magazzini venivano bruciati, a partire da quelli di viveri nella zona di Demonte e le partite di foraggiamento trovavano una notevole resistenza. A dire il vero gran parte dell'ostilità i Francesi se la tiravano addosso colla loro solita alterigia, per cui i contadini nascondevano tutte le derrate e i fieni e non esitavano a ricorrere alle armi in caso di minaccia. La prova si ebbe quando il marchese di Camposanto coi suoi Spagnoli andò in cerca di derrate, si offrì di comprarle, le ebbe, le pagò e da quel momento la sua divisione fu praticamente l'unica a non avere difficoltà d'approvvigionamento sul posto.

La guerriglia si intensificò man mano che l'estate terminava. Già prima della caduta di Demonte i miliziani e i contadini avevano colpito duramente. Il 10 agosto, ad esempio, erano arrivati a incendiare l'intero villaggio di Aisone, dove i Principi avevano il loro quartier generale e gli alloggi. Conti e don Filippo ne erano usciti vivi per miracolo, ma i danni erano stati notevoli ed erano andate in fumo tra le altre cose tutte le carte di Bourcet.

[4] ANONIMO 1745, Libro Secondo, p. 261.

[5] Erano trentatre compagnie, sostenute da picchetti di granatieri e di fanteria d'ordinanza:
- cinque valdesi: capitani Vaudenst, Rozeir, Audibert, Metrol de Guibert, Panaz
- tre della val Pesio
- cinque della val Vermenagna
- due della val Gesso
- tre della valle Stura
- sei della val Varaita
- nove della val Maira.

Adesso, nella seconda metà d'agosto, Conti e il generale spagnolo Las Minas si trovarono in difficoltà. Da un lato avrebbero voluto agganciare e distruggere l'armata del Re di Sardegna, che stavano inseguendo verso Caraglio e San Damaso, dall'altro era urgente investire e assediare Cuneo, ma la guerriglia impegnava loro una gran quantità di uomini e cavalli e rendeva impossibile fare tutt'e due le cose insieme. Così, quando Carlo Emanuele III il 19 agosto si fermò sulla Maira e schierò i suoi 25000 uomini, loro, pur avendone 50000, non ebbero il coraggio di rischiare una battaglia.

Entrambi i contendenti rifiutavano di prendere l'iniziativa ed entrambi riunirono il consiglio di guerra. Quello piemontese vide la maggioranza dei generali proporre la ritirata a nord del Po e il Re, in disaccordo con loro, scegliere la proposta del generale Saluzzo della Manta, un veterano in campo dai tempi della Grande Alleanza, per cui il 24 l'armata sabauda si pose a Saluzzo, in attesa dei promessi rinforzi austriaci, provenienti via mare dal Lazio e via terra dalla Lombardia.

Il consiglio di guerra borbonico fu più contrastato, perché aveva più opzioni fra cui scegliere. Si poteva spingere a fondo l'offensiva campale e agganciare i Piemontesi, oppure costringerli a ripiegare sulla sinistra del Po; si poteva passare all'assedio delle piazze di Ceva e Saorgio, per prenderle e garantire così un'altra e più sicura linea di rifornimento attraverso il colle di Tenda prima di assediare Cuneo e Mondovì, oppure si poteva andare direttamente ad assediare Cuneo. Visto che la stagione era già piuttosto avanzata, alla fine i Borbonici decisero di rischiare e di andare all'assedio di Cuneo. L'operazione sembrava relativamente facile e la presa della città avrebbe fornito il terminale all'appena aperta linea logistica attraverso le Alpi e la base necessaria ad una pronta espansione nella pianura fin dal principio della campagna seguente.

Perciò il dispositivo borbonico si mise in moto verso Cuneo. Alcuni scontri di avanguardie a Vignolo, Bernesso e Caraglio nell'ultima decade d'agosto spianarono la strada al grosso e il 2 settembre l'armata delle due corone si concentrò intorno alla città. In realtà Conti aveva portato il suo grosso fin da metà agosto fra Stura e Gesso dove, all'altezza di Vignolo, aveva poi gittato un ponte sulla Stura per passare sulla riva destra. Caduta Demonte e arrivato il marchese de Langeron, il 21 agosto Conti aveva attraversato la Stura con 11000 cavalieri e trenta battaglioni di fanteria e puntò su Caraglio. Carlo Emanuele aveva meno fanteria e la sua cavalleria era circa metà di quella nemica. Perciò ritirò le sue truppe da Caraglio a Busca e nella note fra il 23 e il 24 agosto ripiegò da Busca a Saluzzo, lasciando la retroguardia come avamposto alla Manta.

I Franco-Spagnoli allora divisero il proprio esercito in due. Diciannove battaglioni e cinquanta squadroni formarono un corpo d'osservazione che si accampò a nord di Cuneo, da Madonna dell'Olmo a Caraglio, i restanti venticinque battaglioni formarono il corpo d'assedio, che mise il campo a Castagnaretto. I magazzini principali e gli ospedali furono piazzati ancora più indietro, a Borgo San Dalmazzo, con una guardia di due battaglioni. Un battaglione fu lasciato a presidiare Demonte e vari piccoli distaccamenti di fanteria furono disseminati a guardia delle comunicazioni lungo la valle Stura, mentre quelli di cavalleria venivano spinti in avanti verso Centallo e Tarantasca. Quattordici ponti sulla Stura mettevano in comunicazione i due corpi alleati e le loro retrovie. Il 2 settembre tutto era pronto e la trincea poteva essere aperta. restava da scegliere la direttrice d'investimento. Le discussioni ricominciarono. All'inizio i Franco-Spagnoli avevano individuato tre possibili fronti d'attacco: il primo lungo la riva della Stura; il secondo su quella del Gesso, presso la cui confluenza con la Stura si trova Cuneo; e l'ultimo nella piana compresa fra i due corsi d'acqua.

Gli ingegneri avevano detto che questa era la parte più forte, ma che la si doveva scegliere lo stesso perché non si rischiava di rimanerci isolati dalle improvvise piene dei due fiumi, le quali avrebbero ostacolato o impedito ogni comunicazione ed inondato le trincee scavate nei loro pressi. Conti voleva che si preparasse un altro settore d'attacco da est, attraverso il Gesso, ma Las Minas si oppose e sostenne il parere degli ingegneri. Tra un dissenso e l'altro si perse un po' di tempo e alla fine, quando si raggiunse un accordo era l'11 settembre. L'indomani fu aperta la prima parallela a sud della città: l'assedio poteva cominciare.

Appendice bibliografica

Si rammenta che lo scioglimento d'ogni genere d'abbreviazione è rimandato alla bibliografia generale del volume

§ *Fonti manoscritte*

BOURCET s.d., *Breve cenno* s.d., *Disposizioni-avanguardie* 1744, *Fuerza del Exercito* s.d., LAGRANGE s.d., MINUTOLI s.d.a, MINUTOLI s.d.b, *Movimenti* s.d., NUVOLI s.d., *Observations sur la route* s.d., PASINI s.d., *Regio Editto* 1744, *Relazione della Campagna* s.d.,

§ *Fonti a stampa*

ANONIMO 1745, VOLTAIRE 1792, BOTTA 1832, GALLEANI D'AGLIANO 1840, MURATORI 1870, BAUDRILLART 1890-1901, LE PELLETIER 1897, GUERRINI 1902, BELIDOR s.d. (1903), VAUGHAN 1913, VOLTAIRE 1971, GRILLETTO 1979, MELENDRERAS GIMENO 1987, BOERI-PAOLETTI 1994, WILKINSON 1994, ANDERSON 1995, BROWNING 1995, PAOLETTI 1995, PAOLETTI 1996, GARIGLIO 1997, ILARI-BOERI-PAOLETTI 1997, PAOLETTI 2001, PAOLETTI 2003

Illustrazioni

Fig. 1

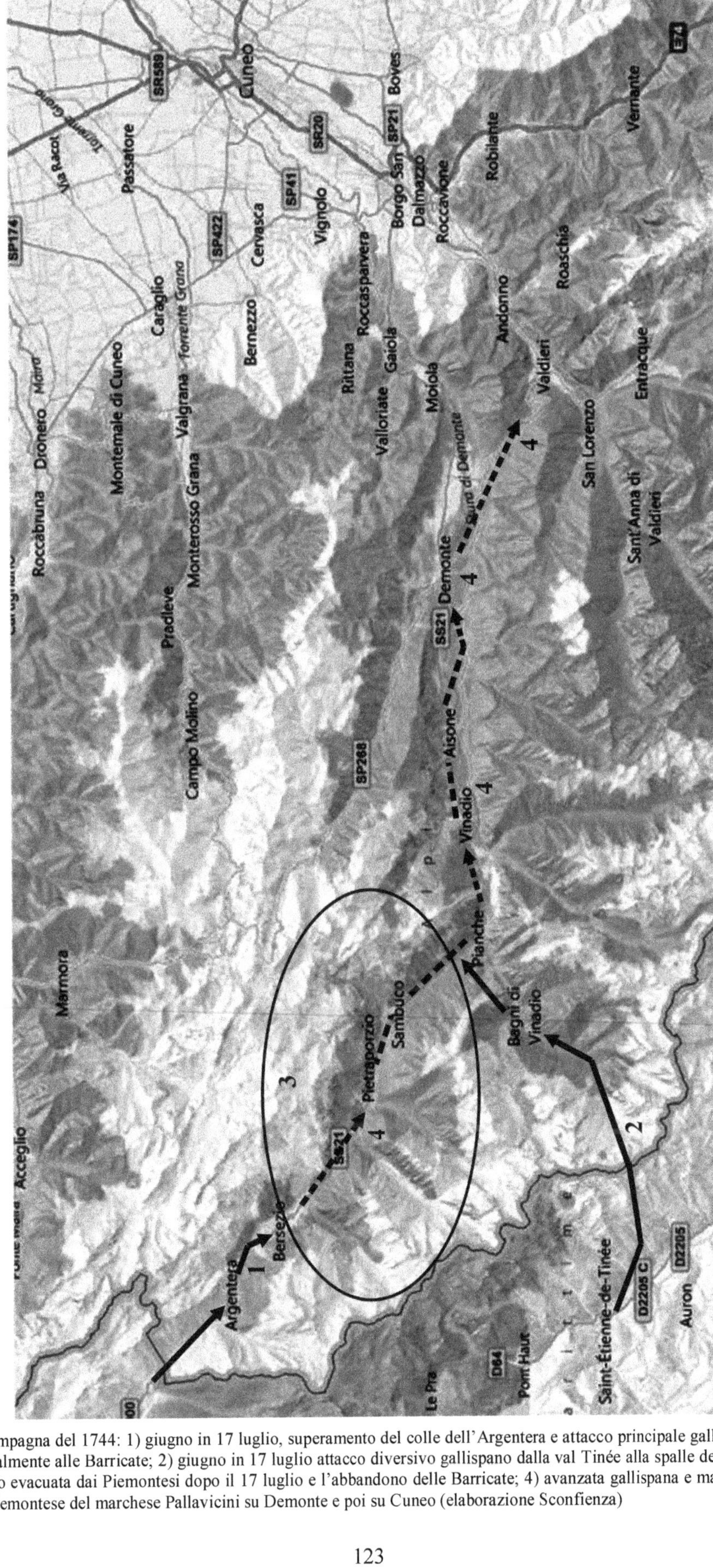

Sviluppo della campagna del 1744: 1) giugno in 17 luglio, superamento del colle dell'Argentera e attacco principale gallispano in valle Stura di Demonte frontalmente alle Barricate; 2) giugno in 17 luglio attacco diversivo gallispano dalla val Tinée alla spalle delle Barricate; 3) area a valle di Bersezio evacuata dai Piemontesi dopo il 17 luglio e l'abbandono delle Barricate; 4) avanzata gallispana e marcia di ripiegamento del contingente piemontese del marchese Pallavicini su Demonte e poi su Cuneo (elaborazione Sconfienza)

Fig. 2

Veduta aerea della valle Stura fra il colle dell'Argentera e Bersezio

Fig. 3

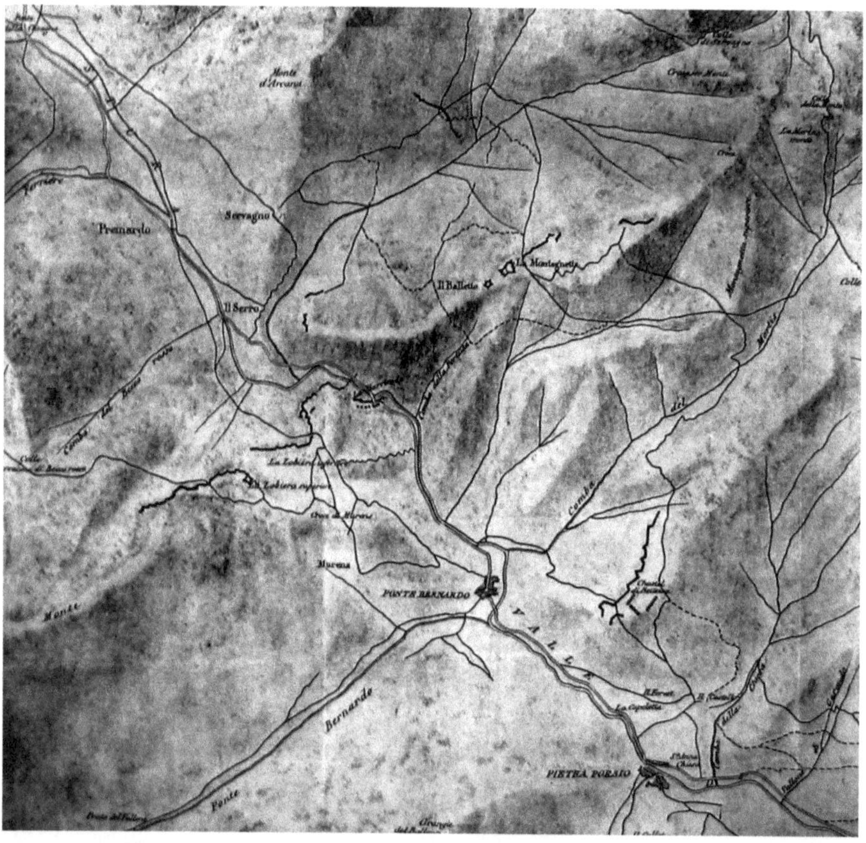

Carta topografica francese del XIX secolo che illustra le difese campali piemontesi nel distretto delle Barricate fra Bersezio e Pietraporzio, comprese le opere sulle alture alla destra e alla sinistra della Stura (da *Topographie Militaire* 1891)

Fig. 4

Veduta aerea della valle Stura fra Bersezio e Pietraporzio; in primo piano si scorge il bastione roccioso delle Barricate nella cui strettoia più a monte dovevano essere collocate le fortificazioni campali piemontesi

Fig. 5

Carta antica raffigurante la valle superiore di Stura con il sistema di opere campali facenti capo al caposaldo delle Barricate, 1710-1744 (AS.TOCorte, *Carta dimostrativa della Valle di Stura dal colle della Maddalena si stende fino al forte di Demonte con trinceramenti lungo detta valle*, Carte Topografiche e Disegni, Carte Topografiche per A e B, Stura 3; da VIGLINO 1989)

Fig. 6

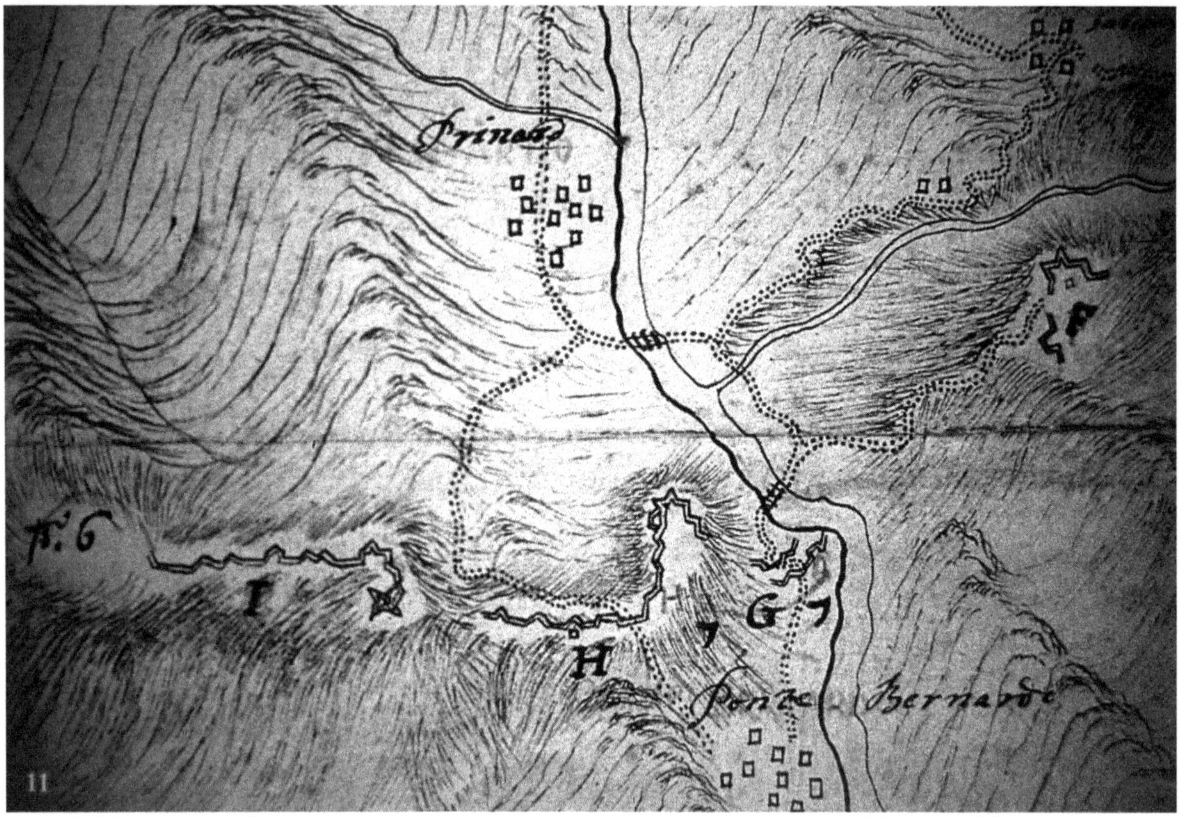

Particolare della carta di Fig. 5 con i trinceramenti alla destra della Stura di Demonte: F) trinceramenti dello scarpamento Madrizza; G) le Barricate; H) trinceramenti della Lobbiera Inferiore; I) trinceramenti della Lobbiera Superiore (da SCONFIENZA 1996)

Fig. 7

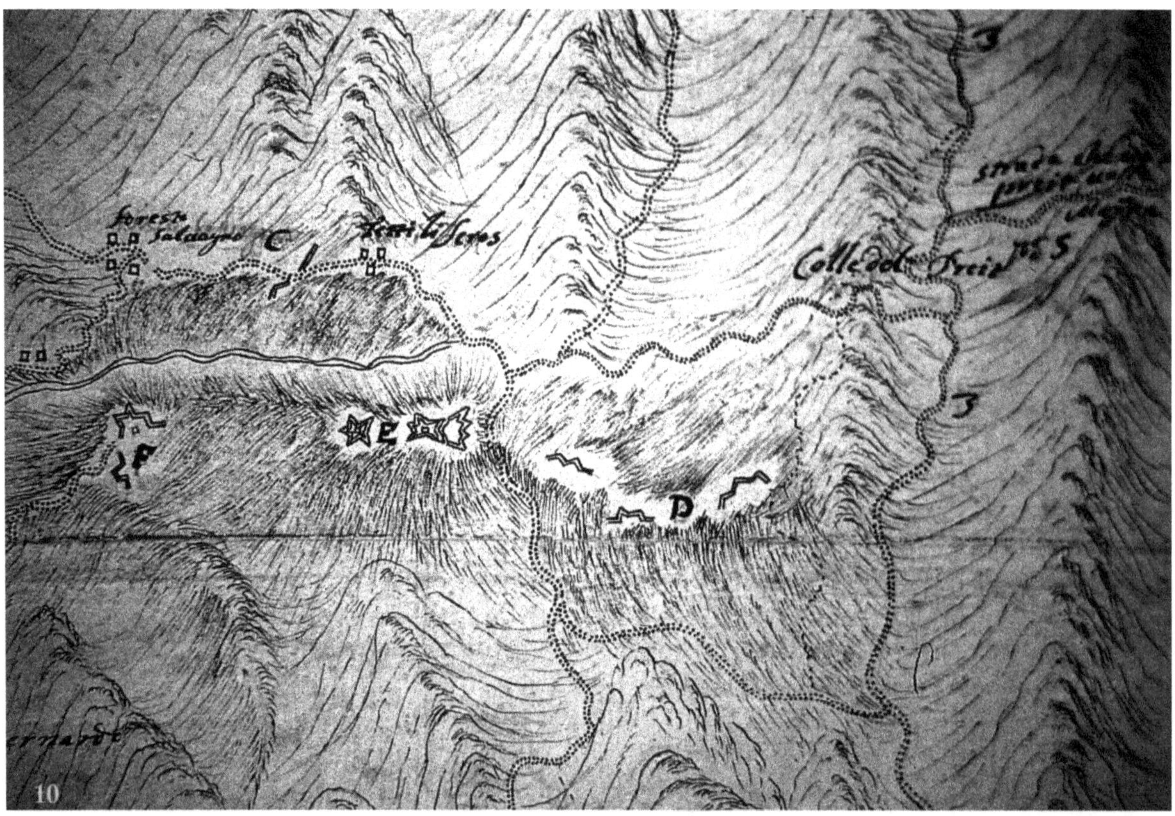

Particolare della carta di Fig. 5 con i trinceramenti alla sinistra della Stura di Demonte: C) trinceramenti di Ser del Doj; D) trinceramenti della Montagnetta Superiore; E) ridotte della Montagnetta Superiore; F) trinceramenti dello scarpamento Madrizza (da SCONFIENZA 1996)

Fig. 8

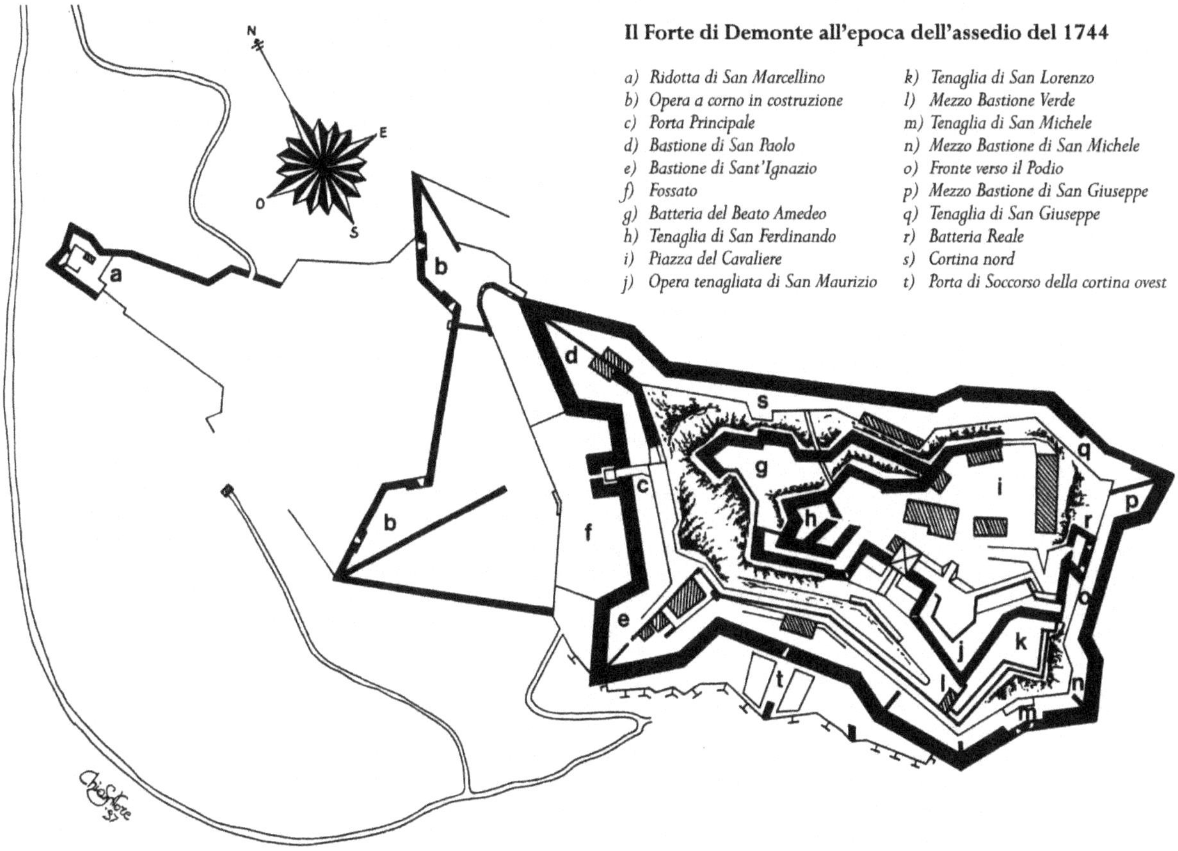

Forte di Demonte nel 1744 (da GARIGLIO 1997)

Fig. 9

Veduta aerea dell'attuale sito del forte di Demonte

Fig. 10

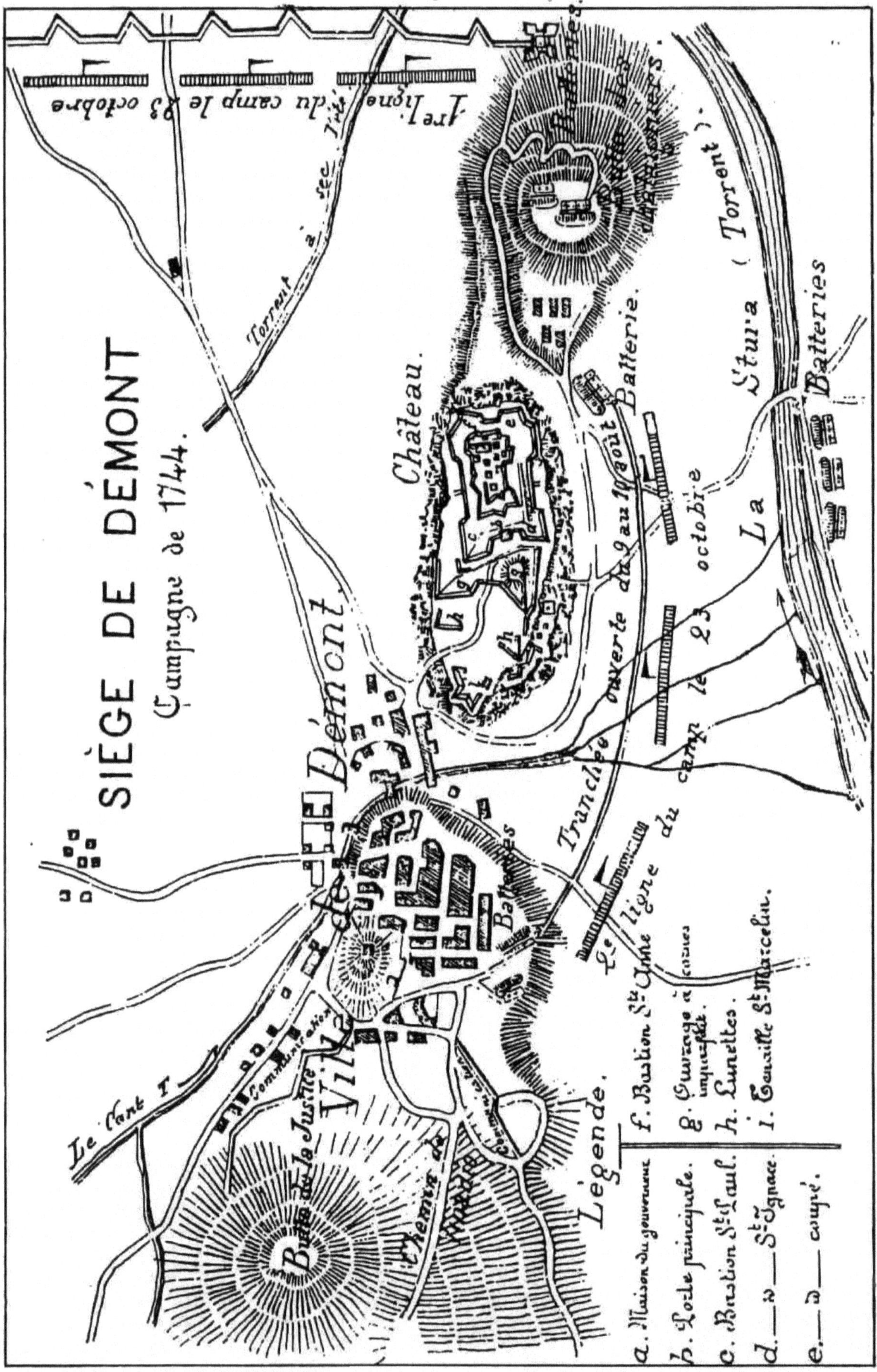

Planimetria ottocentesca dell'assedio di Demonte del 1744 pubblicata in MORIS 1886 (da CAPACCIO-DURANTE 1993)

Fig. 11

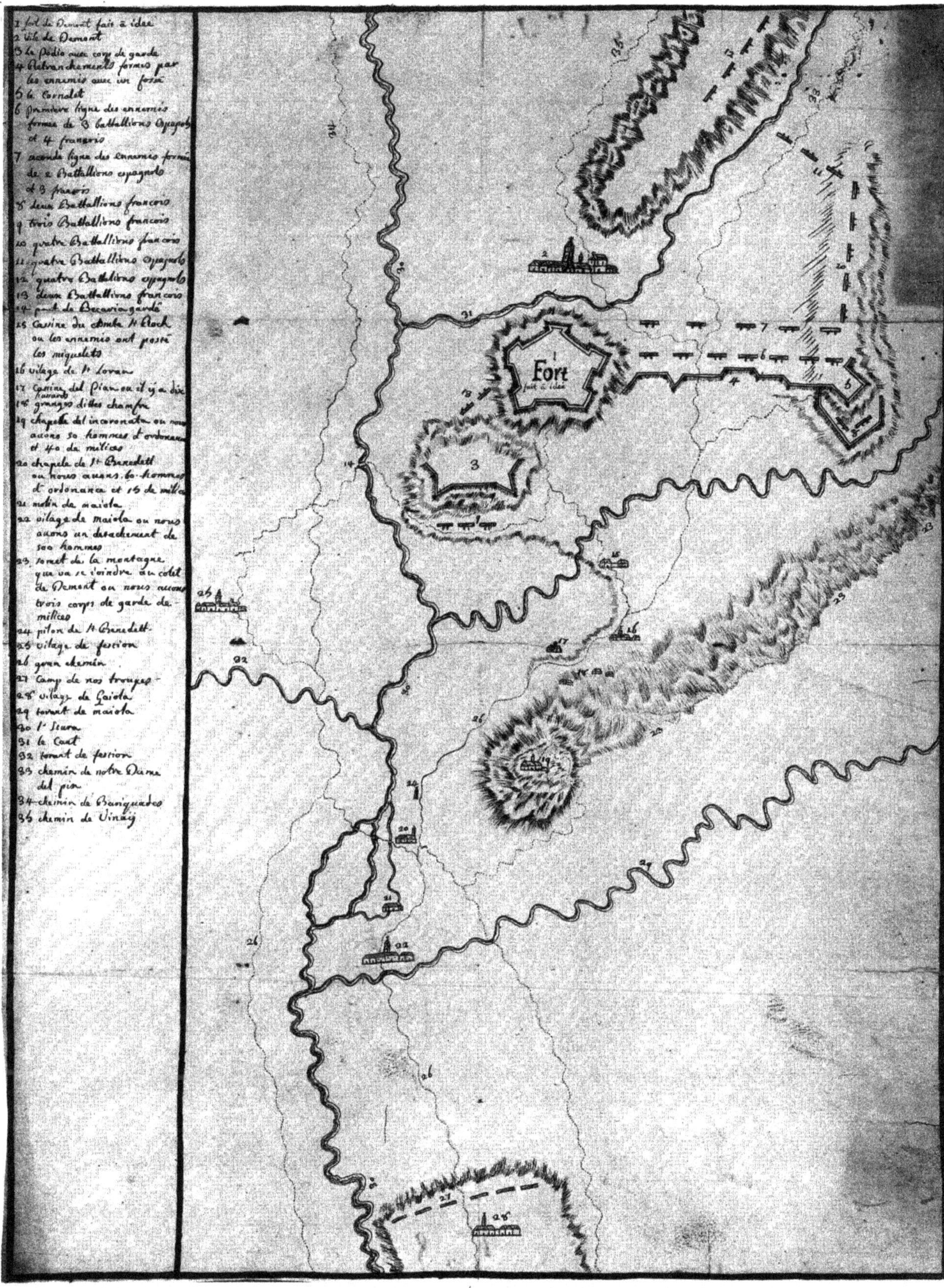

Carta antica raffigurante l'assedio del forte di Demonte nel 1744 (1744, AS.TORiunite, Ministero delle Finanze, Tipi Sez. II, n. 366/8/3; da VIGLINO 1989)

CAPITOLO 6

Il forte di Demonte, duecento anni di vita

Micaela Viglino Davico

La fortezza della Consolata ha una storia particolare nel panorama delle strutture fortificate sabaude: a differenza di molte altre, nate dalla riplasmazione di più antichi manufatti o a volte «risorte» con svariati interventi in tempi successivi[1], ha infatti una precisa data di nascita (1590) e un'altrettanto precisa data di morte definitiva (1796).

Un'altra precipua sua caratteristica è poi quella di aver convogliato su di sé, nei due secoli di vita, le attenzioni professionali dei più bei nomi tra gli ingegneri e gli architetti attivi presso la corte dei Savoia. Unicamente dalla ricerca da poco pubblicata (che, con un evidente peccato di presunzione, avremmo voluto intitolare *Il nuovo Promis*[2]) risultano ben quattordici i tecnici di alto livello coinvolti in operazioni relative al forte di Demonte.

Il forte della Consolata fra XVI e XVIII secolo

Ercole Negro di Sanfront[3], il primo tra i grandi ingegneri sabaudi di origini piemontesi, nel 1590 rileva, insieme al nucleo abitato, il sito del monte Podio su cui la struttura dovrà sorgere e quindi ne redige il progetto; i lavori vengono subito eseguiti sotto la direzione di un altro ben noto ingegnere, Gabrio Busca[4]. Nel 1630 eseguono poi ulteriori adeguamenti alla fortificazione sia Carlo di Castellamonte sia Giacomo Antonio Biga, noto sinora unicamente come esecutore della tavola di Savigliano per il *Theatrum Sabaudiae*[5]. Autori di vedute relative a Demonte sono quindi Carlo Morello nel suo trattato *Avvertimenti sopra le fortezze di S. R. A.* del 1656 e Giovenale Boetto (1666), ancora per la pubblicazione celebrativa dei fasti sabaudi[6], vedute che in sostanza non arrecano però significative notizie sul nodo difensivo nella valle Stura.

L'incombere di nuovi pericoli di invasione francese nell'ultimo decennio del secolo vede invece l'affermarsi di interventi operativi per migliorare la fortezza, aggiornandone il potenziale bellico. Gaspare Beretta, uno dei massimi esperti del ducato di Milano[7], vi compie un sopralluogo nel 1690 e, pur impegnato nell'assedio di Cuneo, vi propone un progetto di rafforzamento, così come Michelangelo Garove[8], che riprenderà le proposte di miglioria alle fortificazioni di lì a una dozzina di anni. La situazione alla metà degli anni novanta risulta comunque dalla pianta redatta da Giulio Bessone, un tecnico che diverrà più noto negli anni trenta per la sua attività in Sardegna[9]: l'assetto del forte è il risultato degli interventi già accennati, cui deve essere aggiunto quello di Onorato Guibert che nel 1693 visita la fortezza in valle Stura (insieme a Cuneo, Bard e Mirabouc) e si occupa della sua messa in difesa[10]. Si deve tuttavia ad Antonio Bertola, «primo architetto civile e militare» dal 1628, una vera e propria riplasmazione del forte, studiata durante tre suoi sopralluoghi negli anni 1705, 1707, 1708, documentati ciascuno dalla «Misura generale delli travagli»[11]. La situazione delle difese è costantemente monitorata da altri ingegneri militari: Antonio Maria Lampo produce misurazioni e stime e nello stesso periodo Vittorio Amedeo La Marchia effettua un sopralluogo (1626)[12]. I lavori intrapresi dal padre vengono ancora integrati da Ignazio Bertola Roveda nel 1733 e nel 1744, in previsione degli attacchi che segneranno la prima distruzione della fortezza.

La fase della successiva ricostruzione vede nuovamente impegnata l'élite dei tecnici a servizio della corte di Torino, operosi anche nel costruire edifici di pregio: da Giovan Battista Borra che progetta il palazzo del governatore a Bernardino Pinto di Barri «primo ingegnere di S. M.» dal 1755 in sostituzione del Bertola Roveda, che dal 1757 al 1763 si occupa dell'urbanistica interna al forte e di molte costruzioni, dai nuovi quartieri per gli ufficiali e per la truppa alla Chiesa di San Carlo, a strutture più propriamente militari[13].

L'avvicinarsi nel tempo di tutti questi protagonisti di chiara fama dell'ingegneria e dell'architettura nel pensare e realizzare opere spesso di notevole «modernità» fa di Demonte un caso esemplare per leggere l'evoluzione dei sistemi difensivi del ducato sabaudo dal XVI al XVII secolo. Pare pertanto utile tracciare un percorso attraverso le trasformazioni della fortezza dal suo nascere alla morte definitiva, percorso nel quale i fatti del 1744 segnano un

[1] Sul sistema difensivo sabaudo VIGLINO 2005a e la bibliografia ivi citata.
[2] Il volume raccoglie le biografie di oltre 300 esperti nell'arte di produrre opere atte alla difesa del territorio piemontese (al di là delle diverse pertinenze politiche) nell'arco di tempo che va dalla metà del XVI secolo all'età napoleonica; si veda dunque VIGLINO *ET A.* 2008 e la bibliografia ivi citata.
[3] Sul Sanfront VIGLINO 2000, VIGLINO 2005b, VIGLINO 2005c; si veda altresì VIGLINO *ET A.* 2008, p. 183.
[4] Sul Busca BONARDI 2005b, BONARDI 2005c, si veda altresì VIGLINO *ET A.* 2008, pp. 77-79.
[5] Si veda VIGLINO *ET A.* 2008, pp. 63, 90.
[6] VIGLINO *ET A.* 2008, pp. 68, 173. Sul Morello si veda altresì VIGLINO-BONARDI 2001.
[7] Si veda VIGLINO *ET A.* 2008, p. 48 e gli importanti rimandi bibliografici.
[8] VIGLINO *ET A.* 2008, p. 137.
[9] VIGLINO *ET A.* 2008, p. 60.
[10] VIGLINO *ET A.* 2008, p. 149.
[11] VIGLINO *ET A.* 2008, p. 58.
[12] VIGLINO *ET A.* 2008, rispettivamente pp. 154 e 153.
[13] VIGLINO *ET A.* 2008, pp. 207-208.

momento di crisi, militare e strutturale, crisi però successivamente risolta[14].

Come è noto, la valle Stura si attesta sul colle della Maddalena, un passo sulle Alpi di importanza strategica nella storia perché transitabile dai cariaggi. Non soltanto: la valle costituiva la comunicazione diretta dei territori di proprietà dei Savoia al di là delle montagne – la valle dell'Ubaye con Barcelonnette[15] - con la pianura cisalpina, da Cuneo verso Torino. Sino al trattato di Lione (1601) la valle era «pizzicata» tra territori compatti del marchesato di Saluzzo e varie enclaves - il tutto sotto l'egida francese - e, fino all'acquisizione nel 1579, la contea di Tenda[16]; la situazione per una eventuale difesa risultava quanto mai precaria, affidabile a qualche castelletto medievale. A questa precaria situazione territoriale crea ulteriori problemi la situazione politica. Gli anni ottanta segnano per la Francia un periodo di anarchia, con le guerre di religione tra i «politici», i cattolici moderati dell'alta borghesia e gli «ugonotti». Approfittando della situazione confusa, Carlo Emanuele occupa le terre del confinante marchesato, ma gli ugonotti guidati da François de Bonne duca di Lesdiguières, scendono in Valvaraita dai passi del Lautaret e dell'Agnello, scatenando la «guerra di montagna» con azioni contro Susa, Pinerolo, Bricherasio, occupano il vicariato di Barcelonnette, minacciando direttamente la valle Stura.

È l'atto di nascita della fortezza di Demonte. Nel 1590 è inviato in valle Ercole Negro che sceglie il sito ove fortificare (documentandolo con un rilievo[17]): non, com'era consuetudine, nel luogo già sede del *castrum* medievale dei Bolleris, bensì di là dal fiume, verso il monte Podio. Il Sanfront redige poi il progetto, di cui si conserva l'originale[18], mentre la costruzione, curata da Gabrio Busca, è terminata nel giro di due anni, come attesta la visita del duca, in marcia verso la conquista della Provenza. L'effettiva consistenza materiale del forte agli inizi del '600 è quindi attestata da un disegno in pianta[19]. Da questa risultano tre piazze bastionate a livelli degradanti; il «forte picol», il «forte grande», il «forte Novo». Alle piazze, rafforzate da palizzate (i «rastelli»), si accede dalla «Porta grande», opposta alla «Porticella del socorso verso levante»; all'interno si individuano l'alloggio del governatore nei pressi della chiesa, alloggi per le truppe, e servizi quali il pozzo, il mulino e il forno. Unicamente la porta maggiore e i due bastioni adiacenti sono «di muro», tutto il resto è «di terra». Nonostante la debolezza dei materiali, il forte della Consolata gode di notevole prestigio presso la corte, come dimostra un inconsueto disegno «di rappresentanza» conservato nel primo volume dell'*Architettura Militare*[20].

Dal 1641 (assedio di Cuneo) alla fine della guerra civile la fortezza è nelle mani dei francesi, ma le vicende militari non ne modificano sostanzialmente la struttura fisica: alla metà del secolo l'assetto delle difese è ancora di fatto quello progettato dal Sanfront. Lo attesta Carlo Morello nel 1656, con il disegno e con la relazione nella quale scrive che «questo Castello potrebbesi migliorare ristaurando solamente le muraglie che vi sono [... poiché, *scil.*] è assai proprio e buono per impedire il passo che è nella valle»[21]

Almeno sino al 1690 possiamo infatti parlare di ordinaria manutenzione, come viene confermato ad esempio dalla relazione di visita dell'ingegnere Rubatti nel 1678[22], in cui giudica l'impianto militare di Demonte tra i più efficienti, a differenza, ad esempio, di quelli «pessimi» di Cuneo e Mondovì. Il forte diviene invece in quella data il nodo fondamentale di resistenza strategica nella guerra alla Francia, con l'adesione del ducato di Savoia alla Grande Alleanza. Vi viene pertanto inviato Gaspare Beretta che si firma «Maestro di Campo et Ingegnere Maggiore» per il «riconoscimento» delle condizioni delle difese: le sue relazioni a fine ottobre[23] danno conto delle migliorie necessarie in una struttura giudicata tuttavia ancora efficiente per la sua «modernità» di concezione[24].

Il forte nel XVIII secolo fino all'assedio del 1744

È necessario giungere agli anni trenta del XVIII secolo per constatare vere e proprie trasformazioni strutturali, con l'intervento dei due ingegneri Bertola. Nonostante una serie di lavori eseguiti nel 1626, la fortezza risultava infatti inadeguata per il pericolo di attacco dell'artiglieria dalla vetta del monte Podio. Si apprestano quindi diversi progetti per l'integrazione delle difese: il forte diventerà il polo dominante di un complesso di barriere digradanti, con una cintura di crinale sul monte Podio, che ne cinge poi la zona sommitale, come attesta il disegno a firma Giuseppe Ignazio Bertola[25], suffragato da altri documenti che rilevano lo stato di avanzamento dei lavori.

L'alleanza del Regno di Sardegna con la Francia e lo spostamento degli interessi militari verso il confine lombardo consentono alcuni anni di quiete alla fortezza, ove non risulta vengano effettuate migliorie. La situazione nella valle Stura ridiviene invece critica dopo il 1740 quando i Savoia, alleati con l'Austria nell'ambito della Guerra di Successione Austriaca, si ritrovano a fronteggiare gli attacchi delle truppe gallo-ispane.

---

[14] Sulle trasformazioni della fortezza si veda VIGLINO 1989, studio al quale si rimanda per gli opportuni approfondimenti.

[15] *infra* figura 1, *Carte particuliére de la Vallée de Sture, et partie de celle de Barcelonete* [...] *Aoust 1710* [...] (AS.TOCorte, Carte topografiche e disegni, Carte topografiche segrete, *Stura*, 18 A V rosso).

[16] *infra* figura 2; immagine tratta da VIGLINO 2005a, p. 55, fig. 20.

[17] AS.TOCorte, *Architettura Militare*, V, fogli 180v., 181.

[18] *infra* figura 3, AS.TOCorte, *Architettura Militare*, I, foglio 7 e (in copia) foglio 73.

[19] *infra* figura 4, ASCC, *Disegni*, n. 124.

[20] AS.TOCorte, *Architettura Militare*, I, foglio 50.

[21] MORELLO 1656, foglio 46 e disegno nei fogli 46v., 47.

[22] AS.TOCorte, Materie Militari, *Intendenza Generale Fabbriche e Fortificazioni*, Mazzo 2, n. 1.

[23] AS.TOCorte, Materie Militari, *Intendenza Generale Fabbriche e Fortificazioni*, Mazzo 2, fasc. 8; si veda il testo completo in VIGLINO 1989, p. 252.

[24] *infra* figura 5, ASCC, *Disegni*, n. 121.

[25] *infra* figura 6. Il disegno documenta le «nuove fortificazioni [...] trazzate nell'anno 1733» e corrisponde a ISCAG, FO, *Demonte*, LVB, n. 3420.

L'attività preparatoria nelle valli del Cuneese è frenetica[26]: dai documenti che, di anno in anno, registrano i contratti di appalto dei lavori[27], si può rilevare come l'anno 1742 sia, per la valle Stura e per Demonte, particolarmente ricco di interventi alle fortificazioni. Uno dei primi appalti riguarda alcune opere di appoggio allo sbarramento delle «Barricades» a monte di Ponte Bernardo e alle ridotte de «Lamontagnette» e di «Bonnety» sui rilievi dell'opposto versante orografico, mentre si procede alla distruzione delle strade non rivolte verso il Piemonte[28]. Ancora nel luglio del 1744, quando ormai la situazione starà precipitando, il Bertola prescriverà nuove fortificazioni sulle alture, al Becco della Croce e al Becco Rosso[29]. Anche alla fortezza della Consolata ci si appresta a migliorare le strutture in vista dei prevedibili attacchi. Nel luglio del 1742 si affidano i lavori per una nuova «andadora in tre rami» in sostituzione della antica strada che adduceva dalla porta principale al vecchio forte; si trasforma il magazzino di Santa Barbara, usato sino allora come deposito delle farine, in «ritiro delle polveri». Si opera inoltre all'adeguamento delle difese con opere «da eseguirsi con tutta prontezza e premura»: spostamento di terre per approfondire i fossati e, in riporto, per rinforzare i muri in elevato, costruzione di cortine in pietra e massiccio approntamento di «fassinate», erezione di «due Baraconi alla prova della Bomba [...] in testa della galleria tra il Bastione S. Ignazio e mezzo Bastion Verde»[30].

Frattanto erano iniziate le ostilità: nel marzo 1744 i nemici investono la valle Stura e, dopo la strenua resistenza delle truppe austro-sarde in alta quota e il successivo loro ripiegamento, attaccano la fortezza, accerchiandola. I francesi scavano una trincea di sbarramento dal paese sino ai piedi del monte Podio e bombardano il forte[31]. Il 17 agosto vengono incendiate le cortine di «frassinate» erette due anni prima; il diffondersi delle fiamme minaccia il deposito delle polveri e la guarnigione, nel timore di uno scoppio della polveriera, dopo appena otto giorni di assedio, si arrende. L'esercito franco-spagnolo è quindi libero di proseguire verso Cuneo che, dopo il noto assedio, è costretta a capitolare[32]. La preoccupazione che il forte della Consolata, ritornato in mani sabaude, ridiventi un potente antemurale a Cuneo e di lì alla pianura e a Torino, fa si che la Francia ne decida la demolizione: durante il ritiro delle truppe, la fortezza viene fatta saltare con cariche esplosive, mentre i piemontesi cercano di limitare i danni spegnendo le micce, come attesta la *Pianta del Castello di Demont nello stato in cui il Re lo ha ricuperato*, uno schizzo a carboncino dal quale risulta che, su 36 mine, solo 13 hanno «preso fuoco», mentre le altre sono risultate inefficaci «per il taglio fatto delle micce»[33].

Il forte nella seconda metà del XVIII secolo

L'esito materiale delle infauste vicende belliche del 1744 non appare dunque catastrofico[34]. Del resto, ritornati in possesso della fortezza, i Savoia intendono rifortificarla quanto prima: l'impegno finanziario dal 1754 è altissimo, tanto da raggiungere negli anni dal 1772 al 1773 ben il 24% del «bilanciato» per tutte le «Fabbriche e le Fortificazioni» sabaude[35]. Il risultato è quello di imponenti lavori affidati, come si è detto, ad affermati tecnici, con esiti di inconsueto rilievo anche in campo architettonico[36]. La piazza superiore del forte, prima occupata da edifici isolati, viene riplasmata nell'impianto urbanistico: sul rinnovato dongione si affacciano il nuovo palazzo del governatore[37] e la chiesa di San Carlo con l'abitazione del cappellano (1763) entro il perimetro dei due «quartieri» (il Nord e il Sud). Nella zona dell'«opera a corna» si realizza l'imponente alloggio alloggio a quattro piani per gli ufficiali e, nei pressi, la «porta Reale» (1762-1767) con il suo «ponte fermo» (1766), mentre si riplasma la cinquecentesca porta principale[38]. Fervono intanto le opere di ingegneria di straordinario impegno se rapportate ai mezzi del periodo: basti pensare al pozzo di San Marcellino, realizzato con uno scavo in roccia di oltre trenta metri[39] ! La fortezza della Consolata ha ormai raggiunto il suo assetto completo, secondo i più aggiornati sistemi a vari livelli, come attesta una serie di disegni ritrovati negli Archives du Génie di Parigi[40], e manterrà la sua funzione di presidio contro eventuali invasioni dal colle dell'Argentera sino agli anni novanta[41], che segneranno la sua scomparsa.

La Francia rivoluzionaria è in guerra con lo stato confinante «di qua da' monti» e, anche se le operazioni militari non lo coinvolgono direttamente il forte di Demonte ne risulta vittima. Il trattato di Parigi del 1796 ne impone la

[26] Vari documenti forniscono nei dettagli le disposizioni per l'approntamento dell'artiglieria, dei magazzini, degli ospedali, delle provviste; si veda VIGLINO 1989, pp. 138 e sgg.

[27] Per il 1742 si veda nei cinquantanove volumi (1710-1801) il volume n. 21 di AS.TORiunite, Azienda Generale di Fabbriche e Fortificazioni, *Contratti fortificazioni in partibus*, alla voce «Demonte».

[28] AS.TORiunite, Azienda Generale di Fabbriche e Fortificazioni, *Contratti fortificazioni in partibus*, p. 284. Il contratto è in data 7 giugno 1742.

[29] AS.TORiunite, Azienda Generale di Fabbriche e Fortificazioni, *Contratti fortificazioni in partibus*, p. 286, *Istruzioni per la costruzione dei Baraconi* [...].

[30] AS.TORiunite, Azienda Generale di Fabbriche e Fortificazioni, *Contratti fortificazioni in partibus*, pp. 392-398, 474-476.

[31] *infra* figura 7; si veda *Explication du Plan de Demont et des environs, 1744*, tavola esplicativa della situazione d'assedio, conservata in ASCC, *Disegni*, n. 36.

[32] Si veda uno dei più significativi documenti sulle vicende: *Notizie sulle Guerre Austro-sarde*, s.d.

[33] *infra* figura 8; il disegno è conservato in ASCC, *Disegni*, senza collocazione.

[34] Va fatta eccezione per il palazzo del governatore che, colpito da sei cariche esplose, risulterebbe in rovina.

[35] I dati sono assumibili da documenti conservati in AS.TOCorte, Materie Militari, *Intendenza Generale Fabbriche e Fortificazioni*, Mazzo 1 d'addizione, fasc. 24 e Mazzo 2 d'addizione, fasc. 3.

[36] L'imponente quantità di documenti a scala edilizia ritrovati all'ISCAG (pubblicati in VIGLINO 1989), ha permesso di identificare fedelmente la consistenza fisica di tutti i manufatti settecenteschi.

[37] *infra* figura 9. Il disegno mostra il primo progetto dell'architetto Borra, eseguito poi in forme semplificate; si veda ASCC, *Disegni*, n. 126 (quello riprodotto) e n. 133.

[38] *infra* figura 10; ISCAG, FO, *Demonte*, LIVB, n,. 3495.

[39] Per i lavori nella seconda metà del XVIII secolo si rimanda alla ricca documentazio-ne pubblicata in VIGLINO 1989, pp. 159-194.

[40] *infra* figura 11; SHD/T, Vincennes, Archives du Génie, Art. 14, *Places étragères*, Demont, nn. 4 a, b, c; n. 10 (il documento pubblicato).

[41] *infra* figura 12; SHD/T, Vincennes, Archives du Génie, Art. 14, *Places étragères*, Demont, s. n. [1792]. La tavola reca il timbro rosso «Cabinet Topographique du Roy».

distruzione totale: Vittorio Amedeo III è costretto a fornire la mano d'opera per la demolizione, che questa volta è sistematica, sotto il controllo degli ufficiali francesi. Il processo verbale, redatto «L'an 7me de la Republique François»[42], ne attesta l'avvenuta, totale demolizione: è l'atto di morte dopo duecento anni di storia.

[42] AS.TOCorte, Materie Militari, *Intendenza Generale Fabbriche e Fortificazioni*, Mazzo 2 d'addizione, fasc. 11.

Illustrazioni

Fig. 1

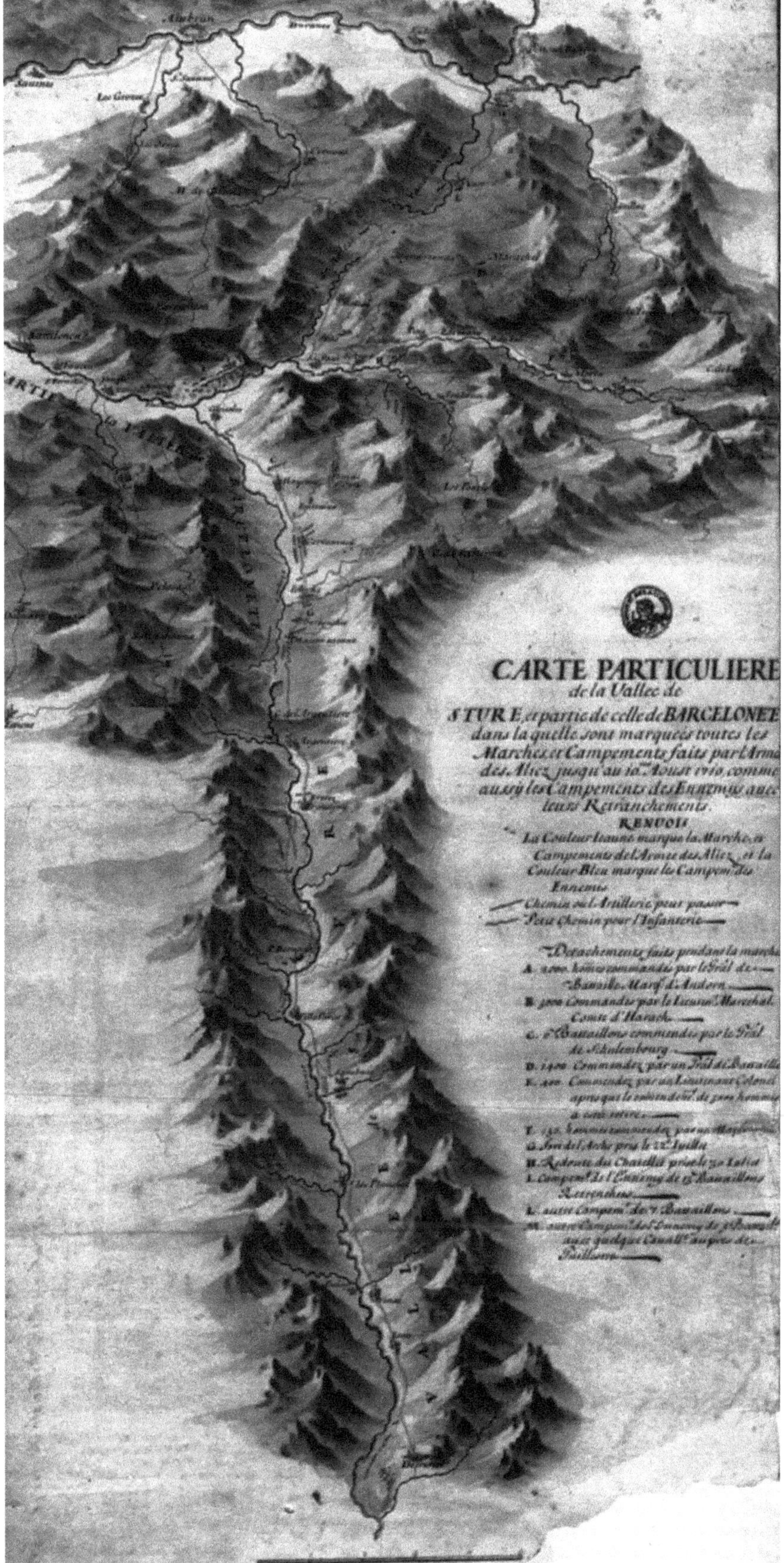

Carta delle valli Stura e Ubaye, entrambe sabaude 1710 (AS.TOCorte, Carte topografiche e disegni, Carte topografiche segrete, *Stura*, 18 A V rosso; da VIGLINO 1989)

Fig. 2

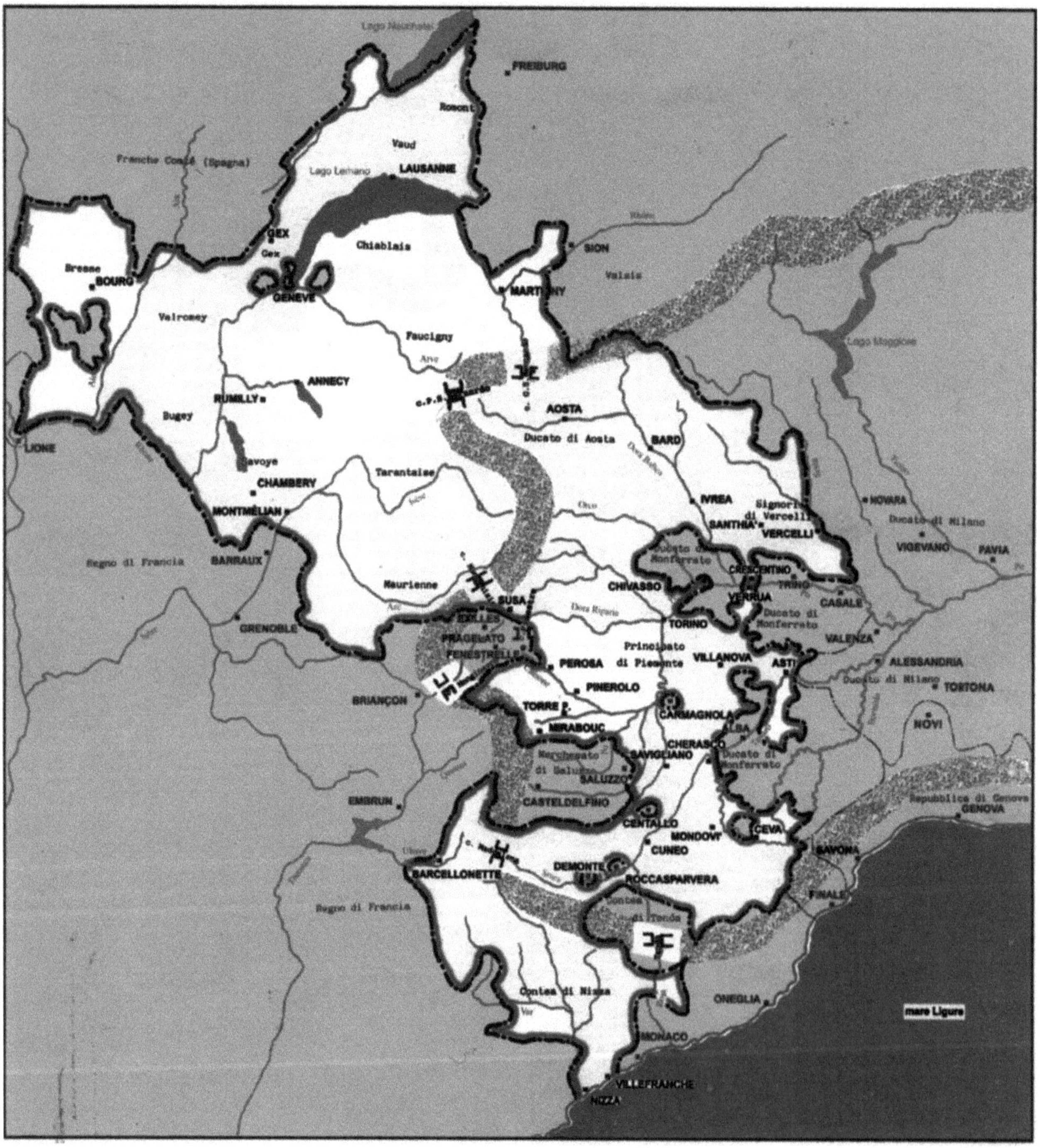

Confini del ducato sabaudo nel 1559 (da VIGLINO 2005a)

Fig. 3

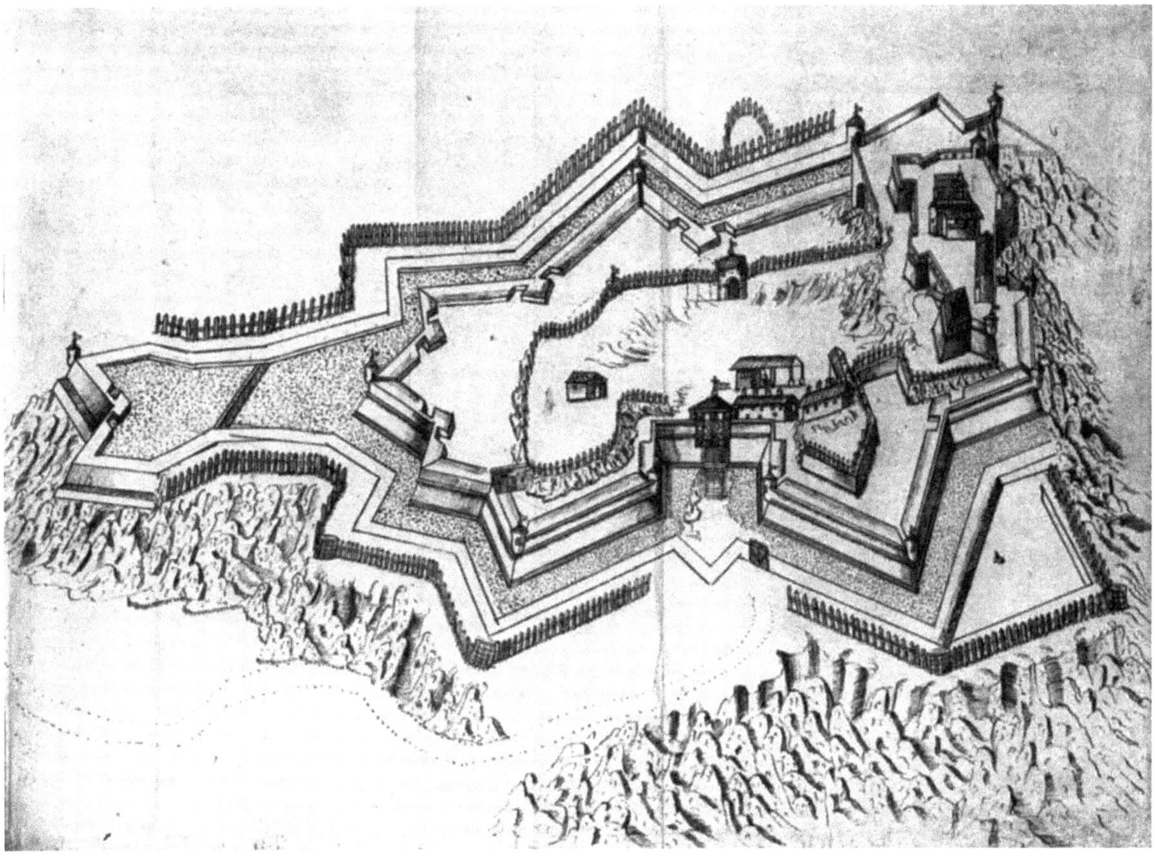

Progetto di Ercole Negro di Sanfront per il forte della Consolata di Demonte, 1590 (AS.TOCorte, *Architettura Militare*, I, foglio 7; da VIGLINO 1989)

Fig. 4

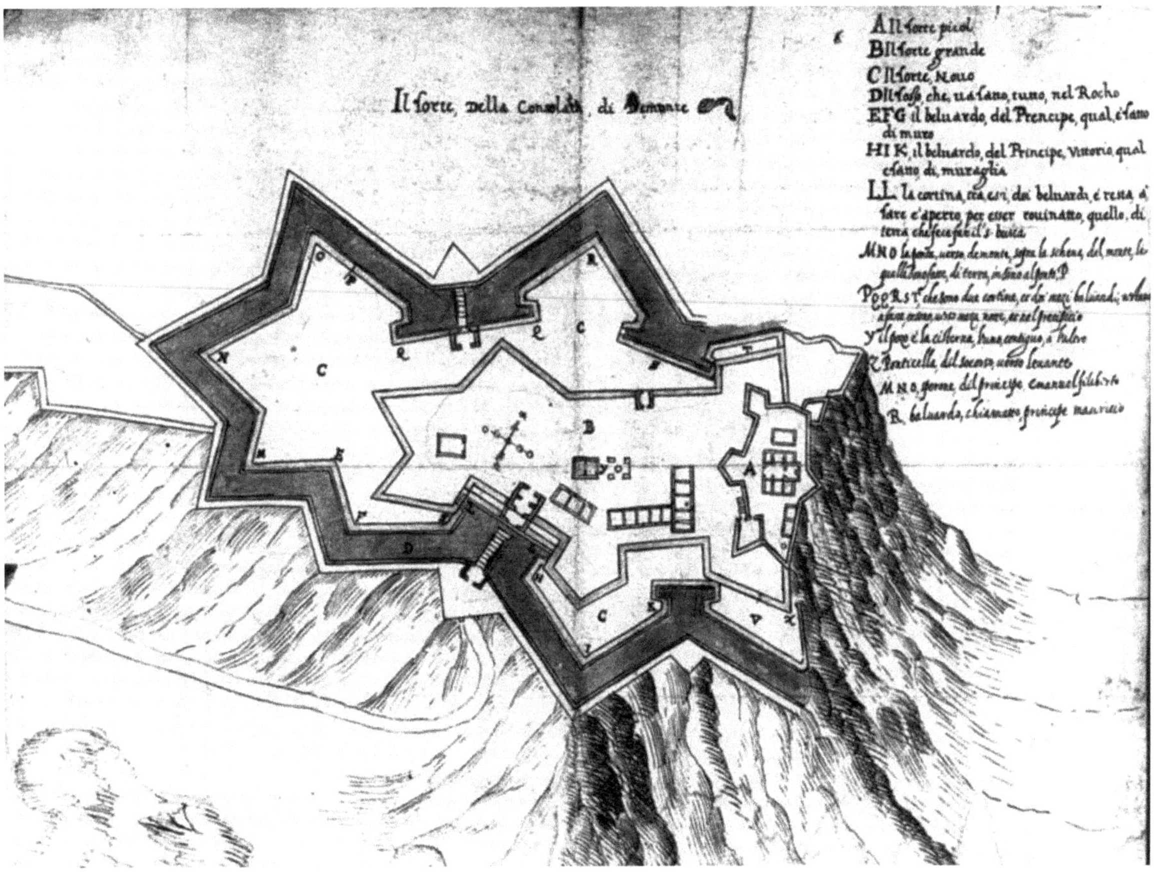

Pianta della fortezza agli inizi del Seicento (ASCC, *Disegni*, n. 124; da VIGLINO 1989)

Fig. 5

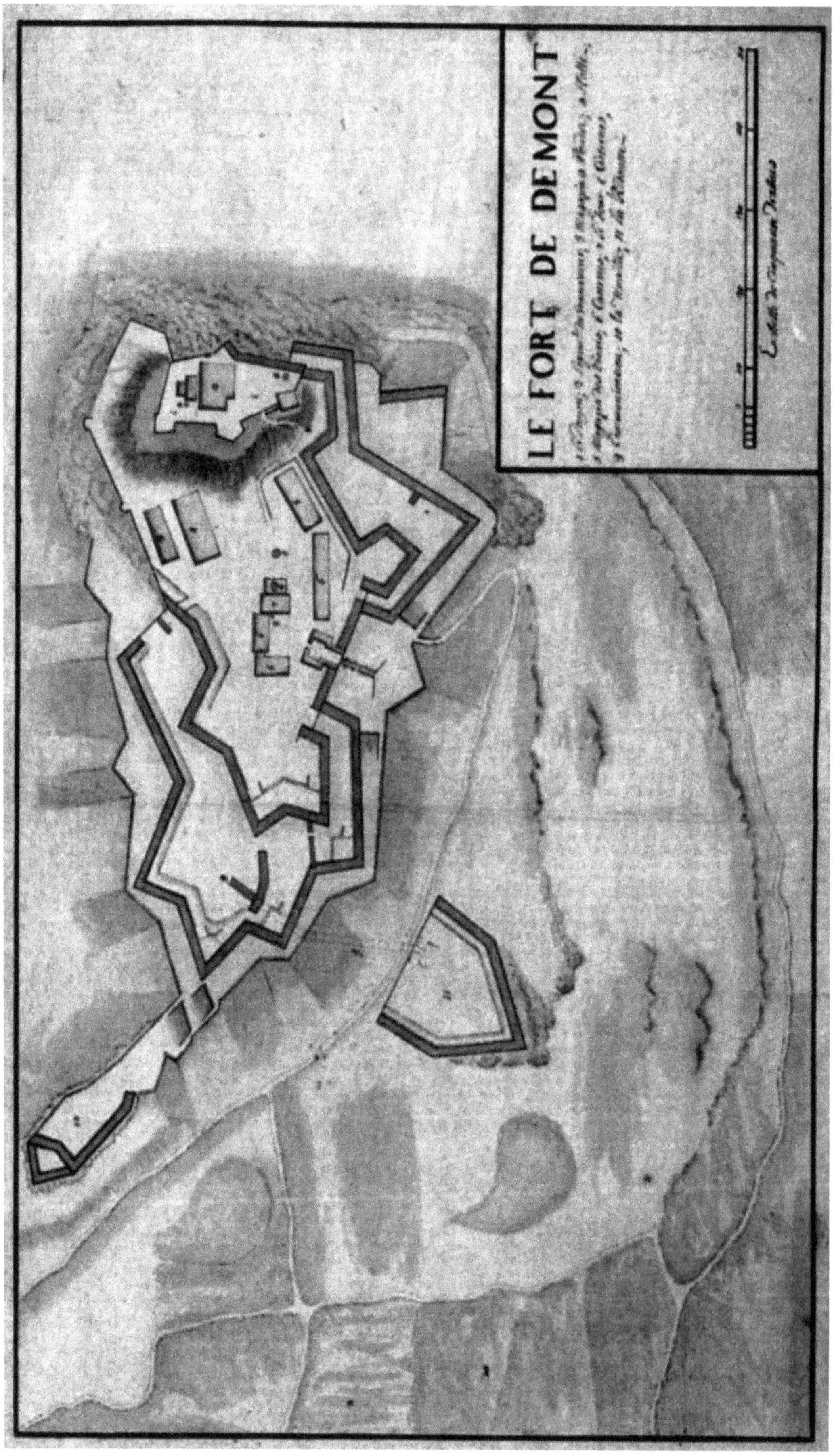

L'assetto del forte negli anni novanta del XVII secolo (ASCC, *Disegni*, n. 121; da VIGLINO 1989)

Fig. 6

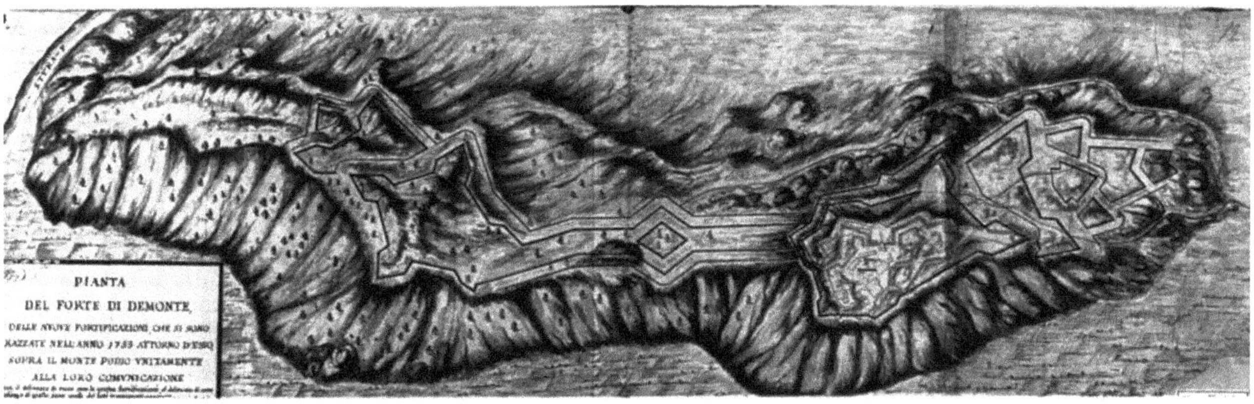

I tracciamentI eseguiti nel 1733 da Giuseppe Ignazio Bertola (ISCAG, FO, *Demonte*, LVB, n. 3420; da VIGLINO 1989)

Fig. 7

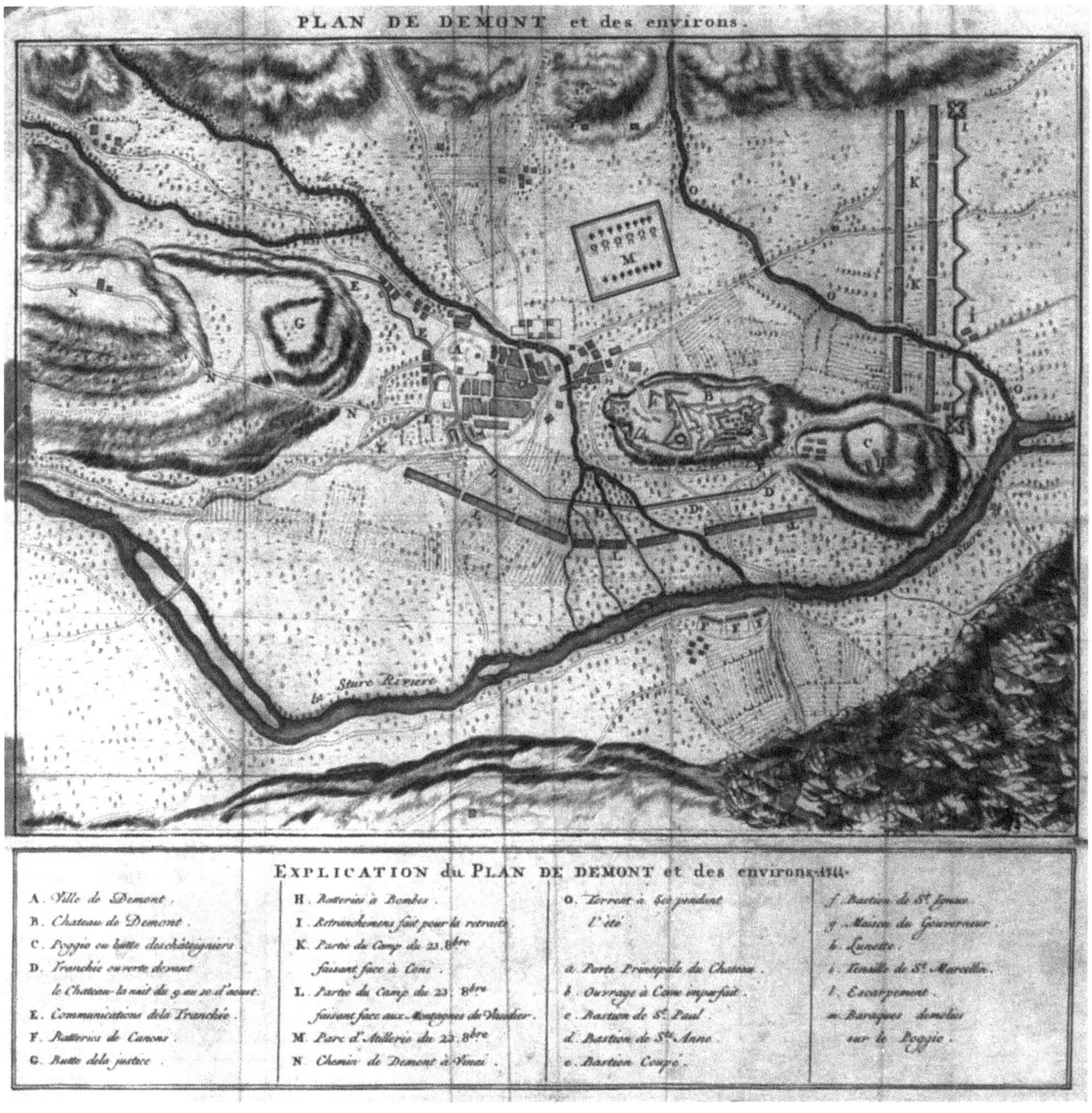

Gli attacchi dei Francesi al forte nel 1744 (ASCC, *Disegni*, n. 36; da VIGLINO 1989)

Fig. 8

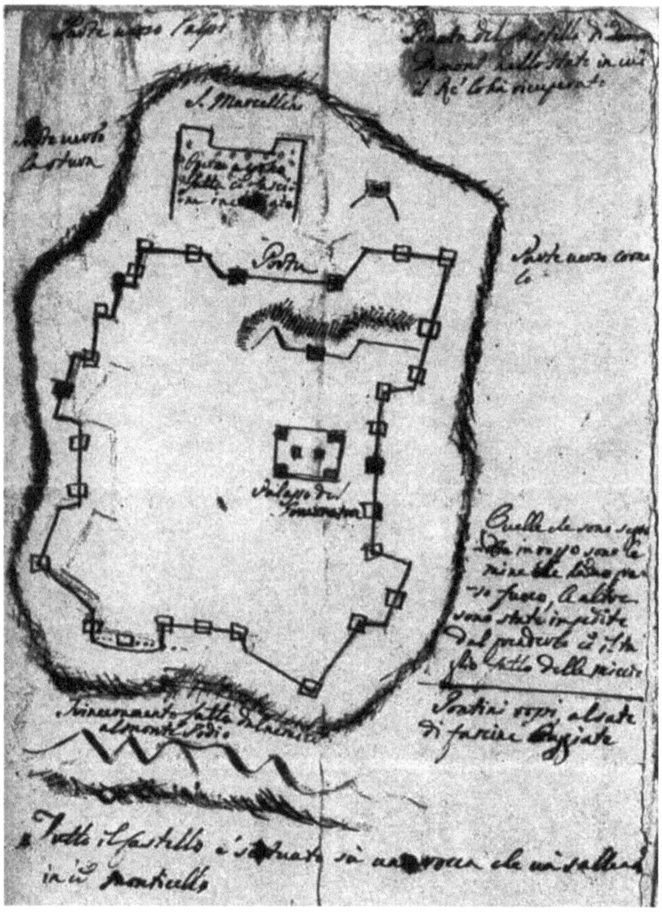

Schema delle cariche esplosive alla fortezza (in bianco quelle disinnescate) durante la prima distruzione (ASCC, *Disegni*, s. c.; da VIGLINO 1989)

Fig. 9

Il primo progetto di Gianbattista Borra per il nuovo palazzo del governatore (ASCC, *Disegni*, n. 126; da VIGLINO 1989)

Fig. 10

La porta cinquecentesca, riplasmata nel 1766 (ISCAG, FO, *Demonte*, LIVB, n. 3495; da VIGLINO 1989)

Fig. 11

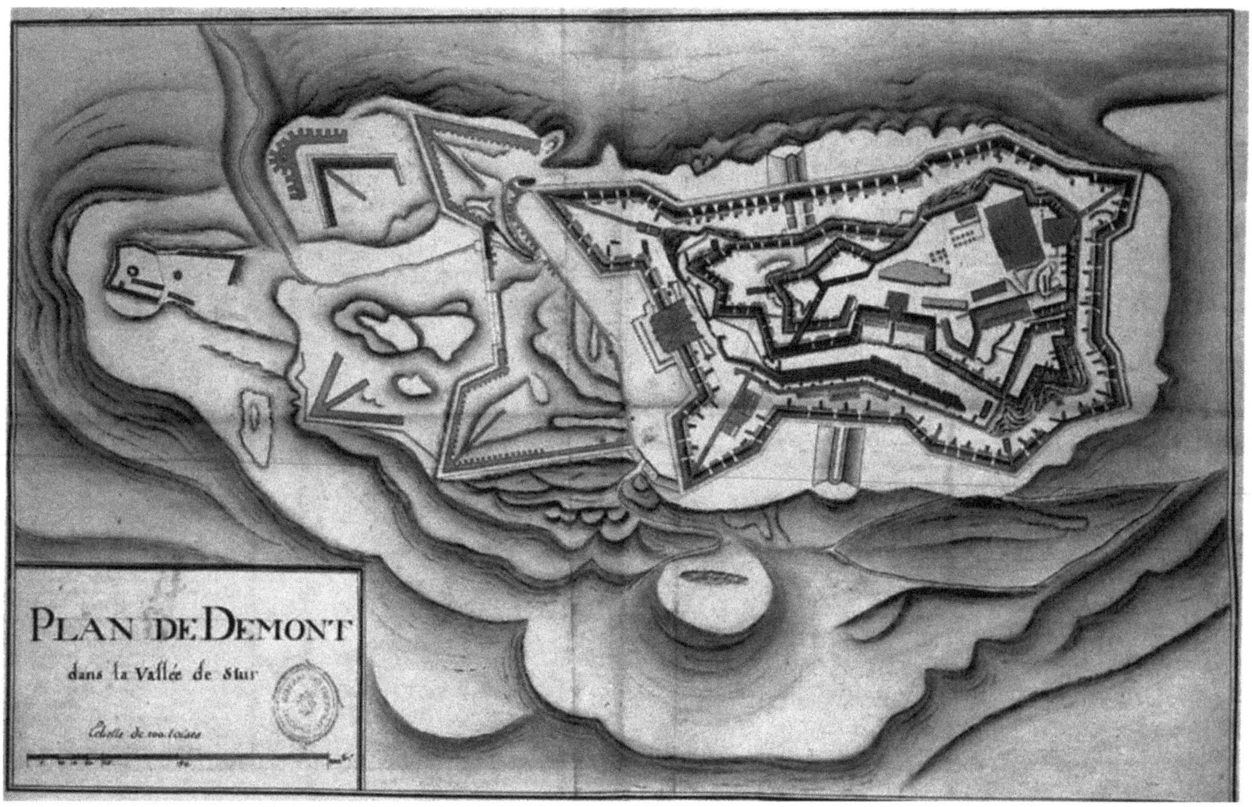

L'assetto del forte in un disegno dell'ultimo quarto del XVIII secolo (SHD/T, Vincennes, Archives du Génie, Art. 14, *Places étragères*, Demont, n.10; da VIGLINO 1989)

Fig. 12

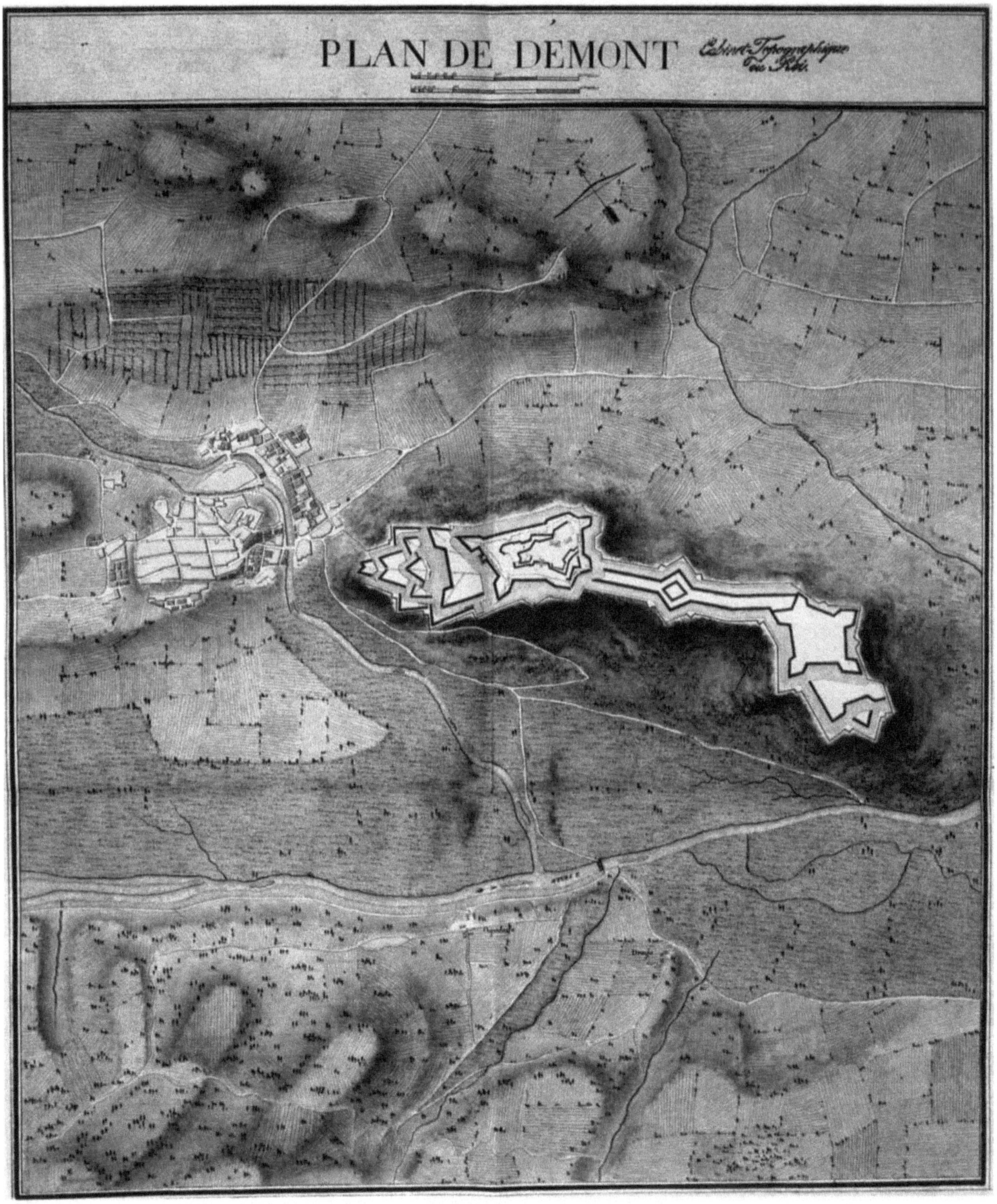

Il sistema fortificato a presidio della valle Stura nel 1792 (SHD/T, Vincennes, Archives du Génie, Art. 14, *Places étragères,* Demont, s.n. [1792]; da VIGLINO 1989)

CAPITOLO 7

L'assedio della piazzaforte di Cuneo e il massimo sforzo gallispano nel 1744

Roberto Simoncini

La città di Cuneo, posta a 534 metri sul livello del mare, sorge su un altopiano a terrazza racchiuso tra i corsi confluenti della Stura di Demonte, a ovest, e del Gesso, a est. Tale posizione, grazie alle rive scoscese che discendono verso i corsi d'acqua, fornisce alla città una protezione naturale su tutti i lati tranne che su quello orientato a sud, aperto sulla pianura.

Da sempre considerata posizione strategica[1], nel 1744, dopo la drammatica resa del forte di Demonte, così in anticipo rispetto ai piani ed alle speranze dello stato maggiore sabaudo, essa rappresentava l'unica piazzaforte degna di tale nome a chiusura dello sbocco sulle pianure piemontesi. Una volta caduta Cuneo, queste sarebbero state alla mercè degli eserciti delle Due Corone. Negli intendimenti di Carlo Emanuele III questa piazza avrebbe dovuto resistere almeno tre mesi, il tempo necessario perché arrivasse la stagione invernale e, di conseguenza, la sospensione delle operazioni, così da permettere al regno di riarticolare le proprie forze e, magari, ricevere qualche valido aiuto dagli alleati di Vienna.

Le fasi preliminari

Il comando della piazza fu affidato dal Re al maggiore generale di fanteria barone Friedrich von Leutrum, un ufficiale tedesco, al servizio piemontese dal 1706, che si era guadagnato l'ultima promozione alla battaglia di Camposanto nel febbraio 1743. Il Leutrum sostituiva il governatore in carica, conte Ottavio Pallio di Rinco, il quale, a causa dei problemi di salute e dell'età avanzata, non appariva in grado di sostenere la bufera che stava avvicinandosi all'orizzonte. Giunto a Cuneo nella notte tra il 18 e 19 agosto 1744, accompagnato dal primo battaglione del reggimento di Kalbermatten e da alcuni pezzi di artiglieria, il Leutrum era uomo dal carattere tenace ed energico, nonché militare coraggioso e competente, e assumeva sulle sue spalle un compito che non pochi nell'esercito piemontese ritenevano disperato. Il suo vice era il brigadiere De Rossi.

La città era cinta da una cortina muraria dalla forma pentagonale[2]. A settentrione, nel settore della confluenza, sorgevano due bastioni: il San Giacomo, sul lato del torrente Gesso, e il Sant'Anna, con annessa controguardia, verso la Stura; tra questi era posizionata la porta di Torino protetta da una mezzaluna. A ovest la cortina procedeva parallela al corso della Stura, dal bastione Sant'Anna incontrava bastione e controguardia di San Francesco e si congiungeva col bastione di Caraglio. Nel settore opposto, quello orientale, parallelo al Gesso, la città era chiusa da una cortina di origine medievale sulla quale erano assenti opere bastionate e, allo scopo di potenziarla, erano stati avviati dei lavori per la realizzazione di nuovi trinceramenti, il cui stato tuttavia non era ancora soddisfacente.

Infine, sul fronte meridionale, quello più esposto ad un attacco, la cortina era composta da due tratti che si incontravano formando un angolo ottuso dove sorgeva il bastione di mezzo, detto della Madonna degli Angeli, sul cui lato orientale era aperta la porta di Nizza. La cinta era chiusa sul lato del Gesso dal baluardo dell'Olmo e sul versante opposto da quello di Caraglio. La struttura era rinforzata dalle rispettive controguardie e dalle mezzelune che proteggevano i tratti di cortina. Il conte Ignazio Bertola, su incarico del Re, aveva provveduto ad un ulteriore intervento di potenziamento con l'attivazione di tre frecce, in corrispondenza delle linee capitali delle due mezzelune e del bastione centrale.

Il Leutrum ritenne opportuno aumentare la profondità del dispositivo difensivo sul lato sud e fece approntare una linea avanzata costituita da tre ridotte, poste ad una distanza fra i 300 ed i 500 metri dall'opera viva e collegate tra loro tramite una strada coperta. Le truppe a disposizione del governatore erano costituite da circa 3200 regolari, appartenenti a otto battaglioni[3]:
- fanteria d'ordinanza nazionale: secondo battaglione del Monferrato, primo battaglione del reggimento Fucilieri;
- fanteria svizzera e fanteria tedesca: primo e secondo battaglione del Kalbermatten, terzo battaglione del Guibert, primo battaglione dello Schulembourg;
- fanteria provinciale: reggimenti di Chablais e Vercelli[4].

I cittadini furono organizzati in undici compagnie, per un totale di circa 500 uomini, e furono costituite tre compagnie franche: tali unità costituivano una forza ausiliaria

[1] Secondo la leggenda, Cuneo nasce a seguito della ribellione dei contadini contro i soprusi dei feudatari che trovano in quel ripiano sopraelevato alla confluenza di due corsi d'acqua un naturale rifugio. Nel 1198 è libero Comune e mantenne la sua indipendenza sino alla metà del XIII secolo. Da quel periodo la città fu sottoposta ad una lunga serie di dominazioni che videro succedersi gli Angioini, i marchesi di Saluzzo, i conti di Provenza, i Visconti sino al 1382, anno della volontaria dedizione al conte Amedeo VI di Savoia. Dovette subire numerosi assedi, di cui ricordiamo i principali in epoca moderna: cinque francesi (1542, 1557, 1639, 1641, 1691), uno franco-spagnolo (1744), uno austro-russo (1799). Significativo per Cuneo nel XVIII secolo è BIANCHI-MERLOTTI 2002 al quale si rimanda *in toto*.

[2] *infra* figura 1. Per la piazzaforte di Cuneo si vedano GARIGLIO 1997, pp. 155-168 e BONARDI 2005a, pp. 470-471, con bibliografia pregressa; CHIERICI 2005, pp. 27-32.

[3] BUFFA DI PERRERO 1887, p. 183.

[4] BRANCACCIO 1922-23, pp. 163, 173, 195, 199, 202, 213.

alla quale affidare il presidio dei settori meno minacciati e altri compiti meno impegnativi, così da poter concentrare i regolari nella difesa del fronte d'approccio.

Il concetto d'azione del governatore prevedeva l'attivazione di un perimetro difensivo il più possibile avanzato, sfruttando le cascine e le costruzioni poste a distanza di parecchi chilometri dalla piazza, in direzione sud-sud/ovest lungo la Stura, attraverso la costituzione di capisaldi temporanei e posti di osservazione avanzati. Tuttavia sin dal 17 agosto la cavalleria spagnola del conte Pignatelli aveva guadagnato lo sbocco nella pianura, iniziando progressivamente ad avanzare seguita dalle fanterie. Da allora erano iniziate le prime schermaglie con i Piemontesi che effettuavano operazioni di guerriglia, con le compagnie franche e bande di miliziani del contado, volte all'attacco dei convogli logistici e alla cattura dei prigionieri.

Ma la pressione franco-spagnola si dimostrò da subito elevata e Leutrum fu costretto a far ripiegare gli elementi regolari più avanzati: già nei primi giorni di settembre dovette sgomberare la riva sinistra della Stura e presidiare il ponte in pietra, poiché gli alleati avevano occupato la cappella di San Giacomo, situata sulla riva opposta alla stessa altezza del bastione di Caraglio.

Dal canto loro i Gallispani erano agli ordini nominali dell'infante di Spagna, Don Filippo, e a quelli effettivi del francese principe di Conti e dello spagnolo marchese di Las Minas, i quali dovevano cooperare tra loro attraverso una continua mediazione tra i diversi punti di vista dei due stati maggiori, talvolta diametralmente opposti. Le operazioni di assedio non rappresentavano l'unico problema operativo, in quanto gli alleati dovevano sorvegliare l'attività dell'armata sabauda, dislocata a Saluzzo e potenzialmente pericolosa. Parte delle forze dunque dovevano essere orientate a proteggere le attività ossidionali e a fronteggiare un eventuale offensiva di Carlo Emanuele III. A ciò si aggiunga la vitale esigenza di garantire i collegamenti con le basi logistiche della madrepatria, poste a partire dalla valle dell'Ubayette, attraverso il colle della Maddalena e con la strada, che si sviluppava lungo l'intero fondovalle della Stura, esposta agli attacchi dei guerriglieri.

L'investimento della piazzaforte

Il 21 agosto il corpo d'invasione alleato è a Vignolo, a circa sei chilometri. a sud-ovest di Cuneo, sulla sinistra della Stura. Il 26 agosto viene effettuata la «reconnaissance» del terreno intorno alla città, a cura del conte di Maillebois, maresciallo generale d'alloggio dell'esercito francese, accompagnato dai comandanti degli ingegneri francesi e spagnoli. Questa prima indagine è seguita poco dopo da un ulteriore giro di perlustrazione condotto dal de Las Minas[5].

Al termine, fu riconosciuta nella posizione di Madonna dell'Olmo il luogo idoneo dove schierare un potente corpo di osservazione che, dispiegato in direzione di Caraglio, andava ad intercettare tutte le comunicazioni tra Saluzzo e Cuneo, dalle quali avrebbe potuto materializzarsi la minaccia piemontese. Se tale scelta non fu esente da polemiche tra i due stati maggiori, ben più aspre furono quelle relative alle modalità di attacco alla piazzaforte[6]. Gli Spagnoli[7], orientati ad un atteggiamento più prudente, volevano limitare il fronte d'attacco al settore tra Stura e Gesso e procedere nei lavori metodicamente, «selon les regles», e con molta prudenza, realizzando forti ridotte a rinforzo dei lavori campali e un valido sistema di trincee di circonvallazione. I Francesi, per i quali le operazioni andavano condotte senza perdere troppo tempo, propendevano per un'azione che lasciasse da parte le troppe precauzioni, attaccando contemporaneamente su due settori: quello a sud, proposto dagli Spagnoli, e quello a est, a destra del Gesso. Qui sarebbe stato effettuato lo sforzo principale, data la presenza di fortificazioni vetuste e stante la scarsità d'acqua portata dal torrente. Le mura dovevano essere sbriciolate da un vigoroso bombardamento e, rovinando lungo le sponde, avrebbero creato una rampa artificiale. Lungo la direttrice di questa breccia si sarebbe sviluppato l'assalto di scalata per la conquista della città. Tuttavia, gli Spagnoli rappresentarono che sarebbe stato estremamente pericoloso suddividere ulteriormente le forze, in quanto le aliquote sarebbero rimaste isolate e avrebbero rischiato di essere sopraffatte più facilmente dalle forze di Carlo Emanuele III. Inoltre, proprio il carattere torrentizio del Gesso lo rendeva pericoloso all'approssimarsi della stagione autunnale, quando improvvise abbondanti piogge avrebbero potuto mettere seriamente in crisi i collegamenti tra le varie unità.

Le ostinate obiezioni del de Las Minas e l'esigenza di non indugiare oltre con l'avvio degli approcci convinsero il Conti ad accettare le riserve degli alleati ed a limitare le operazioni al solo settore sud. Pertanto, l'armata alleata si apprestò ad affrontare l'assedio di Cuneo articolata su due grandi aliquote, cui si aggiungevano distaccamenti di minore entità.

Il corpo d'assedio era disposto su una linea che chiudeva il lato meridionale della piazzaforte congiungendo la chiesa della Madonna degli Angeli, sul lato del Gesso, all'opposta riva sulla Stura, ad una distanza di circa tre chilometri dalle fortificazioni di Cuneo. Il quartier generale dell'Infante fu dislocato nel borgo di San Rocco, dove fu sistemato anche il parco di artiglieria. Il Conti prese posizione alla Madonna degli Angeli. A queste unità vanno aggiunte quelle deputate alla protezione dei fianchi, delle immediate retrovie e dei collegamenti con la seconda aliquota.

---

[5] Le pubblicazioni principali che illustrano l'assedio di Cuneo sono SAINT SIMON 1770, pp. 101-140; BUFFA DI PERRERO 1887, pp. 173-266; ARVERS-DE VAULT 1892, pp. 215-266; GIULIANO 1967; CORDERO-MANO 1994; GARIGLIO 1997, pp. 169-179; GUIDETTI 2006.

[6] SAINT SIMON 1770, pp. 102-103

[7] Il capo degli ingegneri spagnoli era un italiano, di nome Amici. Fu lui, sin dall'inizio, a rappresentare al marchese de Las Minas le proprie perplessità sulle scelte francesi.

Il corpo di osservazione aveva il compito di occupare la riva destra della Stura, facendo perno sul convento di Madonna dell'Olmo, a poco più di un chilometro a nord di Cuneo e limitrofo alla sponda del fiume. Qui confluivano le vie di comunicazioni provenienti da Torino, Fossano, Saluzzo e Caraglio[8].

Dall'apertura della trincea all'attacco sul fronte di Gesso

I primi lavori campali furono avviati tra il 9 ed il 10 settembre nei pressi della cascina di torre Bonada, una costruzione situata a circa metà strada tra le due sponde e ad una distanza di quasi un chilometro dalle fortificazioni: tale punto servì da posto di osservazione per i comandi gallispani. Questi decisero l'inizio degli scavi di apertura della prima parallela per la notte tra l'11 e il 12 settembre[9], ma una serie di ritardi e di inefficienze nell'organizzazione dei lavori ne fecero spostare l'avvio alla notte seguente. Con il buio, nella serata del 12 iniziarono regolarmente i lavori, poco più a nord della torre Bonada e ad una distanza di circa 600 metri dalla piazza, per la realizzazione di una trincea della lunghezza di poco superiore al chilometro, con le estremità appoggiate ai corsi d'acqua, dove i lavori campali erano potenziati con due ridotte.

La reazione della guarnigione fu immediata, con un vivace fuoco di artiglieria, per disturbare le operazioni[10]. Nel pomeriggio del 13 un gruppo di combattimento piemontese[11], sostenuto dall'artiglieria di piazza che concentrava il fuoco sulla ridotta spagnola di destra, attaccò il ridotto sul Gesso e lo conquistò dopo un violento combattimento contro gli Spagnoli, riuscendo a smantellare parte dei lavori prima di essere ricacciato indietro dal contrattacco gallispano. Tuttavia, i danni non furono eccessivi, poiché gli spagnoli, riattivata la ridotta nell'arco notturno, ripresero i lavori campalie iniziarono a sistemare le batterie di assedio[12]. Il 15 entrò in azione una batteria di 3 mortai, dislocata proprio alle spalle della ridotta del Gesso, e già il giorno successivo la maggior parte dei pezzi furono in posizione e iniziarono a colpire la piazza[13]. In particolare, sei pezzi da sedici libbre furono dislocati «à ricochet», sulla sinistra della Stura per poter prendere d'infilata le batterie piemontesi del settore sud.

Il giorno 17 gli effetti del bombardamento si fecero sentire: le facce dei bastioni della Madonna e di Caraglio furono aggredite e cominciarono a soffrire l'effetto dei tiri; molti pezzi piemontesi furono messi a tacere; gli incendi divamparono a seguito della pioggia di bombe lanciate dai mortai. Per il Saint Simon[14], sulla base di quanto riportato i disertori, il Leutrum fu costretto ad intervenire di persona sui luoghi incendiati dove accertò la presenza di parecchie persone animate da propositi sediziosi e contro i quali è intervenuto con provvedimenti ferrei, facendone impiccare cinque. Il Buffa attenua i toni drammatici del momento di crisi descrivendo una popolazione fervidamente animata nella lotta contro l'invasore, ma non può nascondere lo stato d'emergenza ammettendo la necessità di misure drastiche grazie alle quali «il capestro chiude il grido sedizioso nella strozza»[15]. Il Galleani testimonia tuttavia come numerosi cittadini partecipassero attivamente non solo alla riparazione delle mura ma anche alle sortite[16]

Le operazioni procedevano lentamente: nella notte tra il 18 ed il 19 settembre iniziarono i lavori di approccio per la costruzione della seconda parallela, con i classici scavi a «crochet». All'inizio i Francesi procedevano «à la sappe-volante», senza protezioni, ma le ingenti perdite, che arrivarono a trenta uomini in una sola notte, li indussero a rallentare gli scavi e aspettare la progressione degli Spagnoli, così da procedere contemporaneamente e non attirare il tiro della piazza su un solo fronte di scavo: quello più veloce. Il 20 ottobre Leutrum comandò una nuova sortita che consentì di uccidere molti operai e provocare sensibili guasti[17]; il gruppo d'assalto piemontese riuscì a sganciarsi prima che la guardia alla trincea potesse intervenire. Ancorché non producessero gravi danni materiali all'attaccante, le sortite del presidio convinsero gli spagnoli a mantenere un atteggiamento prudente e a procedere con lentezza, con grave disappunto dei loro alleati francesi.

Intanto, iniziò la guerra sotterranea con gli Gallispani che tentavano di raggiungere le ridotte avanzate per eliminarle con le mine. I Francesi non avanzavano sufficientemente e riuscirono a far saltare solo lo spalto del cammino coperto, mentre le palizzate delle ridotte avanzate restarono integre; gli Spagnoli trovarono un terreno sabbio-

[8] Per una descrizione più dettagliata della battaglia di Madonna dell'Olmo si veda il contributo nel presente volume redatto da chi scrive e da Dario Del Monte.

[9] SAINT SIMON 1770, p. 105.

[10] BUFFA DI PERRERO 1887, p. 195. Il fuoco di artiglieria era sostenuto da venticinque cannoni e quattro mortai e accompagnato da intense e continue scariche di fucileria

[11] BUFFA DI PERRERO 1887, p. 195. Una colonna d'assalto di 250 granatieri e una colonna mobile di circa 1000 fucilieri. Il Giuliano (GIULIANO 1967, pp. 139-140), citando le memorie del La Flechere, aiutante di campo del De Rossi, attribuisce l'azione ad una serie di iniziative individuali dei comandanti sul campo, in quanto il de Rossi ed il Leutrum sarebbero stati contrari ad una sortita che avrebbe provocato eccessive perdite tra gli uomini della guarnigione

[12] Per il Saint Simon (SAINT SIMON 1770, p. 109) l'attacco fu uno dei pretesti adottati per giustificare la lentezza nei lavori: «Cette attaque servit de preteste aux Espagnols puor ne travailler que lentament e avec circonspection». L'autore lamenta che gli Spagnoli ebbero bisogno di cinque giorni per perfezionare la prima parallela.

[13] BUFFA DI PERRERO 1887, p. 197. Ventidue cannoni di grosso calibro (non specificato), sei cannoni da sedici libbre, dieci mortai a bomba e due mortai a pietra. Sei cannoni di grosso calibro si aggiungono il 21. Stessi dati riporta GIULIANO 1967, p. 141. In SAINT SIMON 1770, p. 109 sono riportati dati diversi: dodici cannoni da ventiquattro libbre e cinque mortai a bomba per gli Spagnoli; otto pezzi da ventiquattro, quattordici pezzi da sedici e otto mortai a bomba per i Francesi. Dunque un totale di venti pezzi da ventiquattro libbre, quattordici pezzi da sedici libbre e tredici mortai a bomba.

[14] SAINT SIMON 1770, p. 109.

[15] BUFFA DI PERRERO 1887, pp. 197-198.

[16] GALLEANI D'AGLIANO 1840, p. 155.

[17] Una sortita era stata effettuata il 18, senza grandi risultati. Tali operazioni avevano il duplice scopo di rallentare la progressione dei lavori campali dell'avversario e di coprire gli interventi di riparazione alle proprie fortificazioni.

so, che li costrinse ad aprire tre gallerie e poi a fermarsi del tutto[18].

L'attacco sul fronte di Gesso

La seconda parallela divenne operativa solo all'alba del 25 settembre[19]: aprirono subito il fuoco due mortai petrieri. A questo punto, il Conti, evidentemente poco soddisfatto della progressione dei lavori, rimise sul tavolo la questione dell'attacco verso il lato del Gesso e, forte delle difficoltà sino a quel momento affrontate, ebbe buon gioco nel convincere gli Spagnoli. Il 26 il marchese Pignatelli, schierato a Centallo, riceve l'ordine di attraversare lo Stura a valle della confluenza col Gesso e di portarsi al villaggio di Spinetta, meno di due chilometri dal fiume Gesso, a est di Cuneo, con lo scopo di coprire le vie d'accesso da Mondovì. Il compito di aprire le trincee nel lato orientale venne affidato al marchese di Camposanto e al tenente generale du Chatel con 2500 uomini presi dai picchetti dell'armata, ovvero dai vari distaccamenti dislocati intorno alla zona di operazione, che in un primo momento furono fatti accampare così vicino alle opere della piazza che il fuoco piemontese li costrinse ad arretrare. Nella notte tra il 27 ed il 28 settembre, 800 operai iniziarono gli scavi della trincea[20]: essa aveva una lunghezza di 200 metri ed era assicurata alle estremità con due ridotte. Il governatore barone di Leutrum realizzò immediatamente la minaccia che si stava concretizzando a est; inviò urgenti dispacci portati da uomini che attraversarono le linee alleate a nuoto e fece trasmettere segnali luminosi durante la notte. Il re Carlo Emanuele III venne informato che in queste condizioni la piazza avrebbe potuto resistere per un massimo di tre giorni. Del resto nel campo piemontese

> [...] tutti generalmente erano sorpresi dalla lunga difesa di quella piazza prolungata molto al di là di quello che mai della medesima si era potuto immaginare, ma tuttavia non si dubitava punto, che se si tardava a soccorrerla, avrebbe poi alla fine, siccome tutte le altre piazze, dovuto succumbere agli sforzi dei nemici [...][21]

Carlo Emanuele III era informato giornalmente sullo stato della difesa di Cuneo, poiché i corrieri potevano muoversi piuttosto agevolmente attraverso la porta di Torino che, situata alla confluenza dei due fiumi, era il settore meno sorvegliato del dispositivo alleato.

La reazione piemontese, scontri minori contestuali a Madonna dell'Olmo

I Piemontesi dovevano prendere l'iniziativa, altrimenti la sorte di Cuneo era irrimediabilmente segnata. Con il grosso della sua armata e pochi rinforzi imperiali, Carlo Emanuele III, dopo aver inviato un dispaccio rassicurante a Leutrum, sabato 26 settembre lasciò Saluzzo e iniziò il movimento verso la piazza assediata. Gli effetti della mossa furono immediati. I Gallispani realizzano in poco tempo che ora il pericolo era imminente: non erano ancora stati spostati i pezzi d'artiglieria oltre il Gesso, che Camposanto e du Chatel ricevettero l'ordine di congiungersi alle forze schierate a Madonna dell'Olmo; Pignatelli abbandonò la posizione di Spinetta e ritornò a Centallo. Il Conti decise di portarsi con il maggior quantitativo possibile di truppe sulla posizione di Madonna dell'Olmo e di lasciare sulle altre solo quelle necessarie ad assicurare la difesa. Al conte di Lautrec, che aveva a disposizione una forza composta da un reggimento di cavalleria e alcuni battaglioni di fanteria, fu affidata la responsabilità delle immediate retrovie e dei lavori d'assedio; qui era dislocato il quartier generale ed il parco di artiglieria d'assedio, protetto da profondi fossati e da pezzi in batteria. Mentre la cavalleria assicurava la copertura del territorio antistante e i collegamenti con Borgo, il conte di Danois ebbe l'incarico di difendere le trincee tra la Stura e il Gesso con sei battaglioni[22]. I magazzini e l'ospedale, già dislocati a Borgo San Dalmazzo, erano difesi da due battaglioni dei reggimenti Catalogna e Des Landes, un distaccamento di micheletti e uno di cinquanta cavallieri, al comando del marchese de Magni[23] . Il brigadiere Chevert comandava le forze dislocate lungo la valle Stura col compito di dare protezione alla linea dei rifornimenti inviati dalla valle di Barcellonette.

Mentre le due armate principali si affrontavano davanti a Madonna dell'Olmo, intorno a Cuneo si svolgevano degli scontri di minore entità ma che rientravano nello schema tattico degli scontri di quella giornata. Il comando piemontese aveva pianificato delle operazioni secondarie per colpire i fianchi e le retrovie del nemico, sull'esito delle quali tuttavia influì il giorno di ritardo sulla tabella di marcia del corpo principale, causa del mancato coordinamento tra le varie azioni:
- un attacco ai magazzini di Borgo San Dalmazzo con truppe regolari e milizie distaccate da Mondovì;
- la distruzione dei ponti sulla Stura da parte delle milizie della Val Grana;
- invio di rinforzi e sgombero dei feriti dalla piazza;
- una sortita della guarnigione di Cuneo, avente lo scopo di danneggiare seriamente i lavori sul lato del Gesso e fissare le truppe ivi dislocate.

L'azione più importante e più temibile per i Franco-Spagnoli fu senz'altro quella contro i magazzini di Borgo. Il settore di Mondovì era stato affidato al marchese di Ormea, che in quelle terre poteva contare sulla fedeltà delle sue milizie. Il piano concordato con il Re prevedeva un attacco su Borgo contemporaneo all'attacco contro Madonna dell'Olmo, condotto dai suoi irregolari e sostenuto da tre battaglioni. L'Ormea divise ulteriormente le sue forze in due contingenti. Mentre un distaccamento di venti compagnie, al comando del signor Caldora, avrebbe tenuto sotto pressione le forze alleate di guarnigione a

---

[18] SAINT SIMON 1770, p. 110.

[19] BUFFA DI PERRERO 1887, p. 198-200; GIULIANO 1967, p. 143: m 50-60 dalla ridotta del Gesso; m 180-200 dalla ridotta centrale; m 120-150 dalla ridotta della Stura. Tuttavia, secondo il Buffa di Perrero, proprio i lavori dal lato del Gesso incontrarono maggiori difficoltà a causa del terreno pietroso e della minore distanza dalle trincee piemontesi.

[20] SAINT SIMON 1770, p. 110. Anche in questa occasione, come per la prima parallela, si verificarono diversi contrattempi, aggravati da una piccola pioggia, che fecero slittare di ventiquattro ore l'avvio dei lavori.

[21] GALLEANI D'AGLIANO 1840, p. 160.

[22] SAINT SIMON 1770, p. 114.

[23] SAINT SIMON 1770, p. 127.

Peveragno[24], nella notte tra il 29 ed il 30 settembre un grande contingente piemontese[25], agli ordini del conte Tana, si avvicinò alle posizioni gallispane e le circondò mantenendosi a distanza per non allarmare i difensori. Il Tana sferrò all'alba un violento assalto, coperto dai castagneti, grazie al quale si impadronì della collinadove sorgeva il santuario di Monserrato, fortificato dai Gallispani. Ma il mancato coordinamento fece si che, partito l'allarme da Borgo, il Lautrec, in quel momento completamente tranquillo, potesse inviare il reggimento di cavalleria Dauphin e due battaglioni di fanteria in rinforzo alla guarnigione di Borgo. Gli uomini di Catalogna e Des Landes vennero divisi in picchetti di circa cinquanta uomini ciascuno per organizzare la difesa, inoltre furono armati e mandati sulle brecce tutti gli uomini validi disponibili, panettieri, magazzinieri e feriti leggeri[26]. Gli uomini del Dauphin giunsero per primi a Borgo e, unitisi al distaccamento già presente, si disposero sul campo a cavaliere della strada per Demonte. Qui i miliziani tentarono di attaccarli; dopo una prima scarica di fucileria inefficace, poiché effettuata a troppa distanza per provocare danni ai cavalieri, i miliziani si schierarono nuovamente sul terreno allontanandosi dai vigneti che davano loro protezione. Il marchese de Volvire, comandante del contingente di cavalleria francese, attese proprio quel momento per effettuare una violenta carica che colse i militi allo scoperto e impreparati, per loro natura ed addestramento, ad affrontare il sistema d'arma uomo-sciabola-cavallo. Gli irregolari furono respinti «à coup de sabre jusqu'au pied de la montagne»[27]. Inseguiti lungo la ritirata furono fatti a pezzi, subendo gravi perdite. Di contro, i provinciali, probabilmente rimasti attestati al santuario, si ritirarono in buon ordine al sopraggiungere dei rinforzi.

Maggior successo ottenne la colonna Caldora che, presi i posti di Peveragno e Boves e catturati 150 soldati, avanzò sino nei pressi di Cuneo, a est del Gesso[28]. La colonna si unì a un distaccamento della guarnigione inviato in sortita e i Piemontesi, grazie alla scarsità di forze lasciate dai Franco-Spagnoli, distrussero interamente i lavori campali[29].

Il Leutrum tentò anche una sortita contro il fronte principale, tra Stura e Gesso; non appena si accertò che i Gallispani stavano trasferendo uomini e cannoni verso Madonna dell'Olmo, il barone schierò la fanteria sul cammino coperto, pronta ad attaccare. Gli assalti ripetuti, ancorché non avessero prodotto molti danni ai lavori campali, consentirono agli ingegneri piemontesi, comandati dal maggiore Pinto, di riparare i danni ai bastioni, agevolati anche dal fatto che i pezzi franco-spagnoli erano caricati a mitraglia proprio per affrontare eventuali sortite[30].

Un successo fu anche l'attacco condotto da distaccamenti regolari e da «paysans» contro le linee di comunicazione alleate. Le azioni furono portate contemporaneamente contro diversi obiettivi, creando nei comandi gallispani una notevole confusione e l'incertezza nell'individuare dove fosse realmente necessario inviare rinforzi. Gli alleati dovettero ritirare le guarnigioni isolate per evitarne l'annientamento e i gruppi d'assalto piemontesi si impadronirono di parecchi punti sulla strada che correva lungo la Stura. In particolare, gli obiettivi più paganti erano i ponti e per questo i vari distaccamenti avevano al seguito dei minatori; fu così possibile far saltare i ponti dell'Olla, nei pressi del villaggio di Gaiola, e quello di Roccasparvera, rispettivamente posti a circa cinque e tre chilometri dal villaggio di Borgo San Dalmazzo, in direzione nordovest[31], e interrompere i collegamenti tra l'armata e la base operativa di Demonte. Un ulteriore successo infine, conseguito dai Piemontesi, fu l'ingresso a Cuneo di un convoglio con viveri e munizioni, che ne uscì trasportando feriti e un «nombre de bouches inutiles»[32].

La chiusura dell'assedio e la ritirata gallispana

Carlo Emanuele III a Madonna dell'Olmo era stato sconfitto e doveva ritirarsi su Saluzzo, ma era convinto che ormai la situazione degli alleati fosse compromessa. La linea di comunicazione con la Francia, intercettata e danneggiata, entro breve sarebbe stata esposta alle nevicate invernali. Demonte e, se conquistata, Cuneo permettevano di controllare solo una valle e non avrebbero offerto le risorse logistiche necessarie ad una armata di tali proporzioni. Mentre le vie d'Italia rimanevano aperte per portare rinforzi al Re di Sardegna, gli alleati avrebbero avuto difficoltà a radunare munizioni e rifornimento, dovendo attendere lo scioglimento delle nevi per riallacciare le comunicazioni con la Francia.

Nella notte che seguì alla battaglia, il principe di Conti fu assalito da una crescente inquietudine mano a mano che riceveva le notizie sulla giornata: i ponti sulla Stura erano saltati, i lavori sul fronte del Gesso erano distrutti, la perdita del controllo sull'area di Boves, l'arrivo di rinforzi alla guarnigione[33]. Le operazioni di assedio subirono una brusca battuta d'arresto. Nella stessa notte le condizioni metereologiche cambiarono e abbondanti piogge si abbatterono sulla regione: i due fiumi si gonfiarono al punto da trascinare via i ponti costruiti dal Genio. Un convoglio di

[24] GIULIANO 1967, p. 156.
[25] In BUFFA DI PERRERO 1887, p. 240 si indica la forza piemontese in un battaglione del reggimento provinciale di Mondovì e in circa 5000 miliziani. In SAINT SIMON 1770, p. 126 è descritto un contingente più consistente con tre battaglioni regolari, alcune compagnie di granatieri e 5000 guerriglieri, indicati come «Vaudois». Il Giuliano (GIULIANO 1967, p. 155) riporta invece che i battaglioni dei reggimenti Casale e Tarantasia, sino ad allora schierati a Mondovì, furono richiamati a nord per essere aggregati all'armata, con grave disappunto dell'Ormea che criticò tale decisione, in quanto diminuiva eccessivamente la forza del gruppo di combattimento. Pertanto, l'attacco sarebbe stato condotto da un battaglione del Mondovì e da 2000 uomini appartenenti a trentadue compagnie scelte di milizia, una forza effettivamente scarsa per un tale compito. L'analisi del Buffa di Persero (BUFFA DI PERRERO 1887, pp. 247-248) conferma questo punto di vista, tenendo conto anche della eccessiva vicinanza dei rinforzi.
[26] SAINT SIMON 1770, p. 127.
[27] SAINT SIMON 1770, p. 129.
[28] SAINT SIMON 1770, p. 126.
[29] GALLEANI D'AGLIANO 1840, p. 171.
[30] BUFFA DI PERRERO 1887, p. 239.
[31] SAINT SIMON 1770, p. 128.
[32] SAINT SIMON 1770, p. 126.
[33] SAINT SIMON 1770, p. 131.

200 muli carichi di farina venne intercettato dalle milizie[34] e il problema dei rifornimenti divenne serio in poco tempo. I regolari piemontesi, attestati a Saluzzo e poi a Fossano, impedivano la ricerca dei viveri e dei foraggi nella pianura. In valle Stura la guerriglia divenne più attiva che mai per colpire i distaccamenti francesi isolati; la ferocia dei «paysans » era tale da non lasciare superstiti nei convogli catturati e tali notizie, giunte in Francia, dissuadono i volonterosi dal compiere il pericoloso viaggio sino a Cuneo[35]. Ben presto si ricorse alla farina di castagne, alle noci e all'uva che ancora si poteva trovare nei vigneti dei dintorni di Cuneo, ma in poco tempo il pane dovette comunque essere misurato a due razioni/uomo per tre giorni, compresi gli ufficiali.

Intanto, dopo aver consultato gli ingegneri, che confermarono l'impossibilità di costruire un ponte a causa della furia delle acque, il Conti dette disposizione per stendere un ponte di corde che, nonostante enormi difficoltà, fu realizzato e che consentì il movimento di uomini appiedati. Nel contempo, tuttavia, gli ingegneri riuscirono a rimettere in sesto i due ponti distrutti nell'arco di poco più di una settimana. Il 7 ottobre i Gallispani tentarono un attacco al ridotto presso la Stura, dopo aver fatto esplodere una mina sotto l'angolo saliente; tuttavia furono ricacciati dai difensori. Il giorno 11 ottobre lo stato maggiore alleato si riunì in consiglio di guerra. Il Conti esortò gli ufficiali ad animare i soldati e a controllare le voci sulle crudeltà commesse dai guerriglieri per non far crollare il morale della truppa. Tuttavia l'analisi della situazione si rivelò impietosa: le trincee erano allagate in molti punti, poiché era impossibile drenare l'acqua; le condizioni igieniche erano pessime a causa dell'umidità e i turni gravosi e i soldati si ammalavano facilmente, complice anche la cattiva dieta; ancor più malridotti erano i cavalli, a corto di foraggio; aumentavano i disertori. Le condizioni generali impedivano una ripresa dei lavori sul lato del Gesso e le operazioni ossidionali erano ormai in fase di stallo. Intanto i Piemontesi attuavano continue sortite e il giorno 12 ottobre un fornello di contromina distrusse una galleria, uccidendo parecchi minatori nemici[36]. Ormai, il sentimento generale ritiene era «que Coni ne seroit point prise»[37].

A metà ottobre, parte dell'artiglieria e degli equipaggi cominciarono a muoversi per risalire la valle Stura, mentre le batterie d'assedio effettuarono violenti bombardamenti per non svelare le vere intenzioni del comando alleato. Progressivamente, a partire dal 19 ottobre il fuoco diminuì d'intensità con la riduzione numerica dei pezzi lasciati in batteria.

I magazzini e gli ospedali dislocati a Borgo iniziarono a smobilitare e i distaccamenti di Centallo e Tarantasca ricevettero l'ordine di abbandonare le posizioni per ricongiungersi all'armata il giorno 21. Ci fu tempo, tuttavia, per un'ultima disputa tra Francesi e Spagnoli. Il Conti voleva infatti ritirarsi alla luce del giorno, guardando in faccia il nemico, mentre il de Las Minas propendeva per uno sganciamento notturno, ritenuto più sicuro. Ma il Conti fu irremovibile e impose la sua volontà, informando nel contempo i suoi comandanti riguardo a quanto pensava di una ritirata effettuata nel buio della notte[38]. Inoltre sembra che il principe si sia tolto qualche soddisfazione personale, quando lasciò agli spagnoli «comme le poste d'honneur» la difficile posizione di retroguardia, facendo sì che i Francesi potessero ritirarsi per primi. Egli legittimò tale onere come una concessione d'onore agli alleati spagnoli, in quanto durante la campagna le forze francesi erano formalmente ausiliarie, essendo in verità il Re di Spagna «titolare » della guerra contro il Re di Sardegna. Tali dispute non fecero che aumentare l'acrimonia tra le due parti, che si rimbalzavano la colpa del fallimento.

Il ripiegamento generale fu ordinato per il 22 ottobre 1744. Le batterie ebbero l'ordine di esaurire le munizioni mentre gli ultimi convogli si incolonnarono sulla strada per Demonte. Alle ore 6:00 del mattino del 23 ottobre iniziò la ritirata. L'armata si schierò «en bataille» all'altezza di San Rocco, con la fronte rivolta a Cuneo. Il conte di Danois, sulla sinistra della Stura, coprì la ritirata sino a Roccasparvera, mentre la retroguardia venne affidata ai corpi del tenente generale Pignatelli e del maresciallo di campo du Caylà, i quali si mossero dopo che il grosso dell'armata, organizzato su quattro colonne, ebbe iniziato a risalire la strada per Borgo San Dalmazzo. La marcia proseguì poi oltre la Stura e il ponte dell'Olla fu nuovamente fatto saltare in aria dopo il passaggio dell'ul-timo soldato gallispano. La marcia proseguì nel cuore della valle, sempre disturbata dall'azione dei Piemontesi che, con continui colpi di mano, ne disturbavano la progressione. Con il maresciallo Chevert al comando dell'ultimo drappello di retroguardia, i Gallispani abbandonarono definitivamente il territorio piemontese il 19 novembre 1744.

Carlo Emanuele III entrò a Cuneo il 24 ottobre 1744, accolto dalla popolazione in festa. Fu giustamente prodigo con chi aveva così tenacemente difeso la piazzaforte, promuovendo il Leutrum e nominandolo governatore, premiando i soldati con onori e soprassoldo e concedendo alla città esenzioni e privilegi. Le operazioni contro Cuneo erano costate 717 uomini alla guarnigione e circa 10500 uomini ai Franco-Spagnoli[39].

[34] BUFFA DI PERRERO 1887, p. 253.

[35] «Les paysans devenus furieux [...] par le desespoir où les Allies les reduisoient, se livrerent à tous les excés de cruauté e de barbarie imaginable» (SAINT SIMON 1770, p. 135).

[36] BUFFA DI PERRERO 1887, p. 254.

[37] SAINT SIMON 1770, p. 138.

[38] Si leggono in SAINT SIMON 1770, p. 139 le parole del Conti: «[...] je veux faire une retraite et non pas une fuite»

[39] BUFFA DI PERRERO 1887, pp. 259-260: nelle cifre piemontesi non sono conteggiate le perdite delle milizie.

Fig. 1

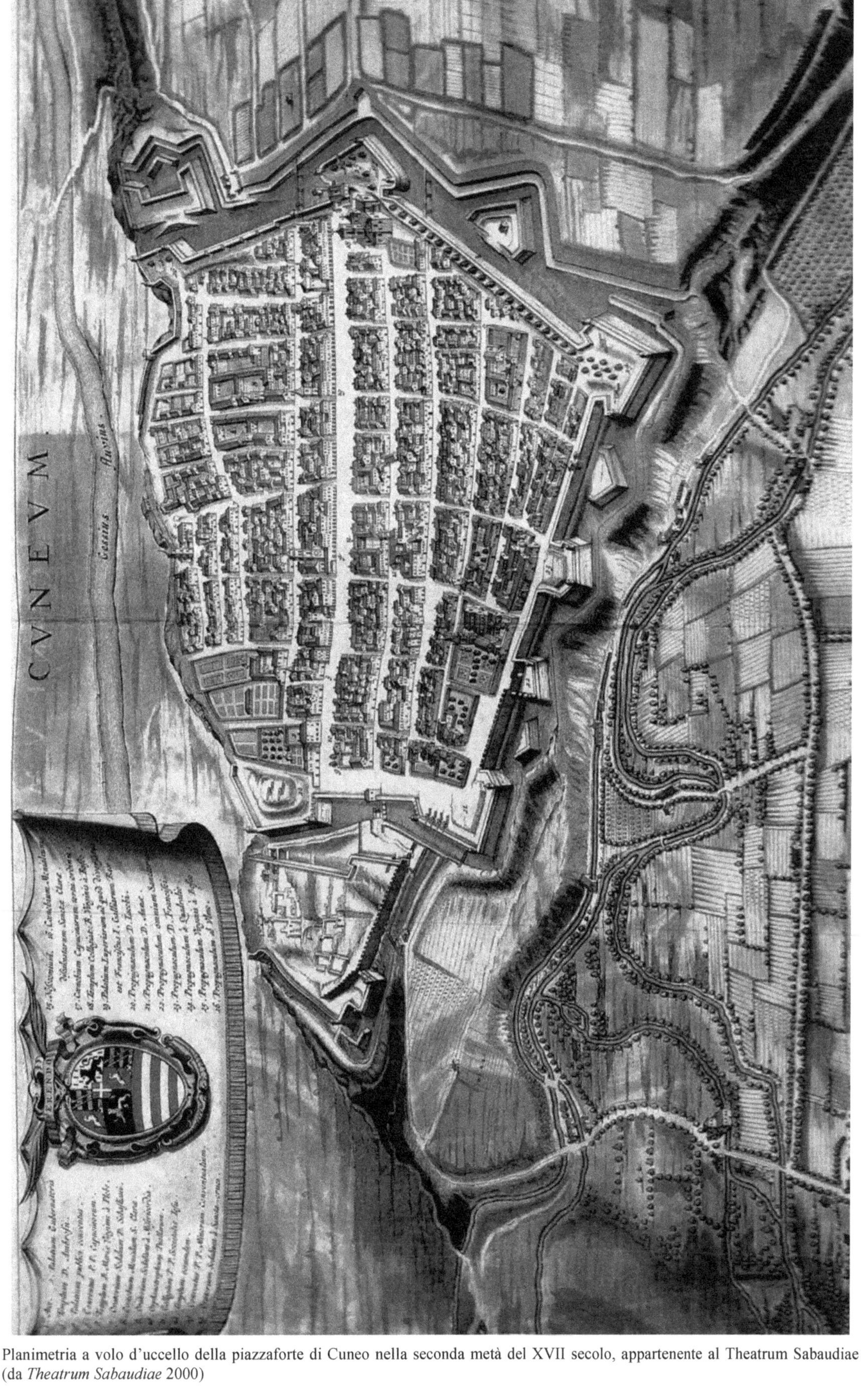

Planimetria a volo d'uccello della piazzaforte di Cuneo nella seconda metà del XVII secolo, appartenente al Theatrum Sabaudiae (da *Theatrum Sabaudiae* 2000)

Fig. 2

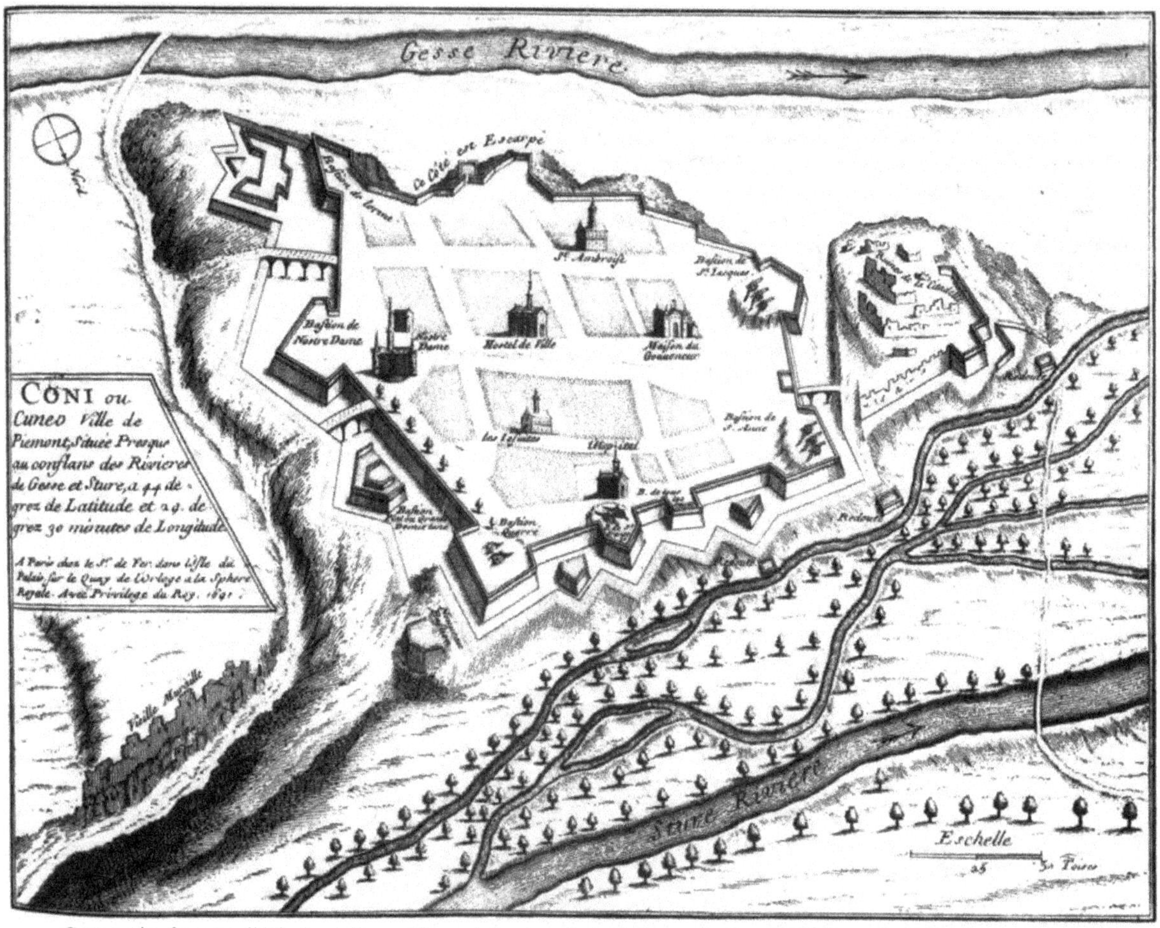

Carta antica francese di Nicolas de Fer, raffigurante la piazzaforte di Cuneo alla fine del XVII secolo (1691; da DUFFY 1985)

Fig. 3

Veduta della piazzaforte di Cuneo nella seconda metà del XVII secolo, appartenente al Theatrum Sabaudiae; la città è raffigurata guardando da nord-est verso sud-ovest con in primo piano la convergenza del torrente Gesso nella Stura (da *Theatrum Sabaudiae* 2000)

Fig. 4

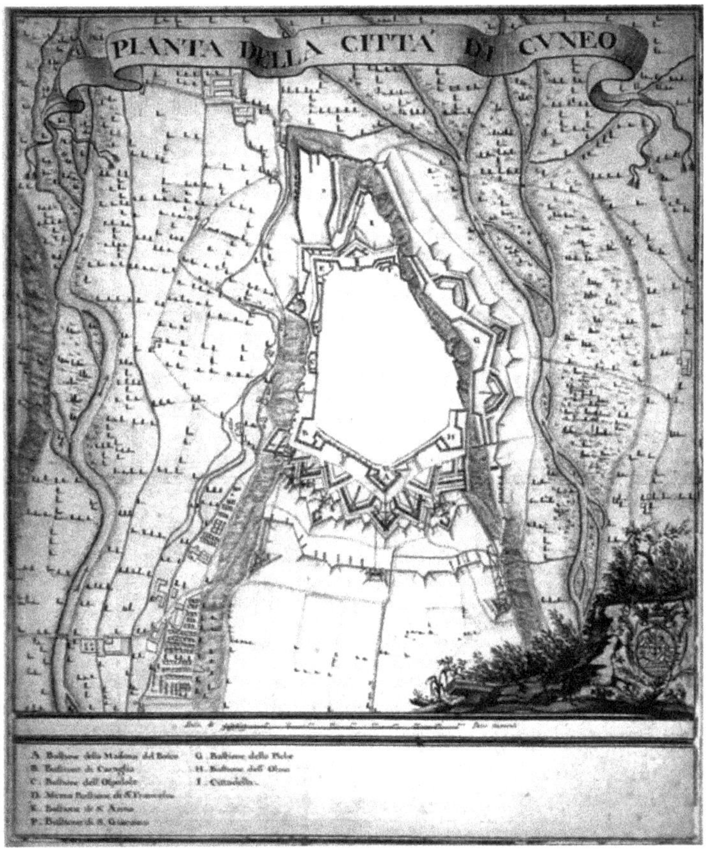

Illustrazione della piazzaforte di Cuneo nel XVIII secolo, tratta da una carta dell'Archivio di Stato di Torino (AS.TOCorte, Carte topografiche e disegni, Carte topografiche segrete, *Cuneo*, 32 A rosso; da VIGLINO 2005)

Fig. 5

Veduta aerea dell'attuale città di Cuneo e dei dintorni con i corsi convergenti della Stura e del Gesso

Fig. 6

Il comprensorio della valle Stura fra Demonte e Cuneo, teatro delle operazioni centrali e finali della campagna del 1744; immagine tratta da una carta dell'Archivio di Stato di Torino (AS.TORiunite, Tipi, sezione II; da VIGLINO 1989)

Fig. 7

Ritratto del barone Federico di Leutrum , comandante la piazza di Cuneo nel 1744; copia ottocentesca di originale del XVIII secolo, conservata presso il Museo Civico di Cuneo (da GUIDETTI 2006)

Fig. 8

Veduta aerea dell'attuale città di Cuneo con le aree corrispondenti alle difese dell'antica piazzaforte e delle opere d'assedio franco-spagnole: 1) linea del fronte bastionato di sud-ovest, 2) linea delle opere avanzate del cammino coperto, 3) area delle opere d'approoccio gallispane, 4) area dell'attacco francese sul fronte di Gesso (elaborazione Sconfienza)

Fig. 9

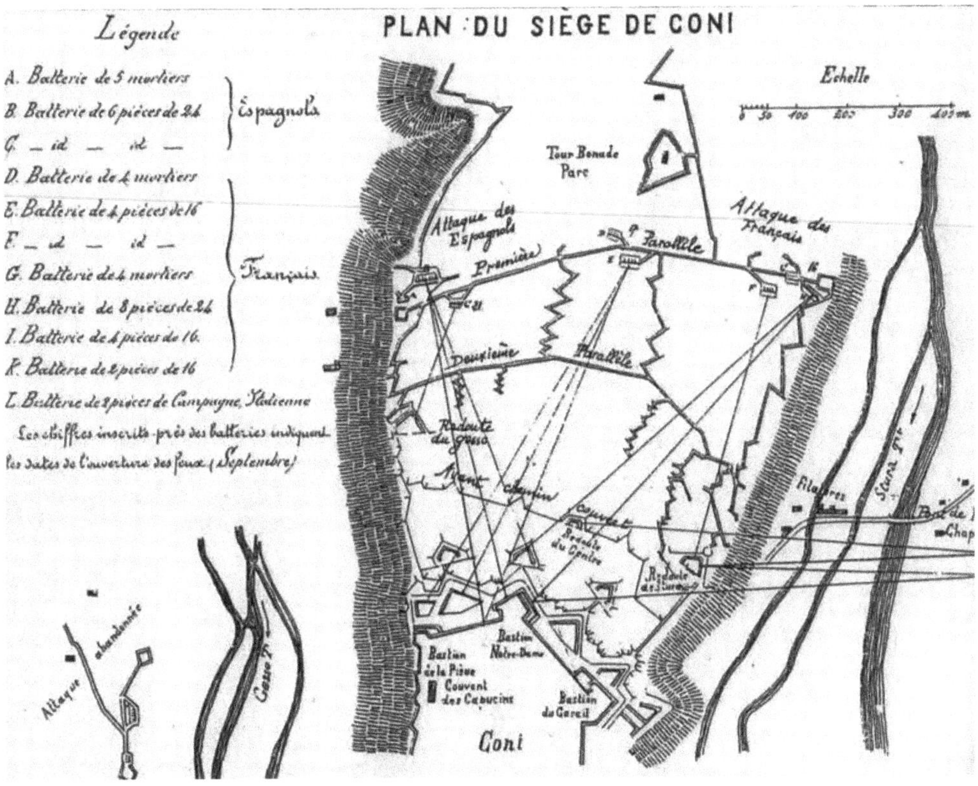

Il fronte principale d'attacco secondo un disegno schematico tratto da MORIS 1886 (da CAPACCIO-DURANTE 1993)

Fig. 10

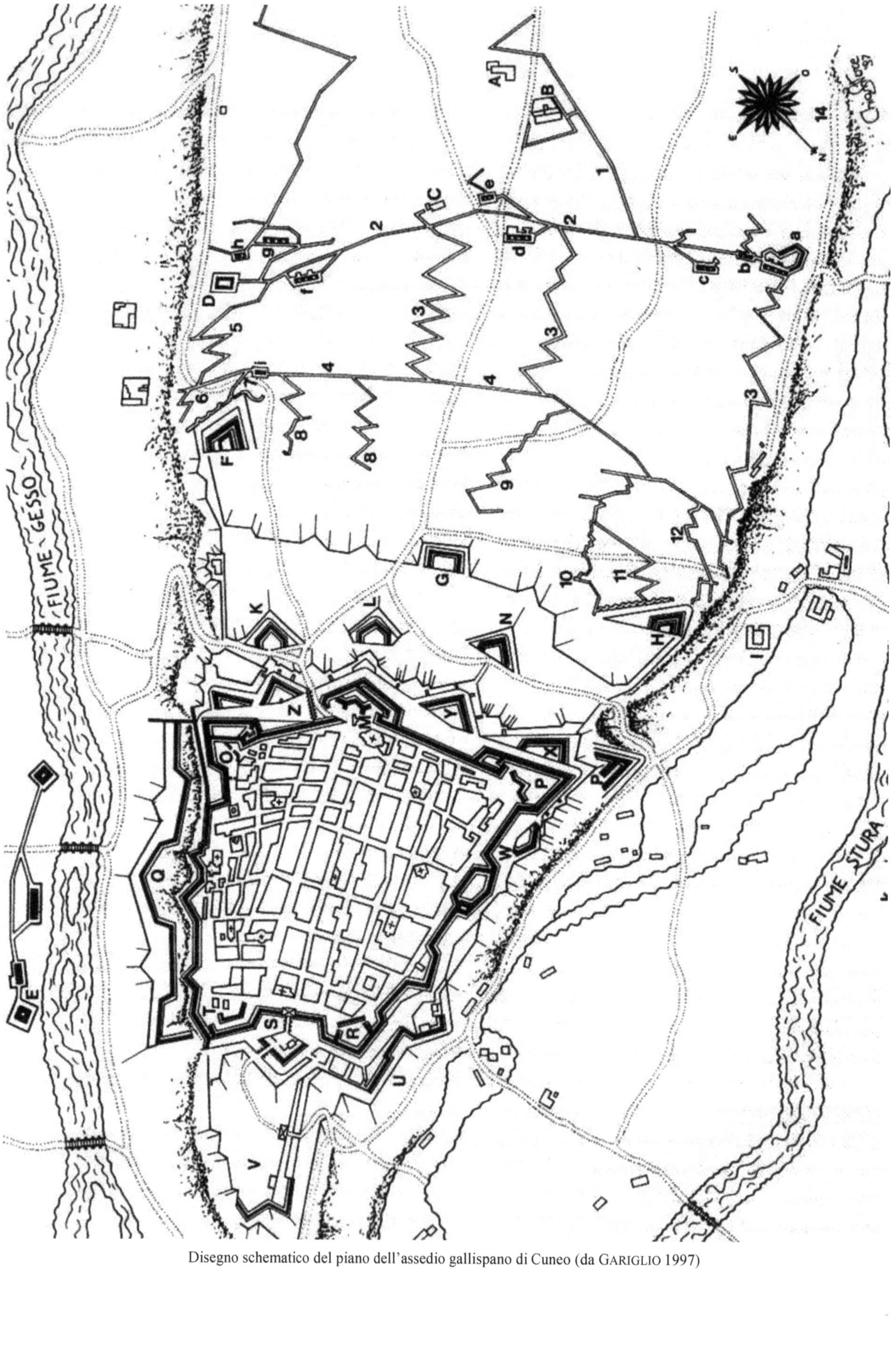

Disegno schematico del piano dell'assedio gallispano di Cuneo (da GARIGLIO 1997)

CAPITOLO 8

La battaglia di Madonna dell'Olmo, 30 settembre 1744
L'evento e i luoghi

Roberto Simoncini e Dario Del Monte

Verso la fine del mese di agosto del 1744, dopo una campagna particolarmente sfortunata per le armi del Regno di Sardegna, condotta d'altronde interamente sulla difensiva, l'esercito franco-spagnolo inizia le operazioni d'assedio intorno a Cuneo. Alla testa dell'esercito sabaudo vi è il Re Carlo Emanuele III, coadiuvato da uno stato maggiore composto di ufficiali generali. Alla testa dell'armata borbonica è posto sua altezza reale l'Infante di Spagna don Filippo di Borbone, ma il comando effettivo è detenuto dal principe di Conti[1], al quale si interfaccia il marchese de Las Minas, comandante in capo delle forze iberiche. Ogni comandante è coadiuvato da uno stato maggiore nazionale[2].

Gli eserciti

Il giorno 17 agosto cade il forte di Demonte, ultimo baluardo lungo la valle Stura prima della piazzaforte di Cuneo, che a quel punto rimaneva da sola a sbarrare la via della pianura agli alleati. Il possesso di Demonte assicura all'esercito invasore consistenti vantaggi, diventando caposaldo per la protezione delle retrovie e base di partenza per gli approcci dell'assedio.

Lasciata Cuneo nelle mani del maggiore generale barone di Leutrum, l'esercito piemontese incomincia un progressivo ripiegamento sfruttando le successive linee di sbarramento rappresentate dai fiumi Maira, Grana e Varaita, sino ad arrivare al campo di Saluzzo. In questa fase, per i Piemontesi appare importante evitare uno scontro campale, cosicché essi perseguono l'obiettivo di contenere gli alleati nelle pianure del Piemonte meridionale e di riuscire a dislocarsi presso i quartieri invernali in tutta sicurezza[3].

I Franco-Spagnoli, viceversa, dapprima decidono di incalzare il nemico: l'intento del Conti è quello di respingere il più a nord possibile Carlo Emanuele, allo scopo di allontanarne la minaccia e di avere mani libere su Cuneo. In questa occasione vengono alla luce le latenti diffidenze e i contrasti tra il comandante francese e quello spagnolo. Il marchese de Las Minas, nei giorni 21 e 22, critica la decisione di incalzare i Piemontesi perché vorrebbe portarsi con l'armata su Borgo San Dalmazzo. Successivamente, il 24, il Conti, evidentemente soddisfatto dei risultati ottenuti dalla pressione esercitata sul nemico, decide che è venuto il momento di dedicarsi interamente a Cuneo, mentre il de Las Minas intravede, a quel punto, un'occasione persa di inseguire Carlo Emanuele sino al Po. Il Conti percepisce nell'atteggiamento dello spagnolo una sorta di sfiducia nei confronti dei Francesi, quasi ritenuti sospetti di non voler condurre le operazioni con il necessario vigore e, pertanto, poco interessati a sostenere le mire di Madrid sul milanese; pertanto, è costretto in più di una occasione a rivolgersi direttamente all'infante, don Filippo, per spiegare le proprie ragioni, con il successo dovuto alla forza della logica[4].

---

[1] Luigi Francesco I di Borbone (13 agosto 1717 – 2 agosto 1776) ebbe il titolo di principe di Conti dal 1727, succedendo a suo padre Luigi Armando II. Fu avviato alla carriera militare e quando scoppiò la Guerra di Successione Austriaca, nel 1741, seguì il duca di Belle-Isle in Boemia. L'esperienza maturata su quel fronte gli valse la nomina a comandante dell'armata francese in Italia, dove si distinse nella conquista di Villafranca e nella battaglia di Madonna dell'Olmo. Nel 1745 fu inviato ad affrontare gli imperiali in Germania e nel 1746 fu trasferito nei Paesi Bassi. Tuttavia, a causa dei contrasti sorti con il Maresciallo di Francia Maurizio di Sassonia, si ritirò dal servizio attivo nel 1747. Nello stesso anno una fazione della nobiltà polacca gli offrì la corona di quel paese, dove stava per aprirsi una crisi di successione a causa del carente stato di salute del Re Augusto III. Il Conti guadagnò il sostegno personale di Luigi XV alla propria candidatura, sebbene la politica ufficiale del governo francese fosse quella di appoggiare la casa di Sassonia, in quanto la moglie del delfino Luigi era Maria Giuseppina di Sassonia, figlia dello stesso Augusto e madre del futuro Re Luigi XVI. Luigi XV avviò dei contatti segreti con i suoi ambasciatori nell'Europa Orientale, che iniziarono così a ricevere ordini contraddittori: una politica conosciuta più tardi come «il segreto del re». Conti, comunque, non riuscì a salire sul trono polacco ma rimase tra i favoriti di Luigi XV sino al 1755, quando gli intrighi di Madame de Pompadour cancellarono la sua influenza a corte. A seguito di ciò, quando nel 1756 deflagrò la guerra dei sette anni, il Conti fu escluso dal comando dell'armata del Reno, per cui iniziò la sua opposizione al governo di Parigi che portò Luigi XV a definirlo «mio cugino, l'avvocato». Dal 1771 fu tra i principali oppositori del cancelliere di Francia Renè de Maupeou, la cui politica modernizzatrice intendeva riformare i parlamenti. Il Conti sostenne la difesa dei privilegi parlamentari e, successivamente, avversò particolarmente il ministro Robert Turgot e la sua politica di riforme fiscali, tanto che fu sospettato di qualche responsabilità per la rivolta avvenuta a Digione nel 1775 (nell'ambito della cosiddetta «guerra delle farine»). Coraggioso ed abile comandante, ereditò dal padre l'amore per la letteratura e presso la sua abitazione transitarono molti uomini di lettere, tra cui Jean Jacques Rousseau. Sulla figura del principe di Conti si veda la bella biografia HAECHLER 2007.

[2] *Ordre de bataille* in DE VAULT-ARVERS 1892, Vol. I, p. 235.

[3] BUFFA DI PERRERO 1887, pp. 175-177. La decisione viene presa al termine di un consiglio di guerra svoltosi al campo di Busca il 23 agosto 1744. Il Re appare perplesso e sembra che l'opinione dei generali lo abbia poi spinto alla decisione:

> Abbiamo esitato lungamente, su queste considerazioni, a prendere il nostro partito, ma riflettendo che non ci comple d'arrischiare il tutto, nel tempo che abbiamo le piazze sguarnite di Guarnigioni, e che la perdita d'una battaglia potrebbe essere decisiva di quella di tutto lo stato, abbiamo non senza grave nostro ramarico aderito al consiglio de' Generali, e stabilito di ritirarci questa notte verso Saluzzo

[4] DE VAULT-ARVERS 1892, Vol. I, pp. 211-215.

Il 30 agosto l'armata franco-spagnola assume le proprie posizioni intorno alla piazzaforte di Cuneo, e il 2 settembre appare così organizzata[5].

- Contingente di assedio

La forza è comandata dal marchese de Las Minas, ha il compito di condurre le operazioni ossidionali per la conquista della piazzaforte. È composto complessivamente da ventun battaglioni, di cui uno distaccato a protezione del parco di artiglieria, alle spalle delle trincee tra la Stura ed il Gesso, e due a Borgo San Dalmazzo, che funge da base logistica avanzata dell'armata e dove sono dislocati gli ospedali, i magazzini e i forni;

- Contingenti di osservazione

Essi hanno il compito di fornire copertura e sorveglianza alle forze impegnate nell'operazione principale. Il più importante è agli ordini del principe di Conti, composto da ventotto battaglioni e cinquantasei squadroni e schierato sulla riva sinistra della Stura, con il perno di manovra in corrispondenza del convento di Madonna dell'Olmo, in prossimità della riva del fiume: l'obiettivo è di tenere sotto controllo la direttrice dalla quale può giungere la minaccia più pericolosa. A tale scopo, in direzione nord, nel cuore della pianura piemontese, ad una distanza tra i nove e i dodici chilometri da Madonna dell'Olmo, sono disposti due grossi avamposti, a cavaliere del fiume Grana: a Tarantasca c'è il maresciallo di campo du Cayla, con due reggimenti di dragoni e alcune compagnie di granatieri francesi, che copre il settore nord occidentale con le direttrici provenienti da Caraglio, Dronero e Busca; a Centallo abbiamo il tenente generale Don Pignatelli, con 1500 cavalli e 1000 fanti spagnoli, che controlla il settore nord orientale, ovvero il tratto di pianura tra i fiumi Maira e Stura. Inoltre, queste forze hanno anche il compito di mettere sotto contribuzione l'area più ampia possibile, compiendo requisizioni e imponendo tributi ai centri abitati. Un secondo corpo, forte di dieci battaglioni al comando del tenente generale marchese de Campo-Santo, è posizionato a Peveragno, una decina di chilometri a sud-est di Cuneo, e agisce nel settore compreso tra Boves e Chiusa Pesio per fronteggiare le minacce costituite dai regolari e dai miliziani piemontesi, raccolti nel monregalese. Dopo aver respinto un corpo di 3000 miliziani, i Francesi assumono presto l'iniziativa compiendo ricognizioni in forze e distruggendo alcune ridotte in terra e fascine utilizzate dagli stessi, mentre altri reparti raggiungono le vicinanze di Mondovì e l'imbocco del colle di Tenda, per assicurare il controllo dell'area che doveva fornire il foraggio all'armata[6].

- Contingenti a protezione delle linee di comunicazione

Particolarmente critica appare la situazione della linea di alimentazione logistica. Il terminale in territorio francese si trova a Guillestre, circa trenta chilometri a sud di Briançon e sessanta a nord-est di Gap, le città più vicine al fronte[7]. La rotta valica lo spartiacque al colle della Maddalena e scende lungo il fondo della valle Stura, incassata tra i boschi e le creste delle Alpi Marittime. Su questa strada, per una distanza da coprire di circa sessanta chilometri sino a Borgo San Dalmazzo, scendono i rifornimenti di viveri, le munizioni e le artiglierie per l'assedio: un'area dove i guerriglieri possono muoversi e colpire con relativa facilità. Gli equipaggi addetti ai rifornimenti, che partivano da Guillestre o dalla valle di Barcellonette, erano spesso riluttanti ad addentrarsi in territorio piemontese a causa della minaccia rappresentata dalla guerriglia e ciò costringeva il comando francese ad inviare continuamente dei distaccamenti per proteggere i convogli. I Gallispani erano sovente costretti a compiere operazioni di controguerriglia che sfociavano in una dura repressione, nel corso della quale erano applicate, nei confronti dei miliziani fatti prigionieri, le pene più severe. Allo scopo di fiaccare la volontà di resistenza delle popolazioni, i Franco-Spagnoli compivano esecuzioni pubbliche, come nel caso dei trenta militi catturati dal reggimento Provence e giustiziati in un villaggio per ordine del comandante francese[8]. Pene spietate, come richiedono le esigenze di guerra e applicate, a quanto sembra, con particolare ferocia, per le quali il Saint Simon fornisce una giustificazione giuridica, sulla base del rispetto formale di quelle che sono le leggi in vigore. Le fonti francesi sembrano liquidare la presenza della "petit guerre" come un fastidio che presto fu messo sotto controllo, ma il Galleani[9] riporta nelle sue memorie come l'attività dei guerriglieri fosse persistente e condotta con ferocia. Spesso corrieri e piccoli distaccamenti francesi, colti di sorpresa sulle strade di montagna, erano massacrati senza pietà:

> Era veramente una gran sorte per coloro, cui capitava che gli venisse salvata la vita, e si contentassero que' paesani di far solo prigionieri [...]

Lo stesso autore si rammarica per la cruenta fine di un giovane ufficiale francese, il marchese di Neuville. Ma è necessario rammentare come i valligiani che conducevano la guerriglia siano stati a loro volte vittime delle violenze e delle rapine perpetrate dalla truppa franco-spagnola, spesso con la benevola approvazione dei loro comandi che vedevano nella politica del terrore il metodo migliore per tenere soggiogate le popolazioni.

Il grosso dell'armata sabauda è raccolto nel campo situato a sud di Saluzzo, protetto da una linea difensiva costituita dal fiume Varaita[10]. Reparti di una certa consistenza sono dislocati a Mondovì, reparti minori a Fossano e a Cherasco. Nella piazzaforte di Cuneo sono rinchiuse le unità al comando del barone di Leutrum, al quale sono affidate le sorti della città assediata[11].

[5] DE VAULT-ARVERS 1892, Vol. II, p. 199.

[6] SAINT-SIMON 1770, p. 105

[7] DE VAULT-ARVERS 1892, Vol. II, p. 232

[8] Il Saint-Simon riferisce che

> Un capitaine de grenadiers du Regiment de Provence ayant reçu ordre d'en faire un exemple [...] il les conduisit au premiere village où il fit assembler les habitants et le Curé qu'il chargea de les preparer a la mort, ordonnant une execution en règle comme de gens condamnés par la justice, ou par un Conseil de guerre. Il fit casser la tête aux trente prisonniers avec les formalites ordinaires [...]
> (SAINT-SIMON 1770, p. 105)

Si vedano anche BUFFA DI PERRERO 1887, pp. 190-191 e GALLEANI D'AGLIANO 1840, pp. 157-159.

[9] GALLEANI D'AGLIANO 1840, pp. 157-159.

[10] *infra* Figura 1.

[11] BUFFA DI PERRERO 1887, pp. 181-185.

Analisi della situazione

Carlo Emanuele III realizza che è necessario assumere l'iniziativa per tentare di impedire la caduta di Cuneo. Il Re di Sardegna intendeva cogliere tre obiettivi di diverso livello, ma strettamente correlati tra loro:

- tattico:

liberazione dell'importante piazzaforte di Cuneo, cardine del sistema difensivo nel Piemonte meridionale;

- operativo:

impedire al nemico l'occupazione e lo sfruttamento del Piemonte meridionale e ricacciarlo oltre la barriera delle Alpi;

- strategico-politico:

costringere il nemico, se non alla pace, a pianificare e condurre un'ulteriore campagna per il 1745, tecnicamente impegnativa e finanziariamente onerosa.

La previsione delle perdite si attesta intorno al 30% ! Ma soprattutto ciò che emerge, in sede di analisi del problema, è il confronto tra i differenti fattori negativi che si sarebbero prospettati in caso di sconfitta in battaglia o, al contrario, di inattività nelle operazioni. Se l'armata del Re di Sardegna fosse sconfitta, i Francesi diverrebbero padroni incontrastati del teatro per la campagna in corso e consoliderebbero l'occupazione predisponendo le basi per l'anno successivo, dalle quali partirebbero in posizioni decisamente vantaggiose. A ciò si aggiunge la costante minaccia di un attacco diretto contro Torino, Alessandria o Tortona prima della pausa invernale.

Nel caso in cui prevalga una scelta attendista, il territorio occupato e le aree viciniori verrebbero sicuramente sottoposte a contribuzioni e saccheggi; inoltre la nazione soffrirebbe per il progressivo esaurimento delle risorse che avverrebbe senza una sostanziale contropartita, mentre sarebbe altamente probabile una caduta del morale nelle truppe e nelle popolazioni. Ma l'aspetto peggiore è rappresentato dal fatto che in tal caso, comunque, l'iniziativa verrebbe lasciata ai Francesi che, a quel punto, avrebbero occupato Cuneo, garantendosi in tal modo la possibilità di muovere liberamente senza temere la pressione dei piemontesi.

Inoltre, c'è un importante aspetto psicologico da non sottovalutare: lasciar cadere una così importante piazzaforte senza nulla tentare avrebbe evidenziato più di ogni altra cosa le eccessive esitazioni di Torino e la sua incapacità di reagire con determinazione all'invasione. Tale aspetto assumeva ancora più rilevanza in un quadro generale dove il morale dei soldati sabaudi era già fortemente prostrato dalle ripetute sconfitte subite a Nizza, Pietralunga e, soprattutto, dalla caduta del forte di Demonte. Tra i militari piemontesi sorsero infatti delle perplessità in merito agli indugi con cui l'alto comando affrontava il problema dei soccorsi a Cuneo, «non si potea pertanto comprendere la grande lentezza che esisteva dalla nostra parte nel prepararsi a soccorrere quella piazza, e la totale inazione in cui eravamo da sì lungo tempo a Saluzzo»[12]

[12] GALLEANI D'AGLIANO 1840 p. 160.

In conclusione, Carlo Emanuele III è consapevole del fatto che l'offensiva può rivelarsi un azzardo, ma sa anche molto bene che Cuneo è la chiave di volta della campagna. L'alternativa sarebbe stata quella di disporsi in difensiva tra la stessa Saluzzo e le località di Savigliano, Fossano, Cherasco, e Mondovì, così da costituire una cintura di capisaldi per contenere la manovra dei borbonici e attendere fiduciosi l'arrivo dei rinforzi imperiali, come avvenuto durante le campagne del 1703-1706 nella Guerra di Successione Spagnola. Rinforzi che in quel momento critico Maria Teresa, impegnata nella Seconda Guerra di Slesia (1744-1745) contro il Regno di Prussia, non si poteva permettere[13].

Di fronte a tali prospettive il Re convoca dunque un consiglio di guerra, al quale chiede di elaborare i piani operativi e, contemporaneamente, considerato che il problema da risolvere non era semplicemente di natura militare, consulta il ministro degli esteri Carlo Vincenzo Ferrero marchese d'Ormea per valutare le eventuali conseguenze delle sue mosse sotto l'aspetto più strettamente politico e diplomatico.

In seno agli alti comandi sabaudi prendono forma due diverse linee di pensiero, una sostenuta da Ignazio Bertola conte d'Exilles, primo ingegnere di Sua Maestà, l'altra dai comandanti delle forze di combattimento, il generale di fanteria Vittorio Amedeo Seyssel marchese d'Aix, i luogotenenti generali marchese Gianfrancesco Filiberto Amedeo Pallavicino, commendatore Alessio della Chiesa di Cinzano, Giovanni Battista Benedetto Saluzzo conte della Manta.

La stesura dei progetti

Il conte Bertola suggerisce di eseguire una manovra avvolgente che consenta di portare l'esercito alle spalle degli approcci ossidionali dei franco-spagnoli, attraversando i territori montuosi che coronano la pianura tra Saluzzo e Cuneo. In tal modo l'armata sarda può arrivare ad interporsi tra l'esercito nemico e le sue basi logistiche in Francia. Il Bertola propone due versioni che chiameremo «occidentale» ed «orientale»[14].

§ *I piani del Bertola*

Il piano «occidentale» prevede una manovra ad ovest dell'asse Saluzzo-Cuneo. Raggiunto l'abitato di Busca, si

[13] Nel 1744 Federico II di Prussia, rompendo il trattato di Pace di Breslavia, invade la Boemia, penetrando profondamente nel territorio imperiale e puntando su Praga ed occupando la città il 2 settembre 1744. Ovvio che, in queste condizioni, tutte le azioni imperiali nelle Fiandre, sul Reno e in Italia furono immediatamente sospese con il richiamo sul fronte boemo di ogni unità disponibile. La strategia attendista del nemico costringe gli imperiali ad evacuare il paese, anche se l'esercito non è impegnato in scontri campali di grande entità. Il 26 novembre Praga è evacuata. La guerra, però, non è affatto conclusa. Solo il 25 dicembre 1745 è firmata infine la Pace di Dresda, che pone fine alla Seconda Guerra di Slesia. Solo a partire dal 1746 Maria Teresa è in grado di inviare reparti sempre più consistenti sul fronte italiano (CASALI 1990, pp. 137-157).

[14] *infra* Figura 2.

risale la val Maira e successivamente il movimento prosegue in direzione sud - sudovest attraverso i rilievi montuosi che dividono le valli Maira e Grana, con il relativo guado dei due fiumi, prima di giungere in vista dell'obiettivo materializzato dall'abitato di Vignolo, posto a nord del fiume Stura e ad una distanza di sei chilometri a sudovest di Cuneo. Da qui, l'armata del Re di Sardegna poteva guadare la Stura e dare battaglia al nemico, stretto tra le truppe di campagna e quelle della guarnigione di Cuneo.

Nel piano «orientale» gli assi di movimento sono spostati verso est. Da Saluzzo a Savigliano, per poi piegare a sudest e guadare la Stura tra Fossano e Cherasco; prosegue poi in direzione sud fino a Mondovì. Qui, sfruttando la copertura della piazzaforte, i sabaudi avrebbero minacciato i lavori di approccio dal versante meridionale, agendo in coordinamento con la guarnigione di Cuneo, oppure avrebbero potuto condurre delle operazioni di logoramento sulle retrovie avversarie.

Entrambi i piani sono il prodotto di un «tecnico», ovvero un ufficiale specialista del corpo degli Ingegneri. Essi paiono piuttosto arditi e disegnano degli ampi movimenti convessi, condotti a distanza di sicurezza dal braccio operativo francese e dalle sue minacciose avanguardie, dislocate a Centallo. Lo scopo è portare le forze di combattimento sabaude alle spalle del dispositivo nemico e da lì impegnarlo, se non in uno scontro diretto, almeno esercitando una continua e soffocante pressione sulle immediate retrovie dei lavori di assedio e sulle linee di comunicazione. Queste, in tal modo, sarebbero state esposte a continue interruzioni e ciò avrebbe costretto i Gallispani a distogliere forze preziose dalle trincee. Tali piani sembrano sottovalutare le oggettive complessità di movimento e di rifornimento della fanteria, nonché la difficoltà di portarsi al seguito la cavalleria, attraverso terreni montuosi. Piani che difficilmente si attagliano ai ritmi lenti e metodici degli eserciti del XVIII secolo, in generale, e dell'esercito piemontese in particolare. Nonostante ciò, è indubbio che la minacciosa presenza di un grande corpo nemico a pochi chilometri dai lavori d'assedio avrebbe influenzato pesantemente le linee di azione del Conti, anch'esse ispirate dalla cautela piuttosto che dalla temerarietà: non dimentichiamo che egli è a capo di un esercito nel cuore del territorio nemico, separato dalle sue basi da una catena montuosa e collegato ad esse da un tenue filo che corre lungo la valle Stura. Attraverso tale chiave di lettura le proposte del Bertola assumono un aspetto tecnicamente interessante, per quanto rappresentino una soluzione articolata e complessa da realizzare.

§ *Critica ai piani del Bertola*

I progetti del Bertola, in effetti, incontrano le perplessità dei comandanti di fanteria e cavalleria, che vi individuano molti aspetti negativi, tali da renderli troppo rischiosi e oggettivamente inattuabili. A fattor comune, rimangono totalmente scoperti la pianura piemontese ed il campo di Saluzzo: ciò avrebbe lasciato il terreno libero alla cavalleria francese, con il pericolo che questa mettesse a ferro e fuoco il basso Piemonte.

Dopodiché i generali procedono ad evidenziare i punti deboli delle singole proposte. In particolare, nel primo caso, il piano «occidentale»:
- la cavalleria piemontese avrebbe avuto notevoli difficoltà a compiere una simile marcia attraverso un terreno montuoso;
- non è ben chiaro cosa sia opportuno fare una volta arrivati a Vignolo; infatti il passaggio della Stura sarebbe avvenuto troppo a ridosso del nemico, azione estremamente rischiosa, senza contare che il fianco sinistro sarebbe rimasto esposto ad attacchi della cavalleria alleata;
- in caso di esito negativo della battaglia il ripiegamento sarebbe stato complicato, soprattutto per la cavalleria che rischiava di rimanere tagliata fuori, compressa tra il fiume e lo spartiacque Grana-Maira.

In quanto al piano «orientale», poi, il movimento appare ancora più eccentrico rispetto all'asse del teatro di operazioni e avrebbe lasciato all'iniziativa nemica anche le vallate occidentali che comunicano con la Francia. Inoltre, il marchese d'Aix stima necessarie almeno una dozzina di marce per raggiungere l'obiettivo, mentre nel frattempo i Franco-Spagnoli avrebbero avuto il destro di tentare un colpo di mano su Torino, raggiungibile in cinque o sei giornate.

Nel complesso, i progetti del Bertola presentano ragguardevoli problemi di alimentazione tattica e logistica; inoltre, l'operazione coinvolge necessariamente la quasi totalità delle forze regolari piemontesi, così che ben poche unità rimangono disponibili in riserva, rendendo difficile fornire un'adeguata protezione al territorio. Un altro aspetto che pare trascurato è relativo all'impiego dell'artiglieria, assolutamente indispensabile in uno scontro campale: il Bertola non la menziona, pertanto è da supporre che il suo progetto, riprendendo proposte precedenti[15], prevedesse in realtà di impegnare le forze avversarie con una campagna di logoramento. Ma evidentemente tale soluzione non pare soddisfacente i comandanti delle forze da combattimento e, forse, non corrisponde alle reali possibilità dell'armata del Re di Sardegna.

§ *Le scelte dei generali*

In sede di esame sulla situazione delle forze nemiche, i generali sembrano temere in modo particolare la superiorità numerica della cavalleria; pertanto, scelgono una soluzione che potremmo definire più ortodossa[16]: marciare direttamente contro il corpo distaccato a Centallo per annientarlo e proseguire in direzione sud per investire le posizioni di Madonna dell'Olmo. In tal modo la base operativa piemontese non sarebbe rimasta scoperta e l'armata avrebbe affrontato separatamente i corpi franco-spagnoli. Inoltre, la presenza di boschi lungo l'itinerario avrebbe fornito la necessaria copertura al movimento di avvicinamento e garantito protezione in caso di ripiegamento, diminuendo l'efficacia della preponderante cavalleria avversaria. Nonostante ciò, appare degno di nota il fatto che il conte della Manta si riveli comunque pessimista sul ri-

[15] BERTOLA 1744, *infra* Appendice documentaria, Allegato 1.
[16] *infra* Figura 3.

sultato dell'operazione, sia a causa della superiorità numerica della cavalleria nemica, sia perché i due corpi avrebbero potuto congiungersi con evidenti conseguenze negative per i Piemontesi. Al fine di ovviare a tale pericolo, egli suggerisce di avanzare a marce forzate su Centallo, così da coprire la distanza in una giornata, anziché due come previsto dagli altri generali.

Nel complesso si tratta di un disegno molto cauto che tende ad evitare eccessive esposizioni all'armata, con lo scopo di salvaguardarne l'integrità, anche in caso di fallimento dell'offensiva. Del resto questa linea di pensiero si scopre piuttosto aderente al giudizio che i Francesi avevano maturato al riguardo dell'esercito sabaudo: una forza numericamente esigua, lasciata sola dall'alleato austriaco, che risulta adeguata quando opera su terreno montagnoso, dove può sfruttare gli ostacoli naturali, ma non dispone delle forze sufficienti per condurre massicce operazioni in un ambiente di pianura, tali da risolvere battaglie campali o assedi[17]. Un giudizio dunque non tanto sul valore dei combattenti, mai messo in discussione, quanto piuttosto sulle effettive disponibilità in termini di materiali e di risorse del piccolo Regno e che, di fatto, rispecchia la realtà.

L'ordine di operazione

Il marchese d'Ormea infine accoglie sostanzialmente il punto di vista dei generali, ma sottolinea l'importanza di impegnare il nemico con una serie di azioni diversive che lo costringano a dividere le forze, accogliendo in parte le considerazioni del Bertola. Formula una serie di proposte che vengono successivamente esaminate in seno al consiglio di guerra; parte di queste concorrono a costruire il piano di operazione, cercando, tra l'altro, di raggiungere una soluzione di compromesso funzionale e, nello stesso tempo, condivisibile da tutte le più alte gerarchie militari e dallo stesso sovrano[18].

In definitiva il piano deciso dal consiglio di guerra attinge elementi provenienti da tutti gli autori dei vari progetti; dal punto di vista concettuale, tuttavia, accoglie le valutazioni dei generali ed è costruito intorno ad esse, optando per la ricerca di uno scontro risolutivo davanti alle posizioni alleate.

Il concetto d'azione è così delineato[19]:

1. Avvicinamento

L'armata marcerà in direzione sud-est, lungo la direttrice Saluzzo-Vottignasco-Murazzo, allo scopo di raggiungere la riva sinistra dello Stura. Qui piegherà a sudovest, appoggiando il fianco sinistro al fiume e avanzando verso il settore di Madonna dell'Olmo dove verrà sviluppato lo sforzo offensivo

2. Attacco

Esso verrà portato contro i trinceramenti franco-spagnoli approntati davanti e negli immediati dintorni del convento di Madonna dell'Olmo, realizzati a copertura delle vie di accesso ai lavori ossidionali e dunque individuati come la chiave di volta della struttura difensiva. L'obiettivo è quello di travolgere le difese campali per privare l'armata nemica del perno di manovra e costringerla a ripiegare, lasciando così scoperti e vulnerabili i lavori di assedio

3. Piano d'inganno

Effettuare un'azione diversiva, in contemporanea all'inizio del movimento di avvicinamento, in direzione sud-sud/ovest (abitato di Busca), con l'intento di distogliere l'attenzione del nemico dalle mosse del grosso dell'armata

4. Attacchi diversivi e di disturbo

Vengono pianificati degli sforzi secondari attuati con manovre a tenaglia verso i fianchi e le retrovie nemiche. Alle milizie della val Grana è affidato il compito di disturbare le linee di comunicazione con la Francia ed è assegnato l'obiettivo di distruggere il ponte dell'Olla sullo Stura. Il reggimento di Mondovì e le milizie monregalesi devono attaccare i magazzini dislocati a Borgo San Dalmazzo. Nel contempo, la guarnigione di Cuneo deve effettuare delle sortite con il duplice scopo di fissare le truppe nemiche schierate nei dintorni, impedendo loro di portare rinforzi ai reparti coinvolti in battaglia, e di produrre la maggior quantità possibile di danni ai lavori di approccio.

La tabella di movimento

Il progetto finale segue dunque tale ordine d'operazioni:

- 26 settembre

Saluzzo-Vottignasco; distanza: circa 12 km; elementi critici: guado dei fiumi Varaita e Maira

- 27 settembre

Vottignasco-Murazzo; distanza: circa 12 km; elementi critici: guado fiume Grana, territorio pianeggiante che lascia il fianco destro potenzialmente esposto al nemico

- 28 settembre

Murazzo-Ronchi; distanza: circa 8 km; elementi critici: ala destra esposta ad un aggiramento con conseguente rischio di compressione dell'armata contro il fiume Stura

29 settembre

Ronchi-Madonna dell'Olmo; distanza: circa 4 km.; elementi critici: assunzione del dispositivo per la battaglia in prossimità del nemico; attività preliminari di preparazione al combattimento

30 settembre

Combattimento e conseguimento dell'obiettivo.

Il movimento di avvicinamento disegna una figura simile ad un angolo retto: dunque l'armata non punta direttamente sull'avanguardia nemica né compie ampie manovre aggiranti, ma si sceglie un accostamento progressivo tramite tappe brevi e sicure. Nei primi due tratti l'esercito si muove ad una distanza che garantisce un apprezzabile livello di sicurezza dalle puntate offensive della cavalleria nemica, sempre temuta per la sua superiorità numerica; negli ultimi due si appoggia saldamente con il fianco sinistro al fiume, che fornisce protezione, fidando ragionevolmente sul fatto che i francesi non tenteranno a loro volta manovre in campo aperto sul fianco destro. Tale considerazione, che ad un esame approssimativo può ap-

[17] SAINT-SIMON 1770, p. 111.
[18] BUFFA DI PERRERO 1887, pp. 208-214.
[19] *infra* Figura 4.

parire azzardata, deriva dal fatto che i Francesi hanno costruito solidi ed estesi trinceramenti in funzione di cardini del loro schieramento: dunque è sensato presumere che si preparino ad assorbire l'urto su posizioni fortemente organizzate, dalle quali lanciarsi in un secondo tempo, come da un trampolino, per la controffensiva.

La marcia di avvicinamento

L'avvicinamento si compì effettivamente fra il 26 e il 30 settembre 1744[20].

§ *26 settembre, sabato*

L'armata piemontese inizia regolarmente il movimento verso Vottignasco. Nel contempo, il conte della Manta effettua una manovra diversiva con il suo corpo di cavalleria in direzione di Busca. Qui, per disorientare le spie francesi, viene dato l'ordine di costruire alcuni forni, mentre si movimentano alcune bande di miliziani. È una giornata di pioggia intensa che causa il primo contrattempo. L'ingrossamento dei due fiumi, che provoca il crollo di alcuni ponti di carri, e il pessimo stato delle strade ritardano l'avanzata delle artiglierie e dei carriaggi

§ *27 settembre, domenica*

I Piemontesi devono sostare a Vottignasco per tutto il giorno allo scopo di consentire il ricongiungimento dei traini

§ *28 settembre, lunedì*

L'esercito marcia su due colonne pronte a fare fronte verso ovest e a schierarsi per la battaglia in caso di avanzata del nemico. La cavalleria marcia all'avanguardia. Quando raggiunge le zone di accampamento, l'armata è pronta a reagire al minimo allarme, i reparti mantengono le posizioni previste nello schieramento, su due linee fronte al nemico

§ *29 settembre, martedì*

I Piemontesi coprono la distanza tra Murazzo e Ronchi, marciando su sei colonne, cinque di brigata di fanteria e una di cavalleria. L'accampamento a Ronchi ha la stessa conformazione del precedente; la sinistra è appoggiata alla Stura, la destra alla cascina di Tetti Basso con un fronte di circa tre chilometri e una profondità di 1,2. Il quartier generale di Carlo Emanuele III è a Cascinale Basse, il punto più arretrato, e più protetto, dello schieramento[21]

§ *30 settembre, mercoledì, all'alba*

L'armata inizia l'avvicinamento alla linea di attestamento. A differenza di quanto succede in ambiente montano, qui l'analisi del terreno appare difficile, in quanto il teatro dove si sono verificati gli eventi ha subìto profonde mutazioni a causa dell'intervento antropico (edifici, strade, coltivazioni). Essa si può eseguire, in linea di massima, sulla base dei disegni del Minutoli, del Saint Simon e del Papacino.

La pianura cuneese, allora come oggi, era intensivamente sfruttata dalle coltivazioni ed era costellata da centri abitati e cascine, mentre numerosi erano i corsi d'acqua e i canali artificiali. Del resto tale area rappresentava la riserva umana e strategica dello stato sabaudo. A causa delle colture degli alberi da frutto e dei solchi dei canali, il terreno presentava difficoltà per le manovre della cavalleria. Inoltre, come confermato dalle relazioni, il terreno tra Ronchi e Madonna dell'Olmo era coperto da boscaglia e vigne alte.

La pianificazione della battaglia

La sera del 29 settembre, nei pressi di Ronchi, fu riunito il consiglio di guerra per pianificare le azioni dell'indomani[22]. Nella giornata del 30 l'esercito avrebbe condotto l'avanzata con in atto il dispositivo per la battaglia[23]. Si sarebbe fermato su una linea di attestamento «a la porteé du canon», delimitata dalla portata di tiro delle artiglierie, tra i 500 ed i 600 metri circa. A questo punto, i pezzi da sedici e da otto libbre, opportunamente schierati, avrebbero effettuato un fuoco di preparazione per tutta la giornata, allo scopo di ammorbidire gli apprestamenti difensivi dei Gallispani. Nel tardo pomeriggio, nuclei di truppa della seconda linea, in totale circa 1000 uomini, sarebbero stati distaccati a comporre delle fascine da utilizzare per colmare i fossati. Nel frattempo i Piemontesi avrebbero provveduto a riconoscere le posizioni avversarie e a sistemare sulla fronte dello schieramento gli ostacoli artificiali, i cavalli di frisia, a protezione delle proprie linee, per contenere la forza d'urto della cavalleria avversaria. Il Pallavicini riporta che i comandanti dei reparti impegnati nell'attacco principale, «les officiers destinés a conduire ces colonnes», l'irlandese colonnello Mac Ovar per i Varadini e il savoiardo conte d'Esery per i granatieri[24], capitano effettivo al reggimento delle Guardie[25], ricevettero in tale sede precise istruzioni per l'azione dell'indomani. La gravitazione delle forze si sarebbe sviluppata nel settore di sinistra, con l'investimento delle posizioni di Madonna dell'Olmo, già logorate dall'artiglieria. Lo scardinamento del sistema difensivo franco-spagnolo si sarebbe ottenuto facendo crollare l'ala destra alleata, che si appoggiava alla struttura trincerata principale; di conseguenza, l'esercito nemico sarebbe stato costretto ad un difficile ripiegamento e non avrebbe più potuto proteggere i lavori di assedio che sarebbero così stati abbandonati.

---

[20] *Ordre de marche* s.d., *Relation-ordre de marche* s.d.

[21] MINUTOLI s.d.b.

[22] PALLAVICINO 1744.

[23] *infra* Figura 5.

[24] GALLEANI D'AGLIANO 1840, p. 165

[25] PALLAVICINO 1744. Nello stesso fascicolo, in *Etat des officiers tues et blesses a l'affaire de Notre Dame de l'Orme le 30 7mbre 1744*, il comandante dei Varadini, elencato tra i feriti, è trascritto come «Monsieur Maguer».

Due ore prima dell'alba del 1 ottobre[26], 2000 Varadini e ventiquattro compagnie di granatieri, circa 1200 uomini, raggruppati in sei colonne, sarebbero usciti dal settore compreso tra le due linee sabaude e, muovendosi sul terreno scosceso della riva dello Stura, avrebbero effettuato una manovra di aggiramento puntando sul fianco e, se possibile, al tergo delle posizioni nemiche, investendole nel punto dove terminavano le trincee. Era stata predisposta anche un'azione di inganno, con piccoli distaccamenti che avrebbero condotto degli assalti contro punti diversi del fronte franco-spagnolo: si contava sul fatto che, grazie all'oscurità, i Francesi sarebbero rimasti disorientati. Nel contempo l'ala sinistra sabauda sarebbe avanzata per fissare le fanterie poste al riparo dei trinceramenti, con l'intento di sostenere l'attacco delle colonne e impedire ai difensori di contromanovrare. Il centro avrebbe coperto il fianco dell'ala sinistra e mantenuto il collegamento con l'ala destra che, rimanendo ferma e vincolata agli appigli tattici, fungeva da perno di manovra, saldamente ancorato al terreno e protetto all'estrema destra dalla cavalleria. Questa aveva il compito di fronteggiare e controllare la cavalleria alleata, impedendole di attaccare sui fianchi o sul retro la propria fanteria.

La scelta di attaccare quella che appariva come la parte più forte del dispositivo nemico appare motivata dalle seguenti considerazioni:
- sull'ala destra il nemico aveva predisposto pochi trinceramenti, ma qui era schierata la cavalleria franco-spagnola che godeva di indiscussa superiorità numerica e avrebbe reso estremamente pericolosa l'esposizione in campo aperto della fanteria sabauda;
- il concentramento della massa di fuoco su uno degli elementi della difesa avrebbe consentito di ottenere una apprezzabile riduzione delle sue capacità di reazione;
- la manovra di aggiramento, coordinata con un deciso assalto frontale, avrebbe permesso alle colonne di penetrare dove gli apprestamenti difensivi erano meno consistenti, mettendo con ciò in seria difficoltà le truppe sistemate nelle trincee.

In sostanza, si trattava di eseguire successive concentrazioni di potenza contro un limitato settore, con lo scopo di realizzare elevate superiorità tattiche locali che avrebbero consentito di superare le resistenze avversarie. Al forzamento degli ostacoli avrebbe fatto seguito il consolidamento sulle posizioni conquistate e la possibilità di sfruttare il successo con l'inseguimento di un'armata nemica in grave crisi tattica.

I Franco-Spagnoli

I Francesi nel frattempo non rimangono inerti. Il concentramento del grosso delle forze sulla linea di Madonna dell'Olmo fu decisa dal principe di Conti proprio per prevenire le mosse del Savoia, chiudendo le vie di accesso alla piazzaforte di Cuneo. Al di fuori rimangono sei battaglioni a protezione delle trincee, qualche reparto che sorveglia il quartier generale di Madonna degli Angeli e alcuni squadroni, in funzione di schermo protettivo nel settore di sudovest, che mantengono i collegamenti col distaccamento di Borgo San Dalmazzo.

Il Conti è un comandante prudente e vuole evitare sorprese: teme di lasciare esposto il parco dell'artiglieria d'assedio e sa che in uno scontro campale disporrà di una fanteria numericamente inferiore, a causa dei distaccamenti lasciati intorno a Cuneo e in valle Stura. Alla notizia che l'esercito piemontese è in movimento, si pone domande sulle effettive intenzioni di Carlo Emanuele III[27]. Al comando franco-spagnolo molti reputavano che il Re non avrebbe rischiato tutto in uno scontro dall'esito incerto, ma che avrebbe optato per l'invio di un grosso contingente oltre lo Stura, con l'obiettivo di contenere il braccio logistico francese, limitando l'area del foraggio e delle contribuzioni, e di logorarne il braccio operativo tramite la conduzione della «petite guerre», appoggiandosi alla piazzaforte di Mondovì. Tuttavia i Franco-Spagnoli sviluppano un'intensa attività ricognitiva. In un primo momento l'azione diversiva su Busca produce qualche effetto, ma in breve, complice anche la sosta forzata del giorno 27, i reparti esploranti raccolgono sufficienti elementi per far comprendere al comando borbonico che tutto l'esercito piemontese è in marcia e che non attraverserà la Stura, bensì punterà su Madonna dell'Olmo. La sera del 29 i distaccamenti dei generali du Kayla e Pignatelli ricevono l'ordine di ricongiungersi all'armata. Il 30, alle prime luci dell'alba, gli esploratori segnalano ai due generali la posizione delle colonne sabaude in movimento. I due comandanti chiedono al Conti il permesso di attaccare per scompaginarle mentre, a loro giudizio, sono ancora in una fase critica, in quanto si trovano in marcia e non avrebbero il tempo di riorganizzarsi per contrastare efficacemente una carica di cavalleria. Il Conti rifiuta decisamente, poiché ritiene tale stratagemma molto pericoloso e preferisce tenersi alla mano i cavalli per la successiva battaglia, anziché gettarli d'impeto contro la solida fanteria piemontese senza il sostegno della propria. Inoltre, in quel momento, sa che i fucilieri di montagna spagnoli hanno agganciato le avanguardie sabaude e stanno conducendo un'azione di logoramento sulle avanguardie nemiche, per cui Carlo Emanuele probabilmente è già in stato di massima allerta.

Schieramenti e topografia della battaglia

Gli eserciti prendono posizione, mentre i comandanti si mostrano alle truppe per incoraggiarle[28]. L'Infante di Spagna, don Filippo, era costretto dalle usanze e dalla ra-

[26] *infra* Figura 6.

[27] DE VAULT-ARVERS 1892, Vol. I, pp. 216-218. il Conti lamenta la scarsità di truppe a sua disposizione, in quanto ritiene necessario disporre di almeno tre corpi d'armata per assolvere la sua missione: uno da dedicare all'assedio, un secondo per fronteggiare l'esercito sabaudo, il terzo per parare le minacce provenienti dal monregalese. Nondimeno, esamina attentamente tutte le possibili azioni del nemico, studiando le contromisure da adottare contro le due minacce più probabili, ovvero un attacco piemontese portato dalla sinistra o dalla destra della Stura.

[28] *infra* Figura 7, dislocazione dei reparti, Figura 8, ampiezza e profondità degli schieramenti, Figura 9, settori di tiro delle artiglierie; si confrontino i numeri sulle carte con i nomi dei reparti. Si vedano inoltre nell'Appendice documentaria gli Allegati 2 e 3.

gion di stato a restare al sicuro nelle retrovie, protetto da 100 Guardie del Corpo, dal reggimento di cavalleria Calatrava e da quattro compagnie di granatieri: queste unità erano poste al comando del tenente generale don Tomaso Corbolan, che rispondeva con la propria vita dell'incolumità dell'erede al trono[29]. Prima di portarsi al riparo da offese, don Filippo volle tuttavia arringare i suoi soldati, ricordando loro gli antichi fasti militari dei tercios. Alle ovazioni degli Spagnoli rispondevano le grida di gioia con le quali i Piemontesi salutavano il loro Re, che i Gallispani potevano vedere spostarsi a cavallo tra i suoi battaglioni. Il principe di Conti, invece, non tenne discorsi, né raccolse acclamazioni dalla truppa, ma passò tra i vari reparti per assicurarsi che i suoi ordini fossero stati ben compresi e i comandanti fossero pronti.

L'ordine di battaglia sabaudo prevede la fanteria schierata su due linee con il fianco sinistro appoggiato alla Stura[30], così da proteggere l'armata da manovre di aggiramento. Nella prima linea, dietro la strada che conduce a Villafaletto, sono schierate tre brigate, ognuna su sei battaglioni: Savoia, Monferrato e Guardie; nella seconda sono dislocate due brigate, ognuna su nove battaglioni: Saluzzo e Piemonte. La cavalleria è schierata anch'essa su due linee, alla destra della fanteria, a copertura del fianco esposto dell'armata, con la prima linea all'altezza della seconda di fanteria. Lo spazio tra queste due linee è chiuso da due battaglioni imperiali e dodici compagnie granatieri. Tra le due linee della fanteria prendono posizione anche cinque squadroni agli ordini del commendatore di Challant[31]. L'artiglieria è suddivisa in varie batterie che devono prendere posizione negli spazi tra le brigate di prima linea della fanteria e alle estremità di questa. In particolare le batterie dell'estrema sinistra si dovevano concentrare sui trinceramenti di Madonna dell'Olmo, mentre quelle di estrema destra avevano il compito di interdire il terreno davanti ai propri squadroni, in modo tale da rendere l'avanzata della cavalleria borbonica estremamente pericolosa. Sul settore centrale e sulla destra, la presenza di una rete viaria, di bealere e di vegetazione aveva il compito di facilitare le operazioni difensive; agli ostacoli naturali si aggiungono degli ostacoli artificiali appositamente predisposti: i cavalli di frisia, dislocati dalla metà circa della prima linea di fanteria sino al punto di congiunzione di questa con la cavalleria. Altri appaiono dislocati sull'estremo fianco sinistro della cavalleria, sorvegliati da picchetti di fanti, circa 300 uomini[32].

Lo schieramento franco-spagnolo vede la fanteria solidamente ancorata intorno a tre punti fortificati[33]. Il primo e più importante è costituito intorno al convento di Madonna dell'Olmo e gode del vantaggio di avere un fianco coperto dalle rive scoscese dello Stura. Qui erano dislocati: due batterie da tre pezzi ciascuna, venti compagnie di granatieri agli ordini del brigadiere don Augustin Ahumada, nonché il reggimento Dragoni di Edimburgo, comandato dal loro colonnello, don Juan de Sarmanat, e una compagnia di ussari. Il secondo caposaldo era costituito dal gruppo di cascine Piccapietra, dove oltre ad un buon numero di cannoni, prelevati la notte precedente dalle trincee presso il bastione di San Giacomo[34], era posizionata la brigata Poitou, forte di cinque battaglioni; entrambi rappresentavano gli estremi dello schieramento del corpo principale dell'esercito, costituito da fanteria e dragoni. Il terzo punto, la cascina Baron Pasquale, di minore consistenza e situato alla metà circa della prima linea, aveva funzione di collegamento tra le due opere principali ed era protetto da due battaglioni del reggimento Lyonnois. Il settore nord-nord/est, verso la pianura, era presidiato dalla numerosa cavalleria, che aveva il compito di proteggere il fianco della fanteria. Inoltre, è opportuno considerare che il comando gallispano poteva disporre di un ottimo punto di osservazione, costituito dal campanile della chiesa di Madonna dell'Olmo.

Lo sviluppo della battaglia

§ *Lo scontro delle avanguardie*

Il Pallavicini, scrivendo la sera del 2 ottobre si rammarica che, se gli ordine del Re fossero stati ben eseguiti, il nemico, in quel preciso momento, starebbe cercando scampo verso le montagne. Ma evidentemente Dio non ha ancora acconsentito a soddisfare le preghiere dei Piemontesi[35].

La mattina di mercoledì 30 settembre l'esercito piemontese avanza in linea e sembra che riesca a raggiungere effettivamente le posizioni previste, ma la folta vegetazione che copre il terreno impedisce un'esatta valutazione delle distanze da percorrere e del dispositivo avversario[36]. Nel contempo, nel settore adiacente la riva della Stura, i micheletti spagnoli arretrano combattendo e abbandonano le posizioni incendiando alcune cascine, evento che contribuisce a diminuire la visibilità complessiva nel campo di battaglia. Viene quindi dato l'ordine di effettuare un ulteriore balzo in avanti, ma a questo punto presso l'ala sinistra piemontese avviene il primo evento critico della giornata. I reparti avanzano eccessivamente, forse tratti in inganno dalla scarsa visuale o perché coinvolti in combattimento con l'intento di incalzare i micheletti o, più pro-

[29] SAINT-SIMON 1770, p. 120

[30] MINUTOLI s.d.b.; *infra* Appendice documentaria, Allegato 2.

[31] GALLEANI D'AGLIANO 1840, p. 165; MINUTOLI s.d.b. Nessuno dei due documenti indica a quali reggimenti appartengano; il Minutoli, nella carta, ma non nel testo, li segnala come carabinieri. È presumibile che si trattasse di squadroni prelevati dai vari reggimenti, in quanto per ognuno di essi il Minutoli scrive di quattro4 squadroni sul lato destro, mentre in *Etat des tues* 1744, il resoconto dei reparti presenti alla battaglia, sono riportati cinque squadroni per reggimento; *infra* Appendice documentaria Allegati 2 e 6).

[32] BUFFA DI PERRERO 1887, p. 224

[33] SAINT-SIMON 1770, pp. 119-120; *infra* Appendice documentaria, Allegato 3.

[34] *Journal-Coni* s.d. Si trattava del bastione nord-orientale, che proteggeva la Porta di Torino sul lato del fiume Gesso. Il manoscritto segnala che nel corso del giorno 30 furono sparate solo tre scariche di artiglieria contro la città. Infatti i pezzi francesi erano tenuti carichi a mitraglia, pronti ad affrontare le sortite della guarnigione. Tale notizia fu riportata proprio da alcuni disertori francesi.

[35] PALLAVICINO 1744; vedi anche in BUFFA DI PERRERO 1887 pp. 226-227.

[36] MINUTOLI s.d.b; Vedi anche *Du camp de Comunia* 1744: «En approchant de la Madona de l'Olmo le pais est tres couvert de bois et de vignes hautes».

babilmente, per entrambi i motivi; secondo il Saint Simon sono proprio i granatieri e i «croates» (i Varadini) che sarebbero avanzati velocemente, avvicinandosi troppo alle trincee ed esponendosi alla reazione franco-spagnola[37]. I Varadini compiendo una mossa avventata «per dar la caccia ai micheletti», vengono agganciati dal fuoco avversario e vi coinvolgono i granatieri che tentano di sostenerli[38]. Si può peraltro ipotizzare, in effetti, che tutta l'ala sinistra della fanteria sabauda sia avanzata troppo velocemente, superando la linea di attestamento, e il marchese D'Aix si sia trovato inaspettatamente dinnanzi ai trinceramenti, senza quasi rendersene conto[39]. L'attacco di granatieri e varadini, che peraltro sembra avvenga d'iniziativa e in palese violazione degli ordini emanati, potrebbe rappresentare il tentativo di coprire il fianco sinistro della prima linea sabauda, a quel punto pericolosamente esposto.

Qualunque cosa sia accaduta, le difficoltà di comunicazione, acuite dai problemi di comprensione tra Piemontesi e Imperiali, fanno sì che le avanguardie, anziché limitarsi a mantenere il contatto con le truppe di copertura nemiche, si facciano coinvolgere nello scontro dal grosso delle forze dislocate nei trinceramenti, che le fermano sotto un fuoco furioso.

§ *Scontro generale e attacco piemontese a Madonna dell'Olmo*

Con le truppe d'assalto evidentemente in difficoltà, anche la fanteria di linea della brigata Savoia avanza con l'intento di sostenerle e l'unità viene trascinata in scontri sempre più aspri. I combattimenti acquistano rapidamente intensità e verso le 13.00, «un heure aprés midi»[40], si sono estesi a tutta l'ala sinistra sarda fatta segno, nel volger di breve tempo, ad un violento fuoco di fucileria e di artiglieria, così intenso da impedirne lo sganciamento. Fu così, dunque, che la battaglia venne ingaggiata un giorno prima di quanto pianificato e che i progetti sabaudi fallirono[41]. Anziché un attacco in forze e coordinato su più punti, dopo la preparazione dell'artiglieria, si verifica un assalto disorganizzato in cui i reparti entrano nella fornace a ondate, «en detail, une troupe aprés l'autre»[42], lanciati contro un unico settore, peraltro ben difeso e dove le artiglierie alleate incrociavano il fuoco sui fanti sabaudi.

La responsabilità per il coinvolgimento prematuro dei Piemontesi andrebbe addebitata alla decisione di posizionare una brigata di artiglieria, composta da cinque pezzi, con l'obiettivo di battere proprio le ridotte di Madonna dell'Olmo ed accompagnare più efficacemente l'azione delle fanterie[43]. L'ufficiale incaricato di ricognire il terreno avrebbe effettuato una errata valutazione facendo sistemare la batteria in posizione troppo avanzata[44]. Di conseguenza, le fanterie furono costrette ad avanzare per proteggere i pezzi e si esposero a loro volta all'offesa nemica che, rivelandosi micidiale, le costrinse ad un repentino ripiegamento con il risultato di lasciare esposti i cannoni[45]. Tale evento potrebbe tuttavia essere la conseguenza di una situazione divenuta già difficile, anziché la causa, poiché la decisione di avvicinare i pezzi è presa quando gli scontri sono già in atto e, come già accennato, in una situazione in cui la visibilità non è ottimale[46]. Pertanto si potrebbe vedere l'avanzamento dei pezzi come un tentativo di alleggerire la pressione sui reparti coinvolti, ma le difficoltà poste dal terreno e forse un difetto nei collegamenti li porta a sopravanzare le linee della fanteria, la quale stava già arretrando, con le conseguenze sopra descritte. Tale ipotesi è supportata dal fatto che i granatieri e i Varadini sembrano, a quel punto, essere già in difficoltà tali da avere drammaticamente bisogno del sostegno delle forze più vicine.

I Piemontesi tentano vari assalti e giungono a coronare il fossato, arrivando ad occupare la prima linea delle trincee, composte essenzialmente con pietrame, ma i Gallispani si attestano sulla linea arretrata, realizzata con fascine e terra e protette dai fossati[47]. Da qui sviluppano un fuoco sostenuto che decima i soldati sabaudi e i cui effetti sono amplificati dalle pietre con cui sono costruiti i parapetti e che, sbriciolandosi sotto l'urto dei proiettili, scagliano micidiali schegge. Inoltre, non dimentichiamo che gli attaccanti sono privi di fascine, per cui superare i fossati diviene particolarmente complicato.

§ *Carlo Emanuele III tenta l'attacco al centro*

Carlo Emanuele III comprende che la situazione sulla sinistra è sfuggita di mano ed è controproducente ostinarsi ad attaccare la ridotta di Madonna dell'Olmo; quantomeno è indispensabile ricacciare indietro le truppe posizionate tra questa e la cascina Piccapietra e che prendevano d'infilata le fanterie sabaude mandate all'assalto. I combattimenti, quindi, si estendono verso il centro degli schieramenti, e Carlo Emanuele III allarga il fronte di attacco nel tentativo di trovare un punto debole nelle difese avversarie[48].

Truppe della seconda linea rimpiazzano quelle che erano giunte ai piedi della ridotta e che, logorate da combatti-

[37] SAINT-SIMON 1770, p. 121
[38] GALLEANI D'AGLIANO 1840, p.164. Tale versione è confermata anche in *Relation* 1744:
En arrivant pres de la Madonna del'Olmo le pais est extremement couvert d'arbres et de vignes hautes en sorte que l'armée a la gauche, ou les varadins avoient marché tres vites, se trova tout d'un coup a la portée du fusil des ennemis [...]
[39] *Ordre de marche* s.d.:
[...] l'on marcha dans cet ordre non seulement a un demi mille de notre Dame de l'Olmo ainsi qu'il avait eté reglé, decidé et convenu, mais l'on marcha plus en avant des retranchemens que les enemis avaient construit a notre Dame de l'Olmo, tellement que la premiere ligne avait contrepassé la hauteur de notre Dame de l'Olmo, ce qui faisoit que les retranchemens des enemis nous restoient quasi entre les deux lignes de l'infanterie. S.E.M. le marquis D'Aix se trouva a l'aile gauche en presence des retranchemens
[40] PALLAVICINO 1744, *Relation-N.D. de l'Orme* s.d.
[41] MINUTOLI s.d.b.
[42] *Relation-N.D. de l'Orme* s.d.

[43] MINUTOLI s.d.b; GALLEANI D'AGLIANO 1840 p. 164.
[44] MINUTOLI s.d.b. L'autore tuttavia non menziona esplicitamente il nome dell'ufficiale.
[45] GALLEANI D'AGLIANO 1840 p. 164.
[46] Il Minutoli dice che l'ala sinistra era stata investita da un violento fuoco. La veemenza del fuoco alleato è testimoniata in tutte le relazioni.
[47] GALLEANI D'AGLIANO 1840 p. 166.
[48] *infra* Figura 11.

menti intensi, si portano nelle retrovie per riorganizzarsi in vista di un nuovo attacco: così quando la brigata Savoia e la Piemonte retrocedono per riorganizzarsi sono sostituite dalla brigata Saluzzo. L'avvicendamento è protetto dai cinque squadroni di riserva che il marchese d'Aix fa avanzare per impegnare il nemico[49], e questi lo fecero così aspramente che il colonnello de Challant, loro comandante, ebbe il cavallo ucciso mentre almeno quaranta cavalieri rimasero sul terreno. Il reggimento La Regina conta già sette ufficiali caduti e quindici feriti, mentre i granatieri hanno perso il loro comandante, il conte d'Esery. I Piemontesi attaccano con vigore soffrendo elevate perdite e i Franco-Spagnoli resistono con altrettanta energia, sopportando i vuoti che si aprono tra i ranghi. I reggimenti francesi Lyonnais e Beauce sostengono l'urto nemico appoggiandosi alla cascina detta del Baron Pasquale[50]. In tal modo possono fornire un valido sostegno ai reparti spagnoli ad essi attigui e disposti in terreno aperto tra Madonna dell'Olmo e la stessa cascina Baron Pasquale. Il marchese de Las Minas non abbandonò mai i suoi uomini e fu sempre dove lo scontro fu più violento, ricevendo alcune pallottole sugli abiti e sul cappello.

§ *I movimenti francesi*

Come per i Piemontesi, anche l'ala destra dei Gallispani fu rinforzata senza sosta con battaglioni della seconda linea, che alimentavano lo schieramento difensivo sostenendo e sostituendo i reparti più provati. Mentre il tenente generale d'Arambouru raggiungeva con truppe fresche la ridotta della chiesa, il Conti fece avanzare il suo reggimento insieme al Lyonnois e a due reggimenti di dragoni spagnoli, Lusitania e Numancia[51]. I dragoni avanzano velocemente a piedi, «à toutes jambes», verso il nemico schierato dietro la strada di Tarantasca, ma sono rallentati dai fossi e decimati dal fuoco sostenuto di moschetti e cannoni caricati a mitraglia e infine costretti a ritirarsi in disordine[52].

Nonostante il fallimento dei piani, i Piemontesi premono con determinazione contro Madonna dell'Olmo in maniera tale da inquietare il Conti. Cosicché il comandante francese ordina ad alcuni reparti di cavalleria, tra cui le sue Guardie del Corpo, di avanzare contro il centro nemico e condurre un attacco, per alleviare la pressione contro il caposaldo e, contemporaneamente, saggiare la consistenza del dispositivo piemontese nel tentativo di individuare dei varchi. Nondimeno si trova di fronte alle stesse difficoltà dei dragoni, alle quali vanno aggiunti i cavalli di frisia, mentre la fanteria sabauda si organizza ordinatamente in quadrato per affrontare l'urto nemico, rendendosi praticamente inattaccabile da ogni lato[53]; la brigata Monferrato distacca dei picchetti che si attestano in alcune cascine nella terra di nessuno e bersagliano i cavalieri[54]. Alla fine, il Conti arresta le sue truppe sotto il fuoco nemico e, con un quarto di conversione sulla sinistra, le porta fuori tiro. Lo stesso Conti è ferito ad una caviglia[55], ma le sue truppe ripiegano riportando dei danni contenuti, in quanto l'artiglieria sabauda sembra che impieghi un munizionamento poco efficace[56].

A quel punto il Conti ordina una manovra aggirante allo scopo di verificare la solidità del fianco destro dei Piemontesi. Il tenente generale marchese di Castelar, che comandava l'ala sinistra, fece muovere alcuni squadroni, i quali incontrarono gravi difficoltà a causa del terreno (bealere, strade, colture e alberi) che rendeva difficile la manovra dei reparti a cavallo, mentre i sabaudi erano protetti sulla fronte e sul fianco dai cavalli di frisia. Pur avendo effettuato delle ricognizioni a lungo raggio non furono individuati sbocchi idonei per rovesciarsi sulla destra sabauda. Tali movimenti potevano costituire un allettante invito al contrattacco per la cavalleria piemontese che, sfruttando la sorpresa e l'impeto, avrebbe potuto investire la cavalleria nemica in fase di movimento. Ma il conte della Manta, pur disobbedendo ad un ordine del Re che lo invitava ad attaccare il fianco della cavalleria francese, rimane freddamente in attesa, protetto dai cavalli di frisia e dai cannoni, evitando così, molto probabilmente, di cacciarsi in quella che poteva trasformarsi in una micidiale trappola[57]. Dunque, tutti i tentativi effettuati dalla cavalleria borbonica allo scopo di impegnare i reparti piemontesi, caricandoli o inducendoli a scoprirsi, falliscono grazie a due fondamentali fattori:
- gli ostacoli naturali e artificiali che ne rallentano il movimento sino a disarticolarlo;
- il fuoco erogato delle artiglierie dislocate dietro alla strada di Villafaletto (Tarantasca) che decima gli squadroni avanzanti[58].

A ciò dobbiamo sicuramente aggiungere la corretta valutazione della situazione da parte del comandante della cavalleria sabauda che, evitando il duello in campo aperto, ha salvaguardato l'integrità del settore a lui affidato.

§ *L'esplosione delle polveri*

Mentre all'ala destra dello schieramento piemontese si sviluppavano tali eventi, verso il centro accade un altro

[49] GALLEANI D'AGLIANO 1840 p. 165
[50] Quella che il Saint-Simon descrive come una cascina tra le ridotte e che potrebbe corrispondere a quella indicata dal Minutoli con l'appellativo di «Baron Pasquale». Nello scontro fu ucciso il colonnello del reggimento Beauce, marchese de la Force, (SUSANE 1876 , Vol. V, p. 319).
[51] Si vedano i siti internet :
http://www.editorialbitacora.com/armagedon/lusitania01/lusitania.htm; http://www.ejercito.mde.es/organizacion/far/lusitania.html
[52] *infra* Figura 12.

[53] SAINT-SIMON 1770, p. 123, in cui si legge : «Le Prince de Conti [...] vit l'infanterie se former en colonne pour le recevoir». Il termine colonna in questo caso può essere plausibilmente tradotto con quadrato; del resto era una manovra già prevista da *Etat-Gardes* 1701 e ripresa nel *Reglement* 1709, ma ancora valido nel 1744.
[54] *Relation* 1744.
[55] Complessivamente, nel corso della battaglia il principe ha ricevuto anche due colpi di fucile sulla corazza e ha avuto due cavalli uccisi.
[56] In SAINT-SIMON 1770, p. 123 si segnala che i cannoni sabaudi erano anche caricati con palle incatenate, «boulets ramés», le quali, normalmente utilizzate sui vascelli, non provocarono grossi danni, «qui fit alors trés-peu d'effect».
[57] GALLEANI D'AGLIANO 1840 p. 167.
[58] MINUTOLI s.d.b.

episodio controverso[59]. Il Conti aveva inviato i reggimenti Stainville, Flandres, Foix, Brie e il secondo battaglione del reggimento Conti [60], agli ordini del marchese di Senneterre [61], per rinforzare la destra della brigata Lyonnois. Ed è in questo settore che prendono fuoco le polveri di una batteria piemontese, non è chiaro se per un colpo nemico o per un incidente. La vittima più importante di questo evento è il comandante dell'artiglieria dell'ala sinistra, maggiore Gioannini. L'ufficiale stava dirigendo le operazioni di sistemazione in batteria dei pezzi quando fu investito dall'esplosione di un barile di polvere[62]. La deflagrazione in mezzo allo schieramento[63] produce devastanti effetti materiali e psicologici, creando disordine e sgomento tra le file dei Piemontesi che sembrano frastornati e iniziano a vacillare. Ne approfitta il conte di Beaupreau, il quale, realizzando un piano che meditava da tempo, approfitta dei sopraggiunti rinforzi, si pone al comando dei reggimenti Lyonnois e Foix, e muove all'attacco dei pezzi sabaudi, conquistandoli e girandoli verso il nemico[64].

La reazione dei Piemontesi è immediata e violenta[65]. Il commendatore di Cinzano, che avrà tre cavalli uccisi, si pone alla testa dei battaglioni del reggimento Savoia e del reggimento La Regina e guida il contrattacco. I pezzi vengono recuperati e nella mischia il Savoia conquista una bandiera al reggimento Lyonnois mentre il Regina ne perde una[66]. A testimonianza dell'asprezza della lotta, i Francesi tentano un altro contrattacco con il marchese du Chatel, alla testa di un battaglione del reggimento Isle de France e delle Gardes Lorennais, ma vengono respinti sulle posizioni di partenza.

L'evento rappresenta un momento di grave crisi per i Piemontesi, sviluppandosi in una fase estremamente delicata dello scontro, durante la quale le sorti erano in bilico: il Minutoli, addirittura, riferisce che se le polveri non avessero preso fuoco, il nemico avrebbe dovuto cedere terreno. Pur considerando che l'abate dà spazio alla retorica patriottica, tentando di giustificare il grave momento di crisi, è probabile che i Piemontesi fossero impegnati nella concentrazione del massimo sforzo possibile alla ricerca di una soluzione e sicuramente l'incidente segna un'ulteriore grave battuta d'arresto.

L'impressione è che l'esercito del Re di Sardegna abbia esaurito la spinta offensiva, dopo essersi consumato davanti ai trinceramenti di Madonna dell'Olmo, consegnando l'iniziativa tattica ai Franco-Spagnoli: il momento critico sembra essere testimoniato dal fatto che l'ala sinistra sabauda mostra segni di cedimento[67], suggerendo l'ipotesi che i borbonici fossero prossimi ad un drammatico scardinamento delle linee piemontesi. In effetti a quel punto è l'efficace reazione del Cinzano, tempestiva e determinata, quasi feroce, che consente di arrestare la progressione nemica, riconquistare i pezzi e, consolidate le posizioni, respingere un ulteriore tentativo di sfondamento[68].

Gli Spagnoli tennero il settore alla destra dei Francesi senza cedere terreno e, come questi, inviando le unità della seconda linea a sostituire quelli della prima. Lo stesso fecero i Piemontesi, prima nel tenace tentativo di conquistare le trincee avversarie, poi nella lotta intorno ai pezzi di artiglieria. Il volume di fuoco dalla ridotta di Madonna dell'Olmo non diminuì fino a quando i reggimenti sabaudi non allentarono la pressione: qui, il tenente generale don Josè d'Aremburu aveva diretto le operazioni in mezzo ai suoi soldati, seduto su una sedia ai bordi del parapetto[69]. Lo scambio di colpi in questo settore continuò ininterrotto dal mezzogiorno alle venti circa.

La conclusione della battaglia

La battaglia entra in una fase di stallo, con i Piemontesi praticamente inchiodati davanti a Madonna dell'Olmo che, nonostante i sanguinosi assalti, è difesa tenacemente dai Franco-Spagnoli; d'altro canto questi ultimi, dopo i tentativi descritti, hanno esaurito le capacità di manovra e mantengono le posizioni iniziali. Lo scambio di colpi continua sino all'imbrunire.

A questo punto Carlo Emanuele III decide in apposito consiglio di guerra di effettuare lo sganciamento. Infatti, non è opportuno reiterare l'attacco all'indomani in quanto la situazione dell'armata sabauda appare piuttosto precaria, poiché:
- i reparti lamentano la scarsità delle munizioni disponibili;
- l'artiglieria ha subito gravi perdite, tanto che alcuni pezzi sistemati all'ala sinistra sono stati abbandonati. Il recu-

---

[59] *infra* Figura 13.

[60] Il reparto, guidato dal luogotenente colonnello de Solèmy, ebbe gravi perdite, tra le quali quella dello stesso Solèmy (SUSANE 1876, Vol. V, p. 89).

[61] Jean-Charles de Senneterre, marchese di Senneterre, signore di La Touche, Brillac, Usson, Saint-Germain sur Vienne. Nato nel 1693, fu colonnello di un reggimento di fanteria nel 1705, divenendo prima brigadier generale, poi maresciallo di campo ed infine luogotenente generale. Fu l'ambasciatore del Regno di Francia a Torino nel 1754. Per meriti di guerra fu fatto «chevalier des ordres du roi» nel 1745.

[62] *Relation* 1744.

[63] PAPACINO D'ANTONI s.d.b.

[64] SAINT-SIMON 1770, p 124. Si noti come il *Lyonnois* fosse una delle unità più agguerrite dell'armata franco-spagnola del Conti. La truppa aveva un particolare affetto per il comandante supremo, ugualmente corrisposta. Al punto che, durante la campagna, il principe informò personalmente i soldati del *Lyonnais* che, a causa delle carenze logistiche, la truppa non avrebbe avuto che due razioni di cibo ogni tre giorni. «Vive le roi! Vive Conti!, le père des soldats !» fu l'esclamazione del reparto. Il comandante era il colonello Hyacinthe-Gaëtan conte di Lannion (SUSANE 1876, Vol. III, p. 303).

[65] *infra* Figura 14.

[66] La perdita è spiegata col fatto che l'alfiere fu ferito gravemente e che molti ufficiali furono messi fuori combattimento nel tentativo di riprendere lo standardo (*Relation-campagne* s.d.).

[67] DE VAULT-ARVERS 1892, Vol. I, p. 257: nella carta sembrano essere indicati i limiti dell'avanzata francese.

[68] Alcuni autori francesi considerano la carica di Seneterre la chiave della vittoria. Secondo il Conti, di contro, fautore della vittoria fu il maresciallo di campo cavaliere de Courten che viene proposto per la promozione a tenente generale, poiché ha contenuto una colonna nemica e l'ha poi caricata due volte travolgendone la testa e conquistando la batteria (DE VAULT-ARVERS 1892, II, p. 242). Anche il de Bourcet assegna al de Courten il merito del successo, in quanto comandante del gruppo d'assalto francese (BOURCET 1775, pp. 236-237).

[69] SAINT-SIMON 1770, p. 125

pero è effettuato dal capitano-luogotenente Papacino d'Antony[70];
- alcune unità sono state duramente provate, ragion per cui appare dubbia la loro tenuta in uno scontro prolungato;
- l'ipotesi di approntare fascine per un attacco ai trinceramenti è scartata in quanto ritenuta estremamente pericolosa, a causa della possibilità di puntate offensive avversarie.

Pertanto la retroguardia viene organizzata e prende posizione: le compagnie di granatieri dell'ala destra passano sulla sinistra e un'aliquota effettua un attacco diversivo per coprire i movimenti dell'armata. Ai granatieri si aggiungono carabinieri e dragoni[71]. L'esercito si dispone su tre colonne e inizia la manovra di ripiegamento che prosegue, senza grossi fastidi, sino ai Ronchi[72]. Le conseguenze di questa battaglia, quindi, appaiono piuttosto complesse: se da un lato è incontestabile il fallimento dell'offensiva piemontese su Cuneo, dall'altro è innegabile che i Franco-Spagnoli non riescono ad ottenere un successo schiacciante e, di conseguenza, definitivo sull'armata del Re di Sardegna. Carlo Emanuele III riporta un insuccesso tattico, tuttavia mantiene sostanzialmente inalterata la propria capacità operativa e, ripreso fiato, si ripropone come un avversario da tenere in considerazione. In effetti, dall'altra parte il Conti è convinto, e come dargli torto, di aver guadagnato la giornata[73]. Ma, a fronte di questo risultato positivo, il principe intuisce che i problemi a Cuneo sono consistenti e tendono ad aggravarsi col passare dei giorni, in particolare nel settore dei rifornimenti. I guerriglieri continuano a minacciare le linee di comunicazione, le munizioni sono contate e cominciano le prime abbondanti piogge autunnali che faranno ingrossare la Stura. Come se non bastasse, passata l'euforia iniziale un'attenta analisi rivela che la fanteria di Carlo Emanuele III è ancora numerosa e in grado di condurre ulteriori operazioni. La sua presenza costituisce un'incognita per la prosecuzione dell'assedio alla piazzaforte di Cuneo: tale situazione, unita alle difficoltà contingenti, porterà al consiglio di guerra del 17 ottobre e alla decisione di levare l'assedio e ripiegare oltralpe[74].

Considerazioni conclusive

Il Minutoli disegna lo schieramento dell'esercito sabaudo di fronte all'armata borbonica. In questa illustrazione la brigata Savoia è dislocata di fronte ai trinceramenti di Madonna dell'Olmo, mentre le colonne d'assalto si dispiegano in parte tra la prima e la seconda linea e in parte a protezione del fianco sinistro dell'armata. La loro posizione è coerente con la pianificazione della battaglia, in quanto al momento dell'attacco granatieri e varadini dovranno compiere un movimento di aggiramento per cogliere i difensori sul fianco e alle spalle, mentre la fanteria di linea avrà il compito di effettuare un attacco diversivo sulla fronte dei trinceramenti, così da fissare le difese avversarie.

Si ritiene tuttavia che tale schema sia valido solo per studiare il piano della battaglia, ma non lo svolgimento della stessa. Nella realtà, la brigata Savoia ha operato più a destra di quanto raffigurato dall'abate, mentre la fronte dei trinceramenti è stata aggredita da granatieri e varadini, dapprima, e da una brigata di seconda linea quando questa è intervenuta per sostenere i primi.

Anche la batteria da cinquepezzi, la seconda a partire dall'ala sinistra, che sarà interessata dall'esplosione delle polveri e coinvolta nella dura lotta per la conquista dei cannoni, sembra essere dislocata non più sulla linea di contatto tra le brigate Savoia e Monferrato, ma tra i battaglioni della Savoia.
Questa valutazione scaturisce dall'esame dei dati relativi al numero complessivo dei caduti[75], che testimoniano come le brigate meno impegnate siano state la Monferrato e la Guardie, evento del resto confermato anche in una relazione che, riferendo di un attacco scoordinato, condotto a scaglioni «une troupe apres l'autre», testimonia l'esaurimento sotto il fuoco nemico di sei battaglioni della prima linea e diciotto della seconda[76]! In tale contesto, l'organigramma descritto dal Minutoli potrebbe essere completamente saltato. Inoltre, se la Monferrato fosse stata schierata come descritto dal Minutoli, sarebbe stata coinvolta, per forza di cose, nella difesa dei pezzi conquistati dai Francesi. Ma le testimonianze parlano solo dei reparti della Savoia e della Saluzzo e il numero dei caduti della *Monferrato* è oggettivamente troppo contenuto per ritenerla protagonista di uno degli scontri più spietati dell'intera battaglia[77].

---

[70] In PAPACINO D'ANTONI s.d.a si legge che

> [... il Papacino, *scil.*] si trovò alla battaglia di Madonna dell'Olmo, nella quale dopo d'avere ottimamente compito a quanto riguardava il suo posto, venne poi comandato dal re Carlo Emanuele a fare ritirare secondo il progetto da lui formatone tutte le artiglierie dell'ala sinistra dell'armata quasi intieramente abbandonate, il che eseguì col migliore successo, avendole fatte passare al campo di Fossano [...]

Il cavaliere Alessandro Vittorio Papacino d'Antoni nacque a Villafranca di Provenza il 20 aprile1714, «d'una non ricca, ne' titolata, ma ben distinta famiglia di quel luogo». Si arruolò come soldato volontario nel corpo di Artiglieria il 28 ottobre 1731. Nominato sottotenente il 14 marzo1734 ebbe la seguente progressione di carriera: luogotenente il 12 dicembre 1741; capitano-luogotenente il 31 maggio 1743; capitano effettivo il 10 gennaio 1745; maggiore e direttore delle Regie Scuole Teoriche d'Artiglieria e Fortificazione il 3 agosto 1755; tenente colonnello il 4 aprile 1766; direttore generale delle Scuole il 6 dicembre 1769; colonnello il 28 febbraio 1771; brigadiere il 12 settembre 1774; aiutante generale d'armata il 30 aprile 1775; maggiore generale il 18 novembre 1780; capo del Corpo Reale di Artiglieria, conservando l'impiego di direttore generale delle Scuole, il 7gennaio 1783; facente funzione di gran mastro di Artiglieria il 9 gennaio 1783; luogotenente generale il 24 dicembre 1784. Morì a Torino il 7 dicembre 1786.

[71] BUFFA DI PERRERO 1887, pp. 236-237

[72] *infra* Figura 15.

[73] DE VAULT-ARVERS 1892, Vol. II, pp. 242-243. Il 6 ottobre il Conti vede la conquista di Cuneo come una chimera. Per quattro giorni l'armata è rimasta senza pane, poiché i ponti sul fiume Stura sono crollati a causa della piena: così le comunicazioni con Demonte sono difficilissime. Inoltre, l'armata gallispana si trova in una situazione pericolosa, in quanto il corpo schierato a Madonna dell'Olmo è separato dai reparti dislocati nelle trincee. L'impossibilità di sostenersi a vicenda rappresenta un rischio elevato, in quanto Carlo Emanuele è accampato tra Murazzo e le Maddalene e invia rinforzi in Cuneo.

[74] CONTI 1744, *infra* Appendice documentaria, Allegato 4.

[75] *infra* Appendice documentaria, Allegati 5 e 6.

[76] *Relation-N.D. de l'Orme* s.d.

[77] *Etat des Tuez* 1744, *infra* Appendice documentaria, Allegato 5.

Altro problema che sorge è la posizione delle brigate di seconda linea, che il Minutoli disegna con la Saluzzo a sinistra e la Piemonte a destra. Ma a tal proposito notiamo che:
- il Galleani d'Agliano riferisce che le brigate impegnate a sostenere il ripiegamento delle colonne d'assalto furono la Savoia, in prima linea e dislocata a fianco delle colonne, e la Piemonte.
- elemento ancor più importante, unitamente alla sempre presente Savoia, che possiamo considerare centro di gravitazione della «killing zone», nel contrattacco che respinge l'offensiva francese e consente di recuperare i cannoni sono menzionati i reggimenti La Regina e Audibert, della brigata Saluzzo.

Considerato il fatto che risulta piuttosto complicato far eseguire una manovra ad incrocio a due grandi unità di nove battaglioni sotto il fuoco nemico, oltre ad apparire pericoloso per la confusione che ne può derivare, sembra plausibile ritenere valide una delle seguenti ipotesi:
- la birgata Piemonte era più avanzata durante la marcia, rispetto alla Saluzzo, e al momento della crisi delle colonne d'assalto è stata inviata in prima linea, davanti ai trinceramenti e a sinistra della Savoia. A seguito di ciò, la Saluzzo, più arretrata, si è dislocata alle spalle della Savoia, alternandosi con essa in prima linea;
- la posizione delle due brigate in realtà era scambiata rispetto a quanto disegnato dal Minutoli. Questa ipotesi tuttavia pare poco plausibile, perché la posizione delle brigate è rimasta invariata per tutta la durata del movimento, a partire da Saluzzo, e tale era dunque alla sera del 29 durante la sosta a Ronchi.

L'impiego delle due brigate di seconda linea è confermato oltre che dal Papacino, che accenna ai loro movimenti segnalando i reparti che effettuano uno «scivolamento» all'estrema sinistra dello schieramento sabaudo[78], anche in una relazione dove si accenna al movimento delle due unità sulla sinistra dello stesso schieramento, in prossimità delle sponde della Stura, per sostenere la prima linea[79].

Un dispositivo così disegnato concorda peraltro con quanto riportato sulle carte francesi del Saint-Simon, che indicano le brigate sabaude posizionate più a destra rispetto a quanto illustrato dal Minutoli e una brigata di seconda linea immediatamente a ridosso delle colonne di granatieri e varadini, schierati a loro volta di fronte alle trincee del convento. Pur considerando che il punto di vista dall'altra parte del fronte è oggettivamente diverso, in questo contesto appare tuttavia plausibile conferirgli un certo grado di attendibilità.

Dalla lettura delle testimonianze sinora emerse, è possibile dedurre alcuni elementi importanti per capire cosa è accaduto e perché il piano, all'apparenza così ben circostanziato, non è stato messo in pratica. Sul terreno, al momento di assumere lo schieramento di fronte alle posizione alleate, si sono verificati degli eventi che hanno impedito all'armata del Re di Sardegna di dispiegarsi nelle modalità previste. Tali eventi hanno poi creato le condizioni per cui la stessa armata è stata costretta ad accettare lo scontro in tempi e in modi completamente diversi da quanto pianificato.

Granatieri e varadini prima e successivamente l'ala sinistra sono stati agganciati dal nemico che li ha costretti ad un coinvolgimento sempre più serrato in combattimento. In questa fase appare plausibile che si siano verificati degli errori nella funzione di «comando e controllo» da parte dello stato maggiore piemontese. Il prodotto di tali errori si è manifestato in una errata trasmissione o interpretazione degli ordini inviati ai reparti coinvolti nei combattimenti preliminari, nonché nel controllo difettoso della manovra di avvicinamento e delle fasi iniziali della battaglia. Anche ammettendo un eccesso di «ardore» nelle truppe d'assalto, peraltro plausibile e auspicabile in reparti d'élite, solo un'ipotesi del genere può spiegare un abbaglio così grossolano, tale da pregiudicare irrimediabilmente i piani predisposti. Che qualcosa non abbia funzionato nella catena di comando è testimoniato dallo scarico di responsabilità che avviene tra i due principali comandanti dell'ala sinistra (Aix e Cinzano), nel corso del quale entrambi negano decisamente di aver ordinato alle colonne di granatieri e varadini di procedere all'assalto[80]. In questa analisi non ci aiuta, anzi ci insospettisce, il contenuto della versione ufficiale[81] che, a fronte delle varie testimonianze reperibili, appare come un tentativo di contraffazione della realtà. Infatti, in tale sede, la colpa è addebitata ad un non meglio identificato ufficiale di artiglieria, il quale avrebbe schierato i pezzi di una batteria in posizione eccessivamente avanzata. In realtà, l'acquisizione di tale assetto sembra essere la conseguenza dell'eccessivo avanzamento della fanteria, causato da una errata stima delle distanze da percorrere conseguente ad un terreno coperto di vegetazione e acuito dalla mancanza di una efficiente ricognizione. I cannoni dunque si sarebbero disposti, per forza di cose, in posizione idonea per sostenere quei fanti che poi arretreranno a causa della violenza del fuoco nemico, lasciando così senza protezione la batteria. A questo punto i Francesi guadagnano e mantengono l'iniziativa tattica per tutta la durata della battaglia. Il riferimento all'incarico assegnato dal Re al capitano Papacino conferma che i Piemontesi sono stati, ad un certo punto costretti a cedere terreno, per poi riconquistarne una parte ma lasciando i pezzi di artiglieria nella terra di nessuno, impossibilitati a recuperali nell'immediato anche a causa, probabilmente, delle forti perdite subite dai serventi. Ciononostante anche i Franco-Spagnoli accusano perdite sensibili e, respinti più volte, esauriscono la spinta offensiva; ritornano così sulle posizioni iniziali per far riposare le truppe provate e incapaci di impegnare ulteriormente i Piemontesi. Il mantenimento di un discreto potenziale operativo da parte di questi ultimi, nonostante la dura battuta d'arresto, è provato dalla brillante manovra di sganciamento, agevolata da un velo di truppe

[78] PAPACINO D'ANTONI s.d.b

[79] *Relation* 1744.

[80] Si legge in *Relation-N.D. de l'Orme* s.d.
[...] S. E. M.r le marquis d'Aix [...] soutient de n'avoir pas donne l'ordre aux varadins et grenadiers d'attaquer, M.r le Comandeur de Sinsan soutient la meme chose

[81] MINUTOLI s.d.b

di copertura, che consente all'armata di Carlo Emanuele III di ripiegare indisturbata sulle posizioni di Ronchi, tenere in sicurezza la nuova posizione e sostenere le comunicazioni con la piazzaforte assediata. A quel punto, l'armata borbonica si trova ad affrontare la continuazione di un assedio iniziato in una stagione troppo avanzata e che ha prodotto pochi progressi: l'incombente arrivo dell'inverno, con le nevicate che chiudono i passi alpini, rende estremamente precarie le condizioni di sopravvivenza in territorio nemico e consiglia una operazione di ripiegamento generale che permetta di evitare disastri peggiori[82].

[82] DELMAS 1992, p. 88

Appendice documentaria

Vengono presentati i testi dei documenti più significativi quanto a dati storici e numerici; la rassegna degli allegati segue il numero d'ordine progressivo

§ *Allegato 1*

Testo integrale di BERTOLA 1744

Ferme rimanendo a mio pensare tutte le cose state dette ieri per Cuneo; indi un tempo più longo m'ha somministrato alquanto d'aggionta, senza veruna variazione però de' capi di già da me a V.E. trasmessi.
L'aggionta perciò consiste, come infra:
P.mo che si mandi in Cuneo dei fusettoni (razzi), pertanto che la piazza a suo tempo si possa esprimere sotto le regole già state assegnate in questa campagna per il forte di Exilles; che si abbi quantità grande d'appie, e cordoni da grosso cannone; che s'abbino dei chiodi da cannone, e da mortaj, con le debite mazze di ferro.
2° che si faccia una buona provvisione di biscotto; che s'abbino alcune mazzi di carance.
3° tutto quanto sopra ha il suo fondamento per apportare a suo tempo il dovuto soccorso a Cuneo, che non potendosi ancor sapere, come il nemico l'attacherà, si forma sol quivi un'idea universale per divenirvi.
Consideresi che li soccorsi, o seguono previa una vinta battaglia ovvero con introdurre nella città assediata quei rinforzi, che vi potessero mancare. Quanto al primo capo, non si crede giamai che S.M. debba rischiare con universal battaglia le sue truppe ad effetto, ed in caso di sinistro cruento, non si venga ad un tratto a rischiare con Cuneo tutto il rimanente del paese.
Onde il secondo modo sia nella nostra situazione il più confacente. Eccone perciò qui l'idea.
Qualora il nemico avesse messo le sue batterie in qualsivoglia luogo contro a Cuneo, bisognerà cercare d'andare ad accamparsi con qualche ben intesa marchia sotto al cannone di Cuneo; alla parte opposta però dell'accennato attacco.
Immediatamente nella mattina seguente si dovrà fare una rigorosissima sortita contro agli assalitori; ed occupare le loro batterie, il che d'ordinario siegue per qualche tempo, ivi si dovranno inchiodare li cannoni, e mortari nemici, con tagliare loro le ruote, ed affusti; tutta volta che non riusciste di condurli via o di precipitarli. Ciò riuscendo il nemico non sarebbe più in caso di seguitare l'assedio di Cuneo; perché difficilmente avrebbe in pronto di rimpiazzare esse macchine per l'avanzata stagione ; ed in simiglievole evento rinfrescata la piazza, e levatigli gli ammalati e feriti per quanto più si potesse; esso nemico si troverebbe al principio delle sue operazioni, e verisimilmente in capo di ritirarsi; quando che probabilmente potrebbe riuscire di chiuderne una buona parte tra la nostra armata ed il forte di Demonte.
Per mia disgrazia la febbre mi continua; ma non m'impedirà già a dire in l'avvenire ciò, che il mio debole intendimento potesse concepire. Adesso è il tempo di star bene in attenzione, dove il nemico voglia passare la sua artiglieria; di qual calibro e numero questa sia e la' dove si stien preparando le strade per un tal effetto; con vedere se possa convenire di rompere li ponti di pietra sulla Stura; e massime quello dell'Olla, e Vignolo; con tenere intanto minato il ponte di pietra, che è a Cuneo; e con far custodire li colli del Sabbione, di Finestre daj valdesi, per opporsi almeno per qualche tempo contro quei due mila uomini, che dicesi il nemico sia per tirare dal contado di Nizza.
Dopo queste cose m'è venuto in mente esservi un tal Sig. Chiapasso già sovrastante a Demonte, e poscia alle Barricate, e che probabilmente adesso sarà a Cuneo. Questi è un uomo praticissimo di tutti li monti, che s'estendono dalle finanze (confini) di Cuneo sino a Demonte, e che sa camminare per essi monti con tutta l'agilità; sicché potrebbe esser utile a far delle scorse (incursioni) nel presente sistema; pregando intanto V.E. a tenermi nel novero di quelli che vivano, come io faccio con il più sommesso ossequio.
Di V.E.
Venasca li 31 luglio 1744

§ *Allegato 2*

Ordine di battaglia dell'armata del Re di Sardegna alla battaglia del 30 settembre 1744

Fanteria

BRIGATA	n. sulla Figura 7	REGGIMENTO	NUMERO BATTAGLIONI
SAVOIA	1	SAVOIA	2
	2	BOURGSDORF	1
	3	REIDT	2
	4	SCHULEMBOURG	1
MONFERRATO	5	LA MARINA	2
	6	GUIBERT	2
	7	PINEROLO	1
	8	MONFERRATO	1

GUARDIE	9	FUCILIERI	1
	10	ROY	3
	11	GUARDIE	2
SALUZZO	13	SALUZZO	2
	14	TARANTASIA	1
	15	CASALE	1
	16	REGINA	2
	17	NIZZA	1
	18	AUDIBERT	2
PIEMONTE	19	CLERICI (imperiali)	2
	20	KALBERMATTEN	2
	21	LOMBARDIA	1
	22	BAADEN	1
	23	TORINO	1
	24	PIEMONTE	2
IMPERIALI/ PIEMONTESI	25	PALLAVICINI	2
		COMPAGNIE GRANATIERI DEI VARI REGGIMENTI	12 compagnie
COLONNE D'ASSALTO	12	COMPAGNIE GRANATIERI DEI VARI REGGIMENTI	24 compagnie 1200
		VARADINI (imperiali)	2000 uomini

Cavalleria e Dragoni

n. sulla Figura 7	**REGGIMENTO**	**NUMERO SQUADRONI**
26	SAVOIA CAVALLERIA	4
27	DRAGONI DI SUA ALTEZZA REALE (o DEL GENEVOIS)	2
28	DRAGONI DELLA REGINA	2
29	DRAGONI DI PIEMONTE	2
30	DRAGONI DI SUA MAESTÀ (o DEL RE)	2
31	GUARDIE DEL CORPO/ DISTACCAMENTI CARABINIERI DEI VARI REGGIMENTI/ USSARI (imperiali)	5
32	DRAGONI DI SUA MAESTÀ (o DEL RE)	2
33	DRAGONI DI PIEMONTE	2
34	DRAGONI DELLA REGINA	2
35	DRAGONI DI SUA ALTEZZA REALE (o DEL GENEVOIS)	2
36	PIEMONTE REALE CAVALLERIA	4

Artiglieria

Lettera sulla Figura 7	**BATTERIE**	**CALIBRO**
A	N. 2 PEZZI	16 LIBBRE
	N. 5 PEZZI*	4 LIBBRE
B	N. 5 PEZZI**	4 LIBBRE
C	N. 5 PEZZI	4 LIBBRE
D***	N. 2 PEZZI	16 LIBBRE
	N. 7 PEZZI	4 LIBBRE

Per l'artiglieria sono segnalati in più n. 2 OBICI di calibro sconosciuto.

* Batteria indicata dal Minutoli, ma non dal Papacino
** Il Papacino indica tale batteria come quella che fu catturata dai Francesi e ripresa dai Sardi
*** Il Papacino segnala in tale posizione n. 4 pezzi da 8 libbre, n. 2 pezzi da 4 libbre e n. 2 obici

§ *Allegato 3*

Schieramento dell'armata gallispana alla battaglia del 30 settembre 1744

Fanteria

n. Figura 7	REGGIMENTO	NUMERO BATTAGLIONI	NAZIONALITA'
37	CORDOVA	2	SPAGNA
38	GRENADA	1	SPAGNA
39	NAVARRA	2	SPAGNA
40	MALLORCA	2	SPAGNA
41	ESPAÑA	1	SPAGNA
42	BEAUCE	1	FRANCIA
43	LYONNOIS	3	FRANCIA
48	POITOU	3	FRANCIA
	FOIX	1	FRANCIA
	FLANDRES	1	FRANCIA
55	ANJOU	2	FRANCIA
56	QUERCY	1	FRANCIA
57	ISLE DE FRANCE	1	FRANCIA
60	SAVOYA	2	SPAGNA
61	TOLEDO	2	SPAGNA
62	VITTORIA	1	SPAGNA
63	GOVEN REDING	1	SPAGNA
64	ASTURIA	2	SPAGNA
65	GARDES LORRAINES	2	FRANCIA
66	VIVARES	1	FRANCIA
67	ISLE DE FRANCE	1	FRANCIA
68	CONTI	1	FRANCIA
69	BRIE	1	FRANCIA
70	STAINVILLE	1	FRANCIA

Presidio dei trinceramenti a Madonna dell'Olmo

n. sulla Figura 7	REGGIMENTO	NUMERO REPARTI	NAZIONALITA'
59	COMPAGNIE GRANATIERI DEI VARI REGGIMENTI (fanteria)	20	MISTA
	DRAGONI DI EDIMBURGO	1 squadrone	SPAGNA
	USSARI	1 squadrone	FRANCIA

Distaccamento a protezione dell'Infante di Spagna

n. sulla Figura 7	REGGIMENTO	NUMERO REPARTI	NAZIONALITA'
71	COMPAGNIE GRANATIERI DEI VARI REGGIMENTI (fanteria)	4	SPAGNA
	CALATRAVA	/	
	GUARDIE DEL CORPO	N. 100 uomini	

Cavalleria

n. sulla Figura 7	REGGIMENTO	NUMERO REPARTI
47	GUARDIE DEL CORPO DEL PRINCIPE CONTI'	FRANCIA
49	GUARDIE DEL CORPO	SPAGNA
50	GRANATIERI A CAVALLO	SPAGNA
51	CARABINIERI REALI	SPAGNA
52	MONTESA	SPAGNA
53	CHABO-LA SERRE	FRANCIA
54	COMMISSAIRE GÉNÉRALE	FRANCIA
72	PRINCIPE	SPAGNA
73	SEVILLA	SPAGNA
74	ROYAL PIEMONT	FRANCIA

Dragoni

n. sulla Figura 7	REGGIMENTO	NUMERO REPARTI
44	PAVIA	SPAGNA
45	FRISIA	SPAGNA
46	LANGUEDOC	FRANCIA
75	NUMANTIA	SPAGNA
76	LUSITANIA	SPAGNA
58	LA REGINA (più due squadroni spagnoli)	FRANCIA

§ *Allegato 4*

Testo integrale di CONTI 1744, lettera del principe di Conti al ministro d'Argenson, in data 17 ottobre 1744, sulla decisione presa per levare l'assedio a Cuneo

Le Prince de Conti au Comte d'Argenson
17 Octobre
Au conseil de guerre du 17, on a décidé qu'on lèverait le siège et qu'aussitot que l'artillerie serait retirée, il fallait de toute necessité fire décamper l'armée.
On a ensuite agité quel mouvement il Fallait que fit l'armée, et tout le monde, meme M. de Las Minas, est demeuré d'accord qu'il fallait la retirer sous Demont et la mettre en état de la plus vigoureuse résistance. Un seul avis a été contraire, M. de Baratieri, qui en était l'auteur, n'en a pas assez communément un à lui, pour ne pas imaginer qu'il avait été apporté pour émettre celui-là, qui n'est pas une proposition nouvelle, M. de Las Minas m'en ayant déjà parlé. Ce maréschal de campe espagnol a proposé de marcher au roi de Sardaigneaprès la levée du siège de Coni, de l'obliger à repasser le Pò, et de là, venir prendre des quartiers d'hiver dans le Piemont, en s'étendant dans le Tortonois, l'Alexandrin, le cul aux montagnes de Genes la communication avec la France. M. de Las Minas, en opinant le dernier, a repris l'avis de M. de Baratieri qu'il a appuyé en en relevant les avantages.
Il est certain que, s'il était possible d'hiverner avec sureté en Piemont, ce parti serait préférable. Mais dépourvu des secours que nous aurait donnés Coni, il n'est pas possible d'ysonger. Il semble d'ailleurs impossible d'hiverner sans place d'armes au milieu de tontes celles de l'ennemi; comment, d'autre part, plcer notre cavalerie dans un pays étroit, serré, qui ne pourrait fournir à sa subsistance, et dépendant, il ne serait pas possible de nous en passer, notre supériorité en ce genre étant la seule que nous ayons

réellement sur le roi de Sardaigne; M. de Las Minas en est tombé d'accord avec moi et a opiné à ramener l'armée sur Demont, et à faire repasser la cavalerie en France.
J'ai néanmoins tout lieu de craindre que les Espagnols, sous prétexte de ménager leur infanterie, qui souffrirait dans la vallée, et de pourvoir aux subsistances, ne m'abandonnent avant que les réparations nécessaires pour la sureté de Demont ne soient assez avancées. Je vous ai déjà mandé les inductions sur les quelles je fonde mes craintes à cet égard. Les idées de Las Minas sur cette retraite ne sont pas assez secretès pour qu'elles n'aient pas transpiré. Elles ont été démélées au conseil, et à cette occasion on a élevé une question dont la décision est éxtremement intéressante et donne lieu principalement au courrier que j'ai cru de voir vous envoyer.
On à agité si en rassemblant les difficultés de réparer Demont et de le soutenir pendant l'hiver, il n'était pas plus expédient de détruire cette place et de laisser ce débouché ouvert pour pénétrer en Piémont. Cette décision dépasse l'autorité du conseil et la mienne : mon devoir et mon ministère se bornent à en présenter les avantages et les inconvénients pour recevoir les ordres du Roi et les exécuter.
Il serait assurément avantageux de réparer le fort de Demont et de le soutenir pendant l'hiver sa possession menacerait le roi de Sardaigne dans tout le cours de la guerre, donnerait un moyen d'entrée commode dans la plaine, servirait de place d'armes et d'approvisionnement pour entreprendre et suivre une expédition considérable dans le Piémont.
D'un autre còté, il serait plus expéditif de construire une espéce de forteresse en terre sur un plateau de méme élévation que celui sur le quel est bàti Demont, et qui y est accolé, qu'on nomme le Poggio, en la disposant de façon qu'elle prìt des revers sur les emplacements naturels de batteries destinées à battre le fort, dont le seul front est attacable, et en prenant les moyens pour rendre la prise de Demont si difficile qu'il n'y ait pas d'apparence que le roi de Sardaigne la tente au milieu de l'hiver.
Il est nécessaire maintenant de détailler les inconvènients et les avantages qu'on pourrait trouver à détruire le fort.
Le passage de la vallée de la Sture offre une entée si favorable dans ses Etats que le roi de Sardaigne ne néglige rien, depuis un grand nombre d'années, pour le fortifier et en faire un poste admirable. Par conséquent, en detruisant ce fort, ou ouvre le passage dans le Piémont. La destruction des Barricades et des retranchements de Château-Dauphin concourt encore à ouvrir l'entrée dans ce pays, et la barrière des Alpes, autrefois si imposante, devient une chaine de montagnes praticables où la supériorité des troupes donne un avantage incontestable, et, je crois démontré par le succès de cettew campagne.
L'incendie qui nous a livré Demont, et qui fume encore, a été considérable; les difficultés pour rétablir sont immenses et le temps considérable aussi.
Il est nécessaire que l'armée reste sur la place jusqu'à ce que ces tavaux soient achevés. il est certain que, dans une saison aussi rigoureuse, dans un pays aussi apres et si rude, au mileu des neiges et des glaces, les troupes harassées par les fatigues d'une campagne longue et laborieuse, affaiblies par ler les pertes qu'elles ont essuyées, achéveront de s'user et déperir; il est fort douteux que les Espagonols restent jusqu'à la conclusion de cette besogne, et si, par leur retraite, nous étions obligés de la laisser imparfaite, Demonte abandonné à ses propres forces purrait retourner au roi de Sardaigne qui s'en servirait contre nous avec avantages, etc.,etc. .
Le parti de démanteler la place et d'en ruiner les fortifications n'est pas non plus sans inconvénients et sans difficultés. Temps considérable pour en démolir les murs, facilités de réparations pour le roi de Sardaigne.
Si cette besogne est faite imparfaitement, difficultés de retirer l'artillerie, par l'épuisement et la destruction des mulets dans une saison où le col de l'Argentière, quoique le plus heau de ceux qui mènent en Piémont, est ce pendant couvert de neige et très difficile.
Je viens d'exposer avec impartialité les avantages et les inconvénients des deux partis. J'attends là-dessus les ordres prompts etr décisifs du Roi. Mais ignorant la résolution à laquelle se déterminera S.M., je ne resterai pas dans l'inaction pendant l'intervalle du temps qu'exige le retour du courrier. Je vais toujours prendre les mesares nécessaires pour réparer et soutenir Demont, sauf à l'abandonner si le Roi m'orjonne de le démanteler.

§ *Allegato 5*

Consuntivi generali delle perdite alla battaglia di Madonna dell'Olmo

Perdite dell'armata del Re di Sardegnasa[1]

GRADO	MORTI	FERITI	DISPERSI / PRIGIONIERI	TOTALE
UFFICIALI	23	186	NON RIPORTATO	209
SOTTUFFICIALI E SOLDATI	783	2004	383	3170
TOTALE	806	2190	383	3379

[1] *Relation-N.D. de l'Orme* s.d., PALLAVICINO 1744.

Perdite dell'armata franco-spagnola[2]

GRADO	MORTI	FERITI	DISPERSI / PRIGIONIERI	TOTALE
UFFICIALI	20	94	NON RIPORTATO	114
SOTTUFFICIALI E SOLDATI	331	706	NON RIPORTATO	1037
TOTALE	351	800	NON RIPORTATO	1151

§ *Allegato 6*

Schema analitico delle pardite dell'armata del Re di Sardegna

Fanteria

BRIGATA	REGGIMENTO	N. BTG	CADUTI	FERITI	DISPERSI	TOT. RGT.	TOT. BRIGATA
GUARDIE	GUARDIE	2	2	3	9	14	104
	ROY	3	31	4	4	39	
	FUCILIERI	1	3	9	39	51	
MONFERRATO	MONFERRATO	1	2	11	26	39	257
	PINEROLO	1	2	20	68	90	
	GUIBERT	2	32	33	16	81	
	LA MARINA	2	4	43	0	47	
SAVOIA	SCHULEMBOURG	1	58	94	0	152	797
	REIDT	2	7	167	20	194	
	BOURGSDORF	1	42	134	0	176	
	SAVOIA	2	67	104	104	275	
PIEMONTE	PIEMONTE	2	25	109	11	145	880
	TORINO	1	26	97	51	174	
	BAADEN	1	33	54	0	87	
	LOMBARDIA	1	50	75	0	125	
	KALBERMATTEN	2	98	38	0	136	
	CLERICI	2	40	61	112	213	
SALUZZO	SALUZZO	2	36	209	38	283	1398
	TARANTASIA	1	19	56	26	101	
	CASALE	1	15	99	58	172	
	LA REGINA	2	58	233	75	366	
	NIZZA	1	7	48	56	111	
	AUDIBERT	2	160	205	0	365	
TOTALE FANTERIA		**38**	**817**	**1906**	**713**	**3436**	

[2] DE VAULT-ARVERS 1892. Vol. II, p. 245

Cavalleria

REGGIMENTO	N. SQN.	CADUTI	FERITI	DISPERSI	TOT. RGT.
DRAGONI DI SUA MAESTA' (o DEL RE)	5	6	12	0	18
DRAGONI DEL GENEVOIS (o DI SUA ALTEZZA REALE)	5	0	1	0	1
DRAGONI DI PIEMONTE	5	0	2	1	3
DRAGONI DELLA REGINA	5	5	12	3	20
PIEMONTE REALE CAVALLERIA	5	0	0	0	0
SAVOIA CAVALLERIA	5	2	0	2	4
USSARI	5	0	0	0	0
TOTALE CAVALLERIA	**35**	**13**	**27**	**6**	**46**

Altre unità

CORPO	CADUTI	FERITI	DISPERSI	TOT.
ARTIGLIERIA	8	22	0	30
INGEGNERI	1	0	0	1
VARADINI	154	53	0	207
TOTALE ALTRE UNITA'	**163**	**75**	**0**	**238**

Consuntivo finale

	CADUTI	FERITI	DISPERSI	TOT. GEN.
TOTALE ARMATA SARDA	**993**	**2008**	**719**	**3720**

Legenda :

- BTG. = battaglioni
- SQN. = squadroni

Illustrazioni

Fig. 1

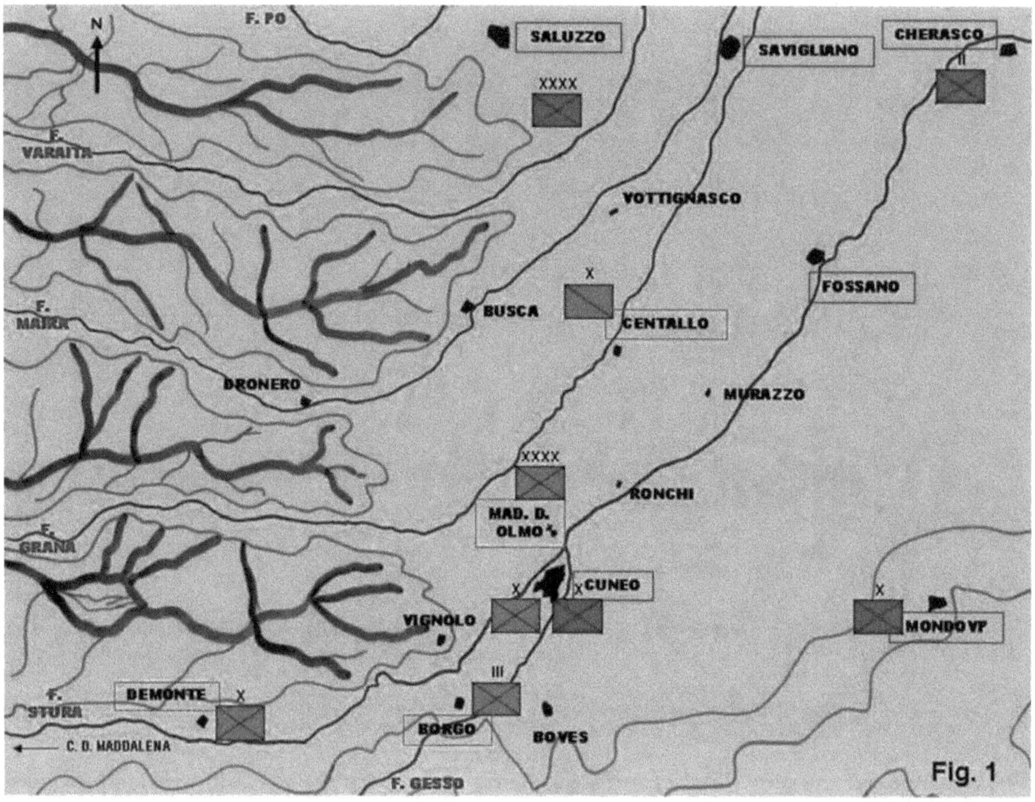

Posizione di partenza elle forze sabaude e gallispane alla fine del mese di settembre 1744 (carta-elaborazione-Simoncini)

Fig. 2

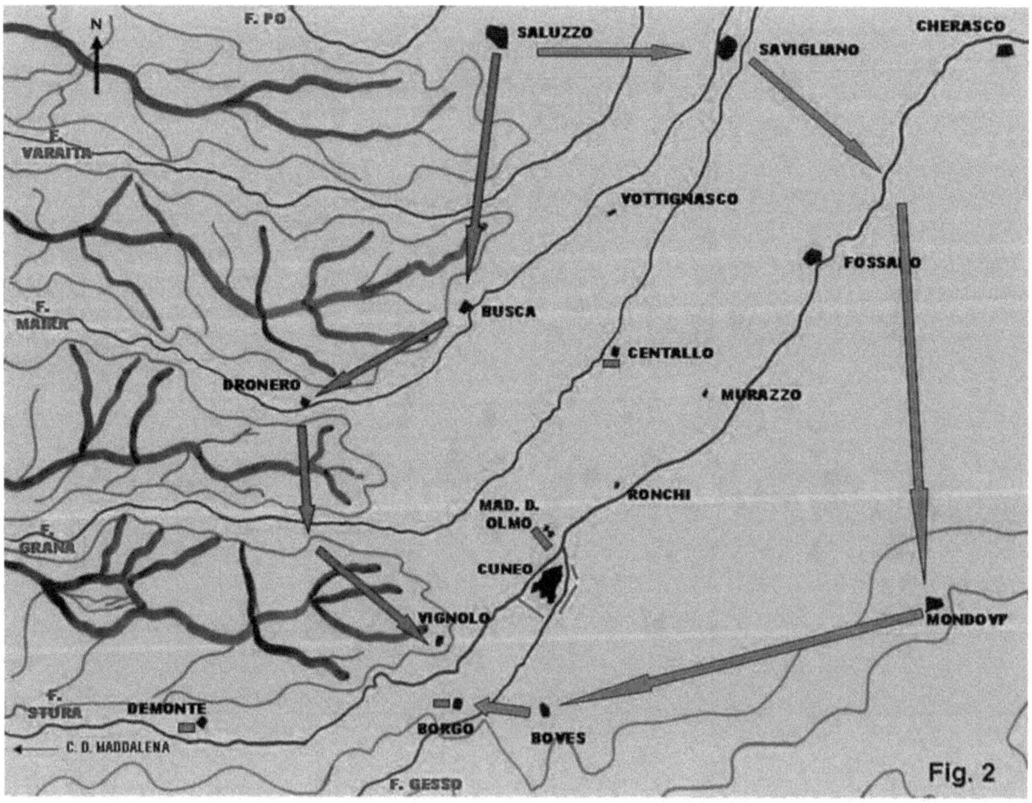

I piani «occidentale» e «orientale» dell'ingegnere Ignazio Bertola (carta-elaborazione-Simoncini)

Fig. 3

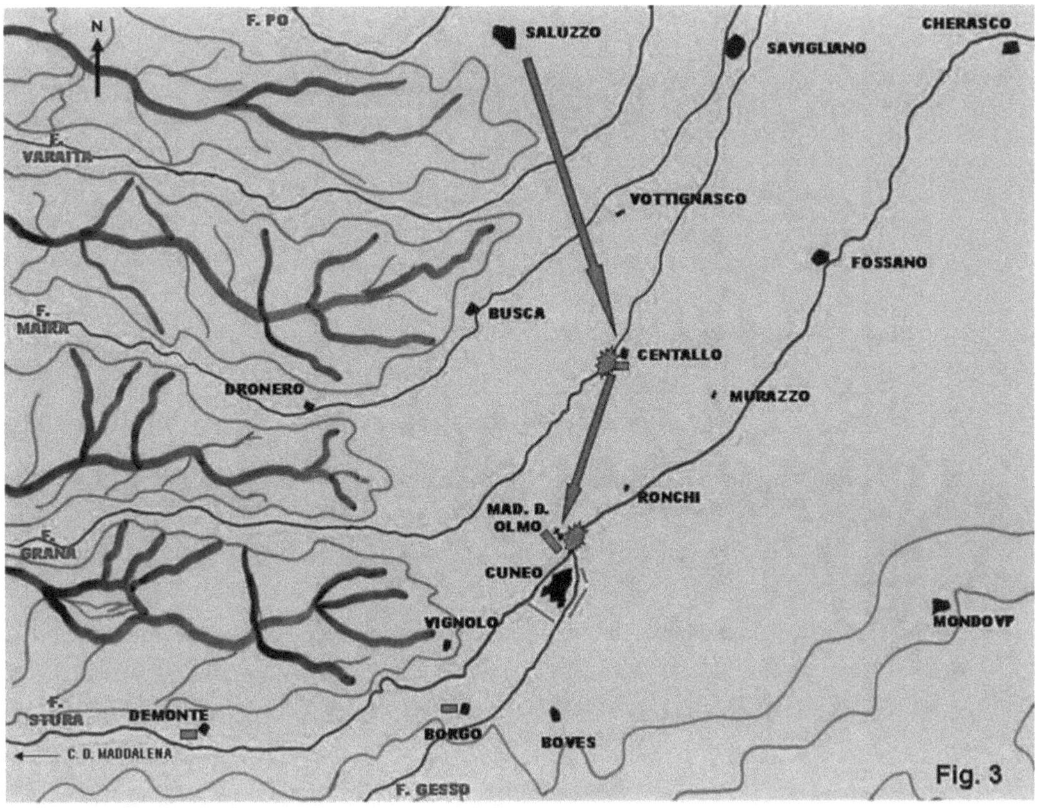

Il piano dello stato maggiore sabaudo (carta-elaborazione-Simoncini)

Fig. 4

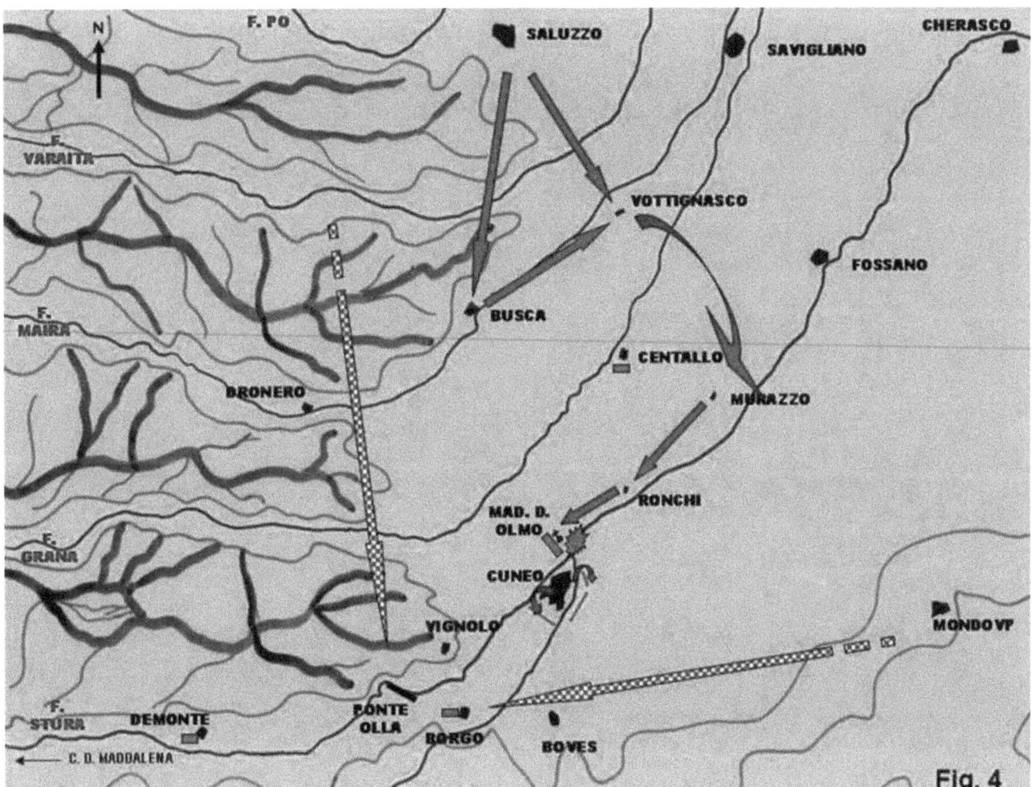

Programmazione del piano d'attacco dello stato maggiore nelle sue fasi d'azione: l'avvicinamento (carta-elaborazione-Simoncini)

Fig. 5

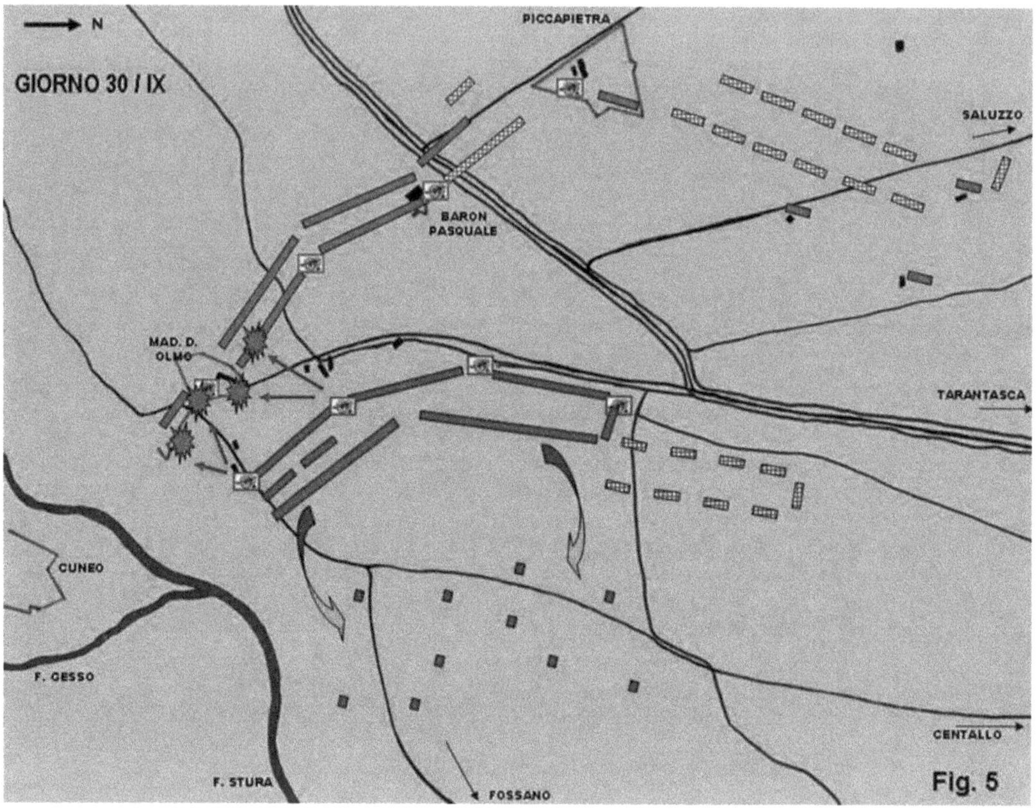

Programmazione del piano d'attacco dello stato maggiore nelle sue fasi d'azione: la battaglia (carta-elaborazione-Simoncini)

Fig. 6

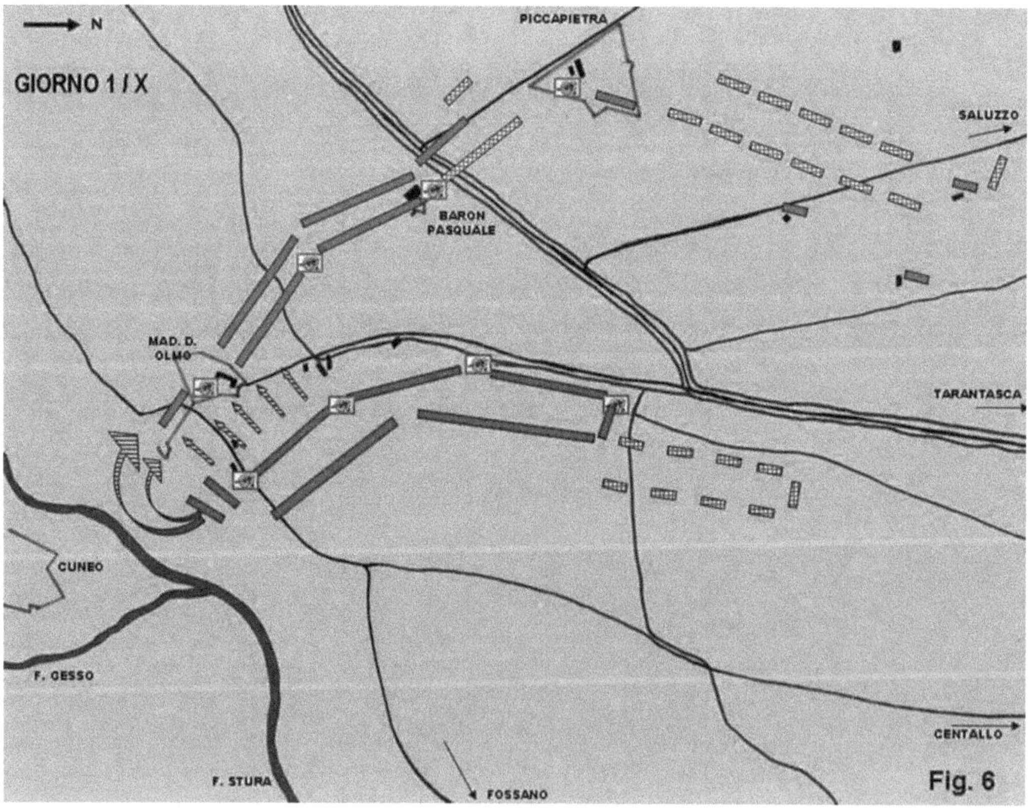

Programmazione del piano d'attacco dello stato maggiore nelle sue fasi d'azione: l'avvio dell'attacco (carta-elaborazione-Simoncini)

Fig. 7

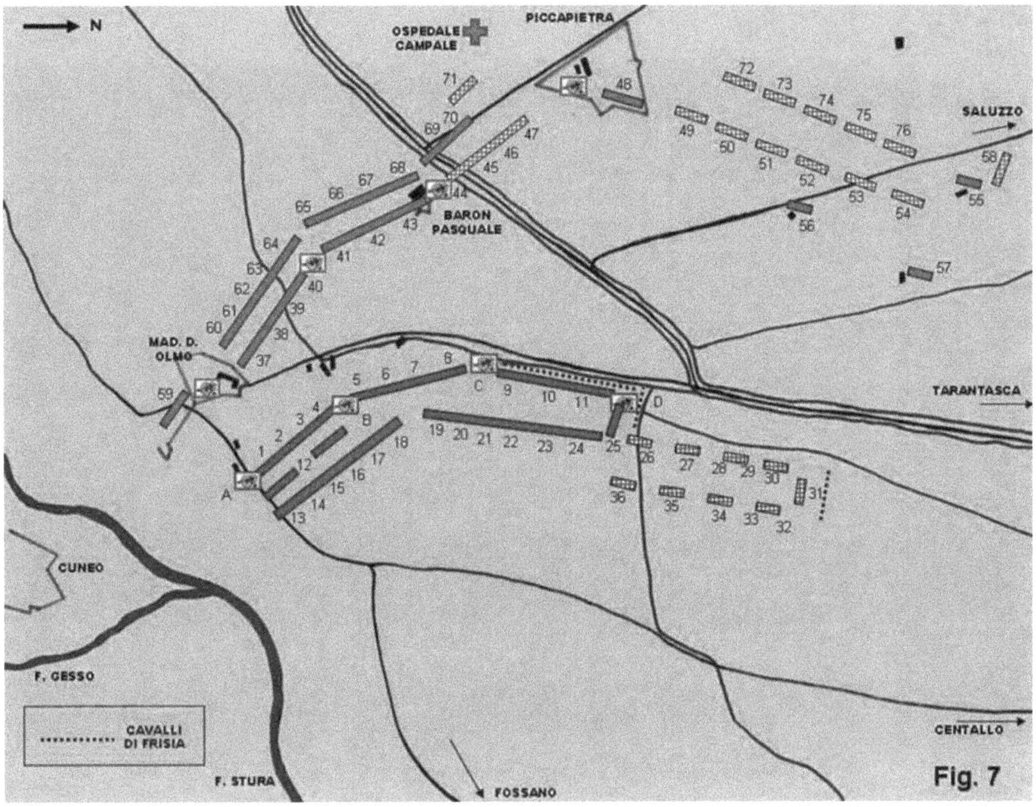

Dislocazione dei reparti sabaudi e gallispani; si rinvia ad Appendice documentaria, Allegato 3, per le corrispondenze fra i numeri e i nomi dei reggimenti (carta-elaborazione-Simoncini)

Fig. 8

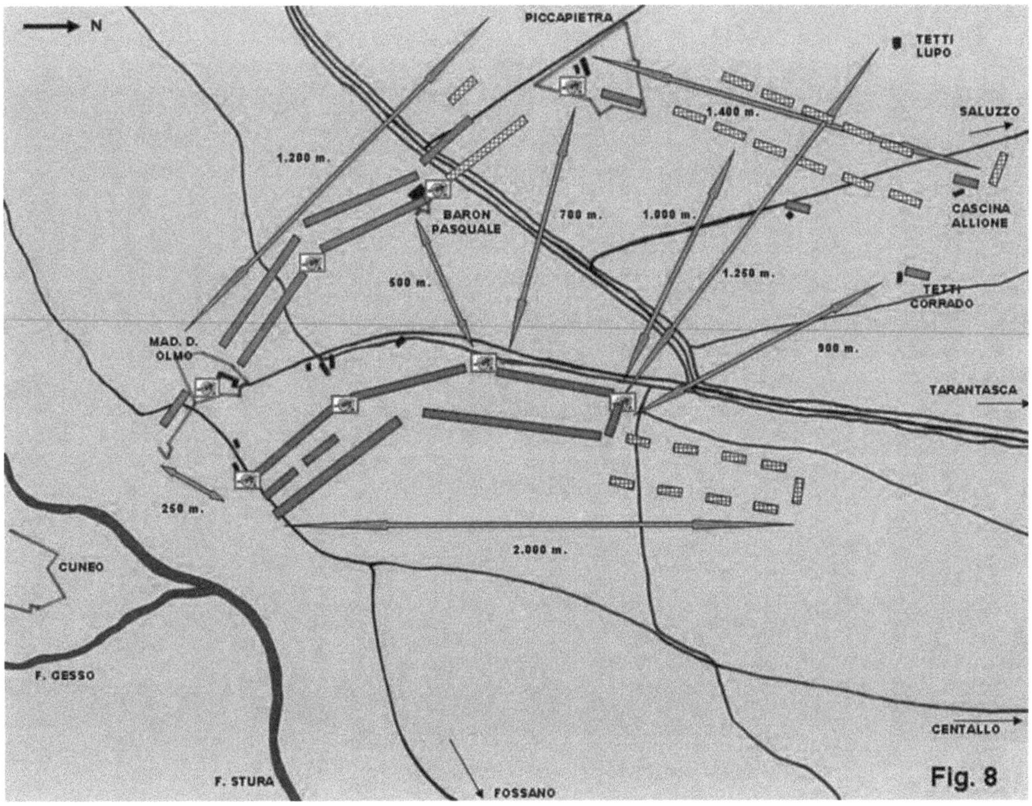

Ampiezza e profondità degli schieramenti sabaudo e gallispano (carta-elaborazione-Simoncini)

Fig. 9

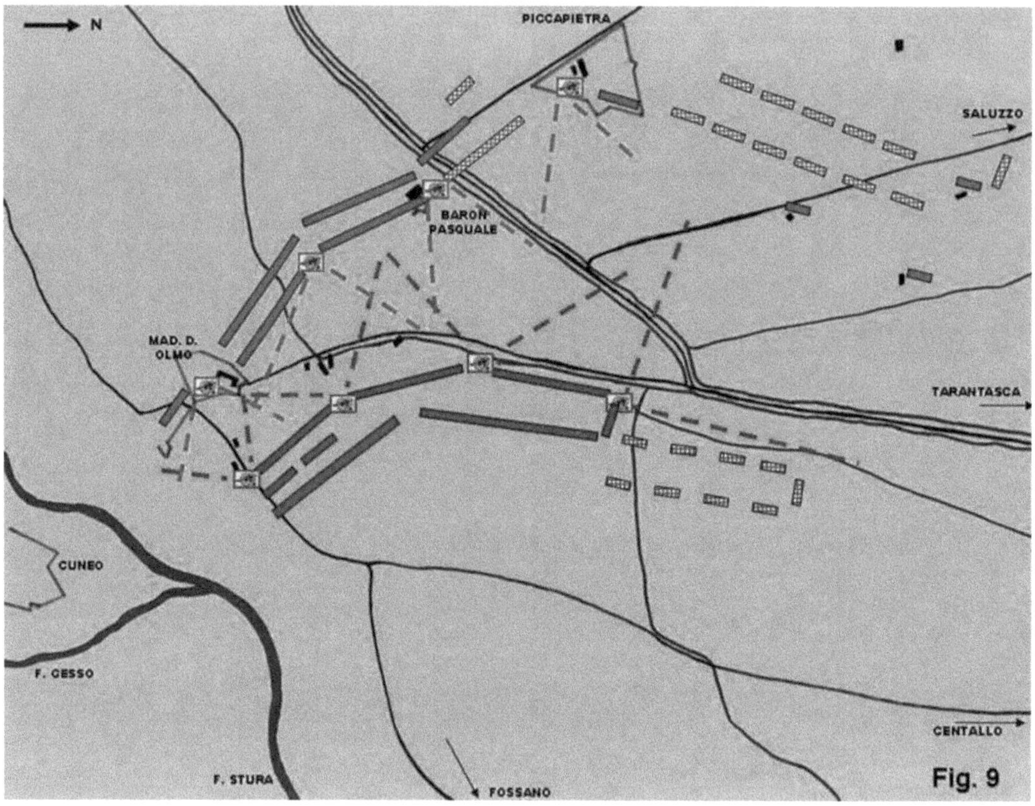

Settori di tiro delle artiglierie di entrambe gli schieramenti (carta-elaborazione-Simoncini)

Fig. 10

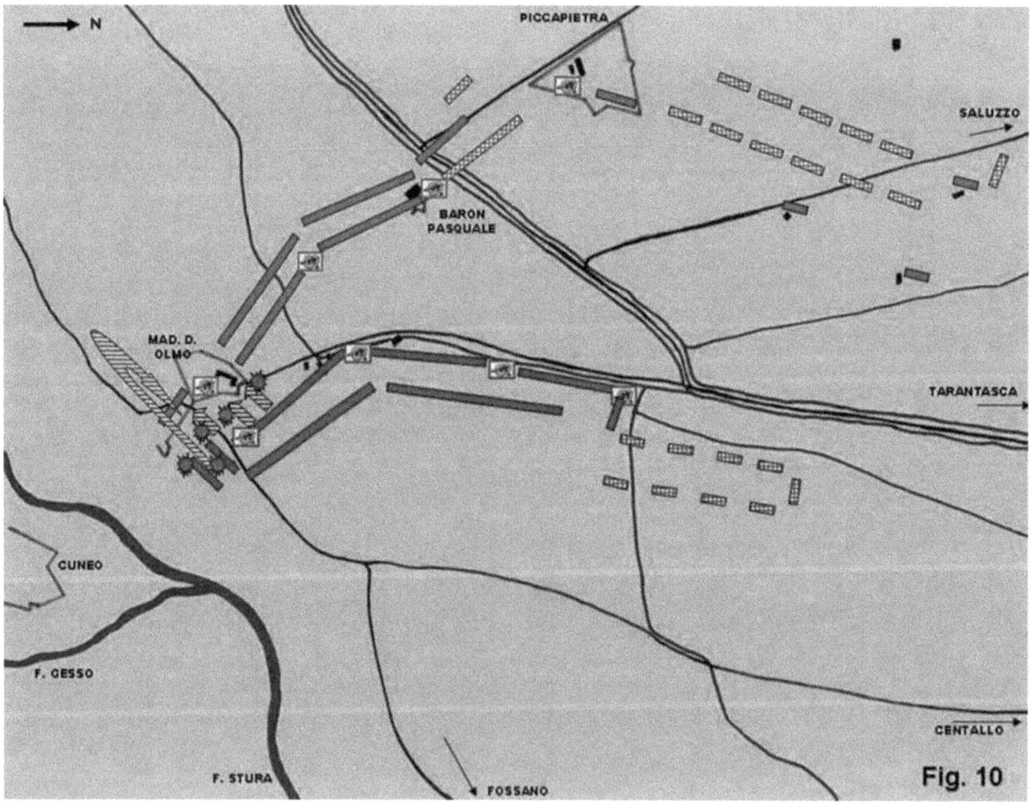

Inizio dell'attacco da parte dell'armata del Re di Sardegna (carta-elaborazione-Simoncini)

Fig. 11

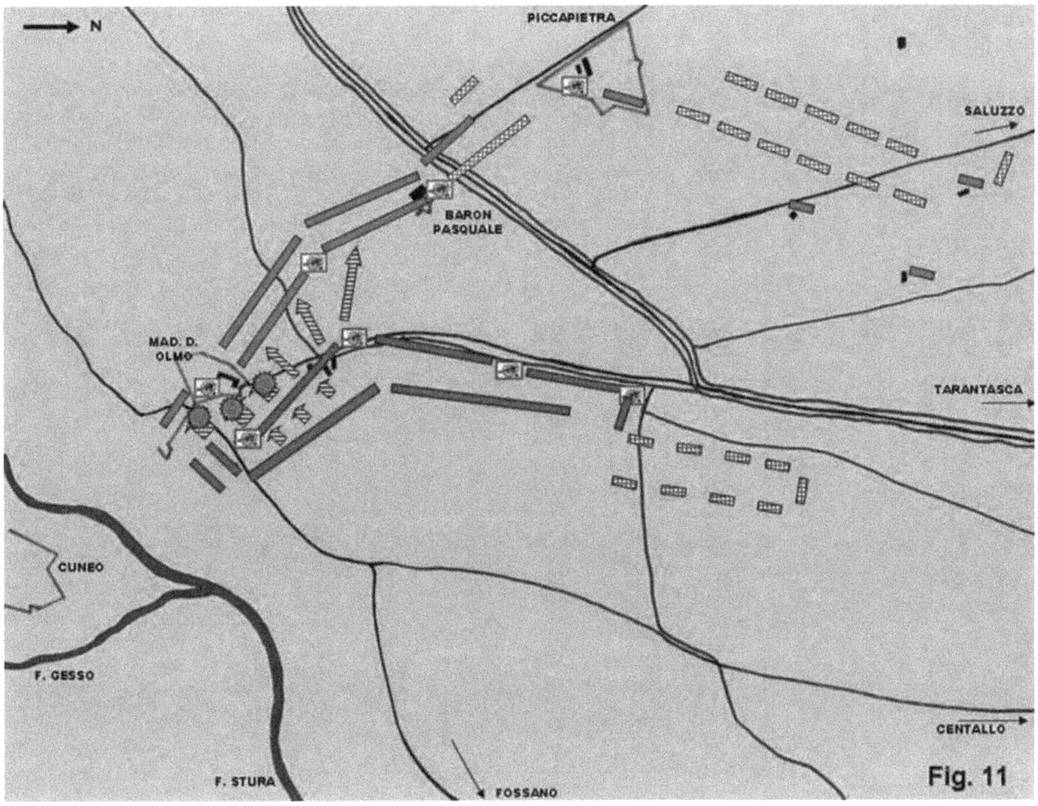

Ampliamento dell'attacco piemontese al centro dello schieramento gallispano (carta-elaborazione-Simoncini)

Fig. 12

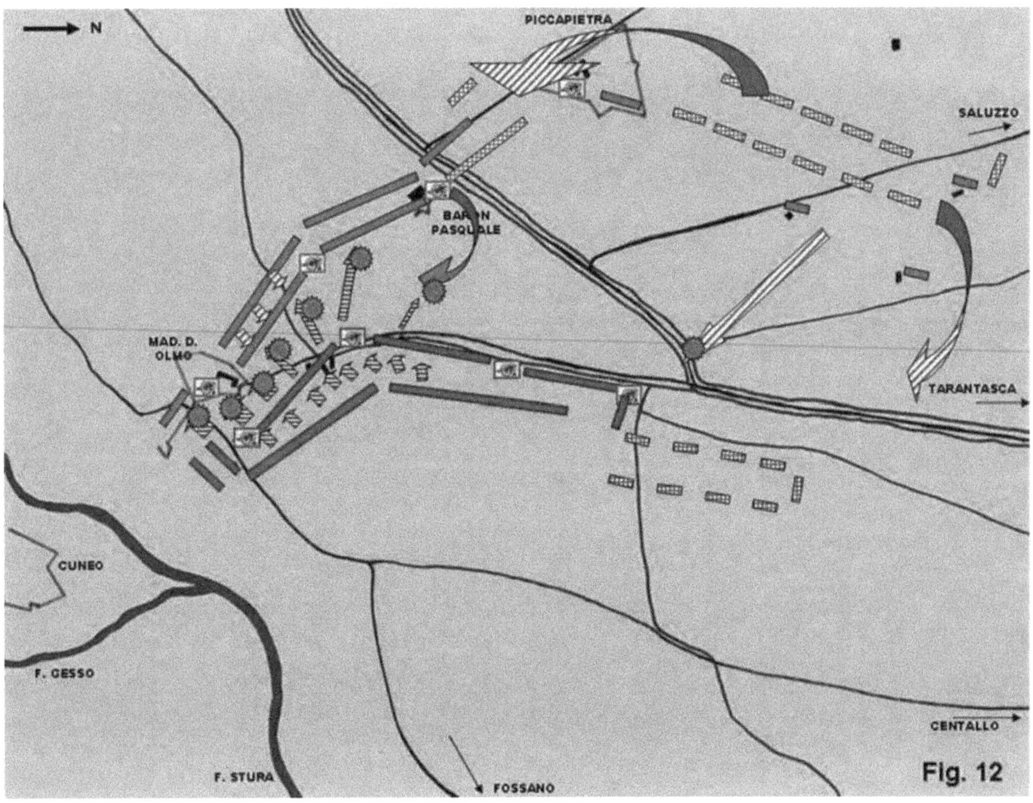

Movimenti dei gallispani e reazioni all'attacco dell'armata sabauda (carta-elaborazione-Simoncini)

Fig. 13

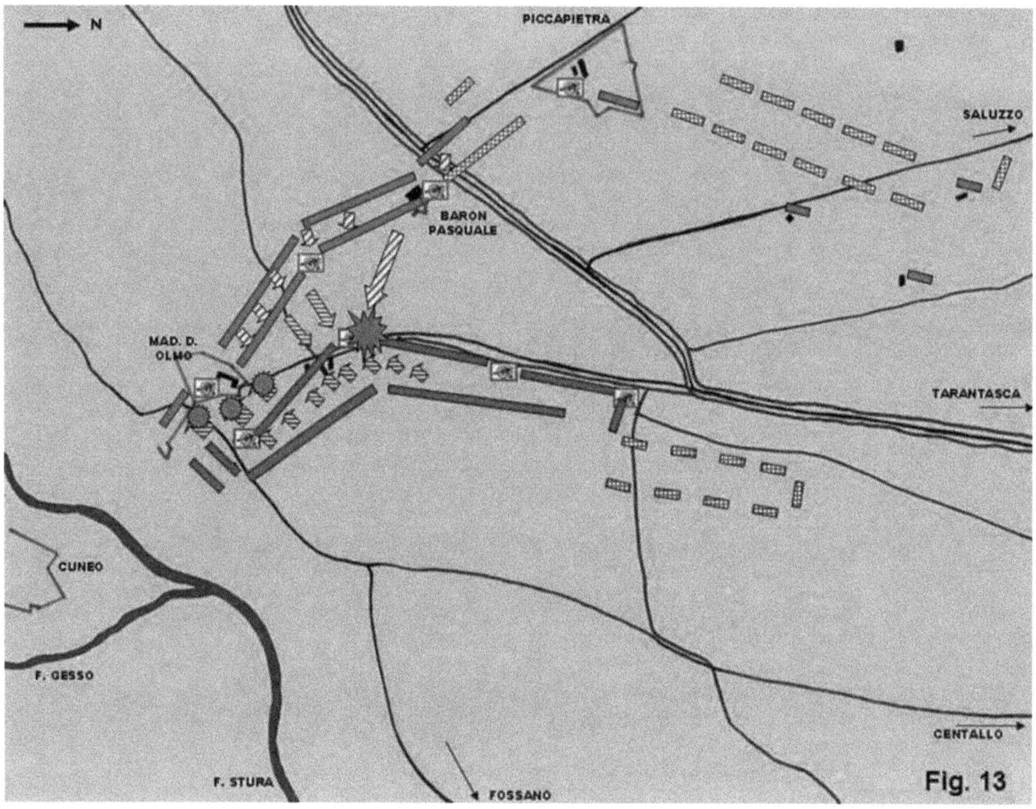

L'esplosione delle riserve di polvere presso la batteria del maggiore Gioannini al centro dello schieramento piemontese (carta-elaborazione-Simoncini)

Fig. 14

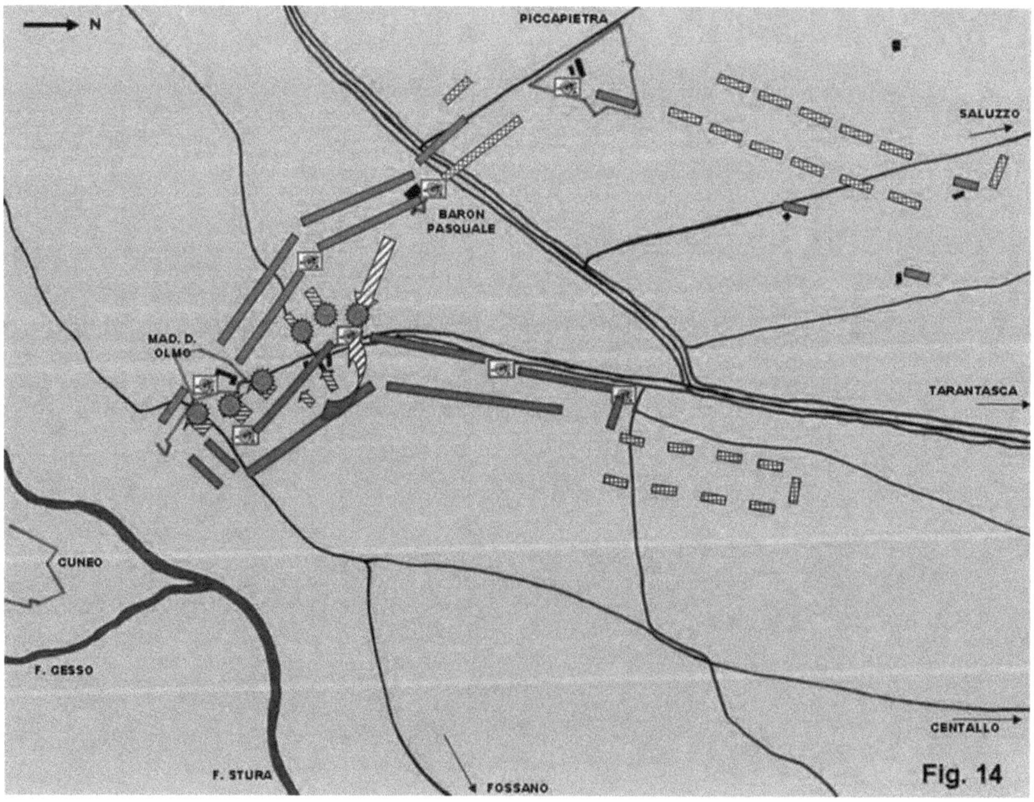

Contrattacco e riconquista della batteria, presa dal conte di Beaupreau al comando dei reggimenti Lyonnois e Foix, da parte dei battaglioni del reggimento savoia e del La Regina, agli ordini del commendatore di Cinzano (carta-elaborazione-Simoncini)

Fig. 15

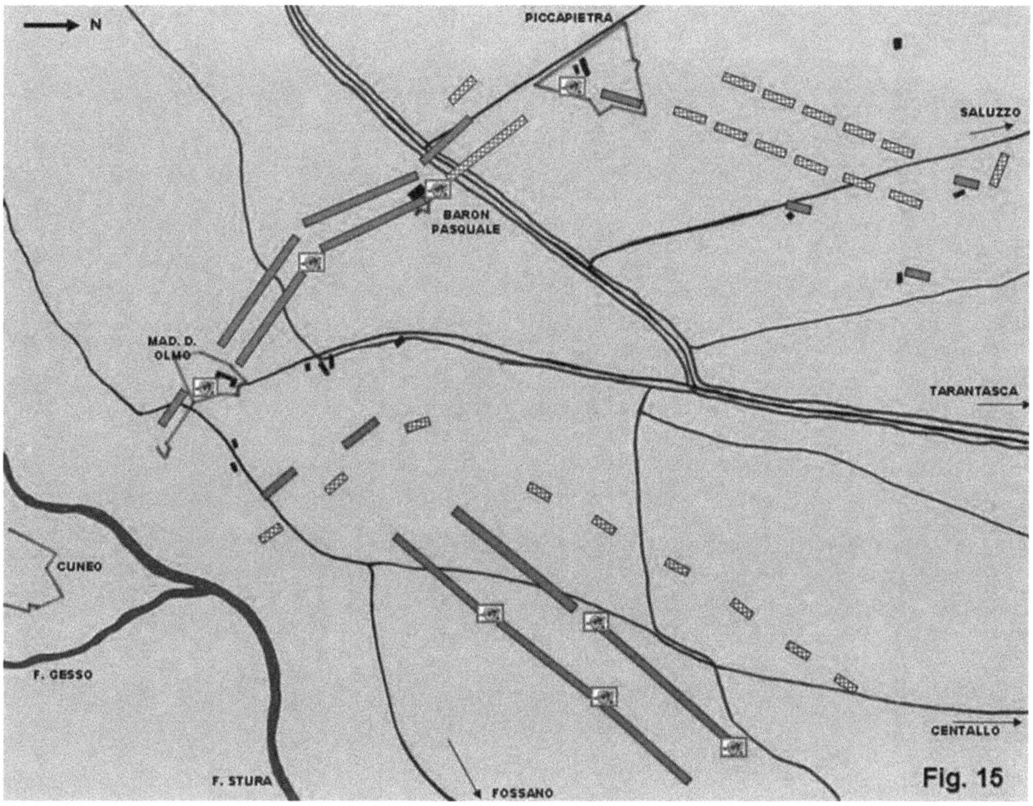

Sganciamento dell'armata del Re di Sardegna e ripiegamento sui Ronchi (carta-elaborazione-Simoncini)

Fig. 16

La battaglia di madonna dell'Olmo, secondo la raffigurazione contenuta in SAINT SIMON 1770

Fig. 17

Veduta aerea dell'attuale area territoriale a nord di Cuneo, corrispondente a quella interessata nel 1744 dalla battaglia di Madonna dell'Olmo

Fig. 18

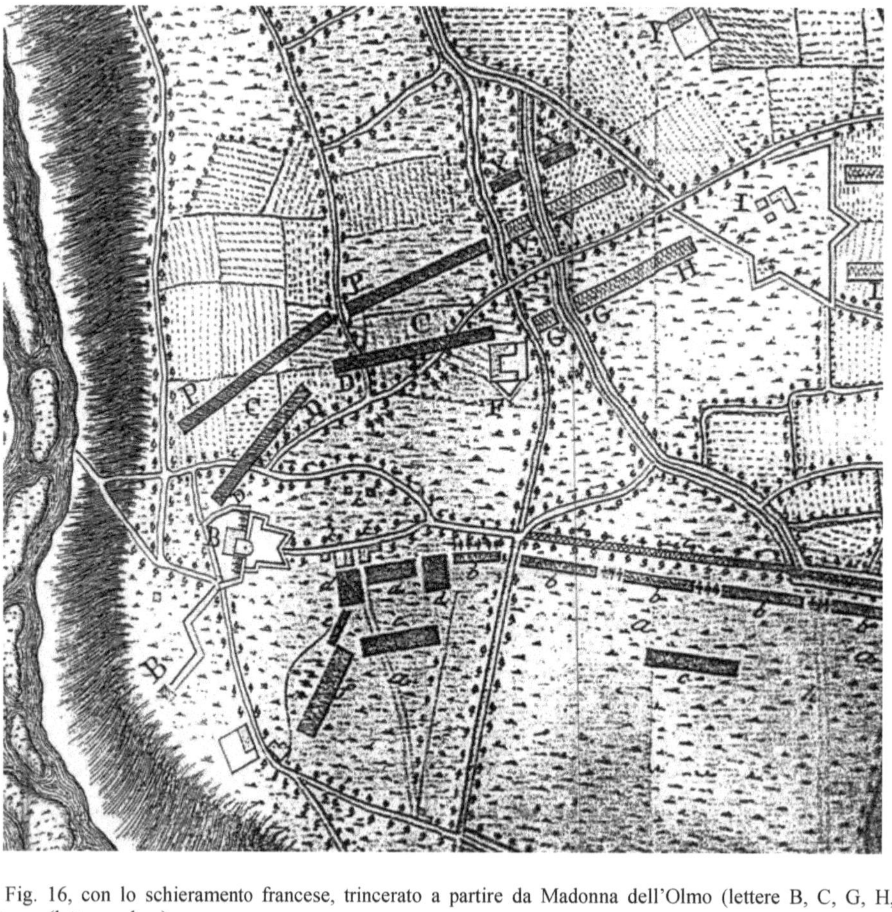

Particolare della Fig. 16, con lo schieramento francese, trincerato a partire da Madonna dell'Olmo (lettere B, C, G, H, I, P), e quello piemontese all'attacco (lettere a, b, c)

Fig. 19

Veduta aerea della zona a nord di Cuneo, corrispondente ai luoghi in cui si svolse la battaglia del 30 settembre 1744: 1) abitato moderno della borgata di Madonna dell'Olmo, caposaldo del sistema trincerato francese; 2) presumibile sviluppo della linea trincerata francese; 3) area e direzioni d'attacco dell'armata sabauda (elaborazione Sconfienza)

CAPITOLO 9

Gli eserciti sabaudo e francese durante la Guerra di Successione Austriaca L'impiego in campo

Giovanni Cerino Badone

La Guerra di Successione Austriaca è, nelle sue linee generali, ben conosciuta. Tuttavia si tratta di un evento i cui particolari e protagonisti hanno profili e caratteristiche da definire. Strategie, tattiche, dottrine di impiego dei contendenti sono ancora da studiare, capire, confrontare e collocare nella loro corretta dimensione europea[1].

L'esercito sabaudo di Carlo Emanuele III

§ *L'impegno finanziario militare*

L'armata sabauda era uno strumento costoso. Nel 1738-1741, con una forza bilanciata di 30524 uomini, per un totale di 39 battaglioni di fanteria e 32 squadroni, l'esercito di Carlo Emanuele III aveva un bilancio ordinario di 7,5 milioni di lire, ai quali si aggiungevano altre 500000 lire per il presidio in Sardegna e un'altro milione di lire per la necessaria fornitura di 60000 sacchi (6901,5 tonnellate) di grano. Un reggimento di fanteria inquadrato su 2 battaglioni di 600 uomini costava ciascuno quasi 300000 lire.

Per la Guerra di Successione Austriaca l'Inghilterra versò nelle casse di Torino un sussidio annuo di 200000 sterline (5 milioni di lire). Fu però necessaria una integrazione con nuovi introiti. All'inizio si fece ricorso alla vendita di nuovi feudi e cariche pubbliche (26 settembre 1741), seguita dall'immissione di moneta (27 novembre 1741). Furono quindi autorizzate due emissioni del debito pubblico per 6 milioni di lire al tasso del 4% (4 dicembre, 3 febbraio e 24 novembre 1742). Infine si aumentarono le tasse, con una imposta straordinaria di 1,8 milioni di lire sulle rendite feudali (9 maggio 1742), l'aumento delle imposte di bollo (16 maggio 1742) e di registro (4 giugno 1742).

Queste misure rastrellarono abbastanza denaro da consentire nuove leve di truppe che portarono la forza totale dell'esercito a 43000 uomini (48 battaglioni e 26 squadroni). Nondimeno il bilancio militare continuò a lievitare e nel 1742 raggiunse gli 11,5 milioni e 97000 sacchi (11157,425 tonnellate) di grano. Nel 1743 superò i 17 milioni e i 116.000 sacchi (13342,9 tonnellate) di grano per la razione quotidiana di pane. Il bilancio del 1745 raggiunse quasi il triplo di quello di pace, 20,5 milioni di lire e 147000 sacchi di grano (16908,675 tonnellate), benché la forza bilanciata fosse cresciuta solo del 65%, giungendo a 50317 effettivi. Nel 1746 le spese per l'esercito (22 milioni di lire), l'Artiglieria (924000 lire), fabbriche e fortificazioni (927000 lire) e Segreteria di Guerra (12600 lire) assorbivano il 73,6% del bilancio generale dello Stato (32,4 milioni di lire). Si trattava di un livello unico in Italia, e impressionante anche su scala europea, tenuto conto che solo la Prussia e, in certi periodi, l'Olanda riuscirono a superare queste percentuali.

Nel 1747 l'esercito raggiunse il record di 55641 uomini, con trentadue squadroni (4231 cavalieri) e cinquantasette battaglioni, di cui quindici d'ordinanza nazionale (12590 effettivi), ventinove esteri (20400), dieci provinciali (7900), due d'artiglieria (1400), due di Invalidi (1400), dieci compagnie provinciali di riserva (6460), quattro compagnie imbarcate di Marina (348), dieci franche (700) e quattro di Dragoni di Sardegna (212)[2].

§ *Un esercito per la guerra in pianura*

L'esercito di Carlo Emanuele III combatté nel corso della Guerra di Successione Austriaca sette grandi battaglie campali: Camposanto, 8 febbraio 1743; Casteldelfino, 7-10 ottobre 1743; Villefranche, 21 aprile 1744; Pietralunga, 19 luglio 1744; Madonna dell'Olmo, 30 settembre 1744; Bassignana, 27 settembre 1745; Assietta, 19 luglio 1747. Solo a Camposanto ci fu un'aliquota di truppa im-

---

[1] Si rimanda preliminarmente all'Appendice bibliografica per l'indicazione delle fonti storiche manoscritte ed edite, inerenti la redazione del presente contributo. In apertura della trattazione sui ringraziano sentitamente il prof. Virgilio Ilari, per l'entusiasmo e l'appoggio dato a queste ricerche; il dott. Gian Carlo Boeri, per il continuo scambio di informazioni e per aver condiviso con me le sue ricerche archivistiche, frutto delle decennali esplorazioni negli archivi di tutta Europa; il prof. Roberto Sconfienza per tutti i consigli e per avermi comunicato le sue importanti scoperte riguardo i campi trincerati sabaudi, la loro importanza, l'impiego a livello tattico e strategico e la pianificazione della difesa dello stato sabaudo nel XVIII secolo, senza le quali questo lavoro sarebbe stato alquanto lacunoso; l'amico Bruno Pauvert, chef de Bataillon [TDM/SEM], per aver condiviso con me molte sue intuizioni, idee e per l'infinita cortesia nello spiegarmi le realtà della guerra di montagna del XVIII secolo, per i particolari inediti sulla battaglia di Pietralunga e dell'Assietta, le numerose informazioni sulle campagne alpine del 1744-1747 e sull'esercito francese del periodo; il tenente colonnello Roberto Simoncini, per il continuo confronto con la realtà dei combattimenti di Madonna dell'Olmo e i preziosi scambi di idee sulla guerra nel XVIII secolo; Eugenio Garoglio e il prof. Raffaele Moncada, per le lunghe giornate di studio e ricerca passate sui campi di battaglia, imparando insieme a «leggere» il terreno e le tracce delle guerra come fossero un documento di archivio. Infine un ringraziamento particolare va alla dott.ssa Roberta Giudici, per avermi accompagnato, con infinita pazienza ed entusiasmo, nella stesura di questo lungo e faticoso lavoro, e per tutti i suoi suggerimenti, correzioni, osservazioni.

[2] Le cifre sono tratte da ILARI, BOERI, PAOLETTI 1997, pp. 86-87.

periale superiore a quella sabauda[3]. Tre di queste battaglie, Camposanto, Casteldelfino e Villefranche, furono vittorie tattiche non decisive. A Villefranche, poi, i Sabaudi furono costretti ad abbandonare nei giorni seguenti sia il campo di battaglia sia la rada di Villefranche stessa, evacuando i trinceramenti per mezzo della flotta inglese dell'ammiraglio Mathews. Solo una, quella dell'Assietta, può essere considerata una vittoria netta, anche se strategicamente inutile. Genova fu soccorsa dai borbonici e l'assedio imperiale fu comunque rotto a prescindere dal successo sabaudo. A Camposanto fu il comando imperiale a decidere l'attacco, mentre l'unica azione offensiva pianificata dal comando sabaudo, Madonna dell'Olmo, si concluse con una secca sconfitta e la perdita di un sesto della forza bilanciata. Dopo il 1744 Carlo Emanuele III evitò accuratamente di ingaggiare battaglie campali dall'esito incerto. Da allora i borbonici riuscirono ad impegnare i Piemontesi in uno scontro campale in appena due occasioni, a Bassignana e all'Assietta.

Quattro di questi scontri avvennero su terreno montuoso. Ma l'esercito di Carlo Emanuele III non era una forza concepita per la guerra in montagna. Nonostante gli importanti successi conseguiti sulle Alpi occidentali, la presenza di una catena di fortificazioni permanenti e campali pressoché ininterrotta dal Monte Bianco a Oneglia, e la necessità strategica di difendere un fronte per lo più montuoso, l'armata sabauda si trovò a combattere sulle Alpi malvolentieri, dimostrandosi impacciata, prevedibile, passiva e lenta, incapace di anticipare con le dovute contromisure le azioni avversarie o effettuare energiche manovre offensive.

Le azioni più spettacolari e riuscite, sia a livello tattico sia strategico, non furono, come si potrebbe pensare, quelle di Casteldelfino del 1743 o dell'Assietta del 1747, dove contarono alla fine più i demeriti dell'avversario che i meriti dei difensori, quanto la campagna padana del 1742 e, soprattutto, quella piemontese del 1746, concepita dall'ingegner Ignazio Bertola e dal ministro della Guerra Giovanni Battista Bogino. Assai ben diretta dal generale di fanteria di origine badese Karl Sigismond Friedrick Wilhelm von Leutrum, «Baron Litron», l'offensiva sabauda vide non meno di una ventina di colonne staccate convergere simultaneamente su Asti, che fu riconquistata il 7 marzo, con la cattura di nove battaglioni francesi, circa 5000 uomini, ventisette bandiere e otto cannoni. Il 10 marzo anche la cittadella di Alessandria veniva liberata dal blocco e il 17 aprile era investita la piazzaforte di Valenza, riconquistata il 4 maggio 1746.

Sulle Alpi il discorso fu ben differente. La seconda campagna in Savoia nel dicembre del 1742 fu un brusco risveglio per il comando sabaudo. L'ottimismo era dato dal felice esito delle operazioni sul fronte orientale tra marzo ed agosto, concluse con la distruzione del piccolo esercito estense di Modena. Il primo settembre 1742 l'armata spagnola di Provenza entrava in Savoia, e in pochi giorni la provincia risultava del tutto occupata e sottomessa. Carlo Emanuele III aveva quindi abbandonato il fronte della Romagna e si era portato sulle Alpi, attaccando il nemico il 30 settembre. La manovra, riuscita e ben condotta, consentì di recuperare la Savoia entro il 16 ottobre. Il 18 dicembre, rinforzato da nuovi reparti, il marchese di Las Minas, che aveva sostituito Glimes, invase nuovamente il territorio sabaudo. Ritenendo l'attacco spagnolo una semplice dimostrazione, Carlo Emanuele III non valutò correttamente il pericolo. Gli Spagnoli, sfruttando i loro santuari francesi, dilagarono ovunque, sebbene le forze in campo, 18000 Piemontesi e 20000 Spagnoli, risultassero quasi equivalenti. Giocato a livello strategico, senza nessun appiglio tattico credibile dove fermare l'avanzata nemica, il Re di Sardegna fu costretto ad ordinare il ripiegamento generale sullo spartiacque alpino. Si trattò di una ritirata assai combattuta, segnalata da scontri piuttosto accesi l'1 gennaio a Aigueblanche e Rocheleplus, ed ancora il 5 gennaio a Saint-André. L'ultimo reparto sabaudo rientrava in Piemonte il 10 gennaio 1743. Il 4 gennaio il Re Carlo Emanuele III giungeva nella capitale dal fronte della Savoia alla testa di un provato esercito. I cento giorni di combattimento «al di là» delle Alpi erano costati all'esercito del Re di Sardegna 9000 perdite tra morti, feriti e prigionieri, la spesa immane di 9 milioni di lire e l'abbandono di tutti i territori transalpini.

Ancora peggio furono le campagne alpine del 1744 e del 1745. Nel primo caso una colonna francese secondaria, forte di dieci battaglioni, fu in grado di sconfiggere il grosso dell'esercito sabaudo al termine della battaglia di Pietralunga, iniziata il 16 luglio 1744. Lo scontro si protrasse per tre giorni, con perdite piuttosto elevate da entrambe le parti. L'azione fu caratterizzata da numerosi scontri locali, il più sanguinoso dei quali fu quello avvenuto alla ridotta di Monte Passet, lungo la dorsale che separa la valle Varaita di Bellino da quella di castello; al termine dei combattimenti, il 19 luglio 1744, la linea piemontese di Casteldelfino era di fatto frantumata, mascherando la reale direttrice offensiva del principe di Conti, il quale riuscì a forzare gli sbarramenti piemontesi della valle Stura di Demonte e dare inizio all'investimento della piazza di Demonte e della piazzaforte di Cuneo. Carlo Emanuele III, preso dalla disperazione, ordinò la ritirata su Sampeyre «con il più grande disordine». A Sampeyre fu raggiunto dai sette battaglioni del barone di Leutrum, il quale fu immediatamente redarguito per il ritardo accumulato. Calmato il sovrano, il generale riuscì a convincerlo dell'inutilità di una ritirata tanto precipitosa e ad attestarsi a Becetto[4].

[3] A Camposanto vi erano 15 battaglioni imperiali e 9 sabaudi. La cavalleria era composta da 21 squadroni imperiali e 6 sabaudi, 12 pezzi imperiali e 10 sabaudi. Le truppe di Carlo Emanuele III, comandate da François Louis Emmanuel d'Alinges, conte d'Apremont, avevano il seguente ordine di battaglia: reggimento Schulemburg, due battaglioni; reggimento Diesbach, primo e secondo battaglione; reggimento Rehbinder primo battaglione; reggimento Piemonte, due battaglioni; reggimento Savoie, due battaglioni; reggimento Savoia Cavalleria, tre squadroni; Dragoni della Regina, tre squadrone; dieci pezzi da quattro libbre.

[4] Leutrum fu di fatto accusato di essere una delle cause della disfatta di Pietralunga:

> [... il 20 luglio, scil.] fummo raggiunti dal Signore di Leutrom con sette battaglioni, che aveva condotto dai dintorni di Exilles, e che dovevano arrivare molti giorni prima, se gli ordini del Re fossero stati eseguiti; ma non lo furono a causa di qualche cattivo intendi-

Il 12 ottobre 1745 il maggior generale Giovanni Giacomo De Rossi si faceva sorprendere con tre battaglioni, uno del Meyer, uno del Nizza, il secondo del Saluzzo, al campo di Joussaud all'imbocco della val Troncea. Sordo ai richiami degli esperti della guerra di montagna, i capitani Rouziers, Bernardi e Garessio, preferì rimanere fermo sulle sue posizioni, aggirabili su ogni lato. I Francesi approfittarono dell'infelice situazione tattica del nemico ed attaccarono gli uomini di De Rossi, mettendo in rotta i tre battaglioni sabaudi infliggendo loro 416 perdite accertate, e catturando due bandiere e cinquanta muli su un totale di circa 2500 uomini impegnati in combattimento. Lo stesso De Rossi fu preso prigioniero.

L'arguto don Bernard Tholosan, curato di Chianale e Pont dal 1734 al 1783 ed accusato di connivenze con la truppa franco-spagnola, già nel 1744 aveva intuito che

> [...] le nostre truppe non sono buone per la montagna, la pianura è loro più propizia per combattere, così penso che non torneranno per aspettare il nemico in questi stretti, visto che hanno sempre la peggio [...][5]

Incapace di controbattere le mosse del nemico, l'esercito sabaudo riusciva a concepire lo scontro di montagna solo come la difesa statica di una fortificazione campale. Quando questo elemento veniva a mancare i comandanti andavano a cacciarsi in micidiali trappole quali quella di Joussaud, mentre la truppa, privata dei solidi parapetti dei trinceramenti, perdeva presto coraggio. Il 7 ottobre 1743, nella fase iniziale della battaglia di Casteldelfino, i Gallispani si erano impadroniti delle fortificazioni di castello. Questo evento riuscì ad

> [...] abbattere in parte gli animi di alcuni dé nostri soldati, i quali da prima baldanzosi oltremodo, e per la forte situazione in cui si trovavano, e per l'abbondanza dé viveri, che giungevano al campo, e per le grandi difficoltà, che sapevano avere i nemici a superare, i quali, non s'ignorava mancare affatto di sussistenze, vedendo di poi qual vantaggio avessero riportato quelli stessi nemici, riandavano colla mente i successi dell'antecedente campagna della Savoia, nella quale credendoci noi già sicuri d'impedire l'entrata di quella provincia ai nemici, eravamo stati costretti ad evacuarla [6]

Non poteva accadere diversamente. I soldati erano reclutati ed addestrati per sostenere un serrato scontro a fuoco e non vi era alcuna richiesta specifica di personale adatto al combattimento in quota nè, tanto meno, si pensava di organizzare reparti regolari per la guerra in montagna o elaborare particolari tattiche di combattimento per il teatro alpino. La provincia che dava il gettito maggiore di reclute era Asti, seguita da Pinerolo, Torino, Cuneo, Vercelli e Casale. Il 30% delle reclute era di estrazione urbana, a causa del forte incentivo al reclutamento dato dalla presenza di guarnigioni fisse. Circa un terzo delle truppe, quindi, non aveva mai visto alcuna montagna prima dell'arruolamento e, una volta indossata l'uniforme, le uniche esperienze in tempo di pace si limitavano alle marce di trasferimento da una guarnigione all'altra lungo i fondovalle e le principali vie di comunicazione.

Le truppe adatte ad operare in terreno montuoso comunque esistevano. In grado di manovrare efficacemente, sia in azioni offensive, di ricognizione o di copertura, erano le milizie valdesi. Sulle Alpi si distinse per una serie di incursioni in profondità nel territorio nemico un corpo composto da circa 2000 miliziani valdesi, comandati dal capitano Jean Baptiste Rouzier. Questo abile ufficiale e i suoi uomini, in parte armati con carabine rigate[7], fornirono un'eccellente truppa leggera all'esercito piemontese, specie durante le campagne alpine del 1743, 1744, 1745 e 1747.

§ *La strategia bellica dello Stato Sabaudo*

Gli eserciti fanno dei piani. Per invadere l'impero persiano Alessandro il Grande pensava di combattere una grande battaglia campale contro l'esercito dell'imperatore Dario III, sconfiggerlo e catturare o uccidere lo stesso Dario. Annibale formulò un piano durante la Seconda Guerra Punica che gli consentisse di sfuggire al potere navale romano, trasferendo l'esercito cartaginese in Spagna e di lì in Italia attraverso le Alpi per fronteggiare le legioni di Roma sul loro territorio. Filippo II di Spagna aveva un piano per sconfiggere gli inglesi nel 1588: portare le navi dell'Armada fino alla Manica, imbarcare l'esercito che stava combattendo contro i ribelli dei Paesi Bassi e sbarcarlo nel Kent. Il piano del principe Eugenio nel 1706, per salvare il Ducato di Savoia dalla capitolazione e guadagnare la supremazia strategica nella penisola italiana, prevedeva di attirare gli eserciti francesi presenti nella Pianura Padana sotto le mura di Torino e lì sconfiggerli senza rimedio. Napoleone formulò dei piani quasi ogni anno della sua vita: nel 1798 per aprire un secondo fronte contro i suoi nemici europei in Egitto, nel 1800 per sconfiggere l'Impero in Italia, nel 1806 per annientare la Prussia, nel 1808 per assoggettare la Spagna, nel 1812 per invadere la Russia. Gli Stati Uniti avevano un piano nel 1861, detto «Anaconda», per soffocare la ribellione degli Stati Confederati attraverso il blocco navale e la conquista del Missisippi.

Anche nel XVIII secolo, ovviamente, venivano formulati piani, preparati gli eserciti alla lotta ed addestrate le truppe. Nella Guerra di Successione Austriaca l'esercito sabaudo e quello francese, ancora una volta posti l'uno contro l'altro appena ventinove anni dopo la fine della Guerra di Successione Spagnola, prepararono i loro piani per sconfiggere il proprio avversario. Nel corso del conflitto, tuttavia, molte delle idee iniziali furono modificate in base all'esperienza maturata in corso d'opera.

Nella primavera del 1743 fu messo in funzione il nuovo dispositivo difensivo sabaudo sulle Alpi Occidentali con-

---

mento, senza i quali si ha tutta l'apparenza che le cose sarebbero state un pò più favorevoli (BRT, Manoscritti Militari 154)

Si legge inoltre in THOLOSAN 1777, p. 207:

> [...] Ma là incontrò il barone di Leutron che arrivava con otto battaglioni, e dimostrò al Reche non bisognava più ritirarsi con una simile precipitazione; che bisognava fermarsi ed attendere il nemico a piè fermo; che si fermassero là, e per mettersi meglio in difesa si andassero ad accampare a Becetto dove il Re aveva stabilito il suo quartiere, e la si riprese un poco del terrore e del panico nel quale era piombato a causa di quel vigoroso attacco

[5] THOLOSAN 1777, p. 208.

[6] GALLEANI D'AGLIANO 1840, pp. 90-91.

[7] L'Arsenale di Torino, specie durante la campagna del 1744, fornì significativi quantitativi di armi rigate alle milizie valdesi (AS.TORiunite, Azienda Generale d'Artiglieria, *Regi Biglietti e Dispacci*, 3, 1730-1746, pp. 179, 186, 188, 198, 206, 208).

cepito da Vittorio Amedeo II nel 1713[8]. L'esercito, al contrario di quanto avvenuto nel 1690 e nel 1704-1706, veniva ad appoggiarsi ad una serie di opere permanenti distribuite a cordone; partendo da nord vi erano il castello di Bard e la piazza di Ivrea allo sbocco della Valle d'Aosta, il forte di Exilles e la piazza di Susa a sbarramento delle strade del Moncenisio e del Monginevro, la piazza di Fenestrelle a presidio della val Chisone, in grado da sola di fare a meno della smantellata piazza di Pinerolo e coprire anche la valle di San Martino, il forte di Demonte nella valle Stura di Demonte e la piazza di Cuneo nel Piemonte sud-occidentale, con ancora il forte di Saorgio oltre il colle di Tenda, sulla strada per la contea di Nizza, e le piazze di Mondovì e Ceva. Sulla costa rimaneva il complesso fortificato di Villefranche, la cui conservazione era però legata alla presenza di una forte squadra navale britannica.

Vittorio Amedeo II ed Antonio Bertola avevano adattato alle frontiere sabaude, già l'indomani della conquista di Exilles e Fenestrelle nel 1708, il concetto della doppia linea difensiva del «pré carré», dove, tranne nell'eccezione della coppia Fenestrelle-Pinerolo e nella sguarnita val Varaita, ad una fortezza di media valle faceva sempre riscontro una piazza pedemontana nelle retrovie allo sbocco del solco vallivo, la cui capacità difensiva era variabile a seconda dei casi e delle necessità. Il terreno alpino, tuttavia, non favoriva una buona interazione tra le piazze. Le fortezze pedemontane avevano una precisa funzione di sbarramento nel settore dove esse sorgevano, così come le corrispondenti fortezze di media valle, ma non erano in grado con le proprie sole artiglierie di poter impedire aggiramenti o avanzate lungo le dorsali, se non operando come basi logistiche di unità inviate a contrastare le avanzate avversarie in quota.

Forte di questo dispositivo, Carlo Emanuele III fu in grado di adottare una inedita strategia difensiva. Il concetto era quello di mantenere un forte corpo di osservazione in val Varaita, in grado di colpire il nemico mentre attraversava le valli ed era impegnato a superare gli sbarramenti delle fortezze e la resistenza delle truppe dislocate localmente. Il corpo di osservazione doveva essere in grado di accorrere, sfruttando rapide vie di comunicazione terrestri, là dove la minaccia più grave si sarebbe manifestata[9].

Nel luglio del 1744 l'ordine di battaglia dell'esercito sabaudo era il seguente.

- <u>Corpo di osservazione della valle Varaita</u>

Al comando del generale marchese de Seyssel d'Aix; brigata Guardie: due battaglioni del reggimento Guardie, due battaglioni del reggimento Audibert, un battaglione del reggimento Tarantasia; brigata Savoia: 2 battaglioni del reggimento Savoia, tre battaglioni del reggimento Roguin; brigata Saluzzo: primo battaglione del reggimento Saluzzo, un battaglione del reggimento Casale, primo e secondo battaglione del reggimento Reydt; brigata La Regina: primo battaglione del reggimento La Regina, primo e secondo battaglione del reggimento Guibert, un battaglione del reggimento Mondovì. Totale: 12600 uomini.

- <u>Valle Stura</u>

Al comando del luogotenente generale Pallavicini di Frabosa: due battaglioni del reggimento Piemonte, due battaglioni del reggimento Monferrato, due battaglioni del reggimento Schulembourg, primo e secondo battaglione del reggimento Kalbermatten, un battaglione del reggimento Chiablese, compagnia di riserva del reggimento di Nizza; totale in valle: 6370 uomini. Piazza di Cuneo: terzo battaglione del reggimento Guibert di 700 uomini. Totale del corpo di valle Stura di Demonte: 7070 uomini.

- <u>Valle Maira</u>

Al comando del maggior generale di Cumiana: primo battaglione del reggimento di Lombardia, primo battaglione del reggimento Fucilieri, primo battaglione del reggimento di Baaden. Totale: 2100 uomini

- <u>Alta valle Po</u>

Al comando del cavalier d'Isola: secondo battaglione reggimento Saluzzo. Totale: 700 uomini.

- <u>Valle Chisone</u>

Al comando del maggior generale von Leutrum: secondo battaglione del reggimento Fucilieri, primo battaglione del reggimento La Marina, un battaglione del reggimento Pinerolo, quarto battaglione del reggimento Kalbermatten, due battaglioni del reggimento di Burgsdorff; totale in valle: 4200 uomini. Piazza di Fenestrelle: terzo battaglione del reggimento Reydt, tre compagnie di riserva dei reggimenti Pinerolo, Mondovì, Reydt, per un totale di 1513 uomini. Totale del corpo di val Chisone: 5713 uomini

- <u>Valle di Susa</u>

Al comando del luogotenente generale Bertone: secondo battaglione del reggimento La Marina, terzo battaglione del reggimento Kalbermatten. Totale: 1200 uomini

- <u>Ivrea e Valle d'Aosta</u>

Piazza d'Ivrea: compagnia di riserva del reggimento Aosta. Piazza di Aosta: un battaglione reggimento Vercelli. Totale: 971 uomini

Il corpo di osservazione disponeva abbastanza forze per poter respingere con ragionevoli possibilità di successo una puntata offensiva nemica in ciascuno dei settori minacciati, ma gli altri contingenti risultavano piuttosto esigui, con una forza che variava da un minimo di 700 uomini ad un massimo di 7070.

Con truppe impreparate ad una guerra di manovra in quota ed in costante inferiorità numerica, la fortificazione campale assumeva un ruolo tattico e strategico di primaria importanza per la difesa della frontiera occidentale sabauda. La creazione di una fascia di trinceramenti, solitamente a monte o a schermo delle fortezze di media valle, garantivano un notevole appiglio tattico ai difensori, i quali ottenevano una successione di centri di resistenza scalati lungo le dorsali e le valli sino alle prime opere for-

[8] Si veda, sulla sistemazione strategica delle difese sabaude, l'importante saggio SCONFIENZA 2003, fondamentale per la comprensione dei meccanismi e la pianificazione della difesa delle frontiere sabaude e il valore strategico-tattico delle fortificazioni campali. Vedere inoltre SCONFIENZA 2005a

[9] I progetti relativi alla strategia da adottare per la difesa del fronte alpino sono conservati presso l'Archivio di corte di Torino e corrispondono a *Memoire-Audibert* 1744, *Memoire et Projet* 1744, *Piano per la campagna* 1744.

tificate permanenti di media valle o, in taluni casi, sino alle piazze pedemontane. I trinceramenti consentivano ai difensori di manovrare entro una fascia di terreno ristretta, chiusa, trasformando grandi porzioni di territorio in «corridoi di guerra» che permettevano di annullare la superiorità numerica e manovriera del nemico o, quanto meno, di cedere posizioni con calcolato ritardo, o bloccare del tutto l'avanzata avversaria sino all'arrivo del corpo di osservazione[10]. Inoltre, a riprova dell'importanza che questo progetto strategico aveva presso la corte di Torino, furono ideate nuove tattiche di combattimento per la difesa di opere campali, già sperimentate con successo nell'ottobre del 1743.

Ovviamente tale disposizione strategica subì modifiche nel corso del conflitto. Non appena apparve evidente lo sforzo offensivo delle forze franco-spagnole lungo la riviera ligure di ponente e le Alpi Marittime, questo settore divenne l'area destinata a collocare il corpo di osservazione. Se la strategia sabauda da un lato aveva l'innegabile pregio consentire il controllo di ogni via di invasione, dall'altra aveva almeno un punto debole fondamentale; il cordone difensivo, per quanto elastico, frazionava un esercito, numeroso sulla carta, penalizzando la disponibilità di soldati nel settore critico del fronte. I piani strategici prevedevano infatti almeno cinque distinti corpi di truppe a controllo di altrettanti valli. Nel luglio del 1744 il corpo di osservazione del generale di fanteria Seyssel d'Aix non contava più di 12600 uomini. A settembre, per la battaglia di Madonna dell'Olmo, furono radunati in un corpo di osservazione 26000 effettivi, mentre a Bassignana, l'anno seguente, non se ne poté raggruppare che 20000 a mala pena. Il corpo di osservazione di Leutrum, posto a difesa della Riviera Ligure di ponente tra il 1746 ed il 1747 non superò mai la cifra di 18000 fanti piemontesi, anche se poteva finalmente avvalersi dell'appoggio di numerosi reparti imperiali.

La forza media di questi corpi di osservazione era di circa 15000 uomini, come dimostra la tabella dell'Allegato 1. Sempre troppo pochi nei confronti di un avversario che localmente poteva schierare forze numericamente assai più rilevanti.

§ *Il limite di rottura dell'esercito sabaudo*

Le perdite subite dall'armata sabauda in combattimento durante la Guerra di Successione Austriaca furono assai più gravi di quanto si sia portati a credere. Nei primi tre anni di guerra furono persi sui campi di battaglia, tra morti, feriti, dispersi e prigionieri, circa 18000 uomini[11]. Si veda il seguente schema:
- Campagna 1742: perdite borboniche sul fronte piemontese: n.d; perdite sabaude: 9000, ovvero 30,3 % rispetto al totale delle forze.
- Campagna 1743: perdite borboniche sul fronte piemontese: 3900; perdite sabaude: 1000, ovvero 2,3 % rispetto al totale delle forze.
- Campagna 1744: perdite borboniche sul fronte piemontese: 8000; perdite sabaude: 8000, ovvero 18,9 % rispetto al totale delle forze.
- Campagna 1745: perdite borboniche sul fronte piemontese: 2600; perdite sabaude: 3500, ovvero 7 % rispetto al totale delle forze.
- Campagna 1746: perdite borboniche sul fronte piemontese: 6000; perdite sabaude: 1500, ovvero 3 % rispetto al totale delle forze.
- Campagna 1747: perdite borboniche sul fronte piemontese: 6000; perdite sabaude: 1000, ovvero 1,8 % del totale delle forze.

Tutti gli eserciti hanno un punto di rottura. Può avvenire quando gli uomini delle unità combattenti sono portati a calcolare, rigorosamente o meno, che le chance di sopravvivenza hanno superato la linea divisoria tra la possibilità e la probabilità, tra la morte casuale, che può capitare, e la sua apparente ricorrenza statistica. Questa linea solitamente viene avvertita quando le perdite subite nel corso di un conflitto giungono ad eguagliare il numero dei soldati in forza alle unità combattenti. Il corpo di osservazione piemontese, sul quale gravava tutto il peso della guerra manovrata, era composto da un gruppo fisso di reggimenti. La consistenza media del corpo era di 20000 uomini. Nella primavera del 1745 il soldato doveva ormai aver presente che la sua armata poteva ancora sostenere uno scontro di grandi proporzioni, dopo di che le possibilità di sopravvivenza gli si sarebbero rivoltate contro; «my number is up», la mia ora è giunta, per dirla nel gergo dei «Tommy» britannici. Nel 1745 con la battaglia di Bassignana (27 settembre 1745) l'elenco delle perdite giunse a 21500.

Nel difficile inverno del 1745-1746 le armate sabaude giunsero così al punto del tracollo. Sconfitto militarmente e con le forze franco-spagnole ormai a un giorno di marcia da Torino, Carlo Emanuele III intavolò addirittura negoziati di pace e ipotizzò un cambio di alleanze[12]. Eppure, al contrario di quanto avvenne nel 1796, nulla di simile all'armistizio di Cherasco e alla pace di Parigi si concretizzò. Nel marzo del 1746, appena sette mesi dopo Bassignana, l'esercito sabaudo diede il via ad una «all out

[10] SCONFIENZA 2003, pp. 94-95.

[11] Le cifre sono tratte dal testo ILARI, BOERI, PAOLETTI 1997 e riguardano le perdite del solo il fronte piemontese, lamentate al termine di giornate campali. Sono escluse dal computo le perdite per malattia, diserzione, o azioni di bassa intensità.

[12] Le avanguardie franco-spagnole espugnarono il castello di Gabiano il 12 novembre 1745, giungendo a quaranta chilometri da Torino (SAVIO 1927, p. 81). Comandava il presidio di Gabiano, forte di 200 uomini, il capitano Giovanni Battista Lazzary. Lui ed i suoi uomini

> [...] furono dopo tre giorni di resistenza e di fuoco costreti a rendersi prigionieri per mancanza di munizione, e per non poter esser da noi soccorsi a cagione della straordinaria escrescenza del Pò, che ci avea tolta ogni comunicazione colle Colline [...]
> (AS.TOCorte, Materie politiche per rapporto all'estero, *Lettere-Ministri, Roma*, 212)

Nel settembre del 1792 il Lazzary era il comandante effettivo delle forze piemontesi in Savoia, coadiuvato dal generale Luigi Eugenio de Courten. Lazzary rimase del tutto passivo di fronte alla minaccia francese, al punto che la Savoia fu di fatto evacuata senza combattere. Chiese di essere deferito alla corte marziale. Condannato alle dimissioni, Vittorio Amedeo III lo graziò in riconoscimento al valore dimostrato a Gabiano nel novembre del 1745, permettendogli di conservare grado e pensione (ILARI- CROCIANI-PAOLETTI 2000, p. 37).

offensive» sul fronte del Piemonte orientale che dalle rive dell'Alto Tanaro si arrestò solo, otto mesi dopo, su quelle del Varo.

Furono due gli elementi principali che evitarono la disfatta e consentirono un prodigioso recupero di forze. Primo, il cordone difensivo allestito nella Guerra di Successione Austriaca era assai più flessibile di quanto non fu in seguito quello predisposto nella Guerra delle Alpi. I corpi sabaudi si muovevano, cambiavano posizioni e teatri operativi, venivano ridispiegati in base alle situazioni e alle esigenze strategiche del momento. Il corpo di osservazione stanziato in val Varaita aveva lo scopo preciso di dirigersi nel settore dove veniva riconosciuto esserci il maggiore sforzo nemico. Nel 1744 l'esercito si spostò su Cuneo, nel 1745 si diresse al campo di Bassignana per proteggere le frontiere orientali del Piemonte. Nel luglio del 1747, abbandonato l'assedio di Genova e temendo un'invasione nella val di Susa, oltre 9000 piemontesi, senza contare le forze imperiali, si stavano dirigendo a soccorso del Corpo del Bricherasio all'Assietta. In secondo luogo, il trattato di Worms del 13 settembre 1743 rendeva di fatto Carlo Emanuele III il proconsole dell'Inghil-terra in Italia. Questo permetteva alla flotta britannica del Mediterraneo, 31 vascelli, 3 fregate e 13 legni minori, di operare nell'Alto Tirreno, aggiungendo alle basi di Minorca e Gibilterra anche la rada di Villefranche. Strategicamente il Regno di Sardegna non fu mai lasciato solo; gli Inglesi continuarono a fornire il loro sussidio finanziario, al quale aggiunsero un *bonus* di 60000 sterline per l'anno 1743 destinato alla levata di 10000 uomini. Con tali somme l'esercito sabaudo avrebbe dovuto mantenere una forza di 45000 uomini. Questa armata permetteva a Vienna di progettare e tentare la riconquista del Regno di Napoli. Per quanto i rapporti non fossero idilliaci e spesso segnati dalla reciproca sfiducia, Vienna e Torino rimasero tra di loro alleati, le sterline britanniche non vennero mai a mancare, e l'esercito sabaudo, grazie alla presenza di un potente soccorso imperiale, nel 1745 evitò la resa, riprendendo l'anno seguente l'iniziativa strategica. Nel 1792 il Regno di Sardegna si trovava nell'infelice situazione di dover combattere contro un ex-alleato, la Francia, a fianco del principale ex-nemico, l'Impero. Senza alcun peso diplomatico o margine di trattativa, ogni disegno strategico nazionale del Regno di Sardegna fu subordinato al sostegno degli interessi imperiali, il cui obiettivo non era di sconfiggere i Francesi in cooperazione con la flotta britannica e l'esercito sabaudo, ma separare le sorti di Torino da quelle di Milano, come apparve chiaro nell'aprile del 1796. Nel 1745 la copertura di Torino era costata all'Impero l'invasione del Parmense, del Modenese e l'occupazione di Milano. Ma allora la dipendenza dal denaro e dalla strategia britannica, e dal valore dell'armata del Re di Sardegna, avevano costretto l'imperatrice Maria Teresa a cooperare con Carlo Emanuele III. Nella Guerra delle Alpi Vienna confidava che la Francia si sarebbe accontentata della frontiera sulle Alpi. Per cui il destino dell'esercito sabaudo e dell'odiato Regno di Sardegna lasciava del tutto indifferente gli strateghi imperiali.

Se fino al 1744 la corte di Torino riteneva possibile una «guerra parallela» contro le corone di Francia e Spagna, dopo Bassignana comprese quanto l'apporto imperiale fosse decisivo per la tenuta della linea alpina. Anche se l'esercito aumentò la sua consistenza sino a 55641 uomini, dei quali 51471 di fanteria, la lunghezza del fronte, che si snodava dalla riviera ligure di levante sino al Piccolo San Bernardo, e la strategia adottata per la sua difesa vanificavano di fatto il potenziale numerico, costringendo i comandi sabaudi a richiedere insistentemente, se non implorare, la presenza di un contingente imperiale. Dal termine dell'estate del 1745, con l'esercito di Carlo Emanuele III giunto al suo limite di rottura, le unità imperiali aggregate alle forze sabaude furono sempre più numerose[13].

Dalla campagna del 1746 l'esercito di Carlo Emanuele III si limitò ad operazioni ossidionali o, nel caso di scontri campali, evitò di battersi in campo aperto ed attese sempre scrupolosamente il nemico dietro solidi trinceramenti allestiti in precedenza su terreni già accuratamente selezionati, studiati, topografati ed adatti ad una difesa statica. I franco-spagnoli, non riuscendo ad agganciare il nemico in uno scontro campale manovrato di grandi proporzioni, non avevano altra possibilità se non assalire frontalmente complessi campi trincerati o tentare dispendiose manovre di aggiramento, con conseguente perdita di tempo, uomini e materiali[14].

Questa decisione permise ai comandi sabaudi nel biennio 1746-1747 di limitare le perdite sul campo di battaglia a 2500 unità e infliggerne al nemico oltre 12000, ma questo rese l'esercito una «army in being». Nella guerra navale, la «fleet in being» è una forza navale che estende un'influenza strategica senza mai lasciare il proprio porto; il nemico è costretto a disporre continuamente forze per monitorarla. Nel 1745, nonostante la sconfitta militare, l'esercito era ancora virtualmente intatto, quanto meno era ancora una forza credibile con la quale doversi confrontare. Sarebbe stata necessaria una lunga e laboriosa campagna, se non due, e sanguinosi ed incerti combattimenti contro postazioni fortificate, prima di annientare definitivamente l'esercito piemontese, appoggiato ad uno schermo di potenti fortezze e di complessi campi trincerati. Impossibilitati a distruggerlo, sia i Franco-Spagnoli che gli Anglo-Imperiali avevano bisogno di avere l'armata sabauda alleata o, quanto meno, neutrale, per garantirsi un vantaggio determinante nella campagna italiana. Così l'esercito del Re di Sardegna rimase sempre un'importan-

[13] Si veda l'Allegato 2. Cifre dedotte da ILARI-BOERI-PAOLETTI 1997 e dai primi due volumi di D. MINUTOLI, *Rélation des Campagnes faites par Sua Maestà le Roi Charles Emanuel de Sardaigne et par ses Généraux, avec des Corps séparés, pendant les années 1742 a 1748 par l'Abbé Minutoli*, 5 volumi, 2 Atlanti, s.d. (AS.TOCorte, Storia della Real Casa, Storie Particolari, *Carlo Emanuele III*, Mazzo 21, 22).

[14] Già a Bassignana infatti Carlo Emanuele III cercò di ritirarsi non appena chiare le intenzioni del nemico. Solo la brigata Piemonte, assalita nel settore centrale del fronte, non ebbe materialmente il tempo di ritirarsi. A Piacenza, nonostante fosse in grado di raggiungere Piacenza in tempo per la grande battaglia del 16 giugno, l'esercito sabaudo marciava con passo così lento da suggerire l'intenzione di Carlo Emanuele III di risparmiare le sue forze e assistere allo scontro da una distanza di sicurezza accettabile (BROWNING 1995, pp. 273-276; ILARI-BOERI-PAOLETTI 1997, pp. 179-181, 200-201).

te carta da giocare nelle trattative diplomatiche, sia con Vienna e Londra sia con Madrid e Parigi.

§ *Gli ufficiali nel 1744 fra riforme ed esperienza bellica*

Agli inizi del 1744 nell'esercito sabaudo furono modificati i gradi superiori a quello di colonnello. Sino ad allora era stato impiegata la stessa scala gerarchica adattata dal modello dell'*Armée Royale* francese. Dovendo ora operare fianco a fianco con reparti imperiali non mancavano dissidi e malintesi con i loro comandanti.

> I Tedeschi, dopo il loro supremo grado di feld-maresciallo, hanno il generale d'artiglieria, e poi quello di generale di cavalleria, dopo di questo grado viene il generale maresciallo tenente, ed in ultimo il generale maggiore. Presso di noi si accostumava secondo l'usanza dei Francesi, i quali, dopo il loro supremo grado di maresciallo, hanno il grado di luogotenente generale, al quale succede il grado di maresciallo di campo, e dopo di questo il grado di brigadiere. Ora per questa diversità nella denominazione avveniva, che i generali marescialli tenenti pretendevano andar di pari coi nostri luogotenenti generali, ed i generali maggiori coi nostri marescialli di campo, e non volevano riconoscere per generali i brigadieri; quandoché i nostri luogotenenti generali, siccome discosti di un solo grado dal supremo maresciallo, pretendevano dal canto loro dover andare di pari co' generali d'artiglieria e di cavalleria, e parimenti i marescialli di campo coi generali marescialli tenenti, perché non più di questi discosti dal grado supremo; e per la medesima ragione i nostri brigadieri eguagliarsi coi generali maggiori [15]

Con la riforma del 1744 i nuovi gradi superiori dell'esercito sabaudo risultavano essere quelli illustrato nell'Allegato 3. Tuttavia i problemi con i comandi imperiali non finirono, poiché questi continuarono a considerare i brigadier Generali come dei semplici colonnelli. A complicare le cose ci si mise anche la burocrazia sabauda, la quale vide una buona occasione per rastrellare altro denaro;

> Venendo a crearsi un nuovo grado nel generalato superiore a quello di luogotenente generale, convenne al medesimo [alla segreteria di guerra] avanzare tutti quelli, che dal primo si sarebbero trovati al secondo grado, se da luogotenenti generali non fossero stati fatti generali di fanteria o di cavalleria; e parimenti avanzare i marescialli di campo al grado di luogotenenti generali, e tutti i brigadieri a quello di generali maggiori. A molti di coloro, i quali trovandosi prima della promozione di uno o due gradi inferiori al supremo, non si vedeano poi dopo essersi realmente avanzati, e con tutto ciò aveva loro bisognato pagare chi settanta e chi cento zecchini per levare le patenti, assai rincresceva di far quella spesa; alcuni altri poi si lagnavano oltremodo perchè, essendo stati dimenticati, si trovavano essere in grado retrocessi [16]

La guerra pretese il suo tributo anche nel corpo ufficiali. Limitandoci alla fanteria e ai comandanti di reggimento, su settanta colonnelli, cinque di loro furono uccisi in combattimento, sette rimasero feriti, due morirono per malattia contratta durante il servizio, due furono fatti prigionieri e uno fu cassato per ragioni disciplinari. Valorosi soldati quali il vassallo Carlo Filiberto, barone du Verger, e Augustin Gabriel Roguin d'Yverdon non videro la fine del conflitto; entrambi furono uccisi in combattimento alla ridotta di Mont Passet il 19 luglio 1744. La guerra pretese uno spietato ricambio generazionale, al termine del quale gli ultimi veterani delle gloriose giornate della Guerra di Successione Spagnola furono definitivamente collocati a riposo o nel sepolcro. Fu il caso, ad esempio, del maggior generale Giovanni Giacomo De Rossi. Veterano dell'assedio di Torino del 1706, era giudicato un «uomo assennato, molto intelligente nell'arte militare, atto à qualunque azione, ed uffiziale di consumata sperienza». Durante la difesa di Cuneo, a 64 anni, si distinse ancora e

> non si mostrò in essa nè assai meno zelante, e valoroso, di quello, che già con sua lode, e palesissima soddisfazione palesossi nè precedenti attacchi dè trinceramenti di Villafranca, esperimentato lo avevamo in sessant'anni di servizio[17]

Dopo la sconfitta di Josseaud dell'11 ottobre 1745, il De Rossi fu privato dal comando e cassato dai ruoli dell'esercito.

Il carattere famigliare e collegiale del vertice militare, con conseguente spartizione delle forze tra comandi separati che avrebbe contraddistinto l'esercito di Vittorio Amedeo III una cinquantina di anni più tardi, ancora non esisteva. Alcuni generali inetti furono allontanati dal comando. Vittorio Francesco Filippo di Savoia, marchese di Susa, che doveva la sua fortuna militare ad una ferita che aveva ricevuto alla battaglia di Parma nel 1734, si fece sorprende e catturare nelle fasi iniziali della battaglia di Villefranche. Caduto in disgrazia presso il re, non ebbe più incarichi di comando. Altrimenti vi furono personaggi che, sebbene non legati alla corte, poterono risalire il vertice della gerarchia militare e raggiungere importanti incarichi operativi. Emerse nel corso del conflitto la figura di Giovanni Battista Cacherano, conte di Bricherasio. Comandante poco fantasioso, sopravvissuto alla rotta del suo reggimento, La Regina, alla battaglia di Madonna dell'Olmo, era comunque un ufficiale tenace, l'uomo ideale per sovrintendere la difesa dei campi trincerati di arresto posti alla difesa delle frontiere sabaude. La campagna del 1744 consegnò all'esercito di Carlo Emanuele III l'efficiente binomio formato dal barone di Leutrum e dal capitano degli Ingegneri Lorenzo Bernardino Pinto, conte di Barri. I due avevano combattuto insieme per la prima volta all'assedio di Cuneo. Da allora Leutrum volle presso il suo comando il conte di Barri. Il generale e l'ingegnere furono gli esecutori materiali dell'offensiva del 1746 e la loro collaborazione continuò sino alla fine del conflitto. L'abilità tattica e strategica del generale tedesco e le capacità tecniche del Pinto ben si combinavano con le caratteristiche della «guerra di trincea» degli anni 1746-1748 sulla Riviera Ligure di ponente.

§ *La fanteria del Re di Sardegna*

La fanteria fu sempre l'elemento principale dell'esercito sabaudo. Non poteva essere altrimenti date le difficoltà del servizio di rimonta, il che rendeva impossibile la levata di reparti di cavalleria numerosi.

Allo scoppio delle ostilità la fanteria contava otto reggimenti di fanteria d'ordinanza nazionale, due reggimenti di fanteria alemanna, un reggimento di fanteria svizzera, due reggimenti di fanteria italiana e uno di fanteria estera (mista), così ripartiti:

---

[15] GALLEANI D'AGLIANO 1840, pp. 105-106.
[16] GALLEANI D'AGLIANO 1840, pp. 106-107.
[17] AS,TORiunite, Patenti Controllo Finanze II, *Volume 19*, 1745-1747.

- fanteria d'ordinanza nazionale: reggimento Guardie, due battaglioni; reggimento Savoia, due battaglioni; reggimento Monferrato, due battaglioni; reggimento Piemonte, due battaglioni; reggimento Saluzzo, due battaglioni; reggimento Fucilieri, due battaglioni; reggimento La Marina, un battaglione; reggimento Regina, un battaglione;
- fanteria d'ordinanza provinciale: reggimento Chablais, un battaglione; reggimento Tarantasia, un battaglione; reggimento Aosta, 1 battaglione; reggimento Nizza, un battaglione; reggimento Torino, un battaglione; reggimento Mondovì, un battaglione; reggimento Vercelli, un battaglione; reggimento Asti, un battaglione; reggimento Pinerolo, un battaglione; reggimento Casale, un battaglione;
- fanteria alemanna: reggimento Schoulembourg, due battaglioni, reggimento Rehbinder, due battaglioni;
- fanteria svizzera: reggimento Rietmann, due battaglioni;
- fanteria italiana: reggimento Sicilia, un battaglione; reggimento Lombardia, un battaglione;
- fanteria estera: reggimento Audibert, due battaglioni.

L'ordine di battaglia delle unità di fanteria dell'esercito del Regno di Sardegna nel corso del conflitto continuò a modificarsi, a causa della levata di nuovi reparti. Anche l'organico delle unità già costituite subì delle modifiche, come illustra l'Allegato 4[18]. Il reclutamento risentiva maggiormente della distribuzione delle risorse produttive e sociali. La popolazione urbana, che allora contava appena il 20% di quella complessiva, forniva più del 30% dei volontari. I serbatoi di uomini per l'esercito erano rappresentati dalle città di media grandezza, tra i 5000 e gli 8000 abitanti, come per esempio Pinerolo, Biella, Carignano, Mondovì, Ivrea, Saluzzo, Bra, Racconigi, Moncalieri, Vercelli, Carmagnola, Cherasco, Giaveno. In campagna il mestiere delle armi attecchiva più facilmente nelle zone di emigrazione agricola e stentava in quelle con una massiccia emigrazione artigianale. Così i volontari erano relativamente pochi nel Biellese e nell'alta val di Susa, ricchi di mastri da muro, fornaciai, scalpellini, addetti alle manifattura della lana e del tessile, mentre erano assai numerosi quelli che provenivano dal Pinerolese e dal Cuneese, da cui ogni estate partivano gruppi di giovani per fare la mondatura o allogarsi come servi agricoli. Il 25,5% delle reclute proveniva da famiglie di braccianti agricoli, il 6,5% da manovali e il 6,3% erano miserabili. Ma il 17,7% erano figli di artigiani e il 13% di redditieri, mercanti, massai, chirurghi, notai, ecc. Molti dei «volontari»avevano avuto problemi con la giustizia e offrivano il servizio in cambio della remissione di un delitto, trattando direttamente con le autorità giudiziarie. Era questa una pratica comune in tutta Europa, nonostante i commenti poco favorevoli degli alleati inglesi[19].

Ma assolutamente rifiutati erano i vagabondi. Questi erano per lo più vecchi, malati, mutilati, orfani e vedove che non erano in grado di lavorare, nè tanto meno prestare servizio sotto le armi. Sebbene i comandi preferissero una truppa con età tra i 30 e i 40 anni, adulta e capace di sopportare meglio le fatiche di una campagna di guerra, il 62,6% di essi aveva meno di ventidue anni, il 28,4% tra i ventitré ed i trenta, e solo il 9,9% ne aveva più di trenta. La giovane età e l'estrazione urbana rendeva i soldati turbolenti, di difficile gestione in campagna e in combattimento, facili a demoralizzarsi, opportunisti e pronti ad approfittare delle mancanze dei loro superiori. La presenza di stranieri o di sudditi di religione riformata costituiva un altro fattore di turbamento della disciplina, era fonte di risse, ostacolava il rispetto delle pratiche cattoliche e diffondeva una «libertà troppo licenziosa nel parlare»[20].

Il caso dell'ammutinamento della guarnigione del forte di Demonte il 17 agosto 1744 in occasione dell'assedio franco-spagnolo fu quello più emblematico della poca affidabilità di taluni reparti[21]. Ma non fu il solo; ad esempio lo sbandamento del secondo battaglione del reggimento di fanteria d'ordinanza nazionale Guardie e del primo battaglione del reggimento di fanteria d'ordinanza nazionale Saluzzo a Pietralunga il 19 luglio 1744, prima ancora di entrare in un combattimento serrato, rispecchia il problema di controllo da parte degli ufficiali sulla truppa[22].

§ *L'organizzazione dei reparti di fanteria*

I reggimenti di fanteria d'ordinanza nazionale erano in genere formati su due battaglioni, ognuno di 10 compagnie di cui una di granatieri, oltre allo stato maggiore reggimentale, secondo tale schema:
- stato maggiore (vedere *infra*);
- primo battaglione: 1a compagnia granatiera, compagnia colonnella; compagnia maggiora, 1a compagnia fucilieri; 2a compagnia fucilieri, 3a compagnia fucilieri; 4a com-

[18] Sulla consistenza delle forze di fanteria, oltre alle opere del Minutoli di *supra* nota 13, si vedano anche BRT, Manoscritti Militari 155 e ILARI- BOERI- PAOLETTI 1997, pp. 86-97.
[19] Si legge in DUFFY 1987, p. 27:
Mi ricordo che quando ero a Torino quaranta anni fa, fui invitato ad osservare l'interessante spettacolo di cinquanta banditi che erano stati raggruppati insieme per essere destinati alle galere. Un ufficiale di un reggimento di oriundi italiani ebbe licenza di arruolare i più forti e i più alti come reclute. Quelli che egli aveva selezionato erano affossati nel baratro della disperazione. Imploravano di prendere le loro vite, imploravano in nome di Dio e di tutti i suoi santi di essere risparmiati, poichè i crimini che avevano commesso non era peggiori di quelli dei loro camerati. Ora, dimmi, sono questi uomini adatti a divenire soldati ?
[20] LORIGA 1992, p. 35.
[21] Il forte di Demonte era difeso da 1000 uomini, soprattutto reclute del reggimento provinciale di Nizza, 100 bombardieri e cannonieri, comandati dal cavalier Claudio Vialet, già tenente colonnello del reggimento Guardie, passato nel corso del 1743 a comandare il forte. Questo, privo di protezioni alla prova, cedette al nemico il 17 agosto 1744, dopo appena sette giorni di trincea aperta. Il fuoco dei mortai francesi fu in grado di scatenare vasti incendi all'interno della struttura, causando il panico generalizzato tra la guarnigione che temeva l'esplosione della polveriera. Il presidio si ammutinò, e la fortezza fu ceduta già la sera del 17. Tuttavia, anche gli assedianti temevano l'esplosione della polveriera. Alcuni giorni dopo, esauriti gli ultimi focolai di incendio, i Francesi penetrarono all'interno trovando trincerato sul tetto della polveriera il maggiore Borello e 10 soldati. Il comandante francese, il marchese di Maulevrier Longeron, ammirato da tanto coraggio, gli concesse libero passo sino a Cuneo.
[22] Povertà di leadership e controllo delle truppe si riscontrano nei fatti di Villefranche e Jousseaud. In questi scontri i comandanti sabaudi non riuscirono ad imbastire un efficace cordone difensivo, mentre alcuni reparti semplicemente deposero le armi o si sbandarono a causa dell'azione nemica (*Relation-Villefranche* s.d.; *Relazione dell'entrata* s.d.).

pagnia fucilieri, 5a compagnia fucilieri; 6a compagnia fucilieri, 7a compagnia fucilieri;
- secondo battaglione: 2a compagnia granatiera, compagnia tenente colonnella; 1a compagnia fucilieri, 2a compagnia fucilieri; 3a compagnia fucilieri, 4a compagnia fucilieri; 5a compagnia fucilieri, 6a compagnia fucilieri; 7a compagnia fucilieri, 8a compagnia fucilieri.

In tempo di pace l'organico di un battaglione era di circa 600 unità; la forza dei corpi venne aumentata una prima volta alla fine del 1733, portando i battaglioni al numero di 700 teste. Durante la Guerra di Successione Austriaca la forza teorica di un battaglione era di 700 uomini nel 1744 e di 800 a partire dal 1748. Tali aumenti di forze non riguardavano però tutti i reggimenti. Le venti compagnie sul piede di pace di un reggimento di fanteria d'ordinanza nazionale forte di due battaglioni erano così organizzate:
- stato maggiore reggimentale: un colonnello, un aiutante maggiore, un quartier mastro, un cappellano, un chirurgo maggiore, un tamburo maggiore, otto falegnami (zappatori) e armaioli, un prevosto, un arciere (con funzioni di polizia militare), due furieri;
- due compagnie granatiere: un capitano, un tenente, un alfiere, quattro furieri, due sergenti, quattro caporali, quttro appuntati, un tamburo, trentague granatieri; totale compagnia: cinquanta uomini;
- una compagnia colonnella: un capitano, un alfiere, tre furieri, due sergenti, quattro caporali, due tamburi, quarantanove soldati; totale compagnia: sessantadue uomini
- una compagnia luogotenente colonnella (secondo battaglione): un tenente colonnello, un tenente, un alfiere, cinque furieri, due sergenti, quattro caporali, due tamburi, quarantasei soldati; totale compagnia: sessantadue uomini;
- una compagnia maggiora: un maggiore, un tenente, un alfiere, quattro furieri, due sergenti, quattro caporali, due tamburi, quarantasei soldati; totale compagnia sessantun uomini;
- diciassette compagnie fucilieri: un capitano, un tenente, un alfiere, cinque furieri, due sergenti, quattro caporali, un tamburo, quarantasette soldati; totale compagnia sessantun uomini.

Il tenente colonnello e il maggiore non figuravano nello stato maggiore poiché erano compresi tra i capitani delle compagnie. Nel reggimento di fanteria d'ordinanza nazionale Guardie lo stato maggiore includeva anche una banda di sei oboe ed un portinsegna. La composizione delle compagnie prevedeva un capitano, un tenente, un alfiere, quattro furieri, due sergenti, quattro caporali, un tamburo e un numero variabile di soldati per arrivare alla forza prevista. In tempo di pace, i battaglioni, di 600 uomini ciascuno, avevano una forza complessiva di dieci compagnie, una di granatieri e nove di fucilieri[23].
Il primo aumento dell'organico avvenne già a partire dal 1743, quando le compagnie furono tutte aumentate di dieci uomini. In particolare fu incrementato il numero dei sottufficiali di truppa, sergenti, caporali e appuntati, con il preciso compito di ottenere un miglior controllo sulla truppa impegnata in combattimento[24]:
- compagnia granatiera: un capitano, un tenente, un alfiere, quattro furieri, due sergenti, cinque caporali, cinque appuntati, un tamburo, quaranta granatieri; totale compagnia: 60 uomini;
- compagnia colonnella: un capitano, un alfiere, tre furieri, tre sergenti, cinque caporali, due tamburi, cinquantasette soldati; totale compagnia: settantadue uomini
- compagnia luogotenente colonnella (secondo battaglione): un tenente colonnello, un tenente, un alfiere, quattro furieri, tre sergenti, cinque caporali, due tamburi, cinquantaquattro soldati; totale compagnia: settantadue uomini;
- compagnia maggiora: un maggiore, un tenente, un alfiere, quattro furieri, tre sergenti, cinque caporali, due tamburi, cinquantasette soldati; totale compagnia: settantadue uomini;
- compagnie fucilieri, sette nel primo battaglione e otto nel secondo: un capitano, un tenente, un alfiere, quattro furieri, tre sergenti, cinque caporali, due tamburi, cinquataquattro soldati; totale compagnia: settantun uomini.

Nel 1748 l'organico delle compagnie fu aumentati per la seconda volta. A beneficiarne ne furono i seguenti reggimenti: Guardie Monferrato, Saluzzo, Piemonte, Fucilieri, La Marina, La Regina, Sardegna. Ne fu escluso il reggimento Savoia, in quanto le province savoiarde «al di là» dalle Alpi erano occupate dalle truppe spagnole ed esistevano problemi per il reclutamento dei soldati, per i quali si attinse dalla compagnie di riserva dei reggimenti di ordinanza provinciale Aosta, Torino e Pinerolo. Il nuovo organico delle compagnie reggimentali era il seguente[25]:
- compagnia granatiera: un capitano, un tenente, un alfiere, quattro furieri, due sergenti, cinque caporali, cinque appuntati, un tamburo, quaranta granatieri; totale compagnia: sessanta uomini;
- compagnia colonnella: un capitano, un alfiere, tre furieri, quattro sergenti, cinque caporali, due tamburi, sessantasette soldati; totale compagnia: ottantatre uomini;
- compagnia luogotenente colonnella (secondo battaglione): un tenente colonnello, un tenente, un alfiere, quattro furieri, quattro sergenti, cinque caporali, due tamburi, sessantaquattro soldati; totale compagnia: ottantatre uomini;
- compagnia maggiora: un maggiore, un tenente, un alfiere, quattro furieri, quattro sergenti, cinque caporali, due tamburi, sessantasette soldati; totale compagnia: ottantatre uomini;
- prima compagnia fucilieri del secondo battaglione: un capitano, un tenente, un alfiere, quattro furieri, quattro sergenti, cinque caporali, un tamburo, sessantacinque soldati; totale compagnia: ottantatre uomini
- prima, seconda compagnia fucilieri del primo battaglione; seconda, terza compagnia fucilieri del secondo battaglione: un capitano, un tenente, un alfiere, quattro furieri, quattro sergenti, cinque caporali, due tamburi, sessantaquattro soldati; totale compagnia: ottantadue uomini;
- terza, quarta, quinta, sesta, settima compagnia fucilieri

[23] AMATO-DUBOIN 1863, p. 196.

[24] AMATO-DUBOIN 1863, p. 58.
[25] AMATO-DUBOIN 1863, p. 58.

del primo battaglione; quarta, quinta, sesta, settima compagnia fucilieri del secondo battaglione: un capitano, un tenente, un alfiere, quattro furieri, tre sergenti, sei caporali, due tamburi, sessantaquattro soldati; totale compagnia: ottantadue uomini.

I reggimenti di fanteria d'ordinanza provinciale videro i loro effettivi aumentati con il Regio Viglietto del 5 maggio 1742. La forza totale dei reparti, tutti inquadrati su un singolo battaglione, passò da 600 a 700 uomini, così suddivisi[26]:
- stato maggiore (vedere *infra*)
- battaglione unico: compagnia granatiera, compagnia colonnella; compagnia maggiora, 1a compagnia fucilieri; 2a compagnia fucilieri, 3a compagnia fucilieri; 4a compagnia fucilieri, 5a compagnia fucilieri
- stato maggiore reggimentale: un colonnello, un aiutante maggiore, un quartier mastro, un cappellano, un chirurgo maggiore, un tamburo maggiore, sei falegnami (zappatori) e armaioli, un prevosto, un arciere, sei furieri;
- compagnia granatiera: un capitano, un tenente, un alfiere, quattro furieri, due sergenti, cinque caporali, cinque appuntati, un tamburo, quaranta granatieri; totale: sessanta uomini;
- compagnia colonnella: un capitano, un alfiere, tre furieri, tre sergenti, sei caporali, due tamburi, sessantaquattro soldati; totale: ottanta uomini;
- compagnia luogotenente colonnella: un tenente colonnello, un tenente, un alfiere, cinque furieri, tre sergenti, sei caporali, due tamburi, sessantun soldati; totale: ottanta uomini;
- compagnia maggiora: un maggiore, un tenente, un alfiere, quattro furieri, tre sergenti, sei caporali, due tamburi, sessantadue soldati; totale: ottanta uomini;
- prima, seconda, terza, quarta, quinta compagnia fucilieri: un capitano, un tenente, un alfiere, quattro furieri, tre sergenti, sei caporali, due tamburi, sessantadue soldati; totale: ottanta uomini.

Nel 1747 i reggimenti di fanteria provinciale videro i loro battaglioni ampliati sino a raggiungere la forza di 800 uomini ciascuno. Rimasero con l'organico di 700 uomini i soli reggimenti Chiablese e Tarantasia. Come per il reggimento Savoia l'occupazione spagnola non garantiva un costante flusso di nuove reclute dalle province transalpine.

Dal 1735 fu creata in ogni reggimento la compagnia di riserva, che fungeva da deposito per il reggimento e da serbatoio in genere per rimpiazzare i vuoti nella fanteria di ordinanza ed impiegata generalmente come presidio nelle varie piazzeforti. In realtà il termine «compagnia» mascherava un vero e proprio secondo battaglione, sebbene ridotto di numero. La composizione di tali compagnie, sempre secondo il Regio Viglietto del 5 maggio 1742, era il seguente[27]: un capitano, due tenenti, due alfieri, sei furieri, otto sergenti, quattordici caporali, quattro tamburi, quaranta soldati, 200 soldati di nuova leva; Totale: 271 uomini. L'organico delle compagnie di riserva poteva variare notevolmente. Nel 1747 la loro consistenza risultava essere la seguente; reggimento Chiablese 230, reggimento Tarantasia 230, reggimento Aosta 700, reggimento Torino 900, reggimento Nizza 300, reggimento Mondovì 750, reggimento Vercelli 900, reggimento Asti 800, reggimento Pinerolo 800, reggimento Casale 800[28]. L'assemblea delle compagnie di riserva avveniva nelle seguenti località: Susa, reggimenti Chiablese, Tarantasia; Ivrea, reggimento Aosta; Cuneo, reggimento Nizza; Torino, reggimento Torino; Vercelli, reggimento Vercelli; Asti, reggimento Asti; Mondovì, reggimento Mondovì; Pinerolo, reggimento Pinerolo; Casale, reggimento Casale.

Nel 1742-43 furono reclutati altri nove battaglioni esteri:
- sette battaglioni di fanteria svizzera: uno bernese (terzo Diesbach, nel 1744 Roguin e poi Roi), uno lucernese (terzo battaglione reggimento Guibert), tre grigioni (reggimento Reydt, divenuto Salis nel 1746), due svizzeri (reggimento Keller);
- due di fanteria alemanna: ovvero due del reggimento *Baaden Dourlach.*

Nel 1744 fu levato anche il reggimento monobattaglione di fanteria svizzera Meyer (Glaris-Appenzell).I reggimenti di fanteria estera Audibert / Monfort e alemanna Rehbinder / Bourgsdorff, Schoulembourg e Baaden-Dourlach, avevano un'organizzazione particolare che dipendeva dalle rispettive capitolazioni, anche se in genere erano organizzati su due battaglioni ed il numero totale dei soldati era simile a quello dei reparti di ordinanza nazionale.

I reggimenti di fanteria svizzera, Rietman / Kalbermatten, Guibert / Utiger, Roguin / Roi, Keller, Reydt / Salis, Meyer, suddividevano i loro battaglioni in quattro grandi compagnie di 175 uomini ciascuna, come del resto avveniva anche nell'Armée Royale di Luigi XV. I reggimenti di fanteria svizzera divennero, nel corso del conflitto, delle vere e proprie brigate a sé stanti. Il reggimento di fanteria svizzera Kalbermatten nel 1744 contava quattro battaglioni, per una forza complessiva di 2800 uomini. Allo stesso modo si vennero a formare i reggimenti-brigata Reydt / Salis, Diesbach / Roguin / Roi, Guibert / Utiger, ciascuno inquadrato su tre battaglioni. Era tuttavia piuttosto raro che queste formazioni operassero con tutti i loro battaglioni riuniti. La dottrina di impiego dell'armata del Re di Sardegna prevedeva al massimo due battaglioni di uno stesso reggimento raggruppati sotto lo stesso comando. Questo per evitare che un colonnello si trovasse nella condizione di dirigere in combattimento un numero eccessivo di uomini e avesse le stesse facoltà di comando di un ufficiale superiore, quale un brigadier generale.

Il reggimento di fanteria svizzero Kalbermatten riunì i suoi quattro battaglioni una sola volta, in occasione della campagna estiva del 1746. Tuttavia i reparti furono accorpati in due diverse brigate ed operarono autonomamente gli uni dagli altri. Tali assembramenti di forze era-

[26] AMATO-DUBOIN 1863, pp. 556, 572
[27] AMATO-DUBOIN 1863, p. 572.
[28] *Stato Generale delle Truppe di Sua Maestà esistenti in Terraferma, ed in Sardegna, e della loro rispettiva Forza, 1747* (MINUTOLI s.d.b).

no comunque un'eccezione. Lo scopo principale di queste grandi unità, levate ed ampliate nel corso del conflitto, era quello di mantenere efficienti e pronti al combattimento almeno due battaglioni da destinarsi al corpo di osservazione, mentre il terzo, o addirittura il quarto battaglione, risultava destinato a compiti di presidio o riserva.

§ *La fanteria sabauda alla prova del fuoco*

La spina dorsale della fanteria sabauda era rappresentata dai reparti svizzeri e tedeschi. Nel 1744 su 57 battaglioni (47681), 24 (16400) erano di fanteria svizzera o alemanna, il 34,5%. Risultavano essere numericamente superiori sia all'aliquota della fanteria d'ordinanza nazionale (23,5%) sia a quella della fanteria d'ordinanza provinciale (32%). In realtà i colonnelli arruolavano solo un quinto della truppa di nazionalità svizzera, la gran parte erano Tedeschi, ma anche Francesi e addirittura Savoiardi, dichaiaratisi Svizzeri per poter ottenere una paga poco superiore a quella dell della fanteria d'ordinanza nazionale[29]

Nonostante la successiva dubbia reputazione, venutasi per lo più a creare a causa della repentina resa del castello di Bard, il 7 ottobre 1704, e durante la seguente Guerra della Alpi[30], alla prova del fuoco queste unità combatterono assai meglio e con maggiore determinazione di altre formazioni sabaude ben più prestigiose, dimostrando di essere le migliori forze a disposizioni di Carlo Emanuele III. Gli esordi delle fanterie estere non furono per la verità dei migliori e la campagna in Savoia aveva sollevato dubbi sulla tenuta delle truppe mercenarie. Il reggimento di fanteria svizzera Keller mantenne il suo primo battaglione sulla terraferma, mentre il secondo fu trasferito in Sardegna con funzioni di presidio. Il primo battaglione partecipò alle operazioni in Savoia, durante il quale fu decimato dalle diserzioni. Prima della fine del 1742 contava alle bandiere appena 70 uomini[31]. Questo battaglione, non ancora del tutto ricostituito, nel 1744 fu inviato al fronte a difesa del campo trincerato di Villefranche, schierato a difesa dei trinceramenti del Collet de Villefranche. In occasione del combattimento del 21 aprile il primo battaglione del Keller fu circondato e costretto alla resa, insieme al secondo del reggimento Fucilieri, al primo dell'Aosta, al secondo del La Regina e al primo del reggimento Sicilia. Il battaglione svizzero si batté per tre ore sino all'esaurimento delle munizioni dopo essersi asserragliato nella cascina di Thaon. Il colonnello si arrese solo dopo aver avuto assicurazione che lui e i suoi uomini non sarebbero stati passati per le armi[32]. A riconquistare le posizioni perdute, a fianco del secondo battaglione del Saluzzo e e al primo di Tarantasia, furono però e il terzo battaglione del reggimento Guibert e il il primo del Bourgsdorff, che ripresero sia il Collet che Mont Gros[33].

La campagna del 1744 aprì gli occhi a molti sulle qualità di combattimento dei reggimenti piemontesi. A Pietralunga gli svizzeri del reggimento Roquin, a fianco dei soldati del Savoia, rifiutarono sino all'ultimo di cedere la ridotta di Mont Passet. Alla fine furono la morte del colonnello Roguin d'Yverdon e l'attacco del reggimento svizzero, al soldo francese, Salis-Soglio alla gola dell'opera che provocarono il crollo della difesa. Se il Roquin ed il Savoia ebbero gravi perdite a risultato di un prolungato combattimento a distanza ravvicinata, non così fu per il primo battaglione del Saluzzo e il secondo battaglione delle Guardie, i quali andarono in rotta prima ancora di giungere sulla sommità di Mont Passet, venendo al contrario inseguiti e subendo perdite relativamente gravi. Tra queste figura anche il colonnello del reggimento Saluzzo, il cavaliere Giuseppe Falletto di Castagnole, morto l'8 agosto 1744 per le ferite riportate.

Alla battaglia di Madonna dell'Olmo le brigate Saluzzo e Savoia furono quelle maggiormente coinvolte nell'azione. Le loro perdite in quello scontro sono illustate negli Allegati 5 e 6[34]. La brigata Saluzzo, composta dal secondo battaglione del reggimento Saluzzo, secondo battaglione dell'Audibert, un battaglione del Tarantasia, un battaglione del Nizza, un battaglione del Casale e dal secondo battaglione del reggimento La Regina, fu assalita dalle fanterie del Conti e ributtata indietro. Il reggimento La Regina fu il reparto che soffrì maggiormente. Ebbe 58 morti, 75 feriti e ben 206 dispersi o prigionieri. Assai probabilmente almeno uno dei suoi battaglioni andò in rotta, perdendo una bandiera. Il reggimento che resse meglio fu quello di fanteria estera Audibert, il quale, nonostante il 25% di perdite subite, non andò in rotta nè si sbandò, ed anzi fu l'unica unità della brigata Saluzzo a non perdere uomini per diserzione o cattura da parte ne-

[29] LORIGA 1992, p. 8.

[30] Il 7 ottobre 1704, dopo tre giorni di blocco, il castello di Bard, difeso da un battaglione del reggimento svizzero Reding, comandato dal colonnello in persona, maggiore generale Jean François, cavaliere di Reding de Biberegg, si arrendeva alle forze congiunte del Vendôme e del La Feuillade. Il vetusto fortilizio medievale non poteva reggere l'assedio delle due armate congiunte, e Reding ritenne più prudente raggiungere una resa a discrezione. Rilasciato sulla parola e recatosi a Torino per giustificare il suo comportamento, trovò Vittorio Amedeo fortemente maldisposto nei suoi confronti, non volendo il duca perdonare a Reding quella resa. Egli pertanto abbandonò il servizio di Savoia e alla fine dell'anno entrò in quello francese, in qualità di brigadiere. Levò il 3 marzo 1705 il reggimento Reding al servizio della Francia. Morì a Madrid nel 1706, maresciallo di campo. Nell'Italia unificata della seconda metà del XIX secolo il suo nome divenne il sinonimo di traditore. Commentando il suo cambio di bandiera dopo la vicenda di Bard, il Prato scriveva che al servizio francese «disgraziatamente non lo raggiunse nessuna palla piemontese» (PRATO 1907, p. 281; ILARI-BOERI-PAOLETTI 1996, p. 332). Ben più grave fu invece il contegno del capitano Bégoz del reggimento bernese Roch-Mondet, il quale, secondo i suoi contemporanei, vedette il 23 aprile 1794 le sue posizioni ai trinceramenti del Piccolo San Bernardo. Le sue mancanze, volontarie o meno, furono comunque un comodo espediente per coprire la disastrosa situazione morale e materiale dell'esercito sabaudo, i cui reparti (primo, secondo battaglione La Marina; primo, secondo battaglione Saluzzo; primo, secondo battaglione Vercelli; terzo battaglione Battaglione Granatieri) durante gli scontri si sbandarono in faccia al nemico. Sullo spirito di combattimento dei reparti svizzeri si tenne in seguito poco conto di episodi quali l'azione della seconda compagnia granatieri del reggimento Christ, comandata dal capitano e dal tenente Paolo e Ippolito Schreiber, a San Michele di Mondovì, il 19 aprile 1796 (ILARI-CROCIANI-PAOLETTI 2000, pp. 161-163, 295-296). Per le biografie dei militari svizzeri, al servizio sabaudo ed europeo nel XVIII secolo, si veda MAY DE ROMAINMOITIER 1788.

[31] GALLEANI D'AGLIANO 1840, p. 45.

[32] MORIS 1886, p. 32.

[33] Sulla battaglia di Villefranche *Relation-Nice* s.d. e *Relation-Villefranche* s.d.

[34] BRT, Manoscritti Militari 154.

mica. Anche nella brigata Savoia, secondo battaglione del reggimento Savoia, secondo battaglione del Schoulembourg, secondo del Reydt e primo del Bourgsdorff, impiegata all'assalto della ridotta di Madonna dell'Olmo, la prova dei reggimenti esteri fu decisamente buona. Il reggimento di fanteria alemanna Schoulembourg lamentò 58 caduti e 63 feriti, l'8,6% sulla forza totale, ma non furono segnalati disertori o prigionieri, così come nel reggimento di fanteria alemanna Bourgsdorff, il quale subì invece il 25% di perdite a causa del fuoco nemico (42 morti e 134 feriti). Nessuno dei due reparti fu dunque messo in fuga dall'azione di fuoco avversaria. Solo il reggimento di fanteria svizzera Reydt dovette rilevare la mancanza di venti uomini prigionieri o dispersi, mentre altri sette erano stati uccisi e 149 feriti (12,5%).

I reggimenti esteri, sia svizzeri sia alemanni, diedero a Pietralunga e a Madonna dell'Olmo una notevole prova di solidità e spirito combattivo. Non deve stupire, dunque, che il 19 luglio 1747 le posizioni del Gran Serin, la chiave di volta del campo trincerato dell'Assietta, fossero affidate al secondo e terzo battaglione del reggimento di fanteria svizzera Kalbermatten, e al terzo battaglione del reggimento di fanteria svizzera Roi. L'assalto della colonna del luogotenente generale de Villemur fu respinto, e a ragione Giuseppe Maria Damiano del Carretto, conte di Priocca, nella sua relazione della battaglia poteva scrivere che «i tre battaglioni svizzeri combatterono al Serin con il loro usuale coraggio».

I problemi maggiori durante il periodo di servizio attivo lo diedero senza dubbio i reggimenti di ordinanza provinciale. Su 12220 provinciali levati all'inizio del conflitto, più di un quarto (3225) disertarono e quasi la metà persero la vita nel corso del conflitto. Caddero in combattimento 534 provinciali (4,3%), ma gli stenti e le malattie ne uccisero il decuplo (5061). Altri 252 furono cassati dai ruoli per indegnità, mentre trentadue furono fucilati o condannati alla galera. Nel 1748 ne restava in servizio il 41% (5099), dei quali oltre un terzo era stato graziato del reato di diserzione (1981). La maggioranza (4671) era transitata alla fanteria d'ordinanza nazionale, ventinove erano stati promossi ufficiali e 399 ammessi fra gli Invalidi.

Diveniva pertanto necessario, al momento di stilare gli Ordini di battaglia, amalgamare nelle brigate reparti di provata fiducia con altri meno affidabili. Si evitarono reparti composti da solo reggimenti nazionali, provinciali, svizzeri o alemanni, e si decise di formare brigate miste. La brigata Saluzzo che combatté a Madonna dell'Olmo fu un tipico esempio di grande unità sabauda della Guerra di Successione Austriaca; quattro battaglioni di ordinanza nazionale (secondo battaglione del reggimento Saluzzo, secondo battaglione del reggimento La Regina), due battaglioni di fanteria straniera (due battaglioni del reggimento Audibert), tre battaglioni di ordinanza provinciale (un battaglione del reggimento Tarantasia, un battaglione del reggimento Nizza, un battaglione del reggimento Casale).

§ *L'armamento della fanteria sabauda*

Il Regio Viglietto del 28 giugno 1730 sanzionava la nascita del primo fucile regolamentare dell'esercito sabaudo, definito mod. 1730. Prima di tale data le armi, pur avendo tutte già lo stesso calibro di canna da 1 oncia, ovvero mm 17,3, differivano ancora tra di loro per forma, peso e particolari.

Allo scoppio della Guerra di Successione Austriaca la fanteria sabauda era equipaggiata con le seguenti armi da fuoco: fucili mod. 1730 con canne e batterie provenienti da Brescia, Suhl, St. Etienne e dall'Arsenale di Torino; fucili mod. 1728 francese calibro 17,5. Il fucile francese mod. 1728 era stato acquistato nel 1736. Durante la Guerra di Successione Polacca la Francia, con il beneplacito di Torino, aveva creato magazzini di deposito per il rifornimento dell'esercito che operava sul fronte lombardo. A guerra conclusa le armi giacenti nei magazzini furono offerte a Carlo Emanuele III. Queste il 16 aprile 1736 furono acquisite dal governo sabaudo a 12 lire il pezzo. Nell'Arsenale di Torino furono consegnati ben 10004 fucili Mod 1728, mentre 3848 furono acquisiti a Pavia ed altri 4100 a Cremona. Semplice e funzionale, l'ordinanza francese bloccava la canna alla cassa tramite fascette anziché con coppiglie. Particolare questo che agevolava non poco lo smontaggio e la manutenzione dell'arma.

Le prime fasi della guerra resero subito evidente la superiorità del mod. 1728 francese rispetto al mod. 1730 sabaudo. Leggerezza, gr 4,100 rispetto a 4,600, grande facilità di manutenzione e semplicità costruttiva facevano sì che la truppa e i comandi apprezzassero maggiormente l'ordinanza francese a quella sabauda. Venne pertanto decisa la creazione di una nuova variante del modello 1730, detto mod. 1730/45, che si affiancò al modello già esistente. La modifica più evidente fu l'abolizione delle coppiglie e l'adozione di fascette di lamiera di ferro.

Pertanto l'esercito si trovava ora con ben tre diversi modelli «regolamentari» di fucile. L'armamento individuale divenne ben presto eterogeneo, in quanto furono distribuiti alle truppe altri modelli di armi. L'Allegato 7 illustra la varietà delle armi da fuoco: fucili spagnoli catturati o acquistati da disertori; fucili francesi mod. 1728 catturati; fucili austriaci; fucili del ducato di Modena; fucili da caccia di varie dimensioni requisiti.

La polvere da sparo, tipo 6-asso-asso[35] contenuta nelle cartucce raggiungeva il peso di 4/8 d'oncia (gr 15,37). Il rinculo era violento, e i soldati preoccupati dell'eccessivo sobbalzo dell'arma ponevano minore attenzione alla mira. Nel 1744, dopo l'adozione della tattica di fuoco proposta dal generale Seyssel d'Aix nell'ottobre del 1743, venne adottata una nuova cartuccia con una carica ridotta a 3/8 d'oncia (gr 11,5). Le esperienze sul campo di battaglia confermarono la maggiore precisione della nuova muni-

[35] La polvere tipo 6-asso-asso era composta dal 75% salnitro, 12,5% carbone e 12,5% zolfo.

zione. Il 2 febbraio 1746 la modifica era ufficialmente sanzionata[36].

Dopo un fallito tentativo nel 1735 di costruire bacchette in ferro per il fucile mod. 1730, il 9 febbraio 1742 l'Intendenza ricevette l'ordine di distribuire armi dotate di bacchetta di ferro[37]. Il primo a beneficiarne fu il reggimento Fucilieri. La consegna ai reparti di queste nuove dotazioni fu accelerata nel corso del 1743. Nel febbraio, dopo la rivista delle truppe reduci dalla Savoia, si decise la distribuzione di armamento nuovo, già dotato della bacchetta in ferro[38]. Il 24 marzo i fucili furono consegnati al reggimento Savoia, il 22 aprile ai reggimenti Guardie e Monferrato. Nel settembre del 1744 fu indetta una gara d'appalto per le bacchette di ferro. Un primo lotto di 6406 bacchette fu prodotta da Francesco Ronco, soldato della Compagnia Maestranze, a 14 soldi l'una. La prima partita di 3106 bacchette fu consegnata il 16 marzo 1745, mentre altre 3300 tra il 17 febbraio ed il 30 agosto 1746. Il 14 novembre l'Intendente generale dell'Artiglieria Verani appaltava la costruzione di 10000 bacchette di ferro a Giovanni Scalfiotti al prezzo di 12,5 soldi cadauna. Ben 8174 bacchette furono consegnate tra il 17 dicembre 1746 ed il 20 aprile 1748. Alla fine del 1748 un altro lotto di 10000 canne fu richiesto allo Scalfiotti.

La mancanza di omogeneità nell'armamento creò non pochi problemi all'Intendenza sabauda; pezzi di ricambio, munizioni, forniture variavano da reparto a reparto, spesso anche all'interno di una stessa unità. All'inizio del 1742 si rese necessario il completo riarmo dei reggimenti Schoulembourg, Rietmann e Guibert [39]. Anche la quantità di pezzi prodotti non soddisfaceva i bisogni dell'esercito. I consumi erano tali che fu necessario assumere un cospicuo numero di mastri armaioli, per riuscire a mantenere un ritmo di produzione di 50 fucili nuovi al giorno. L'assillante domanda di armi provocò non pochi problemi. Durante la guerra fu notato che in un certo numero di canne prodotte presso la regia fucina di Valdocco il vitone di culatta era troppo lungo di qualche millimetro, occludendo il focone. I collaudatori furono duramente richiamati[40].

Nel 1747 l'esercito di Carlo Emanuele III rischiò seriamente di non poter più combattere per mancanza di armi. Le forniture dall'estero erano limitate, inferiori alle necessità. Nel 1742 l'armeria dell'arsenale aveva a disposizione 35000 fucili di vari modelli. Fra il 1743 ed il 1747 le maestranze dell'Arsenale avevano montato ben 21500 nuovi fucili, con una media di oltre 350 pezzi al mese. Eppure nel 1747 erano disponibili poco più di 8000 fucili da fanteria. In cinque anni di guerra ben 50000 armi erano andate perdute, ed incominciarono proprio ad allora a manifestarsi preoccupanti segni di cedimento. Ogni arma da fuoco privata fu requisita, in particolare furono rastrellate non meno di 6000 fucili da caccia con i quali equipaggiare la milizia. La produzione di nuove armi andava necessariamente alle truppe regolari. Ad esempio il reggimento di fanteria svizzera Roi il 2 giugno ricevette 200 nuovi fucili in cambio delle vecchie ordinanze, le quali ormai avevano 15 anni di servizio e non erano più in grado di funzionare[41]. Nonostante queste misure il 22 giugno 1747 il marchese Radicati, governatore della piazza di Saluzzo, si vide costretto a congedare quattro compagnie di milizia per mancanza di armamento[42]. L'11 maggio 1748 Carlo Emanuele III, appresa l'apertura delle prime trattative di pace, ordinava unilateralmente la sospensione delle ostilità sul fronte piemontese. La macchina bellica sabauda era ormai allo stremo.

§ *Le tattiche della fanteria sabauda*

«L'esperienza ci ha fatto apprendere [...]», così inizia il *Reglement d'Exercice et de Manouvres* del 15 maggio 1709[43]. L'esperienza maturata era quella della Guerra di Successione Spagnola, dove la potenza di fuoco sviluppata da un battaglione di fanteria equipaggiato con fucile a pietra focaia era risultato essere l'elemento vincente. La Guerra di Successione Spagnola dimostrò concretamente come la potenza di fuoco fosse uno degli elementi vincenti sul campo di battaglia. Limitandoci all'esperienza italiana, Cassano d'Adda (16 agosto 1705) e Torino (7 settembre 1706) furono due esempi di come i combattimenti di fanteria si basassero ormai unicamente sulla capacità dei reparti di sviluppare un'azione di fuoco continua e devastante. A Torino furono le fanterie prussiane a sfondare la linea francese.

Gli Imperiali e i Prussiani enfatizzavano la disciplina e la velocità di caricamento e sparo, al punto che, come già ricordato, il principe Leopoldo di Anhalt Dessau adottò nel suo reggimento bacchette di ferro al posto di quelle di legno. L'obiettivo finale era addestrare duramente il soldato a «sparare bene, caricare veloce, attaccare con coraggio e vigore». La migliore disciplina di fuoco risultò alla fine fondamentale nello scontro tra le fanterie alleate e francesi sotto Torino[44]. I reggimenti imperiali di fanteria, così come quelli degli altri stati germanici che parteciparono alla campagna d'Italia del 1706, utilizzavano una tattica di combattimento del tutto identica a quella

[36] AS.TORiunite, Azienda Generale d'Artiglieria, *Regi Biglietti e Dispacci*, 4, 1742-1747.

[37] AS.TORiunite, Azienda generale d'Artiglieria, *Carte Antiche d'Artiglieria, Volume XVI*.

[38] AS.TORiunite, Ufficio Generale del Soldo, *Ordini generali e misti, Raccolta sovrane Det n° 1*; *Rivista Ispezione Rg.to Guardia*, Febbraio 1743, *Vestiario perso nella campagna in Savoia*:

> Tutti i soldati sono provvisti di ghette e abersacchi: si propone di far distribuire al reggimentoo un nuovo armamento di fucili colla bacchetta di ferro, atteso che le piastre sono nella maggior parte di poco buon uso.

[39] AS.TORiunite, Azienda Generale d'Artiglieria, *Carte Antiche d'Artiglieria*, Volume XVI.

[40] STERRANTINO 2002, Vol. II, p. 134.

[41] AS.TORiunite, Azienda Generale d'Artiglieria, *Regi Biglietti e Dispacci*, 4, 1742-1747.

[42] AS.TORiunite, Azienda Generale d'Artiglieria, *Regi Biglietti e Dispacci*, 4, 1742-1747.

[43] *Reglement* 1709, il cui esemplare conservato presso la BRT è una copia del regolamento originario. L'organizzazione dell'opera suggerisce che, riuniti in un solo manoscritto, ci siano in realtà due opere distinte, il regolamento per il movimento e l'organizzazione del combattimento a fuoco. Rimane ancora tutto da comprendere quale diffusione ed applicazione ebbe realmente nell'armata sabauda tale «maniere de tirer de pied».

[44] BOERI-CERINO BADONE 2007, pp. 57-61.

francese stabilita nell'*Ordonnace* del 1703. Ancora il *Regulament und Ordnung des gesammten Kaiserlich-Königlichen Fuss Volcks* del 1749 prevedeva una linea di fanteria su quattro ranghi[45].

Nel maggio del 1709, Vittorio Amedeo II stabiliva un *Reglement* per la sua fanteria che, sebbene modificato, rimase il modello tattico della fanteria del Re di Sardegna sino agli inizi degli anni '50 del XVIII secolo. L'esercito sabaudo mutuava la propria dottrina d'impiego da quella degli alleati anglo-olandesi, abbandonando le tattiche francesi sino ad allora in voga nel Ducato di Savoia. Gli Olandesi, seguiti dagli Inglesi, avevano adottato già dagli anni '80 del XVII secolo una nuova tattica, detta appunto «all'olandese». Compreso sino in fondo che lo scopo principale della fanteria era distruggere l'avversario con il proprio fuoco, occorreva schierare sul fronte di battaglione il maggior numero di fucili. Gli Anglo-Olandesi misero in linea i loro battaglioni su tre ranghi, dividendo il reparto in diciotto plotoni, i quali a loro volta vennero raggruppati in tre «fuochi» di sei plotoni ciascuno. In battaglia il primo rango si inginocchiava, mentre il secondo ed il terzo rango potevano puntare l'arma abbassandola negli spazi liberi tra gli uomini. Il primo rango poteva tirare anch'esso o servire come riserva di fuoco in caso di necessità. Dopo che il primo fuoco aveva effettuato la sua salva, avrebbe ricaricato, mentre il secondo fuoco compiva la sua azione, seguito poi a sua volta dal terzo. Pur continuando la «fusillade», un terzo del battaglione era sempre in riserva pronto al tiro, mentre il controllo sulla truppa era migliore rispetto alle pesanti formazioni su quattro/cinque ranghi. Una formazione inglese o olandese aveva un fronte di battaglione di circa 250 metri, doppio rispetto ad una unità di fanteria francese. Questo consentiva di avere un numero maggiore di fucili in grado di entrare in azione in combattimento.

I Piemontesi adattarono questa tattica alle loro esigenze. La differenza maggiore stava nel numero minore di uomini disponibili per ogni battaglione. Questo si schierava su quattro file, con il gruppo delle bandiere riunite al centro del reparto a quattro passi dalla prima riga. Il capitano meno anziano stava a due passi davanti alle bandiere, per servire da punto di riferimento nell'avanzata. Tutti i tenenti si ponevano sul fronte di battaglione in una sola riga, insieme ai loro capitani, ciascuno davanti alla propria compagnia. I sergenti di compagnia si ponevano a destra delle compagnie, e tutti gli altri in una sola riga quattro passi dietro l'ultima dei soldati (si veda lo schema dell'Allegato 8). Totalmente assente era l'esigenza di far corrispondere l'ordine organico a quello tattico. La compagnia non era un'unità fissa da impiegare anche in combattimento. Quando il reparto doveva affrontare un combattimento a fuoco si portava a tre file, dividendosi in tredici plotoni (dodici di fucilieri e uno di granatieri), uno dei quali si collocava dietro il gruppo bandiere. Il plotone centrale divideva il battaglione in due «ali» ciascuna di sei plotoni, compresi i granatieri, in grado di tenere complessivamente 175 metri di fronte. Questo espediente permetteva ai battaglioni sabaudi di sfruttare al meglio la loro potenza di fuoco (si veda lo schema dell'Allegato 9).

In caso di combattimento i comandanti di plotone si disponevano sui lati esterni, a destra nei plotoni di destra, a sinistra in quelli di sinistra. Il rullo dei tamburi comanda il fuoco. I due plotoni di destra effettuano il tiro, quindi i due di sinistra. Seguivano così successivamente a due plotoni per volta, dalle ali verso il centro. Il risultato è quello di mantenere un fuoco continuo su tutto il fronte di battaglione. Il tiro era effettuato dalle tre righe contemporaneamente, con la prima in ginocchio. Tuttavia il fuoco di plotone non era una regola fissa, mentre quello per rango non solo non era stato abolito, ma veniva considerato efficace ed inserito nel *Reglement*. Le vecchie dottrine di impiego erano ancora attuate in combattimento e nel 1755 regolarmente messe in pratica nelle esercitazioni a fuoco[46].

Quando doveva avanzare, il battaglione poteva ricorrere alla colonna, affiancando a due a due o singolarmente i plotoni. Sopravanzava la colonna la compagnia granatieri. Per l'avanzata in linea fu escogitato un sistema di fuoco in grado di scardinare le difese nemiche prima ancora di giungere all'urto. Dopo un tratto percorso stabilito in base alla situazione tattica, il battaglione si fermava e apriva il fuoco con i due plotoni esterni di ciascuna ala. L'unità avanzava ancora, e al termine di questo sbalzo facevano fuoco i quattro plotoni posti verso il centro. Infine, al termine del terzo sbalzo era effettuato il tiro dei quattro plotoni del centro delle ali. Nel mentre gli uomini potevano ricaricare, e prepararsi alla successiva avanzata effettuata sempre secondo lo stesso meccanismo di fuoco regolandosi con i movimenti del nemico.

In caso di ritirata i due plotoni estremi di ciascuna ala facevano fuoco, prima a destra, poi a sinistra, mentre il resto del battaglione continuava la manovra di evasione. Eseguiti gli spari i quattro plotoni raggiungevano il battaglione «a grandi passi». Toccava ora ai plotoni centrali coprire con il proprio fuoco la successiva manovra retrograda. Il movimento continuava sino al termine dell'azione, con otto plotoni in marcia e quattro ad effettuare il tiro di copertura.

La difesa contro la cavalleria era affidata alla potenza di fuoco; tiravano subito i quattro plotoni al centro del battaglione. Poi i quattro al centro di ciascuna ala, ed infine quelli delle estremità. In casi piuttosto gravi rimaneva necessario impiegare il quadrato, già previsto nei regolamenti anteriori alla Guerra di Successione Spagnola[47].

[45] DUFFY 2000, pp. 401-402.

[46] *Recoeuil* 1755.

[47] *Etat-Gardes* 1701. Non suffragata da documentazione attendibile risulta essere l'affermazione, di spiccato sapore nazionalistico, presente in GUERRINI 1905, p. 84, nota 84:

> La fanteria piemontese aveva dunque già abolita la pratica dei quadrati prima che la francese l'introducesse. La nostra, abbandonando nel 1892 l'uso dei quadrati, non ha fatto altro che esumare un'identica riforma già compiuta due secoli prima da Vittorio Amedeo II

Il quadrato appare in *Recoeuil* 1755 della BRT. Nella stessa opera del Guerrini, a p. 99, smentendo quanto detto prima, si parla di quadrati.

Il *Reglement* del 1709 per la Guerra di Successione Spagnola risultava essere uno dei più avanzati del periodo. Per la Guerra di Successione Austriaca risultava essere superato. Le sue caratteristiche principali si possono riassumere nei seguenti punti:
- Enfatizzazione della potenza di fuoco. In questo il *Reglement* fu a dir poco avveniristico. Mentre Imperiali e Francesi mantenevano le loro pesanti formazioni su quattro ranghi, i Piemontesi sul campo di battaglia potevano impiegare formazioni sia a quattro che a tre ranghi a seconda delle esigenze tattiche. Per il fuoco si raccomandava sempre il tiro su tre ranghi con fuoco per plotoni. L'obiettivo era saturare un fronte di 175 metri di larghezza per settantacinque di profondità con 2045 colpi al minuto. Uno sbarramento di fuoco che, se mantenuto inalterato, avrebbe spazzato qualsiasi cosa davanti ad un battaglione schierato in linea.
- Scarsa efficacia in attacco. La lacuna maggiore era data dalla pressoché totale mancanza di credibili tattiche d'attacco. L'avanzata a sbalzi con fuoco di copertura riusciva a rompere il fronte di battaglione davanti al nemico, non dava sufficiente profondità, e metteva a mal partito l'unità sabauda che, impegnata in una azione offensiva, non poteva presentare un fronte compatto e veniva a scontrarsi con un contrattacco nemico. A Madonna dell'Olmo le colonne francesi misero veramente in gravi difficoltà le brigate sabaude in fase offensiva. Per loro fortuna non venne impiegata la cavalleria, la quale avrebbe potuto sfruttare i varchi tra i plotoni e travolgere i reparti isolati.
- Buona efficacia in difesa. Al contrario, nelle operazioni di difesa, la potenza espressa era in grado, se ben impiegata, di battere qualsiasi assalto frontale. Con l'ausilio di fortificazioni campali era assai arduo respingere un battaglione di fanteria piemontese dalle sue posizioni tramite attacchi diretti.

Il *Reglement* risultava essere una sorta di indicazione di massima ai comandanti di reparto. Come avveniva anche nell'Armée Royale francese, ciascuno di essi interpretava ed adattava alle esigenze del momento le disposizioni del sovrano. Terminata la guerra, Carlo Emanuele III ordinò di redigere un nuovo regolamento e nuove disposizioni tattiche da adottare per tutto l'esercito[48]. L'esercito di Carlo Emanuele III migliorò le proprie tattiche di combattimento. Tuttavia queste migliorie non riguardarono le manovre d'assalto, che rimasero sempre una lacuna, quanto piuttosto le tattiche di difesa che, nel 1748, avevano raggiunto un elevato grado di efficienza, risultando, sotto questo punto di vista, tra le migliori d'Europa, specie riguardo il combattimento a ridosso di linee trincerate.

Alla vigilia della battaglia di Casteldelfino, con l'*Ordine di battaglia di Sua Maestà* del 6 ottobre 1743, il generale Seyssel d'Aix codificava una nuova tattica difensiva basata sulla aumentata potenza di fuoco dei reparti schierati con una inedita formazione di due ranghi[49]. Si richiedeva innanzitutto una maggiore potenza di fuoco:

> [...] I soldati si ordineranno su due righe dietro i trinceramenti, senza che si mescolino le righe nè si lascino avvicinare ai parapetti i numeri 2 prima che i numeri 1 abbiano tirato il proprio colpo, e fatto posto ai numeri 2 con una contromarcia per fila; [...] Tutti i battaglioni avranno con loro le munizioni di riserva, [...] essendo indubbio che in alcuni punti il fuoco sarà più vivo che negli altri, e forse in qualche luogo non se ne farà affatto; [...] Gli ufficiali che hanno fucili, e sanno ben maneggiarli, lasceranno al campo le loro partigiane, e se ne armeranno; i sergenti lasceranno tutte le alabarde per servirsi dei fucili [...];

e immediatamente dopo la qualità del tiro:

> [...] Essendo tutti i nostri posti al riparo da ogni insulto, e non potendosi arrivare che lentamente e con pena dal nemico, ed essendo tutta la truppa trincerata vantaggiosamente, i comandanti dei plotoni avranno speciale attenzione e proibiranno ai soldati di tirare, se il nemico non è almeno a piccola portata di moschetto, di mirare bene appoggiando le armi ai trinceramenti e puntare un po' sopra dei ginocchi del nemico, perché i colpi non passino sopra le loro teste, come succede sempre quando si domina il nemico; [...] I soldati non saranno comandati a tirare per salve o scariche, ma saranno lasciati fare il loro colpo ben mirato, essendo indifferente in simile posizione ch'esso parta prima o dopo gli altri [...]

Le disposizioni del generale Seyssel d'Aix rispondevano perfettamente alle esigenze tattiche di operazioni di arresto di una offensiva nemica mediante l'uso della fortificazione campale. L'organizzazione della difesa subì continue migliorie, in parte suggerite dagli ufficiali che avevano un comando effettivo sul campo di battaglia, in parte dagli ufficiali ingegneri che dovevano tracciare e realizzare i trinceramenti.

Possiamo individuare tre distinti momenti nell'evoluzione delle tattiche difensive dell'esercito sabaudo.
- 1743-1744; Difesa a cordone. I reparti si schieravano a ridosso di una linea trincerata, rinforzata dove necessario di ridotte armate di artiglieria, ma del tutto priva di profondità, senza opere avanzate o retrostanti. L'elemento principale di difesa era costituita dalla potenza di fuoco che si riusciva a sviluppare frontalmente. Questo organizzazione tattica fu impiegata nel 1743 e nel 1744 durante le battaglie in val Varaita e nella battaglia di Villefranche. La mancanza di profondità delle difese consentiva all'attaccante, una volta forzata la linea del trinceramento, di mettere in crisi l'intera linea difensiva, a causa della mancanza di linee arretrate sulle quali attestarsi. Solo forze di riserva schierate nelle immediate vicinanze avevano qualche possibilità di chiudere la breccia, come appunto avvenne a Villefranche e come si tentò di fare in val Varaita, con poco successo, durante lo scontro di Mont Passet. Se questa operazione non aveva successo, l'intera linea risultava di fatto perforata e la battaglia perduta. Nel 1743 e nel 1744 questo sistema, nelle battaglie di Casteldelfino e di Villefranche tenne. Nel primo caso i Franco-Spagnoli non furono in grado di scalfire la linea di massima resistenza piemontese, appoggiata ad un trinceramento campale. La caduta della ridotta di castello, l'8 ot-

[48] La fase di riforme inerenti alla modifica delle tattiche e delle dottrine di impiego dell'esercito sabaudo dopo la Guerra di Successione Austriaca è ancora tutta da esplorare. Tra i documenti presenti relativi a questo periodo il fondo principale è conservato alla Biblioteca Reale di Torino (*Nouvel Exercice* 1751, *Etude de l'infanterie* 1752). Quest'ultimo documento risulta essere particolarmente interessante, dal momento che raffigura le evoluzioni tattiche di più battaglioni. L'album sembra essere il risultato di un campo di addestramento tenuto presso la piazza di Alessandria subito dopo la conclusione della Guerra di Successione Austriaca. Tra i reparti raffigurati si riconosce il reggimento di fanteria svizzera Kalbermatten.

[49] MONFORT 1743, p. 7 fronte - 8 fronte.

tobre 1743, non intaccò che in mina parte la capacità di resistenza della linea sabauda, in quanto la ridotta era un semplice accessorio, e non uno dei cardini della difesa. A Villefranche la linea fu perforata in almeno due settori. Le riserve di fanteria, per lo più composte da battaglioni di fanteria alemanna e svizzera tra i migliori dell'armata sabauda, combatterono duramente per chiudere le brecce. I soldati del Re di Sardegna rimasero alla fine padroni del campo di battaglia, ma le perdite subite, 2500 uomini, non consentirono loro di mantenere il controllo della rada, e i trinceramenti furono abbandonati a partire dal giorno seguente. La battaglia di Mont Passet segnò il tramonto di questa tattica. La linea trincerata fu perforata nel suo punto centrale, senza alcuna possibilità di rimedio.

- 1746-1747; Difesa a ridotte staccate. Apparve evidente, dopo le tragiche giornate della val Varaita, che i campi trincerati e la linea di difesa doveva aumentare la profondità delle proprie difese. I primi tentavi in questo senso si ebbero lungo la «Linea Leutrum» nella Riviera Ligure di Ponente. Leutrum doveva bloccare con forze relativamente deboli masse di fanteria avversarie decisamente superiori in numero rispetto alle sue. Decise di sopravanzare la sua linea trincerata con una serie di ridotte staccate, in grado di rallentare ed esaurire l'iniziale slancio offensivo del nemico, costringendolo ad un complesso e lento lavoro di approccio. La linea difensiva della val Roja era sopravanzata dalle tre alle cinque linee successive di ridotte. Nonostante la profondità del sistema, le ridotte non cooperavano tra di loro. Disposte sul fianco di una vallata alpina, la postazione soprastante copriva col proprio fuoco quella sottostante, ma le ridotte non erano sufficientemente vicine da battere il «kill ground» antistante le opere che erano costruire sui propri fianchi. Collocate per lo più luogo creste montuose o collinari, queste catene di fortificazioni risultavano essere dei veri e propri corridoi fortificati. Le ridotte, aperte alla gola, non potevano essere tenute in caso di aggiramento. Il fuoco dalla ridotta retrostante, collocata ad una quota più elevata, avrebbe però di fatto reso la posizione intenibile per l'attaccante. La difesa a ridotte staccate, nonostante questi difetti, risultò essere così complessa e ben collocata sul terreno da non poter essere assalita frontalmente. Si preferirono sempre elaborate operazioni di aggiramento, piuttosto che sanguinosi attacchi diretti. Questo permise a Leutrum di difendere con successo il fronte della riviera di ponente sino alla conclusione della guerra.

- 1747-1748; Campo trincerato a «compartimenti stagni». A partire dal 1747 le ridotte staccate furono chiuse alla gola e collegate tra di loro da estesi sistemi trincerati. Il lavori, quando furono realizzati, risultarono essere piuttosto complessi, ma permettevano ad una forza esigua di difendersi a 360°, anziché su soli 180°. Tale soluzione appariva vantaggiosa soprattutto sul fronte delle Alpi Occidentali, lungo le linee di spartiacque. Non potendosi affatto appoggiare ad un Mar Mediterraneo dominato dalla Royal Navy, non godendo di retrovie sicure, dovendo affrontare un nemico in grado di aggirare le proprie posizioni e tentare un attacco alla gola delle proprie opere, come avvenuto a Mont Passet nel 1744, questa appariva la migliore soluzione possibile. Il campo trincerato dell'Assietta, il più famoso tra quelli realizzati dall'esercito sabaudo nel XVIII secolo, rientra in questa categoria. La perdita di una porzione del campo non pregiudicava il crollo della difesa, in quanto ciascuna opera era di fatto isolata dall'altra tramite traverse, fossi, barriere in grado di creare vere e proprie paratie nei confronti della penetrazione nemica. Durante la battaglia del 19 luglio 1747 la caduta della Butta dell'Assietta non avrebbe significato il crollo della resistenza, in quanto il dispositivo di difesa prevedeva successive linee di combattimento sino al colle dell'Assietta vero e proprio. Anche la ridotta del Gran Serin, la più importante dell'intero campo, era suddivisa in vari settori, nonchè in grado di sviluppare un fuoco di fucileria da ordini di fuoco sovrapposti.

§ *La cavalleria dell'esercito sabaudo*

Intorno agli anni '10 del XVIII secolo, mentre nel resto di Europa si comprendeva come lo scopo principale della cavalleria fosse quello di ottenere lo sfondamento delle linee nemiche tramite l'urto, nel ducato di Savoia si tornava a discuteva su come enfatizzare la sua potenza di fuoco con l'impiego di carabine rigate. Secondo una parte degli ufficiali della cavalleria sabauda si voleva così fornire un supporto di fuoco ai reparti lanciati al galoppo o in ritirata. Il tiro alla lunga distanza di carabine rigate avrebbe arrestato, scompaginato o almeno diminuito la coesione dei raparti avversari. Nell'Armée Royale francese, ad esempio, esisteva il reggimento Carabiniers, uno dei suoi reparti d'élite. La truppa, addestrata a combattere sia a cavallo sia a piedi, era equipaggiata interamente con carabine rigate. Inquadrato su ben cinque brigate, ciascuna formata da due squadroni forti di quattro compagnie, il reggimento fu impiegato anche in Piemonte nella Guerra di Successione Spagnola. Il 7 settembre 1706 combatterono a Torino, inquadrati nella brigata Rouvray, la prima brigata Carabiniers-Aubeterre e la quinta brigata Carabiniers-Rouvray (due squadroni).

I pareri discordi, l'elevato costo delle armi avevano però provocato l'accantonamento della proposta e, tra il 1709 ed il 1710, erano stati realizzati soltanto trentasei moschettoni rigati da cavalleria. Nel 1732, allo scoppio delle ostilità contro l'Impero nella Guerra di Successione Polacca, le richieste si fecero sempre più pressanti. Il 3 maggio 1735 Carlo Emanuele III disponeva che fossero distribuite dieci carabine rigate per ogni compagnia dei reggimenti di cavalleria e dragoni[50]. La decisione fu accolta ovviamente con soddisfazione dai fautori delle armi rigate, che desideravano fare della cavalleria e dei dragoni corpi più potenti ed autonomi. Viceversa una parte dei loro colleghi giustamente temeva di indebolire la massa d'urto dei corpi a cavallo, i quali avrebbero di fatto perso

[50] Nel 1735 esistevano i reggimenti di cavalleria Piemonte Reale e Savoia. Quindi vi erano i seguenti reggimenti di dragoni: Dragoni di Piemonte, Dragoni di Sua Maestà, Dragoni del Genevois e, dal 28 novembre 1736, il reggimento Dragoni della Regina. Ogni reparto contava, in tempo di guerra, 662 uomini suddivisi in uno stato maggiore e dieci compagnie raggruppate a loro volta in cinque squadroni, la cui forza media era di 130 cavalieri. In Sardegna era stanziato il piccolo corpo dei Dragoni di Sardegna, forte di tre compagnie. Le difficoltà maggiori per il Regno di Sardegna nel mantenere in efficienza questi reparti non stava tanto negli equipaggiamenti quanto nelle cavalcature, non esistendo un'efficace struttura di rimonta all'interno del regno.

il 20% degli effettivi, impegnati ad accompagnare col tiro delle carabine i movimenti dei compagni. Oltretutto i tiratori, per caricare e sparare, avrebbero dovuto metter il piede a terra, mentre altri soldati avrebbero tenuto ferme le cavalcature, bloccando o rendendo non disponibili all'azione una buona parte dei già scarni reparti a cavallo. Argomentazioni giudicate valide dal Reche pertanto fu indotto a revocare l'ordine.

I sostenitori della cavalleria quale piattaforma privilegiata di tiro non si arresero e riuscirono nuovamente a far cambiare idea al sovrano. Il 27 dicembre 1737 Carlo Emanuele III diede ordine al marchese d'Aix, gran mastro d'Artiglieria, di consegnare cinquanta carabine rigate ad ogni reggimento a cavallo. Non venne formata la compagnia carabinieri, ma questi furono distribuiti tra le compagnie in modo tale che ognuna ne avesse in forza cinque. Vi era però la possibilità di raggruppare e staccare gli uomini, in modo da formare un corpo di carabinieri, per la verità piuttosto debole, rispetto a quelli che erano gli intenti iniziali. La distribuzione di queste armi in quantità significative e con precisi scopi di appoggio, accompagnamento e difesa, richiese agli ufficiali di cavalleria e dragoni di studiare il modo di sfruttare al meglio le nuove armi. I compiti dei carabinieri erano di compiere azioni singole e di gruppo con tiri di precisione e a lunga distanza per scompaginare le file dei nemici avanzanti; di compiere azione singole e di gruppo con tiri in rapida successione per la difesa ravvicinata di settore.

Le tattiche della cavalleria sabauda si dimostrarono del tutto fallimentari, e l'8 febbraio 1743 gli squadroni subirono gravi perdite alla battaglia di Camposanto. Allo scontro parteciparono i reggimenti Savoia Cavalleria e Dragoni della Regina. Il comandante dell'esercito austro-piemontese, il feldmaresciallo conte Traun, forte della superiorità numerica della sua cavalleria, aveva deciso d'impegnare in battaglia l'esercito spagnolo. Lo schieramento alleato si appoggiava a destra all'argine del Panaro con le fanterie austriache, le quali avevano alla loro sinistra le fanterie piemontesi, entrambe disposte su due linee. L'ala sinistra della fanteria era coperta dalla massa di 24 squadroni di cavalleria, cinque dei quali piemontesi, tre squadroni dei Dragoni della Regina, due di Savoia Cavalleria. I comandanti superiori di cavalleria erano austriaci, fatto questo che aveva provocato il malumore nei colonnelli dei due reggimenti piemontesi, Giuseppe Duchesne di Lignina, colonnello del Savoia Cavalleria, e Centorio Filippo Perucard di Ballone, colonnello dei Dragoni della Regina; essi avevano permesso che quasi la metà dei loro ufficiali potesse assentarsi, con congedi temporanei a Torino: nessuno immaginava che in inverno potessero avvenire azioni importanti. Il generale Pleisberg, comandante dell'ala sinistra, ordinò alla cavalleria e ai dragoni di avanzare contro il nemico, disponendo che i carabinieri dei reggimenti mettessero piede a terra per appoggiare l'azione dei compagni. Un ordine facile da eseguirsi da parte dei corazzieri,

> [...] i quali hanno la loro compagnia di carabinieri separata dalle altre, ma ne'nostri due reggimenti cagionò qualche disordine, impercioсchè i carabinieri dovettero lasciare i loro cavalli così vuoti nelle file, i quali, oltrechè rimanevano inutili, di nessun servizio rendevano que'soldati, ai quali li avevano dovuti consegnare [...][51]

L'attacco non riuscì; durante la carica le cavallerie alleate furono controcaricate sul fianco dalla cavalleria spagnola. I carabinieri, appiedati e senza cavalcatura, dal momento che le loro cavalcature, portate assurdamente all'assalto, erano state trascinate in rotta con il resto dei reparti, furono a loro volta assaliti. La loro sorte fu tragica:

> [...] calpestati dalla cavalleria spagnola senza poter fare grande difesa, a motivo che armati solo di moschetto senza baionetta inutile loro fu quell'arma contro la cavalleria, che gli passò sulla pancia, essendo stati ben fortunati coloro tra i carabinieri che la scamparono [...][52]

Lo sparpagliamento della cavalleria spagnola favorì il riordino ed il ritorno offensivo di quella alleata. Contemporaneamente la fanteria piemontese respingeva l'avversario, decretando la vittoria alleata. Quanto ai carabinieri, dispersi su un fronte troppo lungo e armati con carabine che non potevano portare la baionetta, non ebbero il tempo di radunarsi e organizzare una vantaggiosa resistenza. Pagarono così le mancanze del Regio Viglietto del 27 settembre 1737.

L'esperienza portò a un ripensamento sull'utilizzo tattico della cavalleria. Prima di tutto si pensò di riunire i soldati armati di carabina in una compagnia a parte e, sino alla fine della guerra, tali compagnie, spesso riunite in un'unica formazione genericamente definita «Carabiniers», formarono un corpo a sé stante, in grado di offrire al nemico un fronte di 300 uomini, capaci di combattere sia con la sciabola sia con la carabina, sia a cavallo sia a piedi. Il resto della cavalleria invece doveva fare dell'urto la sua ragion d'essere.

I Carabiniers passarono di sconfitta in sconfitta. Il reparto divenne una sorta di fanteria leggera montata, slegata dalla cavalleria propriamente detta, ma neppure accolta dalla fanteria. Questo limbo impedì loro di evolvere una loro tattica di combattimento o di adottare un armamento più consono alle loro esigenza. Le esperienze di combattimento dei Carabinieri furono sempre contraddistinte da gravi perdite. Dopo Camposanto furono impiegati in val Varaita e parteciparono alla battaglia di Pietralunga. I primi scontri avvennero il 17 luglio, alle sei e tre quarti del mattino, quando il distaccamento francese del brigadier generale François Chevert discese dal campo di Celiol scontrandosi con il distaccamento del tenente colonnello Charles Antoine Roi del reggimento di fanteria svizzera Roquin. Trincerati nelle baite della località La Gardetta di Sant'Anna erano appostati 600 granatieri di vari reggimenti e tutti i 300 uomini delle compagnie Carabinieri inviate di rinforzo la mattinata stessa dal loro presidio al Colle del Buondormir. A La Gardetta i Piemontesi avevano trasformato in fortilizi una decina di baite, aprendo nei muri le feritoie necessarie per poter sparare con le armi individuali. Le case si coprivano l'un l'altra e rendevano impossibile il transito verso il fondovalle e verso il Colle del Buondormir, l'obiettivo dell'attaccante. I 1500 uomini di Chevert, un battaglione del

[51] GALLEANI D'AGLIANO 1840, p. 57.
[52] GALLEANI D'AGLIANO 1840, p. 76.

reggimento Brie e quattro compagnie granatiere dei reggimenti Poitou, Conti e Provence, assalirono subito le posizioni sabaude, espugnarono la prima baita fortificata, ma ne restavano da occupare ancora una decina, dalle quali i Piemontesi sviluppavano un intenso fuoco di interdizione. Chevert si ritirò quel poco per organizzare gli uomini e preparasi a dare l'assalto ad un'altra baita quando fu raggiunto dal conte di Danois e dalla brigata Poitou, formata dai tre battaglioni del reggimento omonimo. François Chevert cedette il posto ai nuovi arrivati e si portò sulla destra della valle per aggirare la posizione e tagliare ogni via di fuga al nemico. Il tenente colonnello Roi ordinò immediatamente la ritirata, lasciando in retroguardia i 300 carabinieri. L'idea dell'ufficiale era quella di impegnare da lontano il nemico e, approfittando della maggiore portata delle carabine, tenere il più a lungo possibile a distanza la colonna avversaria. Purtroppo per i carabinieri il movimento aggirante del brigadiere Chevert aveva di fatto separato la retroguardia dal grosso in ritirata;

> Questi carabinieri, tuttoché gente scelta nei reggimenti dè dragoni e cavalleria, trovandosi incalzati da vicino dà nemici, e non potendo che poco o niente servirsi delle loro carabine, a cagione, che non essendo stati provvisti di palle volanti, ma avendo solamente palle grosse da far entrare a tutta forza nella canna della loro arma da fuoco, gli conveniva perciò consumare molto tempo, dopo aver in principio con assai buon ordine sostenuto la ritirata, nella quale avevano di già perduti da 30 a 40 uomini stati loro uccisi, si diedero alla fine a salvarsi precipitosamente allora che si videro dalla summentovata colonna tagliata la comunicazione cogli altri che precedevano: e non cercando più ognun di loro che a scampar se stesso, chi per una via e chi per l'altra, di quelle rupi si fuggirono, e giunsero in parte a Bellino, dopo aver lasciato prigionieri nelle mani dei nemici 80 circa dè loro frà i quali molti feriti [...][53]

La tattica di impiegare i carabinieri in retroguardia poteva costare molto cara. L'idea di coprire una massa di uomini in ritirata con un reparto armato di fucili a canna rigata, ossia più lenti da ricaricare rispetto alle normali armi a canna liscia, continuava a rimanere ben radicata nel comando sabaudo. Si reputava più vantaggiosa una maggiore gittata rispetto alla celerità di tiro, senza soffermarsi sul fatto che la truppa che doveva operare in retroguardia così armata non arrivava a contare che tre centinaia di uomini.

La sconfitta di Bassignana del 27 settembre 1745, oltre a segnare l'apice negativo della campagna del 1745 per le armate del Regno di Sardegna nella Guerra di Successione Austriaca, rappresentò il canto del cigno delle compagnie carabinieri. Sull'ala sinistra dello schieramento piemontese, la cavalleria del cavaliere Della Manta fu costretta a ripiegare davanti alla continua pressione dei reparti spagnoli che stavano guadando il Tanaro. A proteggere la ritirata fu inviato il tenente colonnello Della Villa con i soliti 300 carabinieri. Se non altro in questa occasione, manovrando piuttosto abilmente e appoggiandosi ai valloni che interrompono la pianura di Bassignana, il Della Villa riuscì a ritardare il più possibile l'avanzata del nemico, sino a quando, sul ciglione di Cascina Grossa, i suoi Carabinieri, assaliti di fianco e di fronte da qualcosa come 20000 Spagnoli, furono annientati e lui stesso fatto prigioniero. Avvenuto questo gli attaccanti poterono sorprendere lo squadrone di coda della colonna piemontese in ritirata, uno dei cinque presenti del reggimento Dragoni di Piemonte, ridotto letteralmente a pezzi con la perdita di 160 uomini e 2 bandiere. Le perdite di uomini e materiali delle compagnie Carabinieri erano state sino ad allora una delle più alte dell'armata del Re di Sardegna, quasi il 100%.

Assai migliori furono invece le prestazioni del resto della cavalleria sabauda. Alleggeriti dal fardello delle compagnie carabinieri, i reparti montati si comportarono egregiamente nella campagna del 1746. Le nuove tattiche prevedevano l'assalto alle formazioni nemiche senza interrompere l'avvicinamento per effettuare un'azione di fuoco. Il 10 agosto 1746 alla battaglia del Tidone la cavalleria sabauda ebbe il suo momento di gloria. Il maggiore Cesare Agostino Oreglia di Castino con tre squadroni di cavalleria, uno di Savoia Cavalleria, uno dei Dragoni di Sua Maestà e uno dei Dragoni di Piemonte. Senza perdere tempo a fare fuoco con le proprie armi individuali, i tre squadroni si scagliarono prima

> [...] addosso a cinque squadroni, quali tagliò in parte a pezzi, obligando il resto a darsi ad una manifesta e precipitosa fuga, restando in suo possesso uno dei loro stendardi. Eliminata la cavalleria si trovarono a fronte di una brigata di fanteria francese [brigata Anjou, n.d.a.], che gli fece addosso una scarica di moschetteria, ed erano pure sotto il fuoco di una batteria che loro tirava da un'altra parte di fianco, ma da lontano; malgrado ciò, non isgomentandosi essi punto, diedero con lo stesso vigore di prima frammesso di quella brigata di cavalleria francese, e scompigliandola e disordinandola, in un subito fecero a gran colpi di sciabola una miserabile strage di quegli ufficiali e soldati, e gli presero tutte le insegne militari [3 bandiere, n.d.a.]; calmandosi quindi alquanto dal grande ardore che gli animava, e concedendo la vita a qué meschini, che con grandi preghiere la dimandavano, ne fecero una parte prigionieri [400 uomini e due cannoni, n.d.a.][54]

La cavalleria sabauda, dopo due successive cariche, fu a sua volta controcaricata dalla cavalleria nemica. Tuttavia la retroguardia, forte di trenta cavalieri, si sacrificò per consentire al grosso di sganciarsi. Su 200 uomini impegnati in combattimento furono perduti sessanta cavalli e trentacinque tra morti, feriti e prigionieri. L'azione del Tidone ebbe un importante risvolto psicologico, non solo per l'arma di cavalleria, ma per l'intero esercito piemontese;

> Fecero què pochi un combattimento cotanto glorioso ed ammirabile, che ne meritarono da tutta l'armata imperiale gli applausi, quantunque in prima gli imperiali, siccome avviene d'ordinario ad una nazione, od esercito forte, e potente, che facilmente s'insuperbisce e mostra di non pregiare gli altri perché più deboli, non facessero gran conto delle nostre truppe, e si mostrassero molto altieri facendo pompa del loro numero tanto maggiore del nostro, e ad ogni passo riandando i loro fatti militari, e rimembrado la loro vittoria di Piacenza, e nominandosi infine i liberatori dell'Italia, sebbene non potessero ignorare, e fosse abbastanza noto da tutto ciò che era seguito pendente il corso di tutta questa guerra, quanta parte avessero avuta il nostro re, e le nostre truppe nella difesa dell'Italia. Ma allora principalmente si fece così chiaro il valore di què nostri duecento che gl'imperiali non poterono, buon grado, o malgrado ne avessero, negargli quella gloria che giustamente si meritarono, la quale ridondò poi anche sul rimanente della nostra cavalleria e delle nostre truppe,

[53] GALLEANI D'AGLIANO 1840 p. 129. Lo scontro, prolungatosi dalle 6:45 del mattino sino a mezzogiorno, costò ai Francesi un centinaio tra morti e feriti, contro le circa 250 perdite piemontesi. 200 di queste ultime erano prigionieri, tra i quali un maggiore e dodici tra capitani e luogotenenti. Si veda anche SAINT-SIMON 1770.

[54] GALLEANI D'AGLIANO 1840, pp. 364-365.

siccome quelle, che in ogni occasione hanno sempre compito il loro debito [...][55]

§ *L' artiglieria sabauda*

Nel 1739 il battaglione d'Artiglieria contava dodici compagnie numerate in ordine progressivo, di cui dieci, otto di cannonieri, uno di bombisti e uno di zappatori, forti di sessanta uomini e due, minatori e maestranza, di cinquanta. Il 23 maggio del 1743 il battaglione d'Artiglieria vide il proprio organico aumentato di 300 uomini, ventotto per compagnia, più sei minatori e quattordici maestanze; pertanto il reparto fu elevato al rango di reggimento d'Artiglieria, che nel 1747 contava tra le sue fila 1400 uomini, suddivisi in due battaglioni di otto compagnie ciascuno, dodici di cannonieri, quattro di specialisti.

I materiali d'artiglieria dell'esercito sabaudo erano assai simili nelle forme a quelli del sistema Vallière francese. Non meno di cinque brigate d'artiglieria, una armata con quattro pezzi da otto libbre, le restanti con cinque pezzi da quattro libbre ciascuna. Per ogni unità erano presenti cinquantun serventi, un capitano, due sottotenenti, due sergenti, tre caporali, un tamburo, cinque bombisti, venticinque cannonieri, cinque minatori, due ferrai, cinque mastri da bosco. I ventiquattro pezzi necessitavano di 759 quadrupedi, 415 cavalli, 300 muli, quarantaquattro buoi, e 120 veicoli, trentaquattro affusti, cinque carri a cartoccio, cinque a ridella, quaranta a cassone, undici «alla paesana», venti tombarelli, cinque forge, per gli spostamenti in campagna militare.

Il problema principale delle artiglierie sabaude era l'eccessivo peso. Il pezzo da quattro libbre, il più leggero dei pezzi da campagna, aveva una canna del peso di 553,2 chilogrammi[56]. Con l'affusto arrivava a pesare quasi una tonnellata. A Madonna dell'Olmo esplosero i cassoni con le riserve di polvere della batteria del maggiore Gioannini, avvenne un accanito scontro tra le fanterie sabaude e franco-spagnole per il possesso dei cannoni, senza che uno solo dei pesanti pezzi sia stato spostato dalla sua originaria collocazione. Data la scarsa mobilità dei materiali d'artiglieria, venivano erette fortificazioni campali a protezione delle batterie, sia sul fronte occidentale alpino sia su quello orientale, per lo più collinare e di pianura. A Bassignana l'artiglieria sabauda fu schierata in ridotte in terra edificate sui rilievi che dominano il fiume Tanaro.

In caso di movimenti offensivi fu spesso solo la volontà dei comandi a rendere possibile lo spostamento dei pezzi a supporto della truppa. Il 28 febbraio 1746, tra pesanti rovesci di pioggia, l'esercito del barone di Leutrum lanciò l'offensiva per la riconquista di Asti. L'esordio dell'operazione non fu particolarmente brillante, e le due brigate di artiglieria al seguito, provenienti da Torino e Cherasco, ebbero innumerevoli difficoltà da superare[57]. Il 7 marzo 1746 Asti fu riconquistata dopo due giorni di intenso cannoneggiamento.

A riprova della sua poca propensione al combattimento di montagna, l'esercito di Carlo Emanuele III non disponeva, a tutto il 1743, di materiali d'artiglieria adatti ad operare nei campi trincerati in quota. Dal 1712 non veniva più condotta una campagna sulle Alpi, mentre l'ultimo combattimento di una certa intensità della Guerra di Successione Spagnola, la battaglia del Gran Vallone, avvenuta il 16 settembre 1711 a 2103 metri di quota, aveva visto i contingenti piemontesi privi di qualsivoglia appoggio d'artiglieria. Nella Guerra di Successione di Polonia non era stata avvertita, per ovvie ragioni geografiche, la necessità di disporre di artiglieria da montagna, dal momento che i campi di battaglia di tale conflitto ebbero come scenario la Pianura Padana. In arsenale esistevano smerigli da sedici, dieci e sei once. Sei di questi pezzi furono impiegati in combattimento in Savoia; furono impiegati quattro smerigli da sedici e due da sei once. Tuttavia, sebbene la leggerezza di questi materiali li rendesse adatti ad operare in quota, lo scarso peso della palla scagliata (rispettivamente gr 491,2 e 184,2), faceva sì che la presenza di queste armi avesse un'importanza più psicologica che effettiva. In seguito si giunse a ritenere gli smerigli del tutto ininfluenti, se non inutili, come arma di appoggio alla fanteria[58].

Per quel che riguarda la progettazione, la sperimentazione e l'acquisizione di nuovi modelli, la Guerra di Successione Austriaca fu l'ultima stagione felice dell'artiglieria sabauda del XVIII secolo. L'esercito di Carlo Emanuele III, che per la campagna del 1743 disponeva di modeste spingarde, l'anno seguente era già in grado di schierare ben tre nuovi modelli d'artiglieria da montagna; i pezzi da quattro libbre e gli obici da sei del Modello Gioannini; i «cannoni disgiunti» da quattro libbre di Ignazio Bertola; il cannone rigato a retrocarica da sedici once di Francesco Jenner.

L'esperienza maturata sul campo di battaglia, l'inventiva e la fantasia di un gruppo molto preparato di ufficiali e tecnici, l'esperienza e l'abilità delle maestranze dell'arsenale, avevano fatto sì che i soldati del Re di Sardegna fossero supportati da un parco d'artiglieria specializzato di prim'ordine.

[55] GALLEANI D'AGLIANO 1840 pp. 362-363.

[56] PAPACINO D'ANTONI 1780, p. 89. Il Papacino d'Antoni riporta per le canne due pesi, riferiti ai pezzi da campagna e quelli da fortezza. Ad esempio il pezzo da quattro libbre poteva pesare cinquanta o sessanta rubbi (kg 461/553,2). Tale sistema è conosciuto anche come sistema Mod. 1760 (MONTÙ 1934, pp. 1306-1315). Non è ancora certo quale fosse il peso dei modelli impiegati nella Guerra di Successione Austriaca, anche a causa delle differenze tra i singoli pezzi. Nel testo si è preferito mantenere il peso da sessanta rubbi, in quanto più simile ai materiali da quattro libbre del sistema Vallière, al quale l'artiglieria sabauda chiaramente si ispirava (1150 libbre/kg 562,35).

[57] L'aneddoto è riferito in GHO 1931, p. 73:

Nella notte, durante la marcia di trasferimento da San Damiano ad Asti, gli equipaggi dell'artiglieria informarono Leutrum che a causa della cattiva stagione non era possibile guadare il Torrente Barbore con i cannoni. Leutrum semplicemente rispose «Voglio che passino». Dopo numerosi tentativi, del tutto vani, gli equipaggi ritornarono nuovamente dal generale. Egli ancora laconico riferì ai suoi uomini che «Voglio che passino». Quella notte tutti i cannoni guadarono il torrente [...]

[58] PAPACINO D'ANTONI 1775, p. 345.

L'Armée Royale di Luigi XV

La pace di Vienna del 18 novembre 1738 chiudeva la Guerra di Successione Polacca, seppellendo l'effimero sogno sabaudo del Regno di Lombardia e troncando il disegno farnesiano di una Confederazione Italiana. Oltretutto la medesima pace tagliava la penisola in due distinte zone di influenza, una asburgica, estesa ormai a tutto il nord Italia, e una borbonica limitata al meridione. Un assetto che la Spagna tentò di rimettere in discussione negli anni fra il 1742 e il 1748, con il risultato di estendere il protettorato austro-inglese anche alle Due Sicilie. Questo sistema rimase in equilibrio, nonostante siano perdurate scosse sotterranee di assestamento, sino alla metà del XIX secolo, quando il principale antagonista della Casa d'Austria, il Regno di Sardegna, trovò nella Francia di Napoleone III un alleato deciso a schierarsi dalla sua parte per abbattere l'egemonia asburgica in Italia.

La Francia di Luigi XV aveva sposato la strategia di Charles Fouquet duca di Belle Isle. Costui concepì una vasta strategia per assoggettare l'Impero e l'intera Europa all'influenza francese. Malgrado la costituzione dell'armata d'Italia, sin dal 1741 la Francia non intendeva ripetere alcuna fulminea azione contro Milano. La cobelligeranza con la Prussia aveva infatti spostato tutto l'asse strategico sul fronte tedesco-boemo, minacciando la stessa Vienna, e non aveva senso distogliere forze da inviare su un fronte secondario e impervio come quello italiano, dove semmai gli alleati spagnoli potevano impegnare da soli ulteriori forze imperiali. Versailles aveva poco interesse a mutare l'assetto dell'Italia accettato con la pace del 1738, anche se non poteva negare il proprio diretto sostegno alla guerra parallela che la Spagna intendeva condurre nella penisola italiana. Forti di numerosi simpatizzanti in tutti gli stati italiani, ora gli Spagnoli intendevano riconquistare Parma, Piacenza, Milano e Mantova, col disegno di farne sovrano l'infante don Filippo, fratello minore di ReCarlo III delle Due Sicilie. Guadagnata la segreta alleanza del duca di Modena, le forze borboniche iniziarono l'attacco al fronte italiano. L'iniziativa di Madrid portò Carlo Emanuele III a sottoscrivere una «convenzione provvisionale» l'1 febbraio 1742 con Maria Teresa d'Asburgo. La sua scelta strategica fu relativamente obbligata. Beffato nella Guerra di Successione Polacca, non poteva fidarsi delle proposte che nel 1741 il cardinale Fleury, primo ministro di Luigi XV, aveva avanzato; tutto il territorio lombardo sino all'Adda, in cambio della Savoia, di Parma, Piacenza, Mantova e Lombardia orientale a don Filippo. Nonostante la distruzione delle forze estensi di Modena e le batoste subite dalle truppe del generale Montemar, duca di Bitonto, l'esercito del marchese di Las Minas fu in grado di occupare la Savoia e infliggere una grave sconfitta a Carlo Emanuele III.

Il fallimento delle trattative diplomatiche con il Regno di Sardegna, la ratifica del trattato di Worms, la sconfitta di Casteldelfino del 1743 e il dominio navale dell'Inghilterra dimostrarono alla Francia quanto sarebbe stato complesso sfondare il fronte alpino. Nondimeno i Regni di Francia e Spagna potevano schierare un impressionante numero di uomini, di cui quasi 400000 solo francesi, ed impegnare contemporaneamente più fronti. Come nella Guerra di Successione Spagnola, la Francia e la Spagna combattevano nelle Fiandre, sul Reno, in Italia e nelle colonie, senza contare la marina (si veda l'Allegato 10)[59]. Grazie alla forza di questi numeri l'impegno militare dei due alleati sul fronte italiano fu, nel suo complesso, poderoso, come dimostra la tabella dell'Allegato 11. Al fine di perforare il bastione alpino furono tentate varie soluzioni. Solo nel 1745 fu trovata la più conveniente: l'aggiramento delle Alpi a sud, sfruttando la costa ligure e i passi dell'Appennino.

Le offensive franco-spagnole ebbero sempre un obiettivo ben preciso. Occupare una piazzaforte «al di là» delle Alpi, per poi poter riprendere l'offensiva nella primavera successiva, allo scopo di staccare il Regno di Sardegna dall'alleanza con l'Impero e l'Inghilterra. Demonte, Cuneo ed Exilles furono gli obbiettivi principali di queste operazioni. Solo Demonte, comunque, cadde in mano borbonica durante la campagna del 1744. Nel corso degli anni della Guerra di Successione Austriaca furono perseguite cinque opzioni diverse, come segue.

- <u>1742-1743, l'opzione svizzera</u>. Con l'occupazione della Savoia gli strateghi spagnoli si sentivano in grado di organizzare la calata su Milano sfruttando il passo del Sempione dopo aver attraversato il vallese e i Grigioni.
- <u>1743, la breccia della val Varaita</u>. Approfittando dell'assenza di fortificazioni permanenti in val Varaita, l'offensiva borbonica dell'ottobre del 1743 fu sferrata lungo questo solco vallivo. I trinceramenti sabaudi e soprattutto la cattiva stagione causarono il fallimento dell'operazione.
- <u>1744, assalto al bastione alpino su più colonne</u>. Con nove colonne distaccate il principe di Conti riuscì a superare il fronte alpino. Le poche forze a sua disposizione e la guerriglia che imperversava nelle retrovie lo costrinsero infine alla ritirata, mentre assediava Cuneo, l'obiettivo strategico dell'intera manovra.
- <u>1745, aggiramento strategico a sud</u>. Sfruttando l'alleanza della Repubblica di Genova, il maresciallo de Maillebois aggirò a sud il bastione alpino, incuneandosi tra Lombardia e Piemonte superando gli Appennini al passo della Bocchetta sopra Genova, colpendo alle spalle il dispositivo sabaudo per impossessarsi del corso del Po. Alla fine del 1745 i franco-spagnoli avevano occupato Casale e in seguito il castello di Gabiano a circa quaranta chilometri da Torino. Come nel 1704-1706, questa manovra li metteva in grado di contendere vantaggiosamete ai Piemontesi il corso del Po e rendere possibile il trasporto dei traini e dei rifornimenti per l'assedio di Torino.
- <u>1746-1747, la difesa di Genova</u>. Il colpo del Maillebois non fu accompagnato da una credibile iniziativa diplomatica destinata a separare Torino da Vienna. Le ambizioni spagnole frenarono la corsa dei Francesi su Torino lungo il Po. Questo rese possibile il recupero sabaudo, l'arrivo di una poderosa forza di soccorso imperiale e il lancio di una «all-out offensive» nella primavera del 1746, culminata con la spaventosa battaglia di Piacenza (16 giugno 1746), una delle più sanguinose del XVIII secolo, vinta dall'esercito di Maria Teresa. I Franco-Spagnoli nelle

[59] CAMPBELL 1753, pp. 300-302.

campagne successive tentarono ancora l'avanzata lungo la Riviera di Ponente, ma ormai il gioco era stato scoperto e le forze sabaudo-imperiali erano divenute particolarmente efficienti nel frenare ed arrestare la spinta offensiva avversaria lungo la linea Ceva-Savona. L'obiettivo strategico per il nord Italia rimaneva la difesa di Genova, il che fu ottenuto nonostante il dominio navale britannico.

I piani strategici borbonici furono spesso appropriati e audaci. In particolare quello del maresciallo di Maillebois per la campagna del 1745, che prevedeva l'attacco dall'Appennino ligure, lo sfondamento della linea austro-sabauda nel punto di giunzione tra i due eserciti nemici e la ricerca della battaglia decisiva, fu ampiamente analizzato e applicato con successo da Napoleone nella campagna del 1796, la cui prima fase si concluse con l'armistizio di Cherasco. Tuttavia i Francesi già nel 1794 erano stati in grado di dimostrare la loro totale superiorità tattica nei confronti dell'esercito di Vittorio Amedeo III, assalendo frontalmente il bastione alpino. Il 25 luglio, dopo essersi impossessati dei principali valichi alpini, Piccolo San Bernardo, Monginevro, Moncenisio, Colle dell'Agnello, Colle della Maddalena, Colle di Tenda, lanciarono la loro offensiva contro Cuneo, calando dalle Valli Stura, Maira e Varaita. L'operazione, che già era iniziata con i migliori auspici ed aveva visto le forze francesi spingersi sino a Borgo San Dalmazzo, fu sospesa il 9 agosto a causa del colpo di Stato di Termidoro e la morte di Robespierre. Temendo la guerra civile, le truppe furono richiamate in patria e ogni azione in questo teatro operativo fu sospesa.L'armata francese rivoluzionaria, forgiata nell'ultimo terzo del XVIII secolo, dimostrava appieno tutte le migliorie e i progressi che aveva fatto a partire dai tristi giorni della Guerra dei Sette Anni. Per l'esercito del Re di Sardegna, abbandonato dagli alleati e mal condotto sul campo di battaglia, non poteva esserci avversario più impegnativo. Se nel 1744 il soldato piemontese poteva reggere il confronto con quello francese, nel 1794, nonostante le carenze logistiche dei repubblicani, il «buja nen» era surclassato sotto ogni punto di vista, tattico, tecnologico, morale.

§ *La fanteria dell'Armée Royale*

Nel 1744 la magnificenza degli eserciti di Luigi XIV era oramai solo un ricordo. Polemico, velocissimo nel cambiare umore e con una persistente tendenza all'insubordinazione; queste erano le principali caratteristiche dell'esercito francese di Luigi XV. Molti criminali e disoccupati erano tra i «volontari» che formavano la gran parte della fanteria di linea, proprio come nelle forze sabaude. Ma ciò che rendeva particolari i battaglioni dell'esercito francese era l'alto numero, quasi sproporzionato, delle reclute originarie di centri urbani. Almeno un terzo di loro proveniva da città di medie o grandi dimensioni, il che rendeva i soldati turbolenti, opportunisti e totalmente insensibili ai richiami dei superiori. La paga era povera e i rifornimenti, che dipendevano da appaltatori civili, spesso del tutto assenti. Di qui la naturale necessità di dedicarsi al saccheggio, attività che era non solo tollerata, ma addirittura incoraggiata.

Il corpo degli ufficiali inferiori era decisamente insoddisfacente.

> Le vecchie convinzioni dei nostri padri, il loro entusiasmo per il servizio di Dio, del Ree delle dame, che aveva accompagnato così a lungo il loro guerriero eroismo, svanì di giorno in giorno. Gli ufficiali dell'esercito non erano più quei rudi e fanatici combattenti del XVI secolo; quei gentiluomini entusiasti e devoti del gran re: erano una generazione di zerbini, libertini, frivoli, superficiali, buffoni, più assidui ai postriboli che alle loro compagnie, sempre valorosi, desiderosi della bella morte, ma a patto di non soffrire con i soldati [...][60]

A Dettingen nel 1743 il conte di Stainville, poi divenuto il duca di Choiseul, per tre volte sentì gridare il maresciallo di Noailles alle truppe di occupare una posizione,

> [...]tutti i suoi sforzi furono vanificati dall'ignoranza, dal panico, dal rumore della battaglia e dalla mancanza di silenzio da parte delle nostre truppe. Un solo colpo di cannone, che il nemico raramente tirava, era sufficiente perché in tutto l'esercito si diffondesse la speranza di ritirarsi [61]

Il maresciallo Maurizio di Sassonia tollerava e addirittura incoraggiava la licenziosità e i vizi dei suoi uomini, ma in battaglia esigeva i massimi sforzi da parte di tutti per ottenere la vittoria. Solo con energici comandanti i soldati francesi sembravano uscire dal loro abituale riottoso stato di indisciplina. Nella Guerra di Successione Austriaca vi furono comandanti veramente capaci. Solo quando vennero a mancare uomini delle qualità di Maurizio di Sassonia, del principe di Conti, di strateghi quali Maillebois o tattici aggressivi quali François Chevert, giunsero allora dolorose ed umilianti sconfitte, prima tra tutte quella di Rossbach, il 5 novembre 1757.

Disciplina, qualità di combattimento e diserzioni variavano da reparto a reparto. I reggimenti, infatti, continuavano a distinguersi secondo l'anzianità di servizio. Oltre alla Maison du Roi, i cui reparti non erano presenti sul fronte italiano, le unità più prestigiose si dividevano in «Vieux», i vecchi, ovvero i reggimenti di Picardie, Champagne, Navarre, Piémont, Normandie, la Marine, e in «*Petit-Vieux*», i nuovi vecchi, ovvero i reggimenti di Auvergne, Leuville, Bourbonnais, Tallard, Boufflers, Le Roi. La struttura di un reggimento era variabile, e andava dai 2/3 battaglioni delle unità più anziane, sino ai reparti mono-battaglione di recente levata. In base all'*Ordonnance* del 15 maggio 1741 ciascun battaglione aveva una forza teorica di quaranta ufficiali e 650 tra sottufficiali, musici e soldati semplici suddivisi in quindici compagnie, quattordici di fucilieri da quaranta uomini e una di granatieri da quarantacinque. Ogni compagnia aveva un capitano, un tenente, un sottotenente, due sergenti, un tamburo, tre caporali e tre soldati scelti e ventotto soldati semplici.

§ *L'armamento della fanteria francese*

Il fucile francese della Guerra di Successione Austriaca fu uno dei migliori della sua epoca. Il primo modello regolamentare francese, il «Fusil modele 1717», risultò essere un'arma non gradita alla truppa. In particolare lo smontaggio della canna dalla cassa, fissata tramite coppiglie e spine, era un'operazione troppo complessa per es-

[60] SUSANE 1876, Vol. I, p. 232.
[61] CHOISEUL 1904, p. 9-10.

sere effettuata in campagna. Oltretutto la lunghezza complessiva dell'arma, 159,3 centimetri, non era certo garanzia di robustezza. Nel 1727 Jean Florent de Vallière, direttore ed ispettore generale della manifatture di Saint-Etienne, Charleville e Maubeuge, decise di interrompere la produzione del mod. 1717 e di dare inizio alle ricerche per un nuovo modello di arma. Vallière, divenuto noto per la riorganizzazione dei materiali d'artiglieria e inventore dell'omonimo sistema Vallière, fece costruire un prototipo del nuovo fucile ad un mastro armaiolo, Reynier «l'Olandese». Costui, archibugiere di Filippo d'Orléans reggente di Francia, aveva già partecipato allo sviluppo del mod. 1717. L'Olandese rimediò alla fragilità dell'ordinanza precedente aggiungendo tre fascette di metallo in volata, a metà e ad un terzo della canna. In più fu migliorata la piastra, potenziata la molla del bacinetto, ispessito il collo del cane e snellita la linea del calcio. Il fucile ne guadagnò enormemente in robustezza, semplificando la costruzione e lo smontaggio.

Nacque così il mod. 1728; si trattò di un'arma superba, le cui qualità tecniche segnarono la costruzione delle armi da fuoco sino alla fine del XIX secolo. I soldati apprezzarono subito la nuova ordinanza, alla quale furono affibbiati curiosi soprannomi, come «La Tendresse«», «Va de bon Coeur», «Sans Chagrin», «Brin d'Amour». Nel 1728 ne furono ordinati 28000 esemplari. Nel 1745 ne erano stati prodotti ben 450000, dei quali 10000 nella variante pesante da ramparo. La produzione fu tale da poter soddisfare anche il mercato estero. Tra i clienti vi fu anche il Regno di Sardegna. Nel 1741 fu introdotta la bacchetta di ferro, a sostituzione di quella di legno. La sostituzione delle vecchie ordinanze fu tuttavia assai lenta e nel 1757 erano ancora distribuite ai reparti di linea bacchette in legno.

Nel 1746 fu prodotto un nuovo modello di fucile, il mod. 1746. L'arma fu costruita sin da subito con la bacchetta di ferro, ma si decise di costruire la molla del bacinetto senza briglia, come avveniva nel vecchio mod. 1717, rendendo la batteria decisamente troppo fragile. La produzione, suddivisa tra Maubeuge, Charleville, Saint-Etienne e Liegi fu tuttavia a dir poco enorme, e solo tra il 1746 ed il 1748 furono prodotti 211500 pezzi. Nel 1750 erano stati stoccati ben 341500 fucili mod. 1746[62].

§ *L'ammaestramento tattico-strategico della Guerra di Successione Spagnola*

I Francesi si erano dimostrati assai più restii, rispetto ad altre potenze, ad adottare il fucile a pietra. Nel 1693 lo stesso Luigi XIV aveva auspicato un abbandono completo di tale arma da parte dei suoi soldati. I fatti andarono diversamente. Se nel 1670 quattro uomini per compagnia, su un totale di cinquantadue uomini, dieci dei quali picchieri, avevano con sè fucili a pietra, nel 1687 erano saliti ad otto e improvvisamente a ventuno nel 1692. Sui campi di battaglia della Guerra della Lega di Augusta i soldati francesi gettavano i loro moschetti a miccia per impossessarsi dei fucili a miccia del nemico. Al termine del conflitto la fanteria francese era risultata superiore alla controparte alleata. Pertanto non venne effettuato nessun grande cambiamento per modernizzare le tattiche di combattimento, nonostante l'impiego sempre più massiccio, sino a divenire universale, del fucile a pietra focaia e della baionetta a calza. La potenza di fuoco sembrava divenire l'elemento vincente e gli eserciti alleati, in particolare quelli olandese e inglese, lavorarono assai più dei Francesi per aumentare l'efficacia del tiro della propria fanteria.

L'aumento della potenza di fuoco della fanteria aveva reso lo scontro fra due formazioni contrapposte un evento particolarmente sanguinoso. Dal momento che in un simile contesto gravi perdite non potevano essere evitate, ai teorici francesi sembrò che la vittoria arridesse al reparto in grado di mantenere intatta la propria disciplina di fuoco, nonostante il carnaio che andava aumentando ad ogni salva. La continuazione dei movimenti di caricamento e sparo, senza troppo scomporsi per le perdite, e il mantenimento della formazione risultavano più importanti del volume di fuoco espresso. Altri ancora sostenevano che la fanteria francese fosse inaffidabile in difesa, ma esprimesse il suo meglio assalendo il nemico all'arma bianca. Questa idea, basata su una eccessiva semplificazione e sulla cattiva interpretazione dei rapporti delle battaglie, esercitò una profonda influenza sulle tattiche francesi del XVIII secolo.

L'*Ordonnance* del 2 marzo 1703 decise che tutta la fanteria dovesse essere armata di fucile a pietra, ma la disposizione tattica dei battaglioni era ancora la stessa di un reparto armato di picche, ideale più a uno scontro corpo a corpo che ad un serrato combattimento a fuoco. La Guerra della Lega di Augusta aveva dimostrato che l'arma a pietra godeva di un vantaggio tattico notevole, in quanto era più sicura nell'accensione e si ricaricava con più velocità. Questo fatto suggeriva di aumentare la potenza di fuoco dei battaglioni di fanteria, allungando il loro fronte di battaglia e riducendo il loro spessore. I francesi seguitarono invece a mantenere in uso la formazione tradizionale basata su cinque ranghi.

Il fronte di battaglione nella Guerra di Successione Spagnola misurava poco meno di 120 metri. I 690 soldati del reparto si suddividevano in tredici compagnie; a destra prendeva posto la compagnia granatiera, di cinquanta uomini, la colonnella di quaratasei e undici compagnie di quaratotto fucilieri ciascuna. Sulla sinistra si allineava una compagnia di formazione, detta «peloton sur la gauche», composta da quattro uomini dalle prime quattro compagnie e tre dalle restanti otto, insieme a due sergenti e un tamburo. Tra i ranghi doveva rimanere una distanza di 4 passi (m 3,65), per un spessore totale del battaglione di m 17,37. In caso di mancanza di personale, il battaglione francese poteva disporsi su quattro o, addirittura tre o persino due ranghi. Solo a partire 1706 fu concessa la possibilità di schierarsi su soli quattro ranghi, con un fronte di battaglione di 148 metri. Questa fu la formazione tattica comune della Guerra di Successione Austriaca.

[62] Sull'armamento individuale francese si vedano BOUDRIOT 1997, Vol. I e VUILLEMIN 1997.

Esistevano due sistemi di fuoco, per ranghi o per compagnie. Nel primo caso i primi quattro ranghi si inginocchiavano, mentre l'ultimo rango faceva fuoco in piedi, proseguendo poi successivamente sino al primo. Dopo il 1713 fu adottato anche il fuoco per plotone. Allo scoppio della Guerra di Successione Austriaca gli Olandesi, seguiti dagli Inglesi, avevano adottato già da un decennio una nuova tattica, detta appunto «all'olandese». Compreso sino in fondo che lo scopo principale della fanteria era distruggere l'avversario con il proprio fuoco, ora occorreva schierare sul fronte di battaglione il maggior numero di fucili. Gli Anglo-Olandesi disposero i loro battaglioni su tre ranghi, dividendo il reparto in diciotto plotoni, i quali a loro volta vennero raggruppati in tre fuochi di sei plotoni ciascuno. In battaglia il primo rango si inginocchiava, mentre il secondo ed il terzo rango potevano puntare l'arma abbassandola negli spazi liberi tra gli uomini. Il primo rango poteva tirare anch'esso o servire come riserva di fuoco in caso di necessità. Dopo che il primo fuoco aveva effettuato la sua salva, avrebbe ricaricato, mentre il secondo fuoco compiva la sua azione, seguito poi a sua volta dal terzo. Pur continuando la fusillade, un terzo del battaglione era sempre in riserva pronto al tiro, mentre il controllo sulla truppa era migliore rispetto alle pesante formazioni su quattro o cinque ranghi. Una formazione inglese o olandese aveva un fronte di battaglione di circa 250 metri, doppio rispetto ad una unità di fanteria francese dell'inizio del secolo. Questa tattica fu adottata dall'esercito francese, anche se l'usuale disposizione su quattro ranghi consentiva di tirare solo ai tre ranghi frontali, con il primo inginocchiato, mentre l'ultimo rimaneva inutilmente inoperoso in riserva.

La tattica di fanteria francese era un dispendioso anacronismo e, dal punto di vista della dottrina d'impiego del fucile a pietra, gli eserciti di Luigi XIV e di Luigi XV rimasero, tra le grandi potenze, i più arretrati dell'Europa Occidentale. La deficienza più grave rimaneva l'incapacità di saper sfruttare al meglio la potenza di fuoco dei singoli battaglioni. La preoccupazione non era di tirare con precisione, ma velocemente. In Francia, come in Prussia o in Inghilterra, non contava tanto la precisione del tiro, quanto la capacità di saturare il «killing ground» con regolari salve di fucileria. L'esercizio intendeva ricercare la rapida successione delle salve. Queste erano ottenute solamente all'inizio del combattimento. Di solito il tiro degenerava nel «feu de billebaude», ossia nel «fuoco a volontà». I Francesi si dimostrarono nettamente inferiori ai Prussiani e agli Anglo-Hannoveriani nel combattimento a fuoco. Nonostante ciò a Fontenoy, Raucoux, Laufeld, così come a Madonna dell'Olmo, i Francesi riuscirono a infliggere gravi perdite grazie alla loro azione di fuoco, sebbene sia a Dettingen sia a Fontenoy, così come all'Assietta, le truppe francesi fossero fortemente decimante dalle regolari salve di fucileria avversaria. I soldati gigliati erano impressionati dalla regolarità delle salve alleate, ritenendole la caratteristica di una disciplina e di una solidità superiore.

Nel 1744 l'esercito dispiegato in ordine di battaglia risultava lento e poco manovriero, a causa della formazione dei battaglioni su quattro ranghi. La manovra più semplice, quella che consisteva nel rompere una linea in colonna, a destra o a sinistra, per conversione di tutti i plotoni, fu adottata solamente verso il 1760.

Negli anni che seguirono la Guerra di Successione Spagnola furono fatti progressi assai rilevanti per ottenere velocità nei movimenti e nella cadenza di tiro, ma non venne sviluppato alcun regolamento specifico. Al contrario ciascun reggimento seguì una propria tradizione riguardo al sistema di combattimento, al modo col quale disporsi in colonna, e riguardo alle varie evoluzioni e sull'organizzazione della catena di comando. Solo la disposizione su quattro ranghi divenne un elemento comune in tutta l'Armée Royale. La misura di quattro metri di distanza tra un rango e l'altro, tuttavia, era sovente disattesa a causa dell'introduzione, sempre a discrezione del colonnello, del fuoco per plotoni.

«Oggigiorno, per marciare in colonna si comincia col serrare i ranghi, al contrario poi si riprendono le distanze marciando»[63]; così il Puységur aveva notato come un battaglione di fanteria iniziasse il proprio movimento dopo essersi disposto in linea per il combattimento. L'unità subiva un effetto «fisarmonica», restringendosi ed allargandosi ad ogni cambio di formazione e ordine.

> Nel caso in cui due armate si affianchino nella loro marcia o che si dispongano l'una davanti all'altra, oppure che una delle due stia marciando verso l'altra già disposta in battaglia, non c'è altra marcia che convenga se non quella dove i battaglioni e gli squadroni occupano la stessa posizione che occupano in battaglia, in modo che se l'armata nemica, che vi fronteggia, è sistemata in modo da obbligarvi a girare per attaccarla, ciascun battaglione e ciascuno squadrone farà un quarto di conversione, sia per battaglione sia per squadrone in intiero, sia per divisione, e l'armata si troverà in battaglia[64]

Puységur sostanzialmente risolveva il problema dei movimenti dell'armata sforzandosi di immaginare manovre su colonne di meno di venti file. Questa disposizione tattica, di per sé semplice, costringeva il battaglione a lentissime marce, specie «off road», per non perdere coesione e compattezza. Pertanto occorrevano ad un esercito numerose ore, se non un giorno intero, per disporsi in battaglia. Senza un regolamento efficace e comune, soprattutto senza quelle regole pratiche per conservare le distanze e la direzione già codificate dall'esercito prussiano nella prima metà del XVIII secolo, il momento del passaggio dalla colonna alla linea era un caos indescrivibile, e risultava un compito arduo ricollocare i plotoni, gli uomini e gli ufficiali nel loro giusto ordine. Operazione del resto necessaria, se si voleva sviluppare un potente fuoco di battaglione.

Occorre sottolineare il fatto che nelle guerre dal 1689 al 1713 si assistette alla scomparsa di truppe di fanteria leggera dai campi di battaglia. Né a Fleurus, Hoechstædt o Malplaquet, furono impiegati quei corpi di dragoni o picchetti e distaccamenti di altre unità dei quali Turenne soleva fare ampio uso. I dragoni, inizialmente concepiti come fanteria montata e spesso impiegati in azioni di avanscoperta, furono a poco a poco riassorbiti nella cavalleria. I comandanti di questi reparti, già nella prima metà del

[63] PUYSÉGUR 1748, Vol. I, pp. 61, 97-100.
[64] PUYSÉGUR 1748, Vol. I, p. 96.

XVIII secolo, ritenevano più nobile caricare a cavallo che mettere il piede a terra e impiegare l'arma lunga d'ordinanza. Fu mantenuto inalterato l'uso di formare picchetti di cinquanta uomini per battaglione. Questi divennero particolarmente utili in campagna, per azioni di avanscoperta o in operazioni di montagna. Assimilabili alla fanteria leggera furono le compagnie franche, impiegate sulle frontiere del regno, per azioni di osservazione e ricognizione intorno alle principali fortezze, a vigilare passi di montagna o luoghi strategicamente rilevanti, con una indipendenza di comando e azione praticamente assoluta.

Gli eserciti europei marciavano al passo cadenzato. Nel XVI e nel XVII secolo era impossibile pensare di far manovrare le massicce formazioni di picchieri senza battere loro il tempo di marcia. I canti di marcia, che sono giunti ai giorni nostri, *Auprès de ma Blonde*, *Soldat par Chagrin*, ma il discorso vale anche per i Piemontesi, si veda il bel canto *Villa de Chambery*, indicano chiaramente che la truppa marciava al passo, anche se nessun regolamento specifico rendeva questo obbligatorio o indicava la cadenza e la velocità da tenere sul campo di battaglia. L'*Ordonnance* del 1753 prescriveva solamente che tutti gli uomini dovevano partire con lo stesso piede. Quella del 1754 si limitava a sottolineare l'importanza di muoversi tutti insieme con lo stesso passo.

Questa difficile situazione si mantenne senza grandi cambiamenti sino all'entrata in vigore dell'*Instruction Militaire* del 1754. Nei quarant'anni che seguirono la Guerra di Successione Spagnola non furono fatti che dei progressi minimi per ottenere la migliore tattica in grado di enfatizzare potenza di fuoco e velocità di movimento. Mancava soprattutto ciò che Maurizio di Sassonia definiva «tact», ossia l'uniformità, il sincronismo perfetto nei movimenti all'interno di ogni unità schierata a ranghi serrati, gomito a gomito, sulla linea di battaglia. L'Armèe Royale infine si decise ad adottare *in toto* il regolamento prussiano nel 1774.

§ *Il disordine nei ranghi e l'eterogeneità dei movimenti*

Nonostante i tentativi di migliorare la «battle effectiveness» della fanteria, rimaneva radicata nell'esercito francese l'abitudine di impiegare ed addestrare la fanteria come elemento di coreografia per celebrazioni e feste. François Chevert ricordava divertito il successo che aveva ottenuto, quando ancora era aiutante maggiore in forza al reggimento Beauce, durante la fase finale di una rivista nel far schierare gli uomini del suo reparto in modo da formare la frase «Vive le Roy», prima di effettuare una scarica di saluto.

La tattica di combattimento, la cadenza di tiro, i movimenti sul campo di battaglia, in pratica tutte le disposizioni per il combattimento, erano lasciate all'estro dei colonnelli. Solo l'esercizio delle armi fu modificato in corso d'opera, poiché la vecchia *Ordonnance* del 2 marzo 1703 fu sostituita da un nuovo regolamento il 1 marzo 1746. Il risultato di queste lacune fu che, a tutta la Guerra di Successione Austriaca, non esistevano nell'Armée de France due reparti che combattessero nello stesso modo. Solo con l'*Ordonnace* del 7 maggio 1750 venne distribuito a stampa un regolamento per l'esercizio della fanteria. Gli ufficiali lamentavano una assoluta mancanza di addestramento. Nel 1740 un graduato constatava che

> [...] non ci si cura, in Francia, di far fare gli esercizi alla truppa. Ci si contenta di solito di insegnar loro a maneggiare l'armamento e di far bene marciare i soldati. Questo è buono, ma non è sufficiente. Altri ancora lamentano che la recluta deve essere vestita, che già deve montare di guardia ed è abbandonata alla sola condotta di un sergente o di un caporale. Gli ufficiali non se ne curano affatto; a mala pena sa tenere in mano il suo fucile, la si fa marciare con tutta la truppa, il che non serve a nulla se non ad impedire agli altri di fare bene il loro esercizio [...] Si deve fare attenzione ai vantaggi che le truppe prussiane hanno sulle altre truppe grazie all'esercizio continuo che fanno e alla loro rapidità [65]

Le mancanze maggiori riguardavano tuttavia la potenza di fuoco dei battaglioni francesi. Il 6 febbraio del 1750 sulla corte dell'Hôtel des Invalides, alla presenza del ministro della guerra Voyer de Paulmy d'Argenson, alcuni reparti di fanteria compivano un esercizio di tiro. Ognuno di loro sembravano impiegare l'armamento individuale secondo schemi propri, per non parlare dei movimenti tattici. Il ministro decise di andare a fondo, e il 15 febbraio ordinava ai reggimenti Picardie, Piemont, Champagne, La Marine, Flandre, Flandres, Cambresis, La Roche Aymon, La Sarre e Royal Soissonais di presentarsi agli Invalidi o di inviare dettagliate relazioni scritte per esaminare le manovre adottate da ciascuna unità[66]. Sebbene tutti si disponessero ormai su quattro ranghi, nessun reparto utilizzava una istruzione di tiro e movimenti uguale all'altra. Solo cinque di loro addestravano gli uomini al tiro e furono in grado di compiere un'azione di fuoco. Due di loro, tuttavia, impiegavano, oltre al fuoco per plotoni, anche il desueto fuoco per ranghi. Il comandante del reggimento La Sarre faceva compiere ai suoi uomini una contromarcia per liberare il campo di tiro al rango arretrato, provocando lo sdegnato stupore dell'ispettore alla manovra, Victor Maurice de Broglie, futuro Maresciallo di Francia. Eppure non si trattava di reparti di seconda scelta; i reggimenti di Picardie, Piemont, Champagne, La Marine erano quattro dei sei Grand Vieux. Semplicemente nell'Armée Royale la disciplina di tiro aveva un'importanza minore rispetto all'esercizio con l'arma bianca. Sebbene ogni soldato avesse facoltà di tirare quaranta colpi di fucile all'anno per esercizio, non esistevano istruzioni per il tiro comuni a tutto l'esercito.

Già durante la Guerra di Successione Spagnola si era diffusa l'opinione, tutt'altro che suffragata dai fatti, che il carattere tipico dei soldati di Francia fosse più adatto ai «coups de main» che al mantenimento della posizione e alla disciplina di tiro. La dottrina d'impiego francese privilegiava l'assalto alla baionetta, o comunque l'idea di serrare il più possibile sotto il nemico. La potenza di fuoco, però, già dominava i campi di battaglia e gli attacchi francesi costarono spesso inutili e numerose perdite;

> La loro fanteria [del nemico, *scil.*] è abituata da tempo a tirare per plotoni; a questo fine, i loro tre ranghi sono serrati alla punta della spada; il primo mette un ginocchio a terra, il secondo è curvo, e il

[65] COLIN 1907, pp. 20-21.

[66] SHAT, 1M 1704, pièce 100.

terzo si tiene dritto; in questo modo, mantengono un fuoco continuo e non si disperdono mai, quando i Francesi non conoscono che l'uso di caricare baionetta inastata e combattono con un svantaggio infinito, quando il terreno non permette loro di raggiungere il nemico[67]

Quanto alle manovre di battaglione, si era infine stabilita una suddivisione interna ai battaglioni decisamente funzionale. Le compagnie divennero, sotto il nome di «sections» la suddivisione naturale di un battaglione. Le *Instructions pour le camp* del 1733 consacrarono questa suddivisione, che si ritrovò in seguito in tutti i regolamenti. Due compagnie formavano un «peloton»; due di queste unità erano dette «manche», espressione del vecchio vocabolario militare del XVII secolo che designava il terzo della forza di un battaglione. Il «demi-rang» era il raggruppamento di sei o otto compagnie, a seconda della consistenza di un battaglione, su dodici o sedici compagnie. Negli ultimi anni di regno di Luigi XIV era divenuto comune serrare i ranghi prima di ciascuna conversione. Poco a poco questa abitudine fu estesa a tutte le evoluzioni con l'intento di rendere più rapido il passaggio di un battaglione da una formazione lineare ad una in colonna. Nel 1753 la distanza tra un rango ed un altro fu fissata a 4 piedi (m 1,30) in una colonna per sezioni o plotoni, 8 piedi (m 2,60) nella colonna per manche o demi-rang, 12 piedi (m 15,6) nella colonna per battaglione.

Ufficialmente non esisteva altra formazione che la linea disposta su 4 ranghi, le colonne di movimento per section, peloton, manche, demi-rang o battaglione. Il resto era letteralmente lasciato all'immaginazione dei comandanti di reparto, la cui preoccupazione principale era quella di trovare disposizioni tattiche sufficientemente robuste e facili da controllare.

Ogni reparto aveva, di fatto, un proprio «regolamento» interno riguardo le tattiche di combattimento. Quello del reggimento Flandres, uno dei reparti scelti per ordine del ministro d'Argenson, fu descritto in una memoria del 6 luglio 1750; il documento rappresenta un buon esempio di ciò che un'unità francese sapeva fare sul campo di battaglia al termine della Guerra di Successione Austriaca[68].

Tra i regolamenti reggimentali del periodo, quello del reggimento Flandres è senz'altro uno dei più completi (si veda l'Allegato 13). Nondimeno emerge la trascuratezza dei comandi nel preparare il reparto al combattimento a fuoco, mentre maggiore cura viene data nell'addestrare il battaglione dal passaggio alla formazione lineare a quella in colonna, al quadrato, e viceversa. Come per l'esercito sabaudo, anche in quello francese l'ordine organico si discostava da quello tattico. La gestione del battaglione in «divisioni» piuttosto che nei soliti plotoni e compagnie ordinarie, se da un lato favoriva e snelliva i movimenti tattici, dall'altra non poteva non creare confusione al momento di formare una linea di battaglia, di muoversi in assetto di combattimento e, soprattutto, di mantenere coesa la formazione, mentre le perdite aumentavano sotto l'azione del fuoco nemico.

§ *L'opzione fra ordine sottile ed ordine profondo*

La sola formazione di combattimento, regolamentare e praticata sino alla fine del regno di Luigi XIV, fu la linea disposta su cinque o quattro ranghi, qualche volta su tre. Durante le guerre del XVII secolo la profondità delle formazioni di fanteria era scesa progressivamente da dieci ad otto, poi a sei, ed infine cinque o quattro ranghi. Iniziò ad essere adottata una formazione lineare che faceva della potenza di fuoco la propria ragione d'essere. Conveniva ora dispiegare un battaglione in formazioni il più possibile allungate, in modo da permettere al maggior numero possibile fucili di tirare. Tuttavia la linea presentava qualche inconveniente, e si dimostrava più adatta ad un combattimento difensivo, piuttosto che per un'azione d'attacco. L'alternativa era un attacco con i battaglioni disposti in colonna.

Sembra sia stato il cavaliere de Folard il primo a proporre l'uso di colonne per aumentare il potere offensivo alla fanteria. Jean Charles de Folard aveva combattuto a Cassano d'Adda, ma aveva evitato Torino. Nel primo scontro era stato testimone di un combattimento serrato durante il quale i soldati imperiali si erano appoggiati a cascine e canali per avvicinarsi ai centri di fuoco francesi che difendevano i passaggi, pochi ed obbligati, sul fiume Pandina. Al comando di quattro compagnie, una del reggimento La Marine, una del Leuville, una del Bretagne e una del reggimento d' Esgrigny, per un totale di 200 uomini, il cavaliere difese con successo un ponte e i vicini guadi, facendo perno sulla cascina Taranta. Assalito da 1500 fanti imperiali e circa un migliaio di cavalieri comandati dal principe di Wurttemberg, si difese con accanimento. Il perimetro della cascina fu più volte assalito, tuttavia la difesa, ben diretta, respinse tutti gli assalitori.

I nemici, desiderando la gloria di entrare per primi, si spinsero gli uni sugli altri, ed entrarono due a due. Li si respinse con le baionette, e tutti quelli che entrarono furono sgozzati senza poter fare resistenza [69]

Una volta che gli Imperiali riuscirono ad impadronirsi del cortile, egli fu comunque in grado di organizzare le difese e continuare la resistenza nella cappella, nella colombaia, nei magazzini, nell'abitazione vera propria e persino nel pollaio. Uno scontro dunque avvenuto a distanze brevissime, spesso con le baionette e le spade da fanteria. In una di queste lotte corpo a corpo Folard ebbe anche la sventura di venire ferito, proprio da un colpo di spada al ventre, per sua fortuna non gravemente. Nonostante tutto, la difesa tenne; nel momento in cui il gran priore di Vendôme, fratello del duca Luigi di Vendôme, giunse finalmente in suo soccorso, il Folard aveva perduto solamente la posizione del pollaio, tenuta da un ufficiale ed un manipolo di granatieri. Nuovamente impegnato nello scontro, il cvaliere prese il comando della difesa del castello di Cassano.

Questa fu la principale azione di guerra alla quale Folard prese parte come comandante di un reparto. Uno scontro feroce, prolungato e spezzettato in vari episodi, nel quale contò più il coraggio, la determinazione e la predisposi-

[67] COLIN 1907, p. 21.
[68] SHD/T, Vincennes, 1M 1704, pièce 24

[69] FOLARD 1753, pp. 25-26.

zione allo scherma e alla rissa, piuttosto che la capacità di ordinare una notevole potenza di fuoco o disporre di tattiche elaborate per poterla esprimere al meglio. Le mura della cascina rappresentavano una minaccia mortale per qualsiasi reparto di cavalleria nemica che si fosse avventurato nei pressi, senza contare che le stesse costituivano una difesa impenetrabile ai pezzi reggimentali a disposizione della fanteria imperiale.

Folard non comandò mai un battaglione dispiegato in linea di battaglia, e vide «da dietro» tutte le altre grandi battaglie della quali fu testimone, inserito nello stato maggiore del Vendôme, del Berwick o di Carlo XII. I rovesci della Guerra di Successione Spagnola lo convinsero che la fanteria francese fosse poco adatta per una battaglia difensiva, ma dava il suo meglio con il freddo acciaio. Questo punto di vista, che era per la verità un'eccessiva semplificazione, e Cassano lo dimostrava, esercitò un richiamo troppo forte per una generazioni di teorici e scrittori militari. Nel XVIII secolo la tattica era il regno dei maggiori e dei colonnelli, dei comandanti di reparto. Solo loro potevano giudicare, fronte al nemico, come il proprio battaglione o reggimento combattesse, facesse fuoco, resistesse e attaccasse.

Folard di fatto non ebbe un sufficiente bagaglio di esperienze per suggerire le corrette variazioni alle tattiche dell'esercito francese. Egli non fu presente a Torino, dove la fanteria francese fu sconfitta al termine di ben tre serrati scontri a fuoco che si prolungarono per oltre un'ora. Gli attacchi alleati e la mancanza di munizione avevano mandato in rotta la brigata La Marine, composta dal terzo battaglione del reggimento La Marine e dal secondo del reggimento d'Auvergne. Eventi come questo furono causati secondo Folard dal fatto che i battaglioni schierati in linea fossero vulnerabili a causa del loro scarso spessore. Secondo lui battaglie quali la Marsaglia (1693), Spira (1702) e Denain (1712) erano state vinte con assalti alla baionetta effettuate da colonne di fanterie che non si erano aperte in linea per sviluppare il proprio tiro di fucileria. Al contrario criticava duramente il Villars a Malplaquet (11 settembre 1709), dove i Francesi erano stati esclusivamente sulla difensiva, tradendo il carattere tipico delle genti di Francia, più adatte ai coup de main che al mantenimento della posizione e alla disciplina di tiro. Poco gli importava che gli «Enfants de la Gloire» avessero causato la fine della carriera del duca di Marlborough, 24000 perdite alleate, un quarto degli effettivi, contro le 12000 francesi, 3000 dei quali prigionieri.

Folard proponeva una serie di colonne, forti dal singolo battaglione sino ad formazioni massicce di sei battaglioni, allineati uno a fianco dell'altro e preceduti da formazioni di fanteria leggera. Le colonne più larghe dovevano avere un fronte di ventiquattro o trenta file, e uno spessore di quaranta o cinquanta ranghi. Un uomo su cinque era equipaggiato con una picca; questa truppa doveva essere sistemata sui fianchi e di fronte per l'urto e la difesa dalla cavalleria. Le colonne più piccole, su due battaglioni, erano di sedici file e di trenta ranghi fino a trentasei.

La dottrina di impiego proposta da Folard era piuttosto semplice; serrare il più velocemente possibile contro il nemico come una vera e propria falange, perforare le sue linee difensive al centro, dividere il fronte dell'esercito in due ali, le quali avrebbero a loro volta distrutto rispettivamente l'ala destra e l'ala sinistra dell'avversario. L'idea di potenza di fuoco era del tutto abbandonata, si voleva arrivare a contatto con il nemico e lottare con lui corpo a corpo. Il maggiore peso delle formazioni folardiane avrebbe avuto la meglio su qualsiasi nemico.

§ *La prevalsa della potenza di fuoco*

Che la colonna e l'urto non fossero l'elemento vincente già era emerso drammaticamente a Poltava il 28 giugno 1709. Dopo che Carlo XII fu messo fuori combattimento a causa di una ferita, i battaglioni svedesi, per un terzo armati di picca e guidati dal generale di fanteria conte Lewenhaupt, erano stati annientati dall'artiglieria e dalla fucileria avversarie non appena si erano infilati nel «killing groud» di una serie di ridotte poste davanti al campo trincerato russo. Quattro ridotte su dieci furono occupate, ma le perdite di fatto furono troppo grandi per gli Svedesi, che furono annientati nelle successive fasi dello scontro. Anni dopo, memore dell'esperienza della Guerra di Successione Spagnola, il maresciallo di Francia Puységur commentava a proposito dell'efficacia degli assalti alla baionetta.

> Le armi da fuoco sono il più distruttivo tipo di armamento. Per esserne convinti, basta andare in un ospedale e si vedrà quanti pochi uomini sono stati feriti dal freddo acciaio rispetto alle armi da fuoco. La mia argomentazione non è avanzata con leggerezza. È basata sulla conoscenza [...][70]

La fama e la fortuna di Folard, duramente smentite dai fatti, ebbero vita breve. Ad assicurargliela furono non le sue opere, troppo vaste e dispersive, ma la sintesi fatta estrarre da Federico II e le riflessioni del suo estimatore e corrispondente Maurizio di Sassonia. Queste ultime furono composte in tredici nottate di febbre nel dicembre del 1732, riviste nel 1740 e fatte circolare dal conte di Friesen solo dopo la morte dell'autore[71]. Maurizio rimase sempre in corrispondenza con il cavaliere di Folard, ed alcune lettere, in particolare quelle che raccontavano la presa di Praga del 26 novembre 1741, furono pubblicate nelle *Mémoires pour servir a l'Histoire de Monsieur le Chevalier de Folard*[72]. Ma dal fronte gli scriveva di non farsi troppe illusioni sulla fanteria moderna; anni di «drill» mettevano ufficiali e soldati in grado di sostenere la «tiroitiere», ma pochissimi avevano il «courage» di attaccare in colonna. A Fontenoy, l'11 maggio 1746, dopo aver disarticolato con la cavalleria la colonna nemica che aveva fucilato il reggimento delle Gardes Françoises, Maurizio aveva messa in grave difficoltà la stessa con il fuoco d'artiglieria proveniente dalle ridotte che coprivano il suo fronte di battaglia, ed infine l'aveva volta in fuga attaccandola con la riserva. L'11 ottobre 1746 a Rocoux le colonne del maresciallo di Sassonia non basavano la capacità di perforare il fronte nemico con l'urto, ma com-

[70] PUYSÉGUR 1748, Vol. I, p. 109.
[71] SAXE 1757.
[72] FOLARD 1753, pp. 114-148.

binando la potenza di fuoco della sua artiglieria e dei fucili. I battaglioni avanzavano infatti in linea, l'uno dopo l'altro; il loro fuoco perforò le linee dell'armata alleatta anglo-olandese.

Altri eserciti europei sperimentavano in quegli anni l'efficacia della potenza di fuoco. Il 10 aprile 1741, appena quattro anni prima di Fontenoy, Federico II aveva vinto a Mollwitz in Slesia la prima battaglia. A vincere la giornata era stata la sua fanteria, dopo che la cavalleria prussiana era fuggita, seguita dal Restesso. I battaglioni prussiani, ben addestrati e disciplinati, iniziarono a colpire con salve regolari la cavalleria e la fanteria che li stava attaccando. Era l'unica azione che sapevano fare, piuttosto bene per la verità, dopo anni di prove sulle piazze d'armi. Sostennero tutti gli attacchi nemici e alla fine la fanteria imperiale, terrorizzata e provata dall'enorme volume di fuoco nemico, fuggì dal campo di battaglia.

Morto Folard, il Re di Prussia fece pubblicare nel 1740, con propria prefazione anonima, la sinossi dei principi tattici folardiani composta per suo ordine, nel 1740, dal colonnello del genio von Seers, lasciando credere che egli stesso fosse l'autore[73]. Folard era già stato scientificamente analizzato e contestato dal de Sarvonin nel 1732, con il suo *Sentiment d'un Homme de Guerre dur le nouveau systême du chevalier de Folard* [74]. Lo studioso simulava una serie di combattimenti tra battaglioni schierati «à la Hollandoise» e altri schierati secondo il sistema di Folard. Le simulazioni, in diversi contesti tattici, si concludevano invariabilmente con la disfatta delle colonne folardiane, distrutte dalla potenza di fuoco avversaria.

Federico sapeva bene che la potenza di fuoco dei propri reparti era a livello tattico la chiave delle sue vittorie. Ma i reparti che avanzavano in linea erano troppo lenti per le sue aggressive tattiche. L'avanzata in linea era tanto semplice da un punto di vista teorico, quanto complicato in pratica. Molti ostacoli ed imprevisti rendevano estremamente difficile una ordinata avanzata in linea. Per contro l'avanzata della fanteria «doveva essere un evento estremamente lento, se si voleva procedere con qualche ordine»[75]. Nondimeno il passo, cadenzato dai tamburi, era facilmente perso a causa delle perdite, oppure per la presenza di ostacoli, quali pietre, buche, o semplicemente per la conformazione del terreno.

> I maggiori gridano «serrare!»: i soldati allora chiudono verso il centro, che gradatamente collassa sino a quando si trovano ad una profondità di otto fila. Nessuno che è stato in azione può confutare questo aspetto [...][76]

Le colonne, in movimento, garantivano una maggiore velocità, compattezza e controllo. Per questo Federico II fece realizzare *L'Esprit du Chevalier Folard* [77].

Le battaglie avvenute durante la Guerra di Successione Austriaca fecero sentire l'importanza e la decisiva efficacia della potenza di fuoco. Gli Anglo-Hannoveriani, sia a Dettingen sia a Fontenoy, inflissero ai Francesi perdite enormi con il fuoco dei proprii fucili. Fu questa una terribile disillusione per i sostenitori dell'urto e dell'arma bianca.

§ *La cavalleria dell'Armée Royale*

All'inizio del conflitto, esclusa la Maison du Roy, le forze della cavalleria francese erano organizzate come segue; cinquantasette reggimenti di cavalleria su 159 scuadroni. Tra questi reggimenti, uno solo, il Royal-Carabiniers, era organizzato su cinque brigate, di due squadroni ciascuno. Uno squadrone di Carabiniers si divideva in quattro compagnie di venticinque uomini, per un totale di 1000 uomini di truppa. La cavalleria contava trentasette reggimenti di tre squadroni. Questi contavano quattro compagnie di venticinque uomini. Altri diciannove reggimenti erano invece impostati su due squadroni. L'insieme di questi reggimenti era di 14900 uomini di truppa.

I dragoni formavano quindici reggimenti, ciascuno di quattro squadroni. Uno squadrone era diviso su quattro compagnie di venticinque dragoni. Il totale dei sessanta squadroni levati prevedeva complessivamente 6000 uomini di truppa.

Gli ussari erano inquadrati du tre reggimenti, Ratsky, Berchény ed Esterhazy, i primi due di due squadroni, il terzo di uno solo. Ciascuno di questi squadroni comprendeva 100 uomini in quattro compagnie di venticinque cavalieri, per un totale di 500 uomini. Oltre agli ussari, come truppe leggere a cavallo, si contavano otto compagnie franche di dragoni, due di quaranta uomini e sei di trenta.

Le compagnie e gli effettivi dei reggimenti furono più volte aumentati. Se nel 1741 la cavalleria contava 22400 effettivi, alla fine del conflitto questi erano saliti a ben 64475 uomini. Come per la fanteria, non esisteva un regolamento di manovra. Gli squadroni marciavano in colonna per compagnia, combattevano schierati in linea, muovendosi al passo o al piccolo trotto su tre ranghi. Solo i Carabiniers e la Maison du Roi avevano l'abitudine di combattere su due soli ranghi. Un *Projet d'instruction pour la cavalerie* fu redatto nel 1732 dal maggiore de Mortaigne del Royal-Allemand. Erano indicati diversi movimenti, manovre su due, quattro o otto uomini per fila. Ma il *Projet* del de Mortaigne rimase senza seguito.

I ranghi rimanevano tra di loro separati da una distanza di sei passi, la colonna della compagnia occupava uno spazio in linea maggiore delle stesso squadrone schierato a battaglia. Il risultato era una grossa difficoltà nel passare velocemente dalla formazione in colonna a quella lineare, operazione necessaria per effettuare veloci cambiamenti di fronte, aggiramenti, manovre evasive. Come per i colleghi della fanteria, i passaggi da una formazione all'altra, causava nel reparto una notevole confusione. Gli ufficiali perdevano la loro posizione originaria, si trovavano a dover comandare in un luogo a loro sconosciuto, in mezzo a soldati dei quali non conoscevano le capacità. I reparti erano riuniti in brigate di cinque o sei squadroni

[73] FOLARD 1761.
[74] SAVORNIN 1732.
[75] MAUVILLON 1794, II, p. 281.
[76] SAXE 1757, Vol. I, p. 36.
[77] CERINO BADONE 2006, pp. 108-123.

ciascuno, ripartiti su due linee, aperte in più punti per favorire il deflusso verso le retrovie di reparti messi in rotta o in ritirata. A Dettingen l'idea di schierare la prima linea di cavalleria compatta e senza vuoti fu un grave errore. I reparti in rotta, non trovando una via di fuga, finirono per trascinare via con sè anche quei reparti che non erano ancora entrati in azione.

Alla carica al galoppo era ancora preferita quella al trotto. A Fontenoy i Carabiniers e la Maison du Roi avevano caricato al galoppo, ma i reparti non erano riusciti a mantenere le formazioni coese, finendo fucilati davanti alle line britanniche. Tuttavia la Guerra di Successione Spagnola aveva lasciato il segno. Sebbene la dottrina d'impiego francese prevedesse ancora l'uso dell'arma da fuoco, essa, senza essere stata ufficialmente abolita, era ormai considerata del tutto superata a scapito della spada e dell'urto vero e proprio.

Nel servizio in campagna, fu attivamente impiegata la «patrouille de découverte», ossia la pattuglia d'esplorazione, forte di quattro o sei cavalieri comandanti da un ufficiale inferiore. Talvolta si preferiva organizzare corpi di venti o trenta uomini, al comando di un sottotenente o di una cornetta, per lo più con funzioni di guardia e controllo prima ancora che per l'esplorazione. Il distaccamento ordinario era la «troupe de cinquante maîtres», formata prelevando sei uomini per compagnia sul reggimento, talvolta sull'intera brigata. Si preferiva però, dati i rischi piuttosto elevati di imboscate, lasciare l'esplorazione e le emozioni delle patrouille de découverte agli ussari, mentre la truppa dei cinquante maîtres serviva soprattutto per le guardie d'onore e i servizi di vigilanza interni ai reparti o ai campi, detti «gran guardie».

§ *La difesa a ridotte staccate*

A Madonna dell'Olmo i Francesi combatterono la loro prima battaglia campale difensiva della guerra. Furono realizzate lungo il fronte tre ridotte staccate, all'interno delle quali furono collocati un buon numero di cannoni e interi battaglioni di fanteria. Così facendo Conti evitò l'onere di realizzare complesse linee fortificate e concentrava in pochi e precisi settori le sue artiglierie campali, in grado di coprirsi reciprocamente. Tra questi centri di fuoco era schierata la prima linea di fanteria, sostenuta dalla seconda, mentre sull'ala sinistra fu posta la cavalleria.

Questo dispositivo funzionò molto bene il 30 settembre 1744 a madonna dell'Olmo. Le ridotte svilupparono sin dalle fasi iniziali dello scontro un fuoco troppo potente perchè potesse essere superato con un assalto frontale. La fanteria sabauda giunse ad occupare, a prezzo di gravi sacrifici, il cammino coperto del fossato di una di queste ridotte, quella di Madonna dell'Olmo, ma non poté avanzare oltre. Il prezzo di questa inutile conquista fu la decimazione delle compagnie d'élite dei granatieri. L'alternativa era un aggiramento dei singoli centri di fuoco o dell'intero dispositivo. Scartata la seconda ipotesi a causa della superiorità numerica della cavalleria franco-spagnola, non rimaneva che infilarsi tra le ridotte ed aprirsi la strada combattendo. Lo spazio tra i centri di fuoco era un perfetto «killing ground», flagellato dalle palle di cannone e dal tiro a mitraglia. Il tiro di saturazione effettuato non permise ai Piemontesi di avanzare e tentare una credibile manovra di sfondamento. Al contrario lo sbarramento dell'artiglieria francese fu tale che, sfogati i primi assalti, la fanteria sabauda dovette pensare più a respingere i contrattacchi nemici, contenuti con estrema fatica, che escogitare un modo per superare la linea delle ridotte.

L'anno seguente, a Fontenoy, Maurizio di Sassonia adottò la stessa disposizione difensiva di Madonna dell'Olmo. L'11 maggio 1745 Fontenoy ed Antoing, i principali villaggi della zona, furono trasformati in muniti centri di fuoco che si dimostrarono un ostacolo invalicabile per qualsiasi assalto frontale. La fanteria britannica si dimostrò più solida di quella di Carlo Emanuele III, riuscendo a raggiungere la prima linea francese, a rompere il fronte nemico con la propria potenza di fuoco, avanzando nello spazio aperto tra la ridotta di Fontenoy e la ridotta d'Eu. Bloccata da continui attacchi di cavalleria, la colonna inglese, forte di 15000 uomini, si chiuse in quadrato in questa difficile posizione, subendo perdite gravissime a causa dell'artiglieria che la bersagliava ormai da tre lati. Infine fu costretta alla ritirata non appena i reparti di fanteria francese iniziarono la loro manovra di attacco. L'interazione tra fanteria, cavalleria e artiglieria si dimostrò l'elemento vincente di entrambe le giornate, e un ottimo esempio di tattica difensiva.

Conclusioni

Fino al 1759 il migliore esercito europeo del XVIII secolo fu senza dubbio quello prussiano. Ben addestrato, ottimamente equipaggiato, abituato a veloci manovre sul campo di battaglia e a coniugare al meglio urto e potenza di fuoco, questa macchina da guerra consentì a Federico II di ingrandire il regno di Prussia con le due Guerre di Slesia e a difenderlo su tre fronti nella Guerra dei Sette Anni. C'erano voluti uomini veramente capaci per costruire una struttura così efficiente; il principe Leopoldo di Anhalt-Dessau, i colonnelli Friedrich von Manstein e Alexander Hermann von Wartensleben, i generali Hans karl von Winterfelot, Heinrich August de la Motte Fouqué, Friedrich Wihelm von Seydlitz, Hans Joachim von Zieten, tanto per citare alcuni nomi dei più famosi.

Regno di Francia e Regno di Sardegna trovavano invece difficoltà ad uscire dall'empasse della Guerra di Successione Spagnola. Dubbi sulle dottrine di impiego, sul tipo di armamenti, sui materiali d'artiglieria e sull'utilizzo della cavalleria, trovarono chiarimenti solo sui campi di battaglia a prezzo di gravi e spesso inutili sacrifici.

L'esercito francese, terminata la Guerra di Successione d'Austria, continuò la sua «via dolorosa» di degrado e decadimento, sino alla Guerra dei Sette Anni. Erano passati ormai i tempi dei Maurizio di Sassonia, dei Conti e degli Chevert. I nuovi comandanti non si rivelarono all'altezza dei predecessori, mentre le qualità morali e materiali dell'esercito erano ormai giunti ad un livello pericolosamente molto basso. L'umiliazione di Rossbach fu la naturale conseguenza di queste mancanze. La sconfitta del principe di Soubise in Germania segnò l'inizio del rinascimento militare francese, grazie al quale ebbe inizio una profonda e meditata riforma all'interno dell'esercito, importante quanto quella di Luigi XIV e di Louvois un secolo prima. I miglioramenti dell'esercito di Luigi XV si potevano seguire giorno per giorno, ma non si poteva ormai cambiare l'esito di una guerra che, per la Francia, si concluse nei peggiori dei modi; umiliata sui campi di battaglia europei, distrutta in quelli delle colonie d'oltremare.

Fu un periodo di dibattito intenso all'interno dell'esercito e dello Stato su come migliorare la macchina bellica, e nessun punto venne lasciato in sospeso; dottrina di impiego, tattica, materiali, organizzazione. Alla metà degli anni '70 del XVIII secolo la Francia aveva il miglior esercito del momento, splendidamente equipaggiato con il migliore fucile a pietra che sia mai stato prodotto, lo Charleville mod. 1777, supportato da un eccezionale e modernissimo parco d'artiglieria equipaggiato con materiali del sistema Gribeauval, i cui traini, leggeri e standardizzati, dovevano garantire mobilità «off-road» e la massima potenza di fuoco in appoggio a veloci manovre di fanteria. Questa finalmente combatteva con tattiche basate su una perfetta sintesi di rapidità, potenza di fuoco ed impiego di truppa leggera. Anche la cavalleria era stata riorganizzata in un corpo in grado di controbattere quanto di meglio esisteva negli altri eserciti europei. La disciplina fu imposta alle truppe, al punto che il corpo di spedizione francese in nord America nel 1780 e nel 1781 suscitò ammirazione. Le truppe apparivano in ottimo stato, pure in condizioni operative difficili lontano dalla madrepatria e «il francese conte di Rochambeau passò più di tre mesi accampato nel Rhode Island, senza disturbare alcuno più degli alberi da frutto»[78].

Mancava la prova del fuoco. La Francia scese in campo a fianco degli Stati Uniti d'America nella guerra per la loro indipendenza impegnandosi contro l'Inghilterra in una guerra di fatto mondiale. La prova del nuovo modello di armata fu lusinghiera. Luigi XVI aveva forgiato un nuovo esercito che, nelle mani dei generali rivoluzionari e, soprattutto, di Napoleone Bonaparte, sino al 1813 non avrebbe conosciuto rivali.

Rimessa sul piede di pace, l'armata di Carlo Emanuele III, pur provata dalla lotta, aveva di fatto ottenuto una notevole reputazione tra gli eserciti italiani. Gli anni successivi la conclusione del conflitto furono di frenetica attività. Le riforme del 1750-1751 tennero conto delle esperienze maturate nel corso della guerra, vennero finalmente stabilite formazioni tattiche, ordini e regolamenti precisi e comuni a tutti i reparti, e venne finalmente standardizzato l'armamento e l'equipaggiamento. Solo l'artiglieria non ne fu beneficiata. Allo scoppio della Guerra dei Sette Anni, l'esercito del Re di Sardegna surclassava nettamente quello francese, ed almeno per la fanteria e la cavalleria poteva qualitativamente reggere il confronto con le forze dell'Impero, ma si trovava in netta inferiorità per quel che riguardava i materiali d'artiglieria.

Il 1751 rappresenta l'apice delle forze armate del Regno di Sardegna. Il loro decadimento avvenne per due ragioni; in primo luogo lo Stato Sabaudo era di fatto troppo piccolo per poter affrontare spese di ammodernamento simili o, quanto meno, paragonabili a quelle francesi o imperiali; d'altro canto la mentalità degli alti comandi non prevedeva un «progetto» di sviluppo destinato a migliorare l'efficienza di combattimento.

Malgrado l'autocelbrazione, l'esercito sabaudo si rinchiuse in una gabbia dorata. Non più chiamato alla prova sui campi di battaglia, rinnovò con estrema lentezza i propri materiali, strutture organizzative e tattiche di combattimento. Del resto l'autoglorificazione riguardava non soltanto i corpi, ma anche il personale. I veterani della Guerra di Successione Austriaca, tra i quali Felice De Vincenti, Papacino D'Antoni, Birago di Borgaro e Bozzolino, forti del loro nome e delle loro antiche esperienze, rinchiusero in un sistema di cognizioni acquisite a loro tempo nuovi progetti ed idee. Così molte innovazioni fiorite nel Regno di Sardegna furono a priori scartate poiché contraddicevano le teorie studiate, le esperienze maturate tra il 1742 ed il 1748 e tendevano ad infrangere un ordine costituito da regole fisse e inviolabili. Con il tempo i «grandi nomi», ai quali si aggiunsero altri ufficiali cresciuti nella loro ombra, quali Casimiro Gabaleone conte di Salmour, iniziarono sempre più a considerarsi i depositari della verità nell'ambito di tutto ciò che riguardava l'artiglieria, l'armamento e la dottrina d'impiego in genere. Con l'unico risultato pratico che l'esercito di S. M. il Re di Sardegna avrebbe avuto notevoli difficoltà già durante la Guerra dei Sette Anni, guerra dalla quale Carlo Emanuele III ben si guardò dal parteciparvi nonostante le lusinghe britanniche. La Francia e l'Impero sarebbero stati i suoi avversari; se l'esercito francese aveva toccato in quel conflitto il fondo del suo decadimento tecnico ed organizzativo, l'esercito di Maria Teresa era invece divenuto una efficientissima macchina bellica. Solo nel campo delle fortificazioni i Piemontesi divennero maestri insuperabili. Abili ufficiali quali Bernardino Pinto conte di Barri, nonostante le difficoltà incontrate nell'avanzamento della carriera, riuscirono a concepire un modello di fortificazione permanente che servì da modello a tutte le fortezze sabaude edificate nella prima metà del XIX secolo sino alla Prima Guerra d'Indipendenza. Il forte di San Vittorio di Tortona, edificato a partire dal 1773, fu senza dubbio l'opera del periodo tecnologicamente più avanzata esistente in Italia e, probabilmente, d'Europa.

Nondimeno sulle guerre di successione settecentesche si basa il mito della tradizione militare sabauda che fu un dato a lungo ritenuto indiscusso e che, ultimamente, sembra ritornato in auge. La realtà militare su cui lo stato sabaudo costruì non poche fortune è stata rappresentata, trasfigurata, richiamata a garanzia di sempre nuove credenze e di conseguenti visioni del mondo, piegata di volta in volta alle esigenze politiche del momento. L'immagine che ne è risultata è stata impugnata, e lo è tutt'ora, per dare credibilità ad accadimenti passati e per suggerire

[78] HOYER, 1797-1800, Vol. II, p. 609.

l'attualità di modelli di comportamento o di istituzioni, *in primis* l'Esercito Italiano, che da quello piemontese ha ereditato la storia, le tradizioni, i reparti.

Il grande pregio di questa tradizione militare si basa su pochi elementi suggestivi: ordine, disciplina, coraggio, generosità, rispetto della gerarchia, orgoglio e senso di appartenenza ad una comune vicenda storica. Tramandato secondo una stratificazione successiva di significati, l'esercito del Regno di Sardegna è andato incontro a diverse forme di appropriazione e ricezione. Ma mai ha corso il rischio di essere confutato.

Luigi Einaudi nel 1908 analizzava i meccanismi finanziari che avevano consentito allo stato sabaudo di partecipare alla Guerra di Successione Spagnola[79]. La sua analisi fu ineccepibile sotto il profilo tecnico ed innovativo nel campo della storiografia economica. Ma la sua simpatia per il soggetto e il suo orgoglio piemontese si amalgamavano perfettamente con la trasparente convinzione che la tradizione militare sabauda fosse dipesa in buona parte grazie alla tempra guerresca dei suoi protagonisti. Persino Antonio Gramsci era convinto della «combattività» che la pubblica opinione riconosceva come tratto peculiare dei Piemontesi. In un suo passo dei *Quaderni del carcere* metteva in dubbio l'esistenza di una tradizione militare sabauda per affermare che non si ravvisava «continuità di personale militare di prim'ordine», cioè per sottolineare la sua sfiducia nei confronti dei quadri di comando e della classe dirigente[80]. Ma subito riaffermava che «in Piemonte c'era una popolazione adatta alle armi, da cui si poteva trarre un buon esercito» [81].

Il fascismo non poté non far propria questa idea, ed anzi andò oltre. Cesare De Vecchi di Valcismon, uno dei quadrumviri del 1922, fu nominato direttore della Società Nazionale per la Storia del Risorgimento. De Vecchi si servì della sua posizione per ammonire il mondo accademico che il Regno di Sardegna doveva essere esaltato come lo stato più autoritario, più reazionario e, soprattutto, più militarista di tutta la penisola italiana[82]. Così la tradizione militare italiana venne a poggiarsi, e poggia ancora oggi, su alcuni eventi, ingigantiti e modificati attraverso un abile gioco di specchi.

Appendice bibliografica

Si rammenta che lo scioglimento d'ogni genere d'abbreviazione è rimandato alla bibligrafia generale del volume

§ *Fonti d'Archivio*

Archivio di Stato di Torino, Sezione di Corte (AS.TOCorte) *Etat-Gardes* 1701, *Memoire-Audibert* 1744, *Memoire et Projet* 1744, *Piano per la campagna* 1744, *Relazione dell'entrata* s.d., MINUTOLI s.d.a, MINUTOLI s.d.b; e inoltre: Materie Militari, *Impieghi*, Mazzo 2 d'addizione; Materie politiche per rapporti all'estero, *Lettere-Ministri, Roma*, 212; Storia della Real Casa, Storie Particolari, *Carlo Emanuele III*, Mazzo 21, 22, D. MINUTOLI, *Rélation des Campagnes faites par Sua Maestà le Roi Charles Emanuel de Sardaigne et par ses Généraux, avec des Corps séparés, pendant les années 1742 a 1748 par l'Abbé Minutoli*, 5 volumi., 2 Atlanti, s.d.

Archivio di Stato di Torino, Sezioni Riunite (AS.TORiunite)
- Azienda Generale d'Artiglieria: *Carte Antiche d'Artiglieria*, Volume II, Volume XVI; *Memorie alle Segreterie*, 2, 1743-1744; *Regi Biglietti e Dispacci*, 3, 1730-1746; *Regi Biglietti e Dispacci*, 4, 1742-1747; *Carte diverse d'artiglieria*, 2, 1740-1800.
- Ispezione primaria sopra le levate dei reggimenti provinciali, *Regi Viglietti, istruzioni ed altre provvidenze pel regolamento dell'Ufficio della Primaria Ispezione delle leve*, 1730-1749.
- Patenti Controllo Finanze, II, *Volume 19*, 1745-1747.
- Ufficio Generale del Soldo, *Ordini Generali e Misti*, 1743. Ufficio Generale del Soldo, *Ruolini di rivista*: reggimento di Rebhinder, 1740, 1741, 1742, 1743; reggimento Bourgsdorff; 1744, 1745, 1746, 1747; Corpo Reale d'Artiglieria, 1740, 1741, 1742, 1743, 1744, 1745, 1746, 1747; reggimento di Corsica, 1745, 1746, 1747; reggimento Diesbach, 1740, 1741, 1742, 1743; reggimento Fucilieri, 1740, 1741,1742, 1743, 1744, 1745, 1746, 1747; reggimento di Reydt, 1742, 1743, 1744, 1745, 1746; reggimento Grison du Salis, 1746, 1747; reggimento Guardie, 1740, 1741, 1742, 1743, 1744, 1745, 1746, 1747; reggimento Guibert, 1740, 1741, 1742, 1743, 1744, 1745; Battaglione Invalidi, 1740, 1741, 1743, 1745, 1746, 1747; Invalidi servienti nei regi uffici, 1740-1746; reggimento di Riethman, 1740, 1741, 1742, 1743; reggimento Kalbermatten, 1744, 1745, 1746, 1747; reggimento Keller, 1743, 1744, 1745, 1746, 1747; reggimento La Marina, 1740, 1741, 1742, 1743, 1744, 1745, 1746, 1747; reggimento La Regina, 1740, 1741, 1742, 1743, 1744, 1745, 1746, 1747; reggimento di Lombardia, 1740, 1741, 1742, 1743, 1744, 1745, 1746, 1747; reggimento Mayer, 1744, 1745, 1746, 1747; reggimento Monferrato, 1740, 1741, 1742, 1743, 1744, 1745, 1746, 1747; reggimento Monfort, 1746, 1747; reggimento Outingher, 1746, 1747; reggimento Piemonte, 1740, 1741, 1742, 1743, 1744, 1745, 1746; reggimento provinciale di Aosta, 1740, 1741, 1742, 1743, 1744, 1745, 1746, 1747; reggimento provinciale di Asti, 1740, 1741, 1742, 1743, 1744, 1745, 1746, 1747; reggimento provinciale di Casale, 1740, 1741, 1742, 1743, 1744, 1745, 1746, 1747; reggimento provinciale di Chiablese, 1743, 1744, 1745, 1746, 1747; reggimento provinciale di Mondovì, 1740, 1741, 1742, 1743, 1744, 1745, 1746, 1747; reggimento provinciale di Nizza, 1740, 1741, 1742, 1743, 1744, 1745, 1746, 1747; reggimento provinciale di Pinerolo, 1740, 1741, 1742, 1743, 1744, 1745, 1746, 1747; reggimento provinciale di Tarantasia, 1740, 1741, 1742, 1743, 1744, 1745, 1746, 1747; reggimento provinciale di Torino, 1740, 1741, 1742, 1743, 1744, 1745, 1746, 1747; reggimento provinciale di Vercelli, 1740, 1741, 1742, 1743, 1744, 1745, 1746, 1747; reggimento Rougin, 1744; reggimento Roy, 1745, 1746, 1747; reggimento Saluzzo, 1740, 1741,

---

[79] EINAUDI 1908; ID. 1909.
[80] GRAMSCI 1975, Q. 19, III, pp. 2048-2054.
[81] GRAMSCI 1975, Q. 3, I, p. 313.
[82] DE VECCHI DI VALCISMON 1933, p. 27.

1742, 1743, 1744, 1745, 1746, 1747; reggimento Sardegna, 1745, 1746, 1747; reggimento Savoia, 1740, 1741, 1742, 1743, 1744, 1745, 1746, 1747; reggimento Schoulembourg, 1740, 1741, 1742, 1743, 1744, 1745, 1746, 1747; reggimento di Sicilia, 1740, 1741, 1742, 1743, 1744, 1745, 1746, 1747; Trattenuti e presidi, 1742; Reale Treno d'Artiglieria, 1742, 1743, 1744, 1745, 1746, 1747; Ufficiali di fanteria, cavalleria, presidi, trattenuti ed impiegati militari,1730-1745, 1745-1755; Ruolo per gradi ufficiali de' diversi reggimenti di fanteria e cavalleria, Vol. 4-9

Biblioteca Reale di Torino (BRT)
Reglement 1709, *Nouvel Exercice* 1751, *Etude de l'infanterie* 1752, *Recoeuil* 1755, *Relation-Nice* s.d., *Relation-Villefranche* s.d.; e inoltre Manoscritti Militari 130, 154, 155

Service Historique de l'Armée de Terre - Château de Vincennes (SHD/T, Vincennes)
- 1M 1704, pièces 16, 19, 24, 25, 35, 36, 50, 51, 59, 64, 100, 103, 104
- 1M 1708, pièce 19

§ *Documenti editi*

D'EMBSER 1732, THOLOSAN 1777, AMATO-DUBOIN 1863, AMATO-DUBOIN 1865

§ *Testi a stampa coevi*

SAVORNIN 1732, PUYSÉGUR 1748, CAMPBELL 1753, FOLARD 1753, SAXE 1757, FOLARD 1761, PAPACINO D'ANTONI 1775, PAPACINO D'ANTONI 1780, MAY DE ROMAINMOTIER 1788, MAUVILLON 1794, HOYER 1797-1800

§ *Studi*

GALLEANI D'AGLIANO 1840, SUSANE 1876, MORIS 1886, GUERRINI 1902, CHOISEUL 1904, COLIN 1907, PRATO 1907, EINAUDI 1908, EINAUDI 1909, GHO 1931, DE VECCHI DI VALCISMON 1933, MONTÙ 1934, GRAMSCI 1975, DUFFY 1987, LORIGA 1992, BROWNING 1995, ILARI-BOERI-PAOLETTI 1996, BOUDRIOT 1997, ILARI-BOERI-PAOLETTI 1997, VUILLEMIN 1997, DUFFY 2000, ILARI-CROCIANI-PAOLETTI 2000, STERRANTINO 2002, SCONFIENZA 2003, SCONFIENZA 2005a, CERINO BADONE 2006, BOERI-CERINO BADONE 2007.

Figurini di soldati sabaudi degli anni '40 e'50 del XVIII secolo, realizzati da Ernestino Chiappa
(E. CHIAPPA, *Exilles. Guarnigioni al forte: 1672-1943*, Museo Nazionale della Montagna, CAI-Torino, collezioni, Torino 1999)

Appendice documetaria

§ *Allegato 1*

ANNO E CAMPAGNA	FORZA CORPO DI OSSERVAZIONE	NUMERO EFFETTIVI ESERCITO SABAUDO
1742, campagna di Lombardia	16140	30524
1742, prima campagna di Savoia	17324	Id.
1742, seconda campagna di Savoia	18724	Id.
1743, battaglia di Camposanto	5000 sabaudi, 7000 imperiali	47850
1743, Casteldelfino	16000	Id.
1744, Villefranche	9800	50363
1744, Pietralunga	13400	Id.
1744, Madonna dell'Olmo	26000	Id.
1745, Bassignana	20000	50317
1746, offensiva Leutrum su Asti	24960	n.d
1746, campo di Acqui Terme	9786	n.d
1746, offensiva in Provenza	14000 piemontesi 16000 imperiali	n.d
1747, corpo di osservazio-ne Leutrum	9000 piemontesi 9100 imperiali	55641
1747, offensiva alleata in valle Stura di Demonte	11200 piemontesi 24000 imperiali	Id.

§ *Allegato 2*

ANNO	CONSISTENZA NUMERICA DELLE FORZE IMPERIALI SUL FRONTE PIEMONTESE
1744	5500
1745	10000
1746	45000
1747	25000

§ *Allegato 3*

REGNO DI FRANCIA	DUCATO DI SAVOIA, REGNO DI SARDEGNA (1700-1744)	IMPERO	REGNO DI SARDEGNA (post 1744)
Maréchal de France	Maréchal	Field Marshal	Maresciallo
		Feldzügmeister	Generale di Fanteria
		General der Cavallerie	Generale di Cavalleria
Lieutenant général	Lieutenant général		Luogotenente Generale
Maréchal de camp	Maréchal de camp	Feldmarshal-leutnant	Maggior Generale
Brigadier général	Brigadier général	Generalfeld-wachtmeister	Brigadier Generale
Colonel	Colonel	Obrist	Colonnello

§ *Allegato 4*

FANTERIA DELL'ESERCITO SABAUDO 1740-1747								
	1740		1743		1744		1747	
RGT.	**BTG.**	**FORZA**	**BTG.**	**FORZA**	**BTG.**	**FORZA**	**BTG.**	**FORZA**
GUARDIE	2	1200	2	100	2	1400	2	190
SAVOIA	2	1200	2	1400	2	1400	2	1400
MONFERRATO	2	1200	2	1400	2	1400	2	1.600
PIEMONTE	2	1200	2	1400	2	1400	2	1.600
SALUZZO	2	1200	2	1400	2	1400	2	1.600
FUCILIERI	2	1200	2	1400	2	1400	2	1.600
LA MARINA	1	600	2	1400	2	1400	2	1.500
LA REGINA	1	600	2	1400	2	1400	1	800
SARDEGNA					1	700	1	800
SCHOULEMBOURG	2	1200	2	1400	2	1400	2	1400
REHBINDER, BOURGSDORFF	2	1200	2	1400	2	1400	2	1400
RIETMAN, KALBERMATTEN	3	1800	3	2100	4	2800	4	2800
AUDIBERT, MONFORT	2	1200	2	1400	2	1400	2	1400
GUIBERT, UTIGER	2	1200	3	2100	3	2100	3	2100
DIEBACH, ROGUIN, ROI	2	1200	3	2100	3	2100	3	2100
BADEN-DOURLACH			2	1400	2	1400	2	1400
KELLER			2	1400	2	1400	2	1400
REYDT, SALIS			3	2100	3	2100	3	2100
MEYER					1	700	1	700
SICILIA	1	600	2	1400	2	1400	2	1400
LOMBARDIA	1	600	2	1400	2	1400	2	1400
CORSICA							1	700
CHIABLESE	1	600	1	700	1	700	1	700
TARANTASIA	1	600	1	700	1	700	1	700
AOSTA	1	600	1	700	1	700	1	800
NIZZA	1	600	1	700	1	700	1	800
TORINO	1	600	1	700	1	700	1	800
VERCELLI	1	600	1	700	1	700	1	800
MONDOVÌ	1	600	1	700	1	700	1	800
ASTI	1	600	1	700	1	700	1	800
PINEROLO	1	600	1	700	1	700	1	800
CASALE	1	600	1	700	1	700	1	800
COMPAGNIE DI RISERVA	7000							
COMPAGNIE DI MARINA		320		348		348		348
INVALIDI	1	730	1	730	2	1400	2	1400
GUARDIA SVIZZERA		114		114		114		114
GUARDIA DELLA PORTA		140		166		166		166

ALABARDIERI DEL VICERÈ		23		23		23		23
COMPAGNIE ARTIGLIERIA SARDA				60		60		60
COMPAGNIA FRANCHI DISERTORI				70		70		70
TOTALE	40	24727	53	44311	57	47681	57	51471

§ *Allegato 5*

BRIGATA SALUZZO					
RGT.	**BTG.**	**MORTI**	**FERITI**	**PRIGIONIERI / DISPERSI**	**TOTALE**
SALUZZO	2	36	188	38	262
AUDIBERT	2	160	184	-	344
TARANTASIA	1	19	26	31	76
NIZZA	1	7	56	48	111
CASALE	1	15	58	74	147
LA REGINA	2	58	75	206	339

§ *Allegato 6*

BRIGATA SAVOIA					
RGT.	**BTG.**	**MORTI**	**FERITI**	**PRIGIONIERI / DISPERSI**	**TOTALE**
SAVOIA	2	67	104	104	275
SCHOULEMBOURG	2	58	63	-	121
REYDT	2	7	149	20	176
BOURGSDORFF	1	42	134	-	176

§ *Allegato 7*

FUCILI DA FANTERIA DISPONIBILI PRESSO L'ESERCITO SABAUDO 1730-1751	
mod. 1728	17952
mod. 1730	67575
mod. 1730/45	12961
Totale	98488

§ *Allegato 8*

C T
Sooooooooooooc
cooooooooooooc
cooooooooooooc
ooooooooooooooo
S S

Compagnia sabauda di fucilieri, 1744:

- S = sergente
- c = caporale
- o = fuciliere
- C = capitano
- T = tenente

§ *Allegato 9*

13ocT 13ocC 13ocT 13ocC 13ocST 13ocC
13oc 13oc 13oc 13oc 13oc 13oc
13ocS 13ocS 13ocS 13ocS 13ocS 13ocT

S S S S Stt T ttttttttt
T T

Ala destra (6 plotoni) di un battaglione di fanteria in assetto di combattimento, 1744:
- C = capitano
- T = tenente
- S = sergente
- c = caporale
- o = fuciliere
- t = tamburo

§ *Allegato 10*

STATO DELLE FORZE DI TERRA DI SUA MAESTÀ CRISTIANISSIMA NEL MAGGIO 1748		
FANTERIA	**BATTAGLIONI**	**UOMINI**
fanteria d'ordinanza nazionale	356	261455
fanteria straniera	84	59183
irregolari	13	9569
CAVALLERIA	**SQUADRONI**	**UOMINI**
reggimenti di cavalleria	301	47531
reggimenti di dragoni	85	13824
irregolari	25	3120

§ *Allegato 11*

ANNO	CAMPAGNA	CONSISTENZA DELL'ESERCITO FRANCO-SPAGNOLO SUL FRONTE PIEMONTESE
1742	seconda campagna di Savoia	20000
1743	Casteldelfino	30000
1744	Villefranche	30000
1744	Alpi Occidentali	55000
1745	armata Maillebois	65000
1745	corpo di osservazione del conte di Lautrec	13000
1746	armata Gages/Maillebois	40000
1747	armata franco-spagnola di Provenza	50000
1747	corpo di osservazione del cavaliere di Belle Isle	22000

§ *Allegato 12*

Reggimento Flandres
6 luglio 1750
Evoluzioni in uso in questo reggimento.

Il reggimento si mette a battaglia conformemente a l'ordinanza del Re all'esercito del 7 maggio 1750 [1]. (**Q**)

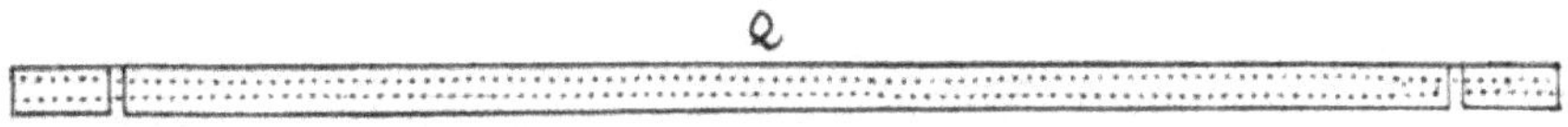

Battaglione in quadrato

Il fronte di battaglione ha un totale di 220 uomini, non compresi i granatieri.
Si fanno cinque divisioni.

La prima di	26	E
La 2a	55	B
La 3a	59	A
La 4a	55	C
La 5a	25	D
	220	

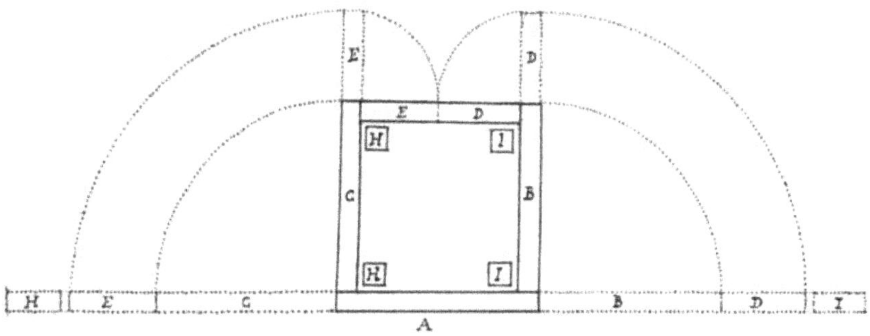

I granatieri H...I... entrano nel battaglione messo a quadrato
Queste fazioni sono capaci di fare:
Si deve sempre comporre la 2a e la 4a divisione con un quarto del numero totale.
La 3a con 4 in più del quarto del totale.
La prima e la 5a sono divise in due e si trovano, quando tutto è in quadrato, ad avere 4 in meno del numero contenuto nella seconda e nella quarta divisione, come si può vedere qui di sopra.
Le divisioni segnate, fanno ed eseguono i seguenti ordini
1............... Che la divisione del centro non si muova,
2............... Mezzo giro a destra,
3............... A destra e a sinistra, per un quarto e mezza conversione, formate il quadrato,
4............... March.
Subito, le divisioni segnate marciano, la 2a e la 4a si incastrano su quella del centro, la 1a e la 5a tra la 2a e la 4a. Formato il quadrato, il soldato che ha, durante tutte le evoluzioni, la baionetta inastata, fa fronte, in tutti i lati, presentando le armi.

Per rimettersi in battaglia

1.............. Portate le vostre armi sul braccio destro.
In seguito i tamburi battono "la bandiera", la divisione del centro non si muove e le altre, per un quarto e mezzo di conversione, si ritrovano al loro posto.

Reggimento in movimento

Volendo fare un battaglione quadrato, si fanno 4 divisioni uguali

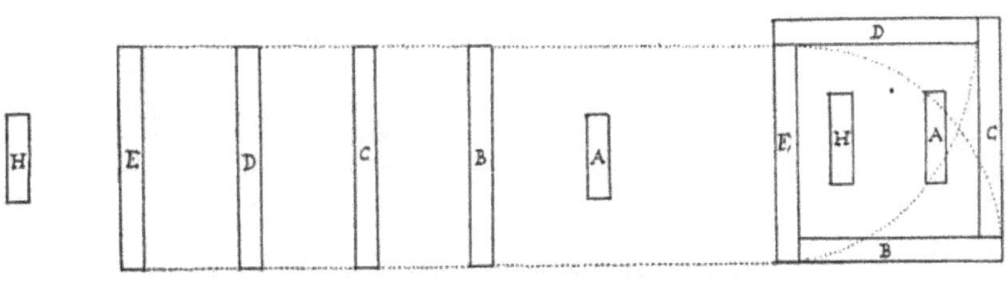

[1] Il battaglione era autorizzato a schierarsi su tre file. Sino al 1750 era rimasto in uso, almeno a livello teorico, l'ordinanza del 1703, in base alla quale il battaglione entrava in battaglia su cinque file, anche se la formazione su quattro file era la preferita dalla totalità dei reparti a piedi.

I granatieri H... A... entreranno nel battaglione quadrato.

In seguito, si dà il comando:
A destra, a sinistra e in avanti, per quarto di conversione, formate il quadrato.
March.
B. La prima divisione fa un quarto di conversione a destra.
C. La seconda divisione in avanti all'altezza della sinistra della prima divisione senza superarla.
D. La 3a fa un quarto di conversione a sinistra all'altezza e senza superarla della sinistra della seconda divisione.
E. La 4a marcia in avanti per formare il quadrato dopo aver fatto sul suo centro e alla sinistra un allargamento di 4 uomini.

Per rimettersi in battaglia

Si fa semplicemente battere "la bandiera". La prima divisione fa una conversione alla sua sinistra sino a che è all'altezza della seconda. Subito, la prima, la seconda e la 4a fanno un quarto di conversione, le 2 prima alla sinistra e la 4a per la destra.

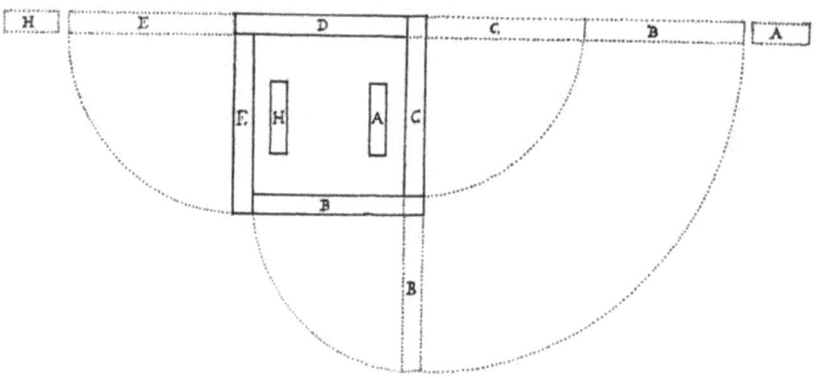

i granatieri H - A – entrano nel quadrato.

Passaggio di un ponte o una strettoia

Il modo più brillante è quello di passare in colonna; si fa osservare di trovarsi in battaglia quando si è nelle vicinanze del pinte, in maniera che il centro del reggimento sia proprio a dirimpetto.
Velocemente, la 1a compagnia di granatieri fa quattro passi in avanti e fa un quarto di conversione alla sinistra sino all'altezza del centro dove fa un secondo quarto di conversione alla sua destra e marcia per passare il ponte.
I granatieri avranno fatto questo secondo quarto di conversione, prendendo otto uomini del centro, quattro per parte, che serviranno da granatieri; fatto ciò i detti granatieri cominceranno a muoversi, la destra della linea verso sinistra e la sinistra verso destra.
Gli otto uomini del centro passano, prendono una fila della destra e una della sinistra che fanno ciascuna il loro quarto di conversione, la prima sulla destra e l'altra per la sinistra; si riuniscono agli otto primi uomini, cosi successivamente le altre file che si muovono, sino a che il loro quarto di conversione è terminato e il ponte superato.
La 2a compagnia di granatieri passa per ultima e dopo l'ultima fila e fa la retro guardia

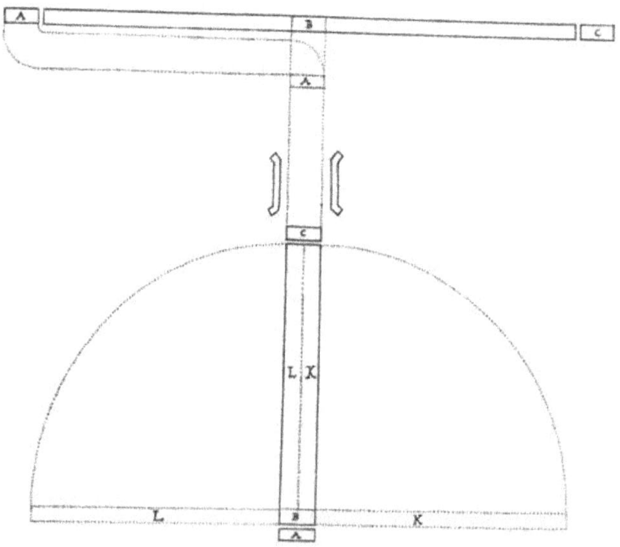

Per rimettersi in battaglia.
Si fa battere "la bandiera", la divisione di testa si ferma. Si dà il comando, prima di battere "la bandiera" a destra e a sinistra, e non appena i tamburi battono, la destra fa un quarto di conversione sulla sua sinistra, e la sinistra sulla sua destra. Ci si ferma al segnale che fa tacere i tamburi.

Il reggimento messo in colonna
Se si vuole fare un quadrato,
La profondità della colonna di destra e della sinistra è di 110
La prima divisione della destra è di.. 30
La seconda é di.. 51
La 3ª di.. 29
Totale110
Le divisioni del centro marciano in avanti. Quelle della destra e della sinistra fanno un quarto di conversione sul centro del battaglione messo a quadrato. Per fare le sezioni, regola generale, la divisione del centro è sempre di quattro meno della metà della profondità, come si vede che 51 sono 4 meno della metà del totale, il resto si divide in due parti uguali come 30 e 29 sono il totale del rimanente.

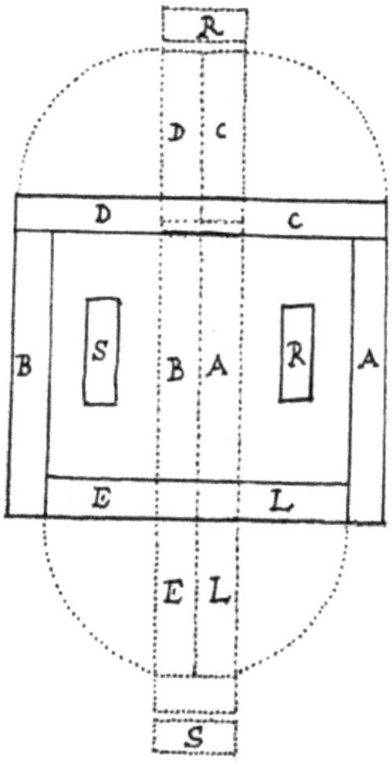

Per rimettersi in battaglia.
Le due divisioni del centro del reggimento cha hanno passato il ponte per prime, non si muovono più. Quelle della destra e della sinistra, che sono passare per ultime per chiudere la colonna, fanno un quarto di conversione ciascuna, quella della destra sulla sua sinistra e quella di sinistra sulla sua destra, si allineano entrambe su quella del centro e, marciando con il centro, fanno un quarto di conversione a destra e a sinistra, formano il reggimento in battaglia. L'ordine di dà facendo battere "la bandiera".

Queste sono le sole evoluzioni che il reggimento Flandres ha potuto fare quest'anno, poiché ha dovuto cambiare sede all'inizio del mese di aprile ed esso, dal giorno dell'incorporazione del reggimento Auxerrois, è stato diviso in tre guarnigioni e impegnato in attività varie, il che ha impedito al maggiore di esercitare il reggimento come aveva intenzione; non appena ne sarà in grado, con il soccorso degli aiutanti di campo, eseguirà alla perfezione tutte le evoluzioni che il Re avrà il piacere di ordinare; si offre in più al Signor il conte d'Argenson di fare un progetto di evoluzione, sempre che egli lo reputi all'altezza di tale incarico.

Fatto a Landau, il 6 luglio 1750

Interventi dello Stato Sabaudo in valle Varaita contro la peste di Marsiglia e della Provenza tra il 1720 e il 1723

Bruno Signorelli

La peste è una malattia infettiva che colpisce gli animali, in specie i roditori (domestici e selvatici) e che viene trasmessa all'uomo, in maniera particolare tramite il morso delle pulci presenti soprattutto nei topi. Ha un esito mortale nella maggior parte dei casi se non viene opportunamente curata.

L'insorgenza di questo morbo avviene in forma violenta dopo una incubazione da due a dodici giorni, le zone del corpo colpite sono quella inguinale e ascellare che si gonfiano formando uno o più bubboni (la cosiddetta «peste nera»). Si sviluppano complicazioni renali o per emorragia interna che possono condurre al decesso del paziente. Nei casi meno gravi si ha lo sgonfiamento del bubbone, espulsione del pus e formazione di una cicatrice. Una forma diversa è quella della peste polmonare, la cui trasmissione avviene attraverso tosse e starnuti di persone infette che contagiano il prossimo contatto. I sintomi che si manifestano con gravi difficoltà respiratorie, colorazione bluastra della pelle e mucose, non curati portano alla morte per edema polmonare[1].

Le prime apparizioni della peste

Una delle prime manifestazioni documentate della peste si ritiene sia stata quella definita «di Giustiniano», che, fra il 542 ed il 592 d. C., si diffuse sulle sponde europee ed africane del Mediterraneo. Si pensa invece che la cosiddetta «peste di Pericle» che colpì Atene fra il 430 ed il 429 a. C. fosse o un avvelenamento da antrace (dovuto alla vita degli Ateniesi assediati in promiscuità con gli animali) o febbre tifoidea giunta dell'Etiopia con le merci libiche ed egiziane sbarcate nel porto che continuò ad operare anche con la città assediata. A partire dagli anni del secolo XIV e sino al secolo scorso vi furono manifestazioni del morbo di differente entità. Quella del 1346-1350 nota come peste nera o bubbonica devastò l'Europa[2]. Tra l'inizio del 1500 ed il 1720 vi furono in Europa diverse altre manifestazioni della epidemia: a Milano e Venezia nel 1576[3], a Torino nel 1598-1600[4], in diversi paesi europei nel 1630 durante la Guerra dei Trent'anni[5]. Nel 1665 la peste colpì Londra a cui fece seguito l'anno dopo il grande incendio che distrusse gran parte della città antica. L'ultima grande epidemia di peste nell'Europa meridionale si sviluppò fra il 1720 ed il 1723, dapprima nella città di Marsiglia per poi diffondersi in Provenza e Linguadoca, causando complessivamente circa 200000 morti[6]. Alcuni anni dopo, nel 1727 comparve in Europa il cosiddetto «ratto grigio o delle chiaviche» che iniziò a sostituirsi al «ratto nero o dei tetti», interrompendo la catena formata da ratto nero - pulce - bacillo della peste - uomo. Questo fatto, unito alle migliorate condizioni igienico - sanitarie ed alle scoperte nel campo delle terapie ha portato, nel tempo, ad una fortissima diminuzione della epidemia in area europea[7].

La peste di Marsiglia

L'epidemia giunse a Marsiglia[8] il 25 maggio 1720, por-

---

[1] Questo articolo è stato elaborato usando di una ricerca che venne effettuata nell'ambito dell'esame di Antropologia Culturale, riguardante il comune di Bellino (Valle Varaita) con il prof. Melchiorre Masali della Università di Torino, negli anni 1979-81, da chi scrive, unitamente ai colleghi di studio del corso di laurea in Architettura presso il Politecnico di Torino: Letizia Ballario, Anna Caccherano, Leonardo Coppo, Gabriella Ferrettini.

[2] Il morbo originato nell'Asia centrale giunse in Europa, in Crimea colpì la cosiddetta «Orda d'Oro» tartara che assediava la città di Caffa dove i Genovesi, disponevano di un importante scalo. I Tartari usarono i loro morti come arma batteriologica, catapultando i cadaveri nella città ed infettando gli assediati. Questi ultimi fuggendo giunsero in Sicilia ed iniziarono a spargere il morbo in Italia da dove si diffuse in tutta Europa. Questa notizia è riportata dal notaio piacentino Gabriele de Mussis in una cronaca scritta verso il 1350 e riprodotta su «Il Giornale linguistico», IX, 1883 p.1393. È possibile che questa sia stata una delle vie di inserimento della peste in Europa e che altre siano avvenute tramite arrivi di merci e persone infette dall'Asia Minore. L'epidemia causò la morte di oltre un terzo degli abitanti dell'Europa con conseguenze di vario carattere sulla vita del continente. Si ritiene che l'invenzione della stampa con i caratteri prima fissi e poi mobili sia stata occasionata da questo avvenimento, la morte di numerosi copisti che a costo molto basso procedevano alla copiatura dei testi negli *scriptoria*, portò alla ricerca di un mezzo più veloce e meno costoso, legato ad una necessità di mano d'opera ridotta.

[3] Si tratta dell'epidemia che uccise, tra gli altri, il grande pittore Tiziano Vecellio ed il figlio Orazio e che è pure nota come «peste di San Carlo».

[4] Fu forse più virulenta di quella del 1630, si veda SIGNORELLI 1986.

[5] Si tratta di quella descritta dal Manzoni ne *I Promessi Sposi*.

[6] Per chi desiderasse documentarsi più ampiamente sull'argomento si rinvia a: LUCENET 1985, PANZAC 1986, RESTIFO 2005, NAPHY-SPICER 2006, CARRIÈRE-COURDURIÉ-REBUFFAT 2008.

[7] Anche se ancora nel 1920 a Marsiglia e Parigi vi furono casi di peste fra coloro che effettuavano la raccolta degli stracci, l'epidemia venne nascosta definendola «la malattia n.9», fortunatamente le vittime furono poche e non si diffuse il panico. Si veda LUCENET 1985 e articolo sul web sulla peste di Marsiglia.

[8] Marsiglia era uno dei più importanti porti del Mediterraneo, aumentò la sua importanza a partire dalla seconda metà del secolo XVII, grazie alla politica espansiva ed aggressiva del ministro Colbert che creò il «porto franco» nel 1669. Successivamente Marsiglia si dotò di una serie di infrastrutture tra cui le «Infermerie» (Lazzareto) in cui venivano ospitati uomini e merci provenienti da aree in cui potevano esistere epidemie. Grazie alla politica filo-turca condotta dal governo francese, a partire dall'epoca di Francesco I, Marsiglia iniziò a sostituirsi a Venezia, messa successivamente in crisi i dalla perdita delle isole di Cipro

tata dal vascello *Grand Saint-Antoine*, comandato dal capitano Jean-Baptiste Chataud[9] che era anche comproprietario della nave unitamente al primo scabino[10] di Marsiglia (sindaco) Jean Baptiste Estelle ed altri 3 maggiorenti di quella città (Ghilhermy, Chaud e Antoine Bourguet). La nave era partita da Marsiglia il 22 luglio 1719 per Smirne (Turchia) dove giunse il 20 agosto, ripartendo il 29 agosto per Mosconossy dove imbarcò un carico di grano per Cipro. Successivamente si reca a Saida o Seyde (Libano) dove prese a bordo un prezioso carico di seta, cotone e 500 sacchi di cenere[11]. Il 30 gennaio 1720 la nave lasciava Seyde con patente[12] (o fede) di sanità per Sour 35 chilometri a Sud dove completava il carico e si dirigeva successivamente verso Tripoli di Siria, (100 chilometri a nord di Seyde), dove imbarcava cinque turchi, un greco, due armeni e dei francesi. Il 30 marzo si dirigeva a Cipro con patente di sanità datata 25 marzo. Il 5 aprile decedeva un passeggero di nazionalità turca, il 7 aprile la nave giungeva a Cipro dove sbarcavano i passeggeri turchi e quello greco. Il 18 aprile la nave si dirigeva verso la Francia con patente di sanità datata 16, tra il 27 ed il 28 morivano due marinai della manovra alle vele, poi il chirurgo di bordo, successivamente si ebbe il decesso di altri due marinai e tre si ammalarono. La nave giunse nella rada di Tolone[13], ma dopo alcuni giorni si diresse a Livorno[14]. Qui i medici non le consentirono l'ingresso nel porto e scrissero sulle fedi di sanità che vi erano state delle morti sospette a bordo.

La nave si diresse verso Marsiglia, i suoi proprietari avevano fretta di vendere le merci in una delle più importanti fiere europee che si sarebbe tenuta a Beaucaire[15] non lontano da Marsiglia. I responsabili dell'Ufficio di Sanità di Marsiglia misero l'equipaggio in quarantena «dolce» invece di rinchiuderli nelle Infermerie (il Lazzareto) di Marsiglia per la cosidetta «contumacia», non è provato ma i proprietari della nave fra cui il primo scabino[16] di Marsiglia probabilmente fecero pressioni perché il prezioso carico di seta e cotone potesse essere trasportati fuori del porto, il che permise alle pulci portatrici di peste di diffondersi fuori dalla città. Questo consentì anche ai componenti dell'equipaggio di consegnare i loro vestiti ad una lavandaia per essere lavati. Vi fu inoltre negligenza di fronte alla diffusione della malattia, una lavandaia a nome Marie Danplan (non è noto se si tratta di quella che lavò i vestiti dei marinai), morì il 20 giugno con un carbonchio sulle labbra, il 28 decedette un sarto di 45 anni, due giorni dopo sua moglie, ciò malgrado le autorità non intervennero (forse perché si trattava delle zone povere della città). Soltanto il 9 luglio due medici, i Peyssonel padre e figlio, esaminando un ragazzo di circa 13 anni, morto in una zona elegante di Marsiglia. la rue Jean-Galland, compresero che si trattava di peste. Venne decisa la bonifica con la calce, l'isolamento degli ammalati, l'allontanamento dei forestieri da Marsiglia, l'evacuazione degli animali. Il 31 luglio furono espulsi dalla città tremila mendicanti, il 2 agosto furono accesi grandi falò sulle mura cittadine per segnalare il morbo, si iniziò a murare le porte delle case infette. Solo al 3 settembre è datato il manifesto che chiedeva ai volontari di presentarsi per raccogliere e seppellire i morti è datato[17]. Durante la peste vi fu un gruppo di persone che si distinse per coraggio ed abnegazione, una lapide oggi visibile al Museo di Storia di Marsiglia ne ricorda i nomi[18]:

> A l'eternelle memoire
> des hommes courageux dont les noms suivent
> Langeron , commandant de Marseille,
> De Pille, gouverneur Viguier
> De Belsunce eveque[19] ;
> Estelle, premer echevin ;
> Moustier, Audimar, Dieude, echevin
> Rose, commissaire general pour le quartier de Rive Neuve,
> Malai, Jesuite, comissaire pour la rue del'Escale,
> Serre, pentre celebre, eleve de Puget
> Rose, l'aine Verny, et Rolland, intendant de Santé,
> Chicoineau, Verny, Peissonnel,
> Moaigner, Bertrand,
> Michel et Deydier, medecin
> Il se devouerennt pour le salut des Marseillais
> Dans l'horrible peste de 1720

(1571) e Creta (1669). Un ruolo importante lo giocò anche la locale comunità armena che insegnò ai locali artigiani a dipingere i cotoni.

[9] In CHAUNU 1987, il comandante della nave è citato come J. B Château.

[10] Dal francese «Etchevin», avevano un compito legislativo, ma in particolare a Marsiglia dal XVII secolo avevano funzione di Sindaco

[11] Utilizzata per evitare l'umidità nella lavorazione dei tessuti, soprattutto della seta e venduta ai fabbricanti del noto sapone.

[12] Si tratta del fondamentale documento attestante la mancanza abordo di problemi dovuti a diffusione di malattie contagiose. Altrettanto importante ra la fede o patente rilasciata dal console della nazione a cui apparteneva la nave, in quanto scritta in lingua nazionale, e non per le navi provenienti dal Vicino Oriente in arabo o turco.

[13] La deviazione avvenne probabilmente perché il comandante attendeva istruzioni dal capo degli scabini e coarmatore.

[14] Non è chiaro il senso di questo ritorno a Livorno, forse perché a Marsiglia si stavano effettuando pressioni per ammorbidire i controlli.

[15] Luogo situato alla unione del Rodano con il canale del Rodano a Sête, fu sede di importante fiera commerciale la cui prima notizia risale al 1168 e che durò sino alla Rivoluzione Francese, nel tempo mutò nome divenendo la Fiera di S. Maria Maddalena, santa protettrice di Marsiglia e della regione circostante.

[17] Esso è riprodotto sul Web in http://fr.wikipedia.org/wiki/Fichier:Avisaupublic.jpg Si legge in esso che gli scabini di Marsiglia dichiaravano non esservi nulla di più urgente che il togliere i cadaveri dalle strade e sotterrarli. Per cui chiedevano alle persone zelanti di montare a cavallo (si credeva che il restare a cavallo allontanasse le pulci portatrici della peste, in quanto disturbate dall'odore del quadrupede) e di contribuire al trasporto ed interramento dei cadaveri.

[18] Non esiste invece un ricordo per i forzati destinati ai remi delle navi di Marsiglia che furono impiegati come «monatti» per liberare la città dai cadaveri e che morirono per tre quarti .

[19] La figura di Henri François Xavier de Belsunce de Castel-Moron (21 dicembre 1670, La Force [Dordogna], 4 giugno 1755 dintorni di Marsiglia) merita un cenno particolare. Guascone di nascita, di religione ugonotta si convertì al cattolicesimo verso il 1685, nel 1689 entrava nella Compagnia di Gesù, che abbandonò per motivi di salute nel 1701, passando al clero diocesano. Divenne vicario generale del vescovo di Agen nel 1704, in missione presso Luigi XIV venne da questo proposto per vescovo di Marsiglia e consacrato nella chiesa dei gesuiti di san Luigi a Parigi. Si distinse per il grande coraggio dimostrato durante la peste del 1720. Scrive lo Chaunu che «in contrasto con il clero parrocchiale generalmente imboscato» il vescovo Belsunce, con una spugna bagnata d'aceto sotto il naso, percorse da solo la città distribuendo elemosine e conforto e confessando i moribondi. Al termine della pestilenza consacrò la città al Sacro Cuore di Gesù recandosi in processione a piedi scalzi e con una corda al collo. Una processione ricordò sino alla Rivoluzione Francese l'avvenimento, nel 1877 essa venne ripresa e da allora si celebra ogni anno. Marsiglia ricordò questo vescovo coraggioso elevandogli un monumento nel 1854 sul corso a lui intitolato. Per la biografia del Belsunce si veda il *Diccionario històrico de la Compañia de Jesùs Biografico-Tematico*, Institutum Historicum S.I. Roma, Universidad Pontiicia Camillas Madrid, Roma-Madrid 2001, voce a cura di Angel Santos e Joaquin Maria Dominguez, pp. 404-405

Per completare la vicenda del Grand-Saint-Antoine e del suo comandate si deve aggiungere che quest'ultimo venne successivamente imprigionato nel castello d'If all'esterno di Marsiglia, dove venne tenuto sino al termine dell'epidemia. Quest'ultimo luogo doveva divenire famoso nell'Ottocento, per avere ospitato, a livello di romanzo. il celebre Edmond Dantes conte di Montecristo. La nave portata in quarantena all'isola di Pomegue venne incendiata e bruciata (dopo che le merci però erano andate a buon fine), nel 1978 un gruppo di archeologi sotto marini ha ritrovato i resti calcinati del veliero che oggi si trovano esposti all'isola Ratonneau al museo dell'Hôpital Caroline.

I cordoni sanitari

Vennero poste guardie armate alle uniche due porte della città rimaste aperte , altre cinture sanitarie furono istituite in Provenza dove si costruì un muro lungo 100 chilometri ed alto due metri preceduto da un fossato profondo due metri e largo altrettanto, un ulteriore linea di contenimento per cui furono impiegati 40000 fra soldati e uomini della milizia bloccò gli accessi della Linguadoca del Vivarais e del Rovergue.

L'epidemia di peste proseguì in Marsiglia sino al mese di Novembre del 1720, quando la città che contava 90000 abitanti si trovò ridotta a circa 50000, vi fu una ripresa del contagio nell'agosto del 1722 che causò 260 morti. La pandemia spinse diverse nazioni ad emanare provvedimenti di difesa, lo Chaunu[20] cita il blocco delle merci attuato dalla città di Cadice e aggiunge «Si comprendono le reazioni insolite e un po' esagerate in Francia, Spagna, in Italia, in Portogallo, nell'Impero, in Austria, nell'Hansa, in Olanda, in Inghilterra». Tra il Regno di Francia e il neonato Regno di Sardegna[21] esisteva una lunga linea di confine, in parte formata dal displuviale delle Alpi e in parte invece costituita da territori oggi francesi, ma all'epoca sabaudi, formati della contea di Nizza e del ducato di Savoia. Questo faceva sì che l'area da controllare fosse piuttosto ampia e con una situazione orografica complessa. Inoltre il regno di Sardegna aveva subito come Ducato di Savoia e dal 1713 come regno di Sicilia due guerre[22] ed una serie di carestie ed epidemie[23] che l'ave-vano posto in grosse difficoltà finanziarie e di approvvigionamento alimentare. Questo stato di allarme pressoché continuo portò le autorità sabaude a reagire alle prime avvisaglie della pandemia marsigliese che furono confermate da lettere inviate direttamente a Vittorio Amedeo II da Philibert Raymondi, un commerciante nizzardo residente a Marsiglia[24], da un gruppo di lettere in bozza scritte da Vittorio Amedeo II[25] a diversi funzionari sabaudi, seguirono le disposizioni legislative reperibili sul Duboin[26] e per ultimo la corrispondenza del governatore della provincia di Saluzzo e dei comandanti dei posti avanzati di frontiera.

In particolare la lettera datata 21 agosto 1720 con allegata relazione di tredici facciate fu scritta da Philibert Raymondi, suddito sardo di Nizza Marittima a Vittorio Amedeo II. Nella stessa segnalava che, senza tradire la fedeltà che doveva al Re dello stato dove risiedeva da qualche anno, per prevenire il contagio che affliggeva Marsiglia aveva inviato una lettera alla sede della sua casa commerciale a Nizza. Nel dubbio che da quest'ultima città non arrivasse nulla inviava diret-tamente una relazione[27].

Misure legislative contro la peste di Marsiglia del 1720 nel Regno Sabaudo

Una serie di misure di carattere legislativo sono rilevabili nel citato Duboin[28], la prima disposizione, del 25 luglio 1720[29], venne dal Magistrato della Sanità di Nizza che vietava ogni commercio con la Provenza e colle terre della contea poste al di là del fiume Varo, a cui si aggiungevano una serie di pene da comminare ai trasgressori, erano previsti i tratti di corda per gli uomini, la fustigazione per le donne e la pena di morte per i casi oltremodo gravi[30]. Il Magistrato della Sanità di Torino emanò il primo agosto 1722 le disposizioni di proibizione e bando di qualsiasi tipo di attività commerciale con Marsiglia e con ogni altra città, luogo e territorio della Provenza e della

[20] CHAUNU 1987, p. 130.

[21] La presa di possesso della città di Cagliari da parte del vicere Saint Remy avvenne il 4 agosto 1720.

[22] Le guerre della Lega d'Augusta o della Santa Alleanza (1690-1696) e di Successione Spagnola (1701-1713) devastarono il territorio degli Stati Sabaudi, altri danni furono provocati dalla seconda sollevazione dei Mondoviti tra 1699 e 1700.

[23] Nell'inverno del 1709-1710 l'Europa venne colpita da una terribile gelata (il Po divenne transitabile con i carri agricoli a San Mauro), fece seguito una carestia di cereali con gravi difficoltà per rifornire i fornai. Tra il 1711 ed il 1716 in Piemonte e Savoia vi fu una pericolosissima epidemia di afta epizootica del bestiame bovino definito nei documenti dell'epoca «dell'unghia schiappata» o «besulco», ossia bestiame bovino con l'unghia divisa, che colpì pesantemente il patrimonio bovino e la produzione casearia subalpina (AMATO-DUBOIN 1834, pp. 544, 578).

[24] RAYMONDI 1720.

[25] *Ristretto* 1720. Si tratta di una serie di lettere scritte a iniziare dal 15 luglio 1720 (si deve trattare di un errore, sul copialettere è scritto 25 luglio) sempre in quest'ultima data indirizzate al barone di Rebinder (sic), al conte di Santena, al conte di Viansino. Altre sono state scritte il 2 agosto all'intendente di Susa, al vicario di Cuneo, all'intendente Pavia del contado di Nizza, all'intendente di Pinerolo, al maggiore Rousseau, al presidente della Savoia Gand, al conte di Casellette.

[26] AMATO-DUBOIN 1834.

[27] Ecco l'importante testo:

Sire,

J'ay creu que sans trahir la fidelité que je dois au Roy dans les Etats du quel je fais ma Residance depuis quelques années, je pouvois pour prevenir tout se qui pourroit arriver par la suitte du mal contagieux qui afflige cette ville en faire un descrit aussi exat qu'il ma esté possible par un lettre que j'en ay enscrit a ma Maison de Nice. Et dans le doute ou je suis si elle sera envoijée a V.M. j'aij pris la liberté de la faire moy meme d'icy parce que l'affaire ma paru de trop de consequence et que d'ailleurs J'y ay acouté tous se qui s'est passé du depuis qui est son exceuncal. Je suis Sire avec le plus profond respect de V.M.

Le tres humble tres respecteux sujet
Philibert Raymondi
Marseille le 21 aoust 1720

[28] *supra* nota 19.

[29] Si noti, precedente a misure prese a Marsiglia, questo indica che esisteva una comunicazione veloce delle notizie, soprattutto di quelle relative a gravi avvenimenti.

[30] AMATO-DUBOIN 1834, pp. 488-489.

Linguadoca, con il divieto di introdurre qualsiasi merce o animale «sotto pena della morte naturale»[31]. Per quanto riguardava le persone provenienti dalle province del Delfinato e Lionese, che avessero voluto entrare negli stati Sardi portando con loro animali, merci ed ogni altro effetto, dovevano introdursi in Piemonte solamente per le strade del Moncenisio, Monginevro, Argentera, Colle di Tenda, ducato d'Aosta, Piccolo e Gran San Bernardo, la violazione comportava il sequestro delle merci con pena «a noi arbitraria etiamdio corporale grave».

La difesa delle vie di ingresso nello Stato Sabaudo nell'area della valle Varaita

Una delle vie di ingresso negli Stati Sabaudi al di qua della Alpi era la valle Varaita, che per gli abitanti dell'antica Castellata di Casteldelfino era una via naturale di comunicazione con la Framcia. Tramite essa avveniva la transumanza dei pastori ed il contrabbando dei tessuti di Colmas[32]. Venne messa in atto una dura azione di polizia sanitaria da parte della autorità sabauda[33], come è testimoniato dalle lettere scritte dal comandante di Casteldelfino il marchese Giulio Cesare Balbo Bertone di Sambuy[34], lettere che si trovano inserite nella corrispondenza del governatore della provincia di Saluzzo, Carlo Emanuele Saluzzo di Cardé[35]. Una prima lettera dell'ottobre 1720 affronta il problema del morbo e dei pochi valdesi ancora residenti nella Castellata per cui si giunse a proibire il matrimonio di una valdese.

Una lettera del giugno 1721 narra con immediatezza la cattura di certo Andrea Bessone, avvenuta in alta montagna, dopo un lungo inseguimento nella neve[36]. Il Bessone venne internato a Pontechianale, in un mulino abbandonato[37] per passarvi la quarantena, anche se lo stesso aveva dichiarato di non essere un clandestino, ma bensì un abitante della zona alla ricerca di una pecora smarrita, in alta montagna. Terminata la quarantena senza problemi, il Bessone venne condannato dall'Intendente Lovera. Il primo novembre 1721 il marchese di Garessio segnalò che un gruppo di ventotto persone avesse tentato di introdursi in area sabauda tramite la parallela val Mayra, per cui chiedeva la chiusura dei passi alpini da Sampeyre sino a Bellino per consentire il controllo delle fedi di sanità. Il 7 luglio 1722 una lettera segnalava l'uccisione effettuata da una pattuglia di guardia fuori Castel Delfino di Bernard Chaffre detto «Gamate», carico di telerie, mentre tentava di attraversare il Gran Bosco. L'ucciso era nativo del luogo di Bertines, frazione di Sant'Eusebio ed evaso dal carcere di Pinerolo quattro anni prima. Il verbale redatto dal notaio descrive l'ucciso disteso su un sentiero detto «vial des trochets», recava con se diversi panni di tela ordinaria, un po di canapa e di pane ed una camicia «et des autres petites bagatelles». Risultava che a Guillestre in Delfinato avesse una donna anch'essa fuggita «per un delitto commesso».

Il Bertone venne rimproverato per questo e per altri episodi (merce di contrabbando venne reperita in botteghe di Saluzzo), lo stesso rispose in tono risentito e polemico segnalando tutte le misure di prevenzione messe in atto. Aveva visitato personalmente accompagnato dal castellano, parroco e consoli di Pontechianale i passaggi fra il regno Sardo e quello di Francia, aveva minacciato severe punizioni se non fossero stati (non disponendo di una cartografia dettagliata era possibile che vi fossero dei passaggi conosciuti solo dagli abitanti del luogo. Malgrado l'epidemia fosse in fase di decremento il Bertone incrementò le misure di prevenzione. I consoli vennero ritenuti personalmente responsabili di eventuali sconfinamenti degli abitanti dei paesi loro affidati. Tutte le mattine e tutte le sere i consoli e consiglieri, assistiti da un sergente ed un soldato, dovevano fare l'appello degli abitanti (pare di assistere alla gestione o di un carcere o un campo di internamento). I controlli non finivano qua, ve ne erano a sorpresa effettuati dal sergente durante la notte, soprattutto nei riguardi dei maggiormente sospettati. Anche le sentinelle erano controllate giorno e notte con la partecipazione di un ufficiale e di un sergente. Perquisizioni erano state effettuate a Bellino, Ponte Chianale e Castel Delfino sempre alla ricerca dei panni di Colmas, possibile veicolo di infezione. A questo punto della lettera il Bertone si alterò perché scrisse che se i panni erano stai introdotti in valle erano passati in mezzo alle sue gambe. Il Bertone ribadì che il traffico avveniva tramite la Val Mayra, comunque in quel momento era in partenza per Bellino con il signor Viscardi per effettuarvi una nuova ispezione. Segnalò che le condizioni metereologiche erano pessime, la neve era caduta in cumuli alti circa otto piedi (due metri). Poiché le sentinelle vivevano con la neve all'altezza della cintura le aveva spostate più in basso, inviava anche una

[31] AMATO-DUBOIN 1834, p. 491.

[32] Un tipo di panno pesantissimo con cui si confezionavano gonne ed altri indumenti. Si veda in proposito COLLOMP 1987.

[33] La durezza dell'azione repressiva è testimoniata dalla nota vicenda di Agostino di Sale, fratellastro di Vittorio Amedeo II che venne condannato a morte per aver consentito l'introduzione di panni infetti dalla Savoia, oltretutto esercitanzo pressioni concussive sui contrabbandieri. La condanna non venne eseguita, ma il Di Sale fu obbligato a passare il resto dei suoi giorni a Bologna in esilio ed in difficili condizioni finanziarie (CARUTTI 1856, pag. 393).

[34] Nel 1719 era tenente colonnello del reggimento Monferrato nel 1747 raggiunse il grado di generale di fanteria, fu governatore di Valenza (1739), Susa (1743), Casale (1747) dove morì nel 1754. Si veda MANNO 1895-1906, voce Balbo Bertone.

[35] Carlo Emanuele Enrico Giuseppe Antonio di Saluzzo linea di Cardé (+ Torino, S. Giovanni, 13 febbraio 1737); testò (1719, 19 novembre; depositato, 23, 110). Conte di Beinette per successione Provana, marchese di Garessio,. Ministro in Inghilterra (1695) e all'Impero (1698); Gentiluomo di Camera (1704); Primo Gentiluomo di Camera (1721); Grande Scudiere (1732, 7 maggio); Governatore di Saluzzo (1713); Maresciallo di Campo (1721); Tenente generale; Governatore di Aosta (1723, 8 marzo). Generale di battaglia (1729). Sposa (Torino, S. Giovanni, 1 dicembre 1691) Angela Teresa, del marchese Carlo Giuseppe Carron di San Tomaso (9 ottobre 1733). Si veda MANNO 1895-1906, voce specifica.

[36] Nella drammaticità della descrizione vi sono dei tratti comici, in quanto il Balbo Bertone era piuttosto obeso, per cui affondò pesantemente nella neve e trovò non poca difficoltà a inseguire il Bessone. Era cosciente della sua situazione fisica perché dichiarava che senza l'aiuto di terzi sarebbe stato ancora bloccato in montagna.

[37] Si tratta di uno dei numerosi piccoli mulini che vennero asportati per la quasi totalità durante la disastrosa alluvione del giugno 1957 che colpì le valli Maira e Varaita, che asportò ben undici edifici di questa tipologia presenti nella zona di Bellino.

tabelle con i posti di guardia, il numero delle sentinelle impegnate con il grado di responsabilità.

Conclusione

La fine del contagio nel regno Sardo venne decretata dal Magistrato della sanità sedente in Torino il primo febbraio 1724 con un *Manifesto* che riammetteva a «libera pratica tutta la Francia e la Svizzera». Alcuni anni dopo giungevano segnalazioni di manifestazioni della peste nell'area balcanica (ex Jugoslavia), ma sino all'arrivo del *cholera morbus* verso il 1833 non vi furono più pericoli di epidemie. Sarebbe interessante effettuare una ricerca su come le singole aree sabaude confinati con la Francia affrontarono il problema della difesa dalla peste.

Per la Valle Varaita emerge che furono impiegati metodi oltremodo severi, come l'uccisione del contrabbandiere o la detenzione nel mulino del pastore che aveva «perso» la pecora. Si dovette creare una situazione di tensione con la popolazione dovuta alle visite a sorpresa ed alle continue perquisizioni a cui furono sottoposti gli abitanti della zona. D'altronde il terrore della peste era molto forte e e mentre in Europa Orientale e nel Vicino Oriente esisteva una presenza endemica del morbo sopportata, nell'Europa occidentale la difesa contro il morbo venne svolta in modo deciso ed aggressivo.

§ *Allegato 1*

Lettera del marchese di Garessio al signor Riberti, 12 ottobre 1720

Illustrissimo Signor Padron Mio Osservantissimo,
Stante la continuazione del Morbo, nel di cui timore li passaggi dalla Francia si ritrovan chiusi, non può l'Antonio Richard di Casteldelfino restituirsi a Casa Sua, ove giongendo non mancarò di farli l'intimazione, che Vostra Signoria Illustrissima si motiva, acciò il con saputo matrimonio colla Calvinista di Rames non sortisca il suo effetto.
Quanto alla Sorella del Sudetto Antonio Richiard non mancarò di dar gli ordini opportuni, perché venghi messa in un Convento in sicurezza che si mantenga nella Santa Fede, con far ch'il Matteo Padre della medema suplisca alla necessaria pensione, mentre per fine [...]
Divotissimo et obbligatissimo servitore
Il Marchese di Garessio

§ *Allegato 2*

Lettera da Chianale, 22 giugno 1721
(BERTON DE SAMBUY 1721a)

Da la Chanal ce 22 de Juin 1721 a huit heures de jour
Comme j'ay esté aujourdhuy visiter le Col Longet, et que j'ai meme tenté de monter jusqu'au sommet de la montagne tandis que nous nous estions arreste a considerer le pays nous avons veu de lojn un Paysan qui venit a travers la nejge du costé de [...] Et n'ayant que deux officiers et trois paijsans avec le curé qui s'estojent venu accompagner j'ay gagné les derniere et coupé le chemin tandis que les autres l'ont environé et rencoigné contre un Rocher escarpé, ensuitte de quoij nous nous sommes mis devant et derriere avec nos Pistolets, et que nous l'avons fajt marcher au milieu lojn cinquante pas de nous jusqu'a ce que nous avons rencontré le corp de garde, et que nous l'avons fajt ameyner avec les mesures precautions dans un moulin ecarté de toute sorte de commerce, n'ayant Dieu merci communiqué avec Personne.
Ce Paysan est sorty ce matin du village, et quoy qu'il dise qu'allloit chercher une de ses brebis egarées ie crois cependant pour chose seure qu'il a esté a tourner d'ou il estoit de Retour quant nous l'avons arresté, je crois Monsieur que nous envoyet un auditeur, ou bien un juge pour prendre les informations, car en attendans ie ne luy laisse parler de Personne. J'ay peur que Sa Majesté nous tache de negligents ou qu'il croye que nous n'avons pas biens posté les gardes, mais Monsieur vous pouves assurer Sa Mayesté de ma Part qu'on ne scaurojt pour à Present les poste autrement, car les Gardes sont aux Piets de la neyge sur toutes les avenues et Passages des Cols attigus de Longet, St. Veran, de l'Agnel et de Soustre et je defie au plus habile home du monde d'en metre d'autres. Ce Malhereux a risqué a se perdre mille fois, et moy qui a voulu faijre le Brave et courir sur la neijge luij couper le chemin comme je ne suis ni fort adroit ni fort leger, J'aij enfoncé des deux jambes jusqu'a la Ceinture et j'aij mis mon gros ventre a la glace, hereux qu'il y avoit un Paysan en ma compagnie qui m'en à tiré, sans cela je n'avois pas majntenant l'honer de vous ecrire et et j'aurez esté cent ans sans faire un Pas. J'attends monsieur vos ordres, Le Paysan este arêté dans un lieu ecarté, il n'a commerce avec Persone car je ne l'ay jamais quitté de veue et j'en puis responder. Au reste si Sa Majesté veut faire grace de la vie a ce Pauvre miserable il faut cependant luy Faire peur aussi bien qui a tous ces paysans per la menace de quelque chastiment exemplayre, car sans cela toutes les messures et precautions sont inutiles, un homme du Pajs trompe les gardes pendant la nuit et va ou il veut, ie doute que celuy de la consigne Journaliere n'ajt fayt son devoir, si cela est je le fays metre aux fers pour doner exemple. Je vous offre Monsieur mes tre humbles respects et j'aij l'honeur d'estre vostre tre humble et tres d. serviteur
Berton de Sambuy

§ *Allegato 3*

Lettera da Castel Delfino, 13 ottobre 1721
(BERTON DE SAMBUY 1721b)

Monsieur,
Je reçois Monsieur vostre letre dans la quelle vous me fajtes des reproches que les passages n'ont pas esté bien gardez attendu que l'on a introduit dans ces vallées une quantité de draps de Colmars. Que sa Majesté est tres mal satisfaite dela maniere dont nous nous sommes gardé, et que l'on aurojt pu empecher ce commerce si l'on avojt poste des gardes au col Lotaret qui vient de Tuorin, vallée de Barcellonette, au col Longet qui vient de meme village, et au col de l'Agnel et de St. Veran qui communiquerent avec la vallée de Queyrasq. Vous permetres Monsieur qu j'aye l'honeur de vous responder, et de vous marquer en detajl pour ma justification les dispositions que j'ay fajt, et les orders que j'ay doné depuis que je suis dans cette vallée. J'ai donc en arrivant icij visité avec beaucoup de sojn et d'exactitude tous les passage, tant dificiles qui assez prattiquables qui imprattiquables, j'aij faijt venir avec moij le chastelajn, les consuls et le cure de la Chanal pour m'indiquer tous les Postes leur ayant impose pejne la vije s'ils manqué de m'en indiquer quelq'un. Cela faijt aussi tost que les nejges me l'ont permis. J'aj posté des corps de gards sur tous les cols indiquéz et je les aij posté d'une maniere qui un home venant de France ne Pourroijt passer que sous les coups de fusil des sentinelle et de corp de gard. Vojla monsieur de la maniere que j'aij postés les gardes. Comme l'on m'a dit, qu'il falloit prendre garde aux habitans lorsq'il sojent obligez d'aller aux alpes j'faijt passer une caution a tous les Consuls ensuitte d'un ordre de Mr. le Comte de Salusses par le quell il s'obligeijnt et respondoient pour tous ceux qui serojent a la suitte des Bestiaux de n'avoijr aucun commerce ni de paroles ni de fait avec ceux du pays suspect bien attendu que ni pasteurs ni bestiaux ne deveneront les gardes.
Bien plus j'aij obligé les consuls et conseijller des villages de faijre une consigne exacte soir et matin passant en reveue tous les habitans avec l'assistence d'un officier ou

d'un sergent, et afin que quelq'insolent ne profitta point de l'intervalle qu'il y a du avoir au matin et que pendant l'obscurité de la nuijt il n'alla faijre une course jusqu'aux limmites je faijsoijs aller un sergent a des differentes heures de la nuijt demander les habitans que je soupconojs pour voir s'ils estojent dans leur maisons. Tout cela s'est fait regulierement et si le Besoins y est l'on produira toutes les conoummes (?) depuis le jour qui ells ont commence.

Pour fayre que les sentinelles et les corps de garde fussent toujours allertes je faysoys fayre le tour regulierement a un officier ou a un sergent les faysant marcher à des differentes heures du jour et de la nuit pour les surprendre et pour les tenir en contraynte. Tout ce que j'ay l'honeur de vous dire est de fayt, et public a tous les officiers, soldats et habitans de ce vallée ajnsi Monsieur je seray Ravy ou ne vous envoyanies quelqu'un en jour en prendre connojsence car je conojs bien que ceci fayra une mauvaise impression dans l'esprit de Sa Majesté et qu'elle croira (s'il est vray qu'il aye Passé de marchandises) que ce soit par ma negligence et par mon peu de capacité à faire executer ses orders, aynsi ie vous pries Monsieur de fayre examiner ma conduit afin que sa Majesté puisse estre informée de la maniere que je me suis condujt. Je ne scay pas comme l'on puisse dire que le Col de Lotaret, de Longet, de S. Veran et de l'Agnel n'ayent pas esté gardez, car si vous voulez doner un coup d'oejl al estat que j'ay eu l'honeur de vous envoyer, vous verres que j'avez deux gardes al Agnel, une à Lotaret, a Longet et à S. Veran et qu'outre les gardes que j'avez a ces deux derniers cols de Longet et de S. Veran.

J'en avez une derniere qui gardoit ce qui auroijt pu se glisser des dicts cols.

Que l'on me blame apres sa que je n'ay pas gardé les Postes que l'on dise que je n'ay pas visité le gardes, et quei e n'ay pas esté soigneur a faire executer les ordres de S.M. Le Respect m'oblige a croyre qu'il y aut passé des draps de Colmars dans cettew Vallée puisque S.M. dit le Scavoir, mais iusqu'a Present tous les Pas que j'ay fait avec Mr. Viscardi et toutes les informations prisse ne vous donnent aucune connojssence du fajt, j'ay fayt foujller toutes les majsons et granges de Chasteau Daufin, la Tourrette, Belin, Pont et Chanal en meme temp mays on n'a trove que deux coupons de Drap chacun de mesure pour faire un habit, et ils ont porté leur iustifications des endroits ou il l'ont pris qui ne sont pojnct suspects.

J'oze vous asseurer Monsieur que l'on ne scauroi prendre d'autres mesures au sessus que j'aj pris, et si tant il est very que malgré cella on aye fayt passer de draps ie ne doute plus qu'on m'en face passer au milieu des jambs sans que ie m'en apercojneen ce cas la le mieux serojt qu'on fjt un Band aux marchands et autres de vendre et achester des draps Colmars en quell cas on n'en faapercojneen ce cas la le mieux serojt qu'on fjt un Band aux marchands et autres de vendre et achester des draps Colmars en quell cas on n'en faroist plus passer dahais qu'il n'auroit plus de debits.

Permettes moy Monsieur que j'aye l'honeur de vous dire encore une fois, que s'il s'est fayt quelque commerce de merchandise se sera plus tost dans la vallée de Mayra qui communiqué par tout avec celle de Barcellonette qu'icy de notre costé. Les Colmars qui estoyent dans les Bouttiques de deux marchands de l'Venasque ont este cachetez, mais les marchands ont leur iustifications.

Nous allons dans ce moment a Bellin avec Mr. Viscardi pour fajre une nouvelle perquisition. Les montagnes sont fermées des a present, il y trois, quatres et jusqu'à huit piets de neyge dans des endroits ou le vent l'a jettée, s'il n'y vient point de marin le premiere neyge qui reviendra nous metra a l'abry de tout. Je vous aj fajt un detail en peu ennuyeuu, mais comme il me tourney a conte de me justifier, j'ay cru ne devoijr rien oublier de ce qui peut server a ma justification.

Agreez Monsieur que ie vous reitere les asseurances de mes respects tandis que j'ay l'honeur d'estre.

Monsieur

Je n'ay fait descendre les postes que losqu'ils sont en de la nejge à la cejnture, et j'ay toutes m.nes iustifications.

L'ordre a esté publie par toute la vallée.

Vos tres humble et tres obeissant serviteur le comte

Berton de Sambuy

§ *Allegato 4*

Tabella dedotta dall'allegato alla lettera del Bertone di Sambuy, inviata al marchese di Garessio, il 12 ottobre 1721 (AS.TOCorte, Materie Politiche per Rapporto all'Interno, *Lettere di particolari*, G 10)

PASSI CONTROLLATI DALLE FORZE SABAUDE FRA LA VAL VARAITA E IL QUEYRAS							
Descrizione	Lieutenants ou Einseignes	Sergents	Caporaux ou appointes	Soldats	Total	Paisan	Total de Tout
Poste a la Majta au pied du Col de Viso dans la Vallée du Po pour garder un chemin praticable qui vient de Ristolas, vallée de Queyras	//	//	1	6	7	//	7
A la Balme du Vallon du Chateau du Pont gardant un chemin praticable qui vient de Ristolas	//	0	1	4	5	//	5
Au pied du Col de Lausete dans le Vallon de Soustres, pour garder deux breches impraticables ou il y a ce pendant un sentier qui vient de Ristolas	//	//	1	4	5	1	6
Poste qui est sur la droite dans le vallon, ou soit plan l'Agnel pour garder deux chemins praticables qui viennent de Molines, et de Ristolas	//	1	1	5	7	1	8
Poste sur la gauche dans le même Vallon pour garder les deux dittes passages	//	//	1	4	5	//	5
Au pied du Col de Saint Veran pour garder un chemin peu praticable qui vient du village de St. Veran dans la Vallée de Queiras	//	//	1	4	5	1	6
Au Col Longet sur le sommet de la montagne pour garder un chemin praticable qui vient de Morin, vallée de Barcellonette	//	//	1	4	5	1	6
A Fioutrusse pour garder un passage difficile, et peu praticable qui vient de Morin	//	//	1	4	5	//	5
A Draya de la Vache pour garder un sentier qpresque impraticable qui vient de Morin	//	//	1	4	5	//	5
Au pas de Mala Costa pour garder un passage difficile, et peu praticable qui vient de Morin	//	//	1	4	5	//	5
Au pied du Col ou soit Breche de Chabriere pour garder un passage mal aissé, et difficil qui vient de Morin	//	//	1	4	5	1	6
Au pied du Col Lautaret pour garder un autre chemin qui vient de Morin	//	//	1	4	5	1	6
A la tete du village de la Chanal	//	//	1	3	4	//	4
A la tête du village de Pont	//	//	1	3	4	//	4
A la tete du village de la Chanal	//	//	1	3	4	//	4
Garde du Criminal qui est en quarantine	1	1	1	12	15	//	15
Total	1	2	16	72	91	6	97

Bibliografia Generale

Documentazione manoscritta edita e inedita

§ *Enti di conservazione*

ASCC
Archivio Storico della Città di Cuneo
AS.TOCorte
Archivio di Stato di Torino, Sezione di Corte
AS.TORiunite
Archivio di Stato di Torino, Sezioni Riunite
AUSSME
Archivio dell'Ufficio Storico dello Stato Maggiore dell'Esercito, Roma
BRT
Biblioteca Reale di Torino
ISCAG
Istituto di Storia e Cultura dell'Arma del Genio
SHD/T, Vincennes
Service Historique de l'Armée de Terre - Château de Vincennes (Paris)

§ *Abbreviazioni*

***A' Château Dauphin* 1743**
A' Château dauphin le 10 Octobre 1743, Casteldelfino, 10 ottobre 1743 (AS.TOCorte, Materie Militari, *Imprese Militari*, Mazzo 3 d'addizione, n. 3)
AMATO-DUBOIN 1834
F. AMATO C. DUBOIN, *Raccolta per ordine di Materie delle Leggi cioè Editti, Patenti, manifesti, Ecc. emanate negli stati di terraferma sino all'8 dicembre 1798 dai Sovrani della Real Casa di Savoia dai loro Ministri, Magistrati, Ecc. compilata dagli Avvocati Felice Amato e Camillo Duboin proseguita dall'Avvo-cato Alessandro Muzio colla direzione dell'intendente Giacinto Cottin. Tomo Decimo, Volume Duodecimo*, Torino 1863
AMATO-DUBOIN 1863
F. AMATO C. DUBOIN, *Raccolta per ordine di Materie delle Leggi cioè Editti, Patenti, manifesti, Ecc. emanate negli stati di terraferma sino all'8 dicembre 1798 dai Sovrani della Real Casa di Savoia dai loro Ministri, Magistrati, Ecc. compilata dagli Avvocati Felice Amato e Camillo Duboin proseguita dall'Avvo-cato Alessandro Muzio colla direzione dell'intendente Giacinto Cottin. Tomo Ventesimosesto, Volume Ventesimo ottavo*, Torino 1863
AMATO-DUBOIN 1865
F. AMATO C. DUBOIN, *Raccolta per ordine di Materie delle Leggi cioè Editti, Patenti, manifesti, Ecc. emanate negli stati di terraferma sino all'8 dicembre 1798 dai Sovrani della Real Casa di Savoia dai loro Ministri, Magistrati, Ecc. compilata dagli Avvocati Felice Amato e Camillo Duboin proseguita dall'Avvo-cato Alessandro Muzio colla direzione dell'intendente Giacinto Cottin. Tomo Ventisettesimo, Volume Ventesimonono*, Torino 1865
***Anzianità Colomb* 1740**
Anzianità di servizio del Maggiore d'Alessandria Gios.e Ignazio Colomb. 1740, 26 maggio, 1740, in *Stati diversi degli Ufficili generali, Colonnelli, Tenenti Colonnelli, maggiori, capitani, Cornetta, e Cadetti delle Truppe di S.M. tanto di Cavalleria, che di fanteria, colla data delle loro Commission, o Patent. Assieme al Ritratto di varj Uffiziali per essere promossi, o giubilati. 1726 in 1742* (AS.TOCorte, Materie Militari, *Impieghi militari*, Mazzo 2 d'addizione, fasc. 7)
***Approvazione contratti* 1743a**
Gio Nicola Tardy, 10 7bre 1743, Casteldelfino. Sottomissione di provedere dar provista e condotta [...], Torino, 14 settembre 1743 (AS.TORiunite, Azienda Generale di Fabbriche e Fortificazioni, *Approvazione contratti*, 1743, pp. 175-176)
***Approvazione contratti* 1743b**
Gio Anto Isolino, 11 7bre 1743, Casteldelfino. Sottomissione di provedere dar proviste e condotte [...], Torino, 14 settembre 1743 (AS.TORiunite, Azienda Generale di Fabbriche e Fortificazioni, *Approvazione contratti*, 1743, pp. 176-177)
***Approvazione contratti* 1744a**
Gio Franco Delevi, 10 Marzo 1744, Valli di Varaita, Blino, e Mayra. Sottomissione di provedere dar prouisti, e condotti [...], Torino, 14 marzo 1744 (AS.TORiuni-te, Azienda Generale di Fabbriche e Fortificazioni, *Approvazione contratti*, 1744, pp. 29-30)
***Approvazione contratti* 1744b**
Gio Franco Delevi Cesare Filippis e Carlo Andrea Righino, 11 Marzo 1744, Valli di Varaita, Blino, e Mayra. Sottomissione di dare e dar fatti [...], Torino, 14 marzo 1744 (AS.TORiunite, Azienda Generale di Fabbriche e Fortificazioni, *Approvazione contratti*, 1744, pp. 30-31)
***Approvazione contratti* 1744c**
Giacomo Anfosso Gioseppe Mazzochetti e Gio Tomaso Romano, 21 aprile 1744, Valli di Varaita e Majra. Sottomissione di far dar fatti a tutte loro spese, risigo e pericolo [...], Torino, 23 aprile 1744 (AS.TORiuni-te, Azienda Generale di Fabbriche e Fortificazioni, *Approvazione contratti*, 1744, pp. 53-55)
ARDUZZI 1744a
Capitano Ingegnere ARDUZZI, *Calcolo per li trauaglij che si potrebbero fare per impedire il passaggio al nemico nelle valli di Varaita, Blino, e Mayra*, Torino, 27 gennaio 1744 (AS.TORiunite, Azienda Generale di Fabbriche e Fortificazioni, *RegiBiglietti*, 1731-1744, pp. 360 fronte - 362 fronte)
ARDUZZI 1744b
Capitano Ingegnere ARDUZZI, *Calcolo per prouisione, fattura, e condotta dell'intrascritti boscami alli posti che uerranno indicati*, Torino, 27 gennaio 1744 (AS.TORiunite, Azienda Generale di Fabbriche e Fortificazioni, *RegiBiglietti*, 1731-1744, pp. 362 fronte - 364 retro)

Bertola 1742a
I. Bertola conte d'Exilles, *Memoria formata dal Commend.re Bertola sopra le disposizioni, e providenze da darsi per la diffesa delle frontiere*, 15 marzo 1742 (AS.TOCorte, Materie Militari, *Imprese Militari*, Mazzo 12, fasc. 7)
Bertola 1742b
I. Bertola conte d'Exilles, *Seguito delle Memorie sù lo Stato presentaneo delle cose per la diffesa del Piemonte formato dal Commendatore Bertola in Parma*, Parma, 9 maggio 1742 (AS.TOCorte, Materie Militari, *Imprese Militari*, Mazzo 12, fasc. 7)
Bertola 1744
I. Bertola conte d'Exilles, *Lettera del Sig. Conte Bertola che riguarda la maniera di soccorrere la città di Cuneo nell'assedio di essa*, Venasca, 31 luglio 1744 (AS.TO Corte, Materie Militari, *Imprese Militari*, Mazzo 12 da inventariare)
Berton de Sambuy 1721a
C. Balbo Bertone di Sambuy, *Da la Chanal ce 22 de Juin 1721 a huit heures* [...], 22 giugno 1721 (AS.TO Corte, Materie Politiche per Rapporto all'Interno, *Lettere di particolari*, G 10)
Berton de Sambuy 1721bC. Balbo Bertone di Sambuy, *Monsieur, Je reçois Monsieur vostre letre* [...], 13 ottobre 1721 (AS.TOCorte, Materie Politiche per Rapporto all'Interno, *Lettere di particolari*, G 10)
Bourcet s.d.
P. de Bourcet, *Relations des batailles, combats, affaires, passages etc. qui ont eu lieu en Piémont et en Italie pendant la guerre de Succession d'Autriche de 1743 à 1748*, s.d. (AUSSME, Manoscritti di fondo antico)
***Breve cenno* s.d.**
Breve cenno delle principali operazioni militari svoltesi nelle Valli Pellice, Chison e, Germagnasca e Dora Riparia, s.d. (AUSSME, Manoscritti L 3-8)
Conti 1744
L. F. di Borbone principe di Conti, *Le Prince de Conti au Comte d'Argenson*, 17 ottobre 1744, in de Vault-Arvers 1892, Vol. I, pp. 252-255
***Da Castel Delfino* s.d.**
Da Castel Delfino li 8 8bre a 2 ore di notte, Casteldelfino, s.d. (AS.TOCorte, Materie Militari, *Imprese Militari*, Mazzo 3 d'addizione, n. 3)
***De Château dauphin* 1743**
De Château dauphin le 10 Octobre 1743, Casteldelfino, 10 ottobre 1743 (AS.TOCorte, Materie Militari, *Imprese Militari*, Mazzo 3 d'addizione, n. 3)
d'Embser 1732 (2007)
G. B. d'Embser, *Compendio della grand'arte d'Artiglieria*, Vol. I, *Dizionario istruttivo di tutte le robbe appartenenti all'Artiglieria (1732)*, Vol. II, *Dissegni d'ogni sorta de cannoni et mortari con tutte le Pezze, Stromenti et Utigli appartenenti all'Artiglieria (1732)*, commento di Giorgio Dondi, Collegno 2007
Desguern 1744
Monsieur Desguern, *Lettre de 13juillet à M.r le comte d'Argenson*, 13 luglio 1744, in de Vault-Arvers 1892
De Vincenti 1742
F. De Vincenti, *Relazione delli Travaglj fatti, e disposizioni datesi con il S.r Command.te Cumiana per impedire il passaggio all'Inimico nella valle di Varaid*, Casteldelfino, 27 agosto 1742 (AS.TOCorte, Materie Militari, *Imprese Militari*, Mazzo 12, fasc. 7)
***Disposizioni-avanguardie* 1744**
Disposizioni per le avanguardie, 26 settembre 1744 (AS.TOCorte, Materie Militari, *Imprese Militari*, Mazzo 31)
***Documento-preparazione* s.d.**
Documento relativo alla preparazione della guerra, s.d. (BRT, Manoscritti Militari 128)
***Du camp de Comunia* 1744**
Du camp de Comunia soit Muraz 2 8bre 1744, Murazzo, 2 ottobre 1744 (BRT, Manoscritti Militari 46)
***Du Camp de S.t Pierre* 1744**
Du Camp de S.t Pierre. Le 20 Juillet 1744, Sampeyre, 20 luglio 1744 (AS.TOCorte, Materie Militari, *Imprese Militari*, Mazzo 3 d'addizione, n. 3)
***Du 7 et 8 octobre* s.d.**
Du 7 et 8 octobre, s.d. (AS.TOCorte, Materie Militari, *Imprese Militari*, Mazzo 12, n. 7)
***Etat de la perte* s.d.**
Etat de la perte faite par les trouppes de S. M. le Roy de Sardaigne aux Affaires eus avec de l'Armée Galispane en 1744 à la Gardelle, La Biccoque, Bondormir, et Pierrelongue, s.d. (BRT, Manoscritti Militari 186)
***Etat des Tuez* 1744**
Etat des Tuez, Blessés, Perdus ou Prisonniers de Guerre à l'Affaire de N.D. de l'Orme le 30 7mbre 1744, 1744 (BRT, Manoscritti Militari 154)
***Etat-Gardes* 1701**
Etat du Regiment des Gardes de S.A.R., 1er may 1701, 1 maggio 1701 (AS.TOCorte, Biblioteca Antica, *Manoscritti*, H.VI.28)
***Etude de l'infanterie* 1752**
Etude de l'infanterie au recherche des regles propres au service de SMS, composée de Troupes Nationales & Etrangerés, à Alexandrie MDCCLII, 1752 (BRT, Manoscritti Saluzzo 256)
***Fuerza del Exercito* s.d.**
Fuerza del Exercito del Rey nuestro S. en Saboya, s.d. (da 1743 - entro 1745; AUSSME, Manoscritti L 3-8)
Guibert 1743
A. Guibert de Sissac, *Estat et Journalier de ce qui s'est passé dans la vallée de Belin et au Camp de Pierrelonge depuis le 14.e Aoust 1743 jusques au 18.e Octobre dite Année*, Torino, 22 novembre 1743 (AS.TOCorte, Materie Militari, *Imprese Militari*, Mazzo 3 d'addizione, fasc. 3)
***Istruzione-Contadore* 1733**
Istruzione al Contadore Generale per la campagna del 1733, Torino, 1733 (BRT, Manoscritti Militari 129)
***Journal-Coni* s.d.**
Journal du siege mis devant Coni par les armées combinées d'Espagne et de France le 13 7mbre, et levée le 22 8bre 1744, s.d. (BRT, Manoscritti Militari 130)
Lagrange s.d.
Capitano Lagrange, *Fatti d'arme successi nel 1743-44 fra le truppe Sarde e Gallo-ispane nelle valli di Stura e Vraita*, s.d. (AUSSME, Manoscritti L 3-9)
***Le 7 et 8 8bre* s.d.**
Du 7 et 8 8bre, s.d. (AS.TOCorte, Materie Militari, *Imprese Militari*, Mazzo 3 d'addizione, n. 3)

***Les manoeuvres* s.d.**
Les Manoeuvres des Ennemis [...], s.d. (AS.TOCorte, Materie Militari, *Imprese Militari*, Mazzo 3 d'addi-zione, fasc. 3)
***Lettere di S.M. all'Int.F.F.* 1742**
Il Re al Vass.o Miglyna, Torino, 21 agosto 1742 (AS.TO Riunite, Regia Segreteria di Guerra, *Lettere di S.M. all'intendente generale delle fortificazioni e fabbriche militari*, 26 febbraio 1742 - 31 dicembre 1743)
***Lettere di S.M. all'Int.F.F.* 1743a**
Al Vass.o Miglyna, Torino, 22 luglio 1743 (AS.TORiunite, Regia Segreteria di Guerra, *Lettere di S.M. all'intendente generale delle fortificazioni e fabbriche militari*, 26 febbraio 1742 - 31 dicembre 1743)
***Lettere di S.M. all'Int.F.F.* 1743b**
Al Vass.o Miglina, Torino, 26 agosto 1743 (AS.TORiunite, Regia Segreteria di Guerra, *Lettere di S.M. all'intendente generale delle fortificazioni e fabbriche militari*, 26 febbraio 1742 - 31 dicembre 1743)
***Lettere di S.M. all'Int.F.F.* 1743c**
Il Re al Vass.o Miglyna, Torino, 14 settembre 1743 (AS. TORiunite, Regia Segreteria di Guerra, *Lettere di S.M. all'intendente generale delle fortificazioni e fabbriche militari*, 26 febbraio 1742 - 31 dicembre 1743)
***Lettere di S.M. all'Int.F.F.* 1744a**
Il Re di Sardegna. Fedel ed amato n.ro [...], Torino, 6 febbraio 1744 (AS.TORiunite, Regia Segreteria di Guerra, *Lettere di S.M. all'intendente generale delle fortificazioni e fabbriche militari*, 27 gennaio 1744 - 21 maggio 1746)
***Lettere di S.M. all'Int.F.F.* 1744b**
Il Re al Vassalo Miglyna. Abbiamo udita la relazione de sudetti contratti [...] *Gio Franco Delevi, 10 marzo 1744*, Torino, 14 marzo 1744 (AS.TORiunite, Regia Segreteria di Guerra, *Lettere di S.M. all'intendente generale delle fortificazioni e fabbriche militari*, 27 gennaio 1744 - 21 maggio 1746)
***Lettere di S.M. all'Int.F.F.* 1744c**
Il Re al Vassalo Miglyna. Abbiamo udita la relazione de sudetti contratti [...] *Gio Franco Delevi Cesare Filippis e Carlo Andrea Righino, 11 marzo 1744*, Torino, 14 marzo 1744 (AS.TORiunite, Regia Segreteria di Guerra, *Lettere di S.M. all'intendente generale delle fortificazioni e fabbriche militari*, 27 gennaio 1744 21 maggio 1746)
***Lettere di S.M. all'Int.F.F.* 1744d**
Il Re al Vassalo Miglyna. Fedel ed Amato n.ro abbiamo udita [...] *Giaco Anfosso Gius.e Mazzochetti e Gian Tomaso Romano, 21 aprile 1744*, Torino, 23 aprile 1744 (AS.TORiunite, Regia Segreteria di Guerra, *Lettere di S.M. all'intendente generale delle fortificazioni e fabbriche militari*, 27 gennaio 1744 - 21 maggio 1746)
***Lettre de Monsieur C* Suisse* 1743**
Lettre de Monsieur C Suisse, à Monsieur M* Grison, touchant les opérations de l'Armée combinée de France et d'Espagne en Piêmont, Chambery, 11 novembre 1743*, Chambery, 11 novembre 1743 (AS.TO Corte, Materie Militari, *Imprese Militari*, Mazzo 3 d'addizione, n. 3)
***Lettre du Capitaine* 1744**
Lettre du Capitaine Commadant le 2.d Battaillon du Rgt. De Poitou de la Redoutte de Pierre Longe, le 22 juillet 1744, Monte Cavallo, 22 luglio 1744 (BRT, Manoscritti Militari 46, n. 13)
***Lettre d'un officier françois* 1743**
Lettre d'un officier françois dattée de La ville Vielle dans la Vallée de Queiras en Dauphiné. Le 17 8bre 1743, Ville Vieille - Château Queyras, 17 ottobre 1743 (BRT, Manoscritti Militari 46, n. 18)
***Libro mastro* 1742**
Libro mastro fortificazioni 1742, 1742 (AS.TORiunite, Azienda Generale di Fabbriche e Fortificazioni, *Libro mastro fortificazioni*, 1742)
***Libro mastro* 1743**
Libro mastro fortificazioni 1743, 1743 (AS.TORiunite, Azienda Generale di Fabbriche e Fortificazioni, *Libro mastro fortificazioni*, 1743)
***Libro mastro* 1744**
Libro mastro fortificazioni 1744, 1744 (AS.TORiunite, Azienda Generale di Fabbriche e Fortificazioni, *Libro mastro fortificazioni*, 1744)
***Memoire des dispositions* 1742**
F. DE VINCENTI (?), *Memoire des dispositions faites pour la garde de Cols, et passaiges de France qui vienent desboucher dans la Vallee de Varaite faite le 27.me aoust 1742 a la Chenal*, Chianale, 27 agosto 1742 (AS.TO Corte, Materie Militari, *Imprese Militari*, Mazzo 2 d'addizione, fasc. 18)
***Memoire-Audibert* 1744**
Memoire, et Projet du General major Audibert, 30 juin 1744, 30 giugno 1744 (AS.TOCorte, Materie Militari, *Imprese Militari*, Mazzo 3 d'addizione)
***Memoire et Projet* 1744**
A. GUIBERT DE SISSAC (?), *Memoire Et Projet. Le 30 juin 1744*, 30 giugno 1744 (AS.TOCorte, Materie Militari, *Imprese Militari*, Mazzo 3 d'addizione, fasc. 3)
***Memoria per il corpo d'armata* 1743**
Memoria riguardante le diverse disposizioni da darsi per il Corpo d'Armata, che potrebbe esser destinato ad agire nelle Valli di Stura, e di Maira, 1743 (AS.TO Corte, Materie Militari, *Imprese Militari*, Mazzo 4 d'addizione, n. 2)
***Memorie* s.d.**
Memorie di un borghese di Rivoli, s.d. (BRT, Manoscritti Militari 407)
MIGLINA 1744
Vassallo MIGLINA DI CAPRIGLIO, *Valli di Varaita, e Blino, Memoria*, 22 giugno 1744 (AS.TORiunite, Azienda Generale di Fabbriche e Fortificazioni, *Memorie alle Segreterie*, 1743-1753, pp. 5-6)
MINUTOLI s.d.a
D. MINUTOLI, *Rélation Des Campagnes faites par S.M., et par ses Generaux avec des Corps separès, dans les annèes 1742 et 1743. Tome Ier*, s.d. (AS.TOCorte, Storia della Real Casa, Storie Particolari, *Carlo Emanuele III*, *Rélation des Campagnes faites par S.M. le Roi Charles Emanuel de Sardaigne et par ses Généraux, avec des Corps séparés, pendant les années 1742 a 1748 par l'Abbé Minutoli. Vol: 1.2.3*, Mazzo 22, categ.a 3)
MINUTOLI s.d.b
D. MINUTOLI, *Rélation De la campagne faite par S.M. en 1744 et par ses Generaux avec des Corps sèparès. Tome 2*, s.d. (AS.TOCorte, Storia della Real Casa, Storie Particolari, *Carlo Emanuele III*, *Rélation des Campagnes faites par S.M. le Roi Charles Emanuel de Sardaigne et par ses Généraux, avec des Corps séparés, pendant les an-*

nées 1742 a 1748 par l'Abbé Minutoli. Vol: 1.2.3, Mazzo 22, categ.a 3)

MONFORT 1743

Colonnello DE MONFORT, *Relation Journaliere de ce qui s'est passé a L'armée Campée dans la Vallée de Chateau Dauphin sous les ordres de S. E. Monsieur le Marquis D'Aix*, Torino, 1743 (AS.TOCorte, Materie Militari, *Imprese Militari*, Mazzo 4 d'addizione, fasc. 3)

MORELLO 1656

C. MORELLO, *Avvertimenti sopra le fortezze di S. R. A. del capitano Carlo Morello primo Ingegner et luogotenente generale di sia artiglieria. MDCLVI*, Torino 1656 (BRT, Manoscritti Militari 178)

***Movimenti* s.d.**

Movimenti complessivi [delle truppe sarde dal 27 febbraio 1742, *scil.*], s.d. (AUSSME, Manoscritti L 3-9)

NOMIS 1742

M. NOMIS DI COSSILLA, *Lettera al marchese Fontana*, Chianale, 17 agosto 1742 (AS.TOCorte, Materie Militari, *Imprese Militari*, Mazzo 12, fasc. 7)

***Notizie sulle Guerre Austro-sarde* s.d.**

Notizie sulle guerre Austro-sarde contro i Gallispani, con giornale dell'assedio di Cuneo messo il 13 settembre e levato il 20 ottobre 1745, s.d. (AS.TOCorte, Materie Militari, *Imprese Militari*, Mazzo 5, fasc. 2)

***Nouvel Exercice* 1751**

Nouvel Exercice Militaire pour les Toupes d'Infanterie de SA Maiestè le Roi de Sardaigne adapté dans le Con-grès tenus à la presence de S.A.R. le Duc de Savoie avec l'explication de chàque tems en figure, 1751, 1751 (BRT, Manoscritti Militari 233)

NUVOLI s.d.

NUVOLI, *Diario sulla guerra d'Italia dal 1741 al 1749*, s.d. (BRT)

***Observations sur la route* s.d.**

Observations sur la route que pouvaient prendre les Espagnols dans le dessein de se jetter en Savoye, s.d. (AS.TOCorte, Materie Militari, *Imprese Militari*, Mazzo 12)

***Ordre de marche* s.d.**

Ordre de marche de l'Armée de S.M. le roi de sardaigne lorqui elle decampa de saluces ce qui fuit le 26 7mbre 1744, s.d. (BRT, Manoscritti Militari 186)

PALLAVICINO 1744

G. F. A. PALLAVICINO MARCHESE DI FRABOSA, *Lettre du camp de Muraz, le 2 8bre 1744*, Murazzo, 2 ottobre 1744 (BRT, Manoscritti Militari 46)

PAPACINO D'ANTONI 1770a

A. V. PAPACINO D'ANTONI, *Réfléxions prèliminaires pour dresser un projet de défensive pour les Etats du Roi, qui confinent avec La Savoie, Le Dauphiné, La Provence, et La Riviére de Genes, depuis Ormée jusqu'à Novi*, 1770 (AS.TOCorte, Materie Militari, *Imprese Militari*, Mazzo 10 d'addizione)

PAPACINO D'ANTONI 1770b

A. V. PAPACINO D'ANTONI, *Projet de difensive pour nos frontieres depuis le Mont Genere jusqu'au Col de l'Argentiere*, 1770 (AS.TOCorte, Materie Militari, *Imprese Militari*, Mazzo 10 d'addizione)

PAPACINO D'ANTONI s.d.a

A. V. PAPACINO D'ANTONI, *Memorie istoriche di Alessandro Vittorio Papacino d'Antony*, s.d. (BRT, Manoscritti Militari 128)

PAPACINO D'ANTONI s.d.b

A. V. PAPACINO D'ANTONI, *Disegni e piani de campamenti / ordini di battaglia / trinceramenti e tabelle per l'istoria militare delle cmpagne degli anni 1742/1743/ 1744*, s.d. (BRT, Manoscritti Saluzzo 212)

***Partiti fortificazioni* 1743a**

G. TARDI, *Prometto io sottos.to di provedere* [...], Torino, 9 settembre 1743 (AS.TORiunite, Azienda Generale di Fabbriche e Fortificazioni, *Partiti fortficazioni*, 1743, pp. 557-563)

***Partiti fortificazioni* 1743b**

G. A ISOLINO, *Faccio partito io sottos.to e prometto* [...], Torino, 10 settembre 1743 (AS.TORiunite, Azienda Generale di Fabbriche e Fortificazioni, *Partiti fortficazioni*, 1743, pp. 565-566)

***Partiti fortificazioni* 1744a**

Partito per diversi buscami da provedersi e trasportarsi ne posti infras.ti nelle Valli di Varajta, Blino, e Maijra secondo l'Istruz.e del Capitano Ing.e Arduzzi de 27 gen.o 1744, Torino, 9 marzo 1744 (AS.TORiunite, Azienda Generale di Fabbriche e Fortificazioni, *Partiti fortficazioni*, 1744, pp. 75-81)

***Partiti fortificazioni* 1744b**

Partiti per i travagli da farsi nelle Valli di Varaita, Blino, e Mayra, Torino, 17 marzo 1744 (AS.TORiunite, Azienda Generale di Fabbriche e Fortificazioni, *Partiti fortficazioni*, 1744, pp. 82-90)

***Partiti fortificazioni* 1744c**

Partiti per la formazione di una nuova strada di comunicazione del luogo della Marmora sino al colle denominato il Pelvo esist.e nella valle di Blino, Torino, 17 marzo 1744 (AS.TORiunite, Azienda Generale di Fabbriche e Fortificazioni, *Partiti fortficazioni*, 1744, pp. 183-185)

PASINI s.d.

PASINI, *Memorie storiche*, s.d. (AS.TOCorte, Storia della Real Casa, Mazzo 25, Catt. 3a)

***Piano per la campagna* 1744**

I. BERTOLA (?), *Piano per la campagna nell'anno 1744 in difesa del Piemonte contro li Gallispani*, 1744 (AS.TO Corte, Materie Militari, *Imprese Militari*, Mazzo 3 d'addizione, n. 3)

***Precis des Campagnes* s.d.**

Precis des Campagnes faites par le Roy Charles Emanuel III et par ses Généraux avec des Corps séparés, pendant la guerre d'Italie commencé en 1742, et finie en 1748, s.d. (AS.TOCorte, Materie Militari, *Imprese Militari*, Mazzo 3 d'addizione, n. 3)

RAYMONDI 1720

Relazione del Sig. Raymondi di ciò che era seguito sino allora in Marsiglia a riguardo del contaggio, Marsiglia 1720 (AS.TOCorte, Materie Economiche, *Sanità Pubblica*, Categoria II, Mazzo 2, n. 4)

***Recoeuil* 1755**

Recoeuil de plusieurs plans des defferentes manouvres que la toupe de Sa Maiesté le Roy de Sardaigne doit faire, tel qu'il l'ordonne d'exeuter dans le reglement qu'il donné l'an 1755, 1755 (BRT, Manoscritti Militari 234)

Regio Biglietto **1744a**
Il Re di Sardegna, di Cipro e di Gerusalemme, Torino, 6 febbraio 1744 (AS.TORiunite, Azienda Generale di Fabbriche e Fortificazioni, *Regi Biglietti*, 1731-1744, p. 357)

Regio Biglietto **1744b**
Il Re di Sardegna, di Cipro e di Gerusalemme, Torino, 23 maggio 1744 (AS.TORiunite, Azienda Generale di Fabbriche e Fortificazioni, *Regi Biglietti*, 1731-1744, p. 373)

Regio Editto **1744**
Regio Editto dei 10 giugno 1744 per l'arruolamento di truppe in Piemonte, in MATO-DUBOIN 1863, p. 221

Reglement **1709**
Reglement d'Exercice et de Manouvres. A' Coni le 20 Mai 1749. Maniere de tirer de pied ferme contre l'Infanterie, donnée le 15e Mai 1709, 15 maggio 1709 (BRT, Manoscritti Saluzzo 488)

Regolamento-Segreterie **1742**
Regolamento per le Segreterie di Stato, 29 gennaio 1742, Torino, 29 gennaio 1742 (AUSSME, Manoscritti di fondo antico)

Regolamento-Soldo **1730**
Regolamento per gli Uffici del Soldo, 28 giugno 1730, Torino, 28 giugno 1730 (AUSSME, Manoscritti di fondo antico)

Relation **1743**
Relation du 4.me 8bre 1743, 8 ottobre 1743 (AS.TOCorte, Materie Militari, *Imprese Militari*, Mazzo 3 d'addizione, n. 3)

Relation **1744**
Relation du 2 8bre 1744, 1744 (BRT, Manoscritti Militari 186)

Relation-campagne **s.d.**
Relation de la cmpagne au deça de monts de 1744 commencée à la my juillet et finie à celle de 9mbre de la meme annèe, s.d. (BRT, Manoscritti Militari 22)

Relation de la visite **s.d.**
Relation de la visite, et des Remarques faites dans la Vallée de Varaita en commençant par le Col de l'Agnel, s.d. (BRT, Manoscritti Militari 73, n. 2)

Relation du Passage **s.d.**
Relation du Passage des Ennemys dans nos Etats et de Leur Rettraite, s.d. (AS.TOCorte, Materie Militari, *Imprese Militari*, Mazzo 12, n. 7)

Relation-N.D. de l'Orme **s.d.**
Relation de l'affaire passé apres N.D. de l'Orme pres de Conì le 30 7mbre 1744, avec la liste des monsieurs les officiers tues et blesses et le nombre des sergents et soldats tues, blesses et perdus dans cette occasion, s.d. (BRT, Manoscritti Militari 46)

Realtion-Nice **s.d.**
Relation de ce qui s'est passe à la defence des Retrenchemens de la Comté de Nice, s.d. (BRT, Manoscritti Miscellanei 46)

Relation-ordre de marche **s.d.**
Relation de l'ordre de marche de l'Armée de S.M. le roi de Sardaigne lorsqu'elle decampa da Saluce qui fuit le 26 7mbre 1744, s.d. (BRT, Manoscritti Militari 46)

Relation-Villefranche **s.d.**
Relation de l'attaque des retranchements de Villefranche en 1744, s.d. (BRT, Manoscritti Miscellanei 130)

Relazione della Campagna **s.d.**
Relazione della Campagna dell'anno 1744 fatta da S.M. a dai suoi Generali con dei corpi staccati, 2 Volumi, a cura del colonnello Datta, s.d. (AUSSME, Manoscritti L 3-8)

Relazione della Rotta **1628**
Relazione della Rotta data dalle truppe di S.A.R. presso S. Peyre a francesi, venuti in soccorso del Duca di Mantova. Dal campo di S. Peire, li 5 Agosto 1628, Sampeire, 5 agosto 1628 (AS.TOCorte, Materie Politiche per rapporto all'interno, *Storia della Real Casa, Storie Particolari*, Cat. III, Mazzo 13, n. 20)

Relazione dell'entrata **s.d.**
Relazione dell'entrata delle truppe francesi da Delfinato nelle valli cedute a S.M., s.d. (AS.TOCorte, Materie Militari, *Imprese*, Mazzo 6 d'addizione)

Relazione-Ispezione **1734**
Relazione di quanto si è operato dall'Ufficio della Primaria Ispezione, 1734 (AS.TOCorte, Materie Militari, Levata reggimenti provinciali, Mazzo 2 d'addizione)

Ristretto **1720**
Ristretto di diverse istruzioni date per via della segreteria di Guerra per fatto del Morbo contaggioso, Torino 1720 (AS.TOCorte, Materie Economiche, *Sanità Pubblica*, Categoria II, Mazzo 2, n. 1)

ROY DE VAQUIERES 1745
Ingegnere ROY DE VAQUIERES, *2° Artiche – Limites de France passées pour entrer en Piemont, attaque et conquete de la redoute de Pierre Longue*, Arles 10 febbraio 1745, in Ingegnere ROY DE VAQUIERES, *Memoire et observations de Roy de Vaquières, Ingenieur*, in *Topographie militaire* 1891, che pubblica la memoria manoscritta conservata presso gli archivi dell'armata (SHD/T, Vincennes, Section du Génie, I, 5, 45D)

Sottomissione Anfosso-Mazzochetti-Romano **1744**
Sottomiss.ne di Giaco Anfosso, Giuseppe Mazzochetti et Gio Tomaso Romano per formaz.e di una strada dal Luogo della Marmora sin sotto li colli del Pelvo e Bicocca esist.i nella Valle di Varayta, e Maijra, Torino, 21 aprile 1744 (AS.TORiunite, Azienda Generale di Fabbriche e Fortificazioni, *Contratti fortficazioni*, 1744, pp. 132-135)

Sottomissione Dlevy **1744**
Sottomissione di Gio Franc.o Dlevy per prov.e e condotta di diversi buscami per le valli di Varaita, Blino e Maijra, Torino, 10 marzo 1744 (AS.TORiunite, Azienda Generale di Fabbriche e Fortificazioni, *Contratti fortficazioni*, 1744, pp. 61-68)

Sottomissione Dlevy-Filippis-Righino **1744**
Sottomissione di Gio Franc.o Dlevy, Cesare Filippis, e Carlo Andrea Rìghino per diversi travaglij di trinceram. e Baraconi nelle Valli di Varaita, Blino e Maij-ra, Torino, 11 marzo 1744 (AS.TORiunite, Azienda Generale di Fabbriche e Fortificazioni, *Contratti fortficazioni*, 1744, pp. 69-73)

Sottomissione Filippis **1744**
Sottomissione di Cesare Filippis di restituire le somme che avrà esatte in dipendenza de travaglij che si stan facendo nella valei di Varaita, Blino e Maijra, Torino, 12 giugno 1744 (AS.TORiunite, Azienda Generale di Fabbriche e Fortificazioni, *Contratti fortficazioni*, 1744, pp. 273-274)

***Sottomissione Isolino* 1743**
Sottomissione di Gio Ant.o Isolino per provisione di ceste per trinceram.i ed altre opere da farsi ne Contorni di Casteldelfino, Torino, 11 settembre 1743 (AS.TO Riunite, Azienda Generale di Fabbriche e Fortificazioni, *Contratti fortficazioni*, 1743, pp. 521-522)
***Sottomissione Tardy* 1743**
Sottomissione di Gio Nicola Tardij per prov.e e condotto di diversi utiglij nella città di Saluzzo da servire per trinceram.i ed altre opere, Torino, 10 settembre 1743 (AS.TORiunite, Azienda Generale di Fabbriche e Fortificazioni, *Contratti fortficazioni*, 1743, pp. 517-519)
***Suite* 1744**
Suite de la relation du Château Dauphin du 17 juillet 1744, Casteldelfino, 17 luglio 1744 (AS.TOCorte, Materie Militari, *Imprese Militari*, Mazzo 3 d'addi-zione, n. 3)
***Suite* s.d.**
Suite de la Relation, s.d. (AS.TOCorte, Materie Militari, *Imprese Militari*, Mazzo 12, n. 7)
Tholosan 1777 (2001)
B. Tholosan, *Memorie storiche sui fatti d'arme occorsi nella valle di Vraita nella guerra del 1742. Bernard Tholosan curé de Pont fecit 1777*, 1777, in Garellis 2001, pp. 165-227
Vauban 1705 (2007)
S. Le Prestre de Vauban, *Traité de la fortification de campagne autrement des camps retrenchés*, 1705, a cura di Philippe Bragard, in *Les Oisivetés de Monsieur de Vauban ou ramas de plusieurs mémoires de sa façon sur different sujets*, Edition intégrale établie sous la direction de M. Virol, Seyssel 2007, pp. 1483-1626

Bibliografia edita e abbreviazioni

Allais 1985
C. Allais, *La Castellata. Storia dell'alta valle di Varaita (Circondario di Saluzzo) pel Sacerdote Claudio Allais, Parroco di San Pietro in Vincoli di Pontechianale*, Saluzzo 1891, ristampa Savigliano 1985
Anderson 1995
M. S. Anderson, *The War of the Austrian Succession 1740-1748*, Harlow 1995
Anonimo 1745
Anonimo, *La storia dell'anno 1744*, Amsterdam (Venezia, *scil.*) 1745
Arvers-de Vault 1892
P. Arvers, F. E. de Vault, *Guerre de la Succession d'Autriche (1742-1748)*, mémoire extrait de la correspondance de la cour et des généraux par F. E. de Vault revu, annoté et accompagné d'un résumé et d'observations par P. Arvers, Voll. I-II, Paris-Nancy 1892
***Battaglie in Piemonte* 1993**
C. Bocca, M. Centini, M. Crema Giacomasso, M. Minola, *Grandi battaglie in Piemonte da Annibale alla Seconda Guerra Mondiale. Gli eventi, i personaggi, la visita ai luoghi degli scontri*, Cuneo 1993
Baudrillart 1890-1901
A. Baudrillart, *Philippe V et la cour d'Espagne*, 5 Volumi, Paris 1890-1901
Belidor s.d. (1903)
B. Forest de Belidor, *Relation du passage en Piémont en 1744*, s.d., in «Carnets de la Sabretache, Revue Militaire Rétrospective publiée par la sociétè La Sabretache - Paris», 1903
Bianchi 1996
P. Bianchi, *Un artigliere nel circuito delle accademie scientifiche europee: Alessandro Vittorio Papacino d'Antoni (1714-1786) e la corrispondenza con Antonio Maria Lorgna (1735-1796)*, in *Anton Maria Lorgna scienziato ed accademico del XVIII secolo tra conservazione e novità*, Roma-Verona 1996, pp. 275-298
Bianchi 2002
P. Bianchi, *Onore e mestiere. Le riforme militari nel Piemonte del Settecento*, Torino 2002
Bianchi-Merlotti 2002
P. Bianchi A. Merlotti, *Cuneo in età moderna. Città e stato nel Piemonte d'antico regime*, Milano 2002
Boeri-Cerino Badone 2007
G. C. Boeri, G. Cerino Badone, *Quattro Armate in Piemonte*, in *Le Aquile e i Gigli* 2007, pp. 17-67
Boeri-Paoletti 1994
G. C. Boeri, C. Paoletti, *L'assedio di Cuneo e la battaglia di Madonna dell'Olmo*, in «Panoplia», 19-20, 1994
Boglione 2003
M. Boglione, *Le strade dei cannoni. In pace sui percorsi di guerra*, Torino 2003
Bonardi 2005a
C. Bonardi Tomesani, *La capitale e le grandi fortezze di retrovia*, in Viglino 2005a, pp. 465-472
Bonardi 2005b
C. Bonardi Tomesani, *Gli antichi trattati di area sabauda*, in Viglino 2005a, pp. 171-194
Bonardi 2005c
C. Bonardi Tomesani, *Gli anni settanta: il soprintendente Vitelli, un bombardiere e un ingegnere di acque*, in Viglino 2005a, pp. 287-295
Botta 1832
C. Botta, *Storia d'Italia continuata da quella del Guicciardini sino al 1789*, 10 Volumi, Paris 1832
Boudriot 1997
J. Boudriot, *Armes à feu françaises. Modèles réglementaires 1717-1836*, 2 Volumi, La Tour du Pin 1997
Bourcet 1775 (1888)
P. de Bourcet, *Principes de la Guere de Montagnes par M. de Bourcet Lieutenant Général, Commandant en second de la Province de Dauphiné, Commissaire Principal de la Limitation des Alpes, Directeur des Fortifications*, Paris1775, edizione Imprimerie Nationale, Paris 1888
Bourcet 1801
P. de Bourcet, *Mémoires militaires sur les frontières de la France, du Piémont et de la Savoie depuis l'embouchure du Var jusqu'au lac de Genève*, Paris-Stras-bourg, Année X, 1801
Brancaccio 1922-23
N. Brancaccio, *L'esercito del Vecchio Piemonte*, Vol. I, *Sunti storici dei principali corpi*, Roma 1922-23
Brancaccio 1923-25
N. Brancaccio, *L'esercito del Vecchio Piemonte*, Vol. II, *Gli ordinamenti. Parte I. Dal 1560 al 1814*, Roma 1923-25

BROWNING 1995
R. BROWNING, *The War of Austrian Succession*, Alan Sutton 1995
BUFFA DI PERRERO 1887
C. BUFFA DI PERRERO, *Carlo Emanuele III di Savoia a difesa delle Alpi nella campagna del 1744. Studio storico militare corredato da carte e piani*, Torino 1887
CALIGARIS 1996
G. CALIGARIS, *Dagli antichi pesi al sistema metrico decimale*, in «Studi di museologia agraria», 25, 1996, pp. 23-64
CAMPBELL 1753
J. CAMPBELL, *The Present State of Europe; Explaining the Interests, Connections, Political and Commercial Views of its Several Powers, Comprehending also, A clear and Concise History of each Country, so far as to show the Nature of their Present Constitutions*, London 1753
CAMUSSI 1853
E. CAMUSSI, *Dizionario analitico delle Circolari dell'Azienda Generale di Guerra, corredato da notizie cornologiche intorno ai corpi ed istituti militari*, Torino 1853
CAPACCIO-DURANTE 1993
R. CAPACCIO, B. DURANTE, *Marciando per le Alpi. Il ponente italiano durante la Guerra di Successione Austriaca*, Cavallermaggiore 1993
CARRIERE-COURDURIE-REBUFFAT 2008
C. CARRIERE, M. COURDURIE, F. REBUFFAT, *Marseille ville morte: la peste de 1720*, Gémenos 2008
CARUTTI 1856
D. CARUTTI, *Storia del regno di Vittorio Amedeo II*, Torino 1856
CASALI 1990
L. CASALI, *Federico II di Prussia*, Milano 1990
CERINO BADONE 2003
G. CERINO BADONE, *Il cannone disgiunto di Ignazio Bertola*, in «Armi Antiche. Bollettino dell'Accademia di San Marciano», 2003 (2006), pp. 35-83
CERINO BADONE 2006
G. CERINO BADONE, *Jean Charles de Folard, i fucili a pietra e la guerra del futuro*, in G. CERINO BADONE, C. RASTELLI (a cura di), *Storia della Guerra Futura*, Atti del Convegno, Varallo 22 settembre 2006, Società Italiana di Storia Militare. Quaderno 2006, Roma 2006, pp. 109-123
CHAUNU 1987
P. CHAUNU, *La civiltà dell'Europa dei Lumi*, tr. it., Bologna 1987
CHIAPPA 1972
E. CHIAPPA, *Alcuni corpi dell'Esercito del Re di Sardegna Carlo Emanuele III nel 1747*, in «Armi Antiche. Bollettino dell'Accademia di San Marciano», 1972
CHIAPPA 1973
E. CHIAPPA, *Il reggimento svizzero d'ordinanza Guibert*, in «Armi Antiche. Bollettino dell'Accademia di San Marciano», 1973
CHIERICI 2005
P. CHIERICI, *La città e le fortificazioni : strategie, conflitti, esiti nel Piemonte d'Antico Regime*, in A. MARINO (a cura di), *L'architettura degli ingegneri. Fortificazioni in Italia tra '500 e '600*, Roma 2005
CHOISEUL 1904
H. DE CHOISEUL, *Mèmoires du duc de Choiseul*, Paris 1904
CHOMON RUIZ 1968
P. CHOMON RUIZ, *Battaglie in Val Varaita. Ricerca storico-militare*, in «Armi Antiche. Bollettino dell'Accademia di San Marciano», 1968, pp. 73-112
CHOMON RUIZ 1971
P. CHOMON RUIZ, *Battaglie in Val Varaita. 1744. Ricerca storico-militare*, in «Armi Antiche. Bollettino dell'Accademia di San Marciano», 1971, pp. 295-321
COGNASSO 1974
F. COGNASSO, *Storia di Torino*, Milano 1974
COGNASSO 2002
F. COGNASSO, *I Savoia*, Varese 1971, seconda edizione Milano 2002
COLIN 1907
J. COLIN, *L'infanterie au XVIIIe siècle: La tactique*, Paris 1907
COLLOMP 1987
A. COLLOMP, *Les draps de laine, leur fabrication et leur transport en Haute-Provence du XVIIe au XIXe siècle. Univers familiaux, de l'ère préindustrielle à la protoindustrialisation*, in «Melanges de l'Ecole Française de Rome. Moyen Age, Temps Modernes», 99, 1987, pp. 1083 -1096
CORDERO-MANO 1994
M. CORDERO, L. MANO (a cura di), *1744. Cuneo: cronaca di un assedio*, Boves 1994
CORMONTAIGNE 1809
L. DE CORMONTAIGNE, *Mémorial pour la fortification permanente et passagére. Ouvrage postume de Cormontaigne, maréchal de camp, directeur des places de la Moselle, etc.*, Paris 1809
DABORMIDA 1891
V. DABORMIDA, *La battaglia dell'Assietta. Studio storico*, Roma 1891
DELMAS 1992
J. DELMAS (a cura di), *Histoire militare de la France*, Volume II, *De 1715 à 1871*, Paris 1992
DE VAULT-ARVERS 1892
F. E DE VAULT, P. ARVERS, *Guerre de la Succession d'Autriche (1742-1748). Memoires extraites de la correspondance de la cour et des generaux*, Volume I et II, Paris 1892
DE VECCHI DI VALCISMON 1933
C. M. DE VECCHI DI VALCISMON, *III Discorso pronunciato il 17 settembre 1933-XI a Palazzo Madama in Torino per la chiusura dei Congressi storici e per l'Adunata degli Azzurri d'Italia alla presenza di S.M. il Re*, in SOCIETÀ NAZIONALE PER LA STORIA DEL RISORGIMENTO–COMITATO DI TORINO (a cura di), *Discorsi per la celebrazione del primo centenario delle medaglie al valor militare*, Torino 1933
DUFFY 1985
C. DUFFY, *The Fortresses in the Age of Vauban and Frederick the Great. Siege Warfare Volume II*, London 1985
DUFFY 1987
C. DUFFY, *The military experience in the Age of Reasons*, London 1987

DUFFY 2000
C. DUFFY, *Instrument of War. Volume 1 of the Austrian Army in the Seven Years War*, Rosemont 2000
EINAUDI 1908
L. EINAUDI, *La finanza sabauda all'aprirsi del secolo XVIII e durante la Guerra di Successione Spagnola*, Torino 1908
EINAUDI 1909
L. EINAUDI, *Le entrate pubbliche dello Stato Sabaudo nei bilanci e nei conti dei tesorieri durante la Guerra di Successione Spagnola*, Torino 1909
FOLARD 1753
J. C. DE FOLARD, *Mémoires pour servir à l'Histoire de Monsieur le Chevalier de Folard*, Ratisbona 1753
FOLARD 1761
J. C. DE FOLARD, *L'Esprit du Chevalier Folard tiré de ses commentaires sur l'Histoire de Polybe pour l'usage d'un officier*, Leipzig 1761
GALLEANI D'AGLIANO 1840
G. GALLEANI D'AGLIANO, *Memorie storiche della Guerra del Piemonte dal 1741 al 1747*, a cura di L. CIBRARIO, Torino 1840
GARELLIS 2001
E. GARELLIS, *L'alta valle Varaita a metà Settecento. Don Bernard Tholosan e le sue «Memorie storiche sui fatti d'arme occorsi nella valle di Vraita nella guerra del 1742»*, *Storia e Storiografia* XXX, Società per gli Studi Storici, Archeologici ed Artistici della Provincia di Cuneo, Associazione Soulestrelh, Cuneo 2001
GARIGLIO 1997
D. GARIGLIO, *Le sentinelle di pietra. Fortezze e cittadelle del Piemonte Sabaudo*, Cuneo 1997
GARIGLIO 1999
D. GARIGLIO, *Battaglie alpine del Piemonte Sabaudo. Tre secoli di guerre sulle Alpi Occidentali*, Torino 1999
GARIGLIO-MINOLA 1995
D. GARIGLIO, M. MINOLA, *Le fortezze delle Alpi Occidentali. Dal Monginevro al mare*, Volume II, Cuneo 1995
GERBAIX DE SONNAZ 1911
C. A. GERBAIX DE SONNAZ, *Bandiere, Stendardi e Vessilli di Casa Savoia dai Conti di Moriana ai Re d'Italia. 1200 - 1861*, Torino 1911
GHO 1931
B. GHO, *L'Agro alessandrino durante le guerre delle Prammatica Sanzione*, Alessandria 1931
GIULIANO 1967
B. GIULIANO, *La campagna militare del 1744 nelle Alpi Occidentali e l'assedio di Cuneo*, Biblioteca della Società di Studi Storici, Archeologici e Artistici della Provincia di Cuneo, n. 9, Cuneo 1967
GRAMSCI 1975
A. GRAMSCI, *Quaderni del carcere*, a cura di V. GERRATANA, Torino 1975
GRILLETTO 1979
R. GRILLETTO, *Notizie storico-geografiche sulla sub-valle di Bellino (Valle Varaita)*, in «L'universo», LIX, 1979
GRIMALDI 1963
E. GRIMALDI, *Un secolo di uniformi per i dragoni di Piemonte (1690-1798),* in «Armi Antiche. Bollettino dell'Accademia di San Marciano», 1963
GUERRINI 1902
D. GUERRINI, *La Brigata Granatieri di Sardegna*, Torino 1902
GUIDETTI 2006
F. GUIDETTI, *Cuneo, la città degli assedi. Mémoire de ce qui s'est passé pendant le siège de Coni, l'an 1744*, traduzione e prefazione di Franco Guidetti, Cuneo 2006
HAECHLER 2007
J. HAECHLER, *Le prince de Conti. Un cousin encombrant*, Paris 2007
HOYER 1797-1800
J. HOYER, *Geschichte der Kriegskunst*, 2 Volumi, Göttingen 1797-1800
ILARI, BOERI, PAOLETTI 1996
V. ILARI, G. BOERI, C. PAOLETTI, *Tra i Borboni e gli Asburgo. Le armate terrestri e navali italiane nelle guerre del primo Settecento (1701-1732)*, Ancona 1996
ILARI-BOERI-PAOLETTI 1997
V. ILARI, G. BOERI, C. PAOLETTI, *La Corona di Lombardia. Guerre ed eserciti nell'Italia del medio Settecento (1733-1763)*, Ancona 1997
ILARI-CROCIANI-PAOLETTI 2000
V. ILARI, P. CROCIANI, C. PAOLETTI, *La Guerra delle Alpi*, Roma 2000
ILARI-PAOLETTI-CROCIANI 2000
V. ILARI, C. PAOLETTI, P. CROCIANI, *Bella Italia militar. Eserciti e Marine nell'Italia pre-napoleonica (1748-1792)*, Roma 2000
***Le Aquile e i Gigli* 2007**
G. CERINO BADONE (a cura di), *1706. Le Aquile e i Gigli. Una storia mai scritta*, Torino 2007
LE PELLETIER 1897
L. A. LE PELLETIER, *Souvenirs d'un artilleur (1733-1744)*, Paris 1897
LORIGA 1992
S. LORIGA, *Soldati. L'istituzione militare nel Piemonte del Settecento*, Venezia 1992
LUCENET 1985
M. LUCENET, *Les grandes pestes en France*, Paris 1985
MANNO 1895-1906
A. MANNO, *Il patriziato subalpino*, ristampa anastatica dell'editore Forni, Firenze 1895-1906
MAUVILLON 1794
J. MAUVILLON, *Geschichte Ferdinands Herzog von Braunschweig-Lüneburg*, 2 Volumi, Leipzig 1794
MAY DE ROMAINMOTIER 1788
E. MAY DE ROMANMOTIER, *Histoire militaire de la Suisse et celle des Suisses dans les différent services de l'Europe, composée et rédogée sur des ouvrages et pièces authentiques*, 8 Volumi, Lausanne 1788
MECATTI 1749
G. M. MECATTI, *Guerra di Genova, ossia Diario della guerra d'Italia tra i Gallispan-liguri, e i Sard-austria-ci*, Napoli 1749
MELENDRERAS GIMENO 1987
M. DEL CARMEN MELENDRERAS GIMENO, *Las campañas de Italia durante los años 1743-1748*, Murcia 1987
MINOLA 1993
M. MINOLA, *Il massacro di Pietralunga*, in *Battaglie in Piemonte* 1993, pp. 110-118

Minola 2006
M. Minola, *Assietta. Tutta la storia dal XVI secolo ad oggi*, Torino 2006
Montù 1934
C. Montù, *Storia della Artiglieria Italiana*, Parte I, Volume II, Roma 1934
Moris 1886
H. Moris, *Opérations militaires dans les Alpes et les Apennins pendant la guerre de succession d'Autriche (1742-1748)*, Paris-Turin 1886
Muratori 1870
L. A. Muratori, *Annali d'Italia dal principio dell'era volgare sino all'anno 1750*, 13 Volumi, Napoli 1870
Naphy-Spicer 2006
W. G. Naphy, A. Spicer, *La peste in Europa*, tr. it. Bologna 2006
Pajol 1891
C. P. V. Pajol, *Les Guerres sous Louis XV*, Paris 1891
Panzac 1986
D. Panzac, *Quarantaines et lazarets: l'Europe et la peste d'Orient (17-20 siécles)*, Aix–en- Provence 1986
Paoletti 1995
C. Paoletti, *La battaglia di Casteldelfino*, in «Rivista Storica», VIII, 1995
Paoletti 1996
C. Paoletti, *Logistica e assedi delle guerre del Settecento*, in «Panoplia», 27-28, 1996
Paoletti 2001
C. Paoletti, *Gli Italiani in armi. Cinque secoli di storia militare nazionale 1494-2000*, Roma 2001
Paoletti 2003
C. Paoletti, *Le conseguenze del Trattato di Lione sull'assetto difensivo dello Stato Sabaudo*, in A. A. Mola (a cura di), *Il marchesato di Saluzzo. Da Stato di confine a confine di Stato a Europa*, Atti del convegno per il IV centenario della pace di Lione, Saluzzo, 30 novembre - 1 dicembre 2001, Foggia 2003
Papacino d'Antoni 1775
A. V. Papacino d'Antoni, *Dell'Artiglieria pratica per le Regie Scuole d'artiglieria e fortificazione. Libro secondo dedicato a Sua Sacra Maestà dal cavaliere Alessandro Vittorio Papacino d'Antonj, Direttore generale delle medesime. Torino MDCCLXXV*, Torino 1775
Papacino d'Antoni 1780
A. V. Papacino d'Antoni, *Dell'uso delle Armi da Fuoco per le Regie Scuole d'artiglieria e fortificazione del Commendatore Alessandro Vittorio Papacino d'Anto-nj, Maggiore generale di Fanteria, Aiutante generale dell'Armata, e Direttore generale delle suddette Scuole di Teorica e di Pratica. Torino MDCCLXXX*, Torino 1780
Papacino d'Antoni 1782
A. V. Papacino d'Antoni, *Dell'Architettura Militare per le Regie Scuole teoriche d'Artiglieria e Fortificazione, Libro Sesto*, Torino 1782
Parenti 2001
M. Parenti, *Ël mal dla pera. La parlata piemontese nel cantiere edile*, Dronero 2001
Patria 1972
E. Patria, *Papacino d'Antoni artigliere ad Exilles al tempo della battaglia dell'Assietta*, in «Armi Antiche. Bollettino dell'Accademia di San Marciano» 1972, pp. 171-178
Pennesi-Almagià
G. Pennesi, R. Almagià, *Atalante Geografico Paravia. Fisico - Politico - Economico*, Torino-Palermo 1969
Petitmermet 1968
R. Petitmermet, *Quelques notes sur les uniformes des Suisses au service du Royaume de Sardaigne*, in «Armi Antiche. Bollettino dell'Accademia di San Marciano», 1968
Prato 1907
G. Prato, *Il costo della Guerra di Successione Spagnola e le spese pubbliche del Piemonte dal 1700 al 1713*, Torino 1907
Puysegur 1748
J. F. de Chastenet de Puysegur, *Art de la guerre par principes et par règles*, 2 Volumi, Paris 1748
Restifo 2005
G. Restifo, *I porti della peste: epidemie meditarranee tra Sette ed Ottocento*, Messina, 2005
Ricchiardi 1978
E. Ricchiardi, *Le uniformi della cavalleria del Regno di Sardegna secondo un documento del 1736*, in «Armi Antiche. Bollettino dell'Accademia di San Marciano», 1978
Ricchiardi 1979
E. Ricchiardi, *Uniformi e stendardi dei dragoni durante il regno di Carlo Emanuele III*, in «Armi Antiche. Bollettino dell'Accademia di San Marciano», 1979
Ricchiardi 1980
E. Ricchiardi, *Regno di Sardegna. Uniformi e bandiere dei reggimenti alemanni al soldo di Carlo Emanuele III 1730-1773*, in «Armi Antiche. Bollettino dell'Accademia di San Marciano», 1980
Ricchiardi 1988
E. Ricchiardi, *Bandiere della fanteria di linea nazionale sabauda (1690-1773)*, in «Studi Piemontesi», XVII, 1988
Ricchiardi 1988-89
E. Ricchiardi, *Uniformi ed equipaggiamento della fanteria di linea sarda 1714-1750*, in «Armi Antiche. Bollettino dell'Accademia di San Marciano», 1988-89
Ricchiardi 1989
E. Ricchiardi, *Bandiere delle fanterie straniere al soldo dei Savoia (1690-1773)*, in «Studi Piemontesi», XVIII, 1989
Ricchiardi 1990a
E. Ricchiardi, *Il costume militare sabaudo*, Torino 1990
Ricchiardi 1990b
E. Ricchiardi, *Sul "Bonetto", copricapo tipico dei granatieri dell'Esercito Sardo. Parte prima (1685-1813)*, in «Armi Antiche. Bollettino dell'Accademia di San Marciano», 1990
Ricchiardi 2006
E. Ricchiardi, *Bandiere e stendardi dell'Esercito Sardo (1701-1802)*, Centro Studi Piemontesi, Torino 2006
Robilant 1744
F. A. Nicolis di Robilant, *La Science de la Guerre*, Torino 1744
Saint Simon 1770
H. de Saint Simon, *Histoire de la Guerre des Alpes ou Campagne de MDCCXLIV par les Armées combinées d'Espagne et de France commandées par S.A.R. l'Infant Don Philippe et S.A.S. le Prince de Conti où l'on a joint l'histoire de Coni depuis la fondation en 1120 jusqu'à présent*, Amsterdam 1770

Savio 1927
P. Savio, *Asti occupata e liberata (1745-1746). Studio storicodiplomatico, condotto sui documenti ufficiali del regio Archivio di Stato di Torino*, Asti 1927
Savornin 1732
de Savornin, *Sentiment d'un Homme de Guerre sur le dit nouveau systême du chevalier de Folard, par rapport à la Colonne & au mêlange des différentes Armes d'une Armée*, La Haye 1732
Saxe 1757
M. de Saxe, *Mes rêveries*, 2 Volumi, Amsterdam-Leipzig 1757
Schafroth 1995
M. F. Schafroth, *Les troupes suisses au service du Royaume de Sardaigne*, in *Piemont XVIIe-XIXe. Armes et technologie militaire. Royaumes de Sardaignes et d'Italie*, Exposition Château de Morges 17 juin - 30 octobre 1994, Torino 1995, pp. 41-55; già in «Armi Antiche. Bollettino dell'Accademia di San Marciano», 1968
Sconfienza 1996
R. Sconfienza, *Fortificazioni campali nel secolo XVIII. Contesti culturali e confronti per i trinceramenti dell'Assietta*, in «Armi Antiche. Bollettino dell'Accademia di San Marciano», 1996 (1999), pp. 91-123
Sconfienza 1997
R. Sconfienza, *L'aspetto della "Butta" al momento della battaglia*, in G. Amoretti, R. Sconfienza, F. Zannoni, *Le vicende costruttive della "Butta" dei granatieri*, in G. Amoretti, M. F. Roggero, M. Viglino (a cura di), *I trinceramenti dell'Assietta 1747-1997. A duecentocinquant'anni dalla battaglia*, Torino 1997, pp. 200-207
Sconfienza 2003
R. Sconfienza, *Funzioni della fortificazione campale sui confini del Regno di Sardegna*, in «Armi Antiche. Bollettino dell'Accademia di San Marciano», 2003 (2006), pp. 85-110
Sconfienza 2004
R. Sconfienza, *I trinceramenti sabaudi del Piccolo San Bernardo nel XVIII secolo. Note preliminari*, in «*Annales Sabaudiae*. Quaderni dell'Associazione per la Valorizzazione della Storia e Tradizione del Vecchio Piemonte», 1, 2004 (2005), pp. 49-58
Sconfienza 2005a
R. Sconfienza, *I progetti del duca di Brunswick per la difesa del Regno di Sardegna*, in «*Annales Sabaudiae*. Quaderni dell'Associazione per la Valorizzazione della Storia e Tradizione del Vecchio Piemonte», 2, 2005, pp. 63-118
Sconfienza 2005b
R. Sconfienza, *I trinceramenti del Piccolo San Bernardo. Studio archeologico*, in «Bollettino della Società Piemontese di Archeologia e Belle Arti», LVI, 2005, pp. 229-269
Sconfienza 2007a
R. Sconfienza, *La fortificazione campale nella seconda metà del XVIII secolo. Esperienze e studi fino alla Guerra delle Alpi*, in *Truppe Leggere* 2006, pp. 165-204
Sconfienza 2007b
R. Sconfienza, *Vauban, la fortification de campagne e uno sguardo al di qua dei monti*, in *Sébastien le Prestre marchese di Vauban maresciallo di Francia, 1633-1707. Nuove ricerche*, Giornata di studio, mercoledì 31 ottobre 2007, palazzina S.P.A.B.A., Torino, in corso di stampa
Sconfienza 2009
R. Sconfienza, *Pietralunga 1744. Archeologia di una battaglia e delle sue fortificazioni sulle Alpi fra Piemonte e Delfinato. Italia nord-occidentale*, Notebooks on Military Archaeology and Architecture edited by Roberto Sconfienza, BAR International Serier 1920, Oxford 2009
Signorelli 1986
B. Signorelli, *Stranieri a Torino e loro professioni durante la peste del 1598-1600* in «Studi Piemontesi», XV, fasc. 2, 1986
***Stendardi* 1990**
Stendardi e Uniformi dell'Esercito del Re di Sardegna, 2 Volumi, in «Rivista Militare», 1990
Sterrantino 2002
F. Sterrantino, *Le armi da fuoco del Vecchio Piemonte. L'armamento portatile. 1683-1799*, redazione e cura di Giorgio Dondi, 2 Volumi, Torino 2002
Susane 1876
G. Susane, *Histoire de l'Infanterie Française*, 5 Voll., Paris 1876
***Theatrum Sabaudiae* 2000**
R. Roccia (a cura di), *Thatrum Sabaudiae. Teatro degli Stati del Duca di Savoia*, Archivio Storico della Città di Torino, Torino 2000
***Topographie militaire* 1891**
Service Geographique de l'Armee de terre (a cura di), *Topographie militaire des Alpes - Partie méridionale du versant italien*, Paris 1891
***Truppe Leggere* 2006**
V. Barberis, D. Del Monte, R. Sconfienza (a cura di), *Le truppe leggere nella Guerra delle Alpi. Selezione, tattiche, armamento, vicende belliche, fortificazione campale*, Atti della giornata di studi, 5 giugno 2004, presso la chiesa castrense del Forte San Carlo di Fenestrelle, Torino 2006
Vauban 1737
S. le Prestre de Vauban, *De l'attaque et de la defense des places: par M.r de Vauban, Maréchal de France &Directeur Général des Fortifications du Royaume*, La Haye 1737
Vaughan 1913
D. M. Vaughan, *Campaigns in the Dauphiny Alps: 1588-1747*, in «The English Historical Review», Volume 28, 110, 1913, pp. 228-242.
Viglino 1989
M. Viglino Davico, *Fortezze sulle Alpi. Difese dei Savoia in Valle Stura di Demonte*, Cuneo 1989
Viglino 2000
M. Viglino Davico, *Hercole Negro comte de Sanfronte. Un ingénieur militaire au service de la France et du duché de la Maison de Savoia*, in *Vauban et ses successeurs dans les Ports du Ponant et du Levant: Brest et Toulon*, Paris 2000, pp. 89-113
Viglino 2005a
M. Viglino Davico (a cura di), *Fortezze «alla moderna» e ingegneri militari del ducato sabaudo*, Torino 2005
Viglino 2005b
M. Viglino Davico, *Ascanio Vitozzi, Ercole Negro, Carlo Vanello e altri in Provenza: l'arte al servizio della guerra*, in Viglino 2005a, pp. 299-363.

VIGLINO 2005c
M. VIGLINO DAVICO, *La guerra sulle Alpi e le nuove fortezze. Ancora Sanfront, Busca, Vitozzi*, in VIGLINO 2005a, pp. 365-437.
VIGLINO-BONARDI 2001
M. VIGLINO DAVICO, C. BONARDI TOMESANI, *Città munite, fortezze, castelli nel tardo Seicento. La raccolta di disegni "militari" di Michel Angelo Morello*, in «Castella», n. 77, Collana di pubblicazioni monografiche, Istituto Italiano dei Castelli, Milano 2001
VIGLINO *ET A.* 2008
M. VIGLINO DAVICO, E. CHIODI, C. FRANCHINI, A. PERIN (a cura di), *Architetti e ingegneri militari in Piemonte tra '500 e '700. Un repertorio biografico*, Torino 2008
VOLTAIRE 1792
F. M. AROUET, detto VOLTAIRE, *Le siècle de Louis XV*, Paris 1792
VOLTAIRE 1971
F. M. AROUET, *Histoire de la guerre de 1741*, Paris 1971
VUILLEMIN 1997
H. VUILLEMIN, *Du silex au piston. La grande aventure des fusils réglementaires français 1717-1865*, Paris 1997
WILKINSON 1994
S. WILKINSON, *The defence of Piedmont 1742-1748*, Tonbridge 1994

www.ingramcontent.com/pod-product-compliance
Lightning Source LLC
LaVergne TN
LVHW072251300926
849160LV00018B/1640